Textile Dictionary · Textiltechnisches Wörterbuch

Textiltechnisches Wörterbuch

Englisch/Amerikanisch – Deutsch – Französisch – Spanisch – Italienisch

Zweite, erweiterte Auflage in fünf Sprachen

Fachlich bearbeitet vom Institut für Textiltechnik der Rheinisch-Westfälischen Technischen Hochschule Aachen. (Direktor: Prof. Dr.-Ing. Burkhard Wulfhorst). Übersetzungen: Diego Manca für International Service s.n.c., Florenz.

Die erste Auflage des Werkes wurde 1979 bearbeitet von Hermann-Josef Zingel †, Zentralstelle für Textildokumentation und -information (ZTDI) titus-TEXTILINFORM Düsseldorf, in Zusammenarbeit mit Jean-Marie Ducrot, Institute Textile de France, Boulogne-sur-Seine (Frankreich), Prof. Dr. José Mumbrú Laporta und Maria Rosa Pont Puntigam, Escuela Técnica Superior de Ingenieros Industriales, Tarrasa (Spanien). Sie wurde herausgegeben vom Verein Deutscher Ingenieure, Zentralstelle für Textildokumentation und -information (ZTDI) titus-TEXTILINFORM Düsseldorf.

Springer-Verlag Berlin Heidelberg GmbH

Textile Dictionary

English/American – German – French – Spanish – Italian

Expanded second edition in five languages

Edited by the Textile Institute of the University of Technologie Aachen. (Director: Prof. Dr.-Ing. Burkhard Wulfhorst)
Translations: Diego Manca for International Service s.n.c., Florence.

The first edition of the dictionary was edited by the defunct Hermann-Josef Zingel, Centre for textile documentation and information (ZTDI) titus-TEXTILINFORM of Düsseldorf, in collaboration with Jean-Marie Ducrot, Institute Textile de France, Boulogne-sur-Seine (France), Prof. Dr. José Mumbrú Laporta and Maria Rosa Pont Puntigam, Escuela Técnica Superior de Ingenieros Industriales, Tarrasa (Spain). It was published by the Association of German Engineers (Verein Deutscher Ingenieure), Centre for textile documentation and information (ZTDI) titus-TEXTILINFORM of Düsseldorf.

Springer-Verlag Berlin Heidelberg GmbH

CIP-Titelaufnahme der Deutschen Bibliothek

Textile dictionary:
English/American, German, French, Spanish, Italian / ed. by the Textile Institut of the University of Technologie Aachen. Transl.: Internat. Service, Florence. – 2., expanded ed.
Parallelt.: Textiltechnisches Wörterbuch
ISBN 978-3-662-13124-4 **ISBN 978-3-662-13122-0 (eBook)**
DOI 10.1007/978-3-662-13122-0

NE: Institut für Textiltechnik <Aachen>; PT

Originally published by VDI-Verlag GmbH, Düsseldorf 1991

ISBN 978-3-662-13124-4

Preface to the second edition

The first edition of this volume was published in four languages in 1979 and is out of print. In view of the continuing demand for this dictionary we have decided to publish a new edition which, as well as being enlarged to include about 1300 new words, is enriched by the addition of Italian translations.

As before, the Technical Dictionary of Textiles is divided into two main parts, i.e., the multilingual basic index and lists of words in the respective individual languages. The preface to the first edition provides guidance on using the book.

We hope for a warm welcome for this book in the technical textile field and we should be glad to receive any feed-back which would help towards a further improvement of the dictionary.

Düsseldorf, October 1990 VDI-Verlag GmbH

Preface

The present Dictionary is based on a four-language textile vocabulary, used since 1970 by the international *titus*-system for indexing and retrieval of documents in a textile documentation and information system.

Since 1973 textile specialists from all over the world have translated, enlarged and corrected this vocabulary for the purpose of setting up an international multilingual data-base for the textile and related industries. The technical language of this vocabulary is – together with other elements such as syntax computer programs, general language, etc. – the basis of the automatic translation system *titus*, since 1974 the only multilingual translation system that is effectively used.

This Textile Dictionary contains the technical terms used in automatic translation as standardized by and between the users of the *titus*-system within the various countries, e.g. the Federal Republic of Germany, France, Belgium, Spain, the United Kingdom and the United States.

The compilers and editor of this work are aware that a final standardization or a generally accepted interpretation requires the same continuous processing as occurs with the *titus* information and documentation system; now that this work is presented to the textile world, the editor would be grateful to receive criticism and suggestions for a universally accepted standardization of the textile terms in the four languages.

The Textile Dictionary not only has the aim of facilitating international communication in this field in the case of translations but also to give users of on-line databases a vocabulary that allows worldwide access to the *titus* data-base via telecommunication networks.

The Dictionary is divided into two main parts: (1) The English basic table, with translations in French, German and Spanish; the English terms in this table are arranged alphabetically and numbered consecutively. English synonyms are listed in their proper place, with a reference to the number of the main entry. (2) Separate indexes for each of the three languages other than English. Users of the dictionary seeking the equivalent of an English word or term need only consult the first part, where they will find the translations in the other languages. The second part is of use when translating from a language other than English. When, for instance, a German word or term has to be translated into another language, the German index should be consulted. This refers one back (by number) to the basic table, where one finds the translation in the appropriate language.

Düsseldorf, October 1979

Verein Deutscher Ingenieure
Zentralstelle für Textildokumentation
und -information (ZTDI) *titus*-TEXTILINFORM

Vorwort zur zweiten Auflage

Die erste Auflage dieses Werkes erschien 1979 in vier Sprachen und ist vergriffen. Aufgrund der ständigen Nachfrage nach diesem Wörterbuch haben wir uns zu einer Neuauflage entschlossen, die um etwa 1300 Begriffe erweitert und um die italienische Sprache ergänzt wurde.

Nach wie vor besteht das Textiltechnische Wörterbuch aus zwei Hauptteilen, nämlich dem mehrsprachigen Basisverzeichnis und den Listen der Begriffe in je einer Sprache. Über die Handhabung des Buches informiert das Vorwort zur ersten Auflage.

Wir wünschen dem Werk eine gute Aufnahme in der Textiltechnik und bitten um Hinweise, wie wir das Werk noch weiter verbessern können.

Düsseldorf, Oktober 1990 VDI-Verlag GmbH

Vorwort

Das vorliegende Textiltechnische Wörterbuch basiert auf einem viersprachigen textilen Wörterbuch, das seit 1970 vom internationalen *titus*-System für die Verschlüsselung und Wiederauffindung von Dokumenten in einem textilen Dokumentations- und Informationssystem benutzt wird.

Seit 1973 haben Textilfachleute der ganzen Welt dieses textile Wörterbuch speziell zum Aufbau einer internationalen multilingualen Datenbasis für die Textilindustrie und verwandte Gebiete übersetzt, erweitert und korrigiert. Der Fachwortschatz dieses mehrsprachigen Wörterbuchs bildet heute zusammen mit anderen Grundelementen, wie Syntax-Computerprogrammen, Begriffen der allgemeinen Sprache usw., die Basis für das automatische Übersetzungssystem *titus*. Es ist seit 1974 das einzige mehrsprachige Übersetzungssystem, das in der Praxis arbeitet.

Das vorliegende Textiltechnische Wörterbuch enthält die bei der automatischen Übersetzung gebrauchten fachlichen Begriffe in Benennungen, wie sie innerhalb der *titus*-Kooperanten, z. B. in der Bundesrepublik Deutschland, Frankreich, Belgien, Spanien, Großbritannien und den U.S.A., vereinheitlicht wurden.

Die Bearbeiter und Herausgeber des Textiltechnischen Wörterbuchs sind sich bewußt, daß eine endgültige Vereinheitlichung oder eine allgemein anerkannte Interpretation eine laufende Weiterbearbeitung erfordern, wie sie im Dokumentations- und Informationssystem *titus* auch erfolgt. Wenn der Herausgeber dieses viersprachige Wörterbuch nun der Fachwelt vorlegt, so erwartet er damit auch Kritik und Anregung für eine allgemein anerkannte Vereinheitlichung der textilen Benennungen in diesen vier Sprachen.

Das Textiltechnische Wörterbuch hat nicht allein den Zweck, die internationale fachliche Kommunikation bei Übersetzungen zu erleichtern. Es soll auch dem Benutzer von on-line zugänglichen Datenbasen einen Wortschatz an die Hand geben, mit dem er die *titus*-Datenbasis über Telekommunikationsnetze weltweit abrufen kann.

Das Textiltechnische Wörterbuch besteht aus zwei Hauptteilen: Der erste Hauptteil beginnt mit Englisch als Basisverzeichnis mit Übersetzungen in Französisch, Deutsch und Spanisch. Die englischen Begriffe sind alphabetisch geordnet und mit einer fortlaufenden Nummer versehen. Englische sinnverwandte Benennungen sind entsprechend eingeordnet, aber mit einem Hinweis auf die Nummer des Begriffs versehen. Der zweite Hauptteil enthält die alphabetischen Verzeichnisse der drei anderen Sprachen.

Der zweite Hauptteil wird gebraucht, wenn von Deutsch, Französisch oder Spanisch in eine andere Sprache übersetzt werden soll. Ist z. B. ein deutscher Begriff in eine andere Sprache zu übersetzen, so sucht man diesen im deutschsprachigen

Verzeichnis. Die hier angegebene Nummer verweist auf die Stelle im ersten Hauptteil (Basisverzeichnis), an der die gesuchte Übersetzung in die anderen Sprachen steht.

Düsseldorf, Oktober 1979

Verein Deutscher Ingenieure
Zentralstelle für Textildokumentation
und -information (ZTDI) *titus*-TEXTILINFORM

contents – Inhalt – sommaire – materias – sommario

English/American
(basic table)

A

1 abrasion
d Abscheuerung, Abrasion
f abrasion
s abrasión
i abrasione

2 abrasion resistance
d Scheuerfestigkeit
f résistance à l'abrasion, résistance à l'usure, résistance au frottement
s resistencia a la abrasión, resistencia a la descarga por frote, resistencia al desgaste al uso
i resistenza all'abrasione

3 abrasion resistance finish
d Scheuerfestappretur, Scheuerfestveredlung
f apprêt antiusure, apprêt antiabrasion
s acabado resistente al desgaste
i apprettatura resistente all'abrasione, finissaggio resistente all'abrasione

4 abrasion resistant
d Scheuerfest
f résistant à l'abrasion, au frottement
s resistente al roce
i resistente all'abrasione

5 abrasion test
d Scheuerprüfung
f contrôle d'abrasion, contrôle d'usure
s ensayo a la abrasión
i controllo dell'abrasione

6 abrasion tester
d Scheuerprüfer
f abrasimetre, usomètre
s abrasimetro, usómetro
i abrasimetro

7 abrasiv, non wowen fabric
d Scheuervlies
f tissu non tissé de frottement, d'abrasion
s tejido abrasivo non tejido
i stoffa abrasiva non tessuta

8 abrasive
d Scheuermittel
f abrasif
s abrasivo
i abrasivo

9 ABS spinning, aerodynamic brake spinning
d ABS-Spinnverfahren
f filature système ABS
s hilatura ABS
i filatura ABS

10 abscissa
d Abszisse
f abscisse
s abscisa
i ascissa

11 absolute value
d absoluter Wert
f valeur absolue
s valor absoluto
i valore assoluto

12 absorb
d Absorbieren
f absorber
s absorber
i assorbire

13 absorb, reabsorb
d Resorbieren
f résorber
s reabsorber, absorber
i assorbire, riassorbire

14 absorbate
d Absorbat, absorbierter Stoff
f absorbat
s absorbato
i adsorbato

15 absorbency
d Absorptionsvermögen
f pouvoir d'absorption
s poder de absorción
i potere assorbente

16 **absorbent cotton**
d Verbandwatte
f coton hydrophile
s algodón hidrófilo
i cotone idrofilo

17 **absorber**
d Absorptionsmittel
f absorbant
s absorbente
i assorbente

18 **absorption**
d Absorption
f absorption
s absorción
i assorbimento

19 **absorption band**
d Absorptionsbande, Absorptionsspektralbande, Absorptionsspektrallinie
f bande d'absorption
s banda de absorción
i banda di assorbimento

20 **absorption by the material, uptake**
d Absorption durch feste Stoffe
f absorption par la matière
s absorción por la materia
i assorbimento da parte della materia

21 **absorption equilibrium**
d Absorptionsgleichgewicht
f équilibre d'absorption
s equilibrio de absorción
i equilibrio di assorbimento

22 **absorption rate**
d Absorptionsgeschwindigkeit
f vitesse d'absorption
s velocidad de absorción
i velocità di assorbimento

23 **absorption spectrum**
d Absorptionsspektrum
f spectre d'absorption
s espectro de absorción
i spettro di assorbimento

24 **absorption tester**
d Absorptionsprüfgerät
f appareil de contrôle de l'absorption
s aparato de ensayo de absorción
i assorbimetro

25 **absorptivity**
d spezifische Absorption
f absorptivité
s absortividad
i coefficiente di assorbimento

26 **acala cotton**
d Acala-Baumwolle
f coton acala
s algodón acala
i cotone acala

27 **accelerate**
d Beschleunigen
f accélérer
s acelerar
i accelerare

28 **accelerated electron**
d beschleunigtes Elektron
f électron accéléré
s electrón acelerado
i elettrone accelerato

29 **accelerated process**
d beschleunigtes Verfahren, Kurzverfahren
f processus accélèré
s proceso acelerado
i processo accelerato

30 **acceleration**
d Beschleunigung
f accélération
s aceleración
i accelerazione

31 **accelerator, accelerating agent**
d Beschleuniger
f accélérateur
s acelerador
i acceleratore

32 accelerometer
d Beschleunigungsmesser
f accéléromêtre
s acelerómetro
i accelerometro

33 acceptor
d Akzeptor
f accepteur
s aceptor
i accettore

34 accessory
d Zubehörteil
f accessoire
s accesorio
i accessorio

35 accomplish, carry out
d Realisieren
f réaliser
s realizar
i realizzare

36 accordion fabric
d Maschenware mit Längsstreifen
f tricot à rayures verticales
s tricot con canales longitudinales
i maglieria a righe verticali

37 accumulation
d Anhäufung, Ansammlung
f accumulation
s acumulación
i accumulo

38 accuracy limit
d Genauigkeitsgrenze
f limite de précision
s limite de precisión
i limite di precisione

39 acetal, diacetal
d Acetal
f acétal, diacétsl
s acetsil, diacetal
i acetale, acetaldeide-dietilacetale

40 acetal resin
d Acetalharz
f résine acêtal
s resina de acetal
i resine acetaliche

41 acetamide
d Acetamid
f acétamide
s acetamida
i acetammide, etanammide

42 acetate
d Acetat
f acétate
s acetato, acetato de celulosa, rayón al acetato
i acetato

43 acetate fiber
d Acetatfaser, Celluloseacetatfaser
f fibre d'acétate
s fibra de acetato
i fibra di acetato

44 acetate filament
d Acetat-Filament
f filament d'acétate
s filamento de acetato
i filato di acetato a bava continua

45 acetate filament yarn
d Acetatfilamentgarn, Celluloseacetat-Filamentgarn
f fil de filaments d'acétate
s hilo de filamentos de acetato
i filo di acetato a bava continua

46 acetate spun yarn
d Acetatspinnfasergarn
f filé d'acétate
s hilado de acetato
i filato di acetato da fibra in fiocco

47 acetate yarn
d Acetatgarn, Celluloseacetatgarn
f fil d'acétate
s hilo de acetato
i filato di acetato

48 **acetic acid**
d Essigsâure
f acide acétique
s ácido acético
i acido acetico

49 **acetic anhydride**
d Essigsäureanhydrid
f anhydride acétique
s anhidrido acético
i anidride dell'acido acetico

50 **acetone**
d Aceton
f acétone
s acetona
i acetone

51 **acetonitrile**
d Acetonitril, Essigsäurenitril
f acétonitrile
s acetonitrilo
i acetonitrile

52 **acetyl compound**
d Acetylverbindung
f composé acétyle
s compuesto acetilo
i composto di acetile

53 **acetylated**
d Acetyliert
f acétylé
s acetilado
i acetilato

54 **acetylated cotton**
d acetylierte Baumwolle
f coton acétylé
s algodón acetilado
i cotone acetilato

55 **acetylation**
d Acetylierung
f acétylation
s acetilación
i acetilazione

56 **acetylene**
d Acetylen
f acètyléne
s acetileno
i acetilene

57 **acetylenic compound**
d Acetylenverbindung
f composé acétylénique
s compuesto acetilénico
i composto dell'acetilene

58 **acetyltriethyl citrate**
d Acetyltriethylcitrat
f citrate acétyltriéthyle
s citrato de acetiltrietilo
i citrato di acetiltrietilo

59 **acid**
d Säure
f acide
s ácido
i acido

60 **acid agiag**
d Alterung im sauren Medium
f vieillissement en milieu acide
s envejecimiento en medio ácido
i invecchiamento in mezzo acido

61 **acid binding**
d saure Bindung
f liaison acide
s unión ácida
i legame acido

62 **acid character**
d saure Eigenschaft
f caractère acide
s carácter ácido
i carattere acido

63 **acid chloride**
d Säurechlorid
f chlorure d'acide
s cloruro de ácido
i cloruro di acido

64 acid degradation
d Säureabbau
f dégradation acide, attaque par acide, dégradation par acide, détérioration par acide
s degradación por ácido, ataque por ácido, deterioro por ácido
i attacco acido, degrado per acido

65 acid dye
d Säurefarbstoff
f colorant acide
s colorante ácido
i colorante acido

66 acid dyeing
d Färben im sauren Medium
f teinture en milieu acide, teinture acide
s tintura en medio ácido
i tintura in mezzo acido

67 acid end group
d saure Endgruppe
f groupe terminal acide
s grupo terminal ácido
i gruppo terminale acido

68 acid fixing
d Säurebindung
f fixage acide
s enlace ácido
i fissaggio acido

69 acid hydrolysis
d Säurehydrolyse
f hydrolyse acide
s hidrólisis ácida
i idrolisi acida

70 acid solubility
d Säurelöslichkeit
f solubilité acide
s solubilidad ácida
i solubilità acida

71 acid solution
d saure Lösung
f solution acide
s solución ácida
i soluzione acida

72 acid treatment
d Säurebehandlung
f traitement acide
s tratamiento ácido
i trattamento acido

73 acidic medium
d saures Medium
f milieu acide
s medio ácido
i mezzo acido

74 acidified
d abgesäuert
f acidifié
s acidificado
i acidificato

75 acidity
d Säuregehalt
f acidité
s acidez
i acidità

76 acoustic
d Akustisch
f acoustique
s acustico
i acustico

77 acoustic balfling
d Schallrückstauung
f réverbération acoustique
s reverberación acüstica
i riverbero acustico

78 acoustic insulation
d akustische Isolierung, Schallisolierung
f isolation acoustique, insonorisation
s aislamiento acustico
i isolamento acustico

79 acoustic property
d akustische Eigenschaft
f propriété acoustique
s propiedad acustica
i proprietà acustiche

80 **acquisition**
d Erfassung
f acquisition, saisie de données, détection
s comprensión, adquisición
i rilevamento, acquisizione

81 **acrolein, acrylaldehyde**
d Acrolein, Acrylaldehyd
f acroléine, aldéhyde acrylique
s acroleina
i acroleina, aldeide acrilica

82 **acryl**
d Acryl
f acryle
s acrilico
i acrilico

83 **acrylamide**
d Acrylamid
f acrylamide
s acrilamida
i acrilamide

84 **acrylamide dye**
d Acrylamidfarbstoff
f colorant acrylamide
s colorante acrilamida
i colorante d'acrilammide

85 **acrylic**
d Acrylfaserstoff, Polyacrylnitril
f acrylique
s acrilica
i fibra acrilica, poliacrilnitrile

86 **acrylic acid**
d Acrylsäure
f acide acrylique
s àcido acrílico
i acido acrilico, acido etilencarbossidico

87 **acrylic compound**
d Acrylverbindung
f composé acrylique
s compuesto acrílico
i composto acrilico

88 **acrylic dye**
d Acrylfarbstoff
f colorant acrylique
s colorante acrílico
i colorante acrilico

89 **acrylic ester**
d Acrylsäureester
f ester acrylique
s éster acrílico
i estere acrilico

90 **acrylic fiber**
d Polyacrylnitrilfaser, Acrylfaser
f fibre acrylique
s fibra acrílica
i fibra acrilica

91 **acrylic fiber blend**
d Mischung aus Acrylfasern
f mélange de fibres acryliques
s mezcla de fibras acrílicas
i mischia di fibre acriliche

92 **acrylic fiber dyeing**
d Acrylfaserfärben
f teinture des fibres acryliques, teinture acrylique
s tintura de fibras acrílicas
i tintura delle fibre acriliche

93 **acrylic filament**
d Polyacrylnitrilfilament
f filament d'acrylique
s filamento acrílico
i filato di poliacrilnitrile a bava continua

94 **acrylic filament yarn**
d Polyacrylnitrilfilamentgarn
f fil de filaments d'acrylique
s hilo de filamentos acrílicos
i filo di poliacrilnitrile a bava continua

95 **acrylic resin**
d Acrylkunststoff, Acrylharz
f rèsine acrylique
s resina acrílica
i resina acrilica

96 acrylic salt
d Acrylsalz, Acrylat
f acrylate, sel acrylique
s sal acrílica
i sale acrilico

97 acrylic spun yarn
d Polyacrylnitrilspinnfasergarn
f filé d'acrylique
s hilado acrílico
i filato di poliacrilnitrile da fibra in fiocco

98 acrylic yarn
d Polyacrylnitrilgarn
f fil d'acrylique
s hilo acrílico
i filato di poliacrilnitrile

99 acrylonitrile
d Acrylnitril
f acrylonitrile
s acrilonitrilo
i acrile nitrilico, cianuro di vinile

100 activable
d aktivierbar
f activable
s activable
i attivabile

101 activable tracer
d aktivierbarer Tracer
f traceur activable
s trazador activable
i tracciatore attivabile

102 activate
d Aktivieren
f activer
s activar
i attivare

103 activated carbon
d Aktivkohle
f carbone activé, charbon activé
s carbón activado
i carbone attivo

104 activated sludge
d aktivierter Schlamm, Aktivschlamm
f boue activèe
s lodo activado
i fango attivo

105 activation
d Aktivierung
f activation
s activación
i attivazione

106 activation energy
d Aktivierungsenergie
f énergie d'activation
s energía de activación
i energia di attivazione

107 activator
d Aktivierungsmittel
f activateur
s activador
i attivatore

108 active chlorine
d Aktivchlor
f chlore actif
s cloro activo
i cloro attivo

109 activity
d Aktivität
f activité
s actividad
i attività

110 actual draft
d echter Verzug
f étirage effectif, étirage réel
s estiraje real
i stiraggio reale

111 acyl ester sulfonate
d Acylestersulfonat
f ester acylsulfonique
s acil éster sulfonato
i estere acilsolfonato

112 acylation
d Acylierung
f acylation
s acilación
i acilazione

113 adding
d Zufuhr, Hinzufügung
f apport
s aportación
i apporto

114 addition
d Zusatz
f addition
s adición
i addizione

115 addition polymer
d Additionspolymer
f polymère d'addition
s polimero de adición
i polimero di addizione

116 addition polymerization
d Additionspolymerisation
f polymérisation d'addition
s polimerización por adición
i polimerizzazione per addizione

117 additive
d Additiv, Zusatzmittel
f additif
s aditivo
i additivo

118 adhesion
d Adhäsion, Haftung
f adhésion, adhèrence
s adhesión
i adesione

119 adhesiv
d Adhäsiv
f adhésif
s adhesivo
i adesivo

120 adhesive
d Klebemittel, Klebstoff, Kleber
f adhésif
s adhesivo
i adesivo, colla

121 adhesive backing
d Rückenkaschieren
f doublage d'envers par adhésif
s forro adherido
i rivestimento adesivo

122 adhesive bonded nonwoven
d Textilverbundstoff mit Bindemittel
f non tissé par liant
s tela no tejida unida por ligantes
i tessuto non tessuto unito con legante

123 adhesive fabric
d Haftgewebe
f tissu adhésif
s tejido adhesivo
i tessuto adesivo

124 adhesive layer
d Haftschicht
f couche d'adhérisation
s capa de adherencia
i strato adesivo

125 adhesive pretreatment
d Klebfähigmachen
f prétraitement d'adhèrisation, adhérisage
s pretratamiento de adherización
i pretrattamento di adesione

126 adhesive tape
d Klebeband
f ruban adhésif
s cinta adhesiva
i nastro adesivo

127 adiabatic
d Adiabatisch
f adiabatique
s adiábatico
i adiabatico

128 adipaldehyde
d Adipaldehyd
f aldéhyde adipique
s adipaldehído
i adipaldeide

129 adipic acid
d Adipinsäure
f acide adipíque
s ácido adípico
i acido adipico, acito butancarbossilico

130 adjacent
d angrenzend
f adjacent
s adyacente
i adiacente

131 adjustment
d Justierung, Richten
f ajustage
s ajuste
i aggiustaggio, allineamento

132 adsorbed layer
d Anlagerung, angelagerte Schicht
f couche adsorbée
s capa adsorbida
i strato assorbito

133 adsorbent
d Adsorptionsmittel
f agent d'adsorption
s agente de adsorción
i agente assorbente

134 adsorption
d Adsorption
f adsorption
s adsorción
i assorbimento

135 adsorption isotherm
d Adsorptionsisotherme
f isotherme d'adsorption
s isoterma de adsorción
i isoterma di assorbimento

136 adsorption rate
d Adsorptionsgeschwindigkeit
f vitesse d'adsorption
s velocidad de adsorción
i velocità di assorbimento

137 adsorptivity
d spezifische Adsorption
f adsorptivitė
s adsortividad
i potere di assorbimento

138 advertising
d Werbung
f réclame, publicité
s publicidad, propaganda
i pubblicità

139 aerated lagoon
d belüftete Lagune
f lagune aérèe
s laguna aérea
i laguna ventilata

140 aerated yarn
d lufthaltiges Garn, lufthaltiger Faden
f fil à inclusion gazeuse
s hilo con inclusiones gaseosas
i filo con inclusioni gassose

141 aeration
d Belüftung, Luftzufuhr
f aération
s aeración
i aerazione

142 aerobic
d Aerob
f aérobique
s aerobico
i aerobico

143 aerodynamic card
d aerodynamische Karde, pneumatische Karde
f carde pneumatique
s carda aerodinámica
i carda aerodinamica

144 aerodynamic carding
d aerodynamisches Kardieren, pneumatisches Kardieren
f cardage pneumatique
s cardado aerodinámico
i cardatura aerodinamica

145 aerodynamic configuration
d aerodynamische Form
f forme áérodynamique, profil aérodynamique
s forma aerodinámica
i forma aerodinamica

146 aerodynamic heating
d Umluftheizung
f échauffement aérodynamique
s calentamiento aerodinàmico
i riscaldamento aerodinamico

147 aerodynamics
d Aerodynamik, Strömungslehre
f aèrodynamique
s aerodinámica
i aerodinamica

148 aerosol
d Aerosol
f aérosol
s aerosol
i aerosol

149 aerosols propellant
d Treibgas für Aerosole
f propagateur d'aérosol
s propulsor de aerosol
i propellente per aerosol

150 aesthetic appeal
d ästhetisches Aussehen, ansprechendes Aussehen
f attrait esthétique
s atracción estética
i aspetto estetico

151 aesthetic fabric property
d ästhetische Wareneigenschaft, ansprechende Wareneigenschaft
f propriété esthétique du tissu
s propiedad estética del tejido
i carattere estetico del tessuto

152 aesthetic property
d ästhetische Eigenschaft, ansprechende Eigenschaft
f propriété esthétique
s propiedad estética
i proprietà estetiche

153 affinity
d Affinität
f affinité
s afinidad
i affinità

154 after-glow
d Nachglühen
f incandescence résiduelle
s incandescencia residual
i rinvenimento

155 aftertreatment
d Nachbehandlung
f post-traitement
s postratamiento
i rifinitura

156 afterwaxing
d Nachwachsen, Nachavivieren
f encirement
s enceramiento
i inceramento

157 age hardening
d Aushärten
f viellir
s endurecer
i invecchiare

158 ager
d Maschine zur Alterung, Aiterungsmaschine
f machine pour le vieillissement
s aparato para el envejecimiento
i macchina per l'invecchiamento

159 agglomerated material
d Konglomerat
f matériau agglomére
s material aglomerado
i conglomerato

160 agglutinant
d Agglutinant
f agglutinant
s aglutinante
i agglutinante

161 aggravation
d Verschlechterung
f aggravation
s agravación
i aggravamento

162 aggregate
d Aggregat
f agrégat
s agregado
i aggregato

163 aggregation
d Aggregatbildung, Aggregation
f formation d'agrégats
s agregación
i aggregazione

164 aggressivity (chemical)
d Aggressivität
f aggressivité
s agresividad
i aggressività

165 aging
d Alterung
f vieillissement
s envejecimiento
i invecchiamento

166 agrarian textile
d Agrartextil
f textile agricole
s textil agrario
i tessile agrario

167 agreement
d Abkommen
f accord
s acuerdo
i accordo

168 agricultural fabric
d landwirtschaftliches Textil
f tissu pour agriculture
s tejido para la agricultura
i tessile agricolo

169 air bearing
d Luftlager
f palier à coussin d'air, palier pneumatique
s cojinete de aire
i cuscinetto a sostentamento pneumatico

170 air conditioning
d Klimatisierung
f conditionnement de l'air
s acondicionamiento del aire
i condizionamento dell'aria

171 air conditioning plant
d Klimaanlage
f installation de conditionnement d'aire
s instalación de acondicionamiento de aire (o de climatización)
i impianto di condizionamento

172 air cushion
d Luftkissen
f coussin d'air
s cojín de aire
i cuscinetto d'aria

173 air false twisting
d Luftfalschdrahtspinnen
f filature à fausse torsion à air
s hiladura a torción falsa a aire
i filatura a falsa torsione ad aria

174 air filter
d Luftfilter
f filtre à air
s filtro de aire
i filtro dell'aria

175 air inflated roof
d Tragluftdach
f toit gonflable
s techo de tela impermeable inflado
i tetto gonfiabile

176 air jacket
d Rettungsweste
f gilet, braissière de sauvetage
s chaleco salvavidas
i corsetto salvagente

177 air jet
d Luftstrahl
f jet d'air
s chorro de aire
i getto di aria

178 air jet loom
d pneumatische Düsenwebmaschine
f machine à tisser à jet d'air
s màquina de tejer por chorro de aire
i telaio a getto d'aria

179 air jet textured yarn, air jet bulked yarn
d Luftdüsentexturgarn
f fil texturé par jet d'air
s hilo texturado por chorro de aire
i filato testurizzato a getto d'aria

180 air jet texturing
d Luftdüsentexturieren
f texturation par jet d'air, bouclage par jet d'air, frisure par jet
s texturado por chorro de aire
i testurizzazione a getto d'aria

181 air jet texturing machine, air jet bulker
d Luftdüsentexturiermaschine
f machine de texturation par jet d'air
s máquina de texturar por chorro de aire
i testurizzatrice a getto d'aria

182 air passage
d Luftkanal
f conduit d'air, canal d'air
s canal de aire
i canale dell'aria

183 air permeability
d Luftdurchlässigkeit
f perméabilité à l'air
s permeabilidad al aire
i permeabilità all'aria

184 air permeability tester
d Luftdurchlässigkeitsprüfgerät
f perméabilimètre pour l'air
s permeabilimetro para aire
i apparecchio per prove della permeabilità all'aria

185 air permeability test(ing)
d Luftdurchlässigkeitsprüfung
f contrôle de la perméabilité à l'air
s ensayo de permeabilidad al aire
i prova della permeabilità all'aria

186 air pollution
d Luftverunreinigung
f pollution atmosférique ou de l'air
s polución atmosférica
i inquinamento dell'aria

187 air resistance
d Luftwiderstand
f résistance de l'air
s resistencia del aire
i resistenza dell'aria

188 air spinning
d pneumomechanisches Spinnen
f filature pneumatique
s hilatura neumática
i filatura pneumatica

189 air tuck stitch
d Biesenstich, Kederstich
f point froncé par air
s punto fruncido por aire
i punto piegato ad aria

190 air twisting
d pneumatisches Zwirnen
f torsion par voie pneumatique
s torsión por via neumática
i torcitura pneumatica

191 air vortex spinning
d Vortex-Spinnen
f filature par tourbillon
s hilatura por torbellino
i filatura Vortex

192 air-bed, air-mattress
d Luftmatratze
f matelas pneumatique
s colchón neumático
i materasso gonfiabile

193 air-bulk spinning
d Luftdüsenspinnen
f filer à buse d'air, à jet d'air
s hilar con inyector de aire
i filatura a getto d'aria

194 air-bulk weawing machine
d Luftdüsenwebmaschine
f métier à tisser à buse d'air, à jet d'air
s máquina de tejer con inyector de aire
i telaio a getto d'aria

195 airdrag
d Bremsen durch Luftwiderstand
f freinage de l'air
s frenado del aire
i frenatura per la resistenza dell'aria

196 airflow
d Luftströmung
f écoulement d'air, flux d'air
s flujo de aire
i flusso d'aria

197 airflow tester
d Airflowgerät
f appareil airflow
s aparato air flow
i apparecchio airflow

198 air-permeable
d Luftdurchlässig
f perméable à l'air
s permeable al aire
i permeabile all'aria

199 airstream
d Luftstrom
f courant d'air
s corriente de aire
i corrente d'aria

200 airtight, impermeable to air, hermetic
d Luftdicht
f hermétique, étanche à l'air, imperméable à l'air
s hermético
i ermetico

201 ajour knitted fabric
d Ajour-Ware
f tricot à jour
s tejido de punto calado
i tessuto a giorno

202 alanine
d Alanin, Aminopropionsäure
f alanine
s alanina
i alanina, acido alfa-aminopropionico

203 Albert twill
d Albert-Köper
f twill Albert
s sarga Albert
i Albert twill

204 albumin
d Albumin
f albumine
s albumina
i albumina

205 alcalise
d Alkalisieren
f alcaliniser
s alcalinizar
i alcanilizzare

206 alcohol
d Alkohol
f alcool
s alcohol
i alcool

207 aldehyde
d Aldehyd
f aldêhyde
s aldehído
i aldeide

208 **aldehyde group**
d Aldehydgruppe
f groupe aldèhyde
s grupo aldehído
i gruppo aldeico

209 **algebra**
d Algebra
f algèbre
s algebra
i algebra

210 **alginate**
d Alginat
f alginate
s alginato
i alginato (sale dell'acido alginico)

211 **alginate fiber**
d Alginatfaser
f fibre d'alginate
s fibra de alginato
i fibra alginica

212 **alginate filament**
d Alginatfilament
f filament d'alginate
s filamento de alginato
i filato alginico a bava continua

213 **alginate filament yarn**
d Alginatfilamentgarn
f fil de filaments d'alginate
s hilo de filamentos de alginato
i filo alginico a bava continua

214 **alginate spun yarn**
d Alginatspinnfasergarn
f filé d'alginate
s hilado de alginato
i filato alginico da fibra in fiocco

215 **alginate yarn**
d Alginatgarn
f fil d'alginate
s hilo de alginato
i filo di alginato

216 **alginic acid**
d Alginsäure
f acide alginique
s ácido algínico
i acido alginico

217 **algorhytm**
d Algorithmus
f algorithme
s algoritmo
i algoritmo

218 **alicyclic compound**
d alizyklische Verbindung, isozyklische Verbindung, cykloaliphatische Verbindung
f composé alicyclique
s compuesto aliciclico
i composto aliciclico

219 **alicyclic hydrocarbon**
d alizyklischer Kohlenwasserstoff, isozyklischer Kohlenwasserstoff, cykloaliphatischer Kohlenwasserstoff
f hydrocarbure alicyclique
s hidrocarburo aliciclico
i idrocarburo aliciclico, idrocarburo isociclico, idrocarburo cicloalifatico

220 **alignment**
d Ausrichtung, Geraderichtung
f alignement
s alineamiento
i allineamento

221 **aliphatic compound**
d aliphatische Verbindung
f composé aliphatique
s compuesto alifático
i composto alifatico

222 **aliphatic hydrocarbon**
d aliphatischer Kohlenwasserstoff
f hydrocarbure alíphatique
s hidrocarburo alifático
i idrocarburo alifatico

223 **alkali soap**
d Alkaliseife
f savon alcalin
s jabón alcalino
i sapone alcalino

224 **alkali steeping**
d Alkalivorreife, Alkalialterung
f vieillissement en milieu alcalin
s envejecimiento por álcali
i invecchiamento alcalino

225 **alkalicellulose, sodacellulose**
d Alkalicellulose
f alcalicellulose, cellulose sodique
s alcalicelulosa
i alcalicellulosa

226 **alkaline**
d alkalisch
f alcalin
s alcalino
i alcalino

227 **alkaline compound**
d Alkali
f composé alcalin
s compuesto alcalino
i composto alcalino

228 **alkaline degradation**
d alkalischer Abbau
f dégradation alcaline
s degradación alcalina
i degrado alcalino

229 **alkaline hydrolysis**
d Alkalihydrolyse, alkalische Hydrolyse
f hydrolyse alcaline
s hidrólisis alcalina
i idrolisi alcalina

230 **alkaline medium**
d alkalisches Medium
f milieu alcalín
s medio alcalino
i mezzo alcalino

231 **alkaline metal**
d Alkalimetall
f métal alcalin
s metal alcalino
i metallo alcalino

232 **alkaline solubility, alkali solubility**
d Alkalilöslichkeit, Löslichkeit in Alkalien
f solubilité alcaline
s solubilidad alcalina
i solubilità alcalina

233 **alkaline solution**
d Alkalilösung, alkalische Lösung
f solution alcaline
s solución alcalina
i soluzione alcalina

234 **alkaline treatment**
d Alkalibehandlung, alkalische Behandlung, Behandlung mit Alkalien
f traitement alcalin
s tratamiento alcalino
i trattamento alcalino

235 **alkaline-earth metal**
d Erdalkali
f métal alcalino-terreux
s metal alcalino-térreo
i metallo alcalino-terroso

236 **alkalinity**
d Alkalinität
f alcalinité
s alcalinidad
i alcalinità

237 **alkaloid**
d Alkaloid
f alcaloïde
s alcaloide
i alcaloide

238 **alkane, saturated aliphatic hydrocarbon**
d Alkan
f alcane, hydrocarbure aliphatique saturê
s alcann
i alcano, idrocarburo alifatico saturo

239 alkanol
d Alkanol, aliphatischer Alkohol
f alcanol
s alcanol
i alcanolo, alcool alifatico

240 alkanolamide
d Alkanolamid
f alcanolamide
s alcanolamida
i alcanolammide, amminoalcool

241 alkanolamine
d Alkanolamin, Aminoalkohol
f alcanolamine
s alcanolamina
i alcanolammina

242 alkanolamine soap
d Alkanolaminseife
f savon d'alcanolamine
s jabón de alcanolamina
i sapone di alcanolammina

243 alkene, olefinic hydrocarbon
d Alken
f alcène, hydrocarbure êthylênique
s alqueno
i alcene, idrocarburo etilenico

244 alkoxyl group
d Alkoxylgruppe
f groupe alcoxyle
s grupo alcoxilo
i gruppo alcossilico

245 alkoxymethyl compound
d Alkoxvmethylverbindung
f composé alkoxyméthyle
s compuesto alcoximetílico
i composto alcossilmetilico

246 alkyl compound
d Alkylverbindung
f composé alkyle
s compuesto de alquilo
i composto alchilico

247 alkyl glycerosulfate, sulfated glyceride
d Alkylglycerosulfat
f glycérosulfate d'alkyle
s glicerosulfato de alquilo
i alchilglicerosolfato

248 alkyl phosphate
d Alkylphosphat
f phosphate d'alkyle
s fosfato de alquilo
i alchilfosfato

249 alkyl sulfate
d Alkylsulfat
f sulfate d'alkyle, sulfate d'alcool gras
s sulfato de alquilo
i alchilsolfato

250 alkyl sulfonate, hydrocarbon sulfonate
d Alkylsulfonat
f alkylsulfonate, sulfonate d'alkyle, sulfonate d'hydrocarbure, sulfonate de pétrole
s alcanosulfonato
i alchilsolfonato

251 alkylamide sulfate
d Alkylamidsulfat
f sulfate d'alkylamide
s sulfato alquilamida
i solfato di alchilammide

252 alkylamine
d Alkylamin
f alkylamine
s alquilamina
i alchilammina

253 alkylamine sulfonate
d Alkylaminsulfonat
f alkylaminesulfonate, sulfonate d'alkylamine
s sulfonato de alquilamina
i solfonato di alchilammina

254 alkylaryl compound
d Alkylarylverbindung
f composé alkylaryle
s compuesto de alquilarilo
i composto alchilarilico

255 alkylaryl sulfonate
d Alkylarylsulfonat
f alkylarylsulfonate, sulfonate d'alkylaryle
s alquilarenosulfonato
i alchilarilsolfonato

256 alkylarylethoxy phosphate
d Alkylarylethylenoxidphosphat
f alkylaryléthoxyphosphate
s etoxifosfato de alquilarilo
i alchilariletossifosfato

257 alkylarylethoxy sulfate
d Alkylarylethylenoxidsulfat
f alkylaryléthoxysulfate
s etoxisulfato de alquilarilo
i alchilariletossisolfato

258 alkylaryloxyethyl sulfonate
d Alkylaryloxyethylsulfonat
f alkylaryloxyèthylesulfonate
s alquilaríloxietil sulfonato
i alchilariletossisolfonato

259 alkylation
d Alkylierung
f alkylation
s alquilación
i alchilazione

260 alkylbenzene sulfonate
d Alkylbenzolsulfonat
f alkylbenzènesulfonate, sulfonate d'alkylbenzêne
s alquilbencenosulfonato
i alchilbenzolsolfonato

261 alkylbiphenyl sulfonate
d Alkylbiphenylsulfonat
f alkylbiphénylsulfonate, sulfonate d'alkylbiphényle
s alquilbifenilsulfonato
i alchildifenilsolfonato

262 alkyldimethylamine oxide
d Alkyldimethylaminoxid
f oxyde d'alkyldiméthylamine
s óxido alquildimetilamina
i alchildimetilamminoossido

263 alkylene
d Alkylen
f alkyléne
s alquileno
i etenile

264 alkylene carbonate
d Alkylencarbonat
f carbonate d'alkylêne
s carbonato de alquileno
i carbonato di etenile

265 alkylether sulfonate
d Alkylethersulfonat
f alkyléthersulfonate
s alquiléter sulfonato
i alchiletere solfonato

266 alkylethoxy phosphate
d Alkylethylenoxidphosphat
f alkylêthoxyphosphate
s alquiletoxi fosfato
i alchiletossifosfato

267 alkylethoxy sulfate, etheralcohol sulfate
d Alkylethylenoxidsulfat
f alkylèthoxysulfate, sulfate d'ètheralcool
s alquiletoxi sulfato
i alchiletossisolfato

268 alkylmorpholine
d Alkylmorpholin
f alkylmorpholine
s alquilmorfolina
i alchilmorfolina

269 alkylnaphthalene sulfonate
d Alkylnaphthalinsulfonat
f alkylnaphtalènesulfonate, sulfonate d'alkylnaphtalène
s alquilnaftalensulfonato
i alchilnaftalensolfonato

270 alkylphenoxyethyl sulfonate
d Alkylphenoloxidethylensulfonat
f alkylphénoxyêthylesulfonate
s fenoxietanosulfonato de alquilo
i alchilfenossietilsolfonato

271 alkyne
d Alkin
f alcyne, hydrocarbure acétylénique
s alquino
i alchino

272 allergen
d Allergen
f allergène
s alèrgeno
i allergene

273 allergy
d Allergie, Überempfindlichkeit
f allergie
s alergia
i allergia

274 alligator
d Krokodilleder
f cuir de crocodile, crocodile
s cuero de cocodrilo
i pelle di cocodrillo

275 allowance factor
d Toleranzfaktor
f facteur de tolérance
s factor de tolerancia
i fattore di tolleranza

276 allowed, standard time
d Vorgabezeit
f temps alloué, temps prévu
s período permiso, tiempo standard
i tempo permesso, tempo standard

277 alloy
d Legierung
f alliage
s aleación
i lega

278 allyl alcohol
d Allylalkohol
f alcool allylique
s alcohol alílico
i alcool allilico

279 allyl bromide
d Allylbromid
f bromure d'allyle
s bromuro de alilo
i bromuro di allile

280 allyl chloride
d Allylchlorid
f chlorure d'allyle
s cloruro de alilo
i cloruro di allile

281 allyl compound
d Allylverbindung
f composé allylique
s compuesto alílico
i composto allilico

282 allyl glycidyl ether
d Allylglycidether
f éther glycidylallylique
s éter glicidilalílico
i etere glicidilallilico

283 allylcellulose
d Allylcellulose
f allylcellulose
s alilcelulosa
i cellulosa d'allile

284 alpaca
d Alpaka
f alpaga
s alpaca
i alpaca

285 alpaca fabric
d Alpakastoff
f tissu d'alpaga
s tejido de alpaca
i tessuto di alpaca

286 alpaca fiber
d Alpakahaar
f fibre d'alpaga
s fibra de alpaca
i fibra di alpaca

287 **alpha beta transformation**
d Alpha-Beta-Umwandlung
f transformation alpha bêta
s transformación alfa-beta
i trasformazione alfa-beta

288 **alpha keratin**
d Alpha-Keratin
f kératine alpha
s queratina alfa
i alfacheratina

289 **alphacellulose**
d Alpha-Cellulose
f alphacellulose
s alfacelulosa
i alfacellulosa

290 **alternate pick**
d wechselweiser Schusseintrag, wechselweise Schussfolge
f duite alternèe
s pasada alterna
i inserzione alterna di trama

291 **alternating current**
d Wechselstrom
f courant alternatif
s corriente alterna
i corrente alternata

292 **alternating twist**
d alternierende Drehung
f torsion alternée
s torsión alternada
i torsione alterna

293 **alternation**
d Wechselfolge
f alternance
s alternación
i alternanza

294 **alumina, aluminum oxide**
d Tonerde
f alumine, oxyde d'aluminium
s alumina
i allumina, triossido di alluminio

295 **alumina fiber**
d Aluminiumoxidfaser
f fibre d'alumine
s fibra de alumina
i fibra di allumina

296 **aluminum**
d Aluminium
f aluminium
s aluminio
i alluminio

297 **aluminum compound**
d Aluminiumverbindung
f composé d'aluminium
s compuesto de aluminio
i composto di alluminio

298 **aluminum foil**
d Aluminiumfolie
f feuille d'aluminium
s hoja de aluminio
i carta di alluminio

299 **aluminum silicate fiber**
d Aluminiumsilikatfaser
f fibre de silicate d'aluminium
s fibra de silicato de aluminio
i fibra di silicato di alluminio

300 **aluminum soap**
d Aluminiumseife
f savon d'aluminium
s jabón de aluminio
i sapone di alluminio

301 **aluminum stearate**
d Aluminiumstearat
f stéarate d'aluminium
s estearato de aluminio
i stearato di alluminio

302 **ambient temperature**
d Umgebungstemperatur
f température ambiante
s temperatura ambiente
i temperatura ambiente

303 Ambler superdraft
d Ambler-Hochverzug, Kammgarnstreckwerk
f grand étirage Ambler
s superestirado Ambler
i stiro alto Ambler

304 American Egyptian cotton, Upland cotton
d amerikanische Makobaumwolle
f coton égypto-américain, coton Upland
s algodón egipcio americano
i cotone Jumel americano, Marko americano

305 American merino wool
d amerikanische Merinowolle
f laine mérinos américaine
s lana merina americana
i lana merino americana

306 American system processing
d amerikanisches Spinnsystem
f filature système américain
s sistema de hilatura americana
i sistema americano di filatura

307 American Upland cotton
d Upland-Baumwolle
f coton Upland américain
s algodón Upland americano
i cotone Upland americano

308 amide
d Amid
f amide
s amida
i ammide

309 amidoamine
d Amidoamin
f amidoamine
s amidoamina
i ammidoamina

310 amine
d Amin
f amine
s amina
i ammina

311 amine end group
d Aminoendgruppe
f groupe terminal amine
s grupo terminal amina
i gruppo terminale ammina

312 amine soap
d Aminoseife
f savon d'amine
s jabón de amina
i sapone di ammina

313 amine surfactant
d Aminotensid
f surfactif amine
s amina tensioactiva
i tensionattivo di ammina

314 aminized cotton
d aminierte Baumwolle
f coton aminé
s algodón aminado
i cotone amminizzato

315 amino acid
d Aminosäure
f aminoacide, acide aminé
s aminoácido
i amminoacido

316 amino group
d Aminogruppe
f groupe amine
s grupo amino
i gruppo amminico

317 amino oxide
d Aminoxid
f aminoxyde
s óxido de amina
i amminoossido

318 amino resin
d Aminoharz, Aminoplast
f rêsine aminoplaste, aminoplaste, résine aminée
s aminoresina
i resina amminica

319 **aminoalkyl carboxylate**
d Aminoalkylcarboxylat
f aminoalkylcarboxylate
s aminoalcanocarboxilato
i amminoalchilcarbossilato

320 **aminoalkyl sulfate**
d Aminoalkylsulfat
f aminoalkylsulfate
s aminoalcanosulfato
i amminoalchilsolfato

321 **aminoalkyl sulfonate**
d Aminoalkylsulfonat
f aminoalkylsulfonate
s aminoalcanosulfonato
i amminoalchilsolfonato

322 **aminolysis**
d Aminolyse
f aminolyse
s aminólisís
i amminolisi

323 **ammetry**
d Amperemessung
f ampèrométrie
s ampereometría
i amperometria

324 **ammonia**
d Ammoniak
f ammoniaque
s amoniaco
i ammoniaca

325 **ammonia gas**
d Ammoniakgas
f gaz ammoniac
s gas amoniaco
i gas ammoniacale

326 **ammonium**
d Ammonium
f ammonium
s amonio
i ammonio

327 **ammonium compound**
d Ammoniumverbindung
f composé d'ammonium
s compuesto de amonio
i composto di ammonio

328 **ammonium soap**
d Ammoniakseife, Ammonseife
f savon d'ammonium
s jabón de amonio
i sapone all'ammoniaca, sapone ammonico

329 **ammonium sulfate**
d Ammoniumsulfat, schwefelsaures Ammonium
f sulfate d'ammonium
s sulfato de amonio
i solfato di ammonio

330 **amorphous**
d Amorph
f amorphe
s amorfo
i amorfo

331 **amorphous polymer**
d amorphes Polymer
f polymère amorphe
s polimero amorfo
i polimero amorfo

332 **amorphous region**
d amorpher Bereich
f région amorphe
s región amorfa
i regione amorfa

333 **amorphous structure**
d amorphe Struktur, ungeordnete Struktur
f structure amorphe
s estructura amorfa
i struttura amorfa

334 **amphireactivity**
d amphoteres Reaktionsvermögen, amphotere Reaktionsfähigkeit
f amphiréactivitê
s anfireactividad
i reattività anfotera

335 ampholyte
d Ampholit, amphoterer Elektrolyt
f ampholyte
s anfólito
i anfolita, elettrolita anfotera

336 amphoteric
d Amphoter
f amphotère
s anfótero
i anfotero

337 amphoteric character
d amphoterer Charakter
f caractère amphotère
s carácter anfótero
i carattere anfotero

338 amphoteric surfactant, ampholytic surfactant
d amphoteres Tensid, Amphotensid
f surfactif amphotère, surfactif ampholytique
s tensioactivo anfótero
i tensioattivo anfotere, anfotenside

339 amplifier
d Verstärker
f amplificateur
s amplificador
i amplificatore

340 amplitude
d Amplitude, Schwingungsweite
f amplitude
s amplitud
i ampiezza

341 amylnaphthalene sulfonate
d Amylnaphthalinsulfonat
f sulfonate d'amylnaphtalène
s amilnaftalensulfonato
i amilnaftalene solfonato

342 amylopectin
d Amylopektin, Stärkegranulose
f amylopectine
s amilopectina
i aminopectina

343 amylose
d Amylose, Stärkecellulose
f amylose
s amilosa
i amilosio

344 amylose xanthate
d Amylosexanthogenat
f xanthate d'amylose
s xantato de amilosa
i xantato di amilosio

345 analog system
d Analogie-System
f système analogique
s sistema analógico
i sistema analogico

346 analyse
d Untersuchen
f analyser
s analizar
i analizzare

347 analysis
d Analyse, Untersuchung
f analyse
s anàlisis, análisis
i analisi

348 analysis of variance
d Varianzanalyse
f analyse de variance
s análisis de varianza
i analisi della varianza

349 analytical
d analytisch
f analytique
s analítico
i analitico

350 analytical balance
d Präzisionswaage, Analysenwaage
f balance de précision
s balanza de precisión
i bilancia analitica

351 **anchoring**
d Verankerung
f ancrage
s anclaje
i ancoraggio

352 **ancillary detergent**
d oberflächenaktiver Waschmittelzusatz, oberflächenaktiver Zusatz
f additif surfactif
s detergente auxiliar
i additivo tensioattivo

353 **anemometer**
d Anemometer
f anèmomètre
s anemómetro
i anemometro

354 **angle**
d Winkel
f angle
s angulo
i angolo

355 **angle of wrap**
d Umschlingungswinkel
f angle d'enroulement
s ángulo de arrollamiento
i angolo di arrotolamento

356 **angle stripper**
d Flugwender, Wendewalze, Faserflugwender
f cylindre ramasseur de carde laine
s cilindro desborrador en carda de lana
i cilindro spogliatore

357 **Angola fabric**
d Angolagewebe
f tissu Angola
s tejido Angóla
i tessuto Angola

358 **Angola yarn**
d Angolagarn
f fil Angola
s hilo Angóla
i filo Angola

359 **angora**
d Angora
f angora
s angora
i angora

360 **angular acceleration**
d Winkelbeschleunigung
f accélération angulaire
s aceleración angular
i accellerazione angolare

361 **angular deflection**
d Umlenkwinkel
f déviation angulaire
s desviación angular
i angolo di deflessione

362 **angular seaming**
d Zickzack-Nähen
f couture en zigzag
s costura en zigzag
i cucire a zig-zag

363 **angular velocity**
d Winkelgeschwindigkeit
f vitesse angulaire
s velocidad angular
i velocità angolare

364 **anhydride**
d Anhydrid
f anhydride
s anhídrido
i anidride

365 **anhydrous**
d wasserfrei
f anhydre
s anhidro
i anidro

366 **aniline**
d Anilin
f anilíne
s anilina
i anilina

367 **aniline black dye**
d Anilinschwarz
f colorant noir d'aniline
s colorante negro de anilina
i nero d'anilina

368 **animal fat**
d tierisches Fett
f graisse animale
s grasa animal
i grasso animale

369 **animal fiber**
d tierische Faser
f fibre animale
s fibra animal
i fibra animale

370 **animal wax**
d tierisches Wachs
f cire animale
s cera animal
i cera animale

371 **animalizing**
d Animalisierung, Wollähnlichmachen
f animalisation
s animalizado
i animalizzare, fare simile alla lana

372 **anion**
d Anion
f anion
s anión
i anione

373 **anion exchange**
d Anionenaustausch
f échange d'anions
s intercambio de aniones
i scambio anionico

374 **anion exchange resin**
d Anionenaustauschharz
f résine échangeuse d'anions
s resina intercambiadora de aniones
i resina a scambio anionico

375 **anionic character**
d anionische Eigenschaft
f caractère anionique
s caràcter aniónico
i caratteristica anionica

376 **anionic dye**
d anionischer Farbstoff
f colorant anionique
s colorante aniónico
i colorante anionico

377 **anionic group**
d anionische Gruppe
f groupe anionique
s grupo aniónico
i gruppo anionico

378 **anionic polymerization**
d anionische Polymerisation
f polymérisation anionique
s polimerización aniónica
i polimerizzazione anionica

379 **anionic site**
d anionische Stelle
f site anionique
s sitio aniónico
i sito anionico

380 **anionic softener**
d anionaktiver Weichmacher
f adoucissant anionique
s suavizante aniónico
i ammorbidente anionico

381 **anionic surfactant**
d anionaktives Tensid, anionisches Tensid
f surfactif anionique
s tensioactivo aniónico
i tensioattivo anionico

382 **anisotropic**
d Anisotrop
f anisotrope
s anisótropo
i anisotropo

383 anisotropic material
d anisotropes Material
f matière anisotrope
s substancia anisotrópica
i materiale anisotropo

384 anisotropy
d Anisotropie
f anisotropie
s anisotropia
i anisotropia

385 annealing
d Tempern
f traitement de recuit
s recolección
i ricottura

386 anode
d Anode
f anode
s anodo
i anodo

387 anthraquinone
d Anthrachinon
f anthraquinone
s antraquinona
i antrachinone

388 anthraquinone dye, anthraquinonic dye
d Anthrachinonfarbstoff
f colorant anthraquinonique
s colorante antraquinónico
i colorante d'antrachinone

389 anthropometric kinematics
d kinematische Anthropometrie
f cinêmatique anthropométrique, cinématique du corps humain, mouvement du corps humain
s cinemática antropométrica
i antropometria cinematica

390 anthropometric measurement
d anthropometrische Messung
f mesure anthropométrique
s medida antropométrica
i misura antropometrica

391 antibacterial
d Bakterienhemmend
f bactériostatique
s antibacterico
i antibatterico

392 antibacterial finish
d antibakterielle Ausrüstung, Bakterizid-Ausrüstung
f apprêt antibactérien, agent antibactérien
s acabado antibacteriológico
i equipaggiamento antibatteriale, equipaggiamento battericida

393 antibacterial treatment
d antibakterielle Behandlung, bakterizide Behandlung
f traitement antibactèrien
s tratamiento antibacteriológico
i trattamento battericida

394 anticlockwise direction, counterclockwise direction
d Linksdrehung
f sens sinistrorsum, sens inverse des aiguilles de montre
s sentido contrario al del reloj
i rotazione antioraria

395 anticrease finish
d Knitterfestausrüstung
f apprêt infroissable
s apresto inarrugable
i finissaggio antipiega

396 anticrease finished
d knitterfrei veredelt
f infroissabilisé
s inarrugabilizado
i antipiega

397 antifelting agent
d Antifilzhilfsstoff, Antifilzausrüstungsmittel
f agent antifeutrant, agent infeutrable
s agente antifieltrante
i agente antifeltrante

398 **antifelting treatment, felt proofing**
d Filzfreiausrüstung
f traitement antifeutrant, traitement d'infeutrabilité, traitement infeutrable
s tratamiento antifieltrante
i finissaggio antifeltrante

399 **antifoam agent, defoamer**
d Entschäumer
f agent antimousse, produit antiécume
s antiespumante
i antischiuma

400 **antifriction bearing**
d selbstschmierendes Lager
f palier antifriction
s cojinete antifricción
i cuscinetto autolubrificante

401 **antifriction treatment**
d Antifriktionsbehandlung
f apprêt antifriction
s apresto antifricción
i trattamento antifrizione

402 **antifrosting process**
d Übersetzen von Färbungen, Antifrosting-Behandlung
f procédé antigivrage
s procedimiento de anticongelación
i trattamento antifrosting

403 **antimicrobial**
d Antimikrobiotikum
f antimicrobien
s antimicróbico
i antimicrobico

404 **antimicrobial treatment**
d antimikrobielle Behandlung
f traitement antimicrobien
s tratamiento antimicrobiano
i trattamento antimicrobico

405 **antimigrating agent**
d Antimigrationsmittel
f agent d'antimigration
s agente de antimigración
i agente antimigrante

406 **antimony**
d Antimon, Stibium
f antimoine
s antimonio
i antimonio

407 **antimony compound**
d Antimonverbindung
f composé d'antimoine
s compuesto de antimonio
i composto di antimonio

408 **antioxidant agent, antioxidant**
d Antioxydans, Antioxydationsmittel
f agent antioxydant, antioxydant
s antioxidante
i antiossidante

409 **antiperspirant**
d Schweissverhütungsmittel
f agent antitranspiration
s agente antitranspirante
i agente antisudore

410 **antipilling finish, pill resistance finish**
d pillbeständige Ausrüstung
f apprêt antiboulochage
s acabado antibolitas
i tinissaggio antipilling

411 **antipilling treatment, pill resistance treatment**
d pillbeständige Behandlung
f traitement antiboulochage
s tratamiento antibolitas
i trattamento antipilling

412 **antiputrefactive, rot-resistant**
d Fäulnisbeständig
f résistamt à la pourriture
s resistente a la putrefacción
i resistente alla putrefazione

413 **antiredeposition agent**
d Redepositionsgegenmittel, Wiederablagerungsgegenmittel
f agent d'antirédêposition
s agente de antiredeposición
i agente antiridepositante

414 antislip agent
d Schiebefesthilfsmittel
f agent antiglissant, agent antilubrifiant
s agente antideslizante
i agente antislittamento

415 antisnag treatment
d Anti-Snag-Behandlung, Schiebefestmachen von Strumpfmaschen
f apprêt anti-éraillure
s apresto antiroce
i trattamento anti-graffiamento

416 antisnarling device
d Anti-Snarl-Einrichtung, Einrichtung gegen Kringeln
f dispositif antivrille
s dispositivo anticaracolillo
i dispositivo anti-arricciamento

417 antistatic
d Antistatisch
f antistatique
s antistático
i antistatico

418 antistatic agent
d Antistatikum, Antistatikhilfsmittel
f agent antistatique, apprêt antistatique
s agente antiestàtico
i agente antistatico

419 antistatic behaviour
d antistatisches Verhalten, antistatische Eigenschaft
f comportement antistatique
s comportamiento antiestàtico
i comportamento antistatico

420 antistatic fiber
d antistatische Faser
f fibre antistatique
s fibra antiestàtica
i fibra antistatica

421 antistatic treatment
d Antistatikbehandlung, antistatische Behandlung
f traitement antistatique
s tratamiento antiestático
i trattamento antistatico

422 antiwedge ring
d Antiwedge-Ring
f anneau anticoincement, anneau antiwedge
s aro de antiatascamiento
i anello anti-incuneamento

423 APO, tris-aziridinyl phosphine oxide
d APO, Tris-Aziridinylphosphinoxid, Aziridinylphosphinoxid
f oxyde de tris-aziridinylphosphine
s APO
i APO, tris-aziridinilfosfinossido

424 apparatus
d Apparat
f appareil
s aparato
i apparecchio

425 apparel
d Bekleidung
f vêtement
s indumentaria
i indumento

426 apparel design, garment design
d Bekleidungsentwurf
f création de costume, création d'habillement
s creación de vestidos
i creazione di abbigliamento

427 apparel design sketch
d Modeskizze
f esquisse de vêtement
s bosquejo de diseño de vestido
i schizzo di un modello di abito

428 apparel fabric, dressgood
d Kleiderstoff
f tissu pour robe
s tejido para indumentaria
i tessuto per indumenti

429 apparel pattern
d Schnittmuster
f patron
s patrón
i campione di vestiario

430 apparel styling
d Modeschöpfung, Kreation der Mode
f création de mode
s creación de moda
i creazione di moda

431 apparent contact area
d scheinbare Berührungsfläche
f surface apparente de contact
s superficie aparente de contacto
i superficie apparente di contatto

432 apparent volume, bulk density
d Scheinvolumen
f volume apparent
s volumen aparente
i volume apparente

433 application technique
d Anwendungstechnik
f technique d'application
s técnica de empleo
i tecnica di applicazione

434 applied elasticity
d applizierte Elastizität
f élasticité conférée
s elasticidad aplícada
i elasticità applicata

435 apply
d Anwenden
f appliquer
s aplicar, utilizar
i applicare, usare

436 apprentice
d Praktikant
f stagiaire
s practicante
i tirocinante

437 approval
d Genehmigung
f autorisation
s autorización
i autorizzazione

438 approximation
d Näherung
f approximation
s aproximación
i approssimazione

439 apron
d Verzugsriemchen
f manchon d'étirage, lanière, manchon de contrôle
s manguito de estiraje
i cinghietta di stiratoio

440 apron control
d Faserführung im Streckwerk
f contrôle par manchon, contrôle par lanière
s control por manguito
i guidafibre nel banco di stiro

441 apron draİting
d Riemchenverzug
f étirage à manchon, étirage à laniére
s estirado por manguito
i stiratoio a cinghietta

442 aqueous extract
d wässriger Extrakt
f extrait aqueux
s extracto acuoso
i estratto acquoso

443 aqueous medium
d wässriges Medium
f milieu aqueux
s medio acuoso
i mezzo acquoso

444 aqueous scounng
d Waschen im Wasser
f lavage fort en milieu aqueux
s lavado enérgico en medio acuoso
i lavaggio in acqua

445 aqueous solution, water solution
d wässrige Lösung
f solution aqueuse, solution dans l'eau
s solución acuosa
i soluzione acquosa

446 Arachne fabric
d Arachne-Verbundstoff
f tissu Arachné
s tejido Arachne
i tessuto Aracne

447 Arachne system
d Arachne-System, Nähwirktechnik
f système Arachné
s sistema Arachne
i sistema Aracne

448 area
d Flächengrösse
f superficie
s área
i area

449 arginine
d Arginin
f arginine
s arginina
i arginina

450 argon
d Argon
f argon
s argon
i argon

451 argyle gimp
d Bogengimpe, wellige Flechtschnur, Wellengimpe
f ganse façonnèe
s adorno formado por rombos coloreados
i filo in cui uno strato (anima) di diversi fili di cotone è circondato da fili di seta o di metallo avvolti strettamente

452 argyle sock
d Intarsiasocke
f chaussette intarsia
s calcetin intarsia
i calze intarsia

453 arithmetical mean
d Arithmetisches mittel
f moyenne arithmétique
s media aritmetica
i media aritmetica

454 armchair easy chair
d Sessel
f fauteuil
s sillón, butaca
i poltrona

455 armhole
d Armloch, Armelloch
f emmanchure
s sobaquera
i imboccatura della manica

456 aromatic compound
d aromatische Verbindung
f composé aromatique, composé arylique
s compuesto aromático
i composto aromatico

457 aromatic hydrocarbon
d aromatischer Kohlenwasserstofl
f hydrocarbure aromatique
s hidrocarburo aromàtico
i idrocarburo aromatico

458 aromatic polyamide
d aromatisches Polyamid, Aramid
f polyamide aromatique
s poliamida aromática
i poliammide aromatico

459 aromatic polyester
d aromatischer Polyester
f polyester aromatique
s poliéster aromático
i poliestere aromatico

460 arrangement
d Anordnung
f agencement
s colocación
i disposizione

461 Arras tapestry
d Arras-Wandteppich
f tapisserie d'Arras
s tapiceria de Arras
i arazzo d'Arras

462 arsenic
d Arsen
f arsenic
s arsénico
i arsenico

463 arsonium compound
d Arsoniumverbindung
f composé d'arsonium
s compuesto de arsonium
i composto di arsonio

464 artificial blood vessel, arterial replacement
d Arterienersatz, künstliches Blutgefäss
f artère artificielle
s arteria artificial
i arteria artificiale

465 artificial daylight
d künstliches Tageslicht
f lumière du jour artificielle
s luz diurna artificial
i luce diurna artificiale

466 artificial fur
d Pelzimitation, Webfell, Raschelpelz, Maschenpelz
f fourrure artificielle, fausse fourrure
s piel artificial
i pelliccia artificiale

467 artificial lawn
d künstlicher Rasen
f pelouse artificielle, gazon artificiel
s césped artificial
i tappeto erboso sintetico (artificiale)

468 asbestos
d Asbest
f amiante, asbeste, chrysotile
s amianto
i amianto

469 asbestos yarn
d Asbestgarn
f fil d'amiante
s hilo de amianto
i filo d'amianto

470 asbestosfiber
d Asbestfaser
f fibre d'amiante
s fibra de amianto
i fibra d'amianto

471 ascending motion, lift
d Aufwärtsbewegung, Steigung
f mouvement ascendant
s movimiento ascendente
i movimento ascendente

472 asparagin
d Asparagin
f asparagine
s asparragina
i asparagina, monoamide dell'acido aspartico

473 asperity
d Unebenheit
f aspérité
s aspereza
i asperità

474 association
d Assoziation
f association
s asociación
i associazione

475 astrakhan
d Astrachanfell
f astrakan
s astracán
i Astrakhan

476 asymmetric
d Asymmetrisch
f asymmètrique
s asimètrico
i assimmetrico

477 asynchronous
d Asynchron
f asynchrone
s asincrónico
i asincrono

478 atactic
d Ataktisch
f atactique
s atàxico
i atattico

479 atactic polymer
d ataktisches Polymer
f polymère atactique
s polimero atáctico
i polimero atactico

480 athletic clothing
d Bekleidung für Sportler
f vêtement d'athlétisme, vêtement pour prâtique du sport
s ropa para atletismo
i abbigliamento sportivo

481 atmosphere
d Atmosphäre
f atmosphère
s atmósfera
i atmosfera

482 atmospheric dryer
d Freilufttrockner
f séchoir à l'air libre
s secador al aire libre
i asciugatoio atmosferico

483 atmospheric dyeing
d Färben im offenen Gefäss
f teinture à l'air libre
s tintura ai aire libre
i tintura in vasca aperta

484 atmospheric environment
d Raumklima
f atmosphère ambiante
s ambiente atmosférico
i clima ambiente

485 atmospheric pressure
d Atmosphärischer Druck
f pression atmosphèrique
s presión atmosfèrica
i pressione atmosferica

486 atmospheric standard conditions
d Normklimabedingungen
f conditions atmosphèriques standard
s condiciones atmosféricas normales
i condizioni atmosferiche standard

487 atom
d Atom
f atome
s atomo
i atomo

488 atomic
d Atomar
f atomique
s atómico
i atomico

489 atomizer
d Zerstäuber, Sprüher, Sprühgerät
f atomiseur
s atomizador
i atomizzatore, nebulizzatore

490 atomizing
d Zerstäuben, Versprühen
f atomisation, nébulisation
s atomizado
i atomizzare, nebulizzare

491 attenuation
d Abschwächung
f atténuation
s atenuación
i attenuazione

492 Aubusson tapestry
d Aubusson-Bildteppich
f tapisserie d'Aubusson
s tapiceria de Aubusson
i arazzo di Aubusson

493 Australian merino wool
d Austral-Merinowolle
f laine mérinos d'Australie
s lana merina australiana
i lana merino d'Australia

494 author
d Verfasser
f auteur
s autor
i autore

495 authorise
d Autorisieren
f autoriser
s autorizar
i autorizzare

496 autoclave, pressure vessel
d Autoklav
f autoclave
s autoclave
i autoclave

497 autoclaving
d Behandlung im Autoklav, Druckbehandlung
f traitement en autoclave
s tratamiento en autoclave
i trattamento in autoclave

498 auto-correlation
d Autokorrelation
f autocorrélation
s autocorrelación
i autocorrelazione

499 autoleveller
d Regelstrecke
f étirage autorégulateur
s autoestirador
i sistema regolato

500 autoleveller, gill-box
d Regulierstrecke
f Étirage autorégulateur, étireuse à barrettes à double champ avec régulateur
s gill-box (gills)
i stiratoio a semplice campo d'aghi

501 autolevelling
d automatische Bandregelung
f autoégalisation
s autoigualación
i regolazione automatica del nastro

502 autolevellizer
d Luntenregulierapparat
f système autoégalisateur
s sistema autorregulador
i regolatore dello stoppino

503 automatic bobbin winder, automatic spooler
d Spulautomat
f bobineur automatique
s bobinador
i bobinatoio automatico

504 automatic control, automatic regulation
d automatische Steuerung
f contrôle automatique, régulation automatique
s control automático
i controllo automatico

505 automatic doffing
d automatisches Abziehen von Spulen
f levée automatique
s extracción automática
i levata automatica delle bobine

506 automatic hopper feeder
d Wiegespeiser
f chargeuse peseuse
s cargadora pesadora
i caricatrice automatica della carda

507 automatic knotting
d automatisches Anknoten, automatisches Knüpfen
f nouage automatique
s anudado automático
i annodatura automatica

508 automatic loom
d Webautomat
f métier à tisser automatique
s telar automático
i telaio automatico

509 automatic pattern grading
d automatische Schnittmustergradierung, automatische Schnittgrössenänderung
f gradation automatique de patron
s graduación automática de patrones
i gradazione automatica dei campioni

510 automatic piecing
d automatisches Fadenanknüpfen
f rattache automatique
s empalme automático
i annodatura automatica del filo

511 automatic spinning start device
d automatisches Anspinnaggregat
f machine automatique d'amorçage du fil
s màquina automática de inicio de hilos
i gruppo automatico di inizio filatura

512 automatic stop motion
d automatische Abstellvorrichtung, Abstellautomatik, Abschaltautomatik
f dispositif d'arrêt automatique
s mecanismo de paro automàtico
i gruppo automatico di arresto

513 automatic weighing
d automatisches Wiegen
f pesage automatique
s pesaje automático
i pesatura automatizzata

514 automatic winding
d Automatenspulerei
f bobinage automatique
s bobinado automàtico
i bobinatura automatica

515 automaticity
d Automatismus
f automaticitê
s automaticidad
i automatismo

516 automation
d Automatisierung
f automatisation
s automatización
i automazione

517 automatise
d Automatisieren
f automatiser
s automatizar
i automatizzare

518 automotive fabric
d Autopolsterstoff, Autobezugsstoff
f tissu pour automobile
s tejido para automóvil
i tessuto per automobili

519 autonomous
d Autonom
f autonome
s autónomo
i autonomo

520 auxiliary agent
d Hilfsmittel, Hilfsstoff
f agent auxiliaire
s agente auxiliar
i agente ausiliare

521 auxiliary cam
d Hilfsschloss
f came auxiliaire
s leva auxiliar
i camma ausiliare

522 AWL cutting drill
d Stofflagenmarkierungsbohrer
f poinçon de coupe, alêne de coupe, outil de coupe
s herramienta de corte
i trapano da taglio AWL

523 awning
d Markise
f store
s toldo
i marquise

524 awning cloth
d Markisenstoff
f tissu pour store
s tejído para toldos
i tessuto per marquise

525 axial
d Axial
f axial
s axial
i assiale

526 axial compression
d Axialkompression
f compression axiale
s compresión axial
i compressione assiale

527 axial motion
d Axialbewegung, Bewegung in Achsrichtung
f mouvement axial
s movimiento axial
i movimento assiale

528 axiflow opener
d Axi-Flow-Öffner
f ouvreuse axiflow
s abridora axiflow
i lupo apritore axiflow

529 Axminster carpet, Axminster
d Axminsterteppich
f tapis Axminster, Axminster
s alfombra Axminster
i tappeto Axminster

530 Axminster loom
d Axminsterwebmaschine
f métier Axminster
s telar Axminster
i telaio Axminster

531 azeotropic mixture
d azeotropische Mischung
f mélange azéotropique
s mezcla azeotrópica
i miscela azeotropica

532 azide
d Azid
f azide
s azida
i azide

533 azidosulfonyl dye
d Azidosulfonylfarbstoff
f colorant azidosulfonylique
s colorante azidosulfonilico
i colorante azidosulfonilico

534 aziridine compound
d Aziridinverbindung
f composé d'aziridine
s compuesto de aziridina
i composto dell'etilenimmina

535 azoic compound
d Azoverbindung, azoische Verbindung
f composé azoique
s compuesto azoico
i composto azoico

536 azoicdye
d Azofarbstoff
f colorant azoique
s colorante azoico
i colorante azoico

537 azoicdyeing
d Azofärben, Färben mit Azofarbstoffen
f teinture avec colorant azoique
s tintura con azoicos
i tintura azoica

B

538 baby wear
d Babybekleidung
f vêtement pour bébé, layette
s ropa para bebé
i indumenti per neonati

539 back and face effect
d Rechts- und Linksseiteneffekt
f effet envers et endroit
s efecto envés y cara
i effetto dritto e rovescio

540 back, base
d Rücken (Teppich)
f partie dorsale, envers (tapis)
s reverso (alfombra)
i dorso (tappeto)

541 back coating
d Rückenbeschichtung
f enduction d'envers
s recubrimiento del envés
i rivestimento sul rovescio

542 back dryer
d Trockenmansarde
f mansarde
s mansarda
i mansarda

543 back fabric
d Rückengewebe
f revers du tissu
s reverso del tejido
i rovescio del tessuto

544 back filling
d Unterschuss
f trame d'envers
s trama de enves
i trama inferiore di fondo

545 back finishing machine
d Rückenappretiermaschine, Rückenbeschichtungsmaschine
f machine d'apprêt pour envers
s máquina de aprestar por el envês
i macchina per apprettatura sul rovescio

546 back gray, bump gray
d Mitläufertuch
f doublier
s empesa acompañadora
i fodera

547 back roll
d Hinterwalze
f cylindre arrière, cylindre d'entrée
s cilindro posterior
i cilindro posteriore

548 back warp
d Unterkette
f chaíne de fond
s urdimbre de fondo
i ordito di fondo

549 back winder
d Umspulmaschine
f bobinoir de rebobinage
s ovilladora de rebobinado
i riavvolgitrice

550 backed fabric
d rückenbeschichtetes Textil
f tissu renforcé d'envers
s tejido reforzado por el envés
i tessuto rivestito sul rovescio

551 background
d Untergrund
f fond
s fondo
i fondo

552 backing fabric, backing cloth
d rückenverstärkendes Gewebe
f tissu pour renfort d'envers
s tela para refuerzo de forros
i tessuto rinforzato sul rovescio

553 backing fabric, backing material, ground
d Grundgewebe
f tissu de base, de fond
s tejido básico
i tessuto di base

554 **backing material**
d Rückenbeschichtungsmaterial
f matière de renfort d'envers
s materia de refuerzo del envés
i materiale per rivestimento sul rovescio

555 **backing yarn, base yarn, core yarn**
d Grundgarn
f fil de base, fond
s hilo básico
i filo di base

556 **backing-off**
d Abwinden
f dêpointage au renvidage
s despuntado
i svolgere

557 **backpart**
d Rückenteil
f dos de vêtement
s espalda
i spalla

558 **backside**
d Rückseite
f envers
s envés
i rovescio

559 **backstitch**
d Plattstich
f couture par points arrières
s pespunte
i punto piatto

560 **backwashing**
d Lissieren, Kammzugglätten
f lissage
s alisado
i lisciatura, seconda sgrassatura

561 **backwashing machine**
d Kammzugwasch- und Kammzugplättmaschine
f lisseuse
s alisadora
i lisciatrice di tintura

562 **backwashing machine, soothing machine**
d Lisseuse
f lisseuse de la laine
s máquina alisadora
i lisciatrice

563 **bacterial**
d Bakteriell
f bactérien
s bacterico
i batterico

564 **bacterial degradation**
d bakteriologischer Abbau
f dégradation bactérienne
s degradación bacteriana
i degradazione batteriologica

565 **bacterial inhibition, bacteria repellency**
d Bakterienhemmung, Wachstumshemmung der Bakterien
f protection antibactérienne, pouvoir bactéricide, résistance bactérienne
s protección antibacteriana
i protezione antibatterica

566 **bactericide**
d Bakterizid
f bactèricide
s bactericida
i battericida

567 **bacterium**
d Bakterie
f bactérie
s bacteria
i batterio

568 **baffle**
d Reflektor
f réflecteur
s reflector
i riflettore

569 **bagginess, bagging tendency**
d Ausbeulneigung
f pochage, tendance au pochage
s forma de saco
i tendenza alla formazione di sacco

570 bagging
d Einsacken
f ensachage, empaquetage, ensachement
s puesta en sacos
i formazione di sacco

571 bailing carriage, box truck, bobbin truck
d Spulenwagen
f chariot de bobines, chariot porte-bobines
s carro del bobinador
i carrello del bobinatoio

572 balance
d Bilanz
f bilan, balance (des comptes)
s balance, balanza
i bilancio

573 balance wheel
d Schwungrad
f roue volante, volant
s rueda volante
i volano

574 balanced shed
d reines Fach, sauberes Fach
f foule èquilibrée
s calada equilibrada
i passo equilibrato

575 balanced weave
d gleichseitige Gewebebindung
f armure équilibrèe
s ligamento neutro
i armatura equilibrata

576 balancing
d Auswuchten, Unwuchtbeseitigen
f èquilibrage
s equilibrado
i equilibratura

577 baldness
d glattes Aussehen
f aspect lisse
s aspecto liso
i aspetto raso

578 bale breaker
d Ballenbrecher, Zupfer, Ballenöffner
f brise-balles
s abridora de balas
i apriballe, rompiballe

579 bale breaking
d Ballenbrechen, Zupfen
f déchiquetage de balle
s apertura de balas
i apertura delle balle

580 bale plucker, bale picker
d Ballenzupfer
f floconneuse, éplucheur de balle
s abridora de balas por arranque
i sfeltratrice di balle

581 bale strapping
d Ballenumreifen
f cerclage de balle
s encerclado de balas
i cerchiatura delle balle

582 baling
d Ballen Pressen (in)
f mise en balle
s enfardado
i pressare le balle

583 baling machine
d Ballenpresse
f machine de mise en balle, presse à balle
s máquina de embalar
i pressa per balle

584 ball
d Kugel
f bille
s bola
i sfera

585 ball and socket tension
d Kugelzapfenspannung
f tension par bille et rondelle
s tensión por bola y rondel
i tensione del giunto sferico

586 ball bearing
d Kugellager
f roulement à billes
s rodamiento de bolas
i cuscinetto a sfere

587 ball burst test(ing)
d Kugelberstdruckprüfung
f contrôle de l'éclatement à la bille, essai d'éclatement à la bille
s ensayo al estallido por bola
i prova di scoppio della sfera

588 ball winder
d Knäuelwickelmaschine
f pelotonneuse
s ovilladora
i gomitolatrice

589 balling head
d Knäuelwickelstelle
f tête pelotonneuse, tête bobineuse
s mecanismo arrollador de cinta
i testa gomitolatrice

590 ballistic fabric
d kugelsicheres Textil
f tissu balistique, tissu pare-balle
s tejido balistico
i tessuto antiproiettile

591 ballistic tester
d Pendelhammer, Ballistiktester
f mouton pendulairet
s mazo pendular
i pendolo di Charpy

592 ballistic testing
d Beschussprüfung, Kugeltest
f contrôle balistique
s ensayo balistico
i prova con arma da fuoco

593 balloon collapse
d Ballonzusammenbruch, Zusammenbruch des Fadenballons
f effondrement du ballon
s colapso del balón
i rottura del ballone

594 balloon control
d Ballonregelung
f contrôle du ballon
s control del balón
i controllo del ballone

595 balloon control double ring
d doppelter Balloneinengungsring
f anneau antiballon double
s anillo antibalón doble
i anello doppio di restrizione del ballone

596 balloon control ring, balloon ring
d Balloneinengungsring, Einengungsring des Fadenballons, Ballonbegrenzer
f anneau de contrôle du ballon, anneau antiballon, anneau de contrôle du ballon
s anillo de control del balón
i anello di restrizione del ballone

597 balloon dynamics
d Ballondynamik, Dynamik des Fadenballons
f dynamique du ballon
s dinàmica del balón
i dinamica del ballone

598 balloon height
d Ballonhöhe, Höhe des Fadenballons
f hauteur du ballon
s altura del balón
i altezza del ballone

599 balloon separator
d Ballontrenner
f séparateur de ballon
s separador de balón
i separatore del ballone

600 balloon shape
d Ballonform, Form des Fadenballons
f forme du ballon
s forma del balón
i forma del ballone

601 balloon (spinning)
d Ballon (spinnen)
f ballon (filer)
s balón (hilar)
i ballone (filatura)

602 balloon stability
d Ballonstabilität, Stabilität des Fadenballons
f stabilité du ballon
s estabilidad del balón
i stabilità del ballone

603 balloon tension, spinning tension
d Ballonzug, Ballonspannung, Spannung im Fadenballon
f tension du ballon, tension lors de la filature
s tensión del balón
i tensione del ballone

604 band of warp threads, warp layer
d Schärband
f ruban de fil de chaine
s cinta de hilo del urdimbre
i nastro di filo dell'ordito

605 band, waistband (apparel)
d Bund (Kleidung)
f ruban, écharpe (habillement)
s haz (vestuario)
i fascia, nastro (abbigliamento)

606 bandage
d Bandage, Verband
f bandage
s vendaje
i benda

607 banding
d Schnüren
f assemblage par bande
s ensamblado por cintas
i allacciare

608 bandsaw
d Bandmesser
f scie à ruban
s sierra de cinta
i sega a mastro

609 banging off
d Webladenblockierung
f blocage du métier à tisser
s blocaje del telar
i bloccaggio del telaio

610 bar tack
d Riegelnaht
f bride d'arrêt
s brida de paro
i cucitura di blocco

611 bar tacking, seam binding
d Nahtriegel, Riegel
f arrêt de couture, consolidation de couture, passementage de couture
s rematado de la costura
i arresto di cucitura, consolidamento di cucitura

612 bar warp machine
d Bar-Warp-Spitzenmaschine
f métier bar warp
s máquina bar warp
i macchina Bar-Warp per merletti

613 barathea
d Barathea
f barathêa
s baratea
i baratea, tessuto incrociato con disegno in rilievo

614 barium
d Barium
f baryum
s bario
i bario

615 barium activity number
d Bariumaktivzahl
f indice d'activité du baryum
s indice de actividad del bario
i indice di attività del bario

616 barium compound
d Bariumverbindung
f composé de baryum
s compuesto de bario
i composto del bario

617 barium hydroxide
d Bariumhydroxid
f hydroxyde de baryum
s hidróxido de bario
i idrossido di bario

618 Barmen lace
d Barmer Bogen, Bogenspitze
f dentelle Barmen
s encaje Barmen
i merletto Barmer

619 Barmen machine
d Barmer Maschine, Barmer Spitzenmaschine
f métier à dentelle Barmen
s máquina Barmen
i macchina di Barmer

620 Barotor machine
d Barotor Färbemaschine, Hochtemperaturfärbeapparat
f machine à teindre Barotor
s máquina de tenir Barotor
i apparecchio per tintura barotor

621 barras
d Galipot, Barras
f rêsine galipot
s resina baras
i resina di pino

622 barre
d Ringligkeit
f barrure, barre
s barra
i barrato

623 barrier
d Schranke
f barrière
s barrera, limite
i barriera

624 barrines in the weft
d Schussstreifen
f barré en trame
s barrado por trama
i tessuto barrato di trama

625 barriness scale
d Ringligkeitsmass
f échelle de barrures
s escala de barrados
i scala del barrato

626 base
d Base, Lauge
f base chimique
s base quimica
i base

627 base bond
d alkalische Bindung, basische Bindung
f liaison basique
s enlace básico
i legame basico

628 base fabric
d Grundware
f Étoffe, tissu de base
s tejido de base
i tessuto di base

629 base pattern
d Grundmuster
f modèle de base, dessin de base
s dibujo, modelo de base
i disegno, modello di base

630 base research
d Grundlagenforschung
f recherche de base
s busqueda de base
i ricerca di base

631 basic
d basisch
f basique
s bàsico
i basico

632 basic character
d basische Eigenschaft
f caractère basique
s caràcter básico
i carattere basico

633 basic dye, cationic dye
d basischer Farbstoff, kationischer Farbstoff
f colorant basique, colorant cationique
s colorante básico
i colorante basico, colorante cationico

634 basic dyeing, cationic dyeing
d kationisches Färben, Färben mit kationischen Farbstoffen
f teinture avec colorant basique, teinture cationique
s tintura con colorante bàsico
i tintura cationico, tintura con coloranti cationici

635 basic medium
d basisches Medium
f milieu basique
s medio básico
i mezzo basico

636 basket weave
d Würfelbindung
f armure natte
s ligamento de esterilla
i armatura Panama

637 bast fiber
d Bastfaser, Stengelfaser
f fibre libérienne, fibre dure
s fibra líberiana
i rafia

638 bast tow
d Wergspinnkabel
f filasse
s estopa
i tow di stoppa

639 basting
d Heften
f faufilage
s hilvanado
i imbastire

640 basting thread
d Heftgarn
f fil à bâtir, faux-fil
s hilo de hilvanar
i filo per imbastire

641 batch
d Partie
f lot
s lote
i lotto

642 batch drying
d partieweises Trocknen
f séchage par lot
s secado por lote
i asciugare a lotti

643 batch dyeing
d partieweises Färben
f teinture par lot
s tintura por lote
i tintura a lotti

644 batch dyeing machine
d Färbemaschine für Partiefärben
f machine de teinture par lot
s màquina de tintura por lotes
i macchina per tintura a lotti

645 batch finishing
d partieweise Veredlung
f apprêt par lot
s apresto por lotes
i finissaggio a lotti

646 batch process
d partieweises Behandlungsverfahren
f traitement par lot
s tratamiento por lote
i trattamento a lotti

647 batch roll
d Aufwickelwalze, Wickelbaum
f rouleau de manutention
s rodillo de manutención
i rullo avvolgitore

648 batch scouring
d partieweises Waschen
f lavage par lot
s lavado por lotes
i lavaggio a lotti

649 bath
d Bad
f bain
s baño
i bagno

650 bath exhaustion
d Baderschöpfung
f épuisement du bain
s agotamiento del bano
i esaurimento del bagno

651 bath ratio, liquor ratio
d Flottenverhältnis
f rapport de bain, rapport de solution
s relación de bano
i rapporto della soluzione, rapporto del bagno

652 bath-robe
d Bademantel
f peignoir de bain
s albornoz
i accapatoio da bagno

653 batik dyeing
d Batikfärbung
f teinture batik
s tintura batik
i tintura batik

654 batik dyeing machine
d Batikfärbemaschine
f machine de teinture batik
s máquina de tenir batik
i macchina per tintura batik

655 batiste
d Batist
f batiste
s batista
i batista

656 battery
d Trockenbatterie
f pile électrique
s pila eléctrica
i pila a secco

657 batting
d Wickelbildung
f formation de nappe
s formación de napa
i formazione della rocca

658 battledress
d Kampfanzug
f tenue de combat
s atuendo de combate
i tuta da combattimento

659 beach robe
d Strandkleid
f robe de plage
s ropa de playa
i prendisole

660 beadinglace
d Perlstickerei
f dentelle petit galon
s encaje perlado
i merletto perlato

661 beam
d Baum
f ensouple
s plegador
i subbio

662 beam flange, beam head
d Kettbaumflansch
f plateau d'ensouple, flasque d'ensouple
s plato del plegador
i flangia sel subbio

663 beaming
d Bäumen, Aufwickeln auf den Baum
f ensouplage
s plegado de la urdimbre
i insubbiare

664 beaming machine
d Bäummaschine
f machine d'ensouplage
s plegadora de urdimbre
i insubbiatrice

665 beam/roller/cylinder ledge
d Einlegeleiste
f listel d'insertion de l'ensouple
s vara de plegador
i listello del subbio

666 bearded mote
d festsitzende Verunreinigung
f impureté tenace
s impureza tenaz
i impurità tenace

667 bearded needle
d Hakennadel
f aiguille à barbe
s aguja con barba
i ago a becco

668 bearded needles pressing
d Pressen der Spitzennadel
f pressage des aiguilles à bec
s prensado de las agujas de ganchillo
i pressatura dell'ago a becco

669 bearing
d Lager
f palier
s cojinete
i cuscinetto

670 bearing alloy
d Lagermetallegierung, Legierung für Lagermetall
f alliage pour palier
s aleación para cojinete
i lega per cuscinetti

671 bearing load capacity
d Lagertragfähigkeit
f capacité de charge du palier
s capacidad de carga del cojinete
i portata del cuscinetto

672 beater
d Schlagmaschine, Batteur-Schlagmaschine
f batteur
s batidor
i battitoio

673 beatingup
d Schussanschlag
f battage de la duite, enfoncement de la duite
s ajuste de la trama
i arresto della trama

674 Beauvais tapestry
d Beauvais-Teppich
f tapisserie de Beauvais
s tapiceria de Beauvais
i tappeto di Beauvais

675 beaver cloth
d Biber, Rauhbettuch
f castorine, tissu castor
s castorina
i castoro tessuto

676 beck
d Färbekufe
f bac de teinture
s barca
i vasca per tintura

677 beck dyeing, winch dyeing
d Kufenfärben
f teinture en bac à tourniquet, teinture sur bac à traquet
s tintura en tina de torniquete
i tintura in vasca

678 bed quilt
d Steppdecke
f couverture piquée
s colcha pespunteada
i trapunta

679 bedcloth
d Bettwäsche
f linge de lit
s ropa de cama
i biancheria da letto

680 Bedford cord
d Bedford-Kord
f côte de cheval
s canutillo
i Bedford cords

681 bedjacket
d Bettjacke
f liseuse
s mañanita
i liseuse

682 **bedpress**
d Muldenpresse
f presse à cuvette
s prensa de cubeta
i pressa a conchiglia

683 **bedsheet**
d Bettuch, Bettlaken
f drap de lit
s sabana
i lenzuolo

684 **bedsock**
d Bettschuh
f chausson de lit, chausson de nuit
s calcetín de dormir
i calze da notte

685 **bedspread**
d Tagesdecke
f dessus de lit
s cubrecama
i copriletto

686 **beer, porter**
d Fadenschar
f portée de fils
s portada
i portata

687 **beetling**
d Beetlen, Stampfmangel
f manglage à maillet
s maceado
i mangano per pigiare

688 **behaviour**
d Verhalten
f comportement
s comportamiento
i comportamento

689 **behaviour by combustion**
d Verbrennungsverhalten
f comportement pendant la combustion
s comportamiento en combustión
i comportamento durante la combustione

690 **bell curve**
d Glockenkurve
f courbe en cloche, curve de Gauss
s curva a campana, curva de Gauss
i curva a campana, curva di Gauss

691 **belt**
d Riemen, Treibriemen, Antriebsriemen
f courroie, courroyage
s correa
i cinghia, cinghia di trasmissione

692 **belt crimping**
d Texturieren durch Nitscheln
f texturation sur lanière
s texturado en correhuela
i testurizzazione mediante frottatura

693 **belt drive**
d Riemenantrieb
f commande par courroie
s accionamiento por correa
i trasmissione a cinghia

694 **belt loop**
d Gürtelschlaufe
f passant de ceinture
s anilla de cinturón
i anello della cinghia

695 **belt slippage**
d Riemenschlupf
f glissement de courroie
s deslizamiento de correa
i slittamento della cinghia

696 **belt tension**
d Riemenspannung
f tension de courroie
s tensión de la correa
i tensione della cinghia

697 **bending energy**
d Biegeenergie
f énergie de courbure
s energia de curvatura
i energia di flessione, energia di curvatura

698 bending, flexing
d Biegen
f courbure
s doblado
i piegare

699 bending length
d Biegelänge
f longueur de courbure
s longitud de curvatura
i lunghezza di curvatura

700 bending moment
d Biegemoment
f moment de flexion, moment de courbure
s momento de flexión
i momento di flessione

701 bending moment diagram
d Biegemomentdiagramm
f diagramme des moments de flexion, diagramme des moments de courbure
s diagrama de momento de flexión
i diagramma dei momenti di flessione

702 bending rigidity, bending stilfness
d Biegesteifheit
f rigiditê de courbure, raideur de courbure
s rigidez a la curvatura
i rigidità alla flessione

703 bending testing
d Biegeprüfung
f contrôle de la courbure
s ensayo a la flexión
i prova di flessione

704 bendingrecovery
d Biegeerholung
f récupération de courbure
s recuperación de curvatura
i recupero della flessione

705 benzamide
d Benzamid
f benzamide
s benzamida
i benzammide

706 benzene
d Benzol
f benzéne
s benceno
i benzene, benzolo

707 benzene compound, benzenic compound
d Benzolverbindung, Benzolderivat
f composé benzénique
s compuesto bencénico
i composto benzenico, derivato benzolico

708 benzoate
d Benzoat
f benzoate
s benzoato
i benzoato (sale dell'acido benzoico)

709 benzoic acid
d Benzoesäure
f acide benzoique
s àcido benzoico
i acido benzoico

710 benzophenone
d Benzophenon
f benzophénone
s benzofenona
i benzofenone

711 benzoyl peroxide
d Benzoylperoxid
f peroxyde de benzoyle
s peróxido de benzoilo
i perossido di benzoile

712 benzoylated cotton
d benzolierte Baumwolle
f coton benzoylé
s algodón benzoilado
i cotone benzoilato

713 benzoylation
d Benzoylierung
f benzoylation
s benzoilación
i benzoilizzazione

714 benzyl alcohol
d Benzylalkohol
f alcool benzylique
s alcohol bencilico
i alcool benzilico

715 benzyl benzoate
d Benzylbenzoat
f benzoate de benzyle
s benzoato de bencilo
i benzoato di benzile

716 benzyl chloride
d Benzylchlorid
f chlorure de benzyle
s cloruro de bencilo
i cloruro di benzile

717 benzylation
d Benzylierung
f benzylation
s bencilación
i benzilazione

718 benzylcellulose
d Benzylcellulose
f benzylcellulose
s bencilcelulosa
i cellulosa di benzile

719 berber carpet
d Berberteppich
f tapis berbère
s alfombra berbera
i tappeto berbero

720 berber yarn
d Berbergarn
f fil berbère
s hilo bérbero
i filo berbero

721 beret
d Baskenmütze, Barett
f bêret
s boina
i basco

722 beryllium
d Beryllium
f béryllium
s berilio
i berillio

723 beryllium chloride
d Berylliumchlorid
f chlorure de béryllium
s cloruro de berilio
i cloruro di berillio

724 beryllium compound
d Berylliumverbindung
f composé de bèryllium
s compuesto de berilio
i composto di berillio

725 beryllium hydroxide
d Berylliumhydroxid
f hydroxyde de bèryllium
s hidróxido de berilio
i idrossido di berillio

726 BET isotherm, Brunnauer-Emmett-Teller Isotherm
d BET-Isotherme
f isotherme BET
s isoterma BET
i isoterma BET (Brunnauer-Emmet-Teller)

727 beta gauge
d Dickenmessgerät mit Betastrahlen
f jauge bêta
s galga beta
i spessimetro a raggi beta

728 beta keratin
d Beta-Keratin
f kératine bêta
s queratina beta
i beta-cheratina

729 beta ray
d Beta-Strahlung
f rayon bêta
s rayo beta
i raggi beta

730 **betaine**
d Betain
f bètaïne
s betaina
i betaina

731 **bias binding, bias tape**
d Schrägband
f ruban de voile oblique, incliné
s banda inclinada
i nastro obliquo

732 **bias cut ribbon**
d Schrägschnittstreifen, Schrägstreifen
f ruban coupé en biais, ruban biais
s cinta cortada en bies
i nastro obliquo, a taglio obliquo

733 **bias cut, sloping**
d Schrägschnitt
f coupe en biais, confection biais
s corte en bies
i taglio obliquo

734 **bias strech**
d Schrägverzug
f Étirage transversal
s estirage transversal
i stiraggio transversale

735 **biassed fabric**
d Diagonalgewebe
f tissu en biais
s tejido al bies
i tessuto diagonale

736 **biaxial**
d Biaxial
f biaxial
s biaxial
i biassiale

737 **biaxial strength**
d biaxiale Festigkeit, Festigkeit in zwei Richtungen
f résistance biaxiale
s resistencia biaxial
i resistenza biassiale

738 **biaxial stress**
d biaxiale Spannung
f contrainte biaxiale
s esfuerzo biaxial
i tensione biassiale

739 **bibliography**
d Literatur
f littérature
s literatura
i bibliografia

740 **bicarbonate**
d Bicarbonat, Hydrogencarbonat
f bicarbonate
s bicarbonato
i bicarbonato

741 **bicolored**
d zweifarbig
f bicolore
s bicolor
i bicolore

742 **bicomponent fiber, bicomponent filament**
d Bikomponentenfaser
f fibre à deux composants
s fibra bicompuesta
i fibra a due componenti

743 **bicomponent filament**
d Bikomponentenfilament
f filament à deux composants
s filamento bicomponente
i filato a due componenti a bava continua

744 **bicomponent ililament yarn**
d Bikomponentenfilamentgarn
f fil de filaments à deux composants
s hilo de filamentos de dos componentes
i filo a due componenti a bava continua

745 **bicomponent spinning, conjugate spinning**
d Bikomponentenerspinnen
f filage à deux composants
s hilatura con dos componentes
i filatura a due componenti

746 **bicomponent staple spun yarn**
d Bikomponentenfasergarn
f fil de fibres à deux composants
s hilo de fibras bicompuestas
i filo di fibra a due componenti

747 **bicomponent structure**
d bikomponente Struktur
f structure à deux composants
s estructura bicompuesta
i struttura a due componenti

748 **biconstituent fiber**
d Bikonstituentenfaser
f fibre à deux constituants
s fibra de dos constituyentes
i fibra bicostituente

749 **biconstituent fiber spun yarn**
d Bikonstituentengarn
f fil de fibres à deux constituants
s hilo de fibras de dos componentes
i filo bicostituente

750 **biconstituent filament**
d Bikonstituentenfilament
f filament à deux constituants
s filamento de dos constituyentes
i filato bicostituente a bava continua

751 **biconstituent filament yarn**
d Bikonstituentenfilamentgarn
f fil de filaments à deux constituants
s hilo de filamentos a dos constituyentes
i filo bicostituente a bava continua

752 **bikini**
d Bikini, zweiteiliger Badeanzug
f bikini
s bikini
i bikini

753 **bilateral fiber strncture**
d bilaterale Faserstruktur
f structure bilatérale des fibres
s estructura bilateral de las fibras
i struttura bilaterale delle fibre

754 **bilateral rapier loom**
d Webmaschine mit beidseitigen Greifern, beidseitige Greifermaschine
f machine à tisser à lances bilatérales
s màquina de tejer de lanzas bilaterales
i telaio con pinze bilaterali

755 **billiard cloth, baize**
d Billardtuch
f drap de billard
s paño de billar
i panno da biliardo

756 **binary value**
d Binärwert
f valeur binaire
s valor binario
i valore binario

757 **binder**
d Bindemittel
f liant
s ligante
i legante

758 **binder efficiency**
d Bindemittelwirksamkeit
f efficacité du liant
s eficacia del ligante
i efficacia del legante

759 **binder migration**
d Bindemittelwanderung
f migration du liant
s migración del ligante
i migrazione del legante

760 **binder yarn**
d Bindefaden
f fil de liage
s hilo de unión
i spago

761 **binomial distribution**
d Binominalverteilung
f distribution binomial
s distribución binomial
i distribuzione binomiale

762 biochemical
d biochemisch
f biochimique
s bioquimico
i biochimico

763 biochemical oxygen demand, BOD
d biochemischer Sauerstoffbedarf, BSB
f demande biologique en oxygène, DBO
s demanda biológica de oxigeno
i fabbisogno di ossigeno biochimico

764 biochemical property
d biochemische Eigenschaft
f propriété biochimique
s propiedad bioquimica
i proprietà biochimica

765 biochemical treatment
d biochemische Behandlung
f traitement biochimique
s tratamiento bioquimico
i trattamento biochimico

766 biochemistry
d Biochemie
f biochimie
s bioquimica
i biochimica

767 biodegradability
d biologische Abbaufähigkeit
f biodégradabilité
s biodegradabilidad
i biodegradabilità

768 biodegradation
d biologischer Abbau
f biodègradation
s biodegradación
i biodegradazione

769 biological
d Biologisch
f biologique
s biológico
i biologico

770 biological tissue
d biologisches Gewebe
f tissu biologique
s tejido biológico
i tessuto biologico

771 biological treatment
d biologische Behandlung
f traitement biologique
s tratamiento biológico
i trattamento biologico

772 biology
d Biologie
f biologie
s biología
i biologia

773 biotextile
d Biotextil
f biotextile
s biotextil
i biotessile

774 biphenyl, diphenyl
d Biphenyl, Diphenyl
f biphényle
s difenilo
i difenile

775 birefringence
d Doppelbrechung
f birèfringence
s birrefringencia
i birifrangenza

776 bis-hydroxyethylene-sulfone, BHES
d Bishydroxyethylensulfon
f bis-hydroxyéthyl-sulfone, BHES
s bíhidroxietilsulfona
i bisidrossietilensulfonato BHES

777 bismuth
d Wismut
f bismuth
s bismuto
i bismuto

778 **bismuth bromide**
d Wismutbromid
f bromure de bismuth
s bromuro de bismuto
i bromuro di bismuto

779 **bismuth chloride**
d Wismutchlorid
f chlorure de bismuth
s cloruro de bismuto
i chloruro di bismuto

780 **bismuth compound**
d Wismutverbindung
f composé de bismuth
s compuesto de bismuto
i composto di bismuto

781 **bisulfate**
d Bisulfat, Hydrogensulfat
f bisulfate
s bisulfato
i bisolfato, solfato acido

782 **bisulfite**
d Bisulfit, Hydrogensulfit
f bisulfite
s bisulfito
i bisolfito, solfito acido

783 **bitumen**
d Bitumen
f bitume
s asfalto
i bitume

784 **blackbody**
d schwarzer Körper
f corps noir
s cuerpo negro
i corpo nero

785 **blade**
d Klinge
f lame
s hoja, cuchilla, espada
i lama

786 **blade cutting**
d Messerschnitt
f coupe à la lame
s corte a la hoja
i taglio a lama

787 **Blamire feed**
d Blamire-Zuführung
f alimentation Blamire
s alimentación Blamire
i alimentazione Blamire

788 **blank needle, dummy needle**
d Leernadel
f fausse aiguille
s aguja ciega
i falso ago

789 **blanket**
d Bettdecke, Schlafdecke
f couverture de lit
s manta
i coprta

790 **blanket mark**
d Mitläuferabdruck
f marque de blanchet
s marca de paño sin fin
i marchio della coperta

791 **blazer**
d Blazer
f blazer
s blazer
i blazer

792 **bleach**
d Bleichen
f blanchir
s blanquear
i candeggiare

793 **bleached knitted fabric**
d gebleichte Maschenware
f tricot blanchi
s tejido de punto blanqueado
i maglieria sbiancata

794 bleached woven fabric
d gebleichtes Gewebe
f tissu blanchi
s tejido blanqueado
i tessuto sbiancato

795 bleached yarn
d gebleichtes Garn
f fil blanchi
s hilo blanqueado
i filo sbiancato

796 bleachery, bleach house
d Bleicherei
f entreprise de blanchiment, atelier de blanchiment
s empresa de blanqueo
i candeggio

797 bleaching agent
d Bleichmittel
f agent de blanchiment, produit de blanchiment
s agente de blanqueo
i candeggiante

798 bleaching lime
d Bleichkalk
f chaux de blanchiment
s cal de blanqueo
i calce sbiancante

799 bleaching machine
d Bleichapparat, Bleichmaschine
f machine de blanchiment
s máquina de blanqueo
i macchina per candeggio

800 bleaching range
d Bleichanlage
f assortiment de blanchiment
s línea de blanqueo
i impianto di candeggio

801 bleaching, whitening
d Bleichen
f blanchiment
s blanqueo
i candeggio, sbiancatura

802 bleeding
d Ausbluten
f dégorgement
s corrimiento
i stingere, bleeding

803 bleeding testing
d Ausblutungsprüfung
f contrôle de dégorgement
s ensayo de corrimiento
i prova di bleeding

804 blend drafting
d Mischstrecke
f étirage mélangeur
s estiraje mezclador
i mescolatrice

805 blend dyeing
d Färben von Fasermischungen
f teinture de mélange
s tintura de mezcla
i tintura di miscele di fibra

806 blend ratio
d Mischungsverhältnis
f proportion du mélange
s proporción de mezcla
i proporzione della miscela

807 blended fabric
d Mischgewebe
f tissu mixte
s tejido de mezcla
i tessuto misto

808 blended fiber ratio, blend level
d Fasermischungsverhältnis
f pourcentage des fibres du mélange, proportion du mélange
s porcentaje de fibras de la mezcla
i percentuale di fibre della miscela

809 blended yarn
d Mischgarn
f fil mixte
s hilo de mezcla
i filo misto

810 blender
d Mischeinrichtung, Mischer
f mélangeuse
s mezclador
i miscelatore

811 blending
d Spinnpartiemischen
f mélange de filature
s mezcla de hilatura
i miscela della filatura

812 blending at drawing
d Streckenbandmischen, Faserbandmischen
f mélange à l'étirage
s mezcla en el estirado
i miscela del nastro di stiratoio

813 blind lockstitch
d Steppblindstich
f point noué invisible
s pespunte calado invisible
i punto calato invisibile

814 blind stitching
d Blindnähen
f couture invisible
s costura invisible
i cucitura invisibile

815 blindstitch
d Blindstich
f point invisible
s punto invisible
i punto invisibile

816 blister stitch fabric
d Reliefmaschenware
f tricot relief
s tricot en relieve
i magliera in rilievo

817 block polymer
d Blockpolymer
f bloc polymère
s polímero en bloque
i polimero a blocchi

818 block printing
d Drucken mit Holzmodel, Handdruck
f impression à la planche
s estampación con moldes
i xilografia

819 block printing equipmentt
d Druckmodel
f planche pour impression
s equipo para estampación con moldes
i modello per stampigliare, per stampare

820 blocking
d Blockierung
f blocage
s bloqueo
i bloccaggio

821 bloom
d Samtglanz
f brillant velours
s brillante terciopelo
i brillantezza velluto

822 blotchiness
d sprenkliges Aussehen, schippriges Aussehen, fleckiges Aussehen
f aspect moucheté
s aspecto salpicado
i aspetto macchiato

823 blouse
d leichtes Kleid, Hemdbluse
f robe légère, chemisier, chemisette
s blusa, blusa camicera, camisero
i vestito leggero, camicetta

824 blower
d Bläser, Gebläse
f matériel de soufflage, équipement de soufflage
s material para soplado
i soffiante

825 blowfinish
d Bauschappretur
f apprêt gonflant
s apresto hinchante
i finissaggio di voluminizzazione

826 blowing
d Blasen, Abblasen
f soufflage
s soplado
i soffiaggio

827 blowing room, opening room
d Putzerei
f chambre d'ébarbage
s camara para desborrar
i camera per sbavatura

828 blueing
d Bläuen, Blauen
f azurage
s azulado
i azzurraggio

829 blueing agent
d Bläuungshilfsmittel, Blauungshilfsmittel
f agent d'azurage
s agente para azulado
i agente azzurrante

830 bluette
d Berufsköper, Köper für Berufskleidung
f croisé pour vêtement de travail
s sarga para ropa de trabajo
i tessuto diagonale, a spiga, per abiti da lavoro

831 board
d Fixieiform
f forme de formage
s horma
i forma

832 boarding
d Form Ziehen (auf)
f mise sur forme, finissage à la presse
s puesta en horma
i messa in forma

833 boat sail
d Segel
f voile de bateau
s vela de barco
i vela

834 boat shuttle
d Grossraumschützen
f grosse navette
s lanzadera de gran capacidad
i navetta grande

835 bobbin
d Spinnkops
f fuseau
s husada
i bobina

836 bobbin base
d Spulenfuss
f culot de bobine
s culote de la bobina
i base della bobina

837 bobbin dyeing
d Spulenfärben
f teinture sur fuseau
s tintura en bobinas
i tintura in bobina

838 bobbin dyeing machine
d Spulenfärbemaschine
f machine de teinture sur fuseau
s máquina de tintura en bobinas
i macchina per tintura in bobina

839 bobbin hook
d Nähmaschinenspulenhalter
f doigt de navette
s dedo de lanzadera
i portabobine

840 bobbin lace, pillow lace
d Klöppelspitze
f dentelle aux fuseaux
s encaje de bolillos
i pizzo a tombolo

841 bobbin lead
d Flyerspulenvoreilung
f renvidage par la bobine
s arrollado por la bobina
i anticipo spola di banco a fusi

842 bobbin loop
d Unterfadenschlaufe
f boucle de navette
s bucle de bobina
i riccio (anello) di bobina

843 bobbin stripping machine
d Hülsenreinigungsmaschine
f machine à nettoyer les fonds de bobines
s máquina para limpiar fondos de bobinas
i tagliastrazza

844 bobbin top
d Spulenkopf
f pointe de la bobine
s cabeza de la bobina
i testa della bobina

845 bobbincase
d Unterfadenspulengehäuse
f boîte à bobines
s caja para bobinas
i cassa per bobina

846 bobbinet fabric
d Bobinetware, Bobinettüll
f tulle
s tul
i tulle

847 bobbinet lace
d Tüllspitze
f dentelle tulle
s encaje con tul
i pizzo tulle

848 bobbinet machine, plain net machine
d Bobinet-Maschine
f métier pour tulle
s telar para tul
i bobinatore

849 bodice
d Bluse, Damenbluse
f corsage
s corpino
i camicetta

850 bodystocking
d Bodystocking
f bodystocking
s bodystocking
i bodystocking

851 boil off machine
d Abkochapparat, Kochmaschine, Brennbock, Brennmaschine
f machine de débouillissage
s máquina de lavado-descrudado
i macchina di sgrassatura per ebollizione

852 boiler
d Kessel
f chaudiére
s caldera
i caldaia

853 boiler scale
d Kesselstein
f tartre
s sedimento de caldera
i incrostazione della caldaia

854 boiling off
d Abkochen
f débouillissage
s lavado-descrudado
i sgrassatura per ebollizione

855 boiling point
d Siedepunkt
f point d'ébullition
s punto de ebullición
i punto di ebollizione

856 boiling shrinkage
d Kochschrumpf
f retrait à l'èbullition
s encogimiento a la ebullición
i raccorciamento per ebollizione

857 bolster
d Spindelhalslager, Spindelschaftlager
f crapaudine
s collarín del huso de anillos
i collarino del fuso

858 bolt
d Bolzen
f boulon, cheville, goujon, goupille
s perno, pasador
i bullone

859 bolt cam, plunger cam
d Riegelschloss
f came à verrou, came à charnière, came à languette, came à noyer
s excéntrico de cerrojo
i chiavistello

860 bolting cloth
d Müllergaze
f toile à bluter
s tela de tamiz
i stamigna

861 bombazine
d Bombasin
f alépine
s alepin
i tessuto spigato per abiti da lutto

862 bond breaking
d Spaltung der chemischen Bindung, Dissoziation der chemischen Bindung
f dissociation de liaison
s disociación de enlace
i dissociazione del legame chimico

863 bond dissociation energy
d Spaltungsenergie, Dissoziationsenergie
f énergie de dissociation de liaison
s energía de disociación de enlace
i energia di dissociazione

864 bond energy
d Bindeenergie, Bindungsenergie
f énergie de liaison
s energía de enlace
i energia di legame

865 bonded carpet
d Teppich mit aufgeklebtem Flor, Klebflorteppich
f tapis nappé
s alfombra de pelo o rizo encolado
i tappeto con pelo incollato

866 bonded fabric
d kaschiertes Gewebe
f tissu contre-colle
s tejido laminado
i tessuto incollato

867 bonded fiber fabric
d Faserverbundstoff
f non tissé de fibres par liant
s tela no tejida de fibras por ligantes
i tessuto non tessuto di fibre incollate

868 bonded knitted fabric
d kaschierte Maschenware
f tricot contre-colle
s tejido de punto laminado
i maglieria incollata

869 bonded yarn fabric
d Fadenverbundstoff, Verbundstoff aus Fadengelegen
f non tissé de fils par liant
s tela no tejida de hilos por ligantes
i tessuto di filo agglomerato

870 bondedyarn
d Bändchen-Verbundgarn
f fil aggloméré
s hilo aglomerado
i filo agglomerato

871 bonding
d Bindung, Bondieren
f liage, bonding
s enlace, bonding
i lega, bonding

872 bonding spinning
d Kleb-Spinnverfahren
f filature par collage
s hilatura por encolado
i filatura per incollatura

873 bonding strength
d Bindefestigkeit
f résistance du liage
s resistencia de la unión
i resistenza delli incollatura

874 **bookbinding**
d Bucheinband
f reliure
s encuadernación
i rilegatura

875 **booster box**
d Booster-Box
f compartiment de bac
s compartimento para refuerzo del baño
i booster-box

876 **booster brake**
d Servobremse
f servofrein
s servofreno
i servofreno

877 **boot**
d Stiefel
f botte, bottine
s bota
i stivale

878 **borate**
d Borat
f borate
s borato
i borato

879 **boric acid**
d Borsäure
f acide borique
s ácido bórico
i acido borico

880 **boron**
d Bor
f bore
s boro
i boro

881 **boron carbide**
d Borcarbid
f carbure de bore
s carburo de boro
i carburo di boro

882 **boron carbide fiber**
d Borcarbidfaser
f fibre de carbure de bore
s fibra de carburo de boro
i fibra di carburo di boro

883 **boron compound**
d Borverbindung
f composé de bore
s compuesto de boro
i composto borico

884 **boron fiber**
d Borfaser
f fibre de bore
s fibra de boro
i fibra di boro

885 **boron hydride**
d Borhydrid
f hydrure de bore
s hidruro de boro
i idruro di boro

886 **boron nitride**
d Bornitrid
f nitrure de bore
s nitruro de boro
i nitruro di boro

887 **boron nitride fiber**
d Bornitridfaser
f fibre de nitrure de bore
s fibra de nitruro de boro
i fibra di nitruro di boro

888 **boron trichloride**
d Bortrichlorid
f trichlorure de bore
s tricloruro de boro
i tricloruro di boro

889 **borosilicate**
d Borsilikat
f borosilicate
s borosilicato
i silicato di boro

890 bottle bobbin
d Flaschenspule
f bobine bouteille
s bobina abotellada
i bobina a bottiglia

891 bottom cover
d Grundabdeckung
f couvrant de fond, couvrant d'envers
s cobertura de envés
i copertura del fondo

892 bottom roll
d Unterwalze
f cylindre inférieur
s cilindro inferior
i cilindro inferiore

893 bottom shed
d Tieffach
f foule basse
s calada de baja
i passo basso

894 bottom support
d Sockel
f socle
s zócalo
i zoccolo

895 bottoming
d Grundieren
f piétage
s mordentado crómico
i applicazione del fondo

896 bouclé yarn
d Schlingeneffektgarn
f fil fantaisie bouclé
s hilo de fantasía con bucles
i filo fantasia annodato

897 bounce in weaving
d Rückprall an der Webmaschine
f rebond au tissage
s rebote en el tisaje
i rimbalzo al telaio

898 bound water
d gebundenes Wasser, Konstitutionswasser
f eau liée
s agua de constitución
i acqua di costituzione

899 boundary layer
d Grenzschicht
f couche limite
s capa limite
i strato limite

900 boundary layer control
d Grenzschichtsteuerung
f contrôle de la couche limite
s control de la capa limite
i controllo dello strato limite

901 bourdon
d Bourdon-Spitze
f bourdon
s bordón
i pizzo Bourdon

902 Boutrelet knitted fabric
d Bourreletmaschenware
f tricot Bourrelet
s tricot Burrelet
i maglieria Bourrelet

903 bow, bow defect
d bogiger Schuss, bogiger Schussverzug
f duite arquée
s trama arqueada
i inserzione arcuata

904 bow straightener, bow control machine
d Bogenschussgleichrichter, Schussgleichrichter, Schussausrichter, Schussrichter
f redresseur de fils arqués, machine de contrôle des fils arqués
s enderezadora de trama arqueada
i raddrizzatore di inserzioni

905 bowed fabric
d schussverzogenes Gewebe
f tissu arqué
s tejido arqueado
i tessuto ad inserzione arcuata

906 bowed roll
d gekrümmte Walze, bombierte Walze
f rouleau bombé
s cilindro abombado
i cilindro bombato

907 bowing
d Ausbauchen
f bombage
s combadura
i bombatura

908 box lining
d Kastenauskleidung
f gainage d'ècrin
s forro de caja
i rivestimento della vasca

909 box loom
d Steigkastenwebmaschine
f métier à tisser à boite montante
s telar de caja de sube
i telaio a cassa ascensionale

910 brace
d Klipp
f attache
s atadura
i attacco

911 brace web
d Trägerschmalgewebe
f tissu pour bretelle
s tela para tirantes
i tessuto per bretelle

912 bracket
d Träger
f support
s apoyo
i supporto

913 Bradford open drawing
d BradÉord-Streckenverfahren
f étirage à gill box Bradford
s estirado con gill box Bradford
i stiro con gill-box Bradford

914 Bradford system processing
d Bradford-Spinnverfahren
f filature système Bradford
s hilatura sistema Bradford
i sistema di filatura Bradford

915 Braggs law
d Braggsches Gesetz
f lot de Braggs
s ley de Braggs
i legge di Bragg

916 braid
d Tresse, Besatzband, Besatzlitze
f tresse, tissu tressé
s trenza
i treccia

917 braid, plait
d Geflecht
f entrelacement, tissage
s enrejado
i intreccio

918 Braid wool
d Glanzwolle
f laine Braid
s grado de lana Braid
i lana grossolana

919 braided lace
d Schnurband
f lacet
s enlace trenzado
i laccio intrecciato

920 braider
d Flechtmaschine
f tresseuse
s trenzadora
i trecciatrice

921 braider bobbin
d Klöppelspule
f bobine pour tresseuse
s bobina para trenzadora
i bobina per trecciatrice

922 braiding
d Flechten
f tressage
s trenzado
i trecciatura

923 braiding carrier
d Flechtspulenträger
f chariot pour tressage
s carro para trenzado
i carrello per bobina da intreccio

924 braiding machine
d Flechtmaschine
f matériel de tressage
s máquina de trenzado
i trecciatrice

925 brake
d Bremse
f frein
s freno
i freno

926 brake disc
d Bremsscheibe
f disque de frein
s disco de freno
i disco del freno

927 brake drum
d Bremstrommel
f tambour de frein
s tambor de freno
i tamburo del freno

928 brake lining
d Bremsbelag
f garniture de frein
s forro de freno
i guarnizione del freno

929 braking
d Bremsung
f freinage
s frenado
i frenatura

930 branched aliphatic hydrocarbon
d verzweirter aliphatischer Kohlenwasserstoff
f hydrocarbure aliphatique ramifié
s hidrocarburo alifático ramificado
i idrocarburo alifatico ramificato

931 branched chain molecule
d verzweigtes Molekül
f molécule à chaine ramifiée
s molécula de cadena ramificada
i molecola ramificata

932 branched polymer
d verzweigtes Polymer
f polymère branchê
s polímero ramificado
i polimero ramificato

933 brassière
d Büstenhalter, BH
f soutien-gorge
s sostén
i reggiseno

934 brassière cloth
d Büstenhalterstoff
f tissu pour soutien-gorge
s tela para sostenes
i stoffa per reggiseno

935 break, breakage, crack
d Bruch
f rupture, cassure, fraction
s rotura, rompimiento, fractura
i rottura, frazione

936 break draft
d Vorverzug
f étirage prèliminaire
s estiraje previo
i stiraggio preliminare

937 break point
d Bruchstelle
f point de rupture
s punto de ruptura
i punto di rottura

938 breakdown
d Ausfall
f panne
s avería
i guasto, avaria

939 breaker card, breaking card
d Reisskrempel
f briseur, carde grosse, briseuse, en gros
s carda abridora
i carda di rottura

940 breaker fabric
d Stützgewebe für Autoreifen
f toile à faible compte pour pneu
s tela de poca densidad para neumático
i tessuto di supporto per pneumatici di automobile

941 breakercard
d Krempelvorwalze
f briseur en gros
s tomador de carda en grueso
i tamburo rompitore della carda

942 breaking
d Zerreissen
f rupture
s rotura
i rottura

943 breaking elongation
d Bruchdehnung, Reissdehnung
f allongement à la rupture
s alargamiento a la rotura
i allungamento di rottura

944 breaking force in relation to fineness
d Feinheitsbezogene Höchstzugkraft
f force de traction maximale rapportée à la finesse
s fuerza de tracción máxima aplicada a la fineza
i forza massimale di trazione in rapporto alla finezza

945 breaking freqeuncy
d Bruchhäufigkeit
f fréquence des ruptures
s frecuencia de rotura
i frequenza delle rotture

946 breaking length
d Reisslänge
f longueur de rupture
s longitud de rotura
i lunghezza di rottura

947 breaking load
d Bruchlast, Reisslast
f charge de rupture
s carga de rotura
i carico di rottura

948 breaking strength, rnpture strength
d Bruchfestigkeit, Reissfestigkeit
f résistance à la rupture, résistance à la cassure, charge de rupture, ténacité à la cassure
s resistencia a la rotura
i resistenza alla rottura

949 breaking tension
d Bruchspannung, Reissspannung
f tension de rupture
s tensión de rotura
i tensione di rottura

950 breakingforce
d Reisskraft
f force de rupture
s fuerza de rotura
i forza di rottura

951 breast beam
d Brustbaum
f poitrínière
s antepecho
i albero frontale, albero di petto

952 breast pocket
d Brusttasche
f poche intérieure d'un vêtement
s borsillo interior de chaquetta, borsillo del pecho
i taschino interno di una giacca

953 breed
d Züchten
f Élever, cultiver
s criar, coltivar
i allevare

954 breeding
d Züchtung
f Élevage, culture
s cria
i allevamento

955 brief
d Slip
f slip
s slip
i slip

956 bright speck
d Glanzfleck
f tache brillante
s mancha brillante
i macchia brillante

957 brightness
d Brillanz, Hochglanz
f brillance
s brillantez
i brillanza

958 brilliant spot
d Glanzstelle
f point brillant
s punto brillante
i punto brillante

959 bristle
d Borste
f crin
s cerda
i setola

960 bristling
d Widerspenstigkeit
f hérissement
s erizamiento
i ritrosia, riluttanza

961 brittle fracture
d Sprödbruch, Bruch durch Ermüdung
f rupture par fragilité
s rotura por fragilidad
i rottura da fatica

962 brittleness
d Brüchigkeit
f fragilité
s fragilidad
i fragilità

963 broad width
d grosse Breite
f grande largeur
s gran anchura
i grande altezza

964 broad cloth
d Breitgewebe
f tissu grande largeur
s paño ancho
i panno largo

965 brocade
d Brokat
f brocart
s brocado
i broccato

966 brocatelle
d Brokatell
f brocatelle
s brocatel
i broccatello

967 brochure
d Broschüre
f brochure
s folleto
i brochure

968 broken end collector
d Fadenbruchabsauganlage
f récupérateur de fils cassés
s recuperador de hilos rotos
i aspiratore di fili rotti

969 broken fiber
d gerissene Faser
f fibre cassée
s fibra rota
i fibra rotta

970 broken selvedge
d gebrochene Leiste, gebrochene Webkante
f lisiére rompue
s orillo roto
i cimossa rotta

971 broken-end collecting device
d Absaugvorrichtung
f dispositif d'aspiration
s dispositivo de aspiración
i dispositivo di aspirazione

972 brokenthread
d gebrochener Faden
f fil cassé
s hilo roto
i filo rotto

973 bromide
d Bromid
f bromure
s bromuro
i bromuro

974 bromine
d Brom
f brome
s bromo
i bromo

975 bromine compound
d Bromverbindung
f composé de brome
s compuesto de bromo
i composto del bromo

976 brush
d Bürste, Pinsel
f brosse, pinceau
s cepillo, pincel
i spazzola, pennello

977 brushing
d Bürsten
f brossage
s cepillado
i spazzolare

978 brushing machine
d Bürstmaschine
f brosseuse
s cepilladora
i macchina spazzolatrice

979 brushing treatment
d Bürstenbehandlung
f traitement par brossage
s tratamiento de cepillado
i spazzolatura

980 Brussels tapestry
d Brüssel-Teppich
f tapisserie de Bruxelles
s tapicería de Bruselas
i tappeto di Bruxelles

981 buckled selvedge, uneven selvedge
d verworfene Leiste
f lisiére dêformèe, lisière irrégulière
s orillo deformado
i cimossa deformata

982 buckling
d Durchbiegen
f flambage mécanique
s chamuscado mecànico
i flessione

983 buckram
d Bougram
f bougran
s bucaràn
i buckram

984 buffer solution
d Pufferlösung
f solution tampon
s solución tampón
i soluzione tampone

985 buffing wheel
d Polierscheibe
f disque de polissage
s disco pulidor
i pulitrice

986 **bug yarn**
d Knotengarn
f fil à boutons
s hilo con botones
i filo ritorto a nodi

987 **builder motion**
d Spindelbankbewegung
f mécanisme de formation
s mecanismo de formación
i movimento della banchina portafusi

988 **building fabric, builder fabric**
d bautechnisches Textil
f tissu pour bâtiment
s tejido para la construcción
i tessuto per costruzioni

989 **bulging**
d Ausbauchung, Wölbung
f renflement
s aumento de volumen
i gonfiamento, bombatura

990 **bulk modulus**
d Bauschmodul
f module de voluminosité
s módulo de volumen
i modulo di voluminizzazione

991 **bulk polymerization**
d Blockpolymerisation
f polymérisation en masse
s polimerización en masa
i polimero a blocco

992 **bulk treatment**
d Bauschbehandlung
f traitement pour donner voluminosité
s tratamiento para dar voluminosidad
i voluminizzazione

993 **bulked yarn**
d Bauschgarn, texturiertes Garn
f fil gonflant, fil volumineux
s hilo esponjado
i filo voluminizzato

994 **bulkiness**
d Bauschigkeit
f voluminosité
s voluminosidad
i voluminosità

995 **bulking**
d Bauschverfahren
f traitement de voluminosité, traitement de gonflant, traitement de voluminosíté
s esponjamiento
i voluminizzazione

996 **bulkingmachine**
d Bauschmaschine
f machine de développement du gonflant, machine pour traitement de gonflant, machine pour traitement de voluminosité
s máquina para esponjamiento
i macchina voluminizzatrice

997 **bullet proof clothing**
d kugelsichere Kleidung
f vêtement pare-balle
s ropa parabalas
i vestito antiproiettile

998 **bump yarn**
d Bumpgarn
f fil pour mèche
s hilo para mecha
i Filo con protuberanze

999 **buna-N coated fabric**
d Buna-N-beschichtetes Textil, synthesegummibeschichtetes Textil
f tissu enduit de buna
s tejido recubierto de buna
i tessuto rivestito in buna

1000 **bunching coefficient**
d Bündelungskoeffizient
f coefficient de compacité
s coeficiente de compacidad
i coefficiente di compattezza

1001 Bundesmann testing
d Bundesmann-Beregnungsprüfung
f contrôle Bundesmann
s control de Bundesmann
i test di Bundesmann

1002 bundle
d Büschel
f flocon, faisceau
s mechón, manojo, copo, fleco
i fascio

1003 bundle strength
d Bündelfestigkeit
f résistance du faisceau de fibres
s resistencia del haz de fibras
i resistenza del fascio

1004 bunting
d Fahnentuch
f étamine
s lanilla
i tessuto per bandiere

1005 buoyancy
d Schwimmfähigkeit
f flottabilitê
s flotabilidad
i flottabilità

1006 burling
d Noppen, Plüstern
f épincetage, épluchage
s despinzado
i arruffare, liberare dai nodi

1007 burling iron
d Noppeisen
f outil d'épincetage, machine d'êpincetage, pince d'épincetage, machine d'êpluchage
s màquina de despinzado
i pinza per tessuto

1008 burning
d Verbrennung
f combustion
s combustión
i combustione

1009 burning out printing, extract printing
d Ausbrennen, Drucken für Durchbrucheffekte, Drucken für Ausbrenneffekte
f impression par rongeage
s estampado por corrosión
i stampa per corrosione

1010 burn-out embroidery
d Ausbrennstickerei, Stickerei in Ausbrenntechnik
f broderie chimique
s bordado quimico
i ricamo chimico

1011 burnout traveler
d verbrannter Ringläufer
f curseur grillê
s quemadura del cursor
i cursore bruciato

1012 burnt surface
d Gesengte Oberfläche
f surface gazée, flambée
s superficie quemada, superficie chamuscada
i superficie bruciata

1013 burr
d Klette
f chardon
s cadillo
i lappola, paglia

1014 burr beater
d Klettenbrecher
f échardonneur par battage
s escardado por batido
i rompilappole

1015 burr crusher
d Klettenwolf
f échardonneur par écrasement
s escardador por aplastamiento
i slappolatrice

1016 burr picking, burt removal
d Entkletten
f èchardonnage, élimination des chardons
s escardado
i slappolatura

1017 burry wool
d klettige Wolle
f laine chardonneuse
s lana con cadillo
i lana lappolosa

1018 burst tester
d Berstdruckmessgerät
f éclatomètre
s eclatómetro
i apparecchio per prove di scoppio

1019 burst testing
d Berstversuch
f contrôle de l'èclatement
s ensayo al eclatómetro
i prova di scoppio

1020 bursting
d Bersten, Explodieren, Zerplatzen
f éclatement
s estallido
i esplodere, scoppiare

1021 bursting strength
d Berstfestigkeit
f résistance à l'éclatement
s resistencia al estallido
i resistenza allo scoppio

1022 bushing
d Lagerbüchse
f coussinet
s casquillo
i bussola del cuscinetto

1023 business economics
d Betriebswirtschaft
f gestion des entreprises
s economia de la empresa
i economia aziendale

1024 bust
d Büste, Schneiderpuppe
f buste de vêtement
s busto
i busto

1025 butadiene
d Butadien
f butadiéne
s butadieno
i butadiene

1026 butadiene diepoxide
d Butadiendiepoxid
f diépoxy butadiène
s diepóxido de butadieno
i diepossibutadiene

1027 butadiene rubber fiber
d Butadienfaser
f fibre de butadiéne
s fibrà de butadieno
i fibra di butadiene

1028 butane
d Butan
f butane
s butano
i butano

1029 butted seam
d Stossnaht
f couture bout à bout
s costura a tope
i cucitura a spinta, a urto

1030 butterfly seam
d Schmetterlingsnaht
f couture papillon
s costura mariposa
i cucitura a farfalla

1031 button
d Knopf
f bouton
s botón
i bottone

1032 button breaker
d Appretbrecher
f dèrompeuse
s rompedora de aprestos
i rompiappretto

1033 button breaking
d Appretbrechen
f dérompage
s rotura de apresto
i rottura appretto

1034 button sewing machine
d Knopfannähmaschine
f macliine à coudre les boutons
s màquina de coser botones
i macchina per cucire bottoni

1035 buttonhole
d Knopfloch
f boutonniére
s ojal
i occhiello

1036 buttonholing
d Knopflochmachen
f confection de boutonnière
s confección de ojales
i lavorazione dell'occhiello

1037 buttonholing machine
d Knopflochmaschine
f machine à boutonnières
s máquina de hacer ojales
i macchina per occhielli

1038 butyl alcohol
d Butylalkohol, Butanol
f alcool butylique
s alcohol butílico
i alcool butilico, butanolo

1039 butyl coated fabric
d butylbeschichtetes Textil
f tissu enduit de butyle
s tejido recubierto de butilo
i tessuto con rivestimento butilico

1040 butylene
d Butylen, Buten
f butyléne
s butileno
i butilene

1041 butylic compound
d Butylverbindung
f composé butylique
s compuesto butilico
i composto butilico

1042 butylnaphthalene sulfonat
d Butylnaphthalensulfonat
f butylnaphtalènesulfonate
s butilnaftalenosulfonato
i butilnaftalensulfonato

1043 butyrate
d Butyrat
f butyrate
s butirato
i butirrato

1044 butyric acid
d Buttersäure
f acide butyrique
s ácido butirico
i acido butirrico

1045 butyrolactone
d Butyrolacton
f butyrolactone
s butirolactona
i butirrolattone (Sesolvan NK)

1046 by-product
d Nebenprodukt
f sous-produit
s subproducto
i sottoprodotto

1047 byssinosis
d Byssinose
f byssinose
s bysinosis
i bissinosi, lissinosi

C

1048 **cable**
d Kabel
f cordage câble
s cable
i cavo

1049 **cable stitch knit**
d Zopfmustermaschenware
f tricot torsade
s tejido de punto trenzado
i magliera a punto intrecciato

1050 **cable stitch knitting**
d Zopfmusterstricken
f torsadage
s trenzado por efecto de tejido de punto
i lavorazione a punto intrecciato

1051 **cablecord**
d Kabelkord
f câble pour passementerie
s cable para pasamaneria
i spago per passamaneria

1052 **cabledyarn**
d zweistufiger Zwirn
f fil câblé
s hilo cableado
i cable yarn

1053 **cabling**
d Seildrehen, Verseilen, Seilschlagen
f fabrication de câble
s fabricación de cable
i cordatura

1054 **cadmium**
d Kadmium
f cadmium
s cadmio
i cadmio

1055 **cadmium chloride**
d Kadmiumchlorid
f chlorure de cadmíum
s cloruro de cadmio
i cloruro di cadmio

1056 **cadmium compound**
d Kadmiumverbindung
f composé de cadmium
s compuesto de cadmio
i composto di cadmio

1057 **cadmium selenide**
d Kadmiumselenid
f sèlèniure de cadmium
s selenuro de cadmio
i selenuro di cadmio

1058 **cadoxen, cadmium ethylenediamine hydroxide**
d Kadoxen, Kadmium-Athylendiamin-Hydroxid
f cadoxène, cadmio-diéthyléne diamine
s cadoxeno
i cadmio-dietilendiammina

1059 **caesium, cesium**
d Cäsium
f césium
s cesio
i cesio

1060 **caesium compound**
d Cäsiumverbindung
f composé de césium
s compuesto de cesio
i composto di cesio

1061 **caesium hydroxide**
d Cäsiumhydroxid
f hydroxyde de césium
s hidróxido de cesio
i idrossido di cesio

1062 **cake dyeing**
d Spinnkuchenfärben
f teinture sur gäteau
s tintura en coronas
i tintura della focaccia

1063 **cake, muff**
d Spinnkuchen
f gâteau, manchon
s corona
i focaccia

1064 cake sizing
d Spinnkuchenschlichten
f encollage sur gâteau
s encolado en coronas
i imbozzimatura della focaccia

1065 cakedyeingmachine
d Spinnkuchenfärbemachine
f machine de teinture sur gâteau
s máquina de tintura en coronas
i macchina per tintura della focaccia

1066 calcination
d Kalzinieren
f calcination
s calcinación
i calcinazione

1067 calcium
d Calcium
f calcium
s calcio
i calcio

1068 calcium carbonate
d Calciumcarbonat
f carbonate de calcium
s carbonato de calcio
i carbonato di calcio

1069 calcium chloride
d Calciumchlorid
f chlorure de calcium
s cloruro de calcio
i cloruro di calcio

1070 calcium compound
d Calciumverbindung
f composé de calcium
s compuesto de calcio
i composto di calcio

1071 calcium hydroxide
d Calciumhydroxid
f hydroxyde de calcium
s hidróxido de calcio
i idrossido di calcio

1072 calcium soap
d Calciumseife
f savon de calcium
s jabón de calcio
i sapone di calcio

1073 calcium stearate
d Calciumstearat
f stéarate de calcium
s estearato de calcio
i stearato di calcio

1074 calculate
d Berechnen
f calculer
s calcular
i calcolare

1075 calculation
d Berechnung
f calcul
s càlculo
i calcolo

1076 calculation, estimate
d Rechnung
f facture, note, calcul
s cálculo, cuentas
i calcolo

1077 calender coating
d Kalanderbeschichten
f enduction à la calandre
s recubrimiento por calandra
i rivestimento con calandra

1078 calender roll
d Kalanderwalze
f rouleau de calandre
s rodillo de calandra
i cilindri stiratoi

1079 calender roll weighting
d Kalanderwalzendruck
f pression par calandre
s presión por cilindro
i pressione dei cilindri stiratoi

1080 calendering
d Kalandern
f calandrage
s calandrado
i calandratura

1081 calendering machine
d Kalander
f machine de calandrage
s máquina de calandrar
i calandra

1082 calfskin
d Kalbsleder
f box calf
s piel de becerro
i pelle di vitello

1083 calibration
d Eichung
f étalonnage, calibrage
s calibración, graduación
i taratura

1084 calico
d Kaliko
f calicot
s calicó
i calicò

1085 California cotton
d Kalifornia-Baumwolle
f coton de Californie
s algodón de California
i cotone di California

1086 calorimetry
d Wärmemengenmessung, Kalorimetrie
f calorimètrie
s calorimetría
i calorimetria

1087 cam
d Kurvenscheibe
f came
s leva
i camma

1088 cam angle
d Schlosswinkel, Strickschlosswinkel
f angle de came, bossage de came, bossage d'excentrique
s uña de excéntrico
i angolo di camma

1089 cam channel, knitting channel
d Schlossbahn
f voie, trace de l'élement separateur
s canal del elemento de separación
i canale dell'elemento di separazione

1090 cam loom
d Exzenterwebmaschine, Webmaschine mit Exzenterfachbildung
f métier à tisser à excentriques
s telar de excèntricos
i telaio ad eccentrico

1091 cam race
d Kurvenbahn
f plan de cames
s plano de excéntrico
i disco a camme

1092 cam track
d Kurvenlauf
f chemin de came
s camino del excéntrico
i traiettoria dell'eccentrico

1093 cambered cylinder
d bauchige Walze
f cylindre bombé
s cilindro arqueado
i cilindro bombato

1094 cambox
d Strickschloss
f serrure
s cerradura
i camma

1095 cambric
d Kambrik
f batiste de Cambrai
s batista de Cambray
i batista

1096 camel hair
d Kamelhaar
f poil de chameau
s pelo de camello
i pelo di cammello

1097 camera
d Kamera
f caméra, appareil photographique
s cámara fotográfica
i macchina fotografica

1098 camouflage
d Tarnung
f camouflage
s camuflaje
i mimetizzazione

1099 can
d Kanne
f pot
s vaso
i brocca

1100 candle filter
d Kerzenfilter
f filtre à bougie
s filtro de bujia
i filtro candela

1101 Candlewick yarn
d Candlewick-Garn
f fil pour Candlewick
s hilo Candlewick
i filo Candlewick

1102 canopy
d Uberdachung, Bedachung
f auvent
s tejadillo
i copertura, baldacchino

1103 Canton silk
d Kantonseide
f soie de Canton
s seda de Cantón
i seta di Canton

1104 cap
d Mütze
f casquette
s gorro
i berretto

1105 cap spinning
d Glockenspinnverfahren
f filature à cloche
s hilatura de campana
i filatura a campana

1106 cap spinning frame
d Glockenspinnmaschine
f métier de filature à cloche
s continua de hilar en campanas
i filatoio a campana

1107 capable
d Leistungsfähig
f capable
s capaz
i capace

1108 capacitance
d Kapazitanz
f capacitance
s capacitancia
i capacità

1109 capacitance bridge
d Kapazitätsmessbrücke
f pont de capacitance
s puente de capacitancia
i ponte di capacità

1110 capacitance type irregularity tester
d kapazitiver Gleichmässigkeitsprüfer
f régularimètre à capacitance
s regularimetro de capacitancia
i regolarimetro capacitivo

1111 capacity
d Kapazität
f capacitê
s capacidad
i capacità

1112 capillarity
d Kapillarität
f capillaritè
s capilaridad
i capillarità

1113 capillary
d Kapillare
f capillaire
s capilar
i capillare

1114 capillary pressure
d Kapillardruck
f pression capillaire
s presión capilar
i pressione capillare

1115 capillary strncture
d kapillare Struktur
f structure capillaire
s estructura capilar
i struttura capillare

1116 capillary tube
d Kapillarröhrchen
f tube capillaire
s tubo capilar
i tubo capillare

1117 capillary water
d Kapillarwasser
f eau capillaire
s agua capilar
i acqua capillare

1118 capital
d Kapital
f capital
s capital
i capitale

1119 caprolactam
d Kaprolactam, Caprolactam
f caprolactame
s caprolactama
i caprolattame, lattame dell'acido capronico

1120 capryl diethanolamide
d Kapryldiethanolamid
f diéthanolamide caprylique
s dietanolamida de caprilo
i dietanolamide di caprilo

1121 caprylic acid
d Kaprylsäure
f acide caprylique
s ácido caprilico
i acido caprilico

1122 captor
d Detektor
f capteur
s captador
i rivelatore

1123 carbamate
d Karbamat
f carbamate
s carbamato
i carbammato

1124 carbamoylethylated cotton
d karbanylethylierte Baumwolle
f coton carbamoyléthylét
s algodón carbamometilado
i cotone carbammiletilato

1125 carbanilate
d Karbanylat
f carbanilate
s carbanilato
i carbanilato

1126 carbene
d Carben
f carbène
s carbeno
i carbene

1127 carbide
d Carbid, Acetylid
f carbure
s carburo
i carburo

1128 **carbohydrate**
d Kohlenhydrat
f carbohydrate
s carbohidrato
i carboidrato

1129 **carbon**
d Kohlenstoff
f carbone
s carbono
i carbonio

1130 **carbon black**
d Russschwarz
f noir de carbone
s negro carbón
i nerofumo

1131 **carbon dioxide**
d Kohlendioxid, Kohlensäure
f gaz carbonique, anhydride carbonique
s dióxido de carbono
i biossido di carbonio, anidride carbonica

1132 **carbon disulfide**
d Kohlenstoffdisulfid, Schwefelkohlenstoff
f disulfure de carbone
s disulfuro de carbono
i disolfuro di carbonio

1133 **carbon fiber**
d Kohlenstoffaser
f fibre de carbone
s fibra de carbono
i fibra di carbonio

1134 **carbon filament**
d Kohlenstoffilament
f filament de carbone
s filamento de carbono
i filato di carbonio a bava continua

1135 **carbon monoxide**
d Kohlenmonoxid
f oxyde de carbone
s óxido de carbono
i monossido di carbonio

1136 **carbon tetrachloride**
d Tetrachlorkohlenstoff
f têtrachlorure de carbone
s tetracloruro de carbono
i tetracloruro di carbonio

1137 **carbonate**
d Carbonat
f carbonate
s carbonato
i carbonato

1138 **carbonization**
d Verkohlung, Carbonisation
f carbonisation
s carbonización
i carbonizzazione

1139 **carbonized noil**
d carbonisierter Wollkämmling
f blousse carbonisêe
s puncha carbonizada
i cascame carbonizzato

1140 **carbonized straw**
d carbonisierter Pflanzenteil
f paille carbonisèe
s broza carbonizada
i paglia carbonizzata

1141 **carbonized wool**
d carbonisierte Wolle
f laine carbonisée
s lana carbonizada
i lana carbonizzata

1142 **carbonizer**
d Carbonisieranlage
f machine de carbonisage
s màquina carbonizadora
i carbonizzatore

1143 **carbonizing**
d Carbonisieren
f carboniser
s carbonizar
i carbonizzare

1144 carbonyl group
d Carbonylgruppe
f groupe carbonyle
s grupo carbonilo
i gruppo carbonilico

1145 carboxycellulose
d Carboxycellulose
f carboxycellulose
s carboxicelulosa
i carbossicellulosa

1146 carboxyethylated cotton
d carboxyethylierte Baumwolle
f coton carboxyéthylê
s algodón carboxietilado
i cotone carbossietilato

1147 carboxyl content
d Carboxylinhalt
f teneur en carboxyle
s contenido de carboxilo
i tenore di carbossile

1148 carboxyl end group
d Carboxylendgruppe
f groupe terminal carboxyl
s grupo terminal carboxilico
i gruppo terminale carbossilico, carbossiterminale

1149 carboxyl group
d Carboxylgruppe
f groupe carboxyle
s grupo carboxilo
i gruppo carbossilico

1150 carboxylate surfactant
d Carboxylattensid
f surfactif carboxyle
s surfactante carboxilado
i tensioattivo carbossilato

1151 carboxylation
d Carboxylation
f carboxylation
s carboxilación
i carbossilazione

1152 carboxylic acid
d Carbonsäure
f acide carboxylique
s ácido carboxílico
i acido carbossilico

1153 carboxymethylated cotton
d carboxymethylierte Baumwolle
f coton carboxyméthylé
s algodón carboximetilado
i cotone carbossilmetilato

1154 carboxymethylation
d Carboxymethylierung
f carboxyméthylation
s carboximetilación
i carbossilmetilazione

1155 carboxymethylcellulose
d Carboxymethylcellulose
f carboxyméthylcellulose
s carboximetilcelulosa
i carbossimetilcellulosa

1156 card, carding engine
d Karde
f carde, machine de cardage
s carda
i carda

1157 card clearer
d Kardenputzvorrichtung
f nettoyeur de carde
s desborrador de carda
i dispositivo per pulire la carda

1158 card cloth
d Kratzengarniturgrundgewebe
f tissu de base de garniture de carde
s tejido de base de guarnición de carda
i tessuto base per guarnizione di carda

1159 card clothing
d Kratzengarnitur
f garniture de carde
s guarnición de carda
i guarnizione per carda

1160 card clothing count, count crown and gauge
d Nadelanzahl im Krempelbeschlag
f peuplement et numéro de garniture de carde
s numero y densidad de guarnición de carda
i numero di aghi negli scardassi

1161 card clothing foundation
d Kratzenbeschlaggrund
f tissu pour garniture de carde
s tejido para guarnición de carda
i fondo per scardassi

1162 card count
d Kratzenbeschlagnummer
f numéro de garniture de carde
s numero de guarnición de carda
i numero di scardassi

1163 card crown
d Kratzenhäkchen
f boutage de garniture de carde
s base de la guarnición de carda
i gancetto della carda

1164 card cylinder
d Kardentambour, Kardentrommel
f tambour de carde
s tambor de carda
i tamburo di carda

1165 card doffer
d Abnehmer, Abnehmerwalze, Peigneur
f peigneur de carde
s llevador de carda
i pettinatrice di carda

1166 card doffing
d Abnehmer-Arbeit, Abnehmerwalzen-Arbeit, Peigneur-Arbeit
f action du peigneur de carde
s acción del llevador de carda
i lavoro della pettinatrice di carda

1167 card flat
d Kardendeckel
f chapeau de carde
s chapón de carda
i cappuccio della carda

1168 card flat chain
d Kardenflachkette
f chaíne de chapeaux de carde
s cadena de chapones de carda
i catena dei cappucci della carda

1169 card flat setting
d Deckeleinstellung, Einstellung des Kardendeckels
f réglage des chapeaux de carde
s ajuste de los chapones
i regolazione dei cappucci della carda

1170 card gauge
d Kratzeneinstellehre
f peuplement de la garniture de carde, numéro de la garniture de carde
s densidad de guarnición de carda
i calibro della carda

1171 card grinding
d Kratzenschleifen
f aiguisage de carde
s esmerilado de carda
i affilatura della carda

1172 card nailing
d Kratzenaufziehen, Aufziehen der Kardenbänder
f clouage de garniture de carde
s fijación de la guarnición de carda
i fissaggio dei nastri della carda

1173 card punching machine
d Lochkartenstanzer
f perforatrice de carde
s perforadora de tarjetas
i perforatrice di carda

1174 card raising machine, teaseling machine
d Aufrauhmaschine
f laineuse
s màquina para cardar
i macchina garzatrice

1175 card roll
d Krempelwalze
f cylindre de carde
s cilindro de carda
i cilindro di carda

1176 card roller divider
d Teilwalze
f diviseur de carde
s cilíndro divisor de carda
i cilindro divisore di carda

1177 card set
d Krempelsatz
f assortiment de cardes
s surtido de cardas
i assortimento di carderia

1178 card sheet clotbing
d Kardenbeschlagstreifen
f garniture de carde en plaques
s guarnición de carda en placas
i doghe dentate della carda lupo

1179 card sliver
d Kardenband, Krempelband
f ruban de carde
s cinta de carda
i nastro di carda

1180 card spinning
d Streichgarnspinnerei
f filature carde
s hilatura de carda
i filatura della carda

1181 card stripping
d Putzen des Kratzenbeschlags, Ausstossen an der Karde
f débourrage de carde
s desborrado
i volteggio della carda

1182 card waste
d Kardenabfall
f dèchet de carde
s desperdicio de carda
i cascami di carda

1183 card yield
d Krempelausbeute
f rendement de la carde
s rendimiento de la carda
i resa della carda

1184 cardan joint
d Kardangelenk
f joint universel, joint de Cardan ou à la Cardan
s junta (o articulación) cardán
i giunto cardanico

1185 cardboard
d Pappe
f carton
s cartón
i cartone

1186 carded cotton
d kardierte Baumwolle
f coton cardé
s algodón cardado
i cotone cardato

1187 carded yarn
d kardiertes Garn
f filcardé
s hilocardado
i filo cardato

1188 cardigan
d Strickjacke
f cardigan
s cardigán
i cardigan

1189 carding
d Kardieren
f cardage
s cardado
i cardatura

1190 carding action
d Kardierarbeit
f travail de cardage, action de cardage
s acción de cardado
i lavoro di cardatura

1191 carding dynamics
d Krempeldynamik
f dynamique du cardage
s dinàmica del cardado
i dinamica della cardatura

1192 **carding efficiency, carding power**
d Kardierleistung
f efficacité du cardage, pouvoir cardant
s rendimiento del cardado
i potenza di cardatura

1193 **carding oil**
d Schmälze
f huile de cardage
s aceite para carda
i olio di cardatura

1194 **carding room, card room**
d Karderie
f carderie
s cardas, sección de cardado
i carderia

1195 **carding wool**
d Krempelwolle
f laine pour carde
s lanadecarda
i lana di carda

1196 **cardweb**
d Kardenflor, Krempelflor
f voile de carde
s velo de carda
i velo di carda

1197 **cardwire**
d Kratzendraht
f fil pour garniture de carde
s alambre para guarnición de carda
i filo di carda

1198 **care labelling**
d Pflegekennzeichnung
f étiquetage d'entretien
s etiquetado de mantenimiento
i etichettaggio di manutenzione

1199 **Caro acid**
d Caro'sche Säure
f acide de Caro
s àcido de Caro
i acido di Caro, acido perossomonosolforico

1200 **carpet dyeing**
d Teppichfärben
f teinture des tapis
s tintura de alfombras
i tintura di tappeti

1201 **carpet manufacturing**
d Teppichherstellung
f fabrication des tapis
s fabricación de alfombras
i lavorazione di tappeti

1202 **carpet printing machine**
d Teppichdruckmaschine
f machine d'impression de tapis
s màquina de estampar alfombras
i macchina per stampaggio tappeti

1203 **carpet, rng**
d Teppich
f tapis, carpette
s alfombra
i tappeto

1204 **carpet tile**
d Teppichfliese, Teppichplatte
f tapis en dalles
s alfombra en losetas
i moquette a piastrelle

1205 **carpet underlay**
d Teppichunterlage
f thibaude, dessous de tapis
s base de alfombras
i sottotappeto

1206 **carpet yarn, carpet stuffer yarn**
d Teppichgarn
f fil d'effet pour tapis
s hilo de efecto para alfombra
i filo per tappeti

1207 **carreau, check**
d Karo
f carreau
s cuadrado
i quadro

1208 carriage
d Schlitten (Strickmaschine)
f traîneau, chariot, glissoir
s trineo
i carrello (macchina di maglieria)

1209 carrier dyeing
d Carrierfärben, Färben mit Färbebeschleuniger
f teinture avec véhiculeur
s tíntura con transportador
i tintura con vettore

1210 carrier rod
d Fadenführerschiene
f barre de guide-jeteur
s varilla portaguía hilos
i barbino

1211 carroting
d Kaninhaarbeizen
f sécrétage
s secretado
i decapaggio, mordenzatura a pelo di coniglio

1212 carton for packages
d Papphülse für Spulen
f carton pour bobine
s tubo de cartón para bobinas
i cartone per bobine

1213 Casablanca system
d Casablanca-Spinnsystem
f système Casablanca
s sistema Casablanca
i sistema di filatura Casablanca

1214 cascade washer
d Kaskaden-Waschmaschine
f laveuse en cascade
s lavadora en cascada
i lavatrice a cascata

1215 casein
d Kasein
f caséine
s caseina
i caseina

1216 casement cloth
d Vorhangstoff, Gardinenstoff
f tissu pour rideaux
s tejido para cortinas
i casement

1217 cashmere
d Kaschmir, Kashmir
f cachémire
s cachemira
i cachemir

1218 casing ply, body ply
d Reifencordschicht
f câble de carcasse pour pneu
s cableado para neumàticos
i cordonetto

1219 casket lining
d Auskleidestoff, Bespannstoff
f gaine d'écrin, gaine de coffret
s forro de estuche
i stoffa di rivestimento

1220 cast coating
d Schmelzbeschichtung
f enduction par coulée
s recubrimiento por fusión
i rivestimento per fusione

1221 casting off
d Maschenabschlag
f abattage de la maille
s descarga de mallas
i riduzione delle maglie

1222 castor chair test
d Stuhlrollenversuch, Stuhlrolleneignungstest, Stuhlrollentest
f essai au fauteuil roulant
s ensayo al sillón rodante
i test della sedia a rotelle

1223 casual wear, leisure wear
d Freizeitkleidung
f vêtements pour les loisirs
s prendas para tiempo libre
i abbigliamento per il tempo libero

1224 catalysis
d Katalyse
f catalyse
s catàlisis
i catalisi

1225 catalyst
d Katalysator
f catalyseur
s catalizador
i catalizzatore

1226 catchbarlace
d Catchbar-Spitze
f dentelle catchbars
s encaje catchbars
i pizzo Catchbar

1227 catching
d Fangen
f effet d'accrochage
s efecto de recogida
i prendere

1228 cathode
d Kathode
f cathode
s cátodo
i catodo

1229 cathodic screen
d Kathodenstrahlbildschirm
f écran cathodique
s pantalla catódica
i video a raggi catodici

1230 cation
d Kation
f cation
s catión
i catione

1231 cation exchange
d Kationenaustausch
f échange de cations
s intercambio de cationes
i scambio cationico

1232 cation exchange resin
d Kationenaustauschharz
f résine échangeuse de cations
s resina intercambiadora de cationes
i resina a scambio cationico

1233 cationic character
d kationische Eigenschaft
f caractère cationique
s caràcter catiónico
i carattere cationico

1234 cationic group
d kationische Gruppe
f groupe cationique
s grupo catiónico
i gruppo cationico

1235 cationic polymerization
d kationische Polymerisation
f polymérisation cationique
s polimerización catiónica
i polimerizzazione cationica

1236 cationic site
d kationische Stelle
f site cationique
s sitio catiónico
i sito cationico

1237 cationic softener
d kationischer Weichmacher
f adoucissant cationlque
s suavizante catiónico
i ammorbidente cationico

1238 cationic suriactant
d kationisches Tensid
f surfactif cationique, tensio-actif cationique
s surfactante catiónico
i tensioattivo cationico

1239 Cauchy distribution
d Cauchy-Verteilung
f distribution de Cauchy
s distribución de Cauchy
i distribuzione di Cauchy

1240 **cause**
d Ursache
f cause
s causa
i causa

1241 **caustic scouring**
d Waschen in Natronlauge
f lavage fort en milieu caustique, lavage à fond en milieu caustique
s lavado enérgico en medio cáustico
i lavaggio in soda caustica

1242 **Causticaire scale**
d Causticaire-Skala
f échelle Causticaire
s escala Causticaire
i scala Causticaire

1243 **Causticaire value, Causticaire index**
d Causticaire-Index
f valeur Causticaire, indice Causticaire
s valor Causticaire
i indice di Causticaire

1244 **cavitation**
d Kavitation
f cavitation
s cavitación
i cavitazione

1245 **cavity**
d Hohlraùm
f cavitê
s cavidad
i cavità

1246 **cell**
d Zelle
f cellule
s cèlula
i cellula

1247 **cellobiose**
d Cellobiose
f cellobiose
s celobiosa
i cellobiosio

1248 **cellophane**
d Cellophan
f cellophane
s celofán
i cellofan

1249 **cellular**
d zellenförmig
f cellulaire
s celular
i cellulare

1250 **cellular fabric, leno cellular fabric**
d netzartiges Textil
f tissu cellulaire
s tejido celular
i tessile cellulare

1251 **cellular structure**
d Zellstruktur
f structure cellulaire
s estructura celular
i struttura cellulare

1252 **cellular tissue**
d Zellgewebe
f tissu cellulaire
s tejido celular
i tessuto cellulare

1253 **cellulase**
d Cellulase
f cellulase
s celulasa
i cellulasi

1254 **cellulose**
d Cellulose
f cellulose
s celulosa
i cellulosa

1255 **cellulose acetate**
d Celluloseacetat
f acétate de cellulose
s acetato de celulosa
i acetilcellulosa

1256 **cellulose blend**
d Cellulosefasermischung
f mélange de celluloses
s mezcla de celulosas
i miscela di fibre di cellulosa

1257 **cellulose derivative**
d Celluloseabkömmling, Cellulosederivat
f dérivé de la cellulose
s derivado de celulosa
i derivato di cellulosa

1258 **cellulose dye**
d Cellulosefarbstoff
f colorant pour cellulose
s colorante para celulosa
i colorante per cellulosa

1259 **cellulose dyeing**
d Cellulosefärben
f teinture de la cellulose
s tintura de la celulosa
i tintura della cellulosa

1260 **cellulose ester**
d Celluloseester
f ester de cellulose
s éster de celulosa
i estere cellulosico

1261 **cellulose ester fiber**
d Celluloseesterfaser
f fibre d'ester de cellulose
s fibra de éster de celulosa
i fibra di estere cellulosico

1262 **cellulose ester fibers blend**
d Celluloseesterfasermischung
f mélange de fibres d'ester de cellulose
s mezcla de fibras de éster de celulosa
i miscela di fibre di estere cellulosico

1263 **cellulose formate**
d Celluloseformat
f formiate de cellulose
s formiato de celulosa
i formiato di cellulosa

1264 **cellulose nitrate, nitrocellulose**
d Cellulosenitrat
f nitrate de cellulose, nitrocellulose
s nitrato de celulosa
i nitrocellulosa, nitrato di cellulosa

1265 **cellulose pulp**
d Cellulosebrei
f pulpe de cellulose
s pulpa de celulosa
i polpa di cellulosa

1266 **cellulose reactant**
d Cellulosereaktant
f réactif de la cellulose
s reactivo de la celulosa
i reagente di cellulosa

1267 **cellulose xanthate**
d Cellulosexanthogenat
f xanthate de cellulose, xanthogénate de cellulose
s xantato de celulosa
i xantato di cellulosa

1268 **celluloseether**
d Celluloseether
f éther de cellulose
s éter de celulosa
i etere cellulosico

1269 **cellulosic fiber**
d Cellulosefaser
f fibre cellulosique
s fibra celulósica
i fibra cellulosica

1270 **center guide**
d Zentriereinrichtung
f guide de centrage
s guia de centrado
i guida di centraggio

1271 **center loop, weft loop**
d Schussschlinge
f boucle de trame
s bucle de trama
i ricciolo o anello di maglia

1272 center of gravity
d Schwerpunkt
f centre de gravité
s centro de gravedad
i centro di gravità, baricentro

1273 center selvedge
d Schnittleiste, Schnittkante, Webkante
f lisière centrale
s orillo central
i cimossa, lisiera

1274 centering
d Zentrieren
f centrage
s centrado
i centrare

1275 central lubrication
d Zentralschmierung
f graissage centralisé
s engrase centralizado
i lubrificazione centralizzata

1276 central treading loom
d Innentrittwebmaschine
f métier à tisser à marches intérieures
s telar circular de marchas interiores
i telaio a passo interno

1277 centralized control
d Zentralsteuerung
f contrôle centralisé, régulation centralisée
s control centralizado
i controllo centralizzato

1278 centralized process control
d zentrale Verfahrensablaufsteuerung
f process-control, commande automatique centralisée
s proceso-control
i controllo centralizzato del processo

1279 centre selvedge
d Mittelleiste
f lisière centrale
s orillo central
i cimosa centrale

1280 centrifair cleaner
d Schrägöffner
f ouvreuse inclinèe
s abridora inclinada
i diavolo apritore inclinato

1281 centrifugal dryer
d Trockenzentrifuge
f sèchoir centrifuge, essoreuse centrifuge
s secador centrífugo
i centrifuga per asciugare

1282 centrifugal drying, spin drying
d Entwässern mit Zentrifugen
f essorage centrifuge, essorage rotatif
s escurrido centrífugo
i asciugatura con centrifugazione

1283 centrifugal extrnsion spinning
d Zentrifugenspinnverfahren
f filage par extrusion centrifuge
s hilado por extrusión centrífuga
i filatura centrifugale

1284 centrifugal force
d Zentrifugalkraft
f force centrifuge
s fuerza centrífuga
i forza centrifuga

1285 centrifugal pump
d Kreiselpumpe
f pompe centrifuge, dépresseur à turbine
s bomba centrífuga
i pompa centrifuga

1286 centrifugation
d Zentrifugieren
f centrifugation
s centrifugación
i centrifugazione

1287 centrifuge, extractor
d Zentrifuge
f centrifugeuse, extracteur
s centrífuga
i centrifuga

1288 centripetal force
d Zentripetalkraft
f force centripète
s fuerza centrípeta
i forza centripeta

1289 ceramic
d Keramik
f céramique
s cerámica
i ceramica

1290 ceramic fiber
d keramische Faser
f fibre de céramique
s fibra de cerámica
i fibra ceramica

1291 ceramic guide
d keramischer Fadenführer
f guide en céramique
s guía de cerámica
i barbino in ceramica

1292 ceremonial clothing
d Festkleidung
f vêtement de cérémonie
s traje de ceremonia
i abiti da cerimonia

1293 cerium
d Zer, Zerium
f cérium
s cerio
i cerio

1294 cerium compound
d Zerverbindung
f composé de cérium
s compuesto de cerio
i composto di cerio

1295 cerium sulfate
d Zeriumsulfat
f sulfate de cérium
s sulfato de cerio
i solfato di cerio

1296 cetyl alcohol
d Cetylalkohol
f alcool cétylique
s alcohol cetilico
i alcool cetilico, esadecanolo

1297 chafe mark, abrasion mark
d Scheuerstelle
f trace d'usure, trace d'abrasion, partie usée
s zona raida
i zona di abrasione

1298 chafer fabric
d Reifeneinlagestoff
f toile pour pneumatique
s tejido para armar neumáticos
i tela per rivestimento pneumatici

1299 chain
d Kette
f chaîne
s cadena, urdimbre (y trama), cordón
i catena

1300 chain drive
d Kettenantrieb
f commande par chaîne
s transmisión por cadena
i trasmissione a catena

1301 chain economizer
d Musterkettenspareinrichtung
f économiseur de chaîne
s economizador de urdimbre
i economizzatore a catena

1302 chain folding
d Molekülkettenrückfaltung
f repliement de la chaîne moléculaire
s repliegue de la cadena molecular
i ripiegamento della catena molecolare

1303 chain mercerizer
d Kettenmercerisiermaschine
f merceriseuse à chaîne
s mercerizadora con cadena
i mercerizzatrice a catena

1304 **chain sewing**
d Kettenstichnähen
f couture au point de chainette
s costura de punto de cadeneta
i cucitura con punto a catenella

1305 **chain stitch**
d Kettenstich
f point de chaínette
s punto de cadeneta
i punto a catenella

1306 **chainless mercerizer**
d kettenlose Mercerisiermaschine
f merceriseuse sans chaíne
s mercerizadora sin cadena
i mercerizzatrice senza catena

1307 **chainstitch machine**
d Kettenstichnähmaschine
f machine à coudre à point de chaínette
s máquina de coser de punto de cadeneta
i macchina cucitrice per punto a catenella

1308 **Chambray**
d Chambray-Gewebe
f tissu Chambray Oxford, Chambray Oxford
s tejido Cambray
i tessuto Chambray

1309 **change gear**
d Wechselgetriebe
f boîte de vitesse
s engranage de cambio de marcha
i cambio di marcia, cambio

1310 **changinggear**
d Wechselrad
f pignon de change
s engranaje de cambio
i ruota di cambio

1311 **channel, passage**
d Kanal
f canal
s canal
i canale

1312 **char**
d carbonisierter Bereich
f zone carbonisée
s zona carbonizada
i zona carbonizzata

1313 **character**
d Charakter
f caractère
s carácter
i carattere

1314 **characterise**
d Charakterisieren
f caractériser
s caracterizar
i caratterizzare

1315 **characteristic**
d Kennmerkmal
f caractéristique
s caracteristica
i caratteristica

1316 **characteristic, feature**
d Eigenschaft
f caractère, propriété
s propriedad, cualidad
i caratteristica

1317 **characteristic parameter**
d Kennziffer
f numéro indicatif, paramètre caractéristique
s parametro caracteristico, numero indicativo
i parametro caratteristico

1318 **charging**
d Laden
f chargement
s cargamento
i caricamento

1319 **charmante satin, charmanette satin**
d Charmanette-Satin
f satin charmeuse
s satén charmes
i satin Charmanette

1320 **chatoyant**
d schillernd
f chatoyant
s tornasolado
i cangiante

1321 **cheap article**
d Niedrigpreisware, Billigpreisware
f article à coût réduit
s artículo de coste reducido
i merce a basso costo

1322 **cheapness**
d Wirtschaftlichkeit
f rentabilité
s rentabilidad, productividad
i economicità

1323 **check sample, sample fabric**
d Standardtestgewebe
f tissu témoin
s tejido testigo
i tessuto testimone, tessuto di prova

1324 **check shirting**
d kariertes Hemd
f shirting à carreaux
s tela a cuadros para camiseria
i camicia a quadri

1325 **check spring**
d Fadenspannungsregulierfeder, Oberfadenbremse
f ressort de contrôle de machine à coudre
s resorte de control de máquina de coser
i molla di controllo della tensione del filo

1326 **check strap**
d Schlagriemen
f bride de chasse
s correa amortiguadora
i tacchetti, acciatacchetti e naselli

1327 **checkboard fabric**
d Karogewebe
f tissu à carreaux
s tejído a cuadros
i tessuto quadrato

1328 **checker board weave**
d Karobindung
f armure à damiers, armure à carreaux
s ligamento a cuadros
i armatura a quadri

1329 **cheese cloth**
d Gaze
f gaze
s tela de gasa rectilínea
i garza

1330 **cheese dyeing**
d Kreuzspulfärben
f teinture sur bobine croisée
s tintura a bobinas cruzadas
i tintura su rocca incrociata

1331 **cheese dyeing machine**
d Kreuzspulfärbemaschine
f machine de teinture sur bobine croisée
s máquina de tintura a bobinas cruzadas
i macchina per tintura su rocca incrociata

1332 **cheese package**
d Sonnenspule
f bobíne croisée
s bobina
i rocca

1333 **cheese winder**
d Zylinderkreuzspulmaschine
f bobínoir pour bobinas croisées
s bobinadora para bobinas cruzadas
i roccatrice a rocca incrociata

1334 **cheese winding**
d Sonnenspulenherstellung
f production de bobines
s producción de bobinas
i fabbricazione di rocchetti

1335 **chelate**
d Chelatverbindung
f chèlate
s quelato
i chelato

1336 chelating agent, sequestering agent
d Chelatierhilfsmittel
f agent chèlatant, agent séquestrant
s agente quelador
i agente chelante

1337 chelating, chelation
d Chelatbildung
f chèlation
s quelación
i chelazione

1338 chemical
d Chemisch
f chimique
s químico
i chimico

1339 chemical activity
d chemische Aktivität
f activité chimique
s actividad quimica
i attività chimica

1340 chemical analysis
d chemische Analyse
f analyse chimique
s anàlisis químico
i analisi chimica

1341 chemical bond
d chemische Bindung
f liaison chimique
s enlace quimico
i legame chimico

1342 chemical, chemical product
d Chemikalie, chemische Substanz
f produit chimique
s producto químico
i prodotto chimico, sostanza chimica

1343 chemical composition
d chemische Zusammensetzung
f composition chimique
s composiciôn quimica
i composizione chimica

1344 chemical crosslinking
d chemische Vernetzung
f rèticulation par liaison chimique
s reticulado por uniôn quimica
i reticolazione chimica

1345 chemical degradation
d chemischer Abbau
f dégradation chimique
s degradaciôn quimica
i degrado chimico

1346 chemical engineering
d Chemotechnik, chemische Technik
f génie chimique
s ingeniería químíca
i ingegneria chimica

1347 chemical equilibrium
d chemisches Gleichgewicht
f équilibre chimique
s equilibrio químico
i equilibrio chimico

1348 chemical extraction
d chemische Extraktion
f extraction chimique
s extracción química
i estrazione chimica

1349 chemical finishing
d chemische Veredlung
f apprêt chimique
s apresto químico
i finissaggio chimico

1350 chemical finishing agent
d chemisches Veredlungshilfsmittel
f agent de traitement chimique
s agente de tratamiento químico
i agente per finissaggio chimico

1351 chemical formula
d chemische Formel
f formule chimique
s fórmula química
i formula chimica

1352 chemical function
d chemische Wirkung
f fonction chimique
s función química
i funzione chimica

1353 chemical group
d chemische Gruppe
f groupe chimique
s grupo quimico
i gruppo chimico

1354 chemical identilication of fibers
d Fasererkennung auf chemischen Wege, qualitative Faserartbestimmung
f identification chimique des fibres
s identificación química de fibras
i identificazione chimica delle fibre

1355 chemical industry
d chemische Industrie
f industrie chimique
s industria quimica
i industria chimica

1356 chemical inertia, chemical inertness
d chemische Trägheit
f inertie chimique
s inercia quimica
i inerzia chimica

1357 chemical interaction
d chemische Wechselwirkung
f interaction chimique
s interacción quimica
i interazione chimica

1358 chemical modification
d chemische Modifikation
f modification chimique
s modificación quimica
i modifica chimica

1359 chemical oxygen demand
d chemischer Sauerstoffbedarf, CSB
f demande chimique en oxygène, DCO
s demanda química de oxígeno
i fabbisogno di ossigeno chimico

1360 chemical preparation
d chemische Präparation
f préparation chimique
s preparación quimica
i preparazione chimica

1361 chemical property
d chemische Eigenschaft
f propriété chimique
s propiedad quimica
i proprietà chimica

1362 chemical radical
d chemisches Radikal
f radical chimique
s radical químico
i radicale chimico

1363 chemical reaction
d chemische Reaktion
f réaction chimique
s reacción química
i reazione chimica

1364 chemical reaction mechanism
d Reaktionsmechanismus
f mécanisme de la réaction
s mecanismo de la reacción
i meccanismo di reazione

1365 chemical reactor
d chemischer Reaktor
f réacteur chimique
s reactor químico
i reattore chimico

1366 chemical recovery
d chemische Rückgewinnung
f récupération chimique
s recuperación química
i recupero chimico

1367 chemical reduction
d chemische Reduktion
f réduction chimique
s reducción quimica
i riduzione chimica

1368 **chemical resistance**
d chemische Beständigkeit
f résistance chimique
s resistencia quimica
i resistenza chimica

1369 **chemical retting**
d chemische Röste, chemische Rotte
f rouissage chimique
s enriado químico
i macerazione chimica

1370 **chemical separation**
d chemische Abscheidung
f séparation chimique
s separación quimica
i separazione chimica

1371 **chemical shrink proofing**
d chemisches Schrumpffreiausrüsten, chemisches Schrumpffreiveredeln
f traitement chimique irrétrécissable
s tratamiento químico inencogible
i finissaggio irrestringibile chimico

1372 **chemical stability**
d chemische Stabilität
f stabilité chimique
s estabilidad quimica
i stabilità chimica

1373 **chemical structure**
d chemische Struktur
f structure chimique
s estructura quimica
i struttura chimica

1374 **chemical system**
d chemisches System
f système chimique
s sistema químico
i sistema chimico

1375 **chemical test**
d chemische Prüfung
f contrôle chimique
s ensayo quimico
i esame chimico

1376 **chemical texturing**
d chemisches Texturieren
f texturation chimique
s texturación quimica
i testurizzazione chimica

1377 **chemical treatment**
d chemische Behandlung
f traitement chimique
s tratamiento quimíco
i trattamento chimico

1378 **chemically modified cellulosic fiber**
d chemisch modifizierte Cellulosefaser
f fibre de cellulose modifiée
s fibra de celulosa modificada
i fibra di cellulosa modificata chimicamente

1379 **chemically modified cotton**
d chemisch modifizierte Baumwolle
f coton modifié chimiquement
s algodón modificado quimicamente
i cotone modificato chimicamente

1380 **chemically modified protein fiber**
d chemisch modifizierte Eiweissfaser
f fibre de protèine modifièe
s fibra de proteina modificada
i fibra di proteina modificata chimicamente

1381 **chemiluminescence**
d Chemoluminiszenz, chemische Leuchtfähigkeit, chemische Luminiszenz
f chimioluminescence
s quimiluminiscencia
i chemiluminescenza

1382 **chemisorption**
d chemische Sorption
f sorption chimique
s absorción quimica
i assorbimento chimico

1383 **chemistry**
d Chemie
f chimie
s química
i chimica

1384 **chenille carpet**
d Chenille-Teppich, Chenille-Bodenbelag
f tapis chenille
s alfombra de chenilla
i tappeto di ciniglia

1385 **chenille yarn**
d Chenille-Garn
f fil chenille
s hilo de chenilla
i filo di ciniglia

1386 **cheviot tweed**
d Cheviot-Tweed
f tweed cheviotte
s sarga cheviot
i tessuto diagonale cheviot

1387 **cheviot wool**
d Cheviot-Wolle
f laine cheviotte
s lana cheviot
i lana cheviot

1388 **chevron twill**
d Chevron-Gewebe
f serge chevron, tissu chevron
s sarga de chevrón
i tessuto chevron

1389 **chi squared distribution**
d chi-quadratische Verteilung
f distribution chi carré
s distribución de chi cuadrado
i distribuzione chi-quadratica

1390 **children's making up**
d Kinderkonfektion
f confection pour enfant
s confección infantil
i confezione per bambini

1391 **children's wear**
d Kinderkleidung
f vêtement d'enfant
s prenda infantil
i abbigliamento per bambini

1392 **chinchilla machine**
d Chinchillapelzimitatmaschine
f machine pour imitation chinchilla
s màquina para ímitación de chinchilla
i macchina per imitazione di cincillà

1393 **chine yarn, chine**
d Chinefaden, Ikat-Faden, Kettdruckfaden
f fil chíne
s hilo de china
i filo fiammato

1394 **chintz**
d Chintz
f chintz
s chíntz
i calancà

1395 **chitin**
d Chitin
f chitine
s quitina
i chitina

1396 **chloral**
d Chloral
f chloral
s cloral
i cloralio, aldeide tricloroacetica

1397 **chlorate**
d Chlorat
f chlorate
s clorato
i clorato

1398 **chloride**
d Chlorid
f chlorure
s cloruro
i cloruro

1399 **chlorinated hydrocarbon**
d chlorierter Kohlenwasserstoff, Chlorkohlenwasserstoff
f hydrocarbure chloré
s hidrocarburo clorado
i idrocarburo clorurato

1400 chlorinated paraffin
d chloriertes Paraffin
f paraffine chlorée
s parafina clorada
i paraffina clorurata

1401 chlorinated solvent
d chloriertes Lösungsmittel
f solvant chloré
s disolvente clorado
i solvente clorurato

1402 chlorinated wool
d gechlorte Wolle, Chlorwolle
f lainechlorée
s lana clorada
i lana clorurata

1403 chlorination
d Chlorieren
f chlorage
s clorado
i clorurazione

1404 chlorination shrink proofing
d Antifilzchlorieren, Antifilzausrüstung
f irrétrécissabilitê par chlorage
s inencogibilidad por clorado
i finissaggio antifeltrante

1405 chlorine
d Chlor
f chlore
s cloro
i cloro

1406 chlorine bleaching agent
d Chlorbleichhilfsmittel
f agent chloré de blanchiment
s agente de blanqueo al cloro
i agente sbiancante al cloro

1407 chlorine compound
d Chlorverbindung
f composé chloré
s compuesto clorado
i composto del cloro

1408 chlorine damage, chlorine retention damage
d Chlorierschaden
f dégradation par le chlore
s degradación por el cloro
i danno dal cloro

1409 chlorine dioxide
d Chlordioxid
f bioxyde de chlore
s dióxido de cloro
i biossido di cloro

1410 chlorine resistance
d Chlorbeständigkeit, Chlorechtheit
f résistance au chlore
s solidez al cloro
i resistenza al cloro

1411 chlorine retention
d Chlorrückhaltung
f rètention de chlore
s retención del cloro
i retenzione del cloro

1412 chlorite
d Chlorit
f chlorite
s clorito
i clorito, diossoclorato

1413 chloroacetic acid
d Chloressigsäure
f acide chloracétique
s ácido cloroacético
i acido cloroacetico

1414 chloroacetylamino dye
d Chloracetylaminfarbstoff
f colorant chloroacétylamine
s colorante cloroacetilamina
i colorante alla cloroacetilammina

1415 chlorobenzothiazole dye
d Chlorbenzothiazolfarbstoff
f colorant chlorobenzothíazol
s colorante clorobenzotiazol
i colorante al clorobenzotiazolo

1416 chlorofiber
d Chlorofaser
f chlorofibre
s clorofibra
i clorofibra

1417 chloroform
d Chloroform, Trichlormethan
f chloroforme
s cloroformo
i cloroformio, triclorometano

1418 chlorohydrin
d Chlorhydrin
f chlorhydrine
s clorhidrina
i cloridrina

1419 chloroprene
d Chloropren
f chloroprène
s cloropreno
i cloroprene, clorobutadiene

1420 chloropropanol
d Chloropropanol
f chloropropanol
s cloropropanol
i cloropropanolo

1421 chloropyrimidine dye
d Chloropyrimidinfarbstoff
f colorant chloropyrimidine
s colorante de cloropirimidina
i colorante alla cloropirimidina

1422 chlorotriazine dye
d Chlorotriazinfarbstoff
f colorant chlorotriazine
s colorante clorotriazina
i colorante alla clorotriazina

1423 chlorous acid
d chlorige Säure
f acide chloreux
s ácido cloroso
i acido cloroso

1424 choice
d Auswahl
f choix
s elección
i selezione

1425 chord
d Kord, Cord
f corde, câble textile
s tejido resistente
i cord

1426 chromate
d Chromat
f chromate
s cromato
i cromato

1427 chromaticity diagram
d Farbtafel
f diagramme de chromaticité
s diagrama de cromaticidad
i diagramma cromatico

1428 chromatogram
d Chromatogramm
f chromatogramme
s cromatograma
i cromatogramma

1429 chromatography
d Chromatographie
f chromatographie
s cromatografia
i cromatografia

1430 chrome
d Chrom
f chrome
s cromo
i cromo

1431 chromium compound
d Chromverbindung
f composé de chrome
s compuesto de cromo
i composto del cromo

1432 **chromium fluoride**
d Fluorchrom
f fluorure de chrome
s fluoruro de cromo
i fluoruro di cromo

1433 **chromotropism**
d Chromotropie, Farbänderung durch Lichteinwirkung
f chromotropisme
s cromotropismo
i cromotropia

1434 **chute feed, feed box, feeding box**
d Speiseschacht, Speisekanal
f cheminée d'alimentation, chambre d'alimentation, trémie
s caja de alimentación
i canale di alimentazione

1435 **CIE system**
d CIE-System, Farbmesssystem CIE
f système CIE
s sistema CIE
i sistema CIE, sistema colorimetrico CIE

1436 **cigarette filter**
d Zigarettenfilter
f filtre de cigarette
s filtro del cigarrillo
i filtro per sigarette

1437 **cinnamic acid**
d Zimtsäure, Cinnamonsäure
f acide cinnamique
s àcido cinàmico
i acido cinnamico

1438 **circuit**
d Stromkreis
f circuit électrique, câblage
s circuito de corriente (eléctrica)
i circuito

1439 **circular**
d Kreisförmig
f circulaire
s circular, cíclico, redondo
i circolare

1440 **circular double knit machine**
d zweifonturige Rundstrickmaschine
f métier circulaire à deux fontures
s telar circular de dos fonturas
i macchina circolare per maglieria a due sezioni

1441 **circular hosiery**
d rundgestrickte Strumpfware
f tricot chaussant circulaire
s tricot circular para calceteria
i calzetteria tessuta con telaio circolare

1442 **circular knitted fabric**
d Rundmaschenware, Schlauchmaschenware
f tricot circulaire
s tejido de punto circular
i maglieria a punto circolare

1443 **circular knitted fabric, tubular unit**
d Strickschlauch
f article tricot tubulaire
s género de punto tubular
i articolo tricot tubolare

1444 **circular knitting**
d Rundstricken
f tricotage circulaire
s tricotado circular
i lavorazione circolare

1445 **circular knitting machine**
d Rundstrickmaschine
f métier à tricoter circulaire
s máquina para tejido de punto circular
i macchina circolare per maglieria

1446 **circular knitting machine dial**
d Rippscheibe der Rundstrickmaschine
f plateau de métier circulaire
s disco del telar de punto circular
i disco della macchina circolare per maglieria

1447 **circular knitting machine diameter**
d Rundstrickmaschinendurchmesser
f diamètre du métier à tricoter
s diàmetro del telar circular de tricotar
i diametro della macchina circolare per maglieria

1448 **circular loom**
d Rundwebmaschine
f métier à tisser circulaire
s telar circular
i telaio circolare

1449 **circular Raschel machine**
d Rundraschel
f métier Rachel circulaire
s telar Raschel circular
i telaio Raschel circolare

1450 **circular single knit machine**
d einfonturige Rundstrickmaschine
f métier circulaire à une fonture
s telar circular de una fontura
i macchina circolare per maglieria a una sezione

1451 **circular sweater-strip machine**
d Rundstrickmaschine für abgepasste Waren
f métier circulaire à bord côte tenant
s telar circular para bordes acanalados
i macchina circolare per maglieria per merce su misura

1452 **circular traveler**
d runder Ringläufer
f curseur circulaire
s cursor circular
i cursore circolare

1453 **circular winding machine**
d Karussellspulmaschine, Rundspulmaschine
f bobinoir circulaire, bobineuse, trameuse, machine à canettes circulaire
s bobinadora circular
i incannatoio circolare, bobinatrice circolare

1454 **circulation**
d Zirkulation, Kreislauf
f circulation
s circulación
i circolazione

1455 **circulation pump**
d Umlaufpumpe
f pompe de circulation
s bomba de circulación
i pompa di circolazione

1456 **ciselé velvet, velours ciselé**
d Velours Ciselé
f velours ciselé
s terciopelo labrado por corte
i velluto cesellato

1457 **citric acid**
d Zitronensäure
f acide citrique
s àcido citrico
i acido citrico

1458 **clamp**
d Klemme
f pince
s pinza
i morsetto

1459 **classification**
d Klassifikation
f ensemble classifié de notions
s clasificación
i classificazione

1460 **classifying**
d Klassierung
f classage, classement, classification
s clasificacón
i classificazione

1461 **cleaner**
d Reinigungsapparat
f appareil de nettoyage, nettoyeur
s limpiador
i apparecchio per pulitura

1462 **cleaning**
d Reinigen
f nettoyage
s limpiadura
i pulitura

1463 cleaning blower
d Abblaseinrichtung, Blaseinrichtung, Reinigungsbläser
f soufflette de nettoyage
s soplador de limpieza
i dispositivo soffiatore

1464 cleanliness, clearness
d Sauberkeit
f propreté
s limpieza
i pulizia

1465 clearer plate
d Reinigerplâttchen, Garnreinigerplättchen
f plaque de propretê
s placa de descargador
i placca pulitrice

1466 clearer roll
d Reinigungswalze
f rouleau de propreté, cylindre de propreté
s cilindro limpiador
i cilindro pulitore

1467 Clemson strength test(ing)
d Clemson-Festigkeitsprüfung
f contrôle de résistance Clemson, essai de résistance Clemson
s control de resistencia Clemson
i prova di Clemson della resistenza

1468 clerical cloth
d Priesterkleidung
f vêtement ecclésiastique
s ropa eclesiástica
i clergyman

1469 cliché, stereotype plate
d Klischee
f cliché
s cliché
i cliché

1470 clicker
d Stanzmaschine für Zuschnitt
f machine de coupe à emporte-pièce
s máquina de corte con portapieza
i fustellatrice per il taglio

1471 climate
d Klima
f climat
s clima
i clima

1472 clip chain
d Kluppenkette
f chaíne à pinces
s cadena de pinzas
i catena a pinze, a morsa

1473 clip tenter
d Kluppenspannrahmen
f rame à pince
s rama tensora con pinzas
i stenditoio a morsa

1474 clippings
d Konfektionsabgänge, Konfektionsabfall
f laine de peddler
s lana de barridos
i ritagli

1475 clipspot weave
d Clipspot-Bindung
f armure mouchéte
s ligamento con motas cortadas
i armatura Clipspot

1476 clockwise direction
d Rechtsdrehung, Drehung im Uhrzeigersinn
f sens dextrorsum, sens des aiguilles d'une montre
s sentido dextrógiro
i rotazione in senso orario

1477 clogging
d Verstopfen
f bouchage
s taponamiento
i intasare

1478 close winding
d geschlossene Wicklung, geschlossene Präzisionswicklung
f bobinage serré
s bobinado compacto
i avvolgimento chiuso

1479 closed fringe
d Geschlossene Franse
f crépine, frange fermée
s franja cerrada, fleco cerrado
i frangia chiusa

1480 closed lap
d Unterlegung mit geschlossener Masche
f jetée sous maille fermée
s desprendimiento bajo malla cerrada
i piega a falda chiusa

1481 closed loop control
d Regelkreis
f commande en circuit fermé
s control en circuito cerrado
i comando ad anello chiuso

1482 closed shed
d Geschlossenfach
f foule fermée, pas fermé
s calada cerrada
i passo chiuso

1483 closed stitch
d geschlossene Masche
f maille fermée
s malla cerrada
i maglia chiusa

1484 closedtoe
d geschlossene Strumpfspitze
f pointe fermée
s punta cerrada
i punto della calza chiusa

1485 closewind
d dichte Wicklung
f enroulement serré, spires serrées
s arrollamiento apretado
i avvolgimento serrato

1486 closure
d Schliessen
f fermeture
s cierre
i chiudere

1487 cloth fell
d Schussanschlaglinie
f ligne de serrage de la duite, ligne de battage
s linea de apretado de la trama
i ribattitura del tessuto

1488 cloth folding
d Stofflegen, Abtafeln, Tafeln
f pliage du tissu
s plegado del tejido
i piega del tessuto

1489 cloth folding machine
d Stofflegemaschine, Abtafelmaschine, Tafelmaschine
f plieuse pour tissu, machine de pliage
s plegadora de tejido
i piegatrice

1490 cloth front pressing
d Frontfixierung
f pressage sur forme du devant
s prensado amormado delantero
i fissaggio frontale del tessuto

1491 cloth mandrel, cloth roll
d Warenwickler
f mandrin pour tissu
s mandril para tejido
i avvolgitrice del tessuto

1492 cloth modilication
d Schnittänderung
f modification de vêtement
s modificación de vestidos
i modifica del taglio

1493 cloth roll, breast beam
d Warenbaum
f cylindre d'appel du métier à tisser
s cilindro arrollador del tejido
i subbio da stoffa

1494 cloth slitter
d Stoffbahnenschneidemaschine
f machine à refendre, dêchireuse
s máquina de cortar tejido tubular
i macchina tagliatrice per tessuti

1495 cloth spread
d Stofflagen
f matelas de tissu
s colchón de tejido
i piega del tessuto

1496 cloth spreader
d Stoffausbreiter
f dispositif étaleur de confection
s extendedor de tejido
i stendistoffa

1497 cloth spreading, bundling
d Stoffauslegen
f étalage du tissu, étalage de confection
s extendido del tejido
i stendere il tessuto, la stoffa

1498 cloth unwinder
d Warenabwickelvorrichtung
f dispositif de déroulement du tissu
s dispositivo de desarrollo del tejido
i dispositivo di avvolgimento del tessuto

1499 clothing fabric
d Bekleidungsstoff
f tissu pour l'habillement
s tejido para traje
i tessuto per abiti in serie

1500 clothing, garments
d Kleidung
f habillement
s traje
i abiti in serie

1501 clothing industry
d Bekleidungsindustrie
f industrie de l'habillement
s industria del vestuario
i industria dell'abbigliamento

1502 cloud point, turbidity point
d Trübungspunkt
f point de trouble (de paraffine), température de trouble
s punto de enturbiamento
i punto di intorbidamento

1503 cluster drawing theory
d Büschelverzugstheorie
f théorie d'étirage par grappes
s teoria del estiraje por grapas
i teoria dello stiramento a grappoli

1504 clutch
d Kupplung
f dispositif d'embrayage, appareil d'embrayage
s embrague
i giunto

1505 coagulate
d Koagulieren
f coaguler, cailler
s coagular
i coagulare

1506 coagulating
d Koagulation
f coagulation
s coagulación
i coagulazione, flucculazione

1507 coagulating bath, spinning bath
d Koagulationsbad, Fällbad
f bain de coagulation, bain de filage
s baño de coagulación
i bagno di coagulazione

1508 coal
d Kohle
f charbon
s carbôn
i carbone

1509 coal tar
d Steinkohlenteer
f coaltar, goudron de houille
s alquitrán mineral
i catrame di carbone

1510 coarse picks bar
d Schussfadenverdickungsstreifen
f barre de grosses duites
s barra de pasadas gruesas
i striscia di spessimento del filo di trama

1511 coarse yarn
d Grobgarn
f fil de gros titre
s hilo grueso
i filato grosso

1512 coat
d Mantel, Auftrag
f manteau, couche
s abrigo, aplicación
i mantella, applicazione

1513 coat ennoblement
d Auftragsveredlung
f ennoblissement de la couche
s afinación (de la capa aplicada)
i nobilitazione della applicazione

1514 coated fabric
d beschichtetes Textil
f tissu enduit
s tejido revestido
i tessuto rivestito, tessuto ricoperto

1515 coated fibre
d beschichtete Faser, Faser mit Beschichtung
f fibre enduite
s fibra recubierta
i fibra rivestita

1516 coating
d Beschichten
f enduction
s recubrimiento
i rivestimento

1517 coating agent
d Beschichtungsmittel
f produit d'enduction
s producto de recubrimiento
i agente di ricoprimento

1518 coating chipping
d Abschuppen der Beschichtung, Abblättern der Beschichtung, Abplatzen der Beschichtung
f êcaillement d'enduction
s desescamado
i distacco del ricoprimento, distacco del rivestimento

1519 coating machine
d Beschichtungsmaschine
f machine d'enduction
s máquina recubridora
i macchina per ricoprimento, macchina per rivestimenti

1520 coating process
d Beschichtungsverfahren
f procédé d'enduction
s proceso de recubrimiento
i processo di ricoprimento, processo di rivestimento

1521 coating resin
d Beschichtungspolymer, Beschichtungsharz
f résine d'enduction
s resina recubridora
i polimero di rivestimento, resina di rivestimento

1522 coating, surface coating
d Beschichtung
f revêtement
s recubrimiento
i rivestimento

1523 cobalt
d Kobalt
f cobalt
s cobalto
i cobalto

1524 cobalt chloride method
d Kobalt-Chlorid-Methode
f méthode au chlorure de cobalt
s método al cloruro de cobalto
i metodo al cloruro di cobalto

1525 cobalt compound
d Kobaltverbindung
f composé de cobalt
s compuesto de cobalto
i composto del cobalto

1526 cocatalyst, cocatalist
d Kokatalyseur
f cocatalyseur
s cocatalizador
i cocatalizzatore

1527 coccon
d Kokon
f cocon
s capullo
i bozzolo

1528 cockle part
d gebogene Stelle
f partie gondolée
s parte arrugada
i punto piegato, parte piegata

1529 cockle yarn
d Kräuselgarn
f fil à ondulation, fil ondulé
s hilo con ondulación
i filato crynkle

1530 cockled bar
d welliger Streifen
f défaut de barre ondulêe
s defecto de barra ondulada
i strisce ondulate (difetto), strisce increspate

1531 cockling
d Zipfeln
f godage
s ondulado
i raggrinzire, pieghettare

1532 codifying
d Kodierung
f codification
s codificación
i codifica

1533 coefficient
d Koeffizient
f coefficient
s coeficiente
i coefficiente

1534 coefficient of cross viscosity
d Querviskositätskoeffizient
f coefficient de viscosité transversale
s coeficiente de viscosidad lineal
i coefficiente di viscosità trasversale

1535 coefficient of expansion
d Ausdehnungskoeffizient, Dilatationskoeffizient
f coefficient de dilatation
s coeficiente de dilatación
i coefficiente di espansione, coefficiente di dilatazione

1536 coefficient of fineness variation
d Feinheitsvariationskoeffizient
f coefficient de variation de finesse
s coeficiente de variación de finura
i coefficiente di variazione della finezza

1537 coefficient of friction, friction coefficient
d Reibungskoeffizient
f coefficient de frottement, coefficient de friction
s coeficiente de fricción
i coefficiente d'attrito

1538 coefficient of length variation
d Längenvariationskoeffizient
f coefficient de variation de longueur
s coeficiente de variación de la longitud
i coefficiente di variazione della lunghezza

1539 coefficient of variation
d Variationskoeffizient, Streuungsbeiwert
f coefficient de variation
s coeficiente de variación
i coefficiente di variazione, scarto quadratico medio percentuale, varianza

1540 coefficient of viscosity
d Viskositätskoeffizient
f coefficient de viscosité
s coeficiente de viscosidad
i coefficiente di viscosità

1541 coherent
d kohärent
f cohérent
s coherente
i coerente

1542 cohesion
d Kohäsion
f cohèsion
s cohesión
i coesione

1543 cohesion strength
d Kohäsionskraft
f force de cohésion
s fuerza cohesiva
i forza di coesione

1544 coil
d Windung, Gewinde, Wendel
f spire
s espira
i spira, filettatura

1545 coiler
d Kannendreheinrichtung
f pot tournant, tête de pot
s aparato plegador en bote
i vaso girevole

1546 coir
d Kokosfaser
f fibre de coco
s fibra de coco
i fibra di cocco

1547 cold bleach
d Kaltbleiche
f blanchissage, blanchiment à froid
s blanqueo en frío, descoloración en frío
i candeggio a freddo

1548 cold drawing
d Kaltverstrecken, Kaltrecken
f étirage à froid
s estirado en frío
i stiro a freddo

1549 cold pad batch
d Kaltklotzfoulardieren
f passe à froid de foulardage
s fulardado en frío
i fulardare a freddo

1550 cold process
d Kaltverfahren
f procédé à froid, traitement à froid
s procedimiento en frío
i processo a freddo

1551 cold resistance
d Kältebeständigkeit
f résistance au froid
s resistencia al frío
i resistenza al freddo

1552 cold resistant
d Kältebeständig
f résistant au froid
s resistente al frío
i resistente al freddo

1553 cold setting
d Kaltfixieren
f fixage à froid
s fijado en frío
i crabbing a freddo

1554 cold water
d Kaltwasser
f eau froide
s aguafría
i acqua fredda

1555 collaborator
d Mitarbeiter
f collaborateur, coopérateur
s colaborador, compañero de trabajo
i collaboratore

1556 collagen
d Kollagen
f collagène
s colágena
i collagene

1557 collagen fiber
d Kollagenfaser
f fibre de collagéne
s fibra de colàgena
i fibra di collagene

1558 collagenous gut
d Kollagenschlauch
f boyau en collagène
s tripa de colágena
i tubo collagenoso

1559 collapsed balloon spinning
d Spinnen ohne Fadenballon, ballonloses Spinnen
f filature sans ballon
s hilatura sin balón
i filatura senza ballone

1560 collar
d Kragen
f col
s cuello
i colletto, collo, bavero

1561 collar stiffener
d Kragenversteifungsmittel
f produit d'empesage pour col t
s apresto para dar rigidez al cuello
i sostanza per il rinforzo del colletto

1562 collection
d Kollektion
f collection
s colleción
i collezione

1563 collector
d Kollektor
f collecteur
s colector
i collettore

1564 colloid
d Kolloid
f colloide
s coloide
i colloide

1565 colloid chemistry
d Kolloidchemie
f chimie colloidale, chímie des colloides
s quimica de los coloides
i chimica dei colloidi

1566 colloidal alumina
d kolloidale Tonerde
f alumine colloidale
s alúmina coloidal
i allumina colloidale

1567 colloidal silica
d kolloidale Kieselerde
f silice colloidale
s silice coloidal
i silice colloidale

1568 color blindness
d Farbenblindheit
f achromatopsie
s acromatopsia
i daltonismo

1569 color change
d Farbumschlag
f virage de la couleur
s viraje del color
i cambiamento del colore

1570 color chlorine fastness
d Farbechtheit gegen Chlor, Chlorechtheit der Färbung
f solidité de la couleur au chlore
s solidez del color al cloro
i solidità del colore al cloro

1571 color control
d Farbprüfung, Farbkontrolle
f contrôle de la couleur
s control del color
i controllo del colore

1572 color designation
d Farbkennwert, Farbmesswert
f caractérisation de la couleur
s designación del color
i caratterizzazione del colore, designazione del colore

1573 color difference
d Nuancenabweichung, Farbdifferenz
f écart de nuances
s separación de tono
i differenza di colore

1574 **color grading, color grade**
d Faserklassierung nach der Farbe
f classement colorimêtrique, valeur colorimétrique
s clasificación colorimétrica
i classificazione colorimetrica

1575 **color lightfastness**
d Lichtechtheit
f solidité à la lumière
s solidez a la luz
i solidità alla luce

1576 **color matching**
d Farbabmusterung
f échantillonnage de la couleur
s matizado del color
i campionatura di tinta

1577 **color matching apparatus**
d Farbabmusterungsgerät
f appareil d'échantillonnage des coloris
s aparato para muestreo de colores
i apparecchio per la campionatura di tinta

1578 **color saturation, chroma**
d Farbsättigung
f saturation de la couleur, chroma
s saturación de color
i saturazione del colore, croma

1579 **color shade**
d Farbschattierung
f teinte, ton
s matiz del color
i sfumatura di colori

1580 **color standard**
d Farbnorm
f standard des couleurs
s norma de los colores
i campione di colore, soluzione colorata di riferimento

1581 **color stripping**
d Farbstoffabziehen
f dèmontage de couleur
s desmontado del color
i estrarre il colore, togliere il colore

1582 **color temperature**
d Farbtemperatur
f température de la couleur
s temperatura del color
i temperatura del colore

1583 **color testing, color measurement, colorimetry**
d Farbmessung
f contrôle colorimétrique
s control colorimétrico
i colorimetria

1584 **color trough**
d Farbbehälter
f bac à couleur
s pastera
i contenitore dei colori

1585 **color vision**
d Farbsehen, Farberkennen
f vision des couleurs
s visión de los colores
i visione dei colori

1586 **color washfastness**
d Farbwaschechtheit
f solidité de la couleur au lavage
s solidez del color al lavado
i solidità dei colori al lavaggio

1587 **color yield**
d Farbausbeute
f rendement de la couleur
s rendimiento del color
i resa in colorante

1588 **coloration**
d Farbgebung
f coloration
s coloración
i coloritura

1589 **colorfastness, dyefastness**
d Farbechtheit
f soliditê de la couleur
s solidez del color
i solidità del colore

1590 colorfastness testing
d Farbechtheitsprüfung
f contrôle de solidité de la couleur
s ensayo de solídez del color
i prova di solidità di tinta (del colore)

1591 colorfastness to dry cleaning
d Chemischreinigungsechtheit der Farbe, Trockenreinigungsechtheit der Farbe
f solidité du coloris au nettoyage à sec
s solidez del color al lavado en seco
i solidità del colore alla pulitura a secco

1592 colorfastness to heat
d Hitzeechtheit
f solidité à la chaleur
s solidez al calor
i solidità dei colori al calore

1593 colorfastness to sublimation
d Sublimierechtheit
f solidité à la sublímation
s solidez a la sublimación
i solidità dei colori alla sublimazione

1594 colorfastness to water
d Farbwasserechtheit
f solidité de la couleur à l'eau
s solidez del color al agua
i solidità dei colori all'acqua

1595 colorimeter, color measurement instrnment
d Kolorimeter, Farbmessinstrument
f colorimètre, appareil de mesure de la couleur
s colorimetro
i colorimetro

1596 colorimetric analysis
d kolorimetrische Analyse
f analyse colorimétrique
s anàlisis colorimétrico
i analisi colorimetrica

1597 colour
d Farbe
f couleur
s color
i colore

1598 coloured
d farbig
f coloré
s coloreado
i colorato

1599 colourmetric
d Farbmetrisch
f colorimétrique
s colorimétrico
i colorimetrico

1600 column chromatography
d Säulenchromatographie, Kolonnenchromatographie
f chromatographie sur colonne
s cromatografia en columna
i cromatografia su colonna

1601 comb
d Kamm
f peigne
s peine, peineta
i pettine

1602 comb brnsh
d Kammbürste
f brosse de peigneuse
s cepillo de peinadora
i spazzola del pettine

1603 comb circle
d Kammring
f peigne en couronne, peigne annulaire
s peine en corona
i anello del pettine

1604 comb cylinder
d Rundkamm, Zylinderkamm
f peigne circulaire
s peine circular
i pettine circolare, pettine cilindrico

1605 comb pin
d Kammnadel
f aiguille de peigne
s aguja de peine
i ago del pettine, dente del pettine

1606 comb segment
d Kammsegment
f segment de peigne
s segmento de peine
i segmento di pettine

1607 comb spinning
d Kammgarnspinnen
f filature de peigne
s hilatura de peinado
i filatura del pettinato

1608 combed cotton
d gekämmte Baumwolle
f coton peigné
s algodón peinado
i cotone pettinato

1609 combed sliver
d Kammzugband
f ruban peigné, ruban de peignage
s cinta peinada
i nastro pettinato

1610 combed top
d Kammzug
f ruban peigné
s cinta peinada
i nastro pettinato, tops

1611 combed tops ball, punch ball
d Kammzugwickel
f balle de peigne
s bobinadepeinado
i rotolo di nastro pettinato

1612 combed yarn
d Kammgarn
f fil peigné
s hilo peinado
i filato pettinato

1613 comber
d Kämmaschine, Kammer
f peigneuse, machine de peignage, chambre, culasse
s peinadora, cuarto, habitación, cámara
i pettinatrice, camera

1614 comber comb
d Kämmaschinenkamm
f peigne de peigneuse
s peine de peinadora
i pettine della pettinatrice

1615 comber feed box, conductor box
d Zuführkasten der Kämmaschine, Kämmaschinenspeisekasten
f boîte d'alimentation de peigneuse
s caja de alimentación de la peinadora
i cassa di alimentazione della pettinatrice

1616 comber lap
d Kammbandwickel
f nappe pour peigneuse
s napa para peinadora
i rotolo di nastro della pettinatrice

1617 comber lap machine
d Kämmaschine mit Bandzuführung
f peigneuse alimentée par nappe
s peinadora alimentada por napa
i pettinatrice con alimentazione a nastro

1618 combinable
d kombinierbar
f combinable
s combinable
i combinabile

1619 combination
d Kombination
f combinaison
s combinación
i combinazione

1620 combination stitch
d Kombinationsstich
f couture à point composé
s costura de punto compuesto
i punto combinato

1621 combination weave
d Kombinationsgewebebindung
f armure combinée
s ligamento combinado
i armatura combinata

1622 combination wind
d kombinierte Wicklung
f renvidage combinê
s devanado combinado
i avvolgimento combinato

1623 combine
d Kombinieren
f combiner, allier
s combinar
i combinare

1624 combing
d Kämmen
f peignage
s peinado
i pettinare

1625 combing efficiency
d Kämmwirkungsgrad
f efficacité du peignage
s eficiencia del peinado
i rendimento della pettinatura

1626 combing tear
d Kammzugabriss
f taux de blousse en laine peignée
s tasa de borra en lana peinada
i rottura della lana pettinata

1627 combing wool
d Kammwolle
f laine pour peignage
s lana para peinado
i lana pettinata

1628 combustion behaviour
d Brennverhalten
f comportement à la combustion
s comportamiento a la combustión
i comportamento alla combustione

1629 combustion gas
d Abgas, Verbrennungsgas
f gaz de combustion
s gas de combustión
i gas di combustione, gas di scarico

1630 comfort
d Komfort
f confort
s confort
i comfort

1631 comment
d Kommentar
f commentaire
s comentario
i commento

1632 commercial
d kommerziell
f commercial
s comercial
i commerciale

1633 commercial agreement
d Handelsvorschrift
f règle commerciale, règlement commercial
s acuerdo comercial
i accordo commerciale

1634 commercial weight
d Handelsgewicht
f poids commercial
s peso comercial
i peso commerciale

1635 commercialisation, marketing
d Vermarktung
f commercialisation
s comercialización
i commercializzazione

1636 commercialise
d Kommerzialisieren
f commercialiser
s comercializar
i commercializzare

1637 comminution
d Zerkleinerung
f réduction en particules
s reducción a particulas
i frantumazione, sminuzzamento

1638 committee
d Komitee
f comité
s comité, comisión, junta
i comitato

1639 comonomer
d Comonomer
f comonomère
s comonómero
i comonomero

1640 compacting
d Verdichten
f traitement de compacité
s tratamiento de compacidad
i compattamento

1641 compactor
d Maschine zum Verdichten von Textilien, Kompaktor
f machine de traitement de compacité
s màquina para dar compacidad
i macchina per la compattazione dei tessuti

1642 compare
d Vergleichen
f comparer avec, mettre en parallèle
s comparar
i confrontare

1643 comparison
d Vergleich
f comparaison
s comparación
i confronto

1644 comparison test
d Vergleichtest
f analyse, essai de comparaison
s pruebas de comparación
i analisi di confronto

1645 compatibility
d Kompatibilität
f compatibilité
s compatibilidad
i compatibilità

1646 compatible
d Kompatibel
f compatible
s compatible
i compatibile

1647 compatible dye
d mischbarer Farbstoff
f colorant compatible
s colorante compatible
i colorante miscelabile

1648 compensation
d Ausgleich, Kompensation
f compensation
s compensación
i compensazione

1649 compensator
d Kompensationseinrichtung
f dispositif compensateur, compensateur
s dispositivo compensador
i dispositivo di compensazione

1650 competition
d Konkurrenz
f concurrence
s concurrencia
i concorrenza

1651 competitive
d Konkurrenzfähig
f compétitif
s competitivo
i concorrenziale

1652 competitor
d Konkurrent
f concurrent
s concurrente
i concorrente

1653 complaint
d Reklamation
f réclamation
s reclamación
i reclamo

1654 **complex**
d Komplex
f complexe
s complejo
i complesso

1655 **complex formation**
d Komplexbildung
f formation de complexes
s formación de complejos
i formazione di complessi

1656 **complexity**
d Komplexität
f complexité
s complejidad
i complessità

1657 **component**
d Komponente, Bestandteil, Bauteil
f composant, Élement de construction, composant
s componente
i componente

1658 **composite**
d Verbundtextil
f tissu composite
s tejido múltiple
i tessuto composto

1659 **composite good, matrix systems composite**
d heterogenes Erzeugnis
f article en matières composites
s articulo de materias compuestas
i prodotto eterogeneo

1660 **composite material**
d Verbundwerkstoff
f matériau composite
s material compuesto
i materiale composito

1661 **composite yarn sheath**
d Verbundgarnummantelung
f gaine de fil à âme, gaine de fil composite
s faja de hilo compuesto
i rivestimento di filo composto

1662 **composition**
d Komposition, Zusammensetzung
f composition
s composición
i composizione

1663 **composition label**
d Materialkennzeichnung, Textilkennzeichnung
f étiquetage de composition
s etiqueta de composición
i etichetta della composizione

1664 **compound**
d Verbindung
f composé
s compuesto
i composto

1665 **compound needle**
d Compound-Nadel, Schiebernadel
f aiguille à piston
s aguja de cerrojo
i ago a pistone

1666 **compound shed**
d Hoch- und Tieffach
f foule composée
s calada de doble alza
i versare la miscela, spandere il composto

1667 **compound system**
d Verbundsystem
f système composite
s sistema composito
i sistema composito

1668 **compress (noun)**
d Kompresse
f compresse
s compresa
i compressa

1669 **compressed air**
d Druckluft
f air comprimé
s aire comprimido
i aria compressa

1670 compressibility
d Zusammendrückbarkeit, Komprimierbarkeit
f compressibilité
s compresibilidad
i comprimibilità

1671 compressible
d zusammendrückbar
f compressible
s compresible
i comprimibile

1672 compressing
d Zusammenpressen, Komprimieren
f tassement
s empaquetado
i comprimere

1673 compression
d Kompression, Zusammendrücken
f compression
s compresión
i compressione

1674 compression molding
d Formpressen
f moulage par compression
s moldeado por compresión
i stampaggio a compressione

1675 compression spring
d Druckfeder
f ressort de ou à pression
s resorte de presión
i molla di compressione

1676 compression testing
d Druckprüfung, Druckmessung
f contrôle de compression
s ensayo de compresión
i prova di compressione

1677 compressive buckling, Euler buckling
d Stauchbiegung
f flambage par compression, gondolage d'Euler
s rizado por compresión
i imbozzamento a compressione

1678 compressive shrinkage
d kompressives Krumpfen
f retrait par compressíon, retrait compressif
s encogimiento por compresión
i ritiro per compressione

1679 compressive shrinkage machine
d Kompressionskrumpfmaschine
f machine de retrait par compression
s máquina de encogimiento por compresión
i macchina per ritiro per compressione

1680 compressive strength
d Druckfestigkeit
f résistance à la compression
s resistencia a la compresión
i resistenza alla compressione

1681 compressive stress
d Druckbeanspruchung
f contrainte de compression
s esfuerzo de compresión
i sollecitazione di compressione

1682 compressive stress strain property
d Kraft-Dehnungs-Eigenschaft bei Druck
f contrainte par compression, contrainte de dêformation en compression
s esfuerzo de deformación por compresión
i sforzo di deformazione per compressione

1683 compressor
d Verdichter, Kompressor
f compresseur
s compresor
i compressore

1684 compromise
d Kompromiss
f compromis
s compromiso, arreglo, acuerdo
i compromesso

1685 compulsory, obligatory
d Obligatorisch
f obligatoire
s obligatorio
i obbligatorio

1686 computer
d Computer
f ordinateur
s computador, ordenador
i computer

1687 concave
d konkav
f concave
s concavo
i concavo

1688 concentrated solution
d konzentrierte Lösung
f solution concentrèe
s solución concentrada
i soluzione concentrata

1689 concentration
d Konzentration
f concentration
s concentración
i concentrazione

1690 concentration gradient
d Konzentrationsgradient
f gradient de concentration
s gradiente de concentración
i gradiente di concentrazione

1691 concentrical
d konzentrisch
f concentrique
s concéntrico
i concentrico

1692 conception
d Konzeption, Konzept
f conception, concept
s concepción, concepto
i concezione

1693 conclusion, deduction
d Schlussfolgerung
f conclusion, déduction
s conclusión, deducción
i conclusione, deduzione

1694 concordance
d Konkordanz
f concordance
s concordancia
i concordanza

1695 condensable
d kondensierbar
f condensable
s condensable
i condensabile

1696 condensate water
d Kondenswasser
f eau de condensation
s agua de condensación
i acqua di condensa

1697 condensate water purging
d Kondenswasserableitung
f purge de l'eau de condensation
s purga del agua de condensación
i scarico dell'acqua di condensa

1698 condensation
d Kondensation, Kondensat
f condensation, produit de condensation, condensat
s condensación, condensado
i condensazione, condensa

1699 condensation polymer
d Polykondensat
f polymère de condensation
s polímero de condensación
i polimero di condensazione, policondensato

1700 condensation polymerization
d Polykondensation
f polymérisation par condensation
s polimerización por condensación
i polimerizzazione per condensazione, policondensazione

1701 **condense**
d Kondonsieren
f condenser
s condensar
i condensare

1702 **condensed yarn**
d Zweizylindergarn
f fil de carde fileuse
s hilado de carda mechera
i filato cardato, filato condensato

1703 **condenser bobbin, jackspool**
d Vorgarnwickel
f bobine de diviseurs, cannelle, bobine de carde fileuse
s bobina de carda mechera
i rotolo di stoppino

1704 **condenser screen**
d Siebtrommel
f tambour perforé de condenseur
s tambor perforado de condensador
i vaglio a tamburo, vaglio rotante

1705 **condenser tape**
d Florteilerriemchen
f lanière de diviseur, laniére de carde fileuse
s cinta divisora
i lacciolo divisore

1706 **condenser yarn manufacturing**
d Streichgarnvorkrempeln
f filature sur carde fileuse
s hilatura en carda mechera
i filatura su carda filatrice

1707 **condensing funnel**
d Verdichtungstrichter
f entonnoir condenseur
s embudo condensador
i tramoggia di condensazione

1708 **conditioned atmosphere**
d klimatisierte Luft
f air conditionnée
s aire acondicionado
i aria condizionata

1709 **conditioning**
d Konditionierung
f conditionnement
s acondicionamiento
i condizionatura, stagionatura

1710 **conditioning house**
d Konditionieranstalt
f condition publique textile
s condición pública textil
i stabilimento di condizionatura

1711 **conditions for use**
d Gebrauchsanleitung
f mode d'emploi
s modo de empleo
i istruzioni per l'uso

1712 **conductimetry**
d elektrische Leitfähigkeitsmessung, Konduktometrie
f conductimétrie
s conductimetria
i conduttometria, conducimetria

1713 **conduction**
d Leitfähigkeit
f conduction
s conducción
i conduzione

1714 **conductive fiber**
d elektroleitfähige Faser
f fibre conductrice
s fibra conductora
i fibra conduttrice

1715 **conductor**
d Elektrische leitfähig
f conductor électrique
s conductor eléctrico
i conduttore

1716 **cone**
d konische Kreuzspule
f cône
s cono
i cono, rocchetto conico ad avvolgimento incrociato

1717 **cone drawing**
d Konusstrecke
f étirage régulé par cône
s estiraje regulado por cono
i stiratura a cono

1718 **cone dyeing**
d Konusfärben, Färben konischer Kreuzspulen
f teinture sur cône
s tintura en conos
i tintura di coni

1719 **cone dyeing machine**
d Konusfärbemaschine
f machine de teinture sur cône
s máquina de tintura en conos
i macchina per la tintura dei coni

1720 **cone regulating device**
d Konussteuerung, Konusregelgetriebe
f régulateur à cônes
s regulador de conos
i dispositivo per la regolazione dei coni

1721 **cone winder, coner**
d Kreuzspulmaschine für konische Spulen, Konenkreuzspulmaschine, Spulmaschine für konische Kreuzspulen
f bobinoir sur cônes
s enconadora
i roccatrice incrociata per rocchetto conico

1722 **confidence coefficient**
d Vertrauensgrösse, Vertrauenskoeffizient
f coefficient de confiance
s coeficiente de confianza
i coefficiente di confidenza, livello di confidenza

1723 **confidence limit, confidence interval**
d Vertrauensgrenze, Vertrauensbereich
f limite de confiance, intervalle de confiance
s limite de confianza
i limite di confidenza, intervallo di confidenza

1724 **configuration**
d Konfiguration
f configuration
s configuración
i configurazione

1725 **conforznity, textile compliance**
d Konformität
f conformité
s conformidad
i conformità

1726 **congress**
d Kongress
f congrès
s congreso
i congresso

1727 **congruence**
d Kongruenz
f congruance
s congruencia
i congruenza

1728 **conical**
d konisch
f conique
s cónico
i conico

1729 **conical bearing**
d Spitzenlager
f palier conique, roulement conique
s cojinete cónico
i cuscinetto conico

1730 **conicity**
d Konizität, Kegelform
f conicitè
s conicidad
i conicità

1731 **coning, cone winding**
d Spulen auf konische Hülsen
f cônage, bobinage sur cône
s enconado
i bobinatura su coni

1732 coning oil
d Spulöl, Präparationsöl, Spulavivage
f lubrifiant de bobinage
s lubricante de bobinado
i olio per bobinatura

1733 connecting rod, crank
d Kurbelstange
f bielle
s biela
i biella

1734 connection
d Verbinden, Verknüpfen
f liaison
s conexión
i collegamento

1735 connection, junction
d Anschluss
f raccord, connexion
s conexión, juntura
i raccordo, collegamento

1736 conservation
d Konservieren
f conservation
s conservación
i conservazione

1737 conservation product
d Konservierungsmittel
f produit de conservation
s producto de conservación
i conservante

1738 consolidation
d Veifestigen
f consolidation
s consolidación
i consolidamento

1739 constant
d Konstante
f grandeur constante
s constante
i costante

1740 constant leagth
d konstante Länge
f longueur constante
s longitud constante
i lunghezza costante

1741 constant level
d konstantes Niveau
f niveau constant
s nivel constante
i livello costante

1742 constant rate moisture exchange, constant rate period
d konstanter Feuchtigkeitsaustausch
f échange d'humidité à vitesse constante
s cambio de humedad a velocidad constante
i scambio di umidità a velocità costante

1743 constant speed
d konstante Geschwindigkeit
f vitesse constante
s velocidad constante
i velocità costante

1744 constant temperature
d konstante Temperatur
f température constante
s temperatura constante
i temperatura costante

1745 constant value
d konstanter Wert
f valeur constante
s valor constante
i valore costante

1746 constituent
d Stoffbestandteil
f matière constituante
s materia constituyente
i materia costituente

1747 constitution
d Konstitution
f constitution
s constitución
i costituzione

1748 consume
d Verbrauchen
f consommer
s consumir
i consumare

1749 consumer
d Verbraucher
f consommateur
s consumidor
i consumatore

1750 consumer goods
d Verbrauchsgut
f bien de consommation
s bien de consumo
i bene di consumo

1751 consumption
d Verbrauch
f consommation, matériel d'usage
s consumo
i consumo

1752 contact
d Kontakt, Berührung
f contact
s contacto
i contatto

1753 contact angle
d Berührungswinkel
f angle de contact
s ángulo de contacto
i angolo di contatto

1754 contact area
d Bertihrungsfläche, Kontaktfläche, Kontaktzone
f zone de contact
s àrea de contacto
i zona di contatto, superficie di contatto

1755 contact molding
d Kontaktform, Formen im Kontakt
f moulage en coquilles
s moldeo por contacto
i fare stampo a contatto

1756 contact pressure
d Anpressdruck
f pression de serrage
s presión de contacto
i pressione di contatto

1757 contactless method
d berührungsloses Verfahren, kontaktloses Verfahren
f méthode sans contact
s mêtodo sin contacto
i metodo senza contatto

1758 container
d Container, Frachtbehälter, Transportbehälter
f conteneur
s contenedor
i container

1759 contamination
d Kontaminierung
f contamination
s contaminación
i contaminazione

1760 contexture
d Gewebeaufbau
f contexture
s contextura
i contestura, struttura della stoffa

1761 continental system spinning
d kontinentales Spinnsystem
f filature système continental
s sistema de hilatura continental
i sistema di filatura continentale

1762 continuous bleaching
d Kontinuebleiche
f blanchiment à la continue
s blanqueo a la continua
i candeggio continuo

1763 continuous control
d stetige Regelung
f asservissement continu
s control continuo
i controllo continuo

1764 **continuous crimp, follow the leader crimp**
d kontinuierliche Kräuselung
f ondulation continue
s ondulación continua
i arricciatura continua

1765 **continuous drying**
d Kontinuetrocknen
f séchage à la continue
s secado a la continua
i asciugamento in continuo

1766 **continuous dyeing**
d Kontinuefärben
f teinture à la continue
s tintura a la continua
i tintura continua

1767 **continuous dyeing range**
d Kontinuefärbeanlage
f assortiment de teinture à la continue
s surtido de tintura a la continua
i impianto per tintura continua

1768 **continuous finishing**
d Kontinueausrüstung
f apprêt à la continue
s acabado a la continua
i finissaggio continuo

1769 **continuous phase**
d kontinuierliche Phase
f phase continue
s fase continua
i fase continua

1770 **continuous process**
d Kontinueverfahren
f procédé à la continue, traitement à la continue
s proceso continuo
i processo continuo

1771 **continuous scouring**
d Kontinuewäsche
f lavage à fond à la continue
s lavado a fondo a la continua
i lavaggio a fondo continuo

1772 **continuous spinning**
d kontinuierliches Stapelfaserspinnen
f filature continue
s hilatura continua
i filatura continua di fibra da fiocco

1773 **continuous top dyeing**
d Kontinuekammzugfärben
f teinture en continu des rubans peignés
s tintura en continuo de cintas peinadas
i tintura in continuo di nastri pettinati

1774 **contract**
d Vertrag
f contract
s contrato
i contratto

1775 **contract, shrink**
d Schrumpfen
f se contracter, se reserrer, se rétrécir
s encorgerse, contraerse
i restringere

1776 **contraction**
d Kontraktion, Zusammenziehen, Schrumpf
f contraction
s contracción
i contrazione

1777 **contraction, shrinkage**
d Einarbeitung
f raccourcissement
s acortamiento
i accorciamento, contrazione

1778 **contrast**
d Kontrast
f contraste
s contraste
i contrasto

1779 **contrast efflect**
d Kontrastwirkung
f effet de contraste
s efecto de contraste
i effetto del contrasto

1780 contrasting phase microscope
d Phasenkontrastmikroskopie
f microscope à contraste de phase
s microscopio de contraste de fases
i microscopio a contrasto di fase

1781 control
d Regelung, Steuerung
f régulation
s regulación
i controllo, regolazione

1782 control by frequency, hunting
d frequenzabhängige Regelung
f contrôle par la fréquence
s control por la frecuencia
i controllo in funzione della frequenza

1783 control card
d Schaltkarte
f carton de commande
s carta de mando
i scheda di controllo

1784 control characteristic
d Regelgrösse
f caractéristique d'asservissement
s caracteristica de control
i caratteristica di controllo

1785 control chart
d Regelschema
f plan d'asservissement
s carta de control
i schema di controllo

1786 control, direct
d Steuern
f commander, diriger
s comandar, dirigir
i comandare, controllare, dirigere

1787 control equipment
d Steuereinrichtung
f dispositif d'asservissement
s equipo de control
i equipaggiamento di controllo

1788 control panel
d Steuerpult
f tableau de commande
s mesa de mando
i pulsantiera di comando

1789 control point
d Messstelle
f point de contrôle
s punto de control
i punto di controllo, punto di misura

1790 control report
d Prüfbericht, Kontrollbericht
f proces verbal de contrôle
s proceso de control verbal
i verbale di prova, verbale di controllo

1791 control roll, tumbler
d Leitwalze
f cylindre de contrôle d'étirage
s cilindro de control de estirado
i cilindro di controllo

1792 control surface
d Messfläche
f surface de contrôle
s superficie de control
i superficie di controllo, superficie di misura

1793 control system
d Regelsystem
f système d'asservissement
s sistema de control
i sistema di controllo

1794 control theory
d Regelungstheorie
f théorie d'asservissement
s teoria del control
i teoria del controllo

1795 control unit
d Steuereinheit
f module, organe de commande
s unidad de control
i unità di controllo

1796 control valve
d Regelventil
f valve d'asservissement
s válvula de control
i valvola di controllo

1797 control wheel
d Schaltrad
f volant de commande
s volante de mando
i volantino di comando

1798 convection
d Konvektion
f convection
s convección
i convezione

1799 conventional spinning
d konventionelles Spinnverfahren
f filature conventionnelle
s hilatura convencional
i filatura convenzionale

1800 convergence
d Konvergenz
f convergence
s convergencia
i convergenza

1801 conversion
d Umwandlung, Veränderung, Verwandlung
f conversion
s conversión
i conversione

1802 convert
d Konvertieren
f convertir
s convertir, transformar
i convertire

1803 convex
d konvex
f convexe
s convexo
i convesso

1804 conveyor
d Transporteinrichtung
f convoyeur
s transportador
i trasportatore

1805 conveyor belt
d Förderband
f courroie transporteuse
s correa transportadora
i nastro trasportatore

1806 convolution
d Baumwollfaserverwindung, Verwindung
f circonvolution, distorsion, torsion, voilage
s circunvolución, retorsión, retrocimiento
i circonvoluzione della fibra di cotone, convoluzione, ritorcitura

1807 cooking
d Kochen
f cuisson
s cocimiento
i cucinare

1808 cool, cool down
d Abkühlen
f refroidir
s enfriar
i raffreddare

1809 cool down rapidly
d Abschrecken
f tremper
s templar
i temprare

1810 cooling
d Abkühlen, Erkalten, Abkühlung
f refroidissement
s enfriamiento
i raffreddamento

1811 cooling can
d Kühlkammer
f chambre de refroidissement
s cámara de enfriamiento
i camera di raffreddamento

1812 co-ordinate
d Koordinieren
f coordonner
s coordinar
i coordinare

1813 co-ordinates
d Koordinaten
f coordonnées
s coordenadas
i cordinate

1814 cop
d Kops, Cops, Zwirnkops
f cops
s cop
i cops

1815 cop end effect
d Fadenspannungsanstieg gegen Kopsende
f influence du dévidage du fond de cops, influence du fond de bobine filature, effet produit par dévidage du fond de cops
s efecto producido por final de bobina
i aumento della tensione del filo alla fine del cops

1816 copolyamide
d Kopolyamid
f copolyamide
s copoliamida
i copoliammide

1817 copolyester
d Kopolyester
f copolyester
s copolièster
i copoliestere

1818 copolymer
d Kopolymer
f copolymère
s copolímero
i copolimero

1819 copolymerization
d Kopolymerisation
f copolymérisation
s copolimerización
i copolimerizzazione

1820 copper
d Kupfer
f cuivre
s cobre
i rame

1821 copper compound
d Kupferverbindung
f composé de cuivre
s compuesto de cobre
i composto del rame

1822 copper formate
d Kupferformiat
f formiate de cuivre
s formiato de cobre
i formiato di rame

1823 copper 8-hydroxyquinolate
d Kupfer-8-Hydroxychinolat
f hydroxyquinolate de cuivre
s hidroxiquinolato de cobre
i 8-idrossichinolato di rame

1824 copper naphthenate
d Kupfernaphthenat
f naphtênate de cuivre
s naftenato de cobre
i naftenato di rame

1825 copper number
d Kupferzahl
f indice de cuivre
s indice de cobre
i numero di rame

1826 copper pentachlorophenate
d Kupferpentachlorphenat
f pentachlorophénate de cuivre
s pentaclorofenato de cobre
i pentaclorofenato di rame

1827 cop(s) dyeing
d Kopsfärben
f teinture sur cops, teinture sur bobine de filature
s tintura en cops
i tintura del cops

1828 cop(s) dyeing machine
d Kopsfärbemaschine
f machine de teinture sur cops
s màquina de tintura en cops
i macchina per tintura del cops

1829 cop(s) filling ratio
d Kopsfüllung
f taux de remplissage du cops
s relación de rellenado de cops
i tasso di riempimento del cops

1830 copy
d Kopie
f copie
s copia, duplicado, reproducción, imitación
i copia

1831 cord
d Schnur, Kordel
f câble
s cordón
i cord

1832 cordage
d Seilerware
f cordage
s cordelería
i cordami

1833 cordage machine
d Seilereimaschine
f machine de fabrication des cordes
s máquina para fabricación de cuerdas
i macchina per corderia

1834 cordage yarn
d Litzenkordel
f fil pour cordage, fil pour ficelle
s cabo de cordelero
i filo per cordami

1835 corduroy
d Cordsamt
f velours côtelé
s pana abordonada
i velluto a coste

1836 core
d Seele (coregarn)
f noyau, âme (fil d'âme)
s alma
i anima

1837 core braid
d Rundgeflecht mit Kern, Kerngeflecht
f tresse à âme
s trenza con alma
i treccia con anima

1838 core filament yarn
d Kernfilamentgarn
f noyau du filement
s nucleo del filamento
i nucleo del filamento (a bava continua)

1839 core sheath structure, centric cover-core structure
d Kern-Mantel-Struktur
f structure âme-gaine
s estructura externa (de la cubierta) del núcleo
i struttura della copertura del nucleo

1840 core spinning
d Core-Spinnen, Kerngarnspinnen
f filature des fils à âme
s hilatura de hílos con alma
i filatura con filato con anima

1841 core spun yarn
d Core-Garn, Kernwindegarn
f filé à âme
s hilado con alma
i filato da fibra in fiocco con anima

1842 core spun yarn, core spun thread
d Umsponnenes Garn
f fil guipé
s hilo recubierto
i filo ricoperto

1843 core yarn
d Kerngarn, Seelengarn
f fil à âme
s hilo con alma
i filato con anima

1844 coring
d Kernbohren
f carottage
s extracción de muestra interior
i carotaggio

1845 Coriolis force
d Coriolis-Kraft
f force de Coriolis
s fuerza de Coriolis
i forza di Coriolis

1846 cork
d Kork
f liège
s corcho
i sughero

1847 Corona effect
d Koronaglimmentladung, Koronaeffekt
f effet Corona
s efecto Corona
i effetto Corona

1848 coronizing
d Coronizing
f coronisation
s coronización
i coronizzazione

1849 correct
d Korrigieren
f corriger
s corregir
i correggere

1850 correction
d Korrektur
f correction, rectification
s corrección
i correzione

1851 correlation
d Korrelation
f corrêlation
s correlación
i correlazione

1852 correlation coefficient
d Korrelationskoeffizient
f coefficient de corrélation
s coeficiente de correlación
i coefficiente di correlazione

1853 corrosion resistance, rnst resistance
d Korrosionsbeständigkeit
f résistance à la corrosion
s resistencia a la corrosión
i resistenza alla corrosione

1854 corrosion, rusting
d Korrosion
f corrosion
s corrosión
i corrosione

1855 corrosion testing
d Korrosionsprüfung
f contrôle de la corrosion
s ensayo de corrosión
i prova di corrosione

1856 corrosive
d korrodierend
f corrosif
s corrosivo
i corrosivo

1857 corset
d Korsett
f corset
s corse
i busto

1858 corset batiste
d Korsettbatist
f batiste pour corset
s batista para corse
i batista per busti

1859 cortex
d Cortex, Rindenschicht
f cortex
s córtex
i corteccia

1860 corundum
d Korund
f corindon, corindum
s corindón
i corindone

1861 costs
d Kosten
f coût, dépense, frais
s gastos, coste, costo
i costi

1862 cotonise
d Cotonisieren
f cotonner
s algodonar
i cotonizzare

1863 Cotswold wool
d Cotswold-Wolle
f laine Cotswold
s lana Cotswold
i lana Cotswold

1864 cotton
d Baumwolle
f coton
s algodón
i cotone

1865 cotton bale
d Baumwollballen
f balle de coton
s bala de algodón
i balla di cotone

1866 cotton blend
d Baumwollmischung
f mélange de coton
s mezcla de algodón
i mischia di cotone

1867 cotton boll
d Baumwollsamenkapsel
f capsule de coton
s càpsula de algodón
i capsula di cotone

1868 cotton card
d Baumwollkarde
f carde pour coton
s carda para algodón
i carda di cotone

1869 cotton carding
d Baumwollkardieren
f cardage du coton
s cardado del algodón
i cardatura del cotone

1870 cotton class
d Baumwollklasse
f classe de coton
s clase de algodón
i classe di cottone

1871 cotton classing
d Baumwollklassierung
f classement du coton
s clasificación del algodón
i classificazione del cotone

1872 cotton combing
d Baumwollkämmen
f peignage du coton
s peinado del algodón
i pettinatura del cotone

1873 cotton count
d Englische Baumwollnummer, NeB
f titrage du coton
s titulo de los hilos de algodón
i titolo inglese del cotone, NeB

1874 cotton dewaxing
d Baumwollentwachsen, Baumwollbeuche
f élimination de la cire du coton
s desparafinado del algodón
i liscivia del cotone

1875 cotton dyeing
d Baumwollfärben
f teinture du coton
s tintura del algodón
i tintura del cotone

1876 cotton fabric
d Baumwollgewebe
f tissu de coton
s tejido de algodón
i tessuto di cotone

1877 cotton fiber
d Baumwollfaser
f fibre de coton
s fibra de algodón
i fibra di cotone

1878 cotton fiber immaturity testing
d Baumwollreifeprüfung, Baumwollreifetest
f contrôle de maturitè du coton
s control de madurez del algodón
i controllo della maturità del cotone

1879 cotton gin
d Egreniermaschine
f égreneuse pour coton
s desmotadora de algodón
i ginniera, sgranatrice

1880 cotton harvesting
d Baumwollpflücken
f cueillette du coton
s recolección del algodón
i raccolta del cotone

1881 Cotton knitting machine
d Cottonmaschine, Flachkulierwirkmaschine
f métier Cotton, métier de tricotage Cotton
s telar Cotton
i macchina Cotton

1882 cotton lasting, heavy weight fabric
d Lasting
f tissu d'usage en coton
s tejido duradero de algodón
i lasting, tessuto pesante di cotone

1883 cotton linters
d Baumwollinters
f linters de coton
s linters de algodón
i cotone a corta peluria, linters

1884 Cotton machine doubling
d Doublieren auf der Cottonmaschine
f doubling sur métier Cotton
s doubling en telar Cotton
i binatura sulla macchina Cotton

1885 cotton plant
d Baumwollstrauch
f plante de coton
s algodonero
i pianta di cotone

1886 cotton provenance
d Baumwollprovenienz
f provenance du coton
s procedencia del algodón
i provenienza del cotone

1887 cotton quality
d Baumwollqualität
f qualité du coton
s calidad del algodón
i qualità del cotone

1888 cotton seed
d Baumwollsamen
f graine de coton
s semilla de algodón
i seme di cotone

1889 cotton spinning
d Baumwollspinnen
f filature de coton
s hilatura de algodón
i filatura del cotone

1890 cotton spun yarn
d Baumwollspinngarn
f filé de coton
s hilado de algodón
i filato di cotone da fibra in fiocco

1891 cotton system processing
d Baumwollspinnsystem
f filature sur matériel coton
s hilatura en proceso de algodón
i sistema di filatura del cotone

1892 cotton thread
d Baumwollnähgarn
f fil à coudre de coton
s hilo de coser de algodón
i filo cucirino di cotone

1893 cotton wax
d Baumwollwachs
f cire de coton
s cera de algodón
i cera di cotone

1894 cotton yarn
d Baumwollgarn, Baumwollfaden
f fil de coton
s hilo de algodón
i filo di cotone

1895 coumarin
d Kumarin
f coumarine
s cumarina
i cumarina

1896 count
d Feinheitsnummer
f titrage
s título
i titolo

1897 count strength product
d Produkt aus Garnnummer und Festigkeit
f produit de la résistance par le titre
s producto número por resistencia
i prodotto numero per resistenza

1898 count tester
d Garnnummernprüfgerät
f appareil de titrage, romaine de titrage
s aparato de numeración
i apparecchio per il controllo del titolo del filato

1899 count testing
d Garnnummernprüfung
f contrôle du titrage
s ensayo de numeración
i controllo del titolo del filato

1900 counter
d Zähler, Zählgerät, Zählapparat
f compteur
s contador
i contatore

1901 counterfaller
d Gegenwinder
f contre-baguette
s contraplegador de la selfactina
i controbacchetta (del filatoio intermittente)

1902 counterflow process
d Gegenstromverfahren
f méthode à contre-courant
s método a contracorriente
i metodo a controcorrente

1903 counterpile napping
d Gegenstrichrauhen
f grattage à contre-poil
s perchado a contrapelo
i garzatura contropelo

1904 counterweight
d Gegengewicht
f contrepoids
s contrapeso
i contrappeso

1905 counting
d Zählung
f comptage, dènombrement
s recuento
i conteggio

1906 country of origin
d Ursprungsland
f pays d'origine, de provenance
s país de origen
i paese di origine

1907 couple
d Kräftepaar, Kuppeln
f couple, attelage, couplage
s par, acción y efecto de enganchar, de acoplar, de ensamblar, de embragar
i coppia, accoppiare

1908 coupler point
d Kupplungspunkt
f point d'accouplement
s punto de acoplamiento
i punto di accoppiamento

1909 coupling
d chemische Kupplung
f copulation
s copulación
i accoppiamento chimico

1910 coupling agent
d Kupplungskomponente
f agent de copulation
s agente de acoplado
i componente di accoppiamento

1911 courses per centimeter
d Maschenreihen pro cm
f rangées de mailles par centimètre
s hileras de mallas por centímetro
i file di maglie per cm

1912 courses per inch
d Maschenreihen pro Zoll
f rangées de maille par pouce
s hileras por pulgada
i file di maglie per pollice

1913 Courtaulds converter
d Courtaulds-Konverter
f convertisseur Courtauld
s convertidor Courtauld
i convertitore Courtauld

1914 covalent bond
d kovalente Bindung
f liaison covalente
s enlace covalente
i legame covalente

1915 cover
d Fadenschluss
f couvrant
s cobertura
i copertura del filo

1916 cover by spinning, spin over
d Umspinnen
f guiper
s revestir, recubrir en espiral
i rivestire a spirale

1917 cover, covering
d Decke
f couverture
s cubierta, manta
i coperta

1918 cover stitch
d Deckstich, Überdeckstich
f point de recouvrement, point couvrant
s punto cubriente
i punto di copertura

1919 cover, upholstering, covering
d Bezug
f revêtement, garniture
s revestimiento
i rivestimento

1920 cover yarn
d Umwindungsfaden, Umspinnungsfaden
f fil de guipage
s hilo de recubrimiento
i filo di ricoprimento

1921 coverall
d Arbeitskombination
f combinaison de travail
s combinación de trabajo
i tuta, overall

1922 covered fiber
d Umwindefaser
f fibre guipée
s fibra recubierta
i fibra ricoperta

1923 covered roll
d bezogene Walze, Walze mit Bezug, überzogene Walze
f cylindre revêtu, cylindre garni
s cilindro revestido
i cilindro rivestito

1924 covered seam
d verdeckte Naht, überdeckte Naht, versteckte Naht
f couture à points de recouvrement
s costura recubíerta
i cucitura invisibile

1925 covered yarn, wrapped yarn
d umzwirntes Garn
f fil guipé, fil gainé
s hilo recubierto
i filo ricoperto

1926 coverfactor
d Cover-Faktor, Deckfaktor, Gewebedichtefaktor
f facteur de couverture
s factor de cobertura
i fattore di copertura

1927 covering
d Überdecken, Bedecken, Belag, Ummantelung
f recouvrement, revêtement, enrobage, revêtement, gaine
s recubrición, revestimiento, revestimiento, recubrimiento
i ricoprire, rivestimento

1928 covering machine, wrapping machine
d Umzwirnungsmaschine
f machine de guipage
s màquina de recubrir
i macchina rivestitrice, per rivestire

1929 coverplate
d Deckplatte, Abdeckplatte
f couvercle
s cubierta protectora
i piastra di copertura

1930 covert
d Covercoatstoff, Mantelstoff
f tissu cover
s tejido covert
i tessuto covert leggero

1931 cow hair
d Kuhhaar
f poil de vache
s pelo de vaca
i pelo di vacca

1932 cowhide
d Kuhhaut
f peau de vache
s piel de vaca
i pelle di vacca

1933 crabbing
d Krabben
f crabbing, décatissage au mouillé
s crabbing
i calandrare

1934 crabbing machine
d Krabbmaschine
f machine de fixage au mouillé
s máquina fijadora en húmedo
i calandratrice

1935 crack mark
d Legefalte
f défaut de cassure
s defecto de rotura
i piega, segno di rottura

1936 crack propagation
d Weiterreissen
f propagation de la déchirure
s propagación del desgarro
i propagazione dello strappo

1937 cracked selvedge
d gerissene Leiste, gerissene Webkante
f lisière déchirée
s orillo desgarrado
i cimossa rotta

1938 cradle
d Streckwerkskäfig
f cage d'étirage
s portacorrea
i gabbia dello stiratoio

1939 crank
d Kurbel
f manivelle
s manivela
i manovella

1940 crankshaft
d Kurbelwelle
f arbre à vilebrequin
s árbol de manivela
i albero a gomiti

1941 crash toweling
d Handtuchware
f tissu pour serviette de toilette
s tejido para toallas
i tessuto per asciugamani

1942 cratch
d Spulengatter für Bandweberei
f cantre pour rubanerie
s fileta para cintería
i rastrelliera della spola per tessitura a nastro

1943 cravat
d Seidentuch, Halstuch
f cache-col, foulard
s bufanda
i foulard

1944 crease
d Falte
f pli
s doblez
i piega

1945 crease acceptance
d Knitterneigung
f aptitude à prendre le pli
s arrugabilidad
i tendenza alla sgualcitura

1946 crease mark
d Knickstelle
f marque de pli
s señal de arruga
i punto di rottura, punto di piegatura

1947 crease resistant
d knitteifrei
f infroissable
s inarrugable
i ingualcibile

1948 crease resistant treatment
d Knitterfestbehandlung
f traitement d'infroissabilité
s tratamiento de ínarrugabilidad
i finissaggio antipiega

1949 crease retention
d Faltenbeständigkeit
f rétention du pli
s retención de las arrugas
i resistenza antipiega

1950 creased
d geknittert
f froissé
s arrugado
i sgualcito

1951 creasing
d Faltenbilden
f formation de plis
s formación de pliegues
i formazione di pieghe

1952 creation, realisation
d Realisierung
f realisation
s realización
i realizzazione

1953 creativity
d Kreativität
f créativité
s creatividad
i creatività

1954 creel
d Aufsteckgatter, Spulengatter, Schärgatter, Zettelgatter
f cantre, râtelier
s fileta
i rastrelliera

1955 creel supply
d Fadenzuführung vom Gatter
f alimentation par cantre
s alimentación por fileta
i alimentazione del filo dalla rastrelliera

1956 creeling
d Gatteraufstecken
f garnissage de cantre
s carga de la fileta
i innesto della rastrelliera

1957 creep
d Kriechen
f fluage
s fluencia
i scorrimento

1958 creep recovery
d Kriecherholung
f récupération après fluage
s recuperación despuès de la fluencia
i ricupero dallo scorrimento

1959 creep rnpture
d Kriechbruch, Fliessbruch
f rupture par fluage
s rotura por fluencia
i rottura per scorrimento

1960 creep rnpture strength
d Kriechbruchfestigkeit, Fliessbruchfestigkeit
f résistance à la rupture par fluage
s resistencia a la rotura por fluencia
i resistenza alla rottura per scorrimento

1961 creep strengtb, creep resistance
d Kriechwiderstand
f résistance au fluage, solidité au fluage
s resistencia a la fluencia
i resistenza allo scorrimento

1962 creep testing
d Kriechprüfung
f contrôle du fluage, essai de fluage
s control de fluencia
i controllo dello scorrimento

1963 crêpe
d Krepp
f crêpe, tissu crêpe
s crespón
i crespo, crepe

1964 crêpe cord
d Kreppcord
f ganse crèpe
s cordón de crespón
i cord crespato

1965 crêpe embossing
d Krepprägung
f gaufrage du crêpe
s gofrado del crespón
i goffratura del crepe

1966 crêpe weave
d Kreppbindung
f armure crêpe
s lígamento crespón
i armatura crepe

1967 crêpeyam
d Kreppgarn
f fil crèpe
s hilo de crespón
i filato crespato

1968 crêping
d Krepponieren
f crêpage
s acresponamiento
i creponaggio

1969 cretone
d Kretonne, Cretonne
f cretonne
s cretona
i cretonne

1970 crimp amplitude
d Kräuselungsamplitude
f amplitude de la frisure
s amplitud de rizado
i ampiezza dell'increspatura

1971 crimp balance
d Kräuselungsgleichförmigkeit
f rêgularíté de la frisure, équilibre de la frisure
s uniformidad de rizado
i uniformità dell'increspatura

1972 crimp, crinkle
d Kräuselung
f frisure, ondulation
s frisado
i increspatura, arricciatura

1973 crimp fixing
d Kräuselungsfixierung
f fixage de la frisure
s fijado del rizado
i fissaggio dell'increspatura

1974 crimp frequency
d Kräuselungsfrequenz
f taux de frisure, fréquence de frisure
s frecuencia de rizado
i frequenza dell'increspatura

1975 crimp index
d Kräuselungsindex
f indice de frisure
s indice de rizado
i indice dell'increspatura

1976 crimp interchange
d Kräuselungsverschiebung
f déplacement de la frisure
s intercambio de rizado
i spostamento dell'increspatura

1977 crimp percent, crimp ratio
d Kräuselgrad
f pourcentage de frisure, taux de frisure
s porcentaje de rizado
i grado di increspatura

1978 crimp radius
d Kräuselradius
f rayon de frisure
s radio de rizado
i raggio dell'increspatura

1979 crimp recovery
d Kräuselrückbildung
f récupération de la frisure
s recuperación de rizado
i ricupero dell'increspatura

1980 crimp removal
d Entkräuseln
f èlimination de la frisure, dèfrisage
s eliminación del rizado
i eliminazione dell'increspatura

1981 crimp retention
d Kräuselbeständigkeit
f rétention de la frisure
s retención del rizado
i resistenza dell'increspatura

1982 crimp rigidity
d Crimp rigidity
f èlongation de frisure
s elongación de rizado
i allungamento dell'increspatura

1983 crimp tendency
d Kräuselneigung
f tendance à la frisure
s tendencia al frisado
i tendenza all'increspatura

1984 crimp tester
d Kräuselprüfgerät
f appareil de contrôle de la frisure
s medidor de rizado
i misuratore dell'increspatura

1985 crimped fiber
d gekräuselte Faser, Kräuselfaser
f fibre frisêe
s fibra rizada
i fibra increspata

1986 crimped yarn
d gekräuseltes Garn
f filfrísé
s hilo rizado
i filato ritorto fantasia

1987 crimping
d Kräuseln
f frisage, frisure
s rizado
i increspare

1988 crimping machine
d Kräuselmaschine
f machine de texturation par frisure, machine de frisure
s máquina de texturación por rizado
i macchina increspatrice, arricciatrice

1989 crinkle type yarn, crinkle textured yarn
d Crinkle-Garn, Knit-de-Knit-Texturgarn, Knit-de-Knit-Garn
f fil texturé knit-de-knit, fil texturé ondulé, fil ondulê par texturation
s hilo texturado tejido destejido
i filato crynkle

1990 crisis
d Krise
f crise
s crisis
i crisi

1991 criss cross
d Verkreuzung, Überkreuzung
f entrecroisement
s entrecruzamiento
i incrocio

1992 criterion
d Kriterium
f critérium, critère
s criterio
i criterio

1993 critical concentration
d kritische Konzentration
f concentration critique
s concentración critica
i concentrazione critica

1994 critical dissolving time
d kritische Lösezeit
f temps critique de dissolution
s tiempo critico de disolución
i tempo critico di dissoluzione

1995 critical micelle concentration
d kritische Mizellenkonzentration
f concentration critique en micelles
s concentración critica en micelas
i concentrazione critica di micelle

1996 critical moisture content
d kritischer Feuchtigkeitsgehalt
f teneur critique en humidité
s contenido crítico de humedad
i tasso critico di umidità

1997 critical temperature
d kritische Temperatur
f température critique
s temperatura critica
i temperatura critica

1998 critical time
d kritische Dauer, kritische Zeit
f durée critique
s tiempo critico
i durata critica, tempo critico

1999 critical twist
d kritische Garndrehung
f torsion saturante
s torsión saturante
i torsione critica del filo

2000 critical value
d kritischer Wert
f valeur critique
s valor crítico
i valore critico

2001 critical velocity
d kritische Geschwindigkeit
f vitesse critique
s velocidad critica
i velocità critica

2002 criticism
d Kritik
f critique, examen
s crítica
i critica

2003 crochet needle
d Häkelnadel
f aiguille pour crochet
s aguja de ganchillo
i uncinetto

2004 crocheted lace
d Häkelspitze
f dentelle au crochet
s encaje de ganchillo
i pizzo all'uncinetto

2005 crocheted selvedge
d Häkelkante
f lisière crochetée
s orillo de ganchillo
i bordo all'uncinetto

2006 crocheting
d Häkeln
f travail au crochet
s labor de ganchillo
i lavoro all'uncinetto

2007 crocheting machine
d Häkelmaschine, Crochetmaschine, Häkelgalonmaschine
f machine à crochet
s máquina de ganchillo
i macchina per lavorazione all'uncinetto

2008 crock testing
d Reibechtheitsprüfung
f contrôle de dègorgement au frottement, essai de dégorgement au frottement
s ensayo de manchado por frotamiento
i prova della solidità allo sfregamento

2009 crockfastness, crocking resistane
d Reibechtheit
f solidité au dégorgement par frottement, résistance au dégorgement par frottement, solidité au frottement
s solidez al manchado por frotamiento
i solidità allo sfregamento

2010 crocking
d Abfärben durch Reibung
f dègorgement par frottement
s descarga al frote
i stingimento per sfregamento

2011 crop
d Ernte
f récolte
s cosecha
i raccolta

2012 crosrol, crush roll, cross roll
d Florquetsche, Crosroleinrichtung
f cylindre écraseur, cylindre broyeur
s cilindro aplastapajas cruzado
i cilindro schiacciatore

2013 crosrol web purifier, crosrol web cleaner
d Crosrol-Vliesreiniger, Vliesquetschvorrichtung
f épurateur de voile crosrol, nettoyeur de voile crosrol
s depurador del velo de carda crosrol
i depuratore del velo di carda crosrol

2014 cross dyeing
d Überfärben
f teinture en double teinte
s tintura cruzada
i sovratintura

2015 cross laid web
d kreuzgelegtes Vlies
f voile de fibres en couches croisées
s velo de fibras en capas cruzadas
i velo di fibra a strati sovvrapposti

2016 cross plaiting
d Wendeplattieren
f vanisage croisê
s vanisado invertido
i placcatura incrociata

2017 cross section
d Querschnitt
f section transversale
s sección transversal
i sezione trasversale

2018 cross section shape checking
d Querschnittformprüfung
f contrôle de la section transversale
s control de la sección transversal
i controllo della forma della sezione

2019 cross sectional area
d Querschnittsfläche
f surface de la section transversale
s superficie de la sección transversal
i superficie della sezione trasversale

2020 cross stitch
d Kreuzstich
f point de croix
s punto cruzado
i punto in croce

2021 crossbred wool
d Crossbred-Wolle, Kreuzzuchtwolle
f laine croisèe
s lana cruzada
i lana incrociata

2022 cross-dye, overdyeing
d Nachfärben
f récolorer
s retinturar
i ricolorare, ritingere

2023 crosslaying
d Kreuzlegen
f croisage des couches
s cruzado de las capas
i sovrapporre a strati

2024 crosslink density
d Vernetzungsdichte
f densité de réticulation
s densidad de reticulación
i densità di reticolazione

2025 crosslink, interlace
d Vernetzen
f réticuler, créer un réseau
s reticular, conectar en red
i reticolare, creare una rete

2026 crosslinkage
d Quervernetzung
f liaison transversale
s unión transversal
i reticolazione trasversale

2027 crosslinking
d chemische Querverbindung
f pontage
s enlace cruzado
i reticolazione chimica

2028 crosslinking agent
d Vernetzungsmittel
f agent de pontage
s agente de enlace cruzado
i reticolante

2029 crosslinking differential distribution
d spezielle Vernetzungsverteilung
f distribution diffèrentielle du pontage
s distribución del enlace en cruz
i distribuzione differenziale della reticolazione

2030 crosswinding
d Kreuzspulen
f bobinage croisé
s bobinado cruzado
i bobinaggio incrociato

2031 crosswound package
d Kreuzspule
f bobine croisée
s bobina cruzada
i bobina incrociata

2032 crumpled
d Verknittert
f froissé
s arrugado
i sgualcito, spiegazzato

2033 crupled look, creased look
d Knitterlook
f look froissé
s estilo arrugado
i look sgualcito

2034 crush resistance
d Widerstand gegen Flachdrücken
f résistance au broyage
s resistencia al aplastamiento
i resistenza all'appiattimento

2035 crushing, grinding
d Zermahlen
f broyage, écrasage, réduction en poudre
s trituración
i macinare, triturare

2036 **crushing mill, mill**
d Mahlwerk
f broyeur
s molino triturador
i molino, trituratore

2037 **cryogenic temperature**
d Tieftemperatur
f température cryogénique
s temperatura criogénica
i temperatura criogenica

2038 **cryoscopy**
d Kryoskopie
f cryoscopie
s crioscopia
i crioscopia

2039 **crystal**
d Kristall
f cristal
s cristal
i cristallo

2040 **crystal defect**
d Kristallaufbaufehler
f défaut du cristal
s defecto del cristal
i difetto del reticolo cristallino

2041 **crystal lattice**
d Kristallgitter
f réseau cristallin
s red cristalina
i reticolo cristallino

2042 **crystalline**
d Kristallin
f cristallin, de cristal
s cristalino
i cristallino

2043 **crystalline orientation**
d kristalline Orientierung
f orientation des cristaux
s orientación cristalina
i orientamento cristallino

2044 **crystalline polymer**
d kristallines Polymer
f polymère cristallin
s polímero cristalino
i polimero cristallino

2045 **crystalline region**
d kristalliner Bereich
f région cristalline
s región cristalina
i regione cristallina

2046 **crystalline structûre**
d kristalline Struktur
f structure cristalline
s estructura cristalina
i struttura cristallina

2047 **crystallinity**
d Kristallinität
f cristallinité
s cristalinídad
i cristallinità

2048 **crystallite**
d Kristallit
f cristallite
s cristalita
i cristallite

2049 **crystallizable**
d kristallisierbar
f cristallisable
s cristalizable
i cristallizzabile

2050 **crystallization**
d Kristallisation
f cristallisation
s cristalización
i cristallizzazione

2051 **crystallography**
d Kristallografie
f cristallographie
s cristalografia
i cristallografia

2052 cube
d Würfel, Kubus
f cube
s cubo
i cubo

2053 cuff
d Ärmelbündchen
f poignets
s pajita de la manga
i polsino

2054 cultivate
d Anbauen
f cultiver
s cultivar
i coltivare

2055 cultivation
d Anbau
f culture
s cultivo
i coltivazione

2056 cumene
d Cumol
f cumène
s cumeno
i isopropilbenzene

2057 cup seaming machine
d Überwendlichnähmaschine mit Kuvetten
f machine à coudre à cuvettes
s máquina de coser de cubetas
i cucitrice con punto a sopragitto

2058 cuprammonium fluidity
d Kupferammoniakfliessverhalten
f fluidité cupro-ammoniacale
s fluidez cuproamoniacal
i fluidità cuprammoniacale

2059 cuprammonium hydroxide, cuoxam
d Kupferammoniakhydroxid
f hydroxyde de cuivre ammoniacal, cuoxam
s hidróxido de cobre amoniacal
i idrossido cuprammoniacale

2060 cuprammonium rayon
d Cupro-Filament, Kupferkunstseide
f rayonne cupro-ammoniacale
s rayón cuproamoniacal
i raion cuprammoniacale

2061 cupric chloride
d Kupfer-2-Chlorid
f chlorure cuivrique
s cloruro de cobre
i cloruro di rame

2062 cupric chromate
d Kupfer-2-Chromat
f chromate cuivrique
s cromato de cobre
i cromato di rame

2063 cupric compound
d Kupfer-2-Verbindung
f composé cuivrique
s compuesto cúprico
i composto di rame

2064 cupric sulfate
d Kupfer-2-Sulfat
f sulfate cuivrique
s sulfato de cobre
i solfato di rame

2065 cupric sulfite
d Kupfer-2-Sulfit
f sulfite cuivrique
s sulfito de cobre
i solfito di rame

2066 cupriethylenediamine hydroxide, CUEN
d Kupfer-2-Athylendiaminhydroxid, CUEN
f hydroxyde de cupréthylènediamine, CUEN
s hidróxido de cuproetilene diamina
i idrossido di copretilendiammina

2067 cuprous chloride
d Kupfer-1-Chlorid
f chlorure cuivreux
s cloruro cuproso
i clururo di rame

2068 **cuprous compound**
d Kupfer-1-Verbindung
f composé cuivreux
s compuesto cuproso
i composto cuproso

2069 **curing agent**
d Aushärtungsmittel, Härter
f agent de polymérisation
s agente de curado
i induritore

2070 **curing by heat**
d Hitzehärten
f polymérisation par la chaleur
s curado por calor
i indurimento a caldo

2071 **curing oven**
d Polymerisationskammer
f polymériseuse, étuve de polymérisation, four de polymérisation
s polimerizadora
i forno di polimerizzazione

2072 **curing range**
d Polymerisationsanlage
f assortiment de polymérisation, ligne de polymérisation
s tren de polimerización
i impianto di polimerizzazione

2073 **curl geometry**
d Kräuselbogen
f courbure de l'ondulation
s curvatura de la ondulación
i curvatura dell'arricciatura

2074 **curling**
d Einkräuselung
f crispation en arrière, admission
s encrespamiento
i increspamento

2075 **current**
d Strom
f courant
s corriente
i corrente

2076 **current potential**
d Stromspannung
f tension de courant
s tensión de la corriente
i tensione della corrente

2077 **curtain**
d Vorhang
f rideau
s cortina
i tenda

2078 **curtain heading tape**
d Gardinenband
f ruban fronceur pour rideaux, galon fronceur pour rideaux
s galón fruncidor para cortinas
i nastro per tende

2079 **curtain machine, lace furnishing machine**
d Vorhangstoffwebmaschine
f métier pour rideaux
s telar para cortínas
i telaio per tende

2080 **curvature**
d Krümmung
f cambrure
s curvatura
i curvatura

2081 **curved cylinder expander**
d Ausbreiter auf gebogenen Rollen
f cylindre arqué élargisseur
s barra arqueada extendedora
i distenditrice su rulli curvati

2082 **curvilinear scale**
d gekrümmte Massskala
f échelle curviligne
s escala curvilínea
i scala curva

2083 **cushion**
d Kissen
f coussin
s almohadón
i cuscino

2084 customer
d Kunde
f client
s cliente, comprador, noticia, información, conocimiento, ciencia
i cliente

2085 customs
d Zoll
f droit de douane
s aduana
i dogana

2086 cut and sewn knitwear
d Schnitt-Näh-Maschenware
f tricot coupé-cousu
s tricot cortado-cosido
i maglieria taglia-cuci

2087 cut out
d Ausschneiden
f découper
s recortar
i ritagliare

2088 cut pile carpet
d Schnittflorteppich
f tapis à poil coupé
s alfombra de pelo cortado
i tappeto in velluto tagliato

2089 cut pile fabric
d Schnittflorgewebe
f tissu à poil coupé
s tejido de pelo cortado
i tessuto di velluto tagliato

2090 cut pile tufting machine
d Schnittflortuftingmaschine
f machine de tufting à poil coupé
s telar tufting de pelo cortado
i macchina tufting per velluto tagliato

2091 cut press
d Musterpresse
f presse entaillêe
s prensa entallada
i pressa tagliacampioni

2092 cut ruche
d kurze Rüsche
f ruche taillèe
s ruche tejido
i ruche corta, ruche tagliata

2093 cut stitch
d geschnittene Masche
f maille coupée
s malla cortada
i maglia tagliata

2094 cut system, American cut
d amerikanische Numerierung, amerikanische Garnnummer
f titrage américain cut
s numeración americana cut
i titolo americano del filato

2095 cut to count relation
d Verhältnis von Garnnummer und Teilung
f relation jauge-titrage
s relación galga-titulo
i rapporto fra titolo del filato e scartamento

2096 cutdiskcontrol
d Musterscheibensteuerung
f commande par plateau taillè
s mando por dísco tallado
i comando del disco tagliacampioni

2097 cuticle
d Cuticula
f cuticule
s cuticula
i cuticola

2098 cutter
d Schneidwerkzeug
f organe de coupe
s órgano de corte
i utensile di taglio

2099 cutting blade
d Schneideklinge
f lame de coupe
s hoja de corte
i lama da taglio

2100 **cutting, chopping**
d Schneiden, Zuschneiden, Zerschneiden
f coupe
s corte
i tagliare

2101 **cutting converter, breaking converter**
d Schneidekonverter
f convertisseur à lames
s convertidor a hojas
i convertitore a lame

2102 **cutting drill**
d Lochstanze
f outil de poinçonnement, poinçon de coupe
s punzón de corte
i utensile per punzonatura

2103 **cutting layout**
d Schnittmuster-Layout
f plan de coupe
s plano de corte
i disposizione del taglio

2104 **cutting machine**
d Schneidemaschine
f machine de coupe
s máquina de corte
i tagliatrice

2105 **cutting marker**
d Schnittmarkiergerät
f appareil à marquer la coupe
s aparato para marcar el corte
i apparecchio per segnare il taglio

2106 **cutting out**
d Ausschnitt, Abschnitt
f découpe
s cortado
i taglio

2107 **cutting ratio**
d Schnittlänge
f longueur des fibres coupées
s relación de corte
i lunghezza di taglio

2108 **cutting resistance**
d Schneidwiderstand, Schnittwiderstand
f résistance à la coupe
s resistencia al corte
i resistenza al taglio

2109 **cutting shears**
d Schneiderschere
f ciseaux de coupe
s tijeras de corte
i forbici da sarto

2110 **cutting table**
d Zuschneidetisch, Schneidetisch
f table de coupe
s mesa de corte
i tavolo da taglio

2111 **cutting testing**
d Schnittprüfung
f contrôle de la coupe
s ensayo de corte
i controllo del taglio

2112 **cyanamide**
d Cyanamid
f cyanamide, carbodiimide
s cianamida
i cianammide

2113 **cyanate**
d Cyanat
f cyanate
s cianato
i cianato

2114 **cyanide**
d Cyanid
f cyanure
s cianuro
i cianuro

2115 **cyanoethylated cotton**
d cyanethylierte Baumwolle
f coton cyanoéthylé
s algodón cianoetilado
i cotone cianoetilato

2116 **cyanoethylation**
d Cynethylierung
f cyanoéthylation
s cianoetilación
i cianoetilazione

2117 **cyanoethylcellulose**
d Cyanethylcellulose
f cyanoéthylcellulose
s cianoetilcelulosa
i cianoetilcellulosa

2118 **cyanuric acid**
d Cyanursäure
f acide cyanurique
s àcido cianürico
i acido cianurico

2119 **cyanuric chloride**
d Cyanurchlorid
f chlorure cyanurique
s cloruro cianürico
i cloruro di cianurile

2120 **cybernetics**
d Kybernetik
f cybernètique
s cibernética
i cibernetica

2121 **cycle**
d Zyklus
f cycle
s ciclo
i ciclo

2122 **cyclic compound**
d zyklische Verbindung, Ringverbindung
f composé cyclique
s compuesto ciclico
i composto ciclico

2123 **cyclic stress, cyclic compression**
d zyklische Belastung
f contrainte cyclique, compression cyclique, tension cyclique
s esfuerzo ciclico
i compressione ciclica

2124 **cyclical**
d Zyklisch
f cyclique
s cíclico
i ciclico

2125 **cyclisation**
d Cyklieren
f cyclisation
s ciclisación
i ciclizzazione

2126 **cyclohexane**
d Cyklohexan
f cyclohexane
s ciclohexano
i cicloesano

2127 **cyclohexanol**
d Cyklohexanol
f cyclohexanol
s ciclohexanol
i cicloesanolo

2128 **cyclohexanone**
d Cyklohexanon
f cyclohexanone
s ciclohexanona
i cicloesanone

2129 **cyclopropane**
d Cyklopropan
f cyclopropane
s ciclopropano
i ciclopropano

2130 **cylinder**
d Zylinder
f tambour
s tambor
i cilindro

2131 **cylinder machine**
d Rundsiebpapiermaschine
f machine à cylindre
s máquina de cilindros
i macchina in tondo per carta

2132 cylinder needle
d Zylindernadel
f aiguille du cylindre
s aguja del cilindro
i ago del cilindro

2133 cylinder screen
d Kardentrommelabfallsieb, Abfallsieb der Karde
f bain du grand tambour
s rejilla del gran tambor
i setaccio dei cascami del tamburo della carda

2134 cylinder strip
d Trommelausputz, Kardenausputz
f débourrure de grand tambour
s desborrádo del gran tambor
i pulitura del tamburo, finissaggio della carda

2135 cylindrical
d zylindrisch
f cylindrique
s cilíndrico
i cilindrico

2136 cylindrical package
d zylindrische Kreuzspule
f bobine cylíndrique
s bobína cilindrica
i spola incrociata cilindrica

2137 cysteic acid
d Cysteinsäure
f acide cystèique
s ácido cisteico
i acido cisteinico

2138 cysteine
d Cystein
f cystèine
s cisteina
i cisteina

2139 cystine
d Cystin
f cystine
s cistina
i cistina

D

2140 dabbing
d Faserbandeinschlagen
f enfonçage sur peigneuse noble
s hundido en peinadora noble
i inserimento del fascio di fibre

2141 dabbing brush
d Einklatschbürste
f brosse d'enfonçage
s cepillo hundidor
i spazzola inseritrice

2142 D'Alemberts force
d D'Alembert-Kraft
f force de D'Alembert
s fuerza de Alembert
i forza D'Alembert

2143 damage
d Beschädigung, Verletzung, Schaden
f détérioration
s deterioro
i danneggiamento, danno

2144 damask
d Damast
f damasse
s damasco
i damasco

2145 damp
d feucht
f humide
s humedo
i umido

2146 dampening, dewing
d Befeuchtung, Anfeuchtung
f humectage, arrosage, humidification, mouillage léger
s humedecimiento
i inumidimento

2147 damper
d mechanischer Dämpfer
f amortisseur
s amortiguador
i amortizzatore meccanico

2148 damping
d Dämpfung, Dämmung
f amortissement
s amortiguación
i ammortizzazione

2149 damp-proof, moisture proof
d Feuchtigkeitsbeständig
f résistant à l'humidité
s resistente a la humedad
i resistente all'umidità

2150 dampserting
d Fixierung im feuchten Zustand
f fixage par voie humide
s fijado húmedo
i crabbing

2151 dark shade
d dunkle Nuance
f nuance foncée
s matiz oscuro
i sfumatura scura

2152 darned lace
d Stopfspitze
f dentelle à point de reprise
s encaje con punto de zurcido
i trina, pizzo da rammendo

2153 darning
d Stopferei
f reprisage
s zurcido
i rammendo

2154 darning needle
d Stopfnadel
f aiguille à repriser
s aguja de zurcir
i ago da rammendo

2155 darning yam
d Stopfgarn
f fil à repriser
s hilo de zurcir
i filo da rammendo

2156 **dart**
d Abnâher
f pínce de confection
s sisa
i ripresa

2157 **dashpot**
d Stossdämpfer
f amortisseur à piston
s amortiguador de pistón
i ammortizzatore

2158 **data**
d Daten
f données
s datos
i dati

2159 **data processing**
d Datenverarbeitung
f traitement ou èlaboration de donnèes
s elaboración datos
i elaborazione dati

2160 **data survey**
d Datenerfassung
f saisie ou collection de données
s registro (classificación) de datos
i rilevamento dati

2161 **deactivation**
d Deaktivierung
f désactivation
s desactivación
i disattivazione

2162 **deadcotton**
d tote Baumwolle
f coton mort
s algodón muerto
i cotone non maturo, cotone morto

2163 **deaeration**
d Entlüftung
f désaération
s eliminación del aire
i sfiato

2164 **decantable marier**
d absetzbarer Stoff, dekantierbarer Stoff, Sinkstoff
f matière décantable
s materia decantable
i sedimento, materiale decantabile

2165 **decantation**
d Dekantieren, Abgiessen
f dècantation
s decantación
i decantazione

2166 **decating**
d Dekatur, Dekatieren
f décatissage
s decatizado
i decatissaggio

2167 **decating machine**
d Dekaturmaschine, Dekatiermaschine
f machine de décatissage, dêcatisseuse
s màquina de decatizado
i decatizzatrice

2168 **deceleration**
d Verzögerung
f décélération
s deceleración
i decelerazione

2169 **declutching**
d Auskuppeln, Entkuppeln, Ausrücken
f dèbrayage
s desembrague
i sganciare

2170 **decoloration**
d Entfärben
f dècoloration
s decoloración
i decolorazione

2171 **decomposition**
d Zersetzung, Dissoziierung
f décomposition
s descomposición
i decomposizione

2172 decomposition, disintegration
d Zerfall
f décomposition, désintégration
s descomposición, desintegración
i decomposizione, disgregazionre

2173 decompression
d Kompressionsverminderung, Dekompression
f décompression
s decompresión
i decompressione

2174 decorative
d Dekorativ
f décoratif
s decorativo
i decorativo

2175 decorative effect
d dekorativer Effekt, Ziereffekt
f effet décoratif
s efecto decorativo
i effetto decorativo

2176 decorative fabric
d Dekostoff, Dekorationsstoff
f tissu de décoration
s tejido de decoración
i tessuto di decorazione

2177 decorative stitch
d Ziernaht
f couture ornementale
s costura ornamental
i cucitura decorativa

2178 decorative trimming, lurnishing
d Besatzartikel
f garniture textile, fourniture
s guarnición decorativa
i guarnizione decorativa

2179 decorticating
d Decortisation
f dêcorticage, écorçage
s descortezado
i decorticazione

2180 decrystallization
d Entkristallisation
f décristallisation
s descristalización
i decristallizzazione

2181 decrystallized cotton
d entkristallisierte Baumwolle
f coton décristallisé
s algodón descristalizado
i cotone decristallizzato

2182 deep dyeing fiber
d Deep-Dyeing-Faser, Faser mit hoher Farbaffinität
f fibre à forte affinité tinctoriale
s fibra de alta afinidad tinctoria
i fibra ad alta affinità tintoriale

2183 defect, blemish
d Fehler
f défaut, vice
s defecto
i difetto

2184 defect cause
d Fehlerursache, Schadensursache
f cause de défaut
s causa de defectos
i causa del difetto

2185 defect elimination
d Fehlerbeseitigung
f élimination des défauts
s eliminación de defectos
i eliminazione dei difetti

2186 defect mark
d Fehlermarkierung, Fehlerzeichen, Fehlerstellenmarkierung
f sonnette, marque de défaut
s indicio de defecto
i indizio di difetto

2187 defect prevention
d Fehlerverhütung
f prévention des défauts
s prevención de defectos
i prevenzione dei difetti

2188 **deficit, debit**
d Defizit
f déficit, passif
s déficit
i deficit, disavanzo, passivo

2189 **define**
d Definieren
f définir, déterminer
s definir
i definire

2190 **definition**
d Definition
f définition
s definición
i definizione

2191 **deflecting roller**
d Umlenkwalzw
f cylindre déflecteur
s eje (o cilindro) de retorno
i rullo di rinvio

2192 **deflection**
d Abbiegung, Ablenkung, Flexion
f déflexion, déviation
s deflexión
i deflessione

2193 **deflector**
d Deflektor
f dêflecteur
s deflector
i deflettore

2194 **deform, distort**
d Verformen
f déformer, façonner
s deformar
i deformare

2195 **deformable**
d verformbar
f déformablet
s deformable
i deformabile

2196 **deformation**
d Deformation, Verformung
f dèformation, déformage
s desfiguración
i deformazione

2197 **degassing**
d Entgasung
f dêgazage
s desgasificación
i degassaggio

2198 **degradable**
d abbaubar
f dégradable
s degradable
i degradabile

2199 **degradation**
d Abbau, Degradation
f dégradation
s degradación
i decomposizione

2200 **degradation factor, degradation property**
d Abbaufaktor, Abbaugrad, Degradationsfaktor
f facteur de dégradation
s factor de degradación
i fattore di degradazione

2201 **degradation product**
d Abbauprodukt, Zerfallsprodukt
f produit de dégradation
s producto de degradación
i prodotto di degradazione

2202 **degraded cellulose**
d abgebaute Cellulose, degradierte Cellulose
f cellulose dégradée
s celulosa degradada
i cellulosa degradata

2203 **degreasing**
d Entfetten
f dégraissage
s desengrase
i sgrassaggio

2204 degree of crystallinity
d Kristallinitätsgrad
f degré de cristallinité
s grado de cristalinidad
i grado di cristallinità

2205 degree of expansion
d Verschäumungsgrad
f degré d'expansion
s grado de espumosidad
i grado di espansione

2206 degree of freedom
d Freiheitsgrad
f degré de liberté
s grado de libertad
i grado di libertà

2207 degree of orientation
d Orientierungsgrad
f degré d'orientation
s grado de orientación
i grado di orientamento

2208 degree of polymerization, DP
d Polymerisationsgrad
f degré de polymérisation, DP
s grado de polimerización
i grado di polimerizzazione

2209 degree of saturation
d Sättigungsgrad
f degré de saturation
s grado de saturación
i grado (tasso) di saturazione

2210 degree of setting
d Fixiergrad
f degré de fixage
s grado de fijado
i grado di fissaggio

2211 degree of whiteness
d Weissgrad
f degré de blanc
s grado de blanco
i grado di bianco

2212 degumming
d Entbasten, Degummierung
f dégommage
s desengomado
i sgommatura

2213 degumming bath
d Entbastungsbad, Degummierungsbad
f bain de décreusage
s bano de desgomado
i bagno di sgommatura

2214 dehomogenization
d Entmischen
f dêshomogénéisation
s deshomogenización
i separazione, segregazione

2215 dehydration
d Dehydratation, Wasserentzug
f dèshydratation
s deshidratación
i disidratazione

2216 Delaine wool class
d Delaine-Wollklasse
f classe de laine Delaíne
s clase de lana Delaine
i classe di lana delaine

2217 delaminating
d Entschichten
f délaminage
s deslaminación
i delaminare

2218 delayed cure
d verzögerte Polymerisation
f polymérisation différêe, polymérisation retardée
s polimerización diferida
i polimerizzazione ritardata

2219 delayed recovery
d verzögerte Erholung
f récupération différèe, fluage primaire
s recuperación diferida
i ricupero ritardato

2220 **delayed timing knitting**
d Nachkulieren
f cueillage retardé
s recogida de tricotado retardada
i raccoglitura ritardata della maglieria

2221 **deliquescent agent**
d hygroskopisches Hilfsmittel
f produit déliquescent
s agente delicuescente
i agente igroscopico

2222 **delivering**
d Ausliefern, Abliefern
f livraison
s entrega
i consegna

2223 **delivery rate**
d Liefergeschwindigkeit
f vitesse de sortie
s velocidad de salida
i velocità di uscita

2224 **delivery roll**
d Lieferwalze
f cylindre de sortie, cylindre délivreur
s cilíndro de salida
i cilindro di uscita, cilindro di consegna

2225 **Deltapine cotton**
d Deltapine-Baumwolle
f coton Deltapine
s algodón Deltapine
i cotone Deltapine

2226 **delustering**
d Mattieren
f délustrage
s deslustrado
i opacizzare

2227 **delustering agent**
d Mattierungsmittel
f agent délustrant, produit de matage
s agente de deslustrado
i agente opacizzante

2228 **demineralizing**
d Demineralisierung, Entsalzung
f déminéralisation
s desmineralízación
i demineralizzare

2229 **demonstrate**
d Beweisen
f démontrer, prouver
s probar, demostrar
i dimostrare

2230 **denier, yarn denier**
d Denier
f denier, denier du fil
s denier
i denaro

2231 **denim**
d Denim, Blauköper, Jeansköper
f denim, bleu de travail croisê
s azul de trabajo en sarga
i denim, tessuto di cotone ritorto ad armatura diagonale, tessuto per abiti da lavoro

2232 **denomination**
d Bezeichnung
f dénomination, appellation-repère
s denominación, nombre
i denominazione

2233 **density, mass density**
d Dichte, Massendichte, Materialdichte
f densité, masse spécifique
s densidad
i densità, densità di massa

2234 **deodorant**
d Deodorant, Deospray
f désodorisant
s desodorante
i deodorante

2235 **deodorizing**
d Desodorierung
f désodorisation
s desodorización
i deodorizzazione

2236 de-oiling
d Entölen
f désensimage
s desaceitado
i deoliare

2237 dependence
d Abhängigkeit
f dépendance
s dependencia
i dipendenza

2238 depolymerization
d Depolymerisation
f dépolymérisation
s despolimerización
i depolimerizzazione

2239 depolymerized
d depolymerisiert
f dépolymèrisè
s despolimerizado
i depolimerizzato

2240 deposition
d Ablagerung
f dépôt
s depósito
i deposito

2241 depression
d Unterdruck
f dépression, souspression
s depresión
i depressione

2242 depth of field
d Schärfentiefe, Tiefenschärfe
f profondeur du champ
s profundidad del campo
i profondità di campo

2243 derivation
d Ableitung
f dérivation
s derivación
i derivazione

2244 derivative
d Derivat
f produit dérivé
s producto derivado
i derivato

2245 dermatitis
d Dermatitis, Hautkrankheit
f dermatite
s dermatitis
i dermatite

2246 describe
d Beschreiben
f décrire
s describir
i descrivere

2247 description
d Beschreibung
f descrition
s descripción
i descrizione

2248 descriptive model
d beschreibendes Modell, Modell
f modèle descriptif
s modelo descriptivo
i modello descrittivo

2249 desiccation
d Austrocknung
f dessiccation, dessèchaget
s desecación
i essicazione, inaridimento, desertificazione

2250 design
d Dessin, Muster
f dessin
s dibujo
i design

2251 design deposited binder
d mustermässig aufgetragener Binder
f liant déposé suivant des motifs
s ligante depositado segün mótivos
i emulsione legante applicata conforme al campione

2252 desized
d entschlichtet
f désencollé
s desparamentado
i sbozzimato

2253 desizing
d Entschlichten
f désencollage
s desencolado
i sbozzimare

2254 desizing agent
d Entschlichtungsmittel
f agent de désencollage
s agente de desencolado
i agente sbozzimante

2255 desizing machine
d Entschlichtungseinrichtung
f machine de désencollage, désencolleuse
s máquina de desencolado
i sbozzimatrice

2256 desmodromic winding
d Spulen im Uhrzeigersinn
f bobinage desmodromique
s bobinado desmodrómico
i avvolgimento in senso orario

2257 desorption
d Desorption
f désorption
s desorción
i desorbimento, desorzione

2258 destructible
d zerstörbar
f destructible
s destructible
i distruttibile

2259 destructive test
d zerstörende Prüfung
f essai destructif
s ensayo destructivo
i prova distruttiva

2260 desulfurizing
d Entschwefelung
f désulfuration
s desulfuración
i desolforazione

2261 detaching
d Abziehen
f arrachage
s extracción
i levata

2262 detaching efficiency
d Abreisserleistung, Kämmleistung
f efficacité de l'arrachage
s eficacia de la desgarradora
i efficacia della strappatrice, resa dei pettini

2263 detaching roll
d Abreisswalze
f cylindre arracheur
s cilindro desgarrador
i cilindro strappatore

2264 detail
d Einzelheit
f particularité, détail
s detalle, particularidad
i dettaglio

2265 detecting device
d Nachweiseinrichtung
f détecteur
s detector
i rivelatore

2266 detection
d Nachweis
f détection
s detección
i rilevamento

2267 detergency
d Waschkraft
f détergence
s detergencia
i potere detergente

2268 detergent
d Waschmittel, Detergent
f détergent
s detergente
i detergente

2269 detergent booster
d Detergenzien-Verstärker
f renforçateur de surfactif
s reforzador de detergente
i rinforzatore di detergente

2270 detergent builder
d Detergenzien-Zusatz
f adjuvant de surfactif, adjuvant de détergent
s adyuvante de detergente
i additivo per detergenti

2271 devaluation
d Abwertung
f dèvaluation
s desvalorización
i svalutazione

2272 developer
d Entwickler
f dèveloppateur
s desarrollador
i sviluppatore

2273 developing country
d Entwicklungsland
f pays en voie de développement
s país en vía de desarrollo
i paese in via di sviluppo

2274 development
d Entwicklung
f développement
s desarrollo
i sviluppo

2275 device
d Vorrichtung
f dispositif t
s dispositivo
i dispositivo

2276 devil for twisting frame
d Diabolo für Falschdraht
f diable pour moulineuse
s diabolo para torcedora
i diavolo per torcitoio

2277 dew point
d Taupunkt
f point de rosée
s punto de rocio
i punto di rugiada, temperatura di rugiada

2278 dew retting
d Tauröste, Wiesenröste, Wiesenrotte
f rouissage à terre
s enriado en tierra
i macerazione a rugiada, macerazione a terra

2279 dewax
d Entparaffinieren
f déparaffinage
s desparafinar
i deparaffinizzare

2280 dewool, pull
d Entwollen
f délainage
s deslanar, quitar la lana
i slanare

2281 dextran
d Dextran
f dextrane
s dextrán
i destrano

2282 dextrin
d Dextrin
f dextrine
s dextrina
i destrina

2283 diacetate
d Diacetat
f diacètate
s diacetato
i diacetato

2284 **diacid, dibasic acid**
d zweibasische Säure, Dicarbonsäure
f diacide, acide bifonctionnel
s diácido
i acido diprotico

2285 **diagonal stitch**
d Diagonalstich
f point en diagonale
s punto en diagonal
i punto in diagonale

2286 **diagram**
d Diagramm
f diagramme
s diagrama
i diagramma

2287 **diagram peak**
d Diagrammscheitelpunkt, Diagrammpeak
f pic du diagramme
s pico del diagrama
i picco del diagramma

2288 **dial needle**
d Rippnadel
f aiguille du plateau
s aguja del plato
i ago per costure

2289 **dialdehyde**
d Dialdehyd
f dialdéhyde
s dialdehido
i dialdeide

2290 **dialdehyde cellulose**
d Dialdehydcellulose
f cellulose dialdéhyde
s celulosa dialdehido
i cellulosa dialdeide

2291 **dialdehyde starch**
d Dialdehydstärke
f amidon dialdêhyde
s almidón dialdehído
i amido dialdeide

2292 **dialogue system**
d Dialogsystem
f système conversationnel, de dialogue
s sistema de diálogo
i sistema di dialogo

2293 **dialysis**
d Dialyse
f dialyse
s dialisis
i dialisi

2294 **diameter**
d Durchmesser
f diamètre
s diámetro
i diametro

2295 **diamine**
d Diamin
f diamine
s diamina
i diammina

2296 **diamond weave**
d Diamantbindung
f armure en losanges
s ligamento en losanges
i tessuto a losanghe

2297 **diaper**
d Windeleinlage
f couche de bébé
s panal de bebé
i pannolino (per bambino)

2298 **diaphragm burst test(ing)**
d Membranberstdruckprüfung
f contrôle d'éclatement sur diaphragme, essai d'éclatement sur diaphragme
s ensayo de estallido en diafragma
i prova di scoppio della membrana

2299 **diazo compound**
d Diazoverbindung
f composé diazo
s compuesto diazo
i diazocomposto

2300 diazobenzoylated cotton
d diazobenzoylierte Baumwolle
f coton diazobenzoylè
s algodón diazobenzoilado
i cotone diazobenzoilato

2301 diazomethane
d Diazomethan
f diazométhane
s diazometano
i diazometano

2302 diazotation bath
d Diazofärbebad
f bain de diazotation
s baño de diazotado
i bagno di diazotazione

2303 diazotization
d Diazotierung
f diazotation
s diazotación
i diazotazione

2304 diazotized base
d diazotierte Base
f base diazotée
s base diazotada
i base diazotata

2305 diborane
d Diboran
f diborane
s diborana
i diborano

2306 dichlorobenzene
d Dichlorbenzol
f dichlorobenzène
s diclorobenceno
i diclorobenzene

2307 dichloroethane
d Dichlorethan
f dichloréthane
s dicloroetano
i dicloroetano

2308 dichlorohydrin
d Dichlorhydrin
f dichlorhydrine
s diclorohidrina
i dicloroidrina

2309 dichloropropanol, glycerin dichlorohydrin
d Glycerindichlorhydrin
f dichloropropanol, dichlorhydrine de glycérine
s diclorohidrina glicerina
i 1,3-dicloro-2-propanolo

2310 dichloropyrimidine dye
d Dichlorpyrimidinfarbstoff
f colorant dichloropyrimidine
s colorante dicloropirimidina
i colorante dicloropirimidina

2311 dichloroquinoxaline dye
d Dichlorochinoxalinfarbstoff
f colorant dichloroquinoxaline
s colorante dícloroquinoxalina
i colorante diclorochinossalina

2312 dichroic ratio
d dichroitisches Verhältnis
f rapport dichroique, taux de dichroisme
s tasa de dícroismo
i rapporto dichroico

2313 dichroism
d Dichroismus, Zweifarbigkeit
f dichroísme
s dicroísmo
i dichroismo

2314 dichromate
d Bichromat
f bichromate
s dicromato
i dicromato, eptaossidocromato

2315 die cutter
d Matrize zum Zuschneiden, Schnittmuster-Schablone, Zuschneide-Schablone
f matrice de coupe
s matriz de corte
i matrice da taglio

2316 die cutting
d Stanzschneiden
f découpe à l'emporte pièce
s perforación con sacabocados
i tranciare (con lo stampo)

2317 dieldrin
d Dieldrin
f dieldrine
s dieldrina
i dieldrina

2318 dielectric
d Dielektrikum, Dielektrisch
f matière diélectrique
s materia dieléctrica, dieléctrico
i dielettrico

2319 dielectric constant
d Dielektrizitätskonstante
f constante dièlectrique
s constante dieléctrica
i costante dielettrica

2320 dielectric dryer
d Hochfrequenztrockner
f sèchoir dièlectrique, séchoir HF
s secador dieléctrico
i asciugatoio ad alta frequenza

2321 dielectric drying
d Hochfrequenztrocknung
f séchage dièlectrique
s secado dieléctrico
i asciugatura ad alta frequenza

2322 dielectric heat sealing
d dielektrisches Schweissen
f soudure diélectrique
s soldadura dieléctrica
i saldatura dielettrica

2323 dielectric heating
d dielektrische Erwärmung
f chauffage dièlectrique, chauffage HF
s calefacción dielectrica
i riscaldamento dielettrico, riscaldameno ad alta frequenza

2324 dielectric property
d Dielektrizitätseigenschaft
f propriété diélectrique
s propiedad dieléctrica
i proprietà dielettrica

2325 dielectric strenglh
d Dielektrizitätswiderstand
f résistance dièlectrique
s resistencia dieléctrica
i resistenza dielettrica

2326 diene
d Dien, Diolefin
f diène
s dieno
i diene, diolefina

2327 diepoxide
d Diepoxid
f dièpoxyde
s diepóxido
i diepossido

2328 diethanolamide
d Diethanolamid
f diéthanolamide
s dietanolamida
i dietanolammide

2329 diethanolamine
d Diethanolamin
f dièthanolamine
s dietanolamina
i dietanolammina

2330 diethanolamine soap
d Diethanolaminseife
f savon de diéthanolamine
s jabón de dietanolamina
i sapone di dietanolammina

2331 diethylamine
d Diethylamin
f diéthylamine
s dietilamina
i dietilammina

2332 **diethylene glycol**
d Diethylenglykol
f dièthylène-glycol
s dietilenglicol
i dietilenglicole, glicole dietilenico

2333 **difference**
d Unterschied
f différence
s diferencia
i differenza

2334 **differential distribution**
d Differentialverteilung
f distribution différentielle
s distribución diferencial
i distribuzione differenziale

2335 **differential dyeing**
d Differentialfärben
f teinture différentielle
s tintura diferencial
i tintura differenziale

2336 **differential equation**
d Differentialgleichung
f équation différentielle
s ecuación diferencial
i equazione differenziale

2337 **differential friction**
d Differentialreibung
f frottement différentiel
s fricción diferencial
i frizione differenziale

2338 **differential linear equation**
d Lineare Differentialgleichung
f Équation différentielle linéaire
s ecuación direrencial lineal
i equazione differenziale lineare

2339 **differential motion**
d Differentialbewegung
f mouvement différentiel
s movimiento diferencial
i movimento differenziale

2340 **differential regulation**
d Differentialregelung
f régulation différentielle
s regulación diferencial
i regolazione differenziale

2341 **differential scanning calorimetry**
d enthalpische Differenzialanalyse
f analyse enthalpique diffèrentielle
s análisis entàlpico diferencial
i analisi entalpica differenziale

2342 **differential shrinkage**
d selektiver Schrumpf
f retrait différentiel
s encogimiento diferencial
i ritiro differenziale

2343 **differential tbermal analysis**
d Differentialthermoanalyse
f analyse thermique différentielle
s análisis térmico diferencial
i analisi termica differenziale

2344 **differential transmission**
d Differentialgetriebe
f engrenage différentiel, différentiel
s transmisión diferencial (engranaje de)
i trasmissione differenziale

2345 **diffraction**
d Beugung, Diffraktion
f diffraction
s difracción
i diffrazione

2346 **diffraction pattern**
d Beugungsdiagramm, Strahlenstreuungsdiagramm, Röntgendiffraktogramm, Diffraktogramm
f diagramme de diffraction
s diagrama de difracción
i figura di diffrazione, diffrattogramma

2347 **diffusion**
d Diffusion
f diffusion
s difusión
i diffusione

2348 diffusion adhesion
d Diffusionsklebung
f collage par diffusion
s pegado por difusión
i adesione per diffusione

2349 diffusion coefficient, diffusion constant
d Diffusionskoeffizient
f coefficient de diffusion, constante de diffusion
s coeficiente de difusión
i coefficiente di diffusione, diffusività

2350 diffusion rate
d Diffusionsgeschwindigkeit
f vitesse de diffusion
s velocidad de difusión
i velocità di diffusione

2351 diffusivity
d spezifische Diffusion
f diffusion spécifique, diffusivité
s difusión específica
i diffusività, diffusione specifica

2352 digital fibrograph
d Digitalfibrograph
f fibrographe digital
s fibrógrafo digital
i fibrografo digitale

2353 digital microdensitometer
d Digitalmikrodensitometer
f microdensitométre digital
s microdensitómetro digital
i microdensitometro digitale

2354 digital system
d Digitalsystem
f système digital
s sistema digital
i sistema digitale

2355 diglycidyl ether
d Diglycidylether
f diglycidyléther
s éter de diglicidil
i etere di diglicidile

2356 diglycol ester, diethyleneglycol ester
d Diglykolester
f ester de diglycol, ester de diéthylêneglycol
s éster de diglicol
i diglicol estere, estere dietilenglicolico

2357 dihydroxyethylene urea, DHEU
d Dihydroxyethylenharnstoff
f dihydroxyéthyléne-urée, DHEU
s dihidroxietilenurea
i urea diidrossietilene

2358 diisocyanate
d Diisocyanat
f diisocyanate
s diisocíanato
i diisocianato

2359 dilatancy
d Dilatanz
f dilatance, dilatance
s dilatancia
i dilatanza

2360 dilatation
d Dilatation
f dilatation
s dilatación
i dilatazione

2361 dilatometry
d Dilatometrie, Dilatationsmessung
f dilatométrie
s dilatometria
i dilatometria

2362 dilute solution
d verdünnte Lösung
f solution diluée
s solución diluida
i soluzione diluita

2363 dilution
d Verdünnung
f dilution
s dilución
i diluizione

2364 dimension, size
d Abmessung, Dimension
f dimension, taille
s dimensión
i dimensione

2365 dimensional change
d Dimensionsänderung
f variation dimensionnelle
s variación dimensional
i variazione dimensionale

2366 dimensional stability
d Massbestândigkeit, Formbeständigkeit, Formstabilität, Dimensionsstabilität
f stabilitè dimensionnelle
s estabilidad dimensional
i stabilità dimensionale

2367 dimer
d Dimer
f dimêre
s dimero
i dimero

2368 dimethyl acetal
d Dimethylacetal
f diméthylacétal
s dimetilacetal
i dimetilacetale, etere etilendimetilico, dimetilossietano

2369 dimethyl acetamide
d Dimethylacetamid
f dimêthylacétamide
s dimetilacetamida
i dimetilacetammide

2370 dimethyl formamide
d Dimethylformamid
f diméthylformamide
s dimetilformamida
i dimetilformammide, DMF

2371 dimethyl sulfoxide
d Dimethylsulfoxid
f díméthylsulfoxyde
s dimetilsulfóxido
i dimetilsolfossido

2372 dimethylacetyl
d Dimethylacetyl
f diméthylacétyle
s dimetilacetil
i dimetilacetile

2373 dimethylol acetamide
d Dimethylolacetamid
f diméthylolacétamide
s dimetilolacetamida
i dimetilolacetammide

2374 dimethylol formamide
d Dimethylolformamid
f diméthylolformamide
s dimetilolformamida
i dimetilolformammide

2375 dimethylol isopropyl carbamate
d Dimethylolisopropylcarbamat
f diméthylolisopropylcarbamate
s dimetilolisopropilcarbamato
i dimetilolisopropilcarbammato

2376 dimethylol itaconamide
d Dimethylolitaconamid
f dimêthylolitaconamide
s dimetilolitaconamida
i dimetilolitaconammide

2377 dimethylol methyl carbamate
d Dimethylolmethylcarbamat
f diméthylolméthylcarbamate
s dimetilolmetilcarbamato
i dimetilolmetilcarbammato

2378 dimethylol methyl triazone
d Dimethylolmethyltriazon
f diméthylolméthyltriazone
s dimetilolmetiltriazona
i dimetilolmetiltriazone

2379 dimethylsiloxane
d Dimethylsiloxan
f diméthylsiloxane
s dimetilsiloxano
i dimetilsilossano

2380 dimethylterephthalate
d Dimethylterephthalat
f diméthyltéréphtalate
s dimetiltereftalato
i dimetiltereftalato

2381 dimity
d Barchentköper, Rauhköper, Köperbarchent
f basin
s cotonia
i tessuto diagonale di fustagno

2382 dioctyl sulfosuccinate
d Dioctylsulfosuccinat
f dioctylsulfosuccinate
s sulfosuccinato de dióctilo
i diottilsulfosuccinato

2383 diode
d Diode
f diode
s diodo
i diodo

2384 diol
d Diol
f diol
s diol
i diolo

2385 dioxane
d Dioxan
f dioxane
s dioxano
i diossido, dietilendiossido

2386 dip bonding
d Tauchverbinden
f líage par trempage, liage par immersion
s enlace por inmersión
i collegamento, congiungimento per immersione

2387 dip coating
d Tauchbeschichtung
f enduction par trempage, enduction par inmersion
s revestimiento por inmersión
i rivestimento ad immersione

2388 dipole
d Dipol
f dipóle
s dipolo
i dipolo

2389 dipole moment
d Dipolmoment
f moment dipolaire
s momento dipolar
i momento dipolare

2390 direct coating
d Direktbeschichtung
f enduction directe
s recubrímiento directo
i rivestimento diretto

2391 direct count
d direkte Garnnummerierung
f titrage direct
s número directo
i titolazione diretta del filato

2392 direct current motor
d Gleichstrommotor
f moteur à courant continu
s motor a corriente continua
i motore a corrente continua

2393 direct dye
d Direktfarbstoff
f colorant direct
s colorante directo
i colorante diretto

2394 direct dyeing
d Direktfärben
f teinture avec colorant direct
s tintura con colorante directo
i tintura diretta

2395 direct (or continuous) current
d Gleichstrom
f courant continu
s corriente continua
i corrente continua

2396 direct printing
d Direktdruck
f impression directe
s estampado directo
i stampa diretta

2397 direct spun yarn
d Direktspinngarn
f filé de filature directe, filé de filature abrêgée
s hilo de hilatura dírecta
i filato diretto

2398 direct tension device
d direktwirkende Spanneinrichtung
f dispositif de tension directe
s dispositivo de tensión directa
i dispositivo di tensionamento ad azione diretta

2399 direction
d Richtung
f direction, sens
s dirección
i direzione

2400 dirt
d Schmutz
f saleté
s suciedad
i sporco

2401 dirtying
d Schmutzanlagerung, Beschmutzen
f encrassement
s engrase
i deposito dello sporco

2402 disappearing
d Verschwinden
f disparition
s desaparición
i scomparsa

2403 disc
d Scheibe
f disque
s disco
i disco

2404 disc cropping machine
d Scheibenstanzeinheit, Musterradbearbeitungsmaschine
f machine à tailler les disques
s máquina para cortar discos
i macchina per tranciare i dischi

2405 disc spinning
d Scheibenspinnen
f filature à disques
s hilación con disco
i filatura a disco

2406 disc tension
d Scheibenspannung
f tension par disques, tension par rondelles
s tensión por discos
i tensione dei dischi

2407 discharge
d Abfliessen
f laisser écouler, décharger
s colar, desaguar, chorrear
i defluire, scaricare

2408 discharge power
d Ableitvermögen
f capacité de décharge
s capacidad de descarga
i capacità di scarica

2409 discharge printing
d Atzdruck
f impression par enlevage
s estampación por descarga
i stampa per corrosione

2410 discontinuous
d Diskontinuierlich
f discontinu, intermittent
s discontinuo
i discontinuo

2411 discontinuous process
d diskontinuierliches Verfahren
f procédé discontinu
s proceso discontinuo
i processo discontinuo

2412 **discovery**
d Entdeckung
f découverte
s descubrimiento
i scoperta

2413 **discrete distribution**
d diskontinuierliche Verteilung
f distribution discontinue
s distribución discontinua
i distribuzione discontinua

2414 **discuss**
d Diskutieren
f discuter
s discutir
i discutere

2415 **discussion**
d Diskussion
f discussion
s discusión
i discussione

2416 **disinfect, sanitise**
d Desinfizieren
f désinfecter
s desinfectar
i disinfettare

2417 **dismount, disassemble**
d Demontieren
f démonter, déssassembler
s desmontar
i smontare

2418 **disparity**
d Ungleichheit
f disparité
s disparidad
i disparità

2419 **disperse dye, plastosoluble dye**
d Dispersionsfarbstoff
f colorant disperse, colorant plastosoluble
s colorante disperso
i colorante disperso

2420 **disperse dyeing**
d Dispersionsfärben
f teinture avec colorant disperse, teinture avec colorant plastosoluble
s tintura con colorante disperso
i tintura con colorante disperso

2421 **disperse phase**
d disperse Phase
f phase dispersée
s fase dispersa
i fase dispersa

2422 **disperse system**
d disperses System
f système de dispersion
s sistema de dispersión
i sistema disperso

2423 **dispersing**
d Dispergieren, Verteilen
f mise en dispersion
s acción de dispersión
i dispergere

2424 **dispersing agent**
d Dispergiermittel
f agent de dispersion, dispersant
s agente de dispersión
i agente dispergente,emulsificatore

2425 **dispersion**
d Dispersion, Streuung
f dispersion
s dispersión
i dispersione

2426 **dispersion force, London force**
d Dispersionskraft
f force de dispersion, force de London, force de London-Heitler
s fuerza de dispersión
i forza di dispersione, forza di London

2427 **displace, lay (a carpet)**
d Verlegen
f poser, établir
s tender, colocar, instalar
i mettere, installare

2428 displacement
d Verlagerung, Versetzung
f déplacement
s desplazamiento
i spostamento

2429 display
d Display
f display, visualisateur, rapésentation
s display, visualizador, indicador, rapresentación
i display, visualizzatore, indicatore, rappresentazione

2430 disposable, disposable item
d Wegwerfartikel, Einwegartikel, Disposable
f article à jeter
s artículo para tirar
i articolo a perdere

2431 dissertation, thesis
d Dissertation
f thèse (de doctorat)
s disertación, tesis doctoral
i tesi

2432 dissipation
d Zerstreuung
f dêperdition
s disipación
i dissipazione

2433 dissipation, waste
d Verschwendung
f gaspillage, dissipation, dilapidation
s desperdicio, disipación
i sperpero

2434 dissociable
d zersetzbar
f dissociable
s disociable
i dissociabile

2435 dissociation
d Dissoziation
f dissociation
s disociación
i dissociazione

2436 dissolution
d Auflösung
f dissolution
s disolución
i dissoluzione

2437 dissolving
d Auflösen
f dissolution
s disolución
i dissoluzione

2438 dissymetry
d Asymmetrie
f dissymêtrie
s disimetría
i dissimetria

2439 distillation
d Destillation
f distillation
s destilación
i distillazione

2440 distilled water
d destilliertes Wasser
f eau distillée
s agua destilada
i acqua distillata

2441 distortion
d Verzerrung
f distorsion
s distorsión
i distorsione

2442 distribution
d Verteilung
f répartition, distribution
s distribución, repartición
i distribuzione

2443 distribution ftinction
d Verteilungsfunktion
f fonction de distribution
s función de distribución
i funzione di distribuzione

2444 disulfide
d Disulfid
f disulfure
s disulfuro
i disolfuro

2445 disulfide bond
d Disulfidbindung
f liaison disulfure, pont cystinique
s enlace disulfuro
i legame disolfuro

2446 disulfide interchange
d Disulfidaustausch
f échange de disulfures
s intercambio de disulfuros
i scambio di disolfuri

2447 divergence
d Divergenz
f divergence
s divergencia
i divergenza

2448 diversification
d Diversifikation, Diversifizierung
f diversification
s diversificación
i diversificazione

2449 divinylsulfone
d Divinylsulfon
f divinylsulfone
s divinilsulfona
i divinilsolfone

2450 DMDHEU, dimethylol dihydroxyethylene urea
d DMDHEU, Dimethylol-dihydroxyethylenharnstoff
f DMDHEU, dimêthylol-dihydroxyéthylèneurée
s DMDHEU
i DMDHEU, dimetilol diidrossietilene urea

2451 DMEC, dimethylol ethyl carbamate
d DMEC, Dimethylolethylcarbamat
f DMEC, diméthylolêthylcarbamate
s DMEC
i DMEC, dimetilol etil carbammato

2452 DMET, dimethylol ethyl triazone
d DMET, Dimethylolethyltriazon
f DMET, diméthyloléthyltriazone
s DMET
i DMET, dimetilol etil triazone

2453 DMEU, dimethylol ethylene urea
d DMEU, Dimethylolethylenharnstoff
f DMEU, diméthyloléthylèneurée
s DMEU
i DMEU, dimetiloletilenurea

2454 DMHEU, dimethylol hydroxyethylene urea
d DMHEU, Dimethylolhydroxyâthylenharnstoff
f DMHEU, diméthylolhydroxyéthylène-urée
s DMHEU
i DMHEU, dimetilol idrossietilene urea

2455 DMHPU, dimethylol hydroxypropylene
d DMHPU, Dimethylolhydroxypropylenharnstoff
f DMHPU, diméthylol-hydroxypropylèneurée
s DMHPU
i DMHPU, dimetilol idrossipropileneurea

2456 DMPU, dimethylol propylene urea
d DMPU, Dimethylolpropylenharnstoff
f DMPU, diméthylolpropylèneurêe
s DMPU
i DMPU, dimetilolpropilene urea

2457 DMU, dimethylol urea
d DMU, Dimethylolharnstoff
f DMU, dimêthyloluréet
s DMU
i DMU, dimetilolurea

2458 DMUR, dimethylol uron
d DMUR, Dimethyloluron
f DMUR, diméthylolurone
s DMUR
i dimetilolurone

2459 **dobby loom**
d Schaftwebmaschine
f métier à tisser à ratiére
s telar de maquinita
i telaio a ratiera

2460 **dobby weaving**
d Schaftweberei, Weberei mit Schäften
f tissage avec ratière
s tisaje con maquinita
i filatura a ratiera

2461 **dobbyhead**
d Schaftmaschine
f mécanisme de ratière, mécanique d'armure
s mecanismo de maquinita
i ratiera

2462 **doctor blade**
d Rakelmesser
f racle
s cuchilla rascadora
i racla, lama distributrice

2463 **document**
d Dokument
f document
s documento
i documento

2464 **documentation**
d Dokumentation
f documentation
s documentación
i documentazione

2465 **dodecyl sulfate**
d Dodecylsulfat
f dodècylsulfate
s dodecilsulfato
i dodecilsolfato

2466 **doeskin**
d Döskin
f suèdine
s pano fino de lana
i tessuto cardato molto fine

2467 **doffer**
d Doffer, Abzieheinrichtung für Kopse, Spulenabzieheinrichtung
f dispositif pour la levée de bobines
s dispositivo mudador de bobinas
i cilindro staccatore, cilindro scaricatore

2468 **doffer comb, fly comb**
d Hackerkamm
f peigne détacheur
s peine descargador
i pettine staccavelo, battente distaccatore

2469 **doffer strip**
d Krempelabfall
f débourrure de peigneur
s desperdicio del llevador
i cascame di carda

2470 **doffin**
d Spulenabzug, Doffen
f levée
s mudada
i levata, rimozione, scarico

2471 **dog legged selvedge**
d bogige Webkante, wellige Leiste, Flatterleiste
f lisière arquée
s orillo arqueado
i cimosa arcuata

2472 **dogbone cross section**
d gelappter Querschnitt, lappiger Querschnitt
f section lobée, section en os de chien
s sección lobulada
i sezione incrociata multilobata

2473 **dogstooth pattern, dogstooth weave**
d Hahnentritt
f pied de poule
s ligamento pata de gallo
i schema a dente di cane

2474 **domestic flat knitting machine**
d Haushaltstrickmaschine
f tricoteuse de ménage
s tricotosa doméstica
i macchina per maglieria ad uso domestico

2475 domestic sewing machine
d Haushaltsnähmaschine
f machine à coudre domestique
s máquina de coser doméstica
i macchina da cucire ad uso domestico

2476 domestic washing machine, dolly
d Haushaltswaschmaschine
f machine à laver domestique
s máquina de lavar doméstica
i lavatrice ad uso domestico

2477 Donnan equilibrium
d Donnan-Gleichgewicht
f équilibre de Donnan
s equilibrio de Donnan
i equilibrio di Donnan, equilibrio di membrana

2478 Donnan theory
d Donnan-Theorie
f théorie de Donnan
s teoria de Donnan
i teoria di Donnan

2479 donor
d Donator
f donneur
s donador
i donatore

2480 dope dyeing, spin dyeing
d Spinnfärben, Spinndüsenfärben
f teinture dans la masse, teinture à l'extrusion
s tintura en masa
i tintura con solventi

2481 dope-dyed, spun dyed
d Spinngefärbt
f teint en filature, coloré dans la masse
s colorado en hiladura
i colorato in filatoio

2482 Dorsetwool
d Dorset-Wolle
f laine Dorset
s lana Dorset
i lana Dorset

2483 dose, measure
d Dosis
f dose
s dosis
i dose

2484 dose (verb), measure (verb)
d Dosieren
f dosage
s dosificación, dosificar
i dosare

2485 dosing device
d Dosiereinrichtung
f dispositif de dosage, doseur
s dispositivo de dosificación
i dosatore

2486 dotted muslin
d Tupfenmusselin
f plumetis
s muselina moteada
i mussolina punteggiata

2487 double
d Verdoppelung
f doublement, redoublement
s duplicación
i raddoppio

2488 double apron
d Doppelriemchen
f lanière double, manchon double
s correhuela doble
i laccio doppio

2489 double bond
d Doppelbindung
f double liaison
s enlace doble
i doppio legame

2490 double braid
d Doppellitze
f tresse double
s trenza doble
i liccio doppio

2491 double carpet, face-to-face carpet
d Doppelteppich
f tapis double
s alfombra doble
i tappeto doppio

2492 double covering
d zweifädige Garnumwindung, zweifädige Garnumspinnung
f guipage double
s revestimiento doble
i rivestimento doppio

2493 double cure method
d zweiphasige Polymerisation
f polymérisation en deux phases
s proceso de curado en dos etapas
i polimerizzazione in due fasi

2494 double cylinder knitting machine
d Doppelzylinder-Rundstrickmaschine
f métier à tricoter double cylindre
s telar de punto de doble cilindro
i macchina circolare per maglieria a doppio cilindro

2495 double diagonal stitch
d Doppeldiagonalstich
f point en diagonale double
s punto en doble diagonal
i punto doppio in diagonale

2496 double fabric
d Doppelstoff
f tissu double
s tejido doble, tela doble
i tessuto doppio

2497 double faced carpet, Scotch carpet, ingrain carpet
d schottischer Teppich
f tapis double face, tapis Kidderminster
s alfombra de doble cara
i tappeto Kidderminster

2498 double faced fabric
d doppelseitiges Gewebe
f tissu double face
s tejido de doble cara
i tessuto a doppia faccia

2499 double faced knitted fabric, back to back knitted fabric
d doppelseitige Maschenware
f tricot double face, tricot réversible
s tejido de punto de dos caras
i maglieria a doppia faccia

2500 double filaments, double thread
d Doppelfäden
f fils doubles, mariage
s hilo doble
i filo doppio

2501 double headed needle
d Links-Links-Nadel
f aiguille à double crochet
s aguja de dos picos
i ago per maglia rovesciata, ago links-links

2502 double jersey
d Doppeljersey, Rechts-Rechts-Ware
f jersey deux fontures
s jersey de doble fontura
i jersey doppio

2503 double knit fabric
d Doppelfontur-Maschenware
f tricot deux fontures
s tejido de punto de dos fonturas
i maglieria a doppia fila di aghi

2504 double knit knitting machine
d zweifonturige Strickmaschine
f métier à tricoter deux fontures
s telar de tricotar con dos fonturas
i macchina da maglieria a doppia fila di aghi

2505 double lift dobby head
d Doppelhubschaftmaschine
f mécanisme de ratière double levé
s mecanismo de maquinita de doble alza
i ratiera (macchina ad armatura) a corsa doppia

2506 double lift Jacquard head
d Doppelhubjacquardmaschine
f mécanique Jacquard double levé
s mecánica Jacquard de doble alza
i macchina Jacquard a corsa doppia

2507 **double locker machine**
d zweisystemige Stickmaschine
f métier à tiroir double
s telar de dos cajas
i telaio per ricamo a corsa doppia

2508 **double lockstitch**
d Doppelsteppstich
f double point noué
s punto doble anudado
i punto doppio annodato

2509 **double needle bar Raschel machine**
d zweifonturige Raschel
f métier Rachel à deux fontures
s telar Raschel de dos fonturas
i telaio Raschel a doppia fila di aghi

2510 **double picks defect**
d Doppelschussfehler
f défaut de double duite
s defecto de pasada doble
i difetto di doppia passata

2511 **double picks insertion**
d Doppelschusseintrag
f insertion de double duite
s inserción de pasada doble
i inserzione di doppia passata

2512 **double piqué**
d Doppelpiqué
f piqué double, piqué côté
s piqué doble
i piqué doppio

2513 **double plush**
d Doppelplüsch
f peluche double face
s felpa de dos caras
i plush (felpa) doppia

2514 **double roving spinning**
d Doppelvorgarnspinnen
f filature double mèche
s hilatura de doble mecha
i filatura a doppia torcitura

2515 **double row stitch**
d Doppelreihstich
f point de couture à double rangée
s puntada en doble hilera
i punto a doppia fila

2516 **double step mechanical loom**
d Doppelfachwebmaschine
f métier automatique à pas double, à foule double
s màquina de tejer a paso doble
i telaio meccanico a doppio passo

2517 **double trumpet**
d Doppeltrichter
f entonnoir double
s condensador doble
i imbuto doppio

2518 **double twist spindle**
d Doppeldrahtspindel
f broche à double torsion
s huso de doble torsión
i fuso a doppia torsione

2519 **double woven fabric, tubular woven fabric**
d Doppelgewebe
f tissu double pièce, tissu tubulaire tissé
s tela doble
i tessuto a doppia faccia

2520 **doubling**
d Fachen
f doublage, doublage de filature
s doblaje
i sdoppiare

2521 **doubling folding machine**
d Warendoubliermaschine, Doubliermaschine
f machine à dosser
s máquina de doblar a lomo
i doppiatrice per tessuti

2522 **doubling machine, doubling frame**
d Fachspulmaschine
f assembleuse, doubleuse
s reunidora
i doppiatrice

2523 doubling traveler
d Zwirnringläufer
f curseur pour retordage, curseur pour assembles
s cursor para retorcer
i cursore per filo ritorto

2524 doup end
d Dreherfaden
f fil de gaze
s hilo de gasa de vuelta
i filo di giro

2525 down
d Daune
f duvet
s plumón
i piuma

2526 down time
d Stillstandszeit
f temps mort
s tiempo muerto
i tempo morto, tempo di fermo per guasti

2527 down-proof
d Dauenundurchlässig
f Étanche aux duvets
s que no deja pasar las plumas
i a tenuta di piume

2528 downtwister
d Downtwister
f métier à retordre à parcours descendant
s retorcedora de paso descendente
i telaio per torcitura a percorso discendente

2529 downtwisting
d Abwärtszwirnen, Flügelzwirnen
f retordage à parcours descendant
s retorcido de paso descendente
i torcitura a percorso discendente

2530 DP chart
d Blockdiagramm
f ordinogramme
s ordinograma
i diagramma a blocchi

2531 draft constant
d Verzugskonstante
f constante d'étirage
s constante de estiraje
i costante di stiro

2532 draft control
d Verzugsregelung
f régulation d'étirage
s control de estiraje
i controllo dello stiro

2533 draft, drafting, taking in
d Einzug
f rentrage, remettage
s entrada, instalación, remetido
i rimettagio

2534 draft, mechanical draft
d Verzug
f étirage, étirage mécanique
s estiraje
i stiro

2535 draft ratio
d Verzugsverhältnis
f taux d'étirage
s relación de estiraje
i relazione di stiro

2536 drafter sliver
d Streckenband
f ruban d'étirage
s cinta de manuar
i nastro di stiratoio

2537 drafting doubling
d Doublieren beim Strecken
f doublage à l'étirage
s doblado en el estirado
i piegare stirando

2538 drafting dynamics
d Verzugsdynamik
f dynamique de l'étirage
s dinàmica del estiraje
i dinamica dello stiro

2539 **drafting equalizer**
d Ausgleichstrecke
f étirage égalisateur
s igualador
i stiratura egualizzatrice

2540 **drafting equalizing**
d Verzugsvergleichmässigung
f autoègalisation à l'étirage
s autoígualacion en el estirado
i regolarizzazione dello stiro preliminare

2541 **drafting force, drafting resistance**
d Verzugskraft
f force d'étirage, résistance à l'étirage
s fuerza de estiraje
i forza di stiro

2542 **drafting force tester, West Point cohesion tester**
d Verzugskraftmessgerät
f mesure des forces d'étirage, appareil d'essai de force d'étirage
s medídor de la fuerza de estirado
i dinamometro per misurazione della forza di stiro

2543 **drafting pattern**
d Einzugsschema, Passierfolge
f plan de rentrage
s esquema de remetido
i schema di stesura

2544 **drafting roll**
d Streckwerkswalze
f cylindre d'étirage
s cilindro estirador
i cilindro di stiro

2545 **drafting system**
d Streckwerk
f système d'étirage
s sistema de estirado
i sistema di stiro

2546 **drafting theory**
d Verzugstheorie
f théorie de l'étirage
s teoria del estirado
i teoria dello stiro

2547 **drafting twist**
d Verzugsdrehung
f torsion à l'étirage
s torsión de estirado
i torsione di stiro

2548 **drafting wave**
d Verzugswelle
f onde d'étirage
s onda de estiraje
i onda di stiro

2549 **drafting with drawing bars**
d Kammzugstrecken mit Pressleisten
f étirage à barres de pression
s estirado con barra de presión
i stiraggio a barre di pressione

2550 **drafting zone**
d Verzugszone
f zone d'étirage
s zona de estíraje
i zona di stiro

2551 **drag**
d Bremseffekt, Bremswirkung
f effet de freinage
s efecto de frenado
i resistenza

2552 **dragging shuttle**
d Schleppschütze, Greiferschütze
f navette d'entraínement
s lanzadera de arrastre
i navetta a pinze

2553 **dragwasher**
d Flyerbremsscheibe
f rondelle de freinage
s disco de frenado
i disco del freno del banco a fusi

2554 **drain**
d Abflusskanal
f déversoir
s conducto, desaguadero
i canale di scarico

2555 drape, dynamic drape
d Faltenwurf
f drape
s caida del tejido
i drappeggio

2556 drape dynamics
d Faltenwurfdynamik
f dynamique du drape
s dinàmica de la caída
i dinamica del drappeggio

2557 drapeometer
d Drapeometer
f drapemètre
s drapeómetro
i drapeometro

2558 Dravestest
d Draves-Prüfung
f essai de Draves
s ensayo de Draves
i prova di Draves

2559 draw
d Strecken
f tirage
s tiramiento
i tirare

2560 draw mechanism, coulier motion
d Kuliereinrichtung
f mécanisme de cueillage
s mecanismo de recogida
i dispositivo raccoglitore

2561 draw ratio
d Reckverhältnis, Verstreckverhältnis, Filamentreckverhältnis
f taux d'étirage de filage
s valor de estirado de extrusión
i rapporto di stiro

2562 draw texturing machine
d Strecktexturiermaschine
f machine d'étirage-texturation
s máquina de estiraje-texturación
i macchina per stirare e testurizzare

2563 draw texturing process
d Strecktexturierverfahren
f procédé d'étirage-texturation
s procedímiento de estiraje-texturación
i processo di stiraggio e testurizzazione

2564 draw texturing, stretch texturing
d Strecktexturieren
f texturer-étirer
s texturar y estirar
i testurare e stirare

2565 draw warping
d Streckschären
f ourdir-étirer
s estirar y urdir
i stirare e ordire

2566 draw warping equipment
d Streckschäranlage
f installation d'ourdissage avec étirage
s máquina de estiramiento y urdidura
i macchina per stirare e ordire

2567 drawers
d Unterhose
f caleçon
s calzoncillo
i mutande

2568 drawframe
d Strecke
f band d'étirage, laminoir
s manuar
i stiratoio

2569 drawing head
d Streckkopf
f tête d'étirage
s cabeza de estiraje
i testa di profilatura continua

2570 drawing in machine
d Einziehmaschine, Passiermaschine
f machine de rentrage en harnais
s máquina remetedora de urdimbres
i macchina per rimettaggio

2571 drawn
d gestreckt
f étiré
s estirado
i stirato

2572 drawn yarn
d gerecktes Garn
f fil étiré
s hilo estirado
i filo stirato

2573 drawnwork
d Ajour-Arbeit, Auszieharbeit, Durchbrucharbeit, Ajour-Stickerei
f article à jours
s artículo de días
i articolo a giorno

2574 draw-textured yarn
d Strecktexturgarn, strecktexturiertes Garn
f fil d'étirage-texturation
s hilo de estiraje-texturación
i filato stirato e testurizzato

2575 draw-twister
d Streckzwirnmaschine
f ètíreuse-retordeuse
s estiradora-retorcedora
i stirotorcitoio

2576 drawtwist(ing)
d Streckzwirnen
f torsion à l'étirage de filage
s torsión de estiraje
i stirotorcitura

2577 Dresdenpoint
d Dresdner Durchbruchspitze
f point de Dresde
s punto de Dresde
i punto di Dresda

2578 dress
d Kleid, Damenkleid
f robe
s vestído de mujer
i vestito da donna

2579 dress design
d Kleiderentwurf, Modellkleid
f modèle de robe
s modelo de vestido
i modello di vestito

2580 dressfacefinish
d Rauhausrüstung
f apprêt gratte melton
s acabado meltón
i finissaggio superficiale dell'abito

2581 dressing gauze
d Gazeverbandstoff
f gaze à pansement
s gasa de apósito
i armatura gaza

2582 dressing gown, housecoat
d Hausmantel
f robe de chambre, treilleur
s bata
i vestaglia

2583 dressmaking
d Kleiderkonfektion
f confection de robe
s confección de vestidos
i confezione di vestiti

2584 drive
d Antrieb
f commande
s mando
i trasmissione, azionamento

2585 drive, move
d Antreiben
f actioner
s acciónar
i azionare, mettere in moto

2586 driven roll
d angetriebene Walze
f roue commandée, cylindre entrainé, roue menée
s rueda conducida
i rullo condotto

2587 **driving belt, driving band**
d Antriebsband
f courroie de commande, courroie d'entraínement
s cinta accionadora
i cinghia di trasmissione

2588 **driving roller**
d Antriebswalze, Antriebsrolle
f roue commandeuse, cylindre d'entrainement, roue meneuse
s rueda conductora
i rullo di azionamento

2589 **drop**
d Tropfen
f goutte
s gota
i goccia

2590 **drop penetration test(ing)**
d Troplversuch, Tropftest
f contrôle de pénétration de la goutte
s control de penetración a la gota
i prova di penetrazione delle gocce

2591 **dropdyeing**
d Tropfenfärben
f teinture par gouttes
s tintura por gotas
i tintura a goccia

2592 **dropped stitch, run, ladder**
d Laufmasche, Fallmasche
f maille coulée, maille coulêe en échelle, filé maille
s malla caida
i smagliatura

2593 **dropping the drop wire machine (warping)**
d Lamellensteckmaschine
f machine à mettre les lamelles
s máquina para poner las lamillas
i macchina per mettere le lamelle

2594 **dropwire**
d Kettfadenwächterlamelle
f lamelle de casse chaíne
s laminilla de paro
i lamella

2595 **drum, cylinder**
d Trommel
f tambour
s tambor
i tamburo

2596 **drum dryer, cylinder dryer**
d Trommeltrockner
f sèchoir à tambour, séchoir à cylindre
s secador de tambor
i asciugatoio a tamburo

2597 **drum dyeing**
d Trommelfärben
f teinture sur tambour
s tintura con tambor
i tintura a tamburo

2598 **drum dyeing machine, rotary dyeing machine**
d Trommelfärbemaschine
f machine de teinture à tambour
s máquina de tintura a tambor
i macchina per tintura a tamburo

2599 **drum scouring machine**
d Trommelwaschmaschine für Vorwäsche
f machine à tambour de lavage à fond
s máquina a tambor para lavado enérgico
i lavatrice a tamburo per prelavaggio

2600 **drum washing machine**
d Trommelwaschmaschine
f machine à laver à tambour
s máquina de lavar a tambor
i lavatrice a tamburo

2601 **drum winder**
d Trommelspulmaschine
f bobinoir à tambour
s bobinadora a tambor
i avvolgitore a tamburo

2602 **drumwinding**
d Umspulen auf Trommelspulmaschinen
f bobinage sur tambour
s bobinado en tambor
i avvolgimento a tamburo

2603 **dry bleaching**
d Trockenbleiche
f blanchiment par voie sèche
s blanqueo por via seca
i candeggio a secco

2604 **dry bulb temperature**
d Trockenthermometertemperatur
f température du thermomètre sec
s temperatura de termómetro seco
i temperatura di bulbo secco

2605 **dry cleaning**
d Chemischreinigung, Trockenreinigung
f nettoyage à sec
s limpieza en seco
i pulitura a secco

2606 **dry cleaning fastness**
d Chemischreinigungsbeständigkeit, Trockenreinigungsbeständigkeit
f résistance au nettoyage à sec
s resistencia a la limpieza en seco
i resistenza alla pulitura a secco

2607 **dry cleaning intensifier**
d Chemischreinigungsverstärker, Trockenreinigungsverstärker
f renforcateur de nettoyage à sec
s reforzador de la limpieza en seco
i rinforzatore della pulitura a secco

2608 **dry cleaning machine**
d Chemischreinigungsmaschine, Trockenreinigungsmaschine
f machine de nettoyage à sec
s màquina para limpieza en seco
i macchina per pulitura a secco

2609 **dry cleaning solvent**
d Chemischreinigungsmittel, Trockenreinigungsmittel
f solvant pour nettoyage à sec
s disolvente para limpieza en seco
i solvente per pulitura a secco

2610 **dry decating t**
d Trockendekatur
f décatissage à sec
s decatizado en seco
i decatissaggio a secco

2611 **dry extract**
d Trockenextrakt
f extrait sec
s extracto seco
i estratto secco

2612 **dry extrusion spinning**
d Trockenerspinnen, Trockenextrusion
f filage à sec
s hilatura en seco por extrusión
i estrusione a secco

2613 **dry finishing**
d Trockenappretur, Trockenveredlung
f apprêt à sec, apprêt mécanique
s acabado en seco
i finissaggio a secco

2614 **dry heat**
d Trockenwärme
f chaleur sèche
s calor seco
i calore secco

2615 **dry heat setting**
d Trockenthermofixieren
f fixage à sec par la chaleur
s fijado en seco por el calor
i termofissaggio a secco

2616 **dry ironing**
d Trockenbügeln
f repassage à sec
s planchado en seco
i stiratura a secco

2617 **dry powder bonding**
d Bondieren mit Pulver, Kleben mit Pulver
f liage par poudre sèche
s unión mediante polvo seco
i incollatura con polvere

2618 **dry process**
d Trockenbehandlung
f traitement à sec, voie sèche
s tratamiento en seco
i trattamento a secco

2619 dry relaxation
d Trockenrelaxation
f relaxation à sec
s relajación en seco
i rilassamento a secco

2620 dry strength
d Trockenfestigkeit
f résistance à sec
s resistencia en seco
i resistenza a secco

2621 dry weight
d Trockengewicht
f poids anhydre
s peso anhidro
i peso a secco

2622 dry wrinkle recovery
d Trockenknittererholung
f rècupération à sec du pli, récupération à sec du froissement
s recuperación en seco de las arrugas
i recupero a secco della piega

2623 dryer
d Trockenmaschine, Trockner
f sèchoir, machine de séchage
s secador
i macchina per asciugare

2624 drying
d Trocknen
f sèchage
s secado
i asciugare

2625 drying can
d Zylindertrockenmaschine
f tambour de séchage
s tambor de secado
i essicatore a cilindro

2626 drying oven
d Trockenofen
f étuve
s estufa
i forno di essicazione

2627 drying temperature
d Trockentemperatur
f température de séchage
s temperatura de secado
i temperatura a secco

2628 drying tenter
d Spann- und Trockenrahmen, Trockenspannrahmen
f rame sécheuse
s rame secador
i telaio di asciugamento e stiro

2629 drying time
d Trockenzeit
f durée de séchage
s tiempo de secado
i tempo di asciugamento

2630 dryness
d Trockenheit
f siccité
s sequedad
i asciuttezza

2631 duck
d Duck
f toile lourde
s lona
i tela olona, tela da vele, canovaccio

2632 ductility
d Streckbarkeit
f ductilitè
s ductilidad
i duttilità

2633 duffel blanket
d Düffel
f couverture molletonnée, molleton
s manta siberiana
i duffel

2634 dullness
d Glanzlosigkeit
f matité
s mate
i opacità

2635 dulness, drabness
d Trübheit
f aspect terne
s aspecto apagado
i torbidezza

2636 dungaree
d Overall-Stoff
f tissu pour bleu de travail
s tejido para azul mecànico
i dungaree

2637 dunnage bag
d Packsack, Seesack
f sac de marin
s bolsa de marinero
i sacco da marinaio

2638 duo cards
d Duo-Karde, Tandemkarde
f cardes en tandem, cardes en duo
s cardas en tándem
i corda a tandem

2639 duo Roth system
d Duo-Roth-Strecksystem
f système Roth à double manchon
s sistema Roth de doble manguito
i sistema di stiraggio Roth a due manicotti

2640 duplex printing, duplicate printing
d Duplexdruck
f impression duplex, impression double face
s estampado duplex
i stampa duplex

2641 duplex printing machine
d Duplexdruckmaschine
f machine d'impression duplex
s màquina de estampado duplex
i macchina per stampa duplex

2642 durability
d Haltbarkeit
f durabilitê, durée d'usage
s durabilidad
i durabilità

2643 durable finish
d Permanentausrüstung, Permanentveredlung
f apprêt permanent, apprêt durable
s apresto duradero
i finissaggio permanente

2644 durable press finish
d Permanent-Press-Ausrüstung, Permanent-Press-Veredlung, Dauerformveredlung
f apprêt pour permanent press, apprêt pour repassage permanent
s acabado de planchado permanente
i finissaggio di stiratura permanente

2645 durable press treatment
d Permanent-Press-Behandlung, Dauerausrüstungsbehandlung, Dauerveredlungsbehandlung
f traitement permanent press, traitement de repassage permanent
s tratamiento de planchado permanente
i trattamento di stiratura permanente

2646 duration
d Dauer, Lebensdauer
f durèe, vie, durée de vie ou de service, durabilité, longévité
s duración, solidez, estabilidad, duración
i durata

2647 dust
d Staub, Abstauben
f poussière, dépoussièrer, épousseter
s polvareda, desempolvar
i polvere, spolverare

2648 dust box
d Staubbehälter
f boite à poussière
s cajadepolvo
i cassa di polvere

2649 dust removal
d Entstaubung
f dépoussièrage
s desempolvado
i separazione della polvere

2650 dusting machine
d Faserentstaubungsmaschine
f machine de nettoyage des fibres
s máquina de quitar el polvo
i macchina per la pulitura delle fibre

2651 dye affinity
d Farbaffinität, Affinität des Farbsloffs
f affinité tinctoriale, affinité de teinture, substantivité
s afinidad para los colorantes
i affinità del colorante

2652 dye bath
d Färbebad
f bain de teinture
s disolución de tintura
i bagno di tintura

2653 dye, colorant
d Farbstoff
f colorant, matière colorante, produit tinctorial
s colorante
i colorante

2654 dye developer
d Farbstoffentwickler
f développeur de teinture
s desarrollador de tintura
i sviluppatore del colorante

2655 dye fixing agent
d Farbfixierhilfsmittel
f agent de fixage du colorant
s agente de fijación del colorante
i agente per il fissaggio del colorante

2656 dye house
d Färberei
f atelier de teinture
s tintoreria
i tintoria

2657 dye in the flock
d Färben in der Flocke
f teinture en bourre
s teñir en borra
i tingere in borra

2658 dye migration
d Farbmigration, Migration des Farbstoffs, Farbwanderung
f migration du colorant
s migración del colorante
i migrazione del colorante

2659 dye of conical bobbin
d Konenfärben
f teinture de bobines coniques
s teñido de los conos
i tintura di bobine coniche

2660 dye on the beam
d Baumfärben
f teindre sur ensouple
s teñir sobre plegador
i tingere in subbio

2661 dye oxidizing compartment
d Farbenoxydationskammer
f chambre d'oxydation de teinture
s cámara de oxidación de tintura
i camera di ossidazione della tintura

2662 dye penetration
d Eindringen des Farbstoffs, Farbstoffpenetration
f pénétration du colorant
s penetración del colorante
i penetrazione del colorante

2663 dye selection
d Farbstoffauswahl
f sélection de colorants
s selección de colorantes
i selezione dei coloranti

2664 dye solution
d Farbstofflösung
f solution de colorant
s solución de colorante
i soluzione di colorante

2665 dye speck
d Farbfleck
f tache de colorant
s mancha de colorante
i macchia di colorante

2666 dye take up
d Farbaufziehen
f montée du colorant
s subida del colorante
i montata del colore

2667 dye thermofixing
d Thermofixieren der Färbung
f thermofixage de la teinture
s termofijado de la tintura
i termofissaggio della tintura

2668 dye uniformity
d Farbgleichmässigkeit
f uniformité de teinture
s uniformidad de tintura
i uniformità della tintura

2669 dye uniformity defect
d Farbgleichmässigkeitsfehler
f défaut d'unisson de teinture
s defecto de uniformidad de tintura
i difetto di uniformità della tintura

2670 dyeability
d Färbbarkeit
f aptitude à la teinture
s capacidad de tintura
i tingibilità

2671 dyed fabric
d gefärbter Stoff
f tissu teinté
s tela tintada
i tela tinta

2672 dyed fiber
d gefärbte Faser
f fibre teinté
s fibra tintada
i fibra tinta

2673 dyed yarn
d gefärbtes Garn
f fil teinté
s hilo tintado
i filo tinto

2674 dyefixing
d Farbfixierung
f fixage du colorant
s fijación del colorante
i fissaggio del colorante

2675 dyeing
d Färben
f teinture
s tintura
i tintura

2676 dyeing accelerant
d Färbebeschleuniger
f accélêrateur de teinture
s acelerante de tintura
i accelerante della tintura

2677 dyeing apparatus
d Färbeapparat
f appareil à teidre
s aparejo para teñir
i apparecchio per tingere

2678 dyeing auxiliary, dyeing assistant
d Färbehilfsmittel
f produit auxiliaire pour teinture, adjuvant de teinture
s producto auxiliar de tintura
i agente di tintura

2679 dyeing carrier
d Carrier, Trägersubstanz
f véhiculeur de teinture, carrieur
s transportador de tintura
i vettore della tintura

2680 dyeing, colouring
d Einfärbung
f teinture
s coloración
i tintura, coloratura

2681 dyeing def ect
d Färbefehler
f défaut de teinture
s defecto de tintura
i difetto di tintura

2682 dyeing entropy
d Färbungsentropie
f entropie de teinture
s entropia de tintura
i entropia di tintura

2683 dyeing formulation
d Farbrezeptur
f recette de teinture
s receta de tintura
i ricetta di tintura

2684 dyeing kettle
d Färbekessel
f chaudron de teinture, cuvelle de teinture
s barca de tintura
i vasca di tintura

2685 dyeing levelness
d Egalfärbung
f unisson de teinture
s igualación de tintura
i egualizzatore della tintura

2686 dyeing liquor
d Färbeflotte
f solution de teinture
s solución de tintura
i bagno di tintura

2687 dyeing machine
d Färbemaschine
f machine de teinture
s máquina de tintura
i macchina per tintura

2688 dyeing machines manufacturer
d Färbereimaschinen-Hersteller
f constructeur de matériel de teinture
s constructor de maquinaria de tintura
i costruttore di macchine per tintura

2689 dyeing perforated tube
d Färbehülse, perforierte Hülse
f tube perforé de teinture
s tubo perforado de tintura
i boccola forata per tintura

2690 dyeing property
d Färbeeigenschaft
f propriété afférente à la teinture
s propiedad referente a la tintura
i proprietà della tintura

2691 dyeing rate, exhaustion rate
d Färbegeschwindigkeit
f vitesse de teinture, vitesse d'épuisement
s velocidad de tintura
i velocità di tintura

2692 dyeing ring
d ringförmiger Färberand, ringförmiger Farbkranz, ringförmiger Färbefehler
f auréole de teinture
s aureola de tintura
i aureola di tintura

2693 dyeing site
d Farbanlagerungsort, Farbanlagerungsstelle
f site de teinture
s sitio de tintura
i punto di deposito della tinta

2694 dyeing theory
d Färbetheorie
f théorie de la teinture
s teoria de la tintura
i teoria della tintura

2695 dyeing with acid dye
d Färben mit Säurefarbstoffen
f teinture avec colorant acide
s tintura con colorante ácido
i tintura con colorante acido

2696 dyes mixture
d Farbstoffmischung
f mélange de colorants
s mezcla de colorantes
i miscela di coloranti

2697 dyespring
d Drahthülse, Färbefederhülse, Federhülse
f tube à ressort pour bobine
s tubo de resorte para bobina
i tubo a molle per bobina

2698 dynamic
d Dynamisch
f dynamique
s dinámico
i dinamico

2699 dynamic absorption
d dynamische Absorption
f absorption dynamique
s absorción dinàmica
i assorbimento dinamico

2700 dynamic absorption test(ing)
d Prüfung der dynamischen Absorption
f contrôle de l'absorption dynamique, essai d'absorption dynamique
s ensayo de absorción dinàmica
i esame dell'assorbimento dinamico

2701 dynamic balancing
d dynamisches Gleichgewicht
f èquilibrage dynamique
s equilibrado dinàmico
i equilibrio dinamico

2702 dynamic behaviour
d dynamisches Verhalten
f comportement dynamique
s comportamiento dinàmico
i comportamento dinamico

2703 dynamic buckling
d dynamische Verformung durch Biegen
f dèformation dynamique par flambage
s deformación dinàmica por chamuscado
i deformazione dinamica per flessione

2704 dynamic friction, kinetic friction
d dynamische Reibung
f frottement dynamique, frottement cinétique
s fricción dinàmica
i attrito dinamico

2705 dynamic load
d Dinamische Belastung
f charge dynamique
s carga dinámica
i carico dinamico

2706 dynamic mechanical property
d dynamisch-mechanische Eigenschaft
f propriété dynamique mécanique
s propiedad dinámica mecánica
i proprietà dinamica-meccanica

2707 dynamic modulus
d dynamischer Modul
f module dynamique
s módulo dinámico
i modulo dinamico

2708 dynamic modulus imaginary component
d I-Komponente des dynamischen Moduls
f composante „I" du module dynamique, composante imaginaire du module dynamique
s componente „I" del módulo dinàmico
i componente immaginaria del modulo dinamico

2709 dynamic modulus tester
d Prüfgerät für den dynamischen Modul
f appareil d'essai du module dynamique
s medidor del módulo dinámico
i misuratore del modulo dinamico

2710 dynamic pressure
d Staudruck
f pression dynamique
s presión dinámica
i pressione dinamica

2711 dynamic response
d dynamische Reaktion
f réaction mécanico-dynamique, réaction dynamique
s respuesta dinámica
i reazione dinamica

2712 dynamic testing
d dynamische Prüfung
f contrôle dynamique
s control dinàmico
i prova dinamica

2713 dynamics
d Dynamik
f dynamique
s dinámica
i dinamica

2714 **dynamometer**
d Dynamometer
f dynamomètre
s dinamómetro
i dinamometro

2715 **dynamometry**
d Dynamometrie
f dynamométrie
s dinamometria
i dinamometria

E

2716 **ear muff**
d Ohrenschützer, Ohrenklappen
f passe-montagne
s pasamontaña
i paraorecchie

2717 **ebullition**
d Sieden
f ébullition
s ebullición
i ebollizione

2718 **eccentric**
d exzentrisch
f exentrique
s excéntrico
i eccentrico

2719 **eccentricity, run out**
d Exentrizität
f excentricité, faux rond
s excentricidad
i eccentricità

2720 **ecology**
d Ökologie
f écologie
s ecología
i ecologia

2721 **economic**
d Wirtschaftlich
f Économique, rentable
s económico
i economico

2722 **economy**
d Wirtschaft
f Économie
s economía
i economia

2723 **eddy**
d Wirbel
f tourbillon
s remolino
i vortice

2724 **edge**
d Rand, Kante
f bord
s borde
i bordo

2725 **edge abrasion test**
d Knickscheuerprüfung
f essai d'abrasion à la lame
s ensayo de abrasión al filo
i prova di abrasione sul bordo

2726 **edge crimped yarn**
d Kantenkräuselgarn, Klingentexturgarn
f fil texturé sur arête
s hilo texturado sobre arista
i filato testurizzato sul bordo

2727 **edge crimping**
d Kantenkräuseltexturieren
f texturation sur arête
s texturado sobre arista
i testurizzazione su bordo

2728 **edge crimping machine**
d Kantenkräuselmaschine, Klingentexturiermaschine
f machine de texturation sur arête
s máquina de texturación sobre arista
i macchina per testurizzare su bordo

2729 **edge guide**
d Kantenführer
f guide de lisière
s guía de orillo
i guida del bordo

2730 **EDTA, ethylenediamine tetraacetic acid**
d EDTA, Ethylendiamintetraessigsäure
f EDTA, acide éthylène-diaminetétracétique
s EDTA
i EDTA, acido etilendiamminotetracetico

2731 effect
d Auswirkung
f effet
s efecto
i effetto

2732 effect dyeing
d Effektfärben
f teinture pour effet
s tintura para efecto
i tintura d'effetto

2733 effect of acids
d Säurewirkung
f action des acides
s acción de ácidos
i azione acida

2734 effect of alkali
d Alkalieinwirkung, alkalische Einwirkung
f action alcaline, action de l'alcali
s acción del álcali
i azione alcalina

2735 effect of cold
d Kälteeffekt
f action du froid
s efecto del frío
i effetto del freddo

2736 effect of sunlight
d Sonnenlichteinwirkung
f action de la lumière solaire
s acción de la luz solar
i azione della luce solare

2737 effect of weather
d Witterungseinfluss
f action des intempéries
s acción de la intemperie
i azione degli agenti atmosferici

2738 effect yarn
d Effektgarn
f fil d'effet
s hilo de efecto
i filo d'effetto

2739 effects of cold
d Kälteeinwirkung
f effects du froid
s influencia del frío, reacción al frío
i effetti del freddo

2740 efficiency of weft inserction
d Schusseintragsleistung
f rendement, capacité d'insertion de la trame
s rendimiento, capacidad de inserción de la trama
i rendimento, capacità di inserzione della trama

2741 effluent
d Abwasser, Schmutzwasser
f eau résiduaire, effluent
s agua residual
i acqua di scarico

2742 effluent disposal
d Abwasserbeseitigung, Abwasserableitung
f élimination de l'eau résiduaire
s elimínaciôn del agua residual
i eliminazione delle acque di scarico

2743 effluent drain
d Abwasserkanal
f canal des eaux d'égout, caniveau
s desaguadero
i canale di scarico, fognatura

2744 effluent treatment
d Abwasserbehandlung, Abwasserreinigung
f traitement de l'eau résiduaire, traitement de boue, traitement d'effluent
s tratamiento del agua residual
i trattamento delle acque di scarico

2745 Egyptian cotton
d ägyptische Baumwolle
f coton d'Egypte
s algodón de Egipto
i cotone egiziano

2746 eiderdown
d Daunendecke
f èdredon
s edredón
i piumino

2747 eightlock knitted fabric
d Achtschloss-Maschenware
f tricot huit serrures
s tejido de punto de ocho cerrojos
i maglieria a 8 pettini

2748 ejection
d Auswurf
f éjection
s expulsiôn
i espulsione

2749 elaboration
d Ausarbeitung
f Élaboration
s elaboración
i elaborazione

2750 elastic
d elastisch
f élastique
s elástico
i elastico

2751 elastic band
d Gummiband
f ruban êlastique
s cinta elástica
i nastro elastico, elastico

2752 elastic liquid
d elastische Flüssigkeit
f liquide élastique
s líquido elástico
i liquido elastico

2753 elastic property, elastic performance
d elastische Eigenschaft
f propriété èlastique
s propiedad elástica
i proprietà elastiche

2754 elastic recovery
d elastische Erholung
f récupèration élastique
s recuperación elástica
i recupero elastico

2755 elastic ribbon insertion
d Gummibandeinarbeiten
f ínsertion d'élastique
s inserción de cinta elástica
i inserzione del nastro elastico

2756 elastic strain, elastic deformation
d elastische Verformung
f déformation élastique
s deformaciôn elástica
i deformazione elastica

2757 elastic waistband, garter belt
d elastischer Gürtel
f ceinture élastique
s cinturón elástico
i cintura elastica

2758 elastic yarn, stretch yarn
d elastisches Garn
f fil élastique
s hilo elástico
i filo elastico

2759 elasticity
d Elastizität
f élasticité
s elasticidad
i elasticità

2760 elastodiene
d Elastodien
f élastodiéne
s elastodieno
i elastodiene

2761 elastomer
d Elastomer, Gummi
f élastomère
s elastómero
i elastomero

2762 elastomer fiber
d Elastomerfaser
f fibre d'élastomére, élastofibre
s fibra elastómera
i fibra elastomera

2763 elastoplastic
d Elastoplastisch
f Élastoplastique
s elastoplástico
i elastoplastico

2764 elastothane
d Elastothan
f èlasthanne
s elastano
i elastotano

2765 electric
d Elektrisch
f Électrique
s eléctrico
i elettrico

2766 electric blanket
d Heizdecke
f couverture chauffante
s manta eléctrica
i termocoperta

2767 electric brake
d elektrische Bremse
f frein électrique
s freno eléctrico
i freno elettrico

2768 electric control
d elektrische Steuerung
f commande électrique
s mando eléctrico
i controllo elettrico

2769 electric controller
d elektrisches Steuergerät
f appareil de contrôle électrique
s aparato de mando elêctrico
i apparecchio di controllo elettrico

2770 electric discharge
d elektrische Entladung
f dècharge électrique
s descarga eléctrica
i scarica elettrica

2771 electric equipment
d Elektroinstallation, elektrische Einrichtung
f matériel électrique
s equipo eléctrico
i equipaggiamento elettrico

2772 electric field
d elektrisches Feld
f champ électrique
s campo elèctrico
i campo elettrico

2773 electric heating
d elektrische Heizung
f chauffage électrique
s calefacción eléctrica
i riscaldamento elettrico

2774 electric power station
d Kraftwerk
f centrale électrique
s central de energía eléctrica
i centrale elettrica

2775 electrical charge
d elektrische Ladung
f charge électrique
s carga eléctrica
i carica elettrica

2776 electrical conductivity
d spezifische elektrische Leitfähigkeit
f conductivité électrique
s conductividad eléctrica
i conduttività elettrica

2777 electrical current
d elektrischer Strom
f courant électrique
s corriente eléctrica
i corrente elettrica

2778 **electrical filter**
d elektrischer Filter
f filtre électrique
s filtro eléctrico
i filtro elettrico

2779 **electrical input transducer**
d elektrischer Eingangstransduktor
f capteur électrique d'entrée, transducteur d'entrée électrique
s captador eléctrico de entrada
i trasduttore elettrico di entrata

2780 **electrical insulation**
d Elektroisolierung
f isolation électrique
s aislamiento eléctrico
i isolamento elettrico

2781 **electrical leakage resistance**
d elektrischer Ableitungswiderstand
f résistance de fuite, résistance de l'isolement
s resistencia de fuga
i resistenza di isolamento

2782 **electrical line**
d elektrische Leitung
f canalisation électrique
s línea elêctrica
i linea elettrica

2783 **electrical loss**
d Spannungsabfall
f perte électrique
s pèrdida elèctrica
i caduta di tensione

2784 **electrical output transducer**
d elektrischer Ausgangstransduktor
f capteur électrique de sortie, transducteur de sortie électrique
s captador electrico de salida
i trasduttore elettrico di uscita

2785 **electrical potential**
d elektrisches Potential
f potentiel électrique
s potencial eléctrico
i potenziale elettrico

2786 **electrical property**
d elektrische Eigenschaft
f propriété électrique
s propiedad eléctrica
i proprietà elettriche

2787 **electrical reactance**
d Reaktanz, Blindwiderstand
f réactance électrique
s reactancia
i reattanza

2788 **electrical rectifier**
d elektrischer Gleichrichter
f redresseur de courant
s rectificador de corriente
i rettipicatore elettrico

2789 **electrical transformer**
d elektrischer Transformator
f transformateur électrique
s transformador eléctrico
i trasformatore elettrico

2790 **electricity**
d Elektrizität
f électricité
s electricidad
i elettricità

2791 **electrochemical**
d Elektrochemisch
f Électrochimique
s electroquímico
i elettrochimico

2792 **electrode**
d Elektrode
f électrode
s electrodo
i elettrodo

2793 **electrodialysis**
d Elektrodialyse
f êlectrodialyse
s electrodialisis
i elettrodialisi

2794 electrokinetic
d Elektrokinetisch
f Électrocinétique
s electrocinético
i elettrocinetico

2795 electrolysis
d Elektrolyse
f électrolyse
s electrólisis
i elettrolisi

2796 electrolyte
d Elektrolyt
f êlectrolyte
s electrólito
i elettrolita

2797 electromagnet
d Elektromagnet
f électroaimant
s electroimán
i elettromagnete

2798 electromagnetic
d Elektromagnetisch
f Électromagnétique
s electromagnético
i elettromagnetico

2799 electromagnetic control
d elektromagnetische Steuerung
f commande électromagnétique
s mando electromagnético
i controllo elettromagnetico

2800 electromagnetic device
d elektromagnetische Einrichtung
f dispositif êlectromagnétique
s dispositivo electromagnético
i dispositivo elettromagnetico

2801 electromagnetic selection of needles
d elektromagnetische Nadelauswahl
f sélection électromagnétique d'aiguilles
s selección electromagnética de agujas
i selezione elettromagnetica degli aghi

2802 electromagnetism
d Elektromagnetismus
f électromagnétisme
s electromagnetismo
i elettromagnetismo

2803 electromechanical device
d elektromechanische Einrichtung
f dispositif électromécanique
s dispositivo electromecánico
i dispositivo elettromeccanico

2804 electrometer
d Elektrizitätsmesser
f èlectromètre
s electrómetro
i elettrometro

2805 electron
d Elektron
f électron
s electrón
i elettrone

2806 electron donor
d Elektronendonator
f donneur d'électrons
s donador de electrones
i donatore di elettroni

2807 electron emission spectroscopy
d Elektronenemissions-Spektroskopie
f spectroscopie par émission d'électrons
s espectroscopia por emisión de electrones
i spettroscopia ad emissione elettronica

2808 electron microscopy
d Elektronenmikroskopie
f microscopie électronique
s microscopia electrónica
i microscopia elettronica

2809 electronic
d Elektronisch
f Électronique
s electrónico
i elettronico

2810 electronic control, electronic motion
d elektronische Steuerung
f commande électronique
s mando electrónico
i comando elettronico

2811 electronic detector
d elektronischer Detektor
f détecteur électronique
s detector electrónico
i rivelatore elettronico

2812 electronic instrument
d elektronisches Instrument
f appareil électronique
s instrumento electrónico
i strumento elettronico

2813 electronic microscope
d Elektronenmikroskop
f microscope électronique
s microscopio electrónico
i microscopio elettronico

2814 electronic monitoring
d elektronische Uberwachung
f contrôle électronique
s control electrónico
i controllo elettronico

2815 electronic selection of needles
d elektronische Nadelauswahl
f sélection électronique d'aiguilles
s selección electróníca de agujas
i selezione elettronica degli aghi

2816 electronic slub catcher
d elektronischer Fadenreiniger
f êpurateur électronique
s depurador electrónico
i stribbia elettronica

2817 electronic spin
d Elektronenspin
f spin électronique
s spin electrónico
i spin degli elettroni

2818 electronics
d Elektronik
f èlectronique
s electrónica
i elettronica

2819 electrons transfer
d Elektronentransfer
f transfert d'électrons
s transferencia de electrones
i trasferimento di elettroni

2820 electro-osmosis
d Elektroosmose
f èlectro-osmose
s electroósmosis
i elettroosmosi

2821 electrophoresis, cataphoresis
d Elektrophorese
f èlectrophorèse, cataphorèse
s electroforesis
i elettroforesi

2822 electroplating
d Galvanisierung
f galvanoplastie
s galvanoplastia
i galvanizzazione

2823 electropneumatic control
d elektropneumatische Steuerung
f commande électropneumatique
s mando electroneumático
i comando elettropneumatico

2824 electrostatic
d Elektrostatisch
f Électrostatique
s electroestático
i elettrostatico

2825 electrostatic attraction
d elektrostatische Anziehungskraft
f attraction électrostatique
s atracción electrostática
i attrazione elettrostatica

2826 **electrostatic bond**
d elektrostatische Bindung
f liaison électrovalente
s enlace electrostático
i legame elettrostatico

2827 **electrostatic carding**
d elektrostatisches Kardieren
f cardage électrostatique
s cardado electrostàtico
i cardatura elettrostatica

2828 **electrostatic flocking**
d elektrostatisches Beflocken
f flocage êlectrostatique
s flocado electrostático
i floccaggio elettrostatico

2829 **electrostatic spinning**
d elektroststisches Spinnen
f filature électroststique
s hilatura electrostática
i filatura elettrostatica

2830 **element**
d Element
f Élément
s elemento
i elemento

2831 **elementary time**
d Einzelzeit
f temps élémentaire
s tiempo elemental
i tempo singolo, tempo elementare

2832 **elevator**
d Elevator, Lift
f êlévateur
s elevador
i elevatore

2833 **elliptical traveler**
d elliptischer Ringläufer
f curseur elliptique
s cursor elíptico
i cursore ellittico

2834 **ellipticity**
d Elliptizität
f ellipticité
s elípticidad
i ellitticità

2835 **Elmendorf tear strength**
d Elmendorf-Reissfestigkeit
f résistance à la déchirure Elmendorf
s resistencia ai desgarro Elmendorf
i resistenza allo strappo di Elmendorf

2836 **Elmendorf tear test(ing)**
d Elmendorf-Reissprüfung
f contrôle Elmendorf de la déchirure
s control al desgarramiento Elmendorf
i prova di Elmendorf della resistenza allo strappo

2837 **elongation**
d Dehnung
f allongement
s estiramiento
i allungamento

2838 **elongation constant gradient**
d konstanter Dehnungsgradient
f gradient d'allongement constant
s gradiente de alargamiento constante
i gradiente di allungamento costante

2839 **elongation strength**
d Dehnungsfestigkeit
f résistance à l'allongement
s resistencia al alargamento
i resistenza all'allungamento

2840 **elongation strength testing, stress strain testing**
d Kraft-Dehnungs-Prüfung
f contrôle de résistance à l'allongement
s ensayo de resistencia al alargamiento
i prova della forza-allungamento

2841 **eluent**
d Elutionsmittel
f éluant
s eluyente
i eluente

2842 elution
d Elution
f élution
s elución
i eluizione

2843 embed
d Einbetten
f incorporer
s incorporar
i incorporare

2844 embedding medium
d Einbettungsmittel
f milieu d'inclusion, milieu d'enrobage
s medio de inclusión
i mezzo di inclusione

2845 emblem
d Schild
f écusson
s escudo
i scudo

2846 emboss
d Narben
f faire la graine, chagriner (cuir, peau)
s granear, chagrenear
i zigrinare

2847 embossed crêpe
d Prägekrepp, Gaufrierkrepp, Everglace
f simili crépe gaufrê
s crepe gofrado
i crepe goffrata

2848 embossed fabric
d Prägegewebe, gaufriertes Gewebe
f tissu gaufrè
s telagofrada
i tela goffrata

2849 embossing
d Prägen, Gaufrieren
f gaufrage
s gofrado
i goffratura

2850 embossing calender
d Prägekalander, Gaufrierkalander
f calandre de gaufrage
s calandra gofradora
i calandra goffratrice

2851 embroider
d Sticken
f broder
s bordar
i ricamare

2852 embroidery
d Stickerei
f broderie
s bordado
i ricamo

2853 embroidery floss
d weichgedrehter Stickfaden
f fil Roche de broderie
s hilo de torsión floja para bordar
i filo floscio per ricamo

2854 embroidery machine
d Stickmaschine
f machine à broder, machine de broderie
s máquina de bordar
i macchina da ricamo

2855 embroidery thread
d Stickfaden
f fil à broder ou de broderie
s hilo de bordado
i filo da ricamo

2856 embroidery wrap pattern
d Musterplattieren
f broderie par vanisage
s bordado de dibujos
i schema di ricamo

2857 emerized
d geschmirgelt
f émerisê
s esmerilado
i smerigliato

2858 emerizing machine
d Schmirgelmaschine
f émeriseuse
s esmeriladora
i smerigliatrice

2859 emerizing roll
d Schleifwalze, Schleifzylinder
f cylindre d'émeriseuse
s cilindro de esmeriladora
i cilindro smerigliatore

2860 emery
d Schmirgel
f émeri
s esmeril
i smeriglio

2861 emission
d Emission
f Émission
s emisión
i emissione

2862 emission spectroscopy
d Emissionsspektroskopie
f spectrographie d'émission optique
s espectrografia de emisión óptica
i spettroscopia ad emissione

2863 emissivity
d Emissionsvermögen
f émissivité
s fuerza emisora
i coefficiente di emissione, emissività

2864 empiric
d Empirisch
f empirique
s empírico
i empirico

2865 empirical analysis
d empirische Analyse
f analyse empirique
s análisis empirico
i analisi empirica

2866 empirical method
d empirisches Verfahren
f méthode empirique
s método empirico
i metodo empirico

2867 empirical value
d empirischer Wert, Erfahrungswert
f valeur empirique
s valor empirico
i valore empirico

2868 emptying, draining
d Entleeren
f èvacuation, vidange
s evacuación
i evacuazione, svuotamento

2869 emulsifying
d Emulgieren
f mise en émulsion, émulsification
s puesta en emulsión
i emulsionante

2870 emulsifying agent
d Emulgator, Emulgiermittel
f agent émulsifiant, émulgateur
s agente emulsivo
i agente emulsionante

2871 emulsion
d Emulsion
f émulsion
s emulsión
i emulsione

2872 emulsion binder
d Emulsionsbinder
f liant en émulsion
s ligante en emulsión
i emulsione legante

2873 emulsion dyeing
d Emulsionsfärben
f teinture en émulsion
s tintura en emulsión
i tintura a emulsione

2874 **emulsion polymer**
d Emulsionspolymer
f polymère d'émulsion
s polimero de emulsión
i polimero di emulsione

2875 **emulsion polymerization**
d Emulsionspolymerisation
f polymérisation en èmulsion
s polimerización por emulsión
i polimerizzazione di emulsione

2876 **emulsion printing**
d Emulsionsdruck
f impression avec émulsion
s estampado a emulsión
i stampa a emulsione

2877 **encapsulated dye**
d eingekapselter Farbstoff
f colorant encapsulè
s colorante encapsulado
i colorante incapsulato

2878 **encapsulation**
d Einkapselung, Kapselung
f encapsulation
s encapsulación
i incapsulazione

2879 **end breakage ratio**
d Fadenbruchhäufigkeit
f taux de casses
s porcentaje de roturas
i tasso di rottura del filo

2880 **end breakage, thread breakage, ends down**
d Fadenbruch
f casse de fil, rupture du fil
s rotura de hilo
i rottura del filo

2881 **end group**
d Endgruppe
f groupe terminal
s grupo final
i gruppo finale

2882 **end out**
d fehlender Kettfaden
f fil manquant
s hilo ausente
i filo mancante

2883 **end use**
d Verwendungszweck
f utilisation finale
s utilización final
i utilizzazione finale

2884 **end use field**
d Einsatzgebiet
f domaine d'utilisation
s campo de utilización
i campo di utilizzazione

2885 **ending of unwinding**
d Spulenablauf
f fin de dévidage
s fin de bobinado
i fine della bobinatura

2886 **endless conveyor**
d endloses Transportband
f transporteur sans fin, toile sans fin
s transportador sin fin
i (nastro) trasportatore senza fine

2887 **endless screw**
d Schneckengewinde
f vis sans fin
s tornillo sin fin
i vite senza fine

2888 **endocuticle**
d Endocuticula
f endocuticule
s endocutícula
i endocoticale

2889 **endotherm**
d Endotherme
f endothermique
s endotérmico
i endoterma

2890 **endothermic reaction**
d endothermische Reaktion
f réaction endothermique
s reacción endotèrmica
i reazione endotermica

2891 **ends per centimeter**
d Kettfäden pro cm
f fils par centimètre
s hilos por centímetro
i fili per cm

2892 **ends per inch, end spacing**
d Kettfäden pro Zoll
f fils par pouce
s hilos por pulgada
i fili per pollice

2893 **energetic balance**
d Energiebilanz
f bilan énergêtique
s balance energético
i bilancio energetico

2894 **energy**
d Energie
f Énergie
s energía
i energia

2895 **energy absorption**
d Energieabsorption
f absorption d'énergie
s absorción de energia
i assorbimento di energia

2896 **energy consumption**
d Energieverbrauch
f consommation d'énergie
s consumo de energia
i consumo di energia

2897 **energy of retraction**
d Kontraktionsenergie, Schrumpfenergie
f énergie de retrait
s energia de retracción
i energia di ritiro

2898 **engineer**
d Ingenieur
f ingénieur
s ingeniero
i ingegnere

2899 **engrave**
d Gravieren
f graver
s grabar
i incidere

2900 **engraved cylinder**
d gravierte Walze
f cylindre gravé
s cilindro grabado
i cilindro inciso

2901 **engraving**
d Gravur
f gravure
s grabado
i incisione

2902 **entangled molecule**
d Knäuelmolekül
f molêcule en pelote
s molécula en pelota
i molecola reticolata

2903 **entanglement**
d Verwirren, Verwirbeln
f enchevêtrement
s enmarañamiento
i reticolazione

2904 **entering lease**
d Fadenkreuz zum Einziehen
f enverjure d'entrée
s formación de la cruz de entrada
i reticolo di invergatura, reticolo di ordissaggio

2905 **enterprise**
d Unternehmen
f entreprise
s empresa
i impresa

2906 enthalpic analysis
d Enthalpieanalyse
f analyse enthalpique
s análisis entálpico
i analisi entalpica

2907 enthalpy
d Enthalpie
f enthalpie
s entalpia
i entalpia

2908 enthalpy of dyeing, heat of dyeing
d Färbeenthalpie
f enthalpie de teinture, chaleur de teinture
s entalpia de tintura
i entalpia di tintura

2909 enthalpy of hydration, heat of hydration
d Hydratationsenthalpie
f enthalpie d'hydratation, chaleur d'hydratation
s entalpia de hidratación
i entalpia di idratazione

2910 enthalpy of reaction, heat of reaction
d Reaktionsenthalpie
f enthalpie de réaction, chaleur de réaction
s entalpia de reacción
i entalpia di reazione

2911 enthalpy of solution, heat of solution
d Lösungsmittelenthalpie
f enthalpie de solution, chaleur de solution
s entalpia de solución
i entalpia della soluzione

2912 enthalpy of sorption
d Sorptionsenthalpie
f enthalpie de sorption, chaleur de sorption
s entalpia de absorción
i entalpia di assorbimento

2913 enthalpy of swelling, heat of swelling
d Quellungsenthalpie
f enthalpie de gonflement, chaleur de gonflement
s entalpia de hinchamiento
i entalpia di rigonfiamento

2914 enthalpy of wetting, heat of wetting
d Vernetzungsenthalpie
f enthalpie de mouillage, chaleur de mouillage
s entalpia de humedecimiento
i entalpia di reticolazione

2915 entropy
d Entropie
f entropie
s entropia
i entropia

2916 enumeration
d Aufzählung
f énumération
s enumeración
i numerazione

2917 environment
d Umwelt
f environnement
s medio ambiente
i ambiente

2918 enzymatic degradation
d enzymatischer Abbau
f dégradation enzymatique
s degradación enzimática
i degradazione enzimatica

2919 enzyme
d Enzym, Ferment
f enzyme
s enzima
i enzima

2920 enzyme wool
d Enzymwolle
f laine d'enzyme
s lana de enzima
i lana di enzima

2921 **epichlorohydrin**
d Epichlorbydrin
f épichlorhydrine
s epiclorhidrina
i epicloridrina

2922 **epicuticle**
d Epicuticula
f épicuticule
s epicutícula
i epicuticola

2923 **epidermis**
d Epidermis, Oberhaut, Aussenhaut
f épiderme
s epidermis
i epidermide

2924 **epihalogenohydrin**
d Epihalogenhydrin
f épihalogénohydrine
s epihalogenohidrina
i epialogenoidrina

2925 **epitropic fiber**
d epitropische Faser
f fibre èpitropique
s fibra epitrôpica
i fibra epitropica

2926 **epoxy resin**
d Epoxyharz
f époxyrèsine
s resinaepoxi
i resina epossidica

2927 **equation**
d Gleichung
f Équation
s ecuación
i equazione

2928 **equilibrium**
d Gleichgewicht
f équilibre
s equilibrio
i equilibrio

2929 **equilibrium dyeing**
d Färben bis zum Gleichgewicht
f teinture à l'équilibre
s tintura al equilibrio
i tintura all'equilibrio

2930 **equilibrium moisture content**
d Feuchtegleichgewicht
f teneur en humidité à l'équilibre
s contenido de humedad de equilibrio
i tenore d'acqua d'equilibrio, umidità d'equilibrio

2931 **equivalence**
d Aquivalenz, Gleichwertigkeit
f équivalence
s equivalencia
i equivalenza

2932 **equivalent count**
d äquivalente Garnnummer, entsprechende Garnnummer
f titrage èquivalent
s número equivalente
i titolo equivalente del filato

2933 **ergonomic**
d Ergonomisch
f ergonomique
s ergonómico
i ergonomico

2934 **ergonomics**
d Ergonomie
f ergonomie
s ergonomía
i ergonomia

2935 **escape, loss, leak**
d Leckverlust
f perte, fuite
s pérdida
i fuga, perdita

2936 **esteem, appraisal**
d Schätzung
f estimation, èvaluation
s valoración, estimacion
i stima

2937 ester
d Ester
f ester
s éster
i estere

2938 esterification
d Veresterung
f estèrification
s esterificaciôn
i esterificazione

2939 etch
d Ätzen
f corroder
s corroer
i corrodere

2940 ethane
d Athan
f éthane
s etano
i etano

2941 ethanol, ethyl alcohol
d Athanol, Athylalkohol
f éthanol, alcool éthylique
s etanól
i etanolo, alcool etilico

2942 ether
d Ather
f éther
s èter
i etere

2943 etherification
d Veretherung
f éthérification
s eterificación
i eterificazione

2944 ethoxylation
d Athoxylierung
f éthoxylation
s etoxilación
i etossilazione

2945 ethyl acetate
d Athylacetat
f éthylacètate
s etilacetato
i etilacetato

2946 ethyl acrylate
d Athylacrylat
f acrylate d'èthyle
s acrilato de etilo
i etilacrilato

2947 ethylated compound
d Athylverbindung
f composé éthyle, composé éthylişue
s compuesto etílico
i composto etilico

2948 ethylation
d Athylierung
f èthylation
s etilación
i etilazione

2949 ethylcellulose
d Athylcellulose, Celluloseethylether
f èthylcellulose
s etílcelulosa
i etil cellulosa

2950 ethylene
d Athylen
f éthylène
s etileno
i etilene

2951 ethylene carbonate
d Athylencarbonat
f carbonate d'éthylène
s carbonato de etíleno
i carbonato di etilene

2952 ethylene chlorohydrin, chloroethanol
d Athylenchlorhydrin
f éthylènechlorhydríne, chloro-éthanol
s clorhidrina etilènica
i etilencloridrina, cloroetanolo

2953 **ethylene dibromide**
d Athylendibromid, Dibromethan
f dibromure d'éthylène
s dibromuro de etileno
i etilenbromuro, dibromoetano

2954 **ethylene glycol**
d Athylenglykol, Athandiol
f èthylène-glycol
s etilenglicol
i etilen glicole

2955 **ethylene imine**
d Athylenimin
f éthylène-imine
s etilenimina
i etilenimmina

2956 **ethylene oxide**
d Athylenoxid, Oxiran
f oxyde d'éthyléne
s óxido de etileno
i etilenossido, ossido di etilene

2957 **ethylene urea**
d Athylenharnstoff
f éthylène urée
s etilen urea
i etilen urea

2958 **ethylenediamine**
d Athylendiamin, Diaminoethan
f éthylènediamine
s etilendiamina
i etilendiammina, 1,2-diamminoetano

2959 **ethylmercaptan**
d Athylmercaptan, Athylthiol
f èthylmercaptan
s etilmercaptano
i etilmercaptano, etantiolo

2960 **ethyltriazone**
d Athyltriazon
f éthyltriazone
s etiltriazona
i etiltriazone

2961 **eudiometer**
d Eudiometer
f eudiométre
s eudiómetro
i eudiometro

2962 **eutectic**
d Eutektikum
f système eutectique, eutectique
s eutèctico
i eutettico

2963 **evaluate**
d Beurteilen
f estimer, évaluer
s valorar, estimar
i valutare

2964 **evaluation**
d Auswertung, Bewertung
f Évaluation, Éstimation, évaluation
s valoración, valoración, evaluación
i valutazione

2965 **evaporation**
d Verdunstung, Verdunsten
f évaporation
s evaporación
i evaporazione

2966 **even**
d gleichmässig
f régulier
s regular
i regolare

2967 **evener**
d Ausgleicher, Ausgleichvorrichtung
f dispositif d'uniformisation
s dispositivo de uniformización
i ugualizzatore

2968 **evereven drafting**
d Evereven-Strecke
f étirage à taux constant
s estiraje de tasa constante
i stiraggio a tasso costante

2969 EWNN
d EWNN
f ferritartrate de sodium normal, EWN normal
s ferritartrato sódico
i EWWN, ferritartrato di sodio normale

2970 excess
d 1f Überschuss
f excès
s exceso
i eccesso

2971 exchange
d Austausch, Auswechseln
f échange
s intercambio
i interscambio

2972 excitation spectrum
d Anregungsspektrum
f spectre d'éxcitation
s espectro de estimulacón
i spettro di eccitazione

2973 execution
d Ausführung
f exécution
s ejecución
i esecuzione

2974 exfoliation
d Abschieferung
f exfoliation
s exfoliación
i esfoliazione, sfogliatura

2975 exhausted air
d Abluft, Fortluft
f air évacué
s aire evacuado
i aria di scarico

2976 exhaustion dyeing
d Ausziehfärben
f teinture par épuisement
s tintura por agotamiento
i tintura ad esaurimento

2977 exhaustion process
d Ausziehverfahren
f procédé par èpuisement
s proceso por agotamiento
i processo di tintura ad esaurimento

2978 exhibit, show
d Ausstellen
f exposer
s exponer
i esporre

2979 exhibition
d Ausstellung, Messe
f foire exposition
s exposición
i fiera, esposizione

2980 exocuticle
d Exocuticula
f exocuticule
s exocuticula
i esocuticola

2981 exothermic
d Exotherme
f exotermique
s exotérmico
i esoterma

2982 exothermic reaction
d exothermische Reaktion
f réaction exothermique
s reacción exotérmica
i reazione esotermica

2983 expanded plastics
d Schaumstoff
f plastique expansé
s plástico expandido
i materia plastica espansa, plastica cellulare

2984 expander
d Expandiermaschine, Glätt- und Ausbreitmaschine
f machine de mise au large
s máquina de ensanchar
i espansore

2985 expander device
d Ausbreiteinrichtung
f dispositif èlargisseur
s dispositivo ensanchador
i dispositivo di espansione

2986 expanding agent
d Treibmittel
f porogène, agent d'expansion
s agente porógeno
i propellente, agente espansore

2987 expanding reed
d Expansionskamm
f peigne extensible
s peine extensible
i pettine a espansione

2988 expanding reel
d Expansionshaspel
f dévidoir expansible
s devanadera extensible
i aspatrice a espansione

2989 expanding tube
d Expansionshülse
f tube expansible pour bobine
s tubo extensible para bobina
i tubo espansibile

2990 expansible
d ausdehnbar
f expansible
s expansible
i espandibile

2991 expansion
d Ausdehnung, Expansion
f expansion
s expansión
i espansione

2992 expansion tank
d Ausdehnungsgefäss, Expansionsgefäss
f réservoir d'expansion
s depósito de expansión
i vaso di espansione

2993 expedition
d Versand, Versendung, Verschickung
f expédition
s expedición
i spedizione

2994 experience
d Erfahrung
f expérience
s experiencia
i esperienza

2995 experiment
d Experiment
f expérimentation, expérience, essai
s experimento
i sperimento

2996 experimental analysis
d Experimentalanalyse
f analyse expérimentale
s análisis experimental
i analisi sperimentale

2997 experimental method, experimental design
d Versuchsmethode, Testmethode
f méthode expérimentale, plan expérimental
s plan experimental
i metodo sperimentale

2998 experimental plant
d Versuchswerkstatt, Versuchsbetrieb
f atelier expérimental
s taller experimental
i impianto sperimentale

2999 experimental procedure
d Versuchsanordnung, Versuchsdurchführung
f procédure expérimentale
s procedimiento experimental
i procedura sperimentale

3000 experimental stress analysis
d experimentelle Spannungsuntersuchung
f analyse expérimentale de contrainte
s análisis experimental del esfuerzo
i analisi sperimentale dello sforzo

3001 experimental study
d Experimentalstudie
f étude expérimentale
s estudio experimental
i studio sperimentale

3002 experimentation, experiment
d Experimentieren
f expérimentation
s experimentación
i sperimentazione

3003 expert
d Experte
f expert
s experto, perito
i esperto

3004 expert system
d Expertensystem
f système de expertes
s sistema de expertos
i sistema di esperti

3005 expertise
d Gutachten
f expertise
s pericia
i perizia

3006 explanation
d Erklärung
f explication, éclaircissement
s esplicación, declaración
i spiegazione

3007 exploitation
d Nutzanwendung, Nutzbarmachung
f exploitation
s explotación
i sfruttamento, coltivazione

3008 exponential distribution
d Exponentialverteilung
f distribution exponentielle
s distribución exponencial
i distribuzione esponenziale

3009 export
d Ausfuhr, Export, Exportieren
f exportation, exporter
s exportación, exportar
i esportazione, esportare

3010 exposure time
d Verweilzeit
f temps de séjour, de contact, d'arrêt momentané, temporisation
s tiempo de permanencia
i tempo di permanenza

3011 exposure to light
d Belichtung
f exposition à la lumière
s exposición a la luz
i esposizione alla luce

3012 exposure to UV
d UV-Bestrahlung
f exposition aux UV
s exposición a los rayos ultravioletas
i esposizione alla UV

3013 expression
d Ausdrücken, Ausdruck
f expression
s expresión
i espressione

3014 extensibility
d Dehnungsvermögen, Dehnarbeit, Längenänderungsvermögen
f extensibilité
s extensibilidad
i allungamento a rottura, deformazione a rottura

3015 extensible, elastic, streatchable
d Dehnbar
f ductile, extensible, élastique, souple
s elástico, extensible, dilatable
i dilatabile, allungabile

3016 extinction
d Extinktion, Auslöschen
f extinction
s extinción
i estinzione

3017 extract
d Extrahieren
f extraire
s extraer
i estrarre

3018 extraction
d Extraktion, Auszug
f extraction
s extracción
i estrazione

3019 extraneous substance
d Fremdstoff
f corps étranger, impureté
s cuerpo estraño
i corpo estraneo

3020 extrapolation
d Extrapolation
f extrapolation
s extrapolación
i estrapolazione

3021 extremity
d äusserstes Ende
f extrémité
s extremidad
i estremità

3022 extrude
d Extrudieren
f extruder, filer, boudiner
s extrudir
i estrudere

3023 extruder
d Extruder, Abziehvorrichtung
f machine d'extrusion, extracteur
s extrusora, estractor
i estrusore, estrattore

3024 extrusion
d Extrusion
f extrusion
s extrusión
i estrusione

3025 extrusion coating
d Spritzbeschichtung, Sprühbeschichtung, Extrusionsbeschichtung
f enduction par extrusion
s revestimiento por extrusión
i rivestimento per estrusione

3026 extrusion pump
d Spinnpumpe
f pompe d'extrusion
s bomba de extrusión
i pompa a estrusione

3027 extrusion spinning assembly
d Extrudierspinnkabel
f faisceau de filage
s haz de filamentos de extrusión
i fascio di filamenti che esce dall'estrusore

3028 extrusion spinning, fiber spinning
d Erspinnen
f filage par extrusion, filage des fibres
s hilado por extrusión
i filatura a estrusione

3029 extrusion spinning machine
d Erspinnmaschine, Düsenspinnmaschine, Filamentspinnmaschine, Chemiefaserspinnmaschine
f machine de filage par extrusion
s máquina de hilar por extrusión
i macchina per filatura a estrusione

3030 extrusion spinning tension
d Erspinnspannung, Fadenspannung beim Erspinnen
f tension de filage à l'extrusion
s tensión de hilatura por extrusión
i tensione del filo durante l'estrusione

3031 extrusion spinning winder
d Erspinn-Spulmaschine, Spinnspulmaschine
f bobinoir de filage
s bobinadora de hilado extruido
i bobinatrice del filo a estrusione

3032 eyelet embroidery
d Lochstickerei
f broderíe anglaise
s bordado inglés
i ricamo all'inglese

F

3033 fabric
d textiles Flächengebilde, Warenbahn, Stoffbahn
f tissu, étoffe
s tejido
i tessuto, stoffa

3034 fabric according to fiber
d Textilerzeugnis nach Faserart
f tissu selon fibre
s tejido según fibra
i tessuto in base alla fibra

3035 fabric adiathermic property
d adiathermische Gewebeeigenschaft
f propriété adiathermique du tissu
s propiedad adiatérmica del tejido
i proprietà adiatermiche del tessuto

3036 fabric analysis, cloth analysis
d Gewebeanalyse
f analyse de tissu, analyse de l'étoffe
s análisis de tejídos
i analisi del tessuto

3037 fabric appearance
d Warenbild
f aspect du tissu
s aspecto del tejido
i aspetto del tessuto

3038 fabric back
d Geweberückseite
f envers du tissu
s envés del tejido
i rovescio del tessuto

3039 fabric beam dyeing machine
d Baumfärbeapparat
f machine à teindre le tissu sur ensouple
s máquina de tenir tejido en plegador
i apparecchio per tintura in subbio

3040 fabric bias
d Gewebediagonale
f biais du tissu
s oblicuidad
i diagonale del tessuto

3041 fabric cover
d Gewebeschluss
f couvrant du tissu
s cubierta de tejido
i mantello, copertura del tessuto

3042 fabric crimp
d Gewebekräuselung
f ondulation du tissu
s rizado del tejido
i ondulazione del tessuto

3043 fabric cross section
d Gewebequerschnitt
f section transversale du tissu
s sección transversal del tejido
i sezione del tessuto

3044 fabric defect
d Gewebefehler
f défaut du tissu
s defecto del tejido
i difetto del tessuto

3045 fabric degradation property
d Abnutzungseigenschaft, Verschleissneigung, Abnutzungsneigung
f tendance du tissu á la dégradation
s tendencia del tejido a la degradación
i tendenza del tessuto all'usura

3046 fabric designation
d Warenbezeichnung, Warenkennzeichnung
f dénomination du tissu
s denominación del tejido
i denominazione del tessuto

3047 fabric distortion
d Stoffverzerrung
f déformation du tissu en confection
s deformación del tejido en confección
i distorsione del tessuto

3048 **fabric face**
d Warenoberseite
f endroit du tissu
s haz del tejido
i diritto del tessuto

3049 **fabric flat-folding**
d Stoffabtafeln
f plier à plat le tissu
s plegar el tejido
i piegare a piatto il tessuto

3050 **fabric for technical use**
d technisches Textilerzeugnis
f tissu pour usage technique
s tejido para uso técnico
i tessile per uso tecnico

3051 **fabric geometry, cloth geometry**
d Webwarengeometrie, Gewebegeometrie
f géométrie du tissu, géométrie de l'étoffe
s geometria del tejido
i geometria del tessuto

3052 **fabric growth**
d bleibende Warendehnung, permanente Warendehnung
f allongement permanent du tissu
s alargamiento permanente del tejido
i allungamento permanente del tessuto

3053 **fabric guide, cloth guide**
d Warenbahnführer
f guide du tissu
s órgano guia del tejido
i guida del tessuto

3054 **fabric hole**
d Loch in der Ware
f trou du tissu
s agujero del tejido
i buco nel tessuto

3055 **fabric inspection illuminated table**
d Warenschauleuchttafel
f tableau lumineux de vérification, de visite
s tablero luminoso para examinar artículos
i tavolo luminoso per esaminare gli articoli

3056 **fabric interstices**
d Gewebezwischenräume
f interstices du tissu
s intersticios del tejido
i interstizi del tessuto

3057 **fabric nap**
d Gewebehaarigkeit
f pilositè du tissu
s vellosidad del tejido
i pelosità del tessuto

3058 **fabric piece goods**
d Stückware
f pièce de tissu
s pieza de tejido
i pezze di tessuto

3059 **fabric property**
d Gewebeeigenschaft
f propriété des tissus
s propiedad del tejido
i proprietà del tessuto

3060 **fabric relaxation**
d Gewebeerholung
f relaxation du tissu
s relajación del tejido
i rilassamento del tessuto

3061 **fabric roll, fabric bolt**
d Stoffballen
f rouleau de tissu
s rollo de tejido
i balla di stoffa

3062 **fabric shrinkage**
d Warenschrumpf
f retrait du tissu
s contracción del tejido
i raccorciamento del tessuto

3063 **fabric spreading**
d Stoffschichtenauslegen
f étalage du matelas
s extendido de la tela
i posa degli strati di tessuto

3064 fabric strength
d Gewebefestigkeit
f résistance du tissu
s resistencia del tejido
i resistenza del tessuto

3065 fabric structure, woven fabric structure
d Warenstruktur
f structure du tissu
s estructura del tejido
i struttura del tessuto

3066 fabric testing
d Warenprtffüng, Warentest
f contrôle du tissu
s ensayo del tejido
i controllo del tessuto

3067 fabric to fabric friction
d Gewebe-gegen-Gewebe-Reibung
f frottement tissu contre tissu
s roce tejido contra tejido
i sfregamento tessuto contro tessuto

3068 fabric type, cloth
d Warenart
f catégorie de tissus
s categoria de tejido
i categoria di tessuto

3069 fabric weight
d Warengewicht
f poids du tissu
s peso del tejido
i peso del tessuto

3070 face
d Oberseite, Schauseite
f endroit
s cara
i diritto

3071 face cloth
d Obergewebe
f tissu supérieur
s tejido superior, tejido cobertor
i tessuto superiore

3072 face finish, close face finish
d Oberflächenveredlung
f apprêt d'endroit, apprêt couvrant d'endroit
s acabado por el haz
i finissaggio della superficie

3073 face good
d schauseitig veredelte Ware
f article apprêté sur l'endroit
s artículo acabado por el haz
i articolo con finissaggio sul diritto

3074 face yarn
d Oberfaden, oberer Nähfaden
f fil d'endroit
s hilo del haz
i filo superiore, filo della matassa

3075 factor
d Faktor
f facteur
s factor
i fattore

3076 fadeometer
d Fadeometer, Lichtechtheitsmessgerät
f fadéomêtre
s fadeómetro
i misuratore della resistenza alla luce

3077 fading
d Verschiessen, Verblassen, Ausbleichen
f fanage
s desvanecimiento
i evanescenza, affievolimento

3078 faille
d Faille, Ripsseide
f faille
s faya
i faille

3079 fall in tension
d Spannungsverlust
f perte de potentiel, perte de tension
s perdida de tensión
i caduta di tensione

3080 fall plate
d Fallblech
f plaque d'abattage
s placa de caída
i piano piatto di caduta (telaio Raschel)

3081 fall plate fabric
d Fallblechware
f tricot plaque, tricot à dessin de presse
s tricot de prensa
i stoffa tessuta con telaio Raschel

3082 faller bar
d Nadelstabkamm
f barrette à aiguilles
s barra de barretas de agujas
i pettine, barretta

3083 faller screw
d Nadelstabschnecke
f vis sans fin pour barrettes
s tornillo sin fin de barreta de agujas
i vite senza fine a semplice campo di aghi

3084 faller speed
d Nadelstabgeschwindigkeit
f vitesse de barrette
s velocidad de las barretas de agujas
i velocità della barretta

3085 false draft
d falscher Verzug
f faux étirage
s falso estiraje
i falso stiro

3086 false selvedge
d falscher Saum
f fausse lisière
s orillo falso
i falso orlo

3087 false selvedge device
d Dreherleisteneinrichtung
f dispositif pour fausse lisière
s dispositivo para orillo falso
i dispositivo per orlo falso

3088 false twill
d Scheinköper
f faux tissu croisé
s falso tejido cruzado
i falso tessuto diagonale, a spiga

3089 false twist
d Falschdraht, Falschdrall, falsche Drehung, Scheinzwirn
f fausse torsion, faux fil tordu
s falsa torsion, falso hilo torcido
i falsa torsione, falso filo ritorto

3090 false twist diabolo
d Falschdrahtdiabolo
f diabolo de fausse torsion
s husillo de falsa torsión
i diavolo di falsa torsione

3091 false twist spindle
d Falschdrahtspindel, Drallgeber
f broche de fausse torsion, dispositif de torsion
s huso de falsa torsión, dispositivo de torción
i fuso a falsa torsione, dispositivo di torsione

3092 false twist texturing machine
d Falschdrahttexturiermaschine
f machine de texturation fausse torsion
s máquina de texturar por falsa torsión
i testurizzatrice a falsa torsione

3093 false twist tube
d Falschdrahtröhrchen
f tube de fausse torsion, élément de torsion fausse, sifflet de torsion fausse
s tubo de falsa torsión
i tubo a falsa torsione

3094 false twist yarn
d Falschdrahttexturgarn
f fil texturé par fausse torsion, fil de fausse torsion
s hilo texturado por falsa torsión
i filo texturizzato a falsa torsione

3095 false twister
d Falschdrahtzwirnmaschine
f machine de fausse torsion
s máquina de falsa torsión
i torcitoio a falsa torsione

3096 false twisting texturing
d Falschdrahttexturieren
f texturation par fausse torsion
s texturación por falsa torsión
i testurizzazione a falsa torsione

3097 fan
d Ventilator, Luftumwälzer
f ventilateur
s ventilador
i ventilatore, ventola

3098 fancy leno
d Fantasiedrehergewebe
f gaze fantaisie
s gasa de vuelta de fantasia
i tessuto fantasia a giro inglese

3099 fancy roller
d Volant, Kardenvolant
f volant de carde
s volante de carda
i volante di carda

3100 fancy twill
d Fantasieköper
f serge fantaisie
s sarga de fantasía
i saia fantasia

3101 Faraday effect
d Faraday-Effekt
f effet de Faraday
s efecto de Faraday
i effetto Faraday

3102 fasciated yarn
d Bündelgarn
f fil en faisceau
s hilo en hacecillos
i filo in fasci

3103 fashion
d Mode
f mode
s moda
i moda

3104 fashion, mode creation
d Modegestaltung
f création de mode
s creación de moda
i creazione di moda

3105 fashion model
d Schnittmodell
f modèle de couture
s modelo
i modello

3106 fashioning
d Passformgeben
f proportionnement
s menguado
i foggiare, modellare

3107 fashioning mark
d Minderstelle
f marque de proportionnement
s marca de menguado
i marca del modello

3108 fast setting
d Kurzzeitfixierung
f fixage rapide
s fijado rápido
i fissaggio rapido

3109 fastener
d Verschluss
f dispositif de fermeture
s pasador
i dispositivo di chiusura

3110 fat
d konsistentes Fett
f corps gras
s cuerpo graso
i gliceride, grasso neutro

3111 **fatigue**
d Ermüdung
f fatigue
s fatiga
i fatica, usura

3112 **fatigue dress**
d Drillichanzug
f vêtement de corvée
s ropa de faena
i vestito di fustagno

3113 **fatigue resistance**
d Ermüdungswiderstand
f résistance à la fatigue
s resistencia a la fatiga
i resistenza alla fatica

3114 **fatigue rupture**
d Ermüdungsbruch
f rupture par fatigue
s rotura por fatiga
i rottura per fatica

3115 **fatigue testing**
d Dauerfestigkeitsprüfung
f contrôle de la fatigue
s ensayo de la fatiga
i prova di fatica

3116 **fatty acid**
d Fettsäure
f acide gras
s ácido graso
i acido grasso

3117 **fatty alcohol**
d Fettalkohol
f alcool gras
s alcohol graso
i alcool di acido grasso

3118 **fatty diglyceride**
d Fettdiglycerid
f diglycéride gras
s diglicerido graso
i dicliceride grasso

3119 **fatty ketone**
d Fettketon
f cétone grasse
s cetona grasa
i chetone grasso

3120 **fatty monoglyceride**
d Fettmonoglycerid
f monoglycéride gras
s monoglicerido graso
i monogliceride grasso

3121 **fearnought**
d Reisswolf
f machine d'effilochage, effilocheuse
s máquina de deshilachar
i lupo apritore

3122 **feasibility, workability**
d Realisierbarkeit
f capacité de réalisation, caractère réalisable
s posibilidad de realización
i realizzabilità

3123 **feather**
d Vogelfeder
f plume
s pluma
i penna

3124 **feed dog**
d Greifer an der Nähmaschine
f griffe de machine à coudre
s transportador de la máquina de coser
i pinza della macchina da cucire

3125 **feed lattice**
d Zuführlattentuch
f tablier d'alimentation
s telera alímentadora
i grata di alimentazione

3126 **feed package chaaging**
d Spulenwechsel
f changement de bobíne alimentäire
s cambío de bobina alimentadora
i cambio bobina

3127 feed plate
d Zuführtisch
f table d'alimentation
s mesa de alimentación
i tavola di alimentazione

3128 feed roll
d Speisewalze
f cylindre d'alimentation, cylindre alimentaire
s cilindro alimentador
i cilindro alimentatore

3129 feedback control
d Rückkoppelungssteuerung, Feedback-Steuerung, Steuerung durch Rückmeldung
f contrôle à contre-réaction, contrôle par feedback
s control de retroalimentación
i controllo a retroazione

3130 feeder
d Fournisseur
f fournisseur
s alimentador
i alimentatore

3131 feeder, thread guide
d Sauschwanz
f queue de cochon (guide du fil)
s cola de cerdo(guìa del hilo)
i coda di porco (guida del filo)

3132 feeding
d Speisung, Zuführung, Versorgung
f alimentation, approvisionnement, alimentation
s alimentación, abastecimiento, suministro, provisión
i alimentazione

3133 feeding device
d Speiser, Zuführvorrichtung
f dispositif d'alimentation
s dispositivo alimentador
i alimentatore

3134 feeding hopper
d Kastenspeiser
f magasin de réserve d'alimentation
s almacén de reserva de alímentsciôn
i caricatore automatico

3135 feedrate
d Speisegeschwindigkeit
f vitesse d'alimentation
s velocidad de alimentación
i velocità di alimentazione

3136 feeler mechanism
d Fühlermechanismus, Sonde
f mécanisme tateur, palpeur
s mecanismo pulsador
i sonda, rivelatore

3137 feeler plate
d Speiseplatte
f volet oscillant, plaque de régulation d'alimentation
s placa de pulsador
i disco alimentatore

3138 felled seam
d Kappnaht
f couture rabattue
s sobrecostura
i sovvracucitura, cucitura ribattuta

3139 felling
d Kappnahtherstellen
f rabattage de la couture
s sobrecostura rematada
i ribattitura della cucitura

3140 fellofcloth
d Warenschluss, Warendichte
f façure du tissu
s línea de formación del tejido
i ribattitura del tessuto

3141 felt, felted fabric
d Filz
f feutre, tissu feutre
s fieltro
i feltro

3142 **felt reinforcing**
d Filzverstärker
f renfort de feutre
s refuerzo de fieltro
i rinforzo di feltro

3143 **felting**
d Filzen
f feutrage
s fieltramiento
i feltratura

3144 **felting machine**
d Filzmaschine
f machine pour feutre
s máquina para fieltro
i feltratrice

3145 **felting propensity**
d Filzfähigkeit, Filzneigung
f aptitude au feutrage
s propensión al fieltramiento
i tendenza all'infeltrimento

3146 **felting resistance**
d Verfilzungswiderstand
f résistance au feutrage, infeutrabilité
s resistencia al fieltramiento
i resistenza all'infeltrimento

3147 **felting shrinkage**
d Schrumpfen beim Verfilzen
f retrait par feutrage
s contracción por fieltramiento
i ritiro per feltratura

3148 **festoon processing**
d schleifenführende Behandlung
f traitement en feston, traitement en plis suspendus
s tratamiento en bolsas
i trattamento a festoni

3149 **fettling waste**
d Krempelausputz
f débourrure de carde laine
s desperdicio de lana de carda
i fettling, spazzatura di carda

3150 **fiber**
d Faser
f fibre
s fibra
i fibra

3151 **fiber arrangement**
d Faseranordnung
f disposition des fibres
s disposiciôn de las fibras
i disposizione delle fibre

3152 **fiber array, staple diagram, fiber diagram**
d Stapeldiagramm
f diagramme de fibres
s diagrama de fibras
i diagramma delle fibre

3153 **fiber assembly**
d Faserverband
f assemblage de fibres
s conjunto de fibras
i insieme di fibre

3154 **fiber bale**
d Faserballen, Ballen
f balle de fibres
s bala de fibras
i balla di fibre

3155 **fiber blend**
d Fasermischung
f mélange de fibres
s mezcla de fibras
i miscela di fibre

3156 **fiber blending**
d Fasermischen
f opération de mélange de fibres
s operación de mezcla de fibras
i miscelazione delle fibre

3157 **fiber breakage**
d Faserbruch
f casse de fibre
s rotura de fibra
i rottura delle fibre

3158 fiber bundle
d Faserbündel
f faisceau de fibres
s haz de fibras
i fascio di fibre

3159 fiber bundle testing
d Faserbündelprüfung
f contrôle sur faisceau de fibres
s ensayo de resistencia en haces fibras
i controllo su fasci di fibre

3160 fiber characteristic
d Fasermerkmal
f caractéristique de la fibre
s caracteristica de la fibra
i caratteristica della fibra

3161 fiber class
d Faserstoffklasse
f classe de fibre
s clase de fibra
i classe di fibre

3162 fiber configuration
d Fasergestalt
f configuration de la fibre
s configuración de la fibra
i configurazione delle fibre

3163 fiber content
d Fasergehalt, Faseranteil
f teneur en fibres
s contenido de fibras
i tenore di fibre

3164 fiber control
d Faserführung
f contrôle des fibres
s control de las fibras
i controllo delle fibre

3165 fiber core
d Faserkern
f coeur de fibre
s corazón de la fibra
i anima della fibra

3166 fiber crimp
d Faserkräuselung
f ondulation des fibres
s rizado de la fibra
i arricciatura delle fibre

3167 fiber crimping machine
d Faserkräuselmaschine
f machine à friser les fibres
s máquina de rizar las fibras
i macchina per l'arricciatura delle fibre

3168 fiber cross section
d Faserquerschnitt
f section transversale de la fibre
s sección transversal de la fibra
i sezione della fibra

3169 fiber cutting
d Stapelfaserschneiden
f coupe de fibre
s corte de la fibra
i taglio delle fibre da fiocco

3170 fiber denier, fiber count
d Faserdenier, Fasertiter
f denier de la fibre, titrage de la fibre
s denier de la fibra
i titolo della fibra

3171 fiber diameter
d Faserdurchmesser
f diamètre de la fibre
s diametro de la fibra
i diametro della fibra

3172 fiber effective length
d effektive Faserlänge
f longueur effective de la fibre
s longitud efectíva de la fibra
i lunghezza effettiva della fibra

3173 fiber end
d Faserende
f extrémité de la fibre
s extremo de la fibra
i estremità della fibra

3174 **fiber entanglement**
d Faserverschlingung
f enchevêtrement de fibres
s enmarañamiento de fibras
i aggrovigliamento di fibre

3175 **fiber extent**
d echte Faserlänge
f fibre à l'état tendu
s fibra extendida
i lunghezza effettiva della fibra

3176 **fiber extruding machines manufacturer**
d Erspinnmaschinen-Hersteller
f constructeur de matériel de filage
s constructor de maquinaria de hilados
i fabbricante di macchine per l'estrusione di fibre

3177 **fiber fine structure**
d Faserfeinstruktur, Faserfeinbau
f structure fine de la fibre
s estructura fina de la fibra
i struttura fine della fibra

3178 **fiber fineness**
d Faserfeinheit
f finesse de la fibre, grosseur de la fibre
s finura de la fibra
i finezza delle fibre

3179 **fiber friction**
d Faserreibung
f frottement des fibres
s rozamiento de las fibras
i attrito delle fibre

3180 **fiber geometry**
d Fasergeometrie
f géométrie des fibres
s geometría de las fibras
i geometria delle fibre

3181 **fiber grade, fiber quality**
d Fasergrad
f grade des fibres, qualité des fibres, standard de grade
s grado de las fibras
i grado delle fibre

3182 **fiber hook**
d Faserhäkchen
f crochet de fibre
s gancho de la fibra
i gancetto della fibra

3183 **fiber identification by microscopy**
d mikroskopische Faseranalyse
f identification de fibre par microscopie
s identificación microscópica de fibras
i identificazione microscopica delle fibre

3184 **fiber identification by swelling**
d Quellprüfung zur Fasererkennung
f identification des fibres par gonflement
s análisis de fibras por hinchamiento
i analisi delle fibre mediante rigonfiamento

3185 **fiber identification, fiber analysis**
d qualitative Faseranalyse
f identification des fibres, analyse des fibres
s identificación de las fibras
i analisi qualitativa delle fibre

3186 **fiber identification reagent**
d Faserbestimmungsreagenz
f réactif d'identification des fibres
s reactivo de identificación de fibras
i reagente per l'identificazione di fibre

3187 **fiber immaturity**
d Faserunreife
f immaturitè des fibres
s grado de no madurez de las fibras
i immaturità delle fibre

3188 **fiber length determination**
d Faserlängenbestimmung, Stapellängenbestimmung, Stapellängenmessung
f mesure de la longueur des fibres
s medida de la longitud de fibras
i misurazione della lunghezza della fibra

3189 fiber length distribution
d Faserlängenverteilung, Stapelfaserdiagramm
f distribution des longueurs de fibres
s distribución de la longitud de fibras
i distribuzione della lunghezza delle fibre

3190 fiber length, staple length
d Faserlänge, Stapellänge
f longueur de fibres
s longitud de fibra
i lunghezza della fibra

3191 fiber maturity
d Faserreife, Reifegrad der Faser
f maturité des fibres
s madurez de la fibra
i maturità della fibra

3192 fiber migration
d Faserwanderung
f migration des fibres
s migración de las fibras
i migrazione delle fibre

3193 fiber opening
d Faserballenöffnen
f ouverture de fibres
s apertura de fibras
i apertura delle balle di fibre

3194 fiber optical property
d optische Fasereigenschaft
f propriété optique de la fibre
s propiedad óptica de la fibra
i proprietà ottiche della fibra

3195 fiber orientation
d Faserorientierung
f orientation des fibres
s orientación de las fibras
i orientamento delle fibre

3196 fiber overlap
d Faserüberlappung
f superposition des fibres
s superposición de las fibras
i sovrapposizione delle fibre

3197 fiber producer
d Chemiefaserhersteller
f producteur de fibres
s productor de fibras
i produttore di fibre

3198 fiber production
d Faserproduktion
f production de fibres
s producción de fibras
i produzione di fibre

3199 fiber property
d Fasereigenschaft
f propriété de la fibre
s propiedad de la fibra
i proprietà della fibra

3200 fiber reactive compound
d faseraffine Verbindung
f composé réagissant avec la fibre
s compuesto reactivo de la fibra
i composto reattivo alle fibre

3201 fiber reactivity
d Faserreaktionsfähigkeit
f réactivité de la fibre
s reactividad de la fibra
i reattività della fibra

3202 fiber reinforced material
d faserverstärkter Werkstoff
f matériau renforcé par fibres
s material reforzado por fibras
i materiale rinforzato con fibre

3203 fiber reinforced plastic
d faserverstärkter Kunststoff
f stratifié renforcè de fibres, plastique renforcé par fibres
s estratificado reforzado de fibras
i plastica rinforzata con fibre

3204 fiber ring
d Faserring, Bauchbinde
f anneau de fibres sur fil
s anillo de fibras
i amello di fibre

3205 **fiber shedding**
d Absetzen von Faserstaub, Ablagern von Faserstaub
f poudrage par les fibres
s desprendimiento de fibras
i caduta di polvere di fibra

3206 **fiber shuffling**
d Schwimmen der Fasern
f flottement des fibres
s flotamiento de las fibras
i flottamento delle fibre

3207 **fiber skin, fiber sheath**
d Faserhaut
f peau de la fibre, enveloppe de la fibre
s piel de la fibra
i pelle della fibra, rivestimento della fibra

3208 **fiber slippage**
d Faserglätte
f glissement de fibres
s deslizamiento de fibras
i slittamento della fibra

3209 **fiber strength, staple strength**
d Faserfestigkeit
f résistance des fibres
s resistencia de la fibra
i resistenza delle fibre

3210 **fiber strength testing**
d Prüfung der Faserfestigkeit
f contrôle de résistance des fibres
s control de resistencia de las fibras
i prova della resistenza delle fibre

3211 **fiber surface**
d Faseroberfläche
f surface de la fibre
s superficie de la fibra
i superficie della fibra

3212 **fiber surface structure**
d Faseroberflächenstruktur
f structure superficielle de la fibre
s estructura superficial de la fibra
i struttura superficiale della fibra

3213 **fiber to fiber friction**
d Faser-gegen-Faser-Reibung
f frottement fibre contre fibre, frottement interfibre
s rozamiento fibra a fibra
i sfregamento fibra contro fibra

3214 **fiber to metal friction**
d Faser-gegen-Metall-Reibung
f frottement fibre contre métal
s rozamiento fibra-metal
i sfregamento fibra contro metallo

3215 **fiber tuft**
d Faserbüschel
f touffe
s mechón de fibras
i ciocca di fibre, ciuffo di fibre

3216 **fiber weakness, fiber tenderness**
d Faserbrüchigkeit
f faiblesse de la fibre, fragilité de la fibre
s debilidad de la fibra
i fragilità della fibra

3217 **fiber withdrawal force**
d Faserrückzugskraft
f force d'extraction des fibres
s fuerza de extracción de las fibras
i forza di ritiro della fibra

3218 **fibertwist**
d Faserwindung
f torsion de fibre
s torsión de la fibra
i torsione della fibra

3219 **fibre density**
d Fadendichte
f densité du fil
s densidad del hilo
i densità del filo

3220 **fibre identification**
d Fasererkennung
f identification de la fibre
s identificación de la fibra
i identificazione della fibra

3221 fibre reinforced
d Faserverstärkt
f renforcé par fibres
s renforzado con fibras
i rinforzato a fibre

3222 fibre sheath
d Fasermantel
f gaine, enveloppe de la fibre
s abrigo de fibra
i guaina della fibra, mantello de la fibra

3223 fibre trial
d Faserprüfung
f essai, examen, contrôle des fibres
s prueba de la fibra
i prova delle fibre

3224 fibril
d Fibrille
f fibrille
s fibrila
i fibrilla

3225 fibril reversal
d Fibrillenrichtungsumkehr
f inversion des fibrilles
s inversión de las fibrilas
i inversione delle fibrille

3226 fibrillar structure
d fibrillare Struktur
f structure fibrillaire
s estructura fibrilar
i struttura fibrillare

3227 fibrillated
d Fibrilliert
f fibrillé
s fibrilado
i fibrillato

3228 fibrillated yarn
d Spaltfasergarn, Splitfasergarn
f fil fibríllé
s hilo fibrilado
i filo fibrillato

3229 fibrillation
d Fibrillierung, Zerfasern
f fibrillation
s fibrilación
i fibrillazione

3230 fibrillation fault
d Fibrillierungsfehler
f défaut de fibrillation
s defecto de fibrilación
i difetto di fibrillazione

3231 fibrogen polymer
d faserbildendes Polymer, erspinnbares Polymer
f polymère fibrogène
s polimero fibrógeno
i polimero fibrogeno

3232 fibrograph
d Fibrograph
f fibrographe
s fibrógrafo
i fibrografo

3233 fibrograph mean length
d mittlere Länge am Fibrograph
f longueur moyenne au fibrographe
s longitud media del fibrógrafo
i lunghezza media al fibrografo

3234 fibroin
d Fibroin
f fibroîne
s fibroin
i fibroina

3235 fibrous polymer
d fasriges Polymer
f polymère fibreux
s polimero fibroso
i polimero fibroso

3236 fibrous structure
d Faserstruktur
f structure des fibres
s textura costitución, estructura de la fibra
i struttura delle fibre

3237 Fickian diffusion
d Fick'sche Diffusion
f diffusion de Fick
s difusión de Fick
i diffusione di Fick

3238 field emission microscopy
d Hellfeld-Durchlicht-Mikroskopie
f microscopie en fond clair
s microscopia por emisión de campo
i microscopia ad emissione di campo

3239 field of forces
d Kraftfeld
f champ de forces
s campo de fuerzas
i campo di forze

3240 figure
d Abbildung
f réprésentation
s ilustración, dibujo, grafico
i figura

3241 figured fabric
d Broschiergewebe, Stickeffektgewebe
f tissu brochê
s tejido labrado
i tessuto broccato

3242 figured repp
d figurierter Rips, gemusterter Rips
f reps façonné
s teletón labrado
i figured repp

3243 filament
d Filament
f filament
s filamento
i filamento, bava continua

3244 filament core yarn
d Seelengarn-Filament
f fil continu à âme
s hilo continuo con alma
i filo continuo con anima

3245 filament denier
d Filamentdenier
f denier du filament
s denier del filamento
i titolo della bava

3246 filament drawing
d Recken, Filamentstrecken
f ètirage de filage
s estirado de filamento
i stiro della bava

3247 filament drawing tension
d Filamentstreckspannung
f tension d'étirage du filament, tension de tirage
s tensión de estirado del filamento
i tensione di stiro della bava

3248 filament necking, neck formation
d Titerfehlerstelle
f striction du filament, formation d'êtranglement
s estrangulación del filamento
i strangolamento del filamento

3249 filament textured yarn, modified continuous filament yarn
d texturiertes Filamentgarn, Filamenttexturgarn
f fil de filaments texturé, fil modifié de filaments continus
s hilo de filamentos texturados
i filo di bava texturizzata

3250 filament wound composite
d filamentverstärkter Verbundstoff
f article compositè à filaments
s artículo compuesto de filamentos
i articolo composito a filamenti

3251 filament yarn, continuous yarn
d Filamentgarn
f fil de filaments, fil continu, fil de filaments continus
s hilo de filamentos
i filoato a bava continua

3252 **filaments interlacing in yarn**
d Filamentverflechtung im Faden
f entrelacement des filaments dans le fil
s entrelazado de los filamentos del hilo
i intreccio della bava nel filo

3253 **filet lace**
d Filetspitze
f dentelle en filet
s encaje en red
i pizzo a rete

3254 **filigree pattern**
d Filigranmuster, Durchbruchmuster
f dessin filigrane
s dibujo afiligranado
i schema filigranato, disegno filigranato

3255 **filler**
d Polsterung
f rembourrage
s rellenador
i imbottitura

3256 **filler tire fabric**
d Karkassengewebe
f tissu pour talon de pneu
s tejido para talón de neumático
i tessuto per pneumatici

3257 **fillet clothing, wire fillet clothing**
d Kratzenband
f garniture souple, garniture souple pour carde
s guarnición flexible de carda
i guarnizione flessibile per carda

3258 **filling**
d Auffüllen, Füllen
f remplissage
s rellenado
i riempimento, caricamento

3259 **filling band**
d Schussbande
f bande en trame
s lista de trama
i tessuto barrato di trama

3260 **filling effect twill**
d Schusseffektköper
f serge par effet trame
s sarga por efecto de trama
i saia per trama

3261 **filling face effect**
d Schussmusterung
f effet d'endroit par trame
s efecto de haz por trama
i schema formato dalla trama

3262 **filling feeler, weft feeler**
d Schussfühler
f tâteur de trame
s sensor de trama
i tastatore di trama

3263 **filling fiber**
d Füllfaser
f fibre de rembourrage
s fibra de relleno
i fibra di riempimento

3264 **filling float**
d Schussflottierung
f flotte de trame
s basta de trama
i flottazione di trama

3265 **filling material, padding**
d Polsterfüllmaterial, Füllmaterial
f matière de rembourrage
s materia de relleno
i materiale per imbottitura

3266 **filling product**
d Zusatzstoff, Füllstoff, Füllmittel
f produit de charge
s producto de carga
i prodotto per riempimento

3267 **filling shrinkage**
d Schussschrumpfung, Gewebeschrumpf in Schussrichtung, Gewebebreitenschrumpf, Gewebeeinsprung
f retrait en trame
s contracción de trama
i restringimento in direzione della trama

3268 **filling streak**
d Farbstreifigkeit in Schussrichtung
f défaut de rayure en trame
s barrado de trama
i barratura del colore in direzione della trama

3269 **filling tension**
d Schussfadenspannung
f tension de la trame
s tensión de la trama
i tensione del filo di trama

3270 **filling twill, weft twill**
d Schussköper
f sergé effet trame
s sarga ligera
i saia per trama

3271 **filling warp**
d Füllkette
f chaîne de rembourrage
s urdimbre de relleno
i catena di riempimento

3272 **filling weft**
d Füllschacht, Füllschuss
f fausse-paroi, puits de charge, trame de remplissage
s pozo de relleno, carga de relleno
i pozzo di carico, trama di riempimento

3273 **filling winding, cop build**
d Trame-Spulen
f bobinage de la trame, renvidage sur cops, copsage
s encanillado de trama
i avvolgimento della trama, incannatura

3274 **filling yarn, weft yarn**
d Schussgarn
f fil de trame
s hilo de trama
i filo di trama

3275 **fillingwise stretch**
d Elastizität in Schussrichtung, Schusselastizität
f élasticitê en trame
s elasticidad en la trama
i elasticità in direzione della trama

3276 **film**
d Film
f film
s película
i pellicola

3277 **film reading**
d Filmabtastung
f lecture de film
s lectura de película
i lettura della pellicola

3278 **filter**
d Filter
f filtre
s filtro
i filtro

3279 **filter cake**
d Filterkuchen
f tampon filtre
s torta prensada
i panello, torta, focaccia

3280 **filter cloth, filter fabric**
d Filtertuch
f tissu pour filtre
s tela para filtro
i tessuto per filtri

3281 **filter for fluids**
d Flüssigkeitsfilter
f filtre pour fluide
s filtro para fluídos
i filtro per liquidi

3282 **filter pack**
d Filterpackung
f garniture pour filtre
s empaquetadura para filtro
i elemento filtrante

3283 **filter paper**
d Filterpapier
f papier pour filtre
s papel de filtro
i carta da filtro

3284 **filter, strain**
d Filtern
f filtrer
s filtrar
i filtrare

3285 **filtrate**
d Filtrat
f filtrat
s filtrado
i filtrato

3286 **filtration**
d Filtration
f filtration, filtrage
s filtración
i filtrazione

3287 **final appearance**
d fertiges Aussehen
f aspect fini
s aspecto de acabado
i aspetto finito

3288 **final treatment**
d Endbehandlung
f traitement final
s tratamiento final
i trattamento finale

3289 **financial loss**
d finanzieller Verlust
f perte financière
s pérdida financiera
i perdita finanziaria

3290 **financing**
d Finanzierung
f financement
s financiamiento, financiación
i finanziamento

3291 **findings**
d Konfektionszutaten
f fournitures de confection
s accesorios de confección
i accessori di confezione

3292 **fine medium wool**
d Fein-Mittel-Wollqualität
f laine de qualité fine médium
s lana de calidad media
i lana di qualità medio-fine

3293 **fine wool grade**
d feine Wollqualität
f laine de qualité fine
s lana de calidad fina
i qualità fine della lana

3294 **fine yarn**
d Feingarn
f fil de titre fin
s hilo fino
i filo fine

3295 **fineness**
d Feinheit
f finesse
s finura
i finezza

3296 **fineness tester**
d Fadenfeinheitsprüfer
f appareil de contrôle de la finesse du fil
s medidor de finura del hilo
i apparecchio per il controllo della finezza del filo

3297 **fineness testing**
d Feinheitsprüfung
f contrôle de la finesse
s ensayo de finura
i controllo della finezza

3298 **finish**
d Ausrüsten
f finir
s equipar
i rifinire

3299 **finish chlorine fastness**
d Chlorechtheitsveredlung, Chlorechtheitsverbesserung
f solidité de l'apprêt au chlore
s solidez de un apresto al cloro
i finissaggio di solidità al cloro

3300 finish property
d Appretureigenschaft, Ausrüstungseigenschaft, Veredlungseigenschaft
f propriété de l'apprêt
s propiedad del apresto
i proprietà dell'appretto

3301 finish washfastness
d Appreturwaschechtheit
f solidité de l'apprêt au lavage
s solidez del acabado al lavado
i solidità dell'appretto al lavaggio

3302 finished
d ausgerüstet
f apprêté
s aprestado
i apprettato

3303 finished elements method
d Finite-Elemente-Methode
f méthode des éléments finis
s método de elementos acabados
i metodo degli elementi finiti

3304 finished fabric
d Fertiggewebe
f tissu fini
s tejido acabado
i tessuto apprettato

3305 finished good, product
d Endprodukt
f produit fini, article produit, produit manufacturé
s producto acabado
i prodotto finito

3306 finisher
d Veredler, Ausrüster
f apprêteur
s aprestador
i finitore

3307 finisher card
d Feinkarde, Feinkrempel
f carde finisseuse
s carda acabadora
i carda finitrice

3308 finisher gilling
d Feinverstrecken
f gillsage finisseur, étirage finisseur
s paso por gill acabador
i stiratura di finissaggio

3309 finishfastness to dry cleaning
d Chemischreinigungsechtheit der Appretur, Trockenreinigungsechtheit der Appretur
f solidité de l'apprêt au nettoyage à sec
s solidez del acabado al lavado en seco
i solidità alla pulitura a secco dell'appretto

3310 finishing
d Veredlung, Ausrüstung
f ennoblissement
s ennoblecímiento
i finissaggio

3311 finishing agent
d Ausrüstungsmittel, Appreturmittel
f agent d'apprêt, agent de finissage
s agente de apresto
i agente per finissaggio

3312 finishing blanket
d Untertuch, Mitläufer
f blanchet
s paño sín fin
i copertura di finissaggio

3313 finishing cabinet
d Tunnelfinisher
f cabine de finition
s cabina de acabado
i tunnell di finissaggio

3314 finishing machine
d Veredlungsmaschine, Ausrüstungsmaschine
f machine d'ennoblissement, machine de finissage
s maquinaria para acabados
i macchina finitrice

3315 finishing machines manufacturer
d Veredlungsmaschinen-Hersteller
f constructeur de machines de fimissage
s constructor de maquinaria para acabados
i costruttore di macchine finitrici

3316 **finishing process**
d Veredlungsverfahren
f procédé d'apprêt, procédé d'ennoblissement, procédé de finissage
s proceso de acabado
i processo di finissaggio

3317 **finishing tunnel**
d Durchlauftrockner, Kontinuetrockner
f tunnel de finition
s tunel de acabado
i tunnell di asciugamento

3318 **fire extinguisher cover**
d Feuerlöschdecke
f couvercle de l'extincteur
s tapa de l'extintor
i coperchio dell'estintore

3319 **fire hose**
d Feuerwehrschlauch
f tuyau anti-incendie
s manga anti-incendio
i manichetta antincendio

3320 **fire proofed**
d feuerfest
f ignifugé
s ignífugo
i refrattario

3321 **fire proofing agent**
d Flammschutzmittel
f agent d'ignifugation, agent retardateur de l'ignition
s agente de ignifugación
i agente ignifugo

3322 **fire proofing treatment**
d Flammfestmachen, Flammbeständigmachen
f ignifugation
s ignifugaciôn
i ignifugazione

3323 **fire resistance**
d Feuerfestigkeit
f résistance au feu, combustibilité, résistance à la flamme
s resistencia al fuego
i resistenza al fuoco

3324 **fire resistance tester**
d Entflammbarkeitsprüfer
f appareil de contrôle de l'ignifugation
s aparato de ensayo de ignifugación
i apparecchio per la prova della resistenza al fuoco

3325 **fire resistance testing**
d Prüfen der Feuerbeständigkeit
f contrôle de l'ignifugation
s ensayo de ignifugación
i prova della resistenza al fuoco

3326 **fire resistant fiber**
d flammfeste Faser, unbrennbare Faser, feuerbeständige Faser
f fibre résistante au feu
s fibra ininflamable
i fibra resistente al fuoco

3327 **fire resistant yarn**
d nichtbrennbares Garn, flammfestes Garn, feuerbeständiges Garn
f fil résistant au feu
s hilo resistente al fuego
i filo resistente al fuoco

3328 **fire retardancy**
d Entzündungsverzögerung, Schwerentflammbarkeit
f retard à l'inflammation
s ignifugación
i ignifugazione

3329 **fire retardancy treatment**
d flammhemmende Veredlung, flammhemmende Ausrüstung
f traitement retardateur de l'ignition
s tratamiento de ignifugación
i trattamento ignifugo

3330 **firm**
d Firma
f firme, maison (de commerce), nom ou raison sociale
s empresa
i ditta

3331 **firmoviscosity**
d Firmoviskosität
f firmoviscositè
s firmoviscosidad
i viscoelasticità

3332 **first breaker card, scribbler card**
d Vorkrempel
f carde avant-train, section bríseuse, section ouvreuse
s abridor
i carda di apertura

3333 **fishing line**
d Angelschnur
f fil de pêche
s sedal
i lenza

3334 **fishing net**
d Fischnetz
f filet de pêche
s red de pesca
i rete da pesca

3335 **fit**
d Passform
f ajustement
s ajustamiento
i accoppiamento

3336 **fitness for spinning**
d Erspinnbarkeit
f aptitude à être filé
s hilabilidad
i filabilità

3337 **fitting**
d Anprobe, Kleiderprobe
f essayage en confection
s prueba en confección
i prova in confezione

3338 **fitting under tension**
d Befestigen unter Spannung
f pose tendue
s colocación bajo tensión
i fissaggio sotto tensione

3339 **fitting-out**
d Ausstatten, Bestücken
f aménagement
s ordenamiento
i allestimentro, armamento, equipaggiamento

3340 **fixed capacitor**
d Blockkondensator
f condensateur fixe
s condensador fijo
i condensatore fisso

3341 **fixed reed**
d feststehendes Webeblatt, Festblatt, feststehendes Rietblatt
f peigne fixe
s peine fijo
i pettine fisso del telaio

3342 **fixing**
d Befestigung
f fixation, fixage
s fijación
i fissaggio

3343 **flag**
d Flagge, Fahne, Wimpel
f drapeau
s bandera
i bandiera

3344 **flake**
d Flocke
f flocon
s escama
i fiocco

3345 **flake yarn**
d Knotenkammgarn
f fil floconneux
s hilo con flocones
i filato flammé

3346 **flaking**
d Abblättern, Abschuppen
f èc aillage
s formación de copos
i scagliatura, scheggiatura

3347 flame
d Flamme
f flamme
s llama
i fiamma

3348 flame bonding, flame laminating
d Flammverfahren
f líage par flamme, contre-collage par flamme, doublage d'envers à la flamme
s unión por llama
i unione a fiamma

3349 flameproof, fireproof
d Unentflammbar
f ininflammable, non inflammable
s no inflamable
i ininfiammabile

3350 flame-resistant
d Flammfest
f résistant aux flammes
s resistente a las llamas
i resistente alle fiamme

3351 flames novelty yarn
d Flammengarn
f fil fantaisie flamme
s hilo de fantasia flameado
i filo di fantasia flammé

3352 flammability
d Entflammbarkeit, Entzündbarkeit
f inflammabilitè
s inflamabilidad
i infiammabilità

3353 flammability temperature
d Entflammbarkeitstemperatur, Entzündungstemperatur
f température d'ihflammabilité
s temperatura de inflamación
i temperatura di infiammabilità

3354 flammability testing
d Entflammbarkeitsprtifung
f contrôle de combustibilité
s ensayo de inflamabilidad
i prova dell'infiammabilità

3355 flammable
d Brennbar
f combustible
s combustible, inflamable
i combustibile

3356 flange
d Flansch
f bride, collerette, flasque
s brida, platina
i flangia

3357 flannel
d Flanell
f flanelle
s franela
i flanella

3358 flash aging
d Schnelldämpfer
f vaporisage rapide
s vaporizado rápido
i vaporizzatore rapido

3359 flash photolysis
d Blitzphotolyse
f photolyse par flash
s fotólisis por flash
i fotolisi a lampo

3360 flash point
d Flammpunkt
f point d'éclair
s punto de autoinflamación
i punto di infiammabilità

3361 flash spinning
d Flash-Spinning, Schnellspinnen
f flash spinning
s flash spinning
i filatura veloce

3362 flat braid
d flache Litze
f tresseplate
s trenza plana
i treccia piatta

3363 flat cheese
d Spulenkuchen
f bobine soleil
s bobina en forma de queso cónico
i bobina piatta

3364 flat clothing
d Deckelgarnitur, Kardendeckelgarnitur
f garniture de chapeaux de carde
s guarnición de chapón de carda
i guarnizione della cappa della carda

3365 flat knitted fabric
d Flachstrickware
f tricot rectiligne
s tejido de punto rectilíneo
i maglieria rettilinea

3366 flat knitting
d Flachwirken und Flachstricken
f tricotage rectíligne
s tricotado de punto rectilíneo
i lavorazione di maglieria rettilinea

3367 flat knitting machine
d Flachstrickmaschine
f métier à tricoter rectiligne, tricoteuse
s telar rectilíneo de gènero de punto
i macchina rettilinea per maglieria

3368 flat knitting machine camage
d Flachstrickmaschinenschlitten
f chariot de la tricoteuse
s carro de la trícotosa
i carrello della macchina rettilinea per maglieria

3369 flat pressing
d Bügeln auf der Hresse
f repassage à la presse
s planchado en la prensa
i stiratura sulla pressa

3370 flat screen printing
d Flachfilmdruck
f impression au cadre ordinaire
s estampaciôn a la lionesa
i stampa a quadro piatto

3371 flat strip
d Kardendeckelausputz
f dèbourrure de chapeaux
s borra de chapones
i pulitura del cappello di carda

3372 flat stripping comb
d Kardendeckelputzbürste
f peigne dèbourreur du chapeau de carde, brosse à débourrer du chapeau de carde
s peine descargador del chapón de carda
i spazzola per pulitura del cappello di carda

3373 flat woven fabric
d Flachgewebe, glattes Gewebe, einfaches Gewebe
f tissu uni
s tejido liso
i tessuto unito, tessuto liscio

3374 flat yarn
d Flachgarn
f fil plat
s hilo piano
i filo piatto

3375 flatlock stitch
d Flatlocknähstich, Flatlockstich
f point de couture flatlock
s punto de costura flatlock
i punto di cucitura „flatlock"

3376 flattening
d Abflachung, Abplattung
f aplatíssement
s aplastamiento
i appiattimento, spianatura

3377 flax
d Flachs, Leinen
f lin
s lino
i lino

3378 flax fiber
d Flachsfaser
f fibre de lin
s fibra de líno
i fibra di lino

3379 flax system spinning
d Flachsspinnverfahren
f filature système lín
s hilatura sistema lino
i sistema di filatura del lino

3380 flax tow
d Flachswerg, Werg
f étoupe de lin
s estopa de lino
i stoppa di lino

3381 fleece, lap divisor
d Vliesteiler
f répartiteur de toison (laine)
s separador de vellón (lana)
i separatore di vello (lana)

3382 fleece washed wool
d rtlckengewaschene Wolle
f laine lavée à dos
s lana de vellón lavada
i lana lavata a dosso

3383 fleece, wool fleece
d Vlies, Wollvlies, Schafvlies
f toison, toison de laine
s vellón
i vello

3384 flexible
d biegsam, Flexibel
f souple, flexible, souple
s flexíble, flexible
i flessibile

3385 flexible film laminating
d Laminieren mit flexibelem Überzug
f enductíon avec film souple
s laminado con película flexíble
i laminatura con pellicola flessibile

3386 flexible gripper
d Flexibler Greifer
f pince flexible
s pinza flexible
i pinza flessibile

3387 flexible rapier loom
d Webmaschine mit biegsamem Greifer, Greiferwebmaschine mit Biegegreifern
f machine à tisser à lance flexible
s telar de lanza flexible, telar de cinta pasa trama
i telaio con pinza flessibile

3388 flexography
d Flexographie, Flexodruck
f flexographie
s flexografia
i flessografia, stampa flessografica

3389 flexural fatigue
d Biegeermüdung
f fatigue par flexion
s fatíga por flexión
i affaticamento per flessione

3390 flexural strength, bending strength
d Biegefestigkeit
f résistance à la flexíon, résistance à la courbure
s resistencia a la flexión
i resistenza alla flessione

3391 flexure
d Biegung, Knick
f flexion
s flexión
i flessione

3392 flip-flop
d Flip-Flop-Schaltung
f bascule èlectronique
s báscula electrónica
i flip-flop, circuito bistabile

3393 float
d flottierender Faden
f flotte
s basta
i filo flottante

3394 float design
d Flottiermuster
f disposition des flottes
s disposición de bastas
i disposizione dei fili flottanti

3395 float length
d Flottungslänge
f longueur de flotte
s longitud de basta
i lunghezza della flottazione

3396 float stitch
d Flottung, Maschenhenkel, Fanghenkel, Henkel
f maille flottée
s malla flotante
i maglia flottata

3397 float stitch, floating
d Flottierung
f flottage
s flotación
i flottazione

3398 float yarn defect
d falsche Fadenflottierung
f défaut de fil flottant
s defecto de hilo flotante
i difetto di filo flottante

3399 floating fiber
d schwimmende Faser
f fibre flottante
s fibra flotante
i fibra flottante

3400 floating loop defect
d Fadenflottirungsfehler
f défaut de flotation du fil
s error de flotación del hilo
i difetto di flottazione del filo

3401 flocculant
d Flockenbildner, Flockungsbildner
f floculant
s floculante
i agente flucculante

3402 flocculation
d Ausflocken, Flockenbildung, Ausflockung
f floculation
s floculación
i flocculazione

3403 flock coating
d Flockenbeschichtung, Flockbeschichten
f enduction avec floc, enduction des flocons
s recubrímiento con fibras, recubrimiento por flocado
i rivestimento con fiocchi, ricopertura dei fiocchi

3404 flock dot
d Flockmuster
f motif floqué, points en floc
s motivo flocado
i motivo flocculato

3405 flock feed
d Flockenspeisung
f alimentation en bourre pour cardes
s alimentación en borra
i alimentazione in borra

3406 flock, fiber flock
d Faserflocke
f floc, fibres en floc
s floca
i frammento di fibra da garzatura o cimatura

3407 flock powder
d Flock, Flockpulver
f poudre pour floc
s polvo de floca para flocado
i borra

3408 flock printing
d Flockdruck
f impression par floc, impression par flocage
s estampado por flocado
i stampa a flock

3409 flock yarn
d Flockgarn, beflocktes Garn
f fil floqué-
s hilo flocado
i filo floccato

3410 flocked carpet
d Flockteppich
f tapis floquê
s alfombra flocada
i tappeto floccato

3411 flocked fabric
d Flockware
f tissu floqué
s tejido flocado
i tessuto floccato

3412 flocked pile fabric
d Flock-Florware
f tissu à poils floqués
s tejido de pelo flocado
i tessuto di pelo floccato

3413 flocking
d Beflocken
f flocage
s flocado
i floccaggio, cimatura

3414 floor
d Fussboden
f plancher
s suelo, piso
i pavimento

3415 floor covering
d Bodenbelag, Auslegeware
f revétement de sol
s revestimiento de suelos
i rivestimento per pavimenti

3416 floor covering manufacturing machine
d Herstellungsmaschine für Bodenbelag, Maschine für Bodenbelagherstellung
f machine pour revètement de sol
s máquina para revestimientos de suelos
i macchina per la produzione di rivestimenti per pavimenti

3417 floor level conveyor
d Flurförderer
f convoyeur au sol
s transportador a nivel del suelo
i trasportatore a livello del suolo

3418 floor space
d Maschinenplatzbedarf, Maschinenplatzgrösse
f encombrement de la machine
s espacio ocupado por la màquina
i dimensioni di ingombro della macchina

3419 floppy disk
d Floppy disk
f disque souple, disquette
s floppydisk, disquete
i floppy disk

3420 flotation
d Flotation
f flottation
s flotación
i flottazione

3421 flouncing lace
d Spitzenvolant
f volant en dentelle
s volante en encaje
i volant di pizzo

3422 flow
d Fliessen, Verlauf
f écoulement, allure, marche, cours
s derrame, marcha, curso
i flusso, andamento

3423 flow control, rotameter
d Durchflusskontrolle
f contrôle de circulation
s control de flujo
i regolazione di flusso, regolazione di portata

3424 flow printing
d Flow-Printing
f impression par écoulement
s estampación por chorros
i stampa continua

3425 flow rate
d Durchflussmenge
f débit
s velocidad de flujo
i portata

3426 **fluctuation**
d Schwankung
f fluctuation
s fluctuación
i fluttuazione

3427 **fluid**
d Fluidum
f fluide
s fluido, efluvio
i fluido

3428 **fluid drive**
d Flüssigkeitsgetriebe, Hydraulikgetriebe
f commande par fluide
s mando por fluido
i giunto idraulico, trasmissione idraulica

3429 **fluid flow**
d Strömung
f écoulement fluide
s flujo fluído
i flusso

3430 **fluid friction**
d Fliessreibung
f frottement de fluide
s fricción del fluido
i dissipazione

3431 **fluid lift**
d Sog
f montée de fluide
s subida de fluido
i risucchio, salita di fluido

3432 **fluid mechanism**
d Hydromechanik
f mécanisme par fluide, mécanisme hydraulique
s mecanismo por fluido
i idromeccanica

3433 **fluid outflow**
d Flüssigkeitsströmung
f écoulement de fluide
s flujo de fluido
i flusso di liquido

3434 **fluid processing**
d Behandlung in Flüssigkeit
f traitement par fluide
s tratamiento por fluido
i trattamento in fluidi

3435 **fluid spinning**
d Strömungsspinnen
f filature par fluide
s hilatura por fluido
i filatura a fluido

3436 **fluid stream**
d Fluide Strömung
f Écoulement fluidique
s corriente fluida
i corrente fluida

3437 **fluidics**
d Hydraulik
f hydraulique
s hidràulica
i idraulica

3438 **fluidity**
d Fluidität, Fliesseigenschaft
f fluidité
s fluidez
i fluidità

3439 **fluidized bed**
d Fliessbett, Fluidbett
f lit fluidisé, bain fluidisé
s lecho fluidificado
i letto fluidizzato, letto fluido

3440 **fluidized bed dryer**
d Fliessbetttrockner, Fluidbetttrockner
f sêchoír à bain fluidisé
s secador de lecho fluidificado
i essicatore a letto fluido

3441 **fluorescence**
d Fluoreszenz
f fluorescence
s fluorescencia
i fluorescenza

3442 **fluorescence microscopy**
d Fluoreszenzmikroskopie
f microscopie en fluorescence
s microscopia a fluorescencia
i microscopia a fluorescenza

3443 **fluorescent**
d Fluoreszierend
f fluorescent
s fluorescente
i fluorescente

3444 **fluorescent brightener, optical bleaching agent**
d optischer Aufheller, Weissmacher, Weisstöner
f agent fluorescent d'avivage, agent d'avívage optique, agent d'azurage optique
s abrillantador de fluorescencia
i sbiancante fluorescente

3445 **fluorescent dye**
d Fluoreszenzfarbstoff
f colorant fluorescent
s colorante fluorescente
i colorante fluorescente

3446 **fluorescent light**
d Fluoreszenzlicht
f límière fluorescente
s luz fluorescente
i luce fluorescente

3447 **fluoride**
d Fluorid
f fluorure
s fluoruro
i fluoruro

3448 **fluorinated solvent**
d fluorhaltiges Lösungsmittel
f solvant fluoré
s disolvente fluorado
i solvente fluorurato

3449 **fluorine**
d Fluor
f fluor
s fluor
i fluoro

3450 **fluorine compound**
d Fluorverbindung
f composé fluoré
s compuesto de fluor
i composto del fluoro

3451 **fluorocarbon fiber**
d Fluorkohlenstoffaser
f fibre fluorocarbonée
s fibra de fluorocarbono
i fibre fluorurate

3452 **fluorocarbon, fluorocarbon compound**
d Fluorkohlenstoff
f composé fluorocarboné
s fluorocarbono
i fluorocarbonio

3453 **fluorocarbon polymer**
d Fluorkohlenstoffpolymer
f polymère fluorocarboné
s polímero de fluorocarbono
i polimero fluorurato

3454 **flute**
d Riffelung
f cannelure
s estría
i scanalatura, solco

3455 **fluted roll**
d Riffelwalze
f cylindre cannelé
s cilindro estriado
i rullo scanalato

3456 **fly**
d Hosenschlitz
f braguette
s bragueta
i patta

3457 **fly lint**
d Faserflug
f ploc
s borrilla volante
i pulviscolo di fibra

3458 fly shuttle
d Schnellschützen, Flugschützen
f navette volante
s lanzadera volante
i fly shuttle, navetta volante

3459 flyer
d Flyer
f ailette
s aleta
i aletta del filatoio

3460 flyer arm
d Flyerarm
f bras d'ailette
s brazo de la aleta
i braccio dell'aletta

3461 flyer lead
d Flyeraufwindung
f renvidage par ailette
s avance de las aletas
i riavvolgimento ad alette

3462 flyer leg
d Flügelarm
f bras d'ailette
s brazo volante
i braccio di aletta

3463 flyer spinning
d Flügelspinnen
f filature à ailette
s hilatura por aletas
i filatura ad aletta

3464 flyer spinning frame, throstle spinning frame
d Flügelspinnmaschine
f métier à filer à ailette, continu à filer à ailette, métier à ailette
s continua de hilar de aletas
i fuso ad alette

3465 flyshot loom
d Schützenwebmaschine
f machine à tisser à navette volante, métier à navette volante
s telar de lanzaderas volantes
i telaio a navette

3466 FNF knitting machine, FNF tricot machine
d FNF-Kettenwirkmaschine
f métier FNF, métier de tricotage FNF
s telar de punto FNF
i macchina FNF per maglieria in catena

3467 foam backed fabric
d schaumstoffbeschichtetes Textil
f tissu double mousse
s tejido forrado de espuma
i foam-back, tessuto impregnato di gomma sul retro

3468 foam backing
d Schaumstoffbeschichtung
f doublage mousse
s forro de espuma
i foam backing, impregnare di gomma il retro di un tessuto

3469 foam bonding
d Schaumstoffverbindung
f liage par mousse
s enlace por espuma
i composto per materiale espanso

3470 foam, cellular plastics
d Kunststoffschaum
f mousse, plastique cellulaire, mousse élastique
s espuma de polimero
i materia plastica espansa, plastica cellulare

3471 foam dyeing
d Färben im Schaumbad
f teinture en bain moussant
s tintura en baño espumoso
i tintura con schiuma

3472 foam laminated jersey
d schaumstoffverbundener Jersey
f jersey contre-colle avec mousse
s jersey laminado con espuma
i Jersey impregnato di gomma sul retro

3473 foam rubber
d Schaumgummi
f caoutchouc mousse
s espuma de caucho
i gomma espansa

3474 foam yarn
d Schaumstoffgarn
f fil en mousse
s hilo de espuma
i filo di schiuma

3475 foaming
d Schäumen, Schaumbildung
f formation de mousse
s formación de espuma
i espansione, processo di espansione

3476 foaming agent
d Schaummittel
f agent moussant
s agente espumante
i agente schiumogeno

3477 focusing
d Fokussieren
f focalisation
s enfoque
i focalizzare

3478 foggy yarn
d Fehler durch Flecken im Garn
f défaut de fil ombre
s defecto de hilo ensuciado
i filo con macchie

3479 fogmarking
d Wolkigkeit
f nuageage
s sombreado
i nuvolosità

3480 foil
d Metallfolie
f feuille métallique
s hoja metálica
i lamina di metallo, foglio

3481 folding
d Falten
f pliage
s plegado
i piegamento

3482 folding device
d Faltvorrichtung
f dispositif de pliage
s dispositivo de plegado
i pieghettatrice

3483 folding table
d Legetisch
f table de pliage
s mesa para plegar
i piegatoio

3484 follicle
d Follikel
f follicule
s folículo
i follicolo

3485 food dye
d Lebensmittelfarbstoff
f colorant alimentaire
s colorante alimentício
i colorante per alimenti

3486 fool-proof
d störungssicher
f indéréglable
s no desarreglable
i non soggetto a guasti

3487 footstep bearing
d Stehlager
f crapaudine à billes
s tejuelo
i supporto ritto

3488 footwear
d Schuhwerk
f chaussure
s calzado
i calzature

3489 footwear component
d Schuhbestandteil
f composant de chaussure
s componente del calzado
i componente di calzature

3490 force of attraction
d Anziehungskraft
f force d'attraction
s fuerza de atracción
i forza di attrazione

3491 force resolution
d Kräftezerlegung
f dècomposition de la force
s descomposición de la fuerza
i scomposizione delle forze

3492 foremanship
d Meister
f maítrise
s maestría
i mastro

3493 forepart, front of clothing
d Bekleidungsvorderteil, Frontteil der Bekleidung
f devant de vêtement
s delantero
i parte anteriore del vestito

3494 form persuasive garment
d enganliegende Bekleidung
f vêtement conforme
s vestido configurado
i abbigliamento attillato

3495 formal
d Formal
f formal
s formal
i formale

3496 formaldehyde
d Formaldehyd
f formaldêhyde
s formaldehído
i formaldeide

3497 formaldehyde sulfoxylate
d Formaldehydsulfoxylat, Rongalit
f sulfoxylate de formaldéhyde
s sulfoxilato de formaldehído
i sulfossilato di formaldeide

3498 formation
d Bildung, Entstehung, Ausbildung
f formation
s formación
i formazione

3499 formation in situ
d Entstehung an Ort und Stelle
f formation in situ
s formación in situ
i formazione in situ

3500 formic acid
d Ameisensäure
f acide formique
s àcido fórmico
i acido formico

3501 forming
d Formgebung
f formage
s hormado
i formatura

3502 formula
d Formel
f formule
s formula
i formula

3503 formula constitution, formulation
d Formelaufstellen
f établissement de formule
s constitución de fórmula
i formulazione

3504 formulation
d Formulierung
f formulation
s formulación
i formulazione

3505 Forte moisture meter
d Forte-Feuchtigkeitsmesser
f hygromètre de Forte
s higrómetro de Forte
i igrometro di Forte

3506 **Foulard fabric**
d Foulardware
f tissu type Foulard
s tejido tipo Fulard
i tessuto tipo Foulard

3507 **foundation fabric**
d Stützgewebe
f tissu de contention
s tejido de basamento
i foundation fabric, armatura di fondo

3508 **foundation garment**
d Korsettware
f vêtement de maintien
s corse completo
i tessuto per busti

3509 **four needle cover stitch**
d Viernadeldeckstich
f point de recouvrement à 4 aiguilles
s punto cubriente de cuatro agujas
i punto di copertura a 4 aghi

3510 **four needles sewing machine**
d Viernadelnähmaschine
f machine à coudre à 4 aiguilles
s máquina de coser con cuatro agujas
i macchina da cucire a 4 aghi

3511 **four-colour process**
d Vierfarbendruck
f quadrichromie
s tetracromia
i quadricromia

3512 **Fourdrinier machine**
d Fourdriniermaschine
f machine de Fourdrinier
s màquina de Fourdrinier
i macchina Fourdrinier, macchina continua Fourdrinier

3513 **fraction**
d Fraktion, Bruchteil
f fraction, fraction, partie
s fracción
i frazione

3514 **fractionation**
d Fraktionierung
f fractionnement
s fraccionamiento
i frazionamento

3515 **fracturing, fracture**
d Brechen
f fracturation, fracture
s fracturación
i frattura

3516 **frame**
d Gestell, Maschinengestell
f bâti
s bancada
i basamento

3517 **Frazier permeometer**
d Frazier-Durchlässigkeitsmesser
f perméabilimètre Frazier
s porosímetro Frazier
i permeametro di Frazier

3518 **free area**
d freie Fläche
f surface libre
s superficie libre
i superficie libera

3519 **free energy**
d freie Energie
f énergie libre
s energía libre
i energia libera

3520 **free energy of dyeing**
d freie Färbeenergie
f énergie libre de teinture
s energía libre de tintura
i energia libera di tintura

3521 **free energy of reaction**
d freie Reaktionsenergie
f énergie libre de réaction
s energía libre de reacción
i energia libera di reazione

3522 **free energy of solution**
d freie Lösungsenergie
f énergie libre de solution
s energia libre de solución
i energia libera della soluzione

3523 **free energy of swelling**
d freie Quellungsenergie
f énergie libre de gonflement
s energia libre de hinchamiento
i energia libera di rigonfiamento

3524 **free energy of wetting**
d freie Netzungsenergie
f énergie libre de mouillage
s energia libre de humedecimiento
i energia libera di inumidimento

3525 **free radical**
d freies Radikal
f radical libre
s radical libre
i radicale libero

3526 **free volume**
d freies Volumen
f volume libre
s volumen libre
i volume libero

3527 **freeze drying**
d Gefriertrocknung
f sèchage par le froid
s secado por el frio
i liofilizzazione, essicamento a freddo

3528 **freezing**
d Gefrieren, Einfrieren
f congélation
s congelación
i congelamento

3529 **freezing point**
d Gefrierpunkt
f point de congélation
s punto de congelación
i punto di congelamento

3530 **French crêpe cord**
d französischer Kreppcord
f ganse câblée
s cuerda de tres cabos
i corda crêpe francese

3531 **French double piqué**
d französischer Doppelpiqué
f piqué français, piqué rodier
s piqué francés
i piqué doppio francese

3532 **French seam**
d französische Naht
f couture anglaise
s costura doble
i cucitura francese

3533 **French sinker wheel knitting machine**
d Rundkulierwirkmaschine
f métier à mailleuses
s telar con mallosas
i macchina circolare per maglieria in trama

3534 **French-cuff**
d Manschette
f manchette
s puño
i polsino

3535 **frequency analyser**
d Frequenzmessgerät
f analyseur de fréquence
s analizador de frecuencia
i analizzatore di frequenza

3536 **frequency density**
d Frequenzdichte
f densité de fréquence
s densidad de frecuencia
i densità di frequenza

3537 **frequency, period**
d Frequenz, Häufigkeit
f fréquence, période
s frecuencia
i frequenza

3538 frequency response
d Frequenzgang
f réponse en fréquence
s respuesta en frecuencia
i risposta in frequenza

3539 Freundlich isotherm
d Freundlich'sche isotherme
f isotherme de Freundlich
s isoterma de Freundlich
i isoterma di Freundlich

3540 friction
d Reibung
f frottement, friction
s fricción
i attrito

3541 friction behaviour
d Reibungsverhalten
f comportement sous friction
s comportamiento bajo fricción
i comportamento sotto frizione

3542 friction calendering
d Friktionskalandern, Friktionieren
f calandrage par friction
s calandrado por fricción
i calandratura ad attrito

3543 friction disc
d Friktionsscheibe, Reibscheibe
f disque de friction
s disco de fricción
i disco di frizione

3544 friction drive
d Friktionsantrieb
f commande par friction
s accionamiento por fricción
i trasmissione a frizione

3545 friction let off
d Kettbaumbremse
f dérouleur à friction
s desenrollador de fricción
i freno del subbio di catena

3546 friction needle
d Friktionsstricknadel
f aiguille à friction
s aguja de fricción
i ago a frizione

3547 friction texturing
d Friktionstexturieren
f texturation par friction
s texturación por fricción
i testurizzazione per frizione

3548 friction theory
d Reibungstheorie
f théorie du frottement
s teoria del rozamiento
i teoria dell'attrito

3549 frictional characteristic
d Reibungskennwert
f caractéristique de frottement
s caracteristica del rozamiento
i coefficiente d'attrito

3550 frictional force
d Reibungskraft
f force de frottement
s fuerza de frotamiento
i forza d'attrito

3551 frieze
d Fries
f bure
s droguete
i fregio, fascia ornamentale

3552 frillyarn
d Schlingengarn
f fil fantaisie vrille
s hilo de fantasia ensortijado
i filo a riccio, arricciato

3553 fringe
d Franse
f frange
s fleco
i frangia

3554 fringed fibril
d Fransenfibrille
f fibrille frangée
s fibrila de fleco
i fibrilla frangiata

3555 fringed micelle
d fransige Mizelle
f micelle frangée
s micela con fleco
i micelio frangiato

3556 fringed narrow fabric, narrow fabric heading
d Zierfranse
f rubanfrangé
s cinta con flecos
i nastro frangiato

3557 FRL drape tester
d FRL-Drapeometer
f drapemètre FRL
s drapeómetro FRL
i drapeometro FRL

3558 frock
d Gesellschaftskleid
f robe habillée
s vestido para actos sociales
i abito da sera

3559 front
d Vorderseite, Frontseite
f devant
s parte delantera
i parte anteriore, fronte

3560 front crossing heddle
d vordere Dreherlitze
f lisse avant pour gaze
s lizo de cruce por delante para gasa
i liccio anteriore per garza

3561 front part
d Voderteil
f devant, avant
s parte delantera, parte anterior
i parte anteriore

3562 front roll
d Vorderwalze
f cylindre avant
s cilindro frontal
i rullo anteriore

3563 frontal weft insertion, frontal filling
d frontaler Schusseintrag
f insertion frontale de trame
s inserción frontal de trama
i inserzione frontale della trama

3564 frosting
d Farbschipprigkeit
f givrage
s formación de escarcha
i glassatura

3565 frost-resistant
d Frostbeständigkeit
f résistance au gel
s resistencia al hielo
i resistente al gelo

3566 froth, loam
d Schaum
f ècume, mousse
s espuma
i schiuma

3567 fruit fiber
d Fruchtfaser
f fibre de fruit
s fibra de fruto
i fibra di frutta

3568 fuel
d Brennstoff
f combustible
s combustible
i combustibile, carburante

3569 fugitive tint, fugitive dye
d unbeständiger Farbstoff
f colorant fugace, teinte fugace
s colorante fugaz
i colorante non sostantivo

3570 full cardigan fabric
d Fangware
f tricot côte anglaise
s tejido de punto acanalado inglès
i tessuto cardigan

3571 full employment
d Vollbeschäftigung
f plein emploi
s pleno empleo, plena utilización
i piena occupazione

3572 full package
d volle Spule
f bobine pleine
s bobina llena
i bobina piena

3573 full set
d voller Einzug
f enfilage plein, enfilage plein fil
s enhebrado de todas las agujas
i rimettaggio pieno, incorsatura piena

3574 fulling machine
d Walkmaschine
f machine de foulage
s máquina para batanar
i follatrice

3575 fulling machine gatterwalking
d Hammerwalken
f foulonnage à maillet
s batanado con mazos
i follare a maglio

3576 fulling rotary mill
d Tuchwalke
f foulon pour foulage rotatif
s batán enfurtidor rotativo
i follone per follatura rotativa

3577 fully fashioned heel formation
d Fersenbildung bei Strumpfherstellung, Strumpffersenbildung
f formation proportionnée du talon
s formación menguada del talón
i formazione proporzionata del tallone (calzetteria)

3578 fully fashioned hosiery, fully fashioned stocking
d abgepasste Strumpfware, reguläre Strumpfware
f tricot chaussant proportionné, bas proportionné
s tejido de calcetería menguado
i calze proporzionate

3579 fully fashioned hosiery machine
d Cottonmaschine für Strumpfwaren, Flachkulierwirkmaschine für Strumpfware
f métier à bas proportionnés
s telar para medias menguadas
i telaio Cotton per calze

3580 fully fashioned knitting
d abgepasstes Maschen, Formstricken, abgepasstes Wirken und Stricken
f tricotage proportionné
s tejido de punto menguado
i maglieria proporzionata

3581 fully fashioned knitting machine
d Flachwirkmaschine für abgepasste Ware
f métier pour tricotage proportionné
s telar para tricot menguado
i macchina per maglieria proporzionata

3582 fully fashioned knitwear, fully fashioned fabric
d abgepasste Maschenware, reguläre Maschenware, formgestrickte Maschenware
f tricot proportionné
s tejido menguado
i maglieria proporzionata

3583 fumaric acid
d Fumarsäure
f acide fumarique
s ácido fumàrico
i acido fumarico, acido trans-butendioico

3584 fume fading
d Verfärben durch Abgas
f fanage par gaz de combustion
s pérdida de solidez por gas de combustión
i stingere per effetto dei gas di scarico

3585 functional
d Funktionell
f fonctionnel
s funcional
i funzionale

3586 functional group
d funktionelle Gruppe
f groupe fonctionnel
s grupo funcional
i gruppo funzionale

3587 fundamental colour
d Grundfarbe
f couleur fondamentale
s color fundamental
i colore fondamentale

3588 fundamental weave
d Grundbindung
f armure fondamentale
s base de evoluciones
i armatura fondamentale

3589 fungicide
d Fungizid
f fongicide, anticryptogamique
s fungicida
i fungicida

3590 fur
d Pelz, Rauchware, Fell
f fourrure
s abrigo de pieles
i pelliccia

3591 fur lined coat
d Mantel mit Pelzfutter
f pelisse
s pelliza
i mantello con imbottitura di pelliccia

3592 furfural
d Furfurol
f furfural
s furfural
i furfurolo

3593 furnishing fabric
d Polsterunterstoff, Weisspolsterstoff
f tissu de fond pour garniture de siège
s tejido de fondo para guarniciones
i tessuto per tapezzeria

3594 fused joint
d Schweissnaht
f soudure, cordon de soudure
s cordón de soldadura
i punto di saldatura

3595 fused mass, fusion, melt
d Schmelze
f matière en fonte, masse fondue, fusion
s masa fundida
i massa fusa, colata

3596 fusible fabric, thermosealable fabric
d heissiegelfähiges Gewebe
f tissu thermocollant
s tejido termoadhesivo
i tessuto termoadesivo

3597 fusible fiber
d schmelzbare Faser
f fibre fusible
s fibra fusible
i fibra fusibile

3598 fusible thread
d schmelzbares Garn
f fil fusible
s hilo fusible
i filo fusibile

3599 fusion
d Fusion
f fusion
s fusión
i fusione

3600 fusion shrinkage, fusion contraction shrinkage
d Schmelzschrumpfung
f retrait de fusion
s contracción de fusión
i contrazione di fusione

3601 fuzz
d Faserflaum
f duvet
s pelusilla
i lanuggine della fibra

3602 fuzz resistance
d Fusselbeständigkeit
f résistance à la formation de duvet
s resistencia a la formación de borra
i resistenza alla formazione di lanuggine

3603 fuzziness
d Fusseligkeit
f caractère duveteux
s carácter velloso
i lanugginosità

3604 fuzzing
d Fusseln
f formation de duvet
s formación de pelusilla
i formazione di lanuggine

3605 fuzzwaste
d Faserabfall
f duvet de fabrication
s borra de desperdicios
i cascame di fibra

3606 fuzzy mote
d Faserflugansammlung
f duvet en amas
s botón de pelusilla
i accumulo di pulviscolo di fibra

G

3607 **gabardine**
d Gabardine
f gabardine
s gabardina
i gabardine

3608 **gadget**
d Klein-Zubehör
f gadget
s pequeño accesorio
i gadget

3609 **galling**
d Abriebstelle
f défaut de striure
s defecto de estriado
i stiramento

3610 **galloon**
d Borte
f galon
s galón
i passamano, gallone

3611 **galvanise**
d Galvanisieren
f galvaniser, déposer par électrolyse
s galvanizar
i galvanizzare

3612 **gamma ray**
d Gammastrahlung
f rayon gamma, radiation gamma
s rayo gama
i raggi gamma

3613 **gap**
d Spalt
f écart
s resquicio
i intervallo, gioco

3614 **garment component**
d Bekleidungsbestandteil
f composant de vêtement, composant de l'habillement
s parte de un traje
i componente di abbigliamento

3615 **garment dyeing**
d Kleiderfärberei
f teinture de vêtement
s tintura de prendas
i tintoria

3616 **garment dyeing machine**
d Kleiderfärbeapparat
f machine de teinture pour vêtement, machine de teinture pour habillement
s máquina para la tintura de vestidos
i apparecchio per tintura

3617 **garment hanger**
d Kleiderbügel
f porte-vêtement
s colgador
i stampella, gruccia

3618 **garment manufacturing machine, tailoring machine**
d Bekleidungsindustriemaschine
f machine de confection
s máquina para la confección
i macchine per industria dell'abbigliamento

3619 **garment molding**
d Fassonieren, Formgeben durch Bügeln
f mise en forme de vêtement
s modelado del vestido
i messa in forma mediante stiratura

3620 **garment repair**
d Kleiderreparatur
f réparation de vêtement
s reparación del vestido
i riparazione dell'abbigliamento

3621 **garment taking in**
d Kleideränderung
f reprise par couture
s zurcido de agujeros
i modifica dell'abbigliamento

3622 garment wearing
d Tragen der Kleidung
f usage des vêtements
s uso de las prendas
i uso dei vestiti

3623 garnetting
d Fadenöffnen, Garnettieren, Garnöffnen
f garnettage
s deshilachado de desperdicios
i garnettatura, sfilacciatura

3624 garnetting machine
d Garnettöffner, Droussier-Krempel
f machine de garnettage, garnett
s máquina deshilachadora garnett
i garnettatrice, sfilacciatrice

3625 garter
d Strumpfband
f jarretiére
s liga
i giarrettiera

3626 garter belt
d Strumpfhalter
f porte-jarretelle
s portaliga
i reggicalze

3627 gas
d Gas
f gaz
s gas
i gas

3628 gas chromatography
d Gaschromatographie
f chromatographie en phase gazeuse
s cromatografía en fase gaseosa
i gascromatografia

3629 gas fume fastness
d Abgasechtheit, Abgasbeständigkeit
f solidité au gaz de combustion
s solidez al gas de combustión
i solidità ai gas combusti

3630 gas fume fastness testing
d Abgasechtheitsprüfung, Abgasbeständigkeitsprüfung
f test de solidité au gaz de combustion
s ensayo de solídez al gas de combustión
i controllo della solidità ai gas combusti

3631 gas heater
d Gasheizgerät
f appareil de chauffage au gaz
s calentador de gas
i caldaia a gas

3632 gas mantle
d Gasstrumpf
f manchon à gaz
s camisa para gas
i reticella per il gas

3633 gas permeability
d Gasdurchlässigkeit
f perméabilité, porosité aux gaz
s permeabilidad al gas
i permeabilità al gas

3634 gas phase
d Gasphase
f phase gazeuse
s fase gaseosa
i fase gassosa

3635 gaseous injection dyeing
d Luftinjektionsfärben
f teinture par injection gazeuse
s tintura por inyección gaseosa
i tintura per iniezione di aria

3636 gaseous medium
d gasförmiges Medium
f milieu gazeux
s medio gaseoso
i fluido gassoso

3637 gasket
d Dichtung
f joint d'êtanchéitê
s junta de estanqueidad
i guarnizione

3638 **gassing**
d Gasieren, Faserabbrennen
f gazage
s gaseado
i gasatura, bruciapelo

3639 **gathering**
d Zusammennähen, Aneinandernähen
f assemblage par couture
s unión por costura
i cucire insieme

3640 **gathering attachment**
d Faltenlegeeinrichtung
f machine à froncer
s máquina para fruncir
i macchina per increspare

3641 **gauge**
d Gauge
f jauge
s galga
i finezza della macchina

3642 **gauge length, specimen length**
d Prüflänge, Einspannlänge
f longueur d'éprouvette, longueur de l'échantillon
s longitud de probeta
i lunghezza del campione

3643 **gauge mandrel**
d Lehrdorn
f mandrin gabarit
s mandril calibrador
i calibro a tampone

3644 **gauze fabric, gauze**
d Gazegewebe
f tissu de gaze de tour
s tejido de gasa de vuelta
i tessuto di garza, garza

3645 **gauzeweave**
d Gazebindung
f armure gaze de tour
s ligamento gasa de vuelta
i armatura garza

3646 **gear**
d Getriebe
f engrenage
s engranaje
i ruota dentata, ingranaggio

3647 **gear crimped yarn**
d Zahnradkräuselgarn, Zahnradtexturgarn
f fil texturé sur engrenage
s hilo texturado en rueda dentada
i filo testurizzato a ruota dentata

3648 **gear crimping**
d Zahnradkräuseln, Zahnradtexturieren
f texturation par engrenage
s texturación por rueda dentada
i testurizzazione a ruota dentata

3649 **gear crown**
d Zahnkranz
f couronne d'engrenage
s corona de engranaje
i corona dentata

3650 **gear drive**
d Zahnradantrieb, Zahnradgetriebe
f commande par engrenaget
s mando por engranaje
i trasmissione ad ingranaggi

3651 **gear, toothed wheel pump**
d Zahnradpumpe
f pompe des engrenages
s bomba de los engranajes
i pompa degli ingranaggi

3652 **gearbox**
d Getriebegehäuse
f boîte d'engrenage
s caja de engranajes
i scatola del cambio

3653 **gearwheel**
d Sperrad
f roue à déclic, roue d'encliquetage
s rueda a trinquete
i ruota dentata a rocchetto

3654 Geiger counter
d Geigerzähler
f compteur Geiger
s contador de Geiger
i contatore Geiger

3655 gel
d Gel
f gel
s gel
i gel

3656 gel filtration chromatography
d Gelfiltrierungschromatographie
f chromatographie de filtration de gel
s cromatografía de filtración de geles
i cromatografia di esclusione, cromatografia a permeazione di geli

3657 gel permeation chromatography
d Gelchromatographie
f chromatographie par perméation de gel
s cromatografía a través de gel
i cromatografia per permeazione su gel (GPC)

3658 gelatine
d Gelatine
f gèlatine
s gelatina
i gelatina

3659 gelling, gellation
d Gelieren
f gélification, mise sous forme de gel
s gelificación
i gelatinizzazione

3660 generator
d Generator
f appareil générateur
s aparato generador
i generatore

3661 Genoa velvet
d Genuasamt, Genuacord
f velours de Gênes
s terciopelo de Gènova
i velluto Genova

3662 geomembrane
d Geomembran
f géomembrane, géodiaphragme ??
s geomembrana
i geomembrana

3663 geometric
d Geometrisch
f géométrique
s geométrico
i geometrico

3664 geometrical property
d geometrische Eigenschaft
f propriété géométrique
s propiedad geométrica
i proprietà geometriche

3665 geometry
d Geometrie
f géométrie
s geometría
i geometria

3666 geophisics
d Geophysik
f géophysique
s geofísica
i geofisica

3667 georgette crêpe, crepon georgette
d Crepe-Georgette
f crêpe georgette
s crespón georgette
i crepe Georgette

3668 geotechnic textile
d Geotechnisches Textil
f textile géotechnique
s textil geotécnico
i tessile geotecnico

3669 geotextile
d Geotextil
f géotextil
s geotextil
i geotessile

3670 germinate
d Keimen
f germination
s germinar
i germinare

3671 giant saddle stitch
d grosser Sattlerstich
f point de sellier géant
s punto gigante de guarnicionero
i punto gigante da sellaio

3672 gill box, pin drafter
d Gillbox
f gill box, étirage à barrettes
s gill box
i gill-box

3673 gill needle, gill pin
d Gillnadel
f aiguilles des barrettes
s puas de varetas
i aghi delle barrette

3674 gilling, pin drafting
d Strecken auf der Nadelstabstrecke
f gillsage, étirage par aiguilles, étirage sur gill boxes, préparation sur gill boxes
s paso por el gill
i scardassare

3675 gincut
d Egrenierschaden
f fibre cassée sur égreneuse
s corte sobre desmotadora
i fibra rotta dalla sgranatrice

3676 ginestra
d Ginsterfaser
f genèt
s retama
i fibra di ginestra

3677 ginfall
d Egrenierergebnis
f sortie d'égreneuse
s salida de la desmotadora
i resa della sgranatrice

3678 gingham
d Gingham
f tissu guingan
s tejido guinga
i percalle, gingan

3679 ginning
d Egrenieren
f ègrenage
s desmotado
i sgranatura

3680 girdle
d Hüftgürtel
f gaine
s faja
i cintura

3681 glass cloth
d Glasgewebe
f tissu de verre
s tejido de vidrio
i tessuto di vetro

3682 glass fiber
d Glasfaser
f fibre de verre
s fibra de vidrio
i fibra di vetro

3683 glass filament
d Glasseide, Glasfilament
f filament de verre
s filamento de vidrio
i filamento di vetro, filamento continuo di fibra di vetro

3684 glass filament yarn
d Glasfilamentgarn
f fil de filaments de verre
s hilo de filamento de vidrio
i filo in filamento di vetro

3685 glass mat
d Glasmatte
f matelas de fibres de verre
s colchón de fibras de vidrio
i stuoia in fibre di vetro

3686 **glass spun yarn**
d Glasstapellasergarn, Glasspinhfasergarn
f filé de verre
s hílado de vidrío
i filato da fibra di vetro in fiocco

3687 **glass transition temperature, second order transition temperature**
d Glasumwandlungstemperatur, Glasübergangstemperatur, Einfriertemperatur, Transformationstemperatur
f température de transition vitreuse, température de transition second ordre
s temperatura de transición vitrea
i temperatura di transizione vetrosa, temperatura di transizione del second'ordine

3688 **glass tube**
d Glasrohr
f tube en verre
s tubo de vidrio
i tubo di vetro

3689 **glass yarn**
d Glasgarn
f fil de verre
s hilo de vidrio
i filo di vetro

3690 **glass yarn reinforced laminate**
d glasfaserverstärkter Stoff
f stratifié avec fils de verre, stratifiè renforcé de fils de verre
s estratificado con hilos de vidrío
i tessuto rinforzato con filo di vetro

3691 **glaze**
d Glaze
f aspect glace
s acabado brillante
i glacé

3692 **glazing**
d Glanzappretur
f glaçage
s glaseado
i glazing

3693 **gloss**
d Glanz
f brillant
s brillo
i brillantezza

3694 **glove**
d Handschuh
f gant
s guante
i guanto

3695 **glove lining**
d Handschuhfutter
f doublure pour gant
s forro para guantes
i fodera per guanti

3696 **glucose, dextrose**
d Glukose
f glucose, dextrose
s glucosa
i glucosio, destrosio

3697 **glue**
d Leim
f colle
s cola
i colla

3698 **gluing**
d Kleben, Leimen
f collage
s encoladura
i incollare

3699 **gluing property**
d Klebrigkeit
f propriété collante
s propiedad ligante
i proprietà collante

3700 **glutamic acid**
d Glutaminsäure
f acide glutamique
s ácido glutámico
i acido glutammico

3701 glutamine
d Glutamin
f glutamine
s glutamina
i glutammina

3702 glutaraldehyde
d Glutaraldehyd
f glutaraldèhyde
s glutaraldehído
i aldeide glutarica, 1,3-propandicarbaldeide

3703 glycerin monochlorohydrin
d Glycerinmonochlorhydrin
f monochlorhydrine de glycérine
s monoclorhidrína de glicerina
i 3-cloro-1,2-propandiolo

3704 glycerol, glycerin
d Glycerin, Glycerol
f glycérol, glycérine
s glicerol
i glicerina, propantriolo

3705 glycerophosphate
d Glycerylphosphat
f glycèrophosphate, phosphate de glycèride
s glicerofosfato
i glicerofosfato

3706 glyceryl ester
d Glycerylester
f ester de glycèrine
s éster de glicerina
i estere glicerilico

3707 glycine
d Glycin
f glycine
s glícina
i glicina

3708 glycol
d Glykol
f glycol
s glicol
i glicole

3709 glycol ester
d Glykolester
f ester du glycol
s éster de glicol
i estere di glicole

3710 glycol ether
d Glykolether
f èther glycolique
s èter glicólico
i etere glicolico

3711 glyoxal
d Glyoxal
f glyoxal
s glioxal
i gliossale

3712 go through machine
d Go-Through-Maschine
f métier go through
s máquina de go through
i macchina go-trough

3713 goat hair
d Ziegenhaar
f poil de chévre
s pelo de cabra
i pelo di capra

3714 gobelin tapestry
d Gobelin
f tapisserie des gobelins
s tapiz gobelino
i gobelin

3715 godet roll
d Galette
f godet de filage, guide-fil de filage
s guiahilo de hilado
i godet, puleggia a rullo per filatura a fibre chimiche

3716 godet tailoring
d glockige Verarbeitung
f façon à godets
s plisado en sastreria
i lavorazione a campana

3717 **goggles**
d Schutzbrille
f lunettes protectrices ou de protection, lunettes de sûreté
s anteojos de protección
i occhiali protettivi

3718 **gold**
d Gold
f or
s oro
i oro

3719 **gold compound**
d Goldverbindung
f composé d'or
s compuesto de oro
i composto di oro

3720 **good middling cotton**
d Good Middling
f coton good middling
s grado de algodón good middling
i cotone good middling

3721 **good ordinary cotton**
d Good Ordinary
f coton good ordinary
s clase de algodón good ordinary
i cotone good ordinary

3722 **gothic tapestry**
d gotischer Wandteppich
f tapisserie gothique
s tapicería gótica
i arazzo gotico

3723 **gown**
d Abendkleid, Abendrobe
f robe de soirée
s vestido de noche
i vestito da sera

3724 **grab test strength**
d Grabtestbeständigkeit, Eingrabtestbeständigkeit
f résistance grab test
s resistencia ai ensayo grab
i resistenza al grab-test

3725 **gradient**
d Gradient
f gradient
s gradiente
i gradiente

3726 **grading**
d Einstufung
f èvaluation du grade
s clasificación por grado
i classificazione

3727 **graft**
d Pfröpfling
f greffon
s injertación
i innesto, trapianto

3728 **graft copolymerization**
d Pfropfcopolymerisation
f copolymèrisation par greffage
s copolimerizacion por injerto
i copolimerizzazione ad innesto

3729 **graft polymer**
d Pfropfpolymer
f polymère greffé
s polímero de injerto
i polimero ad innesto

3730 **grafting**
d Pfropfen
f greffage
s injerto
i innesto

3731 **grain**
d Korn
f granule
s granulado
i grano

3732 **grain boundary**
d Korngrenze
f limite de zone cristalline
s limite de zona cristalina
i bordo del grano

3733 granite fabric, sharkskin
d Granitgewebe
f granite
s tejido granito
i rasato, satinato

3734 granite weave
d Granitbindung
f armure granite
s ligamento granito
i armatura rasata

3735 granular carding machine
d Granularkarde
f carde granulaire
s carda granular
i granulometria

3736 granulate
d Granulieren
f granulation
s granular
i granulare

3737 granulometry
d Granulometrie, Siebanalyse
f granulomètrie
s granulometria
i granulometria

3738 graph
d graphische Darstellung
f graphique
s gràfico
i grafico

3739 graphic analysis
d Graphische Analyse
f analyse graphique
s análisis gráfico
i analisi grafica

3740 graphic video
d Graphikbildschirm
f Écran, vidéo graphique
s pantalla gráfica
i video grafico

3741 graphical method
d graphisches Verfahren
f méthode graphique
s método gràfico
i metodo grafico

3742 graphite
d Graphit
f graphite
s grafito
i grafite

3743 graphite fiber
d Graphitfaser, Kohlefaser, Carbonfaser
f fibre de graphite
s fibra de grafito
i fibra di grafite

3744 grass bleaching
d Rasenbleiche
f blanchiment sur pré
s blanqueo sobre césped
i candeggio al prato

3745 gravimetric
d Gravimetrisch
f gravimétrique
s gravimétrico
i gravimetrico

3746 gravimetric analysis
d gravimetrische Analyse
f analyse gravimétrique
s anàlisis gravimétrico
i analisi chimica quantitativa ponderale, analisi gravimetrica

3747 gravitation
d Gravitation
f gravitation
s gravitación
i gravitazione

3748 gravity
d Schwerkraft
f gravité
s gravedad
i gravità

3749 grease
d Fett
f graisse
s grasa
i grasso

3750 grease content
d Fettgehalt, Fettanteil
f taux de gras
s contenido de grasa
i contenuto di grasso

3751 grease recovery
d Fettrückgewinnung
f récupération de la graisse
s recuperación de la grasa
i recupero del grasso

3752 greasy wool
d Schweisswolle
f laine en suint, laine brute, laine en gras
s lana sucia
i lana sucida

3753 grecian weave
d Kautschukbindung
f armure grêcque
s ligamento griego
i composto di caucciù, tessuto greco

3754 Greenfield converter
d Greenfield-Konverter
f convertisseur Greenfield
s convertidor Greenfield
i convertitore Greenfield

3755 greige silk
d Grège, Rohseide, Haspelseide
f soie grège
s seda cruda
i seta grezza

3756 grey
d rohfarben
f écru
s crudo
i bigio

3757 grey cloth
d Rohgewebe
f tissu écru
s tejido crudo
i panno grezzo

3758 grey knitted fabric
d Rohmaschenware
f tricot écru
s tricot crudo
i maglieria grezza

3759 grey scale
d Graumassstab
f échelle des gris
s escala de grises
i scala di grigio

3760 greygood
d ungebleichte Ware
f article écru
s empesa
i tessuto greggio

3761 greying
d Vergrauung
f grisage
s agrisado
i inbiancatura (dei pori)

3762 grid bar
d Reinigungsgitterstab
f barreau de grille de batteur
s barra de la rejilla del batán
i barra della griglia di pulitura

3763 grinding
d Schleifen
f aiguisage
s amolado
i rettifica, levigazione

3764 grinding roll, card grinder
d Kratzenschleifvorrichtung
f cylindre d'aiguisage
s cilindro de esmerilado
i cilindro smerigliatore

3765 **grinding wheel**
d Schleifmolette
f molette d'aiguisage
s muela corredera de afilado
i mola

3766 **gripper**
d Greifer
f griffe
s mordaza
i pinza

3767 **gripper shuttle loom**
d Projektilwebmaschine
f machine à tisser à projectile
s telar de proyectil
i telaio a navetta

3768 **grit**
d Schleifkorn
f grain de meule
s grano de muela
i graniglia, polvere di smeriglio

3769 **groove**
d Nut
f rainure, gorge
s ranura
i scanalatura, solco

3770 **gross weight**
d Bruttogewicht
f poids brut
s peso bruto
i peso lordo

3771 **ground heddle**
d Grundlitze
f lisse de fond
s lizo de fondo
i liccio di fondo

3772 **ground yarn**
d Grundfaden
f fil de fond
s hilo de fondo
i filo di fondo

3773 **growth**
d Wachstum
f croissance
s crecimiento
i crescita

3774 **guanidine**
d Guanidin
f guanidine
s guanidina
i guanidina

3775 **guarantee**
d Garantie
f garantie
s garantía
i garanzia

3776 **guide**
d Führer
f guide
s guia
i guida

3777 **guide bar**
d Legeschiene, Lochnadelbarre
f barre à passettes
s barra guia
i barra conduttrice, barra di guida

3778 **guide needle**
d Lochnadel
f passette de tricotage
s pasador de tricotado
i ago di guida

3779 **guiding**
d Führung
f guidage
s guiado
i guida

3780 **guipure**
d Guipure
f guipure
s guipur
i guipure

3781 gum
d Pflanzengummi
f gomme, mucilage
s goma
i gomma

3782 gunny sack
d Jutesack
f sac en jute
s saco de yute
i sacco di iuta

3783 Gurley permeometer
d Gurley-Durchlässigkeitsmesser
f perméabilimètre Gurley
s porosimetro Gurley
i permeametro di Gurley

3784 gusset
d Zwickel
f gousset
s escuadra
i interstizio

3785 gut thread
d Catgut, chirurgisches Garn
f catgut, fil de boyau
s catgut
i filo per uso chirurgico

3786 gymp
d Gimpe, Zierschnur, Einlageschnur
f guimpe
s griñón
i filo in cui uno strato (o anima) di diversi fili di cotone è avvolto strettamente da seta colorata o fili metallici

H

3787 **haberdashery**
d Kurzwaren
f passementerie, mercerie
s artículos de mercería, de pasamanería
i mercerie

3788 **hackle comb**
d Bürstenreinigungskamm
f peigne nettoyeur de brosse de la carde
s peine de rastrillar borra
i pettine per scotolatura

3789 **hackling machine**
d Hechelmaschine
f peigneuse
s rastrilladora, peinadora
i pettinatrice, macchina scapecchiatrice

3790 **hackling, scutching**
d Hecheln
f teillage
s rastrillado
i pettinatura, scotolatura

3791 **hairiness**
d Haarigkeit
f pilosité
s vellosidad
i pelosità

3792 **hairiness measuring instrument**
d Haarigkeitsmessgerät
f appareil pour la misuration de la pilosité
s medidor de pelosidad
i misuratore della pelosità

3793 **hairy**
d haarig
f pileux
s velloso
i peloso

3794 **half cardigan fabric**
d Perlfangware
f tricot côte perlée, tricot demi côte anglaise
s tejido de medio punto inglés
i stoffa mezzo-cardigan

3795 **half hose, hall hosiery**
d Kniestrumpf
f mi-bas
s calcetín
i calzino

3796 **half lap**
d Rundkamm-Nadelsegment
f segment du peigne circulaire
s segmento del peine circular
i segmento del pettine circolare

3797 **half linen cloth**
d Halbleinen
f toile métis
s tejido de medio lino
i tessuto di mezzo-lino

3798 **half set**
d Einzug 1 zu 1
f enfilage 1 et 1
s enhebrado 1 y 1
i incorsatura 1 a 1

3799 **half-hose machine**
d Sockenautomat, Kleinrundstrickautomat
f métier à chaussettes
s telar de calcetines
i macchina automatica per produzione di calzini

3800 **halide**
d Halogenid
f halogénure
s haluro
i alogenuro

3801 **Halle Seydel stretch breaker, Seydel machine**
d Halle-Seydel-Reissmaschine
f machine de craquage Seydel, machine Seydel
s máquina de quebrar Halle Seydel
i sfilacciatrice Halle Seydel

3802 halogen
d Halogen
f halogène
s halógeno
i alogeno

3803 halogen compound
d Halogenverbindung
f composé halogéné
s compuesto de halógeno
i composto di alogeno

3804 halogenated acid
d halogenierte Säure
f acide halogéné
s ácido halogenado
i acido alogenato

3805 halogenated hydrocarbon
d halogenierter Kohlenwasserstoff
f hydrocarbure halogéné
s hidrocarburo halogenado
i idrocarburo alogenato

3806 halogenation
d Halogenierung
f halogénation
s halogenación
i alogenazione

3807 halohydrin
d Halohydrin
f halohydrine
s halohidrina
i aloidrina

3808 Hampshire wool
d Hampshire-Wolle
f laine du Hampshire
s lana de Hampshire
i lana Hampshire

3809 hand combing
d Handkämmen
f peignage à la maint
s peinaje a mano
i pettinatura a mano

3810 hand embroidery
d Handstickerei
f broderie à la main
s bordado a mano
i ricamo a mano

3811 hand, handle
d Griff
f main, toucher, appréciation au toucher
s mano
i manico

3812 hand knitting
d Handstricken
f tricotage à la main
s tricotado a mano
i lavoro a maglia

3813 hand knitting yarn, fingering yarn
d Handstrickgarn
f fil à tricoter à la main
s hilo para tricotar a mano
i filo per lavoro a maglia

3814 hand loom
d Handwebstuhl
f métier à tisser à bras
s telar a mano
i telaio a mano

3815 hand made lace
d Handspitze, handgenähte Spitze
f dentelle faite à la main
s encaje hecho a mano
i pizzo fatto a mano

3816 hand pick stitch
d Handarbeitsstich
f point fait à la main
s punto hecho a mano
i punto fatto a mano

3817 hand sewing
d Handnähen
f couture à la main
s costura a mano
i cucitura a mano

3818 **hand washing**
d Handwaschen
f lavage à la main
s lavado a mano
i lavaggio a mano

3819 **hand weaving**
d Handweben
f tissage à bras
s tisaje a mano
i tessitura a mano

3820 **handkerchief**
d Taschentuch
f mouchoir
s pañuelo
i fazzoletto

3821 **handle saddle stitch**
d Handzierstich
f point de sellier à la main
s punto de guarnicionero a mano
i punto da sellaio a mano

3822 **handling**
d Bedienung, Handling
f manoeuvre, maniement, manipulation
s servicio, manejo, tratamiento
i manovra, operazione, handling (manipolazione)

3823 **handling machine**
d Förderanlage
f machine de manutention
s máquina de manutención
i impianto trasportatore

3824 **handling organizing**
d Materialflussorganisation
f organisation de la manutention
s organízación de la manutención
i organizzazione della manutenzione

3825 **handling pallet**
d Palette
f palette de manutention
s paleta de manutención
i pallet

3826 **handwovenfabric**
d handgewebter Stoff
f tissu fait à la main
s tejido hecho a mano
i tessuto a mano

3827 **hanging creel**
d Sterngatter
f râtelier parapluie
s fileta colgante
i rastrelliera a stella

3828 **hangings, drape**
d Wandbehang
f tenture
s colgadura
i addobbo

3829 **hank**
d Hank
f écheveau de 840 yards, hank
s madeja de 840 yardas
i matassa

3830 **hank dyeing machine**
d Stranggarnfärbemaschine
f machine de teinture en écheveaux
s màquina de tintura en madejas
i macchina per tintura in matassa

3831 **hank dyeing, skein dyeing**
d Stranggarnfärben
f teinture en écheveaux
s tintura en madejas
i tintura in matassa

3832 **hank number**
d Hanknummer
f titrage système hank
s título en sistema hank
i numero secondo il sistema Hank

3833 **hank sizing**
d Strangschlichten
f encollage sur écheveaut
s encolado de madejas
i imbozzimatura di matasse

3834 hank, skein, bunch
d Bündel
f botte, écheveau
s manojo, haz, paquete de hilo
i matassa

3835 hankcan
d Strangkanne
f pot pour écheveaux
s bote para madejas
i contenitore per matasse

3836 hard water
d hartes Wasser
f eau dure
s agua dura
i acqua dura

3837 hard winding
d harte Wicklung
f bobinage dur
s bobinado duro
i avvolgimento duro

3838 hardened, strengthened
d Getempert
f trempé, durci par trempe
s templado
i temprato

3839 hardening
d Härten
f durcissement
s endurecimiento
i tempra, indurimento

3840 hardness, firmness
d Härte
f dureté, fermeté
s dureza
i durezza

3841 hardness of winding
d Bewiklungshärte
f dureté de l'enroulement, du bobinage
s tension (dureza) del enrollado
i durezza dell'avvolgimento

3842 hardware
d Hardware
f hardware
s hardware
i hardware

3843 harness
d Geschirr
f harnais
s cuerpo de mallas
i arcate, licci, tiranti, conduttori

3844 harness board
d Platinenboden
f planche d'arcade
s tabla de arcadas
i fondo delle platine

3845 harness chain
d Schaftkarte, Schaftkette
f chaîne de harnais, chaîne de l'ourdissage
s cadena de costillas, cadena del urdimbre
i catena di liccio, catena dell'ordito

3846 harness cord
d Harnischkordel, Harnischflechtschnur
f corde de harnais
s arcada
i carda di liccio

3847 harness drop
d Schaftbewegung, Bewegung des Webschaftes
f mouvement du harnais
s movimiento de lizos
i movimento dei licci

3848 harness lever
d Schaftschemel
f levier de commande du harnais
s palanca tiralizos
i leva di comando dei licci

3849 harness skip
d harnischbedingter Webfehler
f blocage du harnais
s blocaje de los lizos
i blocco dei licci

3850 harness strap
d Schaftriemen
f courroie de harnais
s correa tiralizos
i correggia dei licci

3851 Hart moisture meter
d Hart'scher Feuchtigkeitsmesser
f psychromètre de Hart
s psicrómetro de Hart
i igrometro di Hart

3852 harvard
d gestreiftes Croisé
f shirting croisê à rayures
s tela harvard para camisas
i harvard

3853 hat
d Hut
f chapeau
s sombrero
i cappello

3854 hawser
d Trosse
f haussière
s estacha
i gomena

3855 HB yarn, high bulk yarn
d Hochbauschgarn
f filé „high bulk", fil très gonflant
s hilado a alto volumen
i filato ad alta voluminosità HB (high bulk)

3856 headgear
d Kopfbedeckung
f couvre-chef
s tocado
i copritestata

3857 headstock
d Antriebskopf
f têtiére
s testera
i testata

3858 headstock cover
d Antriebshaube
f couvercle de têtiêre
s tapa de cabezal
i testata di comando

3859 heald frame or shaft, dobby
d Webschaft
f métier à ratière
s telar a ratiera
i telaio a ratiera

3860 heald, heddle
d Litze
f lice, lisse
s trencilla, lizo
i liccio

3861 heart valves fabric
d Textil für Herzklappen
f tissu pour valvule du coeur
s tejido para válvula del corazón
i tessuto per valvole cardiache

3862 heartloop
d herzförmige Schlinge
f boucle en coeur
s bucle en forma de corazón
i amello a cuore

3863 heat
d Wärme
f chaleur
s calor
i calore

3864 heat action
d Wärmeeinwirkung
f influance, action de la chaleur
s acción del calor
i azione del calore

3865 heat balance
d Wärmebilanz
f bilan thermique
s balance térmico
i bilancio termico

3866 **heat bonding**
d Hitzeverbinden
f liage par la chaleur
s unión mediante calor
i unione mediante calore

3867 **heat calendering**
d Hitzekalandern
f calandrage à chaud
s calandrado en caliente
i calandratura a caldo

3868 **heat capacity**
d Wärmeaufnahmefähigkeit, Wärmekapazität
f capacité calorifique
s capacidad térmica
i capacità termica

3869 **heat content**
d Wärmeinhalt
f teneur en chaleur
s contenido de calor
i entalpia

3870 **heat effect**
d Wärmewirkung
f action de la chaleur
s efecto del calor
i effetto del calore

3871 **heat exchange**
d Wärmeaustausch
f échange thermique
s intercambio térmico
i scambio di calore

3872 **heat exchanger**
d Wärmeaustauscher
f èchangeur de chaleur
s intercambiador de calor
i scambiatore di calore

3873 **heat of fusion**
d Schmelzwärme
f chaleur de fusion
s calor de fusión
i calore di fusione

3874 **heat pump**
d Wärmepumpe
f pompe à ou de chaleur, thermopompe
s bomba, pompa térmica
i pompa di calore, termica

3875 **heat resistance**
d Wärmebeständigkeit, Hitzefestigkeit
f résistance à la chaleur
s resistencia ai calor
i resistenza al calore

3876 **heat resistant**
d hitzebeständig
f thermo-résistant
s termoresistente
i resistente al calore

3877 **heat resistant fibre**
d hitzebeständige Faser
f fibre résistante à la chaleur
s fibra resistente al calor
i fibra resistente al calore

3878 **heat setting**
d Thermofixieren
f thermofixage
s termofixaje
i termofissaggio

3879 **heat setting machine**
d Thermofixiermaschine
f machine de fixage par la chaleur
s màquina de fijado por el calor
i macchina per termofissaggio

3880 **heat source**
d Wärmequelle
f source de chaleurt
s fuente de calor
i fonte di calore

3881 **heat stabilizer**
d Wärmestabilisator
f stsbílisant thermique, stabílisant à la chaleur
s estabilizador tèrmico
i stabilizzatore termico

3882 heat transfer
d Wärmeübergang
f transfert de chaleur
s transmisión del calor
i trasmissione del calore

3883 heat treatment
d thermische Behandlung
f traitement thermíque, traitement par la chaleur
s tratamiento por el calor
i trattamento termico

3884 heat up
d Erhitzen
f chauffer
s calentar
i riscaldare

3885 heat welding, heat sealing
d Heissversiegeln
f thermosoudage, soudage par la chaleur
s termosoldado
i termosaldatura, sigillatura a caldo

3886 heatgiving
d wärmend
f chauffant
s caldeante
i riscaldante

3887 heating
d Erwärmung, Aufwärmen, Heizung
f échauffement, chauffage, installation de chauffage
s calentamiento, calefacción
i riscaldamento

3888 heating equipment
d Heizeinrichtung
f matériel de chauffage
s equipo de calefacción
i riscaldamento

3889 heating fabric
d beheizte Textilware
f tissu chauffant
s tejido calefactor
i tessuto riscaldato

3890 heating kettle
d Heizkessel
f chaudron
s caldera de calefacción
i caldaia

3891 heat-set
d thermofixiert
f thermofixé
s termofijado
i termofissato

3892 heavy cloth
d Schwergewebe
f tissu lourd
s tejido pesado
i tessuto pesante

3893 heavy metal
d Schwermetall
f métal lourd
s metal pesado
i metallo pesante

3894 heavy metal soap
d Schwermetallseife
f savon de métal lourd
s jabón de metal pesado
i sapone di metallo pesante

3895 heddle
d Webelitze
f lisse
s lizo
i maglia, liccio

3896 heddle bar
d Litzenschiene
f tringle de lisse
s barra de lizo
i barra del liccio

3897 heddle hook
d Litzeneinziehhaken, Passierhaken
f passette de rentrage, crochet de rentrage
s pasador de remeter
i uncinetto di rimettitura

3898 **heddle smash**
d Litzenbruch
f casse de lisse
s rotura del lizo
i rottura del liccio

3899 **heddling, drawing in**
d Schafteinzug, Schaftpassierung
f rentrage en harnais, remettage, rentrage en lisse
s remetido de los lizos
i rimettaggio dei licci

3900 **heedle eye**
d Litzenauge
f oeillet de lisse, maillon de lisse
s ojal de malla
i occhiello della maglia del liccio

3901 **helical crimp**
d Spiralkräuselung
f ondulation hèlicoïdale
s ondulacion helicoidal
i arricciatura a spirale

3902 **helicoidal shape**
d Schraubenform
f forme hèlicoïdale
s forma helicoidal
i forma elicoidale

3903 **helicoidal stirrer, propeller**
d Schraubenrührer, Rührschnecke
f agitateur à hèlice
s agitador de hêlice
i agitatore ad elica

3904 **helix angle, angle of twist**
d Drehungswinkel
f angle de torsion
s ángulo de torsión
i angolo dell'elica

3905 **helix reversal**
d Spiralumkehrung
f inversion d'hélice
s inversiôn de hélice
i inversione dell'elica

3906 **helmet**
d Helm
f casque
s casco
i casco

3907 **hem**
d Saum
f ourlet
s dobladillo
i orlo

3908 **hem seam**
d Saumnaht
f couture d'ourlet
s costura de dobladillo
i orlo

3909 **hemiacetal**
d Halbacetal, Hemiacetal
f hêmi-acétal
s hemiacetal
i emiacetale

3910 **hemicellulose**
d Hemicellulose
f hémicellulose
s hemicelulosa
i emicellulosa

3911 **hemming**
d Säumen
f ourlage
s ribeteado
i orlatura, punzonatura

3912 **hemp**
d Hanf
f chanvre
s cañamo
i canapa

3913 **herbicide**
d Herbicid
f herbicide
s herbicida
i diserbante, erbicida

3914 **hermetic**
d Hermetisch
f hermétique
s hermético
i ermetico

3915 **hessian**
d Hessian
f toile de jute
s tela de yute
i tela di sacco, tela di iuta

3916 **heterocyclic compound**
d heterozyklische Verbindung
f composé hétérocyclique
s compuesto heterocíclico
i composto eterociclico

3917 **heterocyclic nitro compound**
d heterozyklische Nitroverbindung
f composé hétérocyclique azotè
s compuesto heterocíclico nitrado
i composto eterociclico di azoto

3918 **heterofiber**
d Heterofaser
f hètêrofibre
s heterofibra
i eterofibra

3919 **heterogeneous**
d Heterogen
f hétérogène
s heterogéneo
i eterogeneo

3920 **heterogeneous blend**
d heterogene Mischung
f mélange hêtérogène
s mezcla heterogénea
i miscela eterogenea

3921 **heterogeneous material**
d heterogenes Material
f matière hêtérogêne
s materia heterogènea
i materiale eterogeneo

3922 **heteropolymer**
d Heteropolymer
f hétéropolymêre
s heteropolímero
i eteropolimero

3923 **hexamethylene diisocyanate**
d Hexamethylendiisocyanat
f hexamèthylènediisocyanate
s hexametilendiisocianato
i esametilendiisocianato

3924 **hexamethylenediamine**
d Hexamethylendiamin, Diaminohexan
f hexamèthylènediamine
s hexametilendiamina
i esametilendiammina

3925 **hexamethylenetetramine**
d Hexamethylentetramin
f hexaméthylènetétramine, formamine
s hexametilentetramina
i esametilentetrammina, cistamina

3926 **hexamethylol melamine**
d Hexamethylolmelamin
f hexaméthylolmélamine
s hexametilol melamina
i esametilolmelamina

3927 **hexane**
d Hexan
f hexane
s hexano
i esano

3928 **hide, skin**
d Tierhaut
f peau de bête
s piel de animal
i pelle

3929 **high density polyethylene**
d Polyethylen hoher Dichte
f polyéthylène haute densité
s polietileno de alta densidad
i polietilene ad alta densità

3930 **high draft spinning**
d Hochverzugsspinnen
f filature à grand étirage
s hilatura de gran estiraje
i filatura a stiro alto

3931 **high frequency**
d Hochfrequenz
f haute fréquence
s alta frecuencia
i alta frequenza

3932 **high liquor-goods ratio dyeing**
d Färben mit langer Flotte
f teinture en bain long
s tintura en baño largo
i tintura in bagno lungo

3933 **high modulus fiber**
d Hochmodulfaser
f fibre à haut module
s fibra de alto módulo
i fibra a modulo alto

3934 **high polymer**
d Hochpolymer
f haut polymère
s alto polimero
i polimero ad alto peso molecolare

3935 **high pressure**
d Hochdruck
f pression élevée
s presión elevada
i alta pressione

3936 **high price goods**
d hochwertige Ware
f article à prix élevé
s artículo de precio elevado
i articoli di prezzo elevato

3937 **high production card**
d Hochleistungskarde
f carde à haute production
s carda de gran producción
i carda ad alta produzione

3938 **high shrinkage fiber**
d Hochschrumpffaser
f fibre à retrait élevé
s fibra de retracción elevada
i fibra ad alta retrazione

3939 **high shrinking**
d Hochschrumpfend
f hautement rétrécissant
s muy encogible, muy retraible, muy arrugable
i altamente restringibile

3940 **high speed**
d hohe Geschwindigkeit
f vitesse élevée
s velocidad elevada
i velocità elevata

3941 **high speed process**
d Schnellverfahren
f traitement rapide
s tratamiento ràpido
i trattamento rapido

3942 **high temperature**
d hohe Temperatur
f température élevé
s temperatura elevada
i alta temperatura

3943 **high temperature dyeing**
d Hochtemperaturfärben
f teinture à haute température
s tintura a temperatura elevada
i tintura ad alta temperatura

3944 **high temperature fiber**
d Hochtemperaturfaser
f fibre résistante à haute température
s fibra resistente a altas temperaturas
i fibra resistente alle alte temperature

3945 **high tenacity viscose rayon**
d hochfestes Viskosereyon, hochfestes Viskosefilament
f viscose à haute ténacité
s rayón viscosa de alta tenacidad
i viscosa ad alta tenacità

3946 high twist
d Hochdrall, Hochdraht, Kreppdraht
f torsion forte, torsion élevée
s torsión fuerte
i torsione forte

3947 high visibility clothing, luminescent clothing
d Warnkleidung
f vêtement avertisseur
s ropa de color vistoso para señalizar
i vestiti da segnalazione

3948 high wet modulus rayon
d hochnassfestes Viskosereyon, hochnassfestes Viskosefilament
f viscose à haut module au mouillé, rayonne à haut module au mouillé
s rayón de alto módulo en hümedo
i rayon di viscosa ad alta resistenza contro l'umidità

3949 highdraft
d Hochverzug
f grand étirage
s gram estiraje
i stiro alto

3950 highly resistant
d Hochfest
f hautement résistant
s muy resistente
i altamente resistente

3951 highly resistant to breaking
d Hochreissfest
f hautement résistant à la déchirure
s muy resistente a la rotura
i ad alta resistenza contro la rottura

3952 high-performance fiber
d Hochleistungsfaser
f fibre ou filament à haute performance
s fibra de máximo rendimiento
i fibra ad alto rendimento

3953 high-pile knitted fabric
d Hochflor-Maschenware
f tricot fausse fourrure, tricot avec poils
s tejido de punto con pelo
i maglieria a pelo alto

3954 Himalaya cloth
d Shantunggewebe
f Shantung
s Shantung de Himalaya
i shantung

3955 histidine
d Histidin
f histidine
s histidina
i istidina

3956 histogram
d Histogramm
f histogramme
s histograma
i istogramma

3957 holder for sewing bobbin
d Nähspulenhalter
f support de bobine pour fil à coudre
s soporte de la bobina de hilo a coser
i supporto per la bobina del filo da cucito

3958 hole
d Loch, Bohrung
f trou, trou, alésage, perçage, forage
s agujero, perforación, taladro
i foro

3959 hollow body cop
d Krüppelkops
f bobine chómée
s bobina desocupada
i bobina disoccupata

3960 hollow braid
d Hohlborte
f tressecreuse
s trenza hueca
i treccia cava

3961 hollow cop winder
d Schlauchkopsspulmaschine
f coconneuse
s canillera para canillas sin alma
i incannatoio cavo

3962 **hollow fiber**
d Hohlfaser
f fibre creuse
s fibra hueca
i fibra vuota

3963 **hollow filament yarn, hollow fibre**
d Hohlfilamentgarn
f fil de filaments creux
s hilo de filamentos huecos
i filato a bava continua di fibra vuota

3964 **hollow spindle**
d Hohlspindel
f broche creuse
s huso hueco
i fuso vuoto

3965 **hollowness**
d Hohlheit
f caractère creux
s carácter hueco
i carattere vuoto

3966 **home dyeing**
d Haushaltsfärben
f teinture domestique
s tintura doméstica
i tintura domestica

3967 **home wear**
d Hauskleidung
f vêtement d'intérieur
s prenda de estar en casa
i vestaglia da camera

3968 **homofiber**
d Homofaser
f homofibre
s homofibra
i omofibra

3969 **homogeneity**
d Homogenität
f homogénêitè
s homogeneidad
i omogeneità

3970 **homogeneous**
d Homogen
f homogène, monochromatique
s homogéneo
i omogeneo

3971 **homogeneous blend, orthoblend**
d homogene Mischung
f mélange homogène
s mezcla homogénea
i miscela omogenea

3972 **homogeneous material**
d homogenes Material
f matière homogène
s materia homogénea
i materiale omogeneo

3973 **homogenize**
d Homogenisieren
f homogénéifier, homogénéiser
s homogeneizar
i omogeneizzare

3974 **homogenizer**
d Homogenisierer, Mischrührwerk
f homogénéiseur
s homogenizador
i omogenizzatore

3975 **homopolymer**
d Homopolymer
f homopolymère
s homopolímero
i omopolimero

3976 **honeycomb laminate**
d Waffelschichtstoff
f enduction en nid d'abeilles, laminê nid d'abeilles
s laminado de nido de abejas
i laminato a nido d'api

3977 **honeycomb structure**
d Waffelstrucktur
f structure à raidissage intégré, gauffrée
s estructura de barquillo
i armatura a nido d'ape

3978 honeycomb weave
d Waffelbindung
f armure nid d'abeilles
s ligamento nido de abejas
i armatura a nido d'ape

3979 honeydew
d Honigtau
f miellage
s enmelado
i melata

3980 hood
d Kapuze, Haube
f capuchon
s capucha
i cappuccio

3981 hook
d Haken
f crochet
s gancho
i gancio

3982 hook and eye, buckles
d HakenundOse
f agrafe
s hebilla
i gancio ed occhiello

3983 hook closure
d Hakenverschluss
f fermeture à crochet
s cierre de gancho
i chiusura a gancio

3984 hook direction
d Faserhäkchenrichtung
f direction du crochet
s dirección del gancho
i direzione dell'uncino

3985 hook formation
d Häkchenbildung
f formation du crochet
s formación del gancho
i formazione di ganci

3986 hook of Jacquard head
d Jacquardplatine, Platine der Jacquardmaschine
f crochet de mécanique Jacquard
s ganchillo de mecánica Jacquard
i gancio Jacquard

3987 hook removal
d Häkchengleichrichten
f élimination du crochet
s eliminación del gancho
i eliminazione del gancio

3988 hooked fiber
d verhakte Faser
f fibre à crochet
s fibra con gancho
i fibra a gancio

3989 Hooke's law
d Hook'sches Gesetz
f loi de Hooke
s ley de Hooke
i legge di Hooke

3990 hooking up
d Haken Versehen (mit)
f agrafage
s engrapado
i aggraffare

3991 hopper
d Füllkasten, Trichter
f chargeuse, entonnoir, pavillon, trémie
s cargadora, embudo
i tramoggia

3992 hopper feeding
d Kastenspeisung
f alimentation par chargeuse
s alimentación por cargadora automàtica
i alimentazione mediante tramoggia

3993 hopsack
d Hopsack
f armure uni natte
s esterilla
i natté composto

3994 horizontal opener
d Horizontalöffner
f ouvreuse horizontale
s abridora horizontal
i apritoio orizzontale

3995 horse hair
d Rosshaar, Pferdehaar
f crin de cheval
s crin de caballo
i crine di cavallo

3996 horsehide
d Pferdeleder
f peau de cheval
s piel de caballo
i pelle di cavallo

3997 hose, pipe
d Schlauch
f tuyau souple, tuyau flexible
s tubería
i tubo flessibile

3998 hosiery
d Strumplware
f article chaussant, bonneterie chaussante
s articulo de calcetería
i calzetteria

3999 hosiery automatic separation
d automatische Strumpfabtrennung
f séparation automatique d'articles chaussants
s separación automàtica de calceteria
i separazione automatica del calzetto

4000 hosiery dyeing
d Strumpffärberei
f teinture d'article chaussant
s tintura de artículos de calceteria
i tintura di calzetteria

4001 hosiery dyeing machine
d Strumpffärbemaschine
f machine de teinture d'article chaussant
s màquina para tenir calceteria
i macchina per tintura di calzetteria

4002 hosiery heel
d Strumpfferse
f talon de l'article chaussant
s talón de calcetería
i tallone del calzetto

4003 hosiery machine
d Strumpfautomat
f métier pour article chaussant
s telar para articulos de calcetería
i macchina automatica per calzetteria

4004 hospital sheeting
d Krankenhauswäsche
f linge d'hôpital
s ropa de hospital
i biancheria per ospedale

4005 hot air
d Heissluft
f air chaud
s aire caliente
i aria calda

4006 hot air dryer
d Heisslufttrockner
f séchoir à air chaud
s secador de aire caliente
i asciugatoio ad aria calda

4007 hot air drying
d Heisslufttrocknung
f séchage à air chaud
s secado por aire caliente
i essicazione ad aria calda

4008 hot air heating
d Warmluftheizung
f chauffage à air chaud
s calefacción de aire caliente
i riscaldamento ad aria calda

4009 hot drawing
d Heissrecken
f étirage à chaud
s estirado en caliente
i stiratura a caldo

4010 hot melt
d Heissschmelze
f hot melt
s hot melt
i fusione a caldo

4011 hot pressing for durable press, hot press method for durable press
d Permanent-Press-Verfahren
f pressage à chaud en repassage permanent
s planchado en caliente permanente
i stiratura permanente

4012 hot pressing, hot press method
d Heisspressverfahren
f pressage à chaud
s planchado en caliente
i stampaggio a caldo

4013 hot process
d Heissverfahren
f procédé à chaud, traitement à chaud
s procedimíento en caliente
i trattamento a caldo

4014 hot spot
d örtliche Erhitzung durch Reibung
f point chaud de frottement
s punto caliente
i punto caldo, riscaldamento locale per attrito

4015 hot water
d Heisswasser
f eau chaude
s agua caliente
i acqua calda

4016 hourly pay
d Stundenlohn
f salaire horaire ou par heure
s salario por hora
i paga oraria

4017 house fabric
d Heimtextil, Raumtextil
f tissu pour la maison
s tejido para la casa
i tessuti per la casa

4018 household fabric, linen
d Haushaltstextil
f linge de maison, linge domestique
s ropa de uso doméstico
i biancheria per uso domestico

4019 housing
d Gehäuse, Verschalung
f carter
s cárter
i carter

4020 Huberty's K coefficient
d Huberty Koeffizient K
f coefficient K de Huberty
s coeficiente K de Huberty
i coefficiente K di Huberty

4021 huckaback weave, birds eye weave
d Gerstenkorngewebebindung
f armure oeil de perdrix
s ligamento ojo de perdiz
i effetto huckaback per tessuti

4022 hue, shade
d Farbton
f nuance, coloris
s matiz
i tonalità

4023 hull
d Baumwollsamenschale
f enveloppe de graine de coton
s cáscara
i guscio, baccello, loppa

4024 humectant
d Feuchthaltemittel
f agent d'humectage, humectant
s agente humectante
i umettante

4025 humidifier
d Befeuchtungseinrichtung, Anfeuchtungseinrichtung, Benetzungseinrichtung
f humidificateur
s humidificador
i umidificatore

4026 humidity
d Feuchtigkeit, Feuchte
f humidité
s humedad
i umidità

4027 humidity control
d Feuchtigkeitsregelung
f contrôle de l'humidité
s control de la humedad
i controllo dell'umidità

4028 husk
d Restkokon
f coeur de cocon de ver à soie, blaze
s corazón del capullo de seda
i pula, lolla

4029 hybrid
d dybrid
f fybride
s síbrido
i ibrido

4030 hydrate
d Hydrat
f hydrate
s hidrato
i idrato

4031 hydration, hydratation
d Hydratation
f hydratation
s hidratación
i idratazione

4032 hydraulic
d Hydraulisch
f hydraulique, à liquide
s hidráulico
i idraulico

4033 hydraulic brake
d hydraulische Bremse
f frein hydraulique
s freno hidràulico
i freno idraulico

4034 hydraulic control
d hydraulische Steuerung
f contrôle par système hydraulique
s control hidràulico
i controllo idraulico

4035 hydraulic cylinder
d Hydraulikzylinder
f vérin hydraulique
s cilindro hidráulico
i cilindro idraulico

4036 hydraulic drive
d hydraulischer Antrieb
f commande hydraulique
s mando hidráulico
i comando idraulico

4037 hydraulic tension device
d hydraulische Spannvorrichtung
f dispositif de tension hydraulique
s dispositivo de tensión hidràulica
i tenditore idraulico

4038 hydraulic turbine
d Wasserturbine
f turbine hydraulique
s turbina hidráulica
i turbina idraulica

4039 hydrazide
d Hydrazid
f hydrazide
s hidrazida
i idrazide

4040 hydrazine
d Hydrazin
f hydrazine
s hidrazina
i idrazina

4041 hydride
d Hydrid
f hydrure
s hidruro
i idruro

4042 hydriodic acid, hydrogen iodide
d Jodwasserstoffsäure
f acide iodhydrique
s àcido yodhídrico
i soluzione acquosa di acido iodidrico

4043 hydro extracting
d Entwässerung
f essorage
s hidroextracción
i disidratazione, prosciugamento

4044 hydrobromic acid
d Bromwasserstoffsäure
f acide bromhydrique
s ácido bromhídrico
i acido bromidrico, soluzione acquosa di bromuro di idrogeno

4045 hydrocarbon
d Kohlenwasserstoff
f hydrocarbure
s hidrocarburo
i idrocarburo

4046 hydrocellulose
d Hydrocellulose
f hydrocellulose
s hidrocelulosa
i idrocellulosa

4047 hydrochloric acid
d Salzsäure, Chlorwasserstoff
f acide chlorhydrique
s ácido clorhidrico
i acido cloridrico, acido muriatico

4048 hydrocyanic acid
d Blausäure, Cyanwasserstoff
f acide cyanhydrique
s ácido cianhidrico
i acido cianidrico, acido prussico

4049 hydrodynamic
d Hydrodynamisch
f hydrodynamique
s hidrodinámico
i idrodinamico

4050 hydrodynamic lubrication
d hydrodynamische Schmierung
f lubrification hydrodynamique
s lubrificación hidrodinàmica
i lubrificazione idrodinamica

4051 hydrodynamics, fluid mechanics
d Hydrodynamik
f hydrodynamique, mécanique des fluides
s hidrodinàmica
i idrodinamica

4052 hydrogen
d Wasserstoff
f hydrogène
s hidrógeno
i idrogeno

4053 hydrogen bond
d Wasserstoffbrücke
f interaction hydrogène
s enlace hidrógeno
i legame idrogeno

4054 hydrogen peroxide
d Wasserstoffperoxid, Perhydrol, Hydroperoxid
f eau oxygénée
s peróxido de hidrógeno
i acqua ossigenata, perossido d'idrogeno

4055 hydrogenation
d Hydrierung
f hydrogénation
s hidrogenación
i idrogenazione

4056 hydrolysate
d Hydrolysat
f hydrolysat
s hidrolizado
i idrolizzato

4057 hydrolysis
d Hydrolyse, hydrolytische Spaltung
f hydrolyse
s hidrólisis
i idrolisi

4058 **hydrolysis resistance**
d Hydrolysebeständigkeit
f résistance à l'hydrolyse
s resistencia a la hidrólisis
i resistenza all'idrolisi

4059 **hydrolytic polymerization**
d hydrolytische Polymerisation
f polymérisation hydrolytique
s polimerización hidrolítica
i polimerizzazione idrolitica

4060 **hydrometer**
d Hydrometer
f hydromètre
s hidrómetro
i idrometro, densimetro

4061 **hydrophilic fiber**
d hydrophile Faser
f fibre hydrophile
s fibra hidrófila
i fibra idrofila

4062 **hydrophilic group**
d hydrophile Gruppe
f groupe hydrophile
s grupo hidrófilo
i gruppo idrofilo

4063 **hydrophilic property**
d hydrophile Eigenschaft
f propriété hydrophile
s propiedad hidrófila
i proprietà idrofila

4064 **hydrophobic bond**
d hydrophobe Bindung
f liaison hydrophobe
s enlace hídrofóbico
i legame idrofobo

4065 **hydrophobic fiber**
d hydrophobe Faser
f fibre hydrophobe
s fibra hidrófuga
i fibra idrofoba

4066 **hydrophobic group**
d hydrophobe Gruppe
f groupe hydrophobe
s grupo hidrófobo
i gruppo idrofobo

4067 **hydrophobic property**
d hydrophobe Eigenschaft
f propriété hydrophobe
s propiedad hidrofóbica
i proprietà idrofobe

4068 **hydrophobic, water repellant**
d Hydrophob
f hydrophobe
s hidrófobo
i idrofobo

4069 **hydrosol**
d Hydrosol
f hydrosol
s hidrosol
i idrosol

4070 **hydrostatic**
d Hydrostatisch
f hydrostatique
s hidrostático
i idrostatico

4071 **hydrostatic loading**
d hydrostatische Belastung
f charge hydrostatique
s carga hidrostática
i carica idrostatica

4072 **hydrostatic pressure**
d hydrostatischer Druck
f pression hydrostatique
s presión hidrostática
i pressione idrostatica

4073 **hydrostatic pressure testing**
d hydrostatische Druckprüfung
f contrôle de pression hydrostatique
s ensayo de la presión hidrostática
i controllo della pressione idrostatica

4074 **hydrostatic stress**
d hydrostatische Spannung
f contrainte hydrostatique
s esfuerzo hidrostático
i sforzo idrostatico

4075 **hydrosulfite, dithionite**
d Hydrosulfit, Dithionit
f hydrosulfite, dithionite
s hidrosulfito
i idrosolfuro, ditionite

4076 **hydrosulluric acid**
d Schwefelwasserstoffsäure
f acide sulfhydrique
s ácido sulfhídrico
i acido solfidrico, idrogeno solforato

4077 **hydrotechnics**
d Wasserbau, Hydrotechnik
f hydrotechnique
s hidrotécnica
i tecnica idraulica

4078 **hydrotimetric degree**
d Wasserhärtegrad
f degré hydrotimétrique
s grado hidrotimétrico
i grado idrotimetrico, grado di durezza

4079 **hydrotropy**
d Hydrotropie
f hydrotropie
s hidrotropía
i idrotropia

4080 **hydroxide**
d Hydroxid
f hydroxyde
s hidroxido
i idrossido

4081 **hydroxyacetone**
d Hydroxyaceton
f acétol
s hidroxiacetona
i idrossiacetone

4082 **hydroxyethyl cellulose**
d Hydroxyethylcellulose
f hydroxyéthylcellulose
s hidroxietilcelulosa
i idrossietilcellulosa

4083 **hydroxyl group**
d Hydroxylgruppe
f groupe hydroxyle, groupe oxhydrile
s grupo hidróxilo
i gruppo idrossilico

4084 **hydroxylamine**
d Hydroxylamin
f hydroxylamine
s hidroxilamina
i idrossilammina

4085 **hygiene**
d Hygiene
f hygiène
s higiene
i igiene

4086 **hygienic**
d Hygienisch
f hygiénique
s higiénico
i igienico

4087 **hygrometer**
d Hygrometer, Feuchtigkeitsmessgerät
f hygromètre
s higrómetro
i igrometro

4088 **hygrometry**
d Hygrometrie
f hygrométrie
s higrometría
i igrometria

4089 **hygroscopic**
d Hygroskopisch
f higroscopique
s higroscópico
i igroscopico

4090 **hygroscopicity**
d Wasseraufnahmevermögen, Hygroskopizitlit
f hygroscopicitè
s higroscopicidad
i igroscopicità

4091 **hyperfiltration**
d Hyperfiltration
f hyperfiltration
s iperfiltración
i iperfiltrazione

4092 **hypersonic now**
d Oberschallströmung
f écoulement hypersonique
s flujo hipersônico
i flusso ipersonico

4093 **hypobromite**
d Hypobromit
f hypobromite
s hípobromito
i ipobromito

4094 **hypochlorite**
d Hypochlorit
f hypochloríte
s hípoclorito
i ipoclorito

4095 **hyposulfite, thiosulfate**
d Thiosulfat, Hyposulfit
f hyposulfite, thíosulfate
s híposulfito
i iposolfito, tiosolfato

4096 **hypothesis**
d Hipothese
f hypothèse
s hipótesis
i ipotesi

4097 **hyrdroelectric**
d Hydroelektrisch
f hydro-électrique
s hidroeléctrico
i idroelettrico

4098 **hysteresis**
d Hysterese
f hystérèsis
s histéresis
i isteresi

I

4099 **ICS spinning**
d ICS-Spinnen
f filature ICS
s hilatura ICS
i filatura ICS

4100 **ignition**
d Zündung
f ignition
s estado de ignición
i accensione

4101 **ignition propagation, flame propagation**
d Flammausbreitung
f propagation de la flamme, propagation de l'ignition
s propagación de la ignición
i propagazione della fiamma

4102 **illumination**
d Beleuchtung
f illumination, éclairage, éclairement
s iluminación
i illuminazione

4103 **image analysis**
d Bildanalyse
f analyse de l'image
s analysis de la imagen
i analisi dell'immagine

4104 **imbibition**
d Durchtränkung, Tränken
f imbibition
s imbibición
i imbibizione

4105 **imidazol**
d Imidazol
f imidazol
s imidazol
i imodazolo

4106 **imidazol dye**
d Imidazolfarbstoff
f colorant imidazol
s colorante imidazol
i colorante imidazolo

4107 **imidazoline**
d Imidazolin
f imidazoline
s imidazolina
i imidazolina

4108 **imide**
d Imid
f imide
s imida
i immide

4109 **imine**
d imin
f imine
s imina
i immina

4110 **imitate**
d Imitieren
f imiter
s imitar
i imitare

4111 **imitation**
d Imitation
f imitation
s imitación
i imitazione

4112 **imitation gingham**
d Ginghamimitat
f imitation guingan
s imitación guinga
i imitazione gingan, imitazione percalle

4113 **immature fiber**
d unreife Faser
f fibre immature
s fibra inmatura
i fibra immatura

4114 **immaturity control by swelling test**
d Pilzkopfreaktion
f test de maturité par gonflement
s ensayo de madurez por hinchamiento
i controllo della maturità mediante prova di rigonfiamento

4115 immaturity dyeing test
d Reifeprüfung durch Kontrastfärben
f test de maturité par teinture
s ensayo de madurez por tintura
i controllo della maturità mediante tintura di contrasto

4116 immaturity polarized light test
d Reifetest im polarisierten Licht
f test de maturité en lumière polarisêe
s control de madurez por luz polarizada
i controllo della maturità nella luce polarizzata

4117 immersion
d Tauchen, Eintauchen, Tunken
f immersion
s inmersión
i immersione, bagno

4118 immersion roll
d Tauchwalze
f cylindre d'immersion, cylindre plongeur
s cilindro de inmersión
i cilindro di immersione

4119 immersion testing
d Tauchprüfen
f contrôle d'immersion
s ensayo de inmersión
i controllo ad immersione

4120 impact penetration test(ing)
d Eindringtiefeprüfung, Penetrationsprüfung
f contrôle de la pénétration à l'impact
s ensayo de penetración
i prova di penetrazione

4121 impact penetration testing
d Schlageindringtiefeprüfung
f Éprouve, contrôle de l'enfoncement ou de la profondeur de pénétration par frappe
s prueba de profundidad de penetración de golpes
i prova di penetrazione di profondità dei colpi

4122 impact strength, shock resistance, impact resistance
d Schlagfestigkeit
f résistance au choc, résistance à l'impact
s resistencia al impacto
i resistenza all'urto

4123 impact tester
d Schlagprüfert
f impactomêtre
s medidor de la resistencia al impacto
i apparecchio per prove di urto

4124 impact test(ing)
d Schlagprüfung
f contrôle de résistance à l'impact
s ensayo de resistencia al impacto
i prova d'urto

4125 impedance
d Impedanz
f impèdance
s impedancia
i impedenza

4126 impedance bridge
d Impedanzmessbrücke
f pont d'impèdance
s puente de impedancia
i ponte d'impedenze

4127 impermeability
d Undurchlässigkeit
f imperméabilité
s impermeabilidad
i impermeabilità

4128 impermeable
d undurchlässig
f imperméable
s impermeable
i impermeabile

4129 impermeable to air, hermetic
d Luftundurchlässig
f imperméable, étanche à l'air
s impermeable al aire
i impermeabile all'aria

4130 impermeable to water, waterproof
d Wasserundurchlässig
f imperméable à l'eau
s impermeable al agua
i impermeabile all'acqua

4131 implementation
d Implementierung
f mise en application, mise en oeuvre
s ejecución, cumplimiento, implementación
i implementazione

4132 implicate
d Implizieren
f impliquer
s implicar
i implicare

4133 implication
d Implikation
f implication
s implicación
i implicazione

4134 import
d Einfuhr, Import, Importieren
f importation, importer
s importacion, importar
i importazione, importare

4135 impossibility
d Unmöglichkeit, Unerreichbarkeit
f impossibilité
s imposibílidad
i impossibilità

4136 impregnate
d Imprägnieren
f imprégner, imbiber
s impregnar
i impregnare

4137 impregnating machine
d Imprägniermaschine
f machine d'imprègnation
s máquina impregnadora
i impregnatrice

4138 impregnation
d Imprägnierung
f imprégnation
s impregnación
i impregnazione

4139 improve
d Verbessern
f améliorer, perfectionner
s mejorar
i migliorare

4140 improvement
d Verbesserung
f amélioration
s mejoramiento
i miglioramento, perfezionamento

4141 impulse
d Impuls
f impulsion
s impulso
i impulso

4142 impurity, foreign substance
d Unreinheit
f impureté, matière étrangêre
s impureza
i impurità

4143 inaccuracy
d Ungenauigkeit
f inexactitude
s inexactitud
i imprecisione

4144 inactive
d nichtreagierend
f inactif
s inactivo
i inattivo

4145 incidence
d Einwirkung
f incidence
s incidencia
i indicenza

4146 incineration
d Veraschung
f incinération
s incineración
i incenerimento

4147 incompatibility
d Unverträglichkeit
f incompatibilité
s incompatibilidad
i incompatibilità

4148 incompatible
d Inkompatibel
f incompatible
s incompatible
i incompatibile

4149 increase amount
d Wachstumsrate, Zuwachsrate
f taux d'accroissement
s tasa de crecimiento
i tasso di crescita

4150 increase, widen
d Zunehmen
f augmenter
s aumentar, crecer
i aumentare

4151 increasing
d Zunahme
f accroissement
s acrecentamiento
i crescita

4152 increasing order
d aufsteigende Ordnung, steigende Ordnung
f ordre croissant
s orden creciente
i ordine crescente

4153 incrustation
d Inkrustierung
f incrustation
s incrustación
i incrostazione

4154 incrusted
d inkrustiert
f incrusté
s incrustado
i incrostato

4155 indefinite
d Undefiniert
f indéfini
s indefinido
i indefinito

4156 indeterminacy
d Unbestimmtheit
f indètermination
s indeterminación
i indeterminazione

4157 index
d Index
f index
s indice
i indice

4158 India linon
d Indisch-Linon
f linon indien
s línón de la India
i lino indiano

4159 Indian cotton
d Indische Baumwolle
f coton des Indes
s algodón de la India
i cotone indiano

4160 indian wool
d Indische Wolle
f laine indienne, laine des Indes
s lana índica
i lana indiana

4161 Indian cloth
d Indiana-Tuch
f indienne, tissu indienne
s tejido indiano
i tessuto indiano

4162 **indicator**
d Indikator
f indicateur
s indicador
i indicatore

4163 **indigoid dyestuff**
d Indigofarbstoff
f indigoîde, matière colorante d'indigotier
s añil, indigo
i indaco, indigotina

4164 **indirect count**
d indirekte Garnnumerierung
f titrage indirect
s número inverso
i titolazione indiretta del filato

4165 **indirect tension device**
d indirektwirkende Spanneinrichtung
f dispositif de tension indirecte
s dispositivo de tensión indirecta
i dispositivo di tensione indiretta

4166 **indistrialised country**
d Industrieland
f pays industrialisé
s país industrial (o industrializado)
i paese industrializzato

4167 **individual drive**
d Einzelantrieb
f commande individuelle
s mando individual
i azionamento singolo

4168 **indophenol dye**
d Indophenolfarbstoff
f colorant indophénol
s colorante indofenólico
i colorante indofenolico

4169 **induced electronic emission**
d induzierte Elektronenemission
f émission électronique induite
s emisión electrónica inducida
i emissione elettronica indotta

4170 **inductance**
d Induktanz
f ínductance
s inductancia
i induttanza

4171 **induction**
d Induktion
f induction
s inducción
i induzione

4172 **induction coil**
d Induktionsspule
f bobine d'induction
s bobina de inducción
i bobina di induzione

4173 **industrial**
d Industriell
f industriel
s industrial
i indistriale

4174 **industrial clothing**
d Werksbekleidung, Industriebekleidung
f vêtement industriel
s ropa industrial
i vestito industriale

4175 **industrial design**
d Industrieform, Industriedesign
f design industriel
s design industrial
i design industriale

4176 **industrial fabric**
d Industrietextil
f tissu industriel, tissu technique
s tejido índustrial
i tessuto industriale

4177 **industrial sewing machine**
d Industrienähmaschine
f machine à coudre industrielle
s máquina de coser industrial
i macchina da cucire industriale

4178 **industrial waste**
d Industrieabfälle
f déchets industriels
s deshechos industriales
i rifiuti industriali

4179 **industrialisation**
d Industrialisierung
f industrialisation
s industrialización
i industrializzazione

4180 **industry**
d Industrie
f industrie
s industria
i industria

4181 **inelastic**
d Unelastisch
f inélastique, non-élastique
s inelastico
i inelastico

4182 **inequality**
d Ungleichförmigkeit
f inègalité
s inigualdad
i ineguaglianza

4183 **inert**
d Inert
f inerte, inactif
s inerte
i inerte

4184 **inert atmosphere**
d inerte Atmosphäre
f atmosphère inerte
s atmósfera inerte
i atmosfera inerte

4185 **inert gas**
d Inertgas
f gaz inerte
s gas inerte
i gas inerte

4186 **inertia**
d Trägheit
f inertie
s inercia
i inerzia

4187 **inertial reference**
d Trägheitskomponente
f composante d'inertie
s componente de inercia
i componente inerziale

4188 **inflammable**
d entflammbar
f inflammable
s inflamable
i infiammabile

4189 **inflatable fabric**
d aufblasbares Gewebe
f tissu pour structure gonflable
s tejido hinchable
i tessuto gonfiabile

4190 **inflexion**
d Abweichung
f infléchissement
s inflexión
i inflessione, scostamento

4191 **influence**
d Einfluss
f influence, attaque, admission
s influjo, influencia
i influenza, effetto

4192 **influence factor**
d Einflussfactor
f facteur d'influence
s factor de influencia
i fattore di influenza

4193 **informatics**
d Informatik
f informatique
s informática
i informatica

4194 **information**
d Information
f information
s información
i informazione

4195 **information system**
d Informationssystem
f système d'informations (-informatique)
s sistema de información
i sistema informatico

4196 **infrared absorber**
d Infrarotabsorber
f absorbeur d'infrarouge
s absorbente de infrarrojo
i assorbente di infrarossi

4197 **infrared dryer**
d Infrarottrockner
f séchoir infrarouge
s secador infrarrojo
i essicatore infrarosso

4198 **infrared drying**
d Infrarottrocknen
f séchage infrarouge
s secado infrarrojo
i asciugamento ad infrarosso

4199 **infrared heating**
d Infrarotheizung
f chauffage par rayonnement infrarouge, chauffage infrarouge
s calefacción infrarroja
i riscaldamento ad infrarosso

4200 **infrared microscopy**
d Infrarotmikroskopie
f microscopie infrarouge
s microscopia infrarroja
i microscopia ad infrarosso

4201 **infrared radiation**
d Infrarotstrahlung
f radiation infrarouge, rayonnement infrarouge
s radiación infrarroja
i radiazione infrarossa

4202 **infrared spectrophotometer**
d Infrarotspektrophotometer
f spectrophotomètre infrarouge
s espectrofotómetro infrarrojo
i spettrofotometro infrarosso

4203 **infrared spectroscopy**
d Infrarotspektroskopie
f spectroscopie infrarouge
s espectroscopia infrarroja
i spettroscopia ad infrarosso

4204 **infrared spectrum**
d Infrarotspektrum
f spectre infrarouge
s espectro infrarrojo
i spettro infrarosso

4205 **infrastructure**
d Infrastruktur
f infrastructure
s infraestructura
i infrastruttura

4206 **ingrain dye**
d Farbstoff auf der Faser erzeugt, Entwicklungsfarbstoff
f colorant formé in situ
s colorante formado in situ
i ingrain, colorante azoico a sviluppo

4207 **inhibition**
d Hemmung, Inhibierung
f inhibition
s inhibición
i inibizione

4208 **inhibitor**
d Inhibitor, Hemmstoff
f agent d'inhibition
s inhibidor
i inibitore

4209 **initial modulus**
d Initialmodul
f module initial
s módulo inicial
i modulo iniziale

4210 initial stress
d Vorspannung
f pré-tension
s tensión inicial
i tensione iniziale

4211 initiation
d Initiierung, Einleitung einer Reaktion
f initiation
s inicio
i iniziazione

4212 initiator
d Initiator, Reaktionsstarter
f produit initiateur
s producto iniciador
i iniziatore

4213 injection
d Einspritzen
f injection
s inyección
i iniezione

4214 inner comb circle, small comb circle
d kleiner Kammring
f petit cercle de peigneuse Noble
s peine circular pequeño de peinadora
i piccolo pettine circolare

4215 inner surface, internal surface
d innere Oberfläche
f surface interne
s superficie interna
i superficie interna

4216 innovation
d Erneuerung, Innovation
f renouvellement, régénération, innovation
s renovación, innovación
i innovazione

4217 inorganic
d Anorganisch
f inorganique
s inorgánico
i inorganico

4218 inorganic acid
d anorganische Säure
f acide minéral, acide inorganique
s ácido inorgánico
i acido inorganico

4219 inorganic compound
d anorganische Verbindung
f composé inorganique
s compuesto inorgánico
i composto inorganico

4220 inorganic fiber
d anorganische Faser
f fibre inorganique
s fibra inorgánica
i fibra inorganica

4221 inorganic fiber blend
d Mischung anorganischer Fasern
f mélange de fibres inorganiques
s mezcla de fibras inorgánicas
i miscela di fibre inorganiche

4222 inorganic sulphide
d anorganisches Sulfid
f sulfure inorganique
s sulfuro inorgánico
i solfuro inorganico

4223 input
d Input
f entrée
s input, entrada
i input

4224 input tension, gate tension
d Einlaufspannung
f tension d'entrée
s tensión de entrada
i tensione di ingresso

4225 insect repellent, insect resistance finish
d Insektenschutzausrüstung
f apprèt insectifuge, larvicide
s acabado insectífugo
i finissaggio antiinsetti

4226 **insect resistance**
d Insektenbeständigkeit
f résistance aux insectes
s resistencia a los insectos
i resistenza contro gli insetti

4227 **insect resistance treatment**
d Insektenschutzbehandlung
f traitement insectifuge
s tratamiento insectifugo
i trattamento antiinsetti

4228 **insecticide**
d Insektizid
f insecticide
s insecticida
i insetticida

4229 **insert, introduce**
d Eintragen
f lancer, insérer, déposer
s registrar, inscribir, rendir
i inserire, deporre

4230 **insertion lace**
d Einsatzspritze
f dentelle entre deux
s encaje entredos
i pizzo di inserzione

4231 **insolubility**
d Unlöslichkeit
f insolubílitê
s insolubilidad
i insolubilità

4232 **insolubilization**
d Unlöslichmachen
f insolubilisation
s insolubilización
i insolubilizzazione

4233 **insoluble**
d nichtlöslich
f insoluble
s insoluble
i insolubile

4234 **inspect, check**
d Kontrollieren
f contrôler, vérifier
s controlar, ispeccionar
i controllare

4235 **inspection, check**
d Kontrolle, Überprüfung
f contrôle, examen, inspection
s control, inspección, prueba
i controllo

4236 **inspection machine**
d Warenschaumaschine
f machine de visitage
s máquina de inspección
i macchina per inspezione

4237 **inspection of knitted goods**
d Maschenwarenwarenschau
f visitage du tricot
s inspección del tejido de punto
i inspezione di maglieria

4238 **instability**
d Instabilität, Unbeständigkeit
f instabilitè
s inestabilidad
i instabilità

4239 **install**
d Installieren
f installer, monter
s instalar
i installare

4240 **installation**
d Einrichtung, Installation
f installation
s instalación
i installazione

4241 **instant recovery**
d sofortige Erholung
f récupération immédiate
s recuperación inmediata
i ricupero immediato

4242 **instron tensile tester**
d Instron-Tensile-Tester, InstronGerät, Instron-Reissprüfgerät, Instron-Reissfestigkeitsprüfer
f dynamométre instron
s dinamómetro instrón
i apparecchio Instron per prove della resistenza a trazione

4243 **instrument**
d Instrument
f instrument
s instrumento
i strumento

4244 **insulating potential**
d Isolierfähigkeit, Isolationsfähigkeit
f pouvoir isolant
s poder aislante
i potere isolante

4245 **insurance**
d Versicherung
f assurance
s seguro
i assicurazione

4246 **intarsia knitted fabric**
d Intarsienmaschenware, Einlegemaschenware
f tricot intarsia
s tejido de punto intarsia
i maglieria ad intarsio

4247 **intarsia pattern**
d Intarsiamuster, Einlegemuster
f dessin intarsia
s dibujo intarsia
i disegno ad intarsio

4248 **integral**
d Integral
f intégrale
s integral
i integrale

4249 **integral calculus**
d Integralrechnung
f calcul intégral
s cálculo integral
i calcolo integrale

4250 **integrated circuit**
d Integrierte Schaltung
f circuit intégré
s circuito integrado
i circuito integrato

4251 **integration**
d Integration
f intégration
s integración
i integrazione

4252 **intensity**
d Intensität
f intensité
s intensidad
i intensità

4253 **interaction**
d Wechselwirkung
f interaction
s interacción
i interazione

4254 **interception valve**
d Absperrventil
f soupape d'arrêt
s valvula de cierre, valvula de paso
i valvola di intercettazione

4255 **interchangeable**
d austauschbar
f interchangeable
s intercambiable
i interscambiabile

4256 **interface**
d Grenzfläche, Schnittstelle
f interface, interface
s interfaz, interface
i interfaccia

4257 **interfacial polymerization**
d Grenzflächenpolymerisation
f polymérisation interfaciale
s polimerización interfacial
i polimerizzazione interfacciale

4258 **interfacial polymerization agent**
d Grenzflächenpolymerisationsmittel
f agent de polymérisation interfaciale
s agente de polimerización interfacial
i agente di polimerizzazione interfacciale

4259 **interfacial tension**
d Grenzflächenspannung
f tension interfaciale
s tensión interfacial
i tensione interfacciale

4260 **interference**
d Interferenz
f interférance
s interferencia
i interferenza

4261 **interference fringe, interference pattern**
d Interferenzbild
f frange d'interfèrence, image d'interférence
s franja de interferencia
i frangia di interferenza

4262 **interference microscopy**
d Interferenzmikroskopie
f microscopie à interfèrence
s microscopia a interferencia
i microscopia interferenziale

4263 **interferometry**
d Interferometrie, Interferenzmessverfahren
f interfèrométrie
s interferometria
i interferometria

4264 **interlaboratory study**
d Rundversuch, Laborrundtest, Rundtest
f étude interlaboratoire
s estudio interlaboratorio
i studio interlaboratorio

4265 **interlacing**
d Verflechtung
f entrelacement
s entrelazamiento
i concatenamento

4266 **interlining**
d Verstärkungsgewebe
f tissu de renfort
s tejido de refuerzo
i interfodera

4267 **interlining canvas**
d Steifleinen
f toile tailleur
s tela sastre
i buckram

4268 **interlock gating**
d Interlockstellung
f calage interlock
s calado interlock
i posizione interlock

4269 **interlock knitted fabric**
d Interlock
f tricot interlock, maille interlock
s tejido de punto interlock
i interlock

4270 **intermediary compound shed**
d Zwischenfach
f foule composée intermédiaire
s calada de doble alza y baja
i passo intermedio

4271 **intermediary substance**
d Zwischenprodukt
f produit intermédiaire
s producto intermedio
i prodotto intermedio

4272 **intermediate drying**
d Zwischentrocknung
f sèchage intermédiaire
s secado intermedio
i asciugamento iintermedio

4273 **intermediate feed**
d Zwischenspeisung
f alimentation intermédiaire
s alimentación intermedia
i alimentazione intermedia

4274 intermediate part
d Mittelteil
f section intermédiaire
s zona intermedia
i parte intermedia

4275 intermediate roll
d Streckwerkszwischenwalze
f cylindre intermédiaire
s cilindro intermedio
i cilindro intermedio dello stiratoio

4276 intermediate storage
d Zwischenspeicher
f dépot temporaire ou de travail
s acumulador intermedio
i magazzino, bacino di transito o intermedio

4277 intermittent
d Intermitierend
f intermittent, discontinu
s intermitente
i intermittente

4278 intermittent movement
d intermittierende Bewegung
f mouvement intermittant
s movimiento intermitente
i movimento intermittente

4279 intermittent process
d intermittierendes Verfahren
f mode intermittant
s modo intermitente
i processo intermittente

4280 internal accessibility
d innerliche Zugänglichkeit
f accessibilité interne
s accesibilidad interna
i accessibilità interna

4281 internal energy
d innere Energie
f énergie interne
s energia interna
i energia interna

4282 internal friction
d innere Reibung
f frottement interne
s frotamiento interno
i attrito interno

4283 internal reflection
d innere Reflexion
f réflexion interne
s reflexión interna
i riflessione interna

4284 internal tension
d innere Spannung
f tension interne
s tension ínterna
i tensione interna

4285 interpolation
d Interpolation
f interpolation
s interpolación
i interpolazione

4286 interposition
d Zwischenstellung
f interposítion
s interposición
i posizione intermedia

4287 interpret
d Interpretieren
f interpréter
s interpretar
i interpretare

4288 interpretation
d Interpretation
f interprétation
s interpretación
i interpretazione

4289 intersecting gill box
d Doppelnadelstabstrecke
f intersecting
s gill box intersecting
i stiratoio a doppio campo d'aghi

4290 intersection
d Überschneidung
f intersection
s intersección
i intersezione

4291 interstice
d Zwischenraum
f interstice
s intersticio
i interstizio

4292 inter-thread capsel
d Interfadenkapsel
f boîte, capsule entre-fil
s cápsula interhilo
i capsula interfilo

4293 interval
d Intervall, Zeitabstand, Zeitspanne
f intervalle
s intervalo
i intervallo

4294 intimate blend
d Durchmischung, innige Mischung
f mélange intime
s mezcla íntima
i miscuglio intimo

4295 intracellular
d intrazellulär
f intracellulaire
s intracelular
i intracellulare

4296 intrinsic humidity
d innere Feuchtigkeit
f humidité intrinséque
s humedad intrínseca
i umidità intrinseca

4297 inturned welt
d gestrickter Doppelrand, Maschenwarendoppelrand
f revers tubulaire, revers circulaire
s reverso tubular
i maglieria a doppio bordo

4298 invent
d Erfinden
f inventer
s inventar
i inventare

4299 invention
d Erfindung
f invention
s invención, invento
i invenzione

4300 inventor
d Erfinder
f inventeur
s inventor
i inventore

4301 inverform machine
d Inverformmaschine
f machine à papier inverform
s máquina de papel inverform
i macchina a carta inverform

4302 inverse function
d umgekehrte Funktion
f fonction inversé
s función inversa
i funzione inversa

4303 inverse gas chromatography
d Chromatographie in invertierter Gasphase, Gaschromatographie in invertierter Phase
f chromatographie en phase gazeuse inversé
s cromatografía en fase gaseosa inversa
i gascromatografia con fase inversa

4304 inversion
d Inversion
f inversion
s inversión
i inversione

4305 inversion point, turning point
d Wendepunkt
f point d'inversion
s punto de inversión
i punto d'inversione

4306 invest
d Investieren
f investir
s invertir
i investire

4307 investment
d Investition, Investierung
f investissement
s inversión
i investimento

4308 inviscid flow
d dünnflüssige Strömung
f écoulement non visqueux
s flujo no viscoso
i corrente senza sforzi viscosi

4309 invisible thread
d unsichtbares Garn
f fil invisible
s hilo invisible
i filo invisibile

4310 iodate
d Jodat
f iodate
s yodato
i iodato, triossoiodato

4311 iodide
d Jodid
f iodure
s yoduro
i ioduro

4312 iodine
d Jod
f iode
s yodo
i iodio

4313 iodine absorption
d Jodabsorption, Jodsorption
f absorption d'iode
s absorción de yodo
i assorbimento di iodio

4314 iodine compound
d Jodverbindung
f composé iodé
s compuesto de yodo
i composto dello iodio

4315 iodine number
d Jodzahl
f indice d'iode
s indice de yodo
i numero di iodio, indice di iodio

4316 ion
d Ion
f ion
s ión
i ione

4317 ion exchange
d Ionenaustausch
f échange d'ions
s intercambio de iones
i scambio ionico

4318 ion exchange resin
d Ionenaustauschharz
f résine échangeuse d'ions
s resina intercambiadora de iones
i resina scambiatrice di ioni

4319 ion exchanger
d Ionenaustauscher
f échangeur d'ions
s intercambiador de iones
i scambiatore di ioni

4320 ion exchanger chromatography
d Ionenaustauscherchromatographie
f chromatographie sur échangeur d'ions
s cromatografia en intercambiador en iones
i cromatografia a scambio ionico

4321 ionic
d Ionisch
f ionique
s iónico
i ionico

4322 ionic activity
d Ionenaktivität
f activité ionique
s actividad iónica
i attività ionica

4323 ionic bombardement
d Beschuss mit Ionen
f bombardement ionique
s bombardeo iónico
i bombardamento ionico

4324 ionic bond
d Ionenbindung
f liaison ionique
s enlace iónico
i legame ionico, legame eteropolare

4325 ionic character
d ionische Eigenschaft
f caractère ionique
s carácter iónico
i carattere ionico

4326 ionic dye
d ionischer Farbstoff
f colorant ionique
s colorante iónico
i colorante ionico

4327 ionic polymerization
d ionische Polymerisation
f polymérisation ionique
s polimerización iónica
i polimerizzazione ionica

4328 ionization
d Ionisierung
f ionisation
s ionización
i ionizzazione

4329 ionizing radiation
d ionisierende Strahlung
f radiation ionisante
s radiación ionizante
i radiazione ionizzante

4330 ionomer
d Ionomer
f ionomère
s ionómero
i ionomero

4331 iron compound
d Eisenverbindung
f composé de fer
s compuesto de hierro
i composto del ferro

4332 iron, smoothing iron, press iron
d Bügeleisen
f fer à repasser
s plancha
i ferro da stiro

4333 ironing
d Bügeln
f repassage au fer
s planchado con plancha
i stirare

4334 ironing fastness
d Bügelechtheit, Bügelbeständigkeit
f solidité au repassage
s solidez al planchado
i solidità alla stiratura

4335 irradiate
d Bestrahlen
f irradier
s irradiar
i irradiare

4336 irradiated
d bestrahlt
f irradié
s irradiado
i irradiato

4337 irradiation dose
d Bestrahlungsdosis, Strahlendosis
f dose d'irradiation
s dosis de irradiación
i dose di irraggiamento

4338 irradiation, radiation treatment
d Bestrahlung, Strahlenbehandlung
f irradiation, traitement par radiation
s irradiación
i irradiazione, irraggiamento

4339 irregular
d unregelmässig
f irrégulier
s irregular
i irregolare

4340 irregular cross section
d ungleichmässiger Querschnitt, unregelmässiger Querschnitt
f section transversale irrégulière
s sección transversal irregular
i sezione irregolare transversale

4341 irregularity
d Ungleichmässigkeit, Unregelmässigkeit
f irrégularité
s irregularidad
i irregolarità

4342 irregularity control
d Ungleichmässigkeitsregulierung
f correction d'irrègularité
s control de la irregularidad
i controllo dell'irregolarità

4343 irregularity testing
d Ungleichmässigkeitsprüfung
f contrôle d'irrègularitét
s ensayo de la irregularidad
i prova dell'irregolarità

4344 irreversible
d Irreversibel
f innéversible, non réversible
s irreversible
i irreversibile

4345 irrigation
d Bewässerung
f irrigation
s riego
i irrigazione

4346 isobutylene
d Isobutylen
f isobutylène
s isobutileno
i isobutene

4347 isocyanate
d Isocyanat
f isocyanate
s isocianato
i isocianato

4348 isoelectric point
d isoelektrischer Punkt
f point isoélectrique
s punto isoelèctrico
i punto isoelettrico

4349 isoionic point
d isoionischer Punkt
f point isoionique
s punto isoiónico
i punto isoionico

4350 isolate, insulate
d Isolieren
f isoler, séparer, dégager
s aislar
i isolare

4351 isolation
d Isolierung, Isolation
f isolation
s aislamiento
i isolamento

4352 isoleucine
d Isoleuzin
f isoleucine
s isoleucina
i isoleucina

4353 isomer
d Isomer
f isomère
s isómero
i isomero

4354 isophthalic acid
d Isophthalsäure
f acide isophtalique
s àcidoisoftálico
i acido isoftalico, acido meta-ftalico

4355 isoprene
d Isopren
f isoprène
s isopreno
i isoprene, metilbutadiene

4356 isopropyl alcohol
d Isopropylalkohol
f isopropanol, alcool isopropylique
s alcohol isopropilico
i alcool isopropilico, isopropanolo

4357 isotactic polymer
d isotaktisches Polymer
f polymère isotactique
s polímero isotàctico
i polimero isotattico

4358 isotherm
d Isotherme
f isotherme
s isoterma
i isoterma

4359 isothermal process
d isothermisches Verfahren
f procédé isothermique
s proceso isotérmico
i processo isotermico

4360 isothermic
d Isothermisch
f isothermique, isotherme
s isotermo
i isotermico

4361 isothiocyanate
d Isothiocyanat
f isothiocyanate
s isotiocianato
i isotiocianato

4362 isotope
d Isotop
f isotope
s isótopo
i isotopo

4363 isotrope
d Isotrop
f isotrope
s isótropo
i isotropo

4364 isotropic material
d isotroper Stoff
f matière isotropique
s materia isotrópica
i sostanza isotropa

4365 isotropic property
d isotrope Eigenschaft
f propriété isotropique
s propiedad isotrópica
i proprietà isotropiche

4366 itaconic acid
d Itaconsäure
f acide itaconique
s ácido itacónico
i acido itaconico, acido metilensuccinico

4367 Italian silk
d italienische Seide
f soie italienne
s seda italiana
i seta italiana

J

4368 **J box**
d J-Box, Bleichstiefel
f J box
s J de reposo
i J-Box, vasca di candeggio

4369 **jack**
d Musterschwinge
f sélecteur, cheville, poussoir
s selector
i selettore

4370 **jacket**
d Jackett, Sakko
f veste, veston
s chaquetilla
i camicia

4371 **jaconet**
d Jaconet
f jaconas
s chaconada
i giaconetta

4372 **Jacquard card**
d Jacquardlochkarte
f carton Jacquard
s cartón Jacquard
i scheda perforata Jacquard

4373 **Jacquard card punching**
d Jacquardkartenschlagen
f perforation de carton Jacquard
s perforación de carton Jacquard
i perforazione delle schede Jacquard

4374 **Jacquard circular knitting machine**
d Jacquardrundstrickmaschine
f métier circulaire Jacquard
s telar circular Jacquard
i macchina circolare per maglieria Jacquard

4375 **Jacquard design**
d Jacquardmuster
f dessin Jacquard
s dibujo Jacquard
i disegno jacquard

4376 **Jacquard design preparation apparatus**
d automatisches Jacquardpatroniergerät
f programmateur de dessin Jacquard
s programador de díbujos Jacquard
i programmatore di disegni Jacquard

4377 **Jacquard drnm**
d Jacquardkartenzylinder
f tambour Jacquard
s tambor Jacquard
i tamburo per schede jacquard

4378 **Jacquard drum peg**
d Jacquardtrommelmusterstift
f cheville pour tambour Jacquard, cheville pour carton de tricotage
s clavija para tambor Jacquard
i caviglia per tamburo Jacquard

4379 **Jacquard flat bed knitting machine**
d Jacquardflachstrickmaschine
f tricoteuse Jacquard
s tricotosa Jacquard
i macchina rettilinea per maglieria jacquard

4380 **Jacquard harness**
d Jacquardharnisch
f harnais Jacquard
s cuerpo de mallas Jacquard
i liccio Jacquard

4381 **Jacquard head**
d Jacquardmaschine
f mécanique Jacquard
s mecánica Jacquard
i macchina Jacquard

4382 **Jacquard knitted fabric**
d Jacquardmaschenware
f trícot Jacquard
s tejido de punto Jacquard
i maglieria Jacquard

4383 **Jacquard knitting**
d Jacquardstrickerei, Jacquardmascherei
f tricotage Jacquard
s tricotado Jacquard
i maglificio Jacquard

4384 **Jacquard knitting machine**
d Jacquardstrickmaschine
f métier à tricoter Jacquard
s telar de gènero de punto Jacquard
i macchina per maglieria Jacquard

4385 **Jacquard knitting toothed comb**
d Jacquardselektionskamm
f peigne de sélection Jacquard, peigne de tricotage Jacquard
s peine de selección Jacquard
i pettine di selezione Jacquard

4386 **Jacquard loom**
d Jacquardwebmaschine
f métier à tisser Jacquard
s telar Jacquard
i telaio Jacquard

4387 **Jacquard loom mail**
d Jacquardlitzenauge
f oeillet de Jacquard, maillon de Jacquard
s ojal de malla Jacquard
i occhiello di Jacquard

4388 **Jacquard plush knitted fabric**
d Jacquardschlingenmaschenware
f tricot bouclette Jacquard
s tejido de punto Jacquard de rizo
i maglieria ad anelli (a ricci) Jacquard

4389 **Jacquard Raschel machine**
d Jacquardraschel
f métier Raschel Jacquardt
s telar Raschel Jacquard
i telaio Raschel-Jacquard

4390 **Jacquard weave**
d Jacquardbindung
f armure Jacquard
s ligamento Jacquard
i armatura Jacquard

4391 **Jacquard weaving**
d Jacquardweberei
f tissage Jacquard
s tisaje Jacquard
i tessitura jacquard

4392 **Jacquard woven fabric**
d Jacquardgewebe
f tissu Jacquard
s tejido Jacquard
i tessuto Jacquard

4393 **jamming**
d Grenzfadendichte
f compte bloqué
s densidad bloqueada
i densità limite del filo

4394 **jamming point**
d maximale Schussfadenzahl
f compte maximal, compte maximum
s punto de interferencia
i punto di densità limite del filo, numero massimale della trama

4395 **jaspéyarn**
d Jaspégarn
f fil jaspé
s hilo jaspeado
i filo jaspé

4396 **jaw**
d Klemmbacke
f mâchoire
s mandíbula
i morsetto

4397 **jean**
d Jeans
f jean, blue jean
s jean
i jeans

4398 **jerkin**
d Lederweste
f gilet de cuir
s chaleco de cuero
i gilet di pelle

4399 **jet bulking, air-lay system**
d Luftblastexturieren
f texturer par bulle d'air
s texturar con soplo de aire
i testurare a bolla d'aria

4400 jet dyeing
d Druckdüsenfärben
f teinture par jet
s tintura con jet
i tintura in jet

4401 jet dyeing machine
d Jet-Färbemaschine
f machine de teinture à jet
s máquina de tintura con jet
i macchina per tintura in jet

4402 jet loom
d Düsenwebmaschine
f machine à tisser à jet
s telar de chorro
i telaio a jet

4403 jet quenching
d Abschrecken an der Spinndüse, Abkühlen an der Spinndüse
f refroidissement à la filière
s enfriamiento en la hilera
i raffreddamento alla filiera

4404 jet scouring
d Düsenwaschen
f lavage à fond par jet
s lavado a fondo por chorro
i lavaggio a fondo con jet

4405 jig
d Jigger
f jigger
s jigger
i jigger

4406 jig dyeing
d Jiggerfärben
f teinture sur jigger
s tintura en jigger
i tintura in jigger

4407 job, occupation
d Beschäftigung
f profession, emploi
s empleo
i occupazione

4408 joining
d Vereinigen
f assemblage
s ensamblado
i assemblare

4409 joint
d Verbindungsstelle
f jonction
s juntura
i giuntura

4410 joint, junction
d Konjunktur
f conjoncture, activité économique
s coyuntura
i congiuntura

4411 journal bearings
d Achslager, Wellenlager
f tourillon
s chumacera
i cuscinetto portante

4412 Judd NBS color system
d Judd-NBS-Farbsystem
f système de couleurs NBS Judd
s sistema de color NBS Judd
i sistema di colori Judd NBS

4413 jumper
d Jumper, ärmelloser Pullover
f jumper
s chaqueta de punto
i jumper

4414 jute
d Jute
f jute
s yute
i juta

4415 jute fiber
d Jutefaser
f fibre de jute
s fibra de yute
i fibra di juta

4416 **jute spinning**
d Jutespinnen
f filature du jute
s hilatura del yute
i filatura della juta

4417 **jute willow**
d Jutewolf
f loup pour le jute
s máquina lobo para el yute
i lupo per juta

4418 **juteyarn**
d Jutegarn
f fil de jute
s hilo de yute
i filo di juta

K

4419 **kamyr machine**
d Kamyrmaschine
f machine kamire
s máquina kamir
i macchina Kamyr

4420 **kaolin**
d Kaolin, Porzellanerde
f kaolin
s caolín
i caolino

4421 **kapok**
d Kapok, Bombaxwolle
f kapok
s kapok
i kapok, cotone di Giava

4422 **Karl Fischer titration method**
d Karl-Fischer-Titrationsmethode
f méthode de dosage Karl Fischer, méthode de titrage Karl Fischer
s método de valoración Karl Fischer
i metodo di titolazione Karl Fischer

4423 **kemp, guard hair**
d Grannenhaar, Deckhaar, Stichelhaar
f jarre
s pelo canino
i kemps

4424 **kenaf**
d Kenaf
f kenaf, dah, hibiscus
s kenaf
i kenaf

4425 **keratin**
d Keratin
f kératine
s queratina
i cheratina

4426 **keratin fiber**
d Keratinfaser
f fibre kératinique
s fibra de queratina
i fibra di cheratina

4427 **ketone**
d Keton
f cètone
s cetona
i chetone

4428 **keyboard**
d Tastatur
f clavier
s tecla
i tastiera

4429 **khaki color**
d Khaki-Farbe
f couleur kaki
s color caqui
i colore khaki

4430 **kicker mill**
d Hammerwalke
f foulon à maillet
s batàn de martillo
i follatura a maglio

4431 **kid leather**
d Glacèleder
f cuir de chevreau
s piel de cabritilla
i pelle di capretto

4432 **kier**
d Beuchkessel, Kessel zum Abkochen, Druckkochkessel
f kier
s caldera de presión
i autoclave, vasca

4433 **kier scouring, kier boiling**
d Beuche, Druckkochen
f lavage à fond en kier, dèbouillíssage en kier
s lavado en calderas de presión
i bollitura in autoclave

4434 **kinematic analysis**
d kinematische Analyse
f analyse cinématique
s análisis cinemático
i analisi cinematica

4435 kinematic synthesis
d kinematische Synthese
f synthèse cinématique
s sintesis cinemàtica
i sintesi cinematica

4436 kinematics
d Kinematik
f cinématique
s cinemática
i cinematica

4437 kinetic elasticity
d kinetische Elastizität
f èlasticitê cinêtique
s elasticidad cinética
i elasticità cinetica

4438 kinetic energy
d kinetische Energie
f énergie cinètique
s energia cinética
i energia cinetica

4439 kinetics
d Kinetik
f cinétique
s cinética
i cinetica

4440 kinking
d Kulieren
f formage sur métier Cotton
s hormado en telar Cotton
i culissaggio

4441 kinky filling
d Schussgarnkringel
f vrille de trame
s trama sobrerretorcida
i riccio di filo di trama

4442 Kirschner beater
d Kirschner-Flügel, Schlagmaschinenflügel
f volant de Kirschner
s volante Kirschner
i aletta del battitoio, aletta Kirschner

4443 kiss coating machine
d Transferbeschichtungsmaschine
f machine d'enduction par transfert
s máquina de recubrir por transferencia
i macchina per rivestimento a trasferimento

4444 kiss coating process
d Transferbeschichtungsverfahren
f système d'enduction par transfert
s proceso de recubrír por transferencia
i sistema di rivestimento a trasferimento

4445 kiss roll
d Übertragungswalze zum Beschichten
f rouleau de transfert pour enduction
s rodillo de recubrir por transferencia
i rullo di trasferimento per rivestire

4446 knee of card wire
d Kratzendrahtknie
f genou d'aiguille de carde
s codo de púa de guarnición de carda
i ginocchio di ago di carda

4447 knickerbocker yarn
d buntes Noppengarn
f fil moucheté
s hilo moteado
i filato nappé colorato

4448 knickers
d Kniebundhose
f knicker
s calzón bombachos
i calzoni alla zuava

4449 knife
d Messer
f couteau
s cuchillo
i coltello

4450 knife blade ginning
d Messerentkörnung
f égrenage par lame coupante
s desmotádo con cuchilla
i ginnatura con coltello, sgranatura con coltello

4451 knife coating
d Rakelbeschichtung
f enduction à la racle
s recubrimiento a rasqueta
i rivestimento a racla

4452 knife plate
d Briseurmesserplatte
f plaque des couteaux du briseur
s placa de cuchillas del abridor
i placca di coltelli del perorompitore

4453 knife tucking
d mechanisches Fältenlegen
f fronçage sur lame
s fruncido sobre làmina
i ripiegatura automatica

4454 knit fabric twisting, knitted fabric spirality
d Maschenwarenverdrehung
f vrillage du tricot, distorsion du tricot, torchage du tricot
s abarquillamiento del tejido de punto
i torsione della maglieria

4455 knit fabrics weawing
d Webgewirke
f tissu à mailles
s genero de punto, tejido de punto
i tessuto a maglia

4456 knit inside out turning
d Maschenwarenwenden
f retournement de tricot
s vuelta ai revés del tricot
i risvolto della maglieria

4457 knit narrowing
d Mindern, Maschenabnehmen
f diminution de maille
s menguado de mallas
i diminuzione della maglia

4458 knit widening
d Maschenzunehmen, Maschenaufnehmen
f augmentation de mailles
s aumento de mallas
i aumento e diminuzione delle maglie

4459 knit-deknit texturing
d Knit-de-Knit-Texturieren
f texturation par tricotage-détricotage
s texturación por tricotado-destricotado
i testurizzazione knit-de-knit

4460 knits turning machine
d Wendemaschine
f machine à retourner le tricot
s máquina para invertir el tricot
i macchina per risvoltare la maglieria

4461 knittability
d Strickbarkeit, Verstrickbarkeit
f tricotabilitè
s aptitud para el tricotado
i attitudine alla maglieria

4462 knitted
d gemascht
f tricoté
s trícotado
i a maglia

4463 knitted blank
d Gestrickteil, Strickstück, Strickteil, Maschenwarenabschnitt
f panneau tricoté
s panel tricotado
i pezzo lavorato a maglia

4464 knitted carpet
d Wirkteppich, Raschelteppich
f tapis tricotê, tapis maillé
s alfombra de punto
i tappeto Raschel

4465 knitted fabric
d Maschenware, Wirk- und Strickware
f tissu maillé, tricot
s tejido de punto
i tessuto a maglia, tricot

4466 knitted fabric defect
d Maschenwarenfehler, Strickfehler
f défaut des tricots
s defecto de los tricots
i difetto del tessuto a maglia

4467 **knitted fabric geometry**
d Maschengeometrie
f géométrie de la maille
s geometría de la malla
i geometria del tessuto a maglia

4468 **knitted fabric property**
d Maschenwareneigenschaft
f propriété des tricots
s propiedad de los tejídos de punto
i proprietà del tessuto a maglia

4469 **knitted garment length**
d Ripprandware
f tricot à bord côte tenant
s tejido de punto para ribete sujetador
i bordo a costa

4470 **knitted garments separation**
d Trennung von Maschenware
f séparation d'articles tricotès
s separación de artículos tricotados
i separazione del tessuto a maglia

4471 **knitted lace**
d Strickspitze
f dentelle tricotée, dentelle sur Rachel
s encaje de punto
i pizzo a maglia

4472 **knitted net**
d Wirknetz, Stricknetz, Häkelnetz
f filet tricotè
s red de punto
i rete a maglia, rete a uncinetto

4473 **knitted outerwear**
d Maschenwarenoberbekleidung, Strickkleidung, gestrickte Oberbekleidung
f ourvôtomont triootó
s prenda de punto exterior
i maglieria esterna

4474 **knitted stitch**
d Masche
f maille tricotêe, boucle tricotée
s malla de punto
i maglia

4475 **knitted strncture**
d Maschenbindung
f mode de liage
s estructura del tejido de punto
i struttura a maglia

4476 **knitted underwear**
d Unterkleidung aus Maschenware
f sous-vêtement tricotè
s prenda de punto interior
i maglieria intima

4477 **knitted velvet**
d Wirksamt
f tricot velours
s tejído de punto de terciopelo
i velluto a maglia

4478 **knitted welt**
d Strickrand
f revers de tricot
s reverso de tricot
i bordo a maglia

4479 **knitted yardgood**
d Maschenmeterware
f tricot au mètre
s tejido de punto a metros
i maglieria al metro

4480 **knitted yardgoods dyeing**
d Färben von Maschenmeterwaren
f teinture de trícots en pièce
s tintura de tricots en pieza
i tintura di maglieria al metro

4481 **knitter**
d Maschenwarenhersteller
f bonnetier
s calcetero
i magliaio

4482 **knitting**
d Maschen, Stricken, Wirken
f trícotage
s tejídura
i lavorare a maglia

4483 **knitting dynamics**
d Dynamik des Strickens
f dynamique du tricotage
s dinámica del trícotado
i dinamica del lavoro a maglia

4484 **knitting element**
d maschenbildendes Element
f élément de tricotage
s elemento de tricotado
i elemento di lavoro a maglia

4485 **knitting feed**
d Stricksystem
f chute de tricotage
s cabeza alimentadora del telar circular
i sistema di lavoro a maglia

4486 **knitting head**
d Strickkopf
f tête de tricotage
s cabeza de tricotado
i testa per lavoro a maglia

4487 **knitting industry**
d Maschenindustrie
f industrie de la maille
s industria de la malla
i industria della maglieria

4488 **knitting machine**
d Maschmaschine, Maschine für Maschwarenherstellung, Wirk- und Strickmaschine
f métier à tricotert
s máquina para el tejido de punto
i macchina per maglieria

4489 **knitting machine cylinder**
d Strickmaschenzylinder
f cylindre du métier à tricoter
s cilindro del telar circular
i cilindro della macchina per maglieria

4490 **knitting machine gauge, needles per inch gauge**
d Nadelteilung, Maschmaschinenfeinheit
f jauge du métier, jauge du métier à tricoter
s galga del telar de tejído de punto
i finezza degli aghi della macchina di maglieria

4491 **knitting machines manufacturer**
d Maschmaschinenhersteller, Wirk-und Strickmaschinenhersteller
f constructeur de matériel de tricotage
s constructor de maquinaria de punto
i costruttore di macchine per maglieria

4492 **knitting mill**
d Mascherei, Wirkerei-Strickerei
f atelier de tricotage
s taller de tricotado
i tessitura di maglia

4493 **knitting needle**
d Maschnadel, Wirk- und Stricknadel, Stricknadel
f aiguille de tricotage
s aguja para el tejido de punto
i ago per macchina di maglieria

4494 **knitting on flat knitting machine**
d Flachstricken, Stricken auf Flachstrickmaschine
f tricotage sur métier rectiligne
s tricotado sobre telar rectilíneo
i lavorazione su macchina rettilinea per maglieria

4495 **knitting speed**
d Strickgeschwindigkeit
f vitesse de tricotage
s velocidad de tricotado
i velocità di lavorazione di maglieria

4496 **knitting tension**
d Strickspannung
f tension de tricotage
s tensión de tricotado
i tensione di lavorazione di maglieria

4497 **knitting tightness**
d Maschenwarendichte
f compacitê de tricotage
s compacidad de tricotado
i densità della maglieria

4498 **knitting yarn**
d Strickgarn
f fil de bonneterie, fil pour tricotage
s hilo para tejido de punto
i filato per maglieria

4499 **knitting yarn changing device, yarn changiag unit**
d Strickfadenwechseleinrichtung
f changeur de fil de tricotäge
s cambiador de hilo de tricotado
i cambiatore del filato per maglieria

4500 **knitwear**
d konfektionierte Maschenware
f article tricotè
s artículo tricotádo
i articolo di maglieria

4501 **knockover**
d Abschlag auf der Cotton-Maschine
f abattage sur métier Cotton
s rebatido en telar Cotton
i abbattitura su macchina Cotton

4502 **knockover bit**
d Abschlagplatine
f platine d'abattage, dent d'abattage
s platina de desprendímiento, platina desprendemallas
i platina di abbattitura

4503 **knot**
d Knoten
f noeud
s nudo
i nodo

4504 **knot breaking strength**
d Knotenreisskraft
f résistance au noeud
s resistencia del nudo
i forza di rottura del nodo

4505 **knot elficiency**
d Knotenbeständigkeit
f efficience du noeud
s eficiencia del nudo
i resistenza del nodo

4506 **knot strength, knot tenacity**
d Knotenfestigkeit
f stabilité des noeuds
s firmeza del nudo, consistencia del nudo
i stabilità dei nodi

4507 **knotted carpet**
d Knüpfteppich
f tapis à points nouês
s alfombra de nudos
i tappeto annodato

4508 **knotted net**
d geknüpftes Netz, Knotnetz
f filet noué
s red anudada
i rete annodata

4509 **knotted stitch**
d geknüpfte Masche, Knüpfmasche
f maille nouéet
s malla anudada
i maglia annodata

4510 **knotter**
d Knoter
f noueur
s anudador
i annodatore

4511 **knotting**
d Anknoten, Anknüpfen
f nouage
s anudado
i annodare

4512 **kock fashioning mark**
d imitierte Minderstelle
f marque de fausse diminution
s marca de falso menguado
i segno di falsa diminuzione

4513 **krypton**
d Krypton
f krypton
s criptón
i cripto, cripton

4514 Kubelka-Munk equation
d Kubelka-Munk-Gleichung
f équation de Kubelka-Munk
s ecuación de Kubelka-Munk
i equazione di Kubelka-Munk

4515 kurtosis
d Häufigkeitsgrad, Kurtosis
f kurtosis
s curtosis
i curtosi

L

4516 **label**
d Etikett
f étiquette
s etiqueta
i etichetta

4517 **labelling**
d Etikettierung
f étiquetage
s etiquetado
i etichettaggio

4518 **labelling machine**
d Etikettiermaschine
f machine d'étiquetage
s máquina etiquetadora
i etichettatrice

4519 **laboratory**
d Laboratorium
f laboratoire
s laboratorio
i laboratorio

4520 **laboratory apparatus**
d Laborgerät
f appareil de laboratoire
s aparato de laboratorio
i apparecchio di laboratorio

4521 **laboratory instrument manufacturer**
d Laborgeräte-Hersteller
f constructeur de matériel de laboratoire
s constructor de aparatos de laboratorio
i costruttore di apparecchi per laboratorio

4522 **laboratory sample**
d Laborprobe, Prüfling
f échantillon pour laboratoire
s muestra para laboratorio
i campione

4523 **lace**
d Textilspitze
f dentelle
s encaje
i merletto, trina, pizzo, gallone

4524 **lace clock attachment**
d Deckereinrichtung
f grisotte
s dispositivo para calados
i dispositivo per applicazioni di ricamo

4525 **lace clock design**
d Deckermuster
f effet de grisotte
s efecto de calado
i schema per applicazione di ricamo

4526 **lace machine**
d Spitzenmaschine
f métier á dentelle
s telar para encajes
i dentellatrice

4527 **lace making**
d Spitzenherstellung
f fabrication de la dentelle
s fabricación de encaje
i dentellatura

4528 **lace motif**
d Spitzenmuster
f motif de dentelle
s motivo de encaje
i campione di pizzo

4529 **lace production burning out process, dissolving out**
d Atzspitzenherstellung, Ausbrennerspitzenherstellung
f déchimicage
s encaje por disolución química
i produzione di pizzi per dissoluzione chimica

4530 **lace trim, lace edgeing**
d Spitzenbordüre
f bordure en dentelle
s cenefa en un encaje
i bordo di pizzo

4531 lacing cord
d Flechtschnur
f cordonnet de laçace
s cordón trezado
i spago intrecciato

4532 lacquer
d Lack
f vernis
s barniz
i vernice

4533 lacquer coated fabric
d lackierter Stoff, lackierte Textilbahn, lackiertes Gewebe
f tissu enduit laqué
s tejido recubierto de laca
i tessuto laccato

4534 lactam
d Lactam
f lactame
s lactama
i lattame

4535 lactic acid
d Milchsäure
f acide lactique
s ácido láctico
i acido lattico

4536 lactone
d Lacton
f lactone
s lactona
i lattone

4537 ladder polymer
d Leiterpolymer
f polymére échelle
s polimero en escala
i polimero a scala

4538 ladder stitch
d Leiterstich
f point d'échelle
s punto de carrera
i punto a scala

4539 laddering
d Laufmaschenbildung
f formation d'échellet
s formación de carreras
i formazione di smagliature

4540 ladies lingerie
d Damenunterwäsche
f sous-vêtement pour dames
s ropa interior femenina
i biancheria intima femminile

4541 lagoon
d Lagune
f lagune
s laguna
i laguna

4542 laid in yarn
d Einlegefaden in der Wirkerei
f dépôt de trame en tricotage
s depósito de trama en el tricotado
i deposito di trama nella maglieria

4543 lambswool
d Lammwolle
f laine d'agneau
s lana de cordero
i lana di pecora

4544 lamé fabric
d Lamé-Gewebe
f tissu lamé
s tejido lamé
i lamé

4545 lamella
d Lamelle
f lamelle
s laminilla
i lamella

4546 lamellar crystallinity
d Lamellenkristallinität
f cristallinité lamellaire
s cristalinidad laminar
i cristallinità lamellare

4547 **lamellar structure**
d Lamellenstruktur
f structure lamellaire
s estructura lamelar
i struttura lamellare

4548 **laminar flow**
d Laminarströmung
f écoulement laminaire
s flujo laminar
i flusso laminare

4549 **laminarin**
d Laminarin
f laminarine
s laminarino
i laminarino

4550 **laminate, face**
d Laminieren
f laminer, stratifier
s laminar
i laminare

4551 **laminated material**
d Mehrschichtstoff
f stratifié
s estratificado
i laminato

4552 **laminated solid**
d geschichteter Stoff, laminierter Stoff, Laminat
f solide stratifié
s sólido estratificado
i tessuto laminato

4553 **laminated yarn**
d Mehrschichtgarn
f fil laminè
s hilo laminado
i filo laminato

4554 **laminating, lamination**
d Kaschieren
f contre-collage, laminage
s laminado
i accoppiare

4555 **laminating machine**
d Kaschiermaschine
f machine de contre-collage
s màquina de laminado
i accoppiatrice

4556 **laminating resin**
d Kaschierhilfsmittel
f rèsine pour contre-collage
s resina para laminado
i resina per accoppiare

4557 **lamp black**
d Lampenruss
f noir de fumée
s negro de humo
i nerofumo alla lampada

4558 **lampshade**
d Lampenschirm
f abat-jour
s pantalla
i paralumi

4559 **landing the loops**
d Maschenauftragen
f débarrassage, amenée sur bec
s desprendimiento de mallas
i riporto delle maglie

4560 **Langmuir isotherm**
d Langmuir-Isotherme
f isotherme Langmuir
s isoterma Langmuir
i isoterma di Langmuir

4561 **lanolin**
d Lanolin
f lanoline
s lanolina
i lanolina

4562 **lanthionine**
d Lanthionin
f lanthíonine
s lantíonina
i lantionina

4563 lap
d Faserwickel
f nappe de fibres
s napa de fibras
i rotolo di fibre

4564 lap arbour
d Wickelwalze
f mandrin de nappe, rouleau pour nappe
s rodillo de la napa
i rullo per bobinaggio

4565 lap guide
d Wickelführer
f guide de nappe
s guianapa
i guida del rotolo

4566 lap rod
d Wickelstock
f tringle de nappe, baguette pour nappe, tringle de rouleau de batteu
s varilla para napa
i bacchetta per bobina

4567 lap waste
d Wickelabfall
f déchet de nappe
s desperdicio de napa
i cascame della bobina

4568 lap weight control
d Wickelgewichtskontrolle
f correction de poids de nappe
s control del peso de la napa
i controllo del peso della bobina

4569 lapel
d Rockaufschlag, Jackenrevers
f revers de veston
s solapa de chaqueta
i rovescio della giacca

4570 lapped seam
d Doppelkappnaht
f couture double rabattue
s costura rebatida
i doppia cucitura ribattuta

4571 lapper
d Wickelstrecke
f machine de doublage des nappes
s reunidora de napas
i macchina per riunire le bobine

4572 lappet loom
d Lappetwebmaschine
f métier à tisser pour plumetis
s telar para lappet
i telaio Lappet

4573 lappet weave
d Lappetgewebebindung
f armure plumetis
s ligamento lappet
i nastro, tessuto ricamato

4574 lapping motion
d Schwungbewegung
f mouvement de volée
s movimiento de voleo
i movimento oscillante

4575 lapwinding
d Wickelaufrollen
f enroulement de nappe
s arrollado de napas
i avvolgimento embricato

4576 large circular knitting machine
d Grossrundstrickmaschine
f métier circulaire grand diamètre
s telar circular de gran diámetro
i macchina circolare per maglieria di grandi dimensioni

4577 large package
d Grossvorlage
f grosse bobine
s bobina grande
i bobina grande

4578 large stain
d Fleck
f grande tache
s mancha grande
i macchia

4579 larva
d Larve
f larve
s larva
i larva

4580 laser
d Laser
f laser
s laser
i laser

4581 laser beam
d Laserstrahl
f rayon laser
s rayo laser
i raggio laser

4582 laser-cutting
d Laserschneiden
f coupe au laser
s corte con laser
i taglio al laser

4583 lashed in weft, lashing in
d Einschlepper
f bout rentré de trame, rentrage du bout de trame
s cabo entrado de trama
i rientro del capo di trama

4584 latch needle
d Zungennadel
f aiguille à clapet, aiguille à palette, aiguille automatique
s aguja de lengüeta
i ago a linguetta

4585 latch opener, dummy slider
d Zungenöffner
f ouvre clapet
s abre lengüeta
i aprilinguetta

4586 latent crimp
d latente Kräuselung
f ondulation latente
s ondulación latente
i ondulatore latente

4587 latent heat
d latente Wärme
f chaleur latente
s calor latente
i calore latente

4588 latex
d Latex
f latex
s látex
i lattice

4589 laudry
d Wäscherei
f blanchisserie, usine de lavage
s lavandería
i lavanderia

4590 launderability tester
d Waschbarkeitsprüfgerät
f appareil d'essai de lavabilitè
s aparato de ensayo ai lavado
i apparecchio per prove di lavabilità

4591 launderability testing
d Waschbarkeitsprüfung
f contrôle de lavabilité
s ensayo al lavado
i prova di lavabilità

4592 launderability, washability
d Waschbarkeit
f lavabílitê, aptitude au blanchíssage
s lavabilidad
i lavabilità

4593 laundering test
d Waschversuch
f essai de lavage
s ensayo de lavado
i prova di lavaggio

4594 laundering, washing
d Weisswaschen
f blanchissage
s lavado y planchado
i candeggiare

4595 launderometer
d Waschechtheitsmessgerät, Launderometer
f laundéromètre, lavabilimétre
s launderómetro
i apparecchio per prove della solidità al lavaggio

4596 laundry
d Weisswäscherei, gewerbliche Wäscherei
f blanchisserie, laverie
s lavandería
i lavanderia

4597 laundry degradation
d Waschabbau
f dêgradation au blanchissage
s degradación al lavado
i degradazione del lavaggio

4598 laundry net
d Waschnetz
f filet pour le blanchissage
s red para el lavado
i rete per il lavaggio

4599 lauric acid
d Laurinsäure, Dodecansäure
f acide Iaurique
s ácido làurico
i acido laurico, acido dodecanoico

4600 lauryl alcohol
d Laurylalkohol, Dodecanol
f alcool laurique
s alcohol laurilico
i alcool laurilico

4601 lauryl diethanolamide
d Lauryldiethanolamid
f lauryldiéthanolamide
s dietanolamida de laurilo
i laurildietanolammide

4602 lawn
d Linon
f linon
s linón
i batista

4603 lay out
d Auslegen
f disposer
s disponer
i disporre

4604 layer
d Schicht, Auflage
f couche
s capa
i strato

4605 layer locking
d Sicherung der Wicklungsschicht
f blocage de couches au renvidage
s arrollado-fijado de capas
i blocco degli strati della bobina

4606 layerte wool, baby delaine
d Baby-Wolle
f laine pour layette
s lana para canastilla
i lana per corredini da neonati

4607 laying in
d Einlegen
f tramage
s tramado
i inserire, disporre

4608 laying machine
d Pelzwickelapparat, Florwickler
f nappeuse
s napadora
i apparecchio per avvolgere i veli di fibra

4609 laying of coverings
d Bodenbelagsverlegen, Bodenbelagsauslegen
f pose de revètement
s puesta de revestimiento
i posa del rivestimento

4610 Lazie
d Lazies-Stickerei
f dentelle Lazie
s encaje Lazies
i pizzo Lazies

4611 **Lea count**
d Lea-Gebindenummer
f titrage Léa
s número del troquillón
i numerazione LEA della matassa

4612 **Lea strength**
d Lea-Strangreissfestigkeit
f résistance Léa sur échevette
s resistencia Lea en madejeta
i resistenza REA della matassa

4613 **lead**
d Blei
f plomb
s plomo
i piombo

4614 **lead compound**
d Bleiverbindung
f composé de plomb
s compuesto de plomo
i composto di piombo

4615 **leader cloth, end fent**
d Vorläufertuch
f chef de pièce, bout de pièce
s tela guia cabeza de pieza
i capo della pezza

4616 **leading**
d Mitführen, Mitnahme
f entraînement
s adelanto
i trascinamento

4617 **leading hook**
d vorwärtsgerichtetes Faserhäkchen
f crochet avant de fibre
s fibra con gancho delantero
i gancetto anteriore della fibra

4618 **leaf**
d Pflanzenblatt
f feuille végétale
s hoja vegetal
i foglia

4619 **leaf fiber**
d Blattfaser
f fibre de feuille
s fibra de hoja
i fibra foliare

4620 **lease**
d Fadenkreuz
f enverjure, encroix
s cruz
i incrocio, invergatura

4621 **lease making**
d Fadenkreuzeinlesen
f enverjage
s formación de la cruz
i formazione dell'invergatura

4622 **leaserod**
d Kreuzstab
f baguette d'enverjure, baguette d'encroix
s varilla de cruz
i verga, bacchetta di invergatura

4623 **leather**
d Leder
f cuir
s cuero
i cuoio

4624 **leathercloth**
d Lederware
f article en cuir
s articulo de cuero
i articoli in cuoio

4625 **Leavers lace**
d Leaverspitze
f dentelle Leavers
s encaje Leavers
i pizzo Leavers

4626 **Leavers machine**
d Leavermaschine
f métier Leavers
s máquina Leavers
i macchina Leavers

4627 lecithin
d Lecithin
f lécithine
s lecitina
i lecitina, fosfatidilcolina

4628 lecithin sulfate
d Lecithinsulfat
f sulfate de lécithine
s sulfato de lecitina
i solfato di lecitina

4629 left hand coordinate system
d linksgerichtetes Koordinatensystem
f système de coordonnées à gauche
s sistema de coordenadas de mano izquierda
i sistema di coordinate sinistrorso

4630 left hand rule
d Linkehandregel
f règle des 3 doigts de la main gauche
s regla de la mano izquierda
i regola della mano sinistra

4631 left side
d linke Seite
f côté gauche
s lado izquierdo
i lato sinistro

4632 leggings
d Gamasche
f leggings, jambiéres
s sobrecalza
i gambale, ghetta

4633 length direction, length wise
d Längsrichtung
f sens de la longueur, sens longitudinal
s dirección longitudinal
i direzione longitudinale

4634 length measuring device
d Längenmessgerät
f appareil de mesure de la longueur
s aparato medidor de la longitud
i misuratore di lunghezze

4635 length uniformity ratio
d Längengleichmässigkeitsverhältnis
f coefficient d'uniformité de longueur
s coeficiente de uniformidad de longitud
i coefficiente di uniformità della lunghezza

4636 leno grouad heddle
d Drehergrundlitze
f lisse de fond pour gaze
s lizo de fondo para gasa
i liccio di fondo per garza

4637 leno heddle
d Dreherlitze
f lisse pour gaze
s malla de lizo para gasa de vuelta
i liccio per garza

4638 leno loom
d Dreherwebmaschine
f métier à tisser la gaze
s telar de gasa de vuelta
i telaio per garza

4639 leno selvedge
d Dreherleiste
f lisiére au pas de gaze
s orillo de gasa de vuelta
i cimosa della garza

4640 leno weave
d Dreherbindung
f armure gaze
s ligamento gasa
i ordito di garza, tessitura di garza

4641 leno weaving, doup weaving
d Dreherweben
f tissage gaze
s tisaje de gasa de vueltä
i tessere, ordire

4642 lens
d Linse
f lentille
s lente
i lente

4643 leotard
d hautenge Kleidung
f vêtement collant
s leotardo
i abbigliamento attillato

4644 let off bracket
d Kettbaumlager
f support de dêrouleur
s soporte de desarrollador
i cuscinetto del subbio dell'ordito

4645 let off chaia
d Kettbaumbremskette
f chaîne de dérouleur
s cadena de regulador
i catena di frenatura del subbio

4646 let off motion
d Kettablasseinrichtung, Kettregulator
f mécanisme dérouleur de chaîne
s desarrollador de avance de la urdimbre
i meccanismo di regolazione della catena

4647 let off spool
d Kettäblassscheibe, Kettbaumbremsscheibe
f tambour de dérouleur
s tambor del regulador
i tamburo di frenaggio del subbio

4648 let off weight
d Kettablassgewicht
f contrepoids de dérouleur
s contrapeso del regulador
i contrappeso della catena

4649 let off weight arm
d Kettablassbelastungsarm
f levier de dèrouleur
s palanca del regulador
i leva di carico della catena

4650 leucine
d Leuzin
f leucine
s leucina
i leucina

4651 leuco derivate
d Leukoderivat
f leuco-dérivé
s leuco derivado
i leucoderivato

4652 leuco ester dye
d Leukoesterfarbstoff
f colorant Ieuco-ester, colorant de cuve soluble, colorant de ester de cuve, colorant indigosol
s colorante leuco-éster
i colorante leucoestere

4653 level
d Niveau
f niveau
s nivel
i livello

4654 level fastness
d Egalfärbeechtheit
f solidité de l'unisson, stabilité de l'unisson
s solidez uniforme del color
i solidità uniforme del colore

4655 level surface
d ebene Oberfläche
f surface plane
s superficie plana
i superficie piana

4656 levelling
d Vergleichmässigen, Egalisieren
f égalisation
s igualación
i livellamento

4657 levelling agent
d Egalisiermittel
f agent d'unisson
s agente de igualación
i agente livellante

4658 lever
d Hebel
f levier
s palanca
i leva

4659 lexicon
d Lexikon
f lexique, dictionnaire
s léxico
i lessico

4660 license
d Lizenz
f licence
s licencia
i licenza

4661 license tax
d Lizenzgebühr
f redevance, droit de licence
s tasa de licencia
i tassa di licenza

4662 licker-in
d Vorreisser, Kardenvorreisser
f briseur de carde
s tomador de carda
i perompitore

4663 licker-in screen
d Briseursieb
f bain de briseur
s rejilla debajo del tomador
i griglia del perompitore (carda)

4664 life belt
d Rettungsgürtel, Schwimmweste
f ceinture de sauvetage
s cinturón de salvamento
i giubbetto di salvataggio

4665 life raft
d Rettungsfloss
f radeau de sauvetage
s balsa de salvamento
i barca di salvataggio

4666 life-jacket
d Rettungsanzug
f costume, complet de sauvetage
s traje de salvamento
i giubbotto di salvataggio

4667 lifter plate
d beweglicher Spindelträger, loser Spindelträger
f porte-broche mobile
s placa de ascenso y descenso
i porta-fusi mobile

4668 light barrier (photocell)
d Lichtschranke
f barrage photoélectrique
s barrera fotoelectrica
i barriera luminosa, fotocellula

4669 light conduction
d Lichtleitfähigkeit
f conductibilité de la lumière
s capacidad de guiar (conducir) la luz
i fotoconduttività

4670 light conductor
d Lichtleitfähig
f photoconductor
s capaz de guiar (conducir) la luz
i fotoconduttore

4671 light dent
d überspringender Einzug
f dent sautée au peigne
s diente del peine saltado
i dente del pettine saltato

4672 light diffraction
d Lichtbeugung
f diffraction de la lumière
s difracción de la luz
i diffrazione della luce

4673 light filling streak
d Streifen durch dünne Schussfäden
f barre de fines duites
s barra de pasadas finas
i striscia di filo di trama fine

4674 light inspection board
d Leuchttafel
f plan lumineux de visualisation
s piano luminoso de visualizaciôn
i pannello luminoso

4675 light microscopy
d Lichtmikroskopie
f microscopie optíque
s microscopia óptica
i microscopia ottica

4676 light scattering
d Lichtstreuung, Lichtdiffusion
f diffusion de la lumière
s difusión de la luz
i diffusione della luce

4677 light sensitive
d Lichtempfindlich
f photosensile
s fotosensible
i fotosensibile

4678 light shade
d helle Nuance
f nuance claire
s matiz claro
i sfumatura chiara

4679 light stability
d Lichtbeständigkeit
f stabilité à la lumière
s estabilidad a la luz
i stabilità di luce

4680 lightfastness tester
d Lichtechtheitsprüfgerät
f appareil d'essai de tenue à la lumière, appareil d'essai de solidité à la lumière
s aparato de ensayos de solidez a la luz
i apparecchio per prove della solidità alla luce

4681 lightfastness testing, colorfastness to light testing
d Lichtechtheitsprüfung
f contrôle de solidité la lumière
s ensayo de solidez a la luz
i prova della solidità alla luce

4682 lightweight
d leicht
f léger
s lígero
i leggero

4683 lightweight fabric
d leichtes Gewebe
f tissu léger
s tejido ligero
i tessuto leggero

4684 lignin
d Lignin
f lignine
s lignina
i lignina

4685 lignin sulfonate
d Ligninsulfonat
f lignosulfonate, sulfonate de lignine
s sulfonato de lignina
i sulfonato di lignina

4686 likeness
d Gleichartigkeit
f similitude
s similitud
i similitudine

4687 Lille tapestry
d Lille-Wandteppich
f tapisserie de Lille
s tapiz de Lille
i arazzo di Lille

4688 lime
d Kalk
f chaux, carbonate de calcium
s cal
i calcare

4689 lime soap
d Kalkseife
f savon de chaux
s jabón de cal
i sapone di calcare

4690 limed wool
d Schwödewolle
f laine de pelanage
s lana apelambrada
i calcinata lana

4691 limit oxygen index, LOI
d Sauerstoffminimalwert, Sauerstoffgrenzwert, LOI
f indice limite d'oxygéne
s indice limite de hidrógeno
i valore limite di ossigeno, LOI

4692 Lincoln wool
d Lincoln-Wolle
f laine Lincoln
s lana Lincoln
i lana Lincoln

4693 Lindsley ratio
d Lindsley-Verhältnis
f rapport de Lindsley
s relación de Lindsley
i rapporto di Lindsley

4694 line
d Leitung (elektr.)
f conduction, trasmission, conducteur
s conducción
i linea

4695 linear alkylbenzene sulfonate
d lineares Alkylbenzolsulfonat
f alkylbenzènesulfonate linéaire, sulfonate d'alkylbenzène linéaire
s sulfonato de alquilbenceno lineal
i solfonato lineare di alchilbenzene

4696 linear chain molecule
d lineares Kettenmolekül
f molècule en chaîne linèaire
s molécula de cadena lineal
i molecola a catena lineare

4697 linear compound
d lineare Verbindung
f composé linéaire
s compuesto lineal
i composto lineare

4698 linear density
d Masse pro Längeneinheit
f masse linéique, masse par unité de longueur
s densidad lineal
i densità lineare

4699 linear function
d Linearfunktion
f fonction linéaire
s función lineal
i funzione lineare

4700 linear induction motor
d Linearmotor
f moteur linéaire
s motor lineal
i motore lineare

4701 linear polymer
d Linearpolymer
f polymère linèaire
s polimero lineal
i polimero lineare

4702 linear viscoelasticity
d lineare Viskoelastizität
f viscoêlasticité linèaire
s viscoelasticidad lineal
i viscoelasticità lineare

4703 linen, canvas
d Leinwand
f toile de lin, tissu de lin
s lienzo, tela de lino, ropa blanca, lencería
i tela di lino, schermo

4704 linen fabric
d Leinenware
f tissu de lin
s tejido de lino
i tela di lino

4705 linen sewing thread
d Leinennähgarn
f fil à coudre de lin
s hilo de coser de lino
i filo di lino da cucito

4706 linen yarn
d Leinengarn
f fil de lín
s hilo de lino
i filo di lino

4707 **lingerie**
d Unterwäsche
f lingerie
s lencería
i biancheria intima

4708 **lingerie making up**
d Wäschekonfektion
f confection de lingerie
s confección de lenceria
i confezione di biancheria intima

4709 **lingo**
d Harnischgewicht
f masselotte
s plomo Jacquard
i peso della arcata (della macchina Jacquard)

4710 **lining, lining fabric**
d Futterstoff
f doublure, tissu pour doublure
s forro
i tessuto per fodere

4711 **link**
d Kettenglied
f maillon
s mallón
i maglia di catena

4712 **linkage**
d Gelenkverbindung
f liaison mécanique, raccordement mécanique
s ensamblado mecánico
i collegamento snodato

4713 **linking machine**
d Kettelmaschine
f remailleuse
s remalladora
i macchina rimagliatrice

4714 **linking machine looper**
d Kettelgreifer
f boucleur de remailleuse
s cierre de remalladora
i pinza di rimagliatrice

4715 **linking machine needle**
d Kettelnadel
f aiguille de remailleuse
s aguja de remalladora
i ago di rimagliatrice

4716 **links links machine**
d Links-Links-Maschine, Links-Links-Strickmaschine
f métier à mailles retournées
s telar de punto revés-revés
i macchina circolare per maglia rovesciata, links-links

4717 **lint blade**
d Lintabtrennmesser
f lame d'élimination de fibres courtes
s lámina de eliminación de fibras cortas
i lama di eliminazione delle fibre corte

4718 **lint catcher**
d Flusenfänger
f sèparateur de fibres courtes
s captador de fibras cortas
i separatore di fibre corte

4719 **lint fly**
d Fluse
f volard
s borrilla
i peluria

4720 **lipase**
d Lipase
f lipase
s lipasa
i lipasi

4721 **lipid**
d Lipid
f lipide
s lipido
i lipide

4722 **lipophilic property**
d lipophile Eigenschaft
f propriété lipophile
s propiedad lipofilica
i proprietà lipofile

4723 liquid
d Flüssigkeit
f liquide
s líquido
i liquido

4724 liquid medium
d flüssiges Medium
f milieu liquide
s medio liquido
i mezzo liquido

4725 liquid phase
d flüssige Phase
f phase liquide
s fase líquida
i fase liquida

4726 liquid phase chromatography
d Flüssigkeitschromatographie
f chromatographie en phase liquide
s cromatografía en fase líquida
i cromatografia in fase liquida

4727 liquor circulation
d Badumwälzung, Flottenumwälzung
f circulation de bain
s circulación de baño
i circolazione del bagno

4728 lisle thread
d Baumwollglattzwirn
f fil d'écosse
s hilo de escocia
i filo di Scozia

4729 list
d Zusammenstellung
f assamblage, montage, liste
s reunión, agrupamiento, composición
i lista, elenco

4730 listing
d Listing
f lisière
s orillo
i cimosa

4731 lithium
d Lithium
f lithium
s litio
i litio

4732 lithium bromide
d Lithiumbromid
f bromure de lithium
s bromuro de litio
i bromuro di litio

4733 lithium chloride
d Lithiumchlorid
f chlorure de lithium
s cloruro de litio
i cloruro di litio

4734 lithium compound
d Lithiumverbindung
f composé de lithium
s compuesto de litio
i composto di litio

4735 lithium hydroxide
d Lithiumhydroxid
f hydroxyde de lithium
s hidróxido de litio
i idrossido di litio

4736 lithium hypochlorite
d Lithiumhypochlorit
f hypochlorite de lithium
s hipoclorito de litio
i ipoclorito di litio

4737 lithium stearate
d Lithiumstearat
f stêarate de lithium
s estearato de litio
i stearato di litio

4738 living polymer, alive polymer
d lebendes Polymer
f polymère vivant
s polímero vivo
i polimero vivo

4739 **living ring spinning machine**
d Ringspinnmaschine mit Wanderring
f métier à filer à anneaux tournant
s continua de hilar de anillo rotatorio
i telaio circolare con anello girevole

4740 **load constant gradient**
d konstanter Belastungsgradient
f gradient de charge constant
s gradiente de carga constante
i gradiente di carico costante

4741 **load deflection curve**
d Durchbiegungsdiagramm
f courbe de charge flexion
s curva de carga flexión
i diagramma di inflessione

4742 **loading**
d Belasten, Belastung
f application de charge
s aplicación de carga
i applicare una carica, carico

4743 **loading test**
d Belastungsprüfung
f Éssai statique
s prueba de carga
i prova di carico

4744 **loading-up process**
d Ladevorgang
f procédé de chargement
s procedimiento de carga
i procedimento di carica

4745 **location**
d Lokalisierung
f localisation
s localización
i localizzazione

4746 **locking course**
d Schutzmaschenreihe
f rangée de protection, rangée d'arrêt
s hilera de protección
i rango di chiusura, rango dei fili di protezione (calze)

4747 **lockknit**
d Charmeuse
f tricot charmeuse
s tejido de punto charmes
i maglieria „charmeuse"

4748 **lockstitch**
d Steppstich
f point noué, point de navette
s punto calado
i trapunto, impuntura

4749 **lockstitch machine**
d Steppstichnähmaschine
f machine à coudre à point noué
s máquina de coser de punto anudado
i macchina per trapuntare

4750 **loden coat**
d Lodenmantel
f manteau en loden
s abrigo de loden
i mantello di loden

4751 **lodging a patent**
d Patentanmeldung
f demande de brevet, dépôt d'une demande de brevet
s anuncio o declaración de patente
i deposito di un brevetto

4752 **logarithmic lunction**
d logarithmische Funktion
f fonction logarithmique
s función logaritmica
i funzione logaritmica

4753 **logarithmic normal distribution**
d logarithmische Normalverteilung
f distribution logarithmo normale
s distribución logaritmica normal
i distribuzione logaritmica normale

4754 **logarithmic progression**
d logarithmische Progression
f progression logarithmique
s progresión logaritmica
i progressione logaritmica

4755 logwood
d Blauholz, Campecheholz
f bois de campêche
s palo campeche
i campeggio, legno azzurro

4756 London shrinking
d London-Shrunk
f décatissage London shrink
s decatizado London shrink
i london shrunk

4757 long chain molecule
d Kettenmakromolekül
f molécule à longue chaîne
s molécula de cadena larga
i macromolecola a catena

4758 long seam unit
d Langnahtautomat
f machine pour coutures longues
s máquina para costuras largas
i unità per cuciture lunghe

4759 long staple
d lange Faser
f fibre longue
s fibra larga
i fibra lunga

4760 long staple cotton
d langstapelige Baumwolle
f coton longue fibre
s algodón largo
i cotone a fibra lunga

4761 long staple spinning
d Langfaserspinnerei
f filature des fibres longues
s hilatura de fibras largas
i filatura di fibre lunghe

4762 long terna irregularity
d langperiodische Ungleichmässigkeit
f irrégularité à long terme
s irregularidad a largo plazo
i irregolarità a lungo termine

4763 long wool
d langstapelige Wolle
f laine longue
s lana larga
i lana a fibra lunga

4764 longitudinal cut
d Längsschnitt, Schnitt in Längsrichtung
f coupe longitudinale
s corte longitudinal
i taglio longitudinale

4765 longitudinal section
d Längsschnittsektion
f section longitudinale
s sección longitudinal
i sezione longitudinale

4766 longitudinal vibration
d Longitudinalschwingung
f vibration longitudinale
s vibración longitudinal
i vibrazione longitudinale

4767 look, appearance
d Aussehen
f apparance, aspect
s aspecto
i aspetto

4768 look of hand-knitted woolens
d Handstrickcharakter
f effet de tricot fait à la main
s calidad de bordado a mano
i effetto di maglieria fatta a mano

4769 loom back rest
d Streichbaum
f rouleau porte-fil
s rodillo portahilos
i anellino

4770 loom control bar
d Webmaschinenhauptwelle
f barre de commande de métier à tisser
s barra de disparo del telar
i sbarra di comando del telaio

4771 **loom for sample weaving**
d Musterwebmaschine
f métier à tisser les échantillos
s telar para tejer las muestras
i telaio per tessere i campioni

4772 **loom knock off**
d Abstellen der Webmaschine, Ausrücken der Webmaschine
f débrayage de métier à tisser
s paro del telar
i chiusura, arresto del telaio

4773 **loom picker**
d Picker
f taquet
s taco
i tacchetto

4774 **loom sley, loom batten**
d Weblade
f battant de métier à tisser
s batán del telar
i battente del telaio

4775 **loom stop**
d Webmaschinenstillstand
f arrêt du métier à tisser
s paro de telar
i arresto del telaio

4776 **loom tender**
d Weber
f tisserand
s obrero de tejido
i tessitore

4777 **loom width, cloth width**
d Webbreite
f largeur de tissage
s ancho del tejido
i larghezza del tessuto

4778 **loom winder**
d Schussspulaggregat an der Webmaschine
f cannetière individuelle de métier
s canillera indivídual de telar
i incannatoio per trama

4779 **loom with internal treadle**
d Webmaschine mit Innentritt
f métier mécanique à marches intérieures
s telar con paso interno
i telaio con passo interno

4780 **loom with outside treadle**
d Webmaschine mit Aussentritt
f métier mécanique à marches extérieures
s telar con paso externo
i telaio con passo esterno

4781 **loom with rod gripper**
d Webmaschine mit Greiferstange
f métier à tisser à pince
s telar con vara prénsil
i telaio con barra prensile

4782 **loomstate fabric**
d Rohware
f tissu tombé de métier
s tejido basto
i tessuto greggio

4783 **loomtakeup**
d Warenabzug an der Webmaschine
f enrouleur de métier à tisser
s arrollador de tejido
i avvolgitore del telaio

4784 **loop**
d Schlaufe
f boucle
s bucle
i riccio, anello

4785 **loop catcher**
d Schlaufenfänger, Schlingenfänger
f capteur de boucle de machine à coudre
s captador de bucles de màquina de coser
i prendi-anelli (della macchina da cucire)

4786 **loop catching**
d Schlaufenfangen, Schlingenfangen
f captage de boucle
s captado de bucles
i presa di anelli (della macchina da cucire)

4787 loop distortion
d Maschenverwerfung
f déformation de la maille, déformation de la boucle
s deformación del bucle
i deformazione dell'anello, deformazione della maglia

4788 loop dryer
d Schleifentrockner, Hängetrockner
f sèchoir à festons
s secador a anillos
i essicatoio ad anelli

4789 loop efficiency
d Schlingenfestigkeit
f comportement à la boucle
s rendimiento al bucle
i resistenza dell'anello

4790 loop in the fabric
d Schlunze
f noeud dans le tissu (défect)
s nudo en el tejido (defecto)
i nodo nel tessuto o nel filo (difetto)

4791 loop pile carpet
d Schlingenpolteppich, Bouclè
f tapis à poil bouclè
s alfombra de pelo rizado
i tappeto riccio, bouclé

4792 loop pile fabric, curl pile fabric
d Schlingenpolware
f tissu à poil bouclê
s tejído de pelo ondulado
i velluto riccio

4793 loop pile tufting machine
d Schlingenflortuftingmaschine
f machine de tufting pour poil bouclé
s máquina tufting para pelo ondulado
i macchina tufting per pelo riccio

4794 loop selvedge
d Schlingenkante
f lisiére bouclée
s orillo ondulado
i orlo arricciato, bordo arricciato

4795 loop stitch
d Schlingenstich
f point de bouclette
s punto ondulado
i punto a cappio, punto a riccio

4796 loop strength
d Schlingenwiderstand
f résistance à la boucle
s resistencia al bucle
i resistenza del riccio

4797 loop yarn, bouclé (yarn)
d Bouclégarn
f fil à bouclettes, fil bouclê
s hilo con bucles
i filato ad anelli

4798 looper
d Schlingenformer
f boucleur
s rizador
i dispositivo per asole (macchina da cucire)

4799 looper point
d Greifernadel der Kettelmaschine
f poinçon de remailleuse
s punzón de remalladora
i ago a pinza della macchina rimagliatrice

4800 looper thread
d Greifergarn
f fil de boucleur
s hilo de rizador
i filo del forma-anelli

4801 looping
d Ketteln
f remaillage
s remallado
i rimagliare

4802 loose
d locker
f lâche
s suelto
i allentato

4803 loose reed
d Losblatt
f peigne mobile
s peine móvil
i pettine mobile

4804 looseness
d Schlaffheit
f caractère lâche
s carácter lacio
i l'essere floscio

4805 loss
d Verlust
f perte
s perdida
i perdita

4806 lossofcharge
d Ladungsabfall, Ladungsverlust
f perte de charge
s pérdida de carga
i perdita di carica

4807 low angle scattering
d Kleinwinkelstreuung
f diffusion aux petits angles
s difusión en ángulos pequeños
i diffusione ad angolo basso

4808 low density polyethylene
d Polyethylen niedriger Dichte
f polyéthylène basse densité
s polietileno de baja densidad
i polietilene a bassa densità

4809 low frequency
d Niederfrequenz
f basse fréquence
s baja frecuencia
i bassa frequenza

4810 low middling
d Low Middling
f low middling
s low middling
i low middling

4811 low molecular weight compound
d niedermolekulare Verbindung
f composé à bas poids molèculaire
s compuesto de bajo peso molecular
i composto a basso peso molecolare

4812 low price ware
d Niedrigpreisware
f marchandise, article à prix bas
s mercancía a bajo precio
i merce a basso prezzo

4813 low quarter blood wool
d Lowquarter-Blood-Wolle
f laine low quarter blood
s calidad de lana cuarto de sangre
i lana Lowquarter-blood

4814 low temperature
d niedrige Temperatur
f basse température, température basse
s temperatura baja
i bassa temperatura

4815 low temperature dyeing, cold dyeing
d Kaltfärben
f teinture à froid
s tintura a baja temperatura
i tintura a freddo

4816 low temperature engineering
d Kältetechnik, Tieftemperaturtechnik, Kühltechnik
f technique du froid
s técnica del frío
i tecnica del freddo

4817 low twill
d Flachgratköper
f serge à faible inclinaison
s sarga de poca inclinación
i saia a bassa inclinazione

4818 low twist
d niedrige Drehung, geringe Drehung, Niedrigdrall
f faible torsion, faible, basse torsion
s torsión debil, baja torsión
i bassa torsione

4819 low wages, low pay land
d Niedrigglohnland
f pays avec salaire bas, peu élevés
s país a bajos salarios
i paese a basso salario

4820 lower control limit
d Regeluntergrenze, untere Regelgrenze
f limite inférieure de contrôle
s limite inferior de control
i limite inferiore di controllo

4821 lubricant
d Schmierstoff
f lubrifiant
s lubrificante
i lubrificante

4822 lubricated ring
d dochtgeschmierter Ring
f anneau lubrifiè
s anillo lubricado
i anello lubrificatore a stoppino

4823 lubrication, lubricating
d Schmierung
f lubrification, graissage
s lubricación
i lubrificazione

4824 lug strap
d Schlagriemenleder
f cuir de chasse
s correa tiratacos
i cuoio per cacciatacchetti

4825 luke-warm
d lauwarm
f tiéde
s tibio
i tiepido

4826 lumen
d Lumen
f lumen
s lumen
i lumen

4827 luminance
d Leuchtkraft
f luminance
s luminancia
i luminanza, brillanza

4828 luminescence
d Lumineszenz
f luminescence
s luminiscencia
i luminescenza

4829 luminosity
d Helligkeit
f luminosité
s luminosidad
i luminosità

4830 luminous
d leuchtend
f lumineux
s luminoso
i luminoso

4831 luster
d Lüster
f lustre
s lustre
i lucentezza, splendore

4832 lustering, brightning
d Lüstrieren
f lustrage, brillantage
s lustrado
i lucidatura, lustratura, brillantezza

4833 lustering machine
d Lüstriermaschine
f machine de lustrage
s màquina abrillantadora
i lustratrice, lucidatrice

4834 luxuriousness
d Luxuriösität
f caractère luxueux
s caràcter lujoso
i lussuosità

4835 lyophilization
d Lyophilisierung
f lyophilisation
s liofilización
i liofilizzazione

4836 lysine
d Lysin
f lysine
s lisína
i lisina

4837 lysino-alanine
d Lysino-Alanin
f lysino-alanine
s lisíno-alanína
i lisino-alanina

M

4838 **machine**
d Maschine
f machine
s máquina
i macchina

4839 **machine design**
d Maschinenzeichnung, Maschinenschema, Konstruktionszeichnung
f schéma de machine
s esquema de las máquinas
i disegno di macchina, disegno di progetto

4840 **machine embroidery**
d Maschinenstickerei
f broderie machine
s bordado a máquina
i ricamo a macchina

4841 **machine head**
d Hauptantrieb
f tête de machine
s cabeza unidad de producción
i azionamento principale

4842 **machine interference**
d Maschinenüberlappung
f interfèrence des machines
s interferencia de las máquinas
i interferenza di macchina

4843 **machine knitting**
d Maschinenstricken, mechanisches Stricken
f tricotage mécanique
s tricotado mecánico
i lavorazione di maglieria a macchina

4844 **machine made lace**
d Maschinenspitze, mechanische Spitze
f dentelle mécanique
s encaje hecho a máquina
i pizzo lavorato a macchina

4845 **machine operation**
d Maschinenbedienung
f conduite de la machine
s conducción de la máquina
i manovra della macchina

4846 **machine output**
d Maschinenausstoss
f production de la machine
s producción de la màquina
i produzione della macchina

4847 **machine sewing**
d Maschinennähen
f couture à la machine
s costura a máquina
i cucitura a macchina

4848 **machine washable wool**
d waschmaschinenfeste Wolle
f laine lavable à la machine
s lana lavable a máquina
i lana lavabile a macchina

4849 **machinery equipment**
d Maschinenpark, Maschinenausstattung
f équipement en matériel
s equipo de maquinaria
i parco macchine

4850 **machinery manufacturer**
d Maschinenbauer, Maschinenhersteller
f constructeur de matériel
s constructor de maquinaria
i costruttore di macchine

4851 **machinery manufacturing**
d Maschinenbau
f construction de machines
s construcción de maquinarias
i costruzione di macchine

4852 **machines accessories manufacturer**
d Hersteller von Maschinenzubehör
f constructeur d'accessoires de machine
s constructor de accesorios
i produttore di accessori per macchine

4853 **macrofibril**
d Makrofibrille
f macrofibrílle
s macrofibrila
i macrofibrilla

4854 **macromolecular**
d Makromolekular
f macromoléculaire
s macromolecular
i macromolecolare

4855 **macromolecule**
d Makromolekül
f macromolécule
s macromolécula
i macromolecola

4856 **macrorheology**
d Makrorheologie
f macrorhêologie
s macroreologia
i macroreologia

4857 **macroscopic**
d Makroskopisch
f macroscopique
s macroscópico
i macroscopico

4858 **macrostructure**
d Makrostruktur
f macrostructure
s macroestructura
i macrostruttura

4859 **made-up**
d konfektioniert
f confectionné
s confeccionado
i confezionato

4860 **magnesium**
d Magnesium
f magnésium
s magnesio
i magnesio

4861 **magnesium chloride**
d Magnesiumchlorid
f chlorure de magnésium
s cloruro de magnesío
i cloruro di magnesio

4862 **magnesium compound**
d Magnesiumverbindung
f composé de magnésium
s compuesto de magnesio
i composto del magnesio

4863 **magnesium hydroxide**
d Magnesiumhydroxid
f hydroxyde de magnésium
s hidróxido de magnesio
i idrossido di magnesio

4864 **magnesium sulfate**
d Magnesiumsulfat
f sulfate de magnésium
s sulfato de magnesio
i solfato di magnesio

4865 **magnet**
d Magnet
f aimant
s imán
i magnete

4866 **magnetic brake**
d Magnetbremse
f frein magnétique
s freno magnético
i freno magnetico

4867 **magnetic disc**
d Magnetplatte
f disque magnétique
s disco magnético
i disco magnetico

4868 **magnetic electron spin resonance**
d magnetische Elektronen-Spin-Resonanz
f résonance magnétique èlectronique
s resonancia magnética electrónica
i risonanza magnetica elettronica

4869 magnetic force
d magnetische Kraft
f force magnétique
s fuerza magnética
i forza magnetica

4870 magnetic resistance
d magnetischer Widerstand
f résistance magnétique
s resistencia magnética
i resistenza magnetica

4871 magnetic resonance
d magnetische Resonanz
f résonanêe magnétique
s resonancia magnética
i risonanza magnetica

4872 magnetic ring
d Magnetring
f anneau magnétique
s anillo magnético
i anello magnetico

4873 magnetic tape
d Magnetband
f bande magnétique
s cinta magnética
i nastro magnetico

4874 magnetic tension device
d magnetische Spanneinrichtung
f dispositif de tension magnétique, tendeur magnétique
s dispositivo de tensión magnética
i dispositivo di serraggio magnetico

4875 magnetism
d Magnetismus
f magnétisme
s magnetismo
i magnetismo

4876 magnification
d Vergrösserung, Ausbreitung
f agrandissement
s engrandecimiento
i ingrandimento, allargamento

4877 magnifying glass
d Lupe, Vergrösserungsglas
f loupe
s lupa
i lente di ingrandimento

4878 main elfect
d Hauptwirkung
f effet principal
s efecto principal
i effetto principale

4879 main interlining, stiffening
d Einlagestoff
f triplure
s tela de refuerzo
i tela di rinforzo

4880 main shaft
d Hauptwelle
f arbre principal, arbre moteur, axe principal
s árbol principal
i albero principale

4881 maintenance car
d Wartungswagen
f chariot, véhicule de surveillance, de maintenance, d'entretien
s auto de mantenimiento, auto de asistencia
i macchina di mantenimento, di assistenza

4882 maintenance, patching
d Instandhaltung, Wartung
f maintenance, entretien des machines, entretien du matériel, entretien prèventif
s mantenimiento
i manutenzione

4883 making up cutting
d Zuschnitt
f coupe en confection
s corte en confección
i taglio

4884 making up machines manufacturer
d Bekleidungsmaschinen-Hersteller
f constructeur de matériel de confection
s constructor de máquinas de confección
i fabbricante di macchine da confezione

4885 making up plant
d Konfektionsbetrieb, Kleiderfabrik
f atelier de confection
s taller de confección
i fabbrica di confezioni

4886 making-up, tailoring
d Konfektion
f confection, fabrication d'habillement
s confección
i confezione

4887 maleic acid
d Maleinsäure
f acide malèique
s àcido maleico
i acido maleico, acido cisbutendioico

4888 maleic anhydride
d Maleinsäureanhydrid
f anhydride maléique
s anhídrido maleico
i anidride maleica

4889 mali fabric
d Malierzeugnis
f tissu mali
s tejido mali
i tessuto Mali

4890 malic acid
d Apfelsäure, Hydroxybernsteinsäure
f acide malique
s ácido màlico
i acido malico

4891 malimo fabric
d Malimoware
f tissu malimo
s tejido malimo
i tessuto malimo

4892 malimo process
d Malimoverfahren
f technique malimo
s tècnica malimo
i processo malimo

4893 malipol process
d Malipolverfahren
f technique malipol
s tècnica malipol
i tecnica malipol

4894 maliwatt fabric
d Maliwattware
f tissu maliwatt
s tejido maliwatt
i tessuto maliwatt

4895 maliwatt process
d Maliwattverfahren
f technique maliwatt
s técnica maliwatt
i tecnica maliwatt

4896 man machine control system
d Maschinenhandsteuerung
f système de contrôle manuel de machine
s sistema de control manual de la màquina
i controllo manuale della macchina

4897 man made fiber
d Chemiefaser
f fibre chimique
s fibra quimica
i fibra chimica

4898 manageable
d handlich
f maniable
s manejable
i maneggevole

4899 management
d Management, Betriebsleitung
f gestion
s gestión
i gestione, management

4900 manchester velvet
d Kordsamt (1596 Cordsamt)
f konduroy, velours à côtes, cordelet
s terciopelo de pana
i velluto a coste

4901 mandrel
d Dorn, Aufsteckdorn
f mandrin
s mandril
i mandrino

4902 manganese
d Mangan
f manganése
s manganeso
i manganese

4903 manganese compound
d Manganverbindung
f composé de manganèse
s compuesto de manganeso
i composto del manganese

4904 mangle
d Mangel, Wäschemangel
f mangle
s mangle
i mangano

4905 mangling
d Mangeln, Wäschemangeln
f manglage
s paso por mangle
i lucidatura, calandratura

4906 Manila hemp, abaca
d Manilafaser
f chanvre de Manille, abaca
s cañamo de Manila
i abaca, canapa di Manila

4907 manmade fibre industry
d Chemiefaserindustrie
f industrie des fibres artificielles et synthétiques
s industria de fibras artificiales (sintéticas)
i industria delle fibre sintetiche

4908 manmade fibre yarn
d Chemiefasergarn
f fil de fibre synthétique (chemique)
s hilo de fibras artificiales (sintéticas)
i filato di fibra chimica (artificiale)

4909 mannequin, fashion model
d Puppe, Mannequin
f mannequin
s maniquí
i manichino

4910 manometer
d Manometer
f manomètre, indicateur de la pression
s manómetro
i manometro

4911 manual
d Handbuch
f manuel
s manual
i manuale

4912 manual control
d manuelle Steuerung, Handsteuerung
f contrôle manuel, commande manuelle
s control manual
i controllo manuale

4913 manual process
d manuelles Verfahren
f procédé manuel
s procedímiento manual
i processo manuale

4914 manufacture with computer auxiliary
d Computergestützte Herstellung
f fabrication assistée par ordinateur
s fabricación asistida por ordenador
i produzione con l'ausilio del computer

4915 manufacturing
d Herstellung, Fabrikation
f fabrication
s fabricación
i produzione

4916 manuscript
d Manuskript
f manuscrit
s manuscrito
i manoscritto

4917 marionette
d Gegenzugschaftaufhängung
f arbre des marionnettes
s titere
i albero di sospensione a contraeffetto, albero a marionette

4918 marker, marker stencil
d Anreissschablone, Markierschablone
f marqueur, appareil de marquage
s marcador
i marcatore

4919 marking machine
d Markierungsmaschine
f machine de marquage
s màquina de marcado
i marcatrice

4920 marking, marker making
d Markieren, Kennzeichnen
f marquage, pose de marque, marquage de position
s marcado
i marcare

4921 marking paper
d Zeichenpapier, Markierungspapier
f papier de marquage
s papel para marcado
i carta per marcare

4922 Markov chain
d Markov-Kette
f chaîne statistique de Markow
s cadena estadistica de Markov
i catena di Markov

4923 marocain
d Krepp-Marok
f crêpe marocain
s crepe marocain
i marocain

4924 marquisette
d Marquisette, Gittertûll
f marquisette
s marquiseta
i marquisette

4925 married yarns
d Doppelfadenfehler
f fils mariés
s hilos casados
i fili sposati

4926 martindale limit
d Martindale-Grenze
f limite de Martindale
s limite de Martindale
i limite di Martindale

4927 mask
d Schutzmaske, Maske
f masque
s màscara
i maschera

4928 mass
d Masse
f masse
s masa
i massa

4929 mass per unit area
d Flächengewicht
f poids par unité de surface
s peso por unidad de superficie
i peso per unità di superficie

4930 mass production
d Massenfertigung, Serienproduktion, Massenproduktion
f production en grande série
s producción en grandes series
i produzione in serie

4931 mass spectrometry
d Massenspektrometrie
f spectrométrie de masse
s espectrometría de masa
i spettrometria di massa

4932 mass transfer
d Massenübertragung
f transfert de masse
s transferencia de masa
i trasferimento di masse

4933 mass uniformity
d Massengleichförmigkeit
f uniformité de masse
s uniformidad de masa
i uniformità di massa

4934 mat
d Matte
f natte, natte de sol
s estera
i stuoia

4935 material
d Materie, Material
f matière, matériel, matière, matériau
s materia, material
i materia, materiale

4936 material fine structure
d Materialfeinstruktur
f structure fine du materiel
s estructura fina del material
i struttura fine del materiale

4937 material flow
d Materialfluss
f circulation du materiel
s circulación del material
i flusso di materiale

4938 material handling
d Materialtransport
f transport du materiel
s transporte del material
i trasporto materiale

4939 material processing
d Materialverarbeitung
f traitement de matière, manufacture du materiel
s tratamiento de los materiales
i lavorazione del materiale

4940 material saturation
d Materialsättigung
f saturation du materiel
s saturación del material
i saturazione del materiale

4941 material shaping
d Materialformung
f façonnage de la matière
s acción de dar forma a los materiales
i formatura del materiale

4942 material to be sewn
d Nähgut
f matériel, tissu à coudre
s material, tejido a coser
i materiale, tessuto da cucire

4943 materials
d Werkstoff
f matériau
s material
i materiale

4944 mathematical
d Mathematisch
f mathématique
s matemático
i matematico

4945 mathematical analysis
d mathematische Analyse
f analyse mathématique
s anàlisis matemático
i analisi matematica

4946 mathematical function
d Mathematische Funktion
f fonction mathémmatique
s función matematica
i funzione matematica

4947 mathematical model
d mathematisches Modell
f modèle mathématique
s modelo matemático
i modello matematico

4948 **matrix**
d Matrix
f matrice
s matriz
i matrice

4949 **matrix computing**
d Matritzenrechnen
f calcul matriciel
s cálculo matricial
i calcolo matriciale

4950 **matrix polymerisation**
d Matrixpolymerisation
f polymérisation matricielle
s polimerización matricial
i polimero matriciale

4951 **matrix-fibril structure**
d Matrix-Fibrillen-Struktur
f structure a matrix de fibrilles
s estructura a matriz de fibrillas
i struttura a matrice di fibrille

4952 **matting**
d Vlieslegen
f formation du mat
s formación de la tela
i posa del velo

4953 **mattress**
d Matratze
f matelas
s colchón
i materasso

4954 **mattress cover**
d Matratzenschoner
f couvre-matelas
s cubre-colchón
i coprimaterasso

4955 **mattress drill**
d Bettbezugsstoff, Wâschestoff
f toile pour literie
s tela para sabanas
i stoffa per materassi

4956 **mattress ticking**
d Matratzendrell
f treillis de matelas, coutil à matelas
s dril cobertor de colchón
i traliccio per materassi

4957 **mature**
d Reif
f mûr
s maduro
i maturo

4958 **maturity**
d Reife
f maturité
s madurez
i maturità

4959 **maturity index**
d Reifegrad
f indice de maturité
s indice de madurez
i grado di maturità

4960 **maximum**
d Maximum
f maximum
s máximo
i massimo

4961 **maximum value**
d Maximalwert
f valuer maximale
s valor máximo
i valore massimo

4962 **Maxwell model**
d Maxwell'sches Modell
f modèle de Maxwell
s modelo de Maxwell
i modello di Maxwell

4963 **Maxwellian distribution**
d Maxwell'sche Verteilung
f distribution de Maxwell
s distribución de Maxwell
i distribuzione di Maxwell

4964 mean fiber length, mean staple length
d mittlere Faserlänge
f longueur moyenne des fibres
s longitud media de las fibras
i lunghezza media della fibra

4965 mean temperature
d mittlere Temperatur
f température moyenne
s temperatura media
i temperatura media

4966 mean value
d Mittelwert
f valeur moyenne
s valor medio
i valore medio

4967 measurable
d Messbar
f mesurable
s medible
i misurabile

4968 measure
d Mass, Messen
f mesure, mesurer
s medida, medir
i misura, misurare

4969 measure, proceeding
d Massnahme
f mesure (prise)
s medida, intervención, disposición
i intervento, accorgimento

4970 measuring
d Messung
f mesurage
s medición
i misurazione

4971 measuring instrument, meter
d Messinstrument, Messgerät
f appareil de mesure, instrument de mesure
s instrumento de medición
i apparecchio di misura

4972 measuring machine
d Messmaschine
f métreuse, machine métreuse
s máquina medidora
i macchina di misura

4973 measuring result
d Messergebnis
f résultat de mesurage
s resultado de medición
i risultato della misura

4974 mechanical bonding
d mechanisches Verbinden
f assemblage mécanique
s enlace mecánico
i assemblaggio meccanico

4975 mechanical brake
d mechanische Bremse
f frein mécanique
s freno mecánico
i freno meccanico

4976 mechanical conditioning
d mechanische Konditionierung
f conditionnement par moyen mécanique
s acondicionamiento mecánico
i condizionatura meccanica, stagionatura meccanica

4977 mechanical coupling
d mechanische Kupplung
f accouplement mécanique
s acoplamiento mecànico
i accoppiamento meccanico

4978 mechanical crack
d mechanischer Anriss, Einriss
f fissure, fêlure
s fisura
i incrinatura meccanica

4979 mechanical deterioration
d mechanische Beschädigung, Abnutzung
f dégradation mécanique
s degradación mecánica
i danneggiamento meccanico, usura

4980 **mechanical device**
d mechanische Vorrichtung
f dispositif mécanique
s dispositivo mecánico
i dispositivo meccanico

4981 **mechanical drive**
d mechanischer Antrieb
f commande mécanique
s mando mecánico
i azionamento meccanico

4982 **mechanical dumpling**
d mechanische Dämpfung
f amortissement mécanique
s amortiguación mecánica
i smorzamento meccanico

4983 **mechanical embroidery**
d mechanische Stickerei
f broderie mécanique
s bordado mecánico
i ricamo meccanico

4984 **mechanical flocking**
d mechanisches Beflocken
f flocage mécanique
s flocado mecánico
i floccaggio meccanico

4985 **mechanical history**
d mechanische Vorbeanspruchung
f antécédent mécanique, histoire mécanique
s antecedente mecánico
i antecedente meccanico

4986 **mechanical loom for metallic fabrics**
d Drahtwebmaschine
f métier à tissu métallique
s máquina tejedora de hilo
i telaio meccanico per tessuti metallici

4987 **mechanical mixer**
d mechanischer Mischer
f mélangeur mécanique
s mezclador mecánico
i miscelatore meccanico

4988 **mechanical property**
d mechanische Eigenschaft
f propriété mécanique
s propiedad mecánica
i proprietà meccaniche

4989 **mechanical relaxation time**
d Erholungszeit
f temps de relaxation
s tiempo de relajación
i tempo di rilassamento

4990 **mechanical selection of needles**
d mechanische Nadelauswahl
f sélection mécanique d'aiguilles
s selección mecánica de agujas
i selezione meccanica degli aghi

4991 **mechanical shock**
d mechanischer Stoss, mechanischer Schock
f choc mécanique
s choque mecànico
i urto meccanico, shock meccanico

4992 **mechanical slub catcher**
d mechanischer Fadenreiniger
f épurateur mécanique
s depurador mecánico
i stribbia meccanica

4993 **mechanical surface property**
d mechanische Flächeneigenschaft
f propriété mécanique de la surface
s propiedad mecánica de la superficie
i proprietà meccaniche della superficie

4994 **mechanical work**
d mechanische Arbeit
f travail mécanique
s trabajo mecánico
i lavoro meccanico

4995 **mechanics**
d Mechanik
f mécanique
s mecànica
i meccanica

4996 mechanism, mechanical device
d Mechanismus
f mécanisme
s mecanismo
i meccanismo

4997 mechanism of bleaching
d Bleichvorgang
f mécanisme de blanchiment
s mecanismo de blanqueo
i meccanismo di candeggio

4998 mechanization
d Mechanisierung
f mécanisation
s mecanización
i meccanizzazione

4999 mechlin machine
d Mechelner-Spitzenmaschine
f machine pour dentelle de maline
s máquina para encaje de malinas
i macchina per pizzi Mechlin

5000 median
d Zentralwert, Medianwert, Median
f médiane
s media estadística
i mediana

5001 medical textile, surgical fabric
d medizinisches Textil
f textile médical
s textil para uso médico
i tessile medico, tessuto chirurgico

5002 medium
d Medium
f milieu
s medio
i mezzo

5003 medium fine wool
d mittelfeine Wollqualität
f laine médium fine
s lana entrefina fina
i lana medio-fine

5004 medium wool
d Mediumwolle
f laine médium
s lana entrefina
i lana medium

5005 medulla
d Markstrang
f moelle
s medula
i midollo

5006 medullated fiber
d Markfaser
f fibre médulée
s fibra medulada
i fibra midollare

5007 medullation
d Markhaltigkeit
f médullation
s medulación
i contenuto di midollo

5008 meeting
d Tagung
f congrés, assemblée
s sesión, jornada, congreso
i meeting

5009 melamine
d Melamin
f mélamine
s melamina
i melammina

5010 melamine formaldehyde resin
d Melaminformaldehydharz
f rêsine mélamine-formaldéhyde
s resina melamina formaldehído
i resina melammin-formaldeide

5011 melamine resin
d Melaminharz
f rêsine mélamine
s resina de melamina
i resina melamminica

5012 melange yarn
d Melangegarn
f fil mélange
s hilo melange
i filato mélange

5013 melt crystallization
d Schmelzkristallisation
f cristallisation par fusion
s cristalización de fusión
i cristallizzazione di fusione

5014 melt spinning
d Schmelzspinnen, Erspinnen aus der Schmelze
f filage par fusion
s hilatura por fusión
i filatura per estrusione

5015 melt viscosity
d Schmelzviskosität
f viscosité à l'état fondu
s viscosidad en estado de fusión
i viscosità di fusione

5016 melt-blow procedure
d Schmelzblasverfahren
f procédé de fusion et soufflage
s procedimiento de fundición con soplo de aire
i procedura di fusione e soffiaggio

5017 melting
d Schmelzen
f fusion
s fusión
i fusione

5018 melting point
d Schmelzpunkt
f point de fusion
s punto de fusión
i punto di fusione

5019 melton fabric
d Melton
f tissu melton, melton
s tejido meltón
i melton

5020 membrane
d Membran
f membrane
s membrana
i membrana

5021 memorise
d Speichern
f memoriser
s memorizar
i memorizzare

5022 memory wheel
d Programmscheibe
f roue à mémoire
s rueda de memoria
i disco di programma

5023 mending
d Stopfen
f piqùrage, raccoutrage, rentrayage
s remiendo
i rammendo

5024 men's making up
d Herrenkonfektion
f confection masculine
s confección masculina
i confezione per uomo

5025 men's underwear
d Herrenunterwäsche
f linge de corps ou sous-vêtements pour homme
s ropa interior masculina
i biancheria intima maschile

5026 men's wear
d Herrenoberbekleidung
f vêtement masculin
s vestido masculino
i abiti da uomo

5027 mensuration
d Körpermass
f mensuration
s mensura
i taglia

5028 mercerized cotton
d mercerisierte Baumwolle
f coton mercerisé
s algodón mercerizado
i cotone mercerizzato

5029 mercerized finish
d Mercerisierung
f apprêt mercerisé
s acabado mercerizado
i mercerizzazione

5030 mercerized yarn
d mercerisiertes Garn
f fil mercerisê
s hilo mercerizado
i filo mercerizzato

5031 mercerizing machine
d Mercerisiermaschine
f machine de mercerisage, merceriseuse
s máquina de mercerizado
i macchina per la mercerizzazione

5032 mercerizing, mercerization
d Mercerisieren
f mercerisage, mercerisation
s mercerizado
i mercerizzazione

5033 mercuric acetate
d Quecksilberacetat
f acétate mercurique
s acetato mercurico
i acetato di mercurio

5034 mercury compound
d Quecksilberverbindung
f composé mercurique
s compuesto mercúrico
i composto di mercurio

5035 merino wool, fine wool
d Merinowolle
f laine mérinos, laine fine
s lana merina
i lana merino

5036 Merrow stitch
d Merrowstich
f point Merrow
s punto Merrow
i punto Merrow

5037 mesaline
d Messaline
f messaline
s mesalina
i messalina

5038 mesh structure, stitch formation
d Maschenbild
f aspect de mailles
s aspècto de las mallas
i aspetto delle maglie

5039 metachromasy
d Metachromasie
f métachromasie
s metacromasia
i metacromasia

5040 metal
d Metall
f métal
s metal
i metallo

5041 metalized yarn
d metallisiertes Garn
f fil métallisè
s hilo metalizado
i filo metallizzato

5042 metallation
d Metallierung
f métallation
s metalación
i metallazione

5043 metallic
d metallisch
f métallique
s metálico
i metallico

5044 **metallic alloy**
d Metallegierung
f alliage métallique
s aleación metálica
i lega di metallo

5045 **metallic bond**
d Metallbindung
f liaison métallique
s enlace metálico
i legame metallico

5046 **metallic card clothing, garnett wire**
d Ganzstahlgarnitur
f garniture rigide de carde, garniture de garnett, garniture en dents de scie
s guarnición rigida de carda
i guarnizione rigida di carda

5047 **metallic compound**
d Metallverbindung
f composé métallique
s compuesto metálico
i composto metallico

5048 **metallic fabric**
d Metallgewebe
f tissu métallique
s tejido metálico
i tessuto metallico

5049 **metallic fiber**
d Metallfaser
f fibre métallique
s fibra metálica
i fibra metallica

5050 **metallic filament, metal filament**
d Metallendlosfaden
f filament métallique
s filamento metálico
i filamento metallico

5051 **metallic oxide**
d Metalloxid
f oxyde métallique
s óxido metálico
i ossido metallico

5052 **metallic sait**
d Metallsalz
f sel métallique
s sal metálica
i sale metallico

5053 **metallic soap**
d Metallseife
f savon métallique
s jabón metálico
i sapone metallico

5054 **metallic tube**
d Metallrohr
f tube métallique
s tubo metálico
i tubo metallico

5055 **metallic yarn**
d Metallgarn
f fil métallique
s hilo metálico
i filo metallico

5056 **metallised**
d Metallisiert
f métallisé
s metalizado
i metallizzato

5057 **metallized dye, metal chelating dye**
d Metallkomplexfarbstoff
f colorant métallifère, colorant chélatant métallifère, colorant prémètallisé
s colorante metalizado
i colorante metallizzato

5058 **metallized dyeing**
d Färben mit Metallkomplexfarbstoffen
f teinture avec colorant mètallifére
s tintura con colorante metalizado
i tintura con colorante metallizzato

5059 **metallized fabric**
d metallisierter Stoff
f tissu métallisê
s tejido metalizado
i tessuto metallizzato

5060 metallized fiber
d metallisierte Faser
f fibre métallisée
s fibra metalizada
i fibra metallizzata

5061 metallizing
d Metallisieren
f métallisation
s metalización
i metallizzazione

5062 metallography
d Metallographie
f métallographie
s metalografia
i metallografia

5063 metamerism
d Metamerie
f métamérisme
s metamerismo
i metameria

5064 metarheology
d Metarheologie
f métarhèologie
s metareologia
i metareologia

5065 meter
d Meter
f mètre
s metro
i metro

5066 meter pump
d Dosierpumpe
f pompe doseuse
s bomba dosificadora
i pompa di dosaggio

5067 methacrylamide
d Methacrylamid
f méthacrylamide
s metacrilamida
i metacrilammide

5068 methacrylate
d Methacrylat
f méthacrylate
s metacrilato
i metacrilato

5069 methacrylic acid
d Methacrylsäure
f acide mêthacrylique
s ácido metacrílico
i acido metacrilico

5070 methacrylic ester
d Methacrylester
f ester méthacrylique
s èster metacrilico
i estere metacrilico

5071 methacrylonitrile
d Methacrylnitril
f mêthacrylonitrile
s metacrilonitrilo
i metacrilonitrile

5072 methallyl chloride
d Methallylchlorid
f chlorure de méthallyle
s cloruro de metalilo
i cloruro di metallile

5073 methane
d Methan
f méthane
s metano
i metano

5074 methanol
d Methanol, Methylalkohol
f méthanol
s metanol
i metanolo

5075 methaphosphate
d Metaphosphat
f métaphosphate
s metafosfato
i metafosfato

5076 **methinedye**
d Methinfarbstoff
f colorant méthinique
s colorante metinico
i colorante metinico

5077 **methionine**
d Methionin
f méthionine
s metionina
i metionina

5078 **method**
d Methode
f méthode
s método
i metodo

5079 **methods office**
d Organisationsabteilung
f bureau des méthodes
s oficina de métodos
i reparto organizzazione

5080 **methoxymethyl melamine**
d Methoxymethylmelamin
f mélamine méthoxymèthylée
s melamina metoximetilada
i metossimetilmelammina

5081 **methyl acrylate**
d Methylacrylat
f méthylacrylate
s metil acrilato
i metilacrilato

5082 **methyl compound**
d Methylverbindung
f composé méthylé
s compuesto de metilo
i composto metilico

5083 **methyl methacrylate**
d Methylmethacrylat
f méthacrylate de méthyl
s metil metacrilato
i metacrilato di metile, metilmetacrilato

5084 **methyl triazone**
d Methyltriazon
f méthyltriazone
s metil triazona
i metiltriazone

5085 **methylated methylol melamine**
d methyliertes Methylolmelamin
f méthylolmélamine méthylèe
s metilol melamina metilada
i metilolmelammina metilata

5086 **methylated methylol urea**
d methylierter Methylolharnstoff
f méthylolurée méthylêe
s metilol urea metilada
i metilolurea metilata

5087 **methylation**
d Methylierung
f méthylation
s metilación
i metilazione

5088 **methylcellulose**
d Methylcellulose
f mèthylcellulose
s metilcelulosa
i metilcellulosa

5089 **methylene**
d Methylen
f mèthyléne
s metileno
i metilene

5090 **methylene blue**
d Methylenblau
f bleu de méthyléne
s azul de metileno
i blu di metilene

5091 **methylene blue number**
d Methylenblauzahl
f indice de bleu de méthylêne
s indice de azul de metileno
i indice di blu di metilene

5092 methylene chloride, dichloromethane
d Methylenchlorid, Dichlormethan
f chlorure de méthyléne, dichlorométhane
s cloruro de metileno
i cloruro di metilene, diclorometano

5093 methylene compound
d Methylenverbindung
f composé méthylénique
s compuesto metiléníco
i composto di metilene

5094 methylene group
d Methylengruppe
f groupe méthyléne
s grupo metileno
i gruppo metilenico

5095 methylol acetamide
d Methylolacetamid
f méthylolacêtamide
s metilol acetamida
i metilol acetammide

5096 methylol acetylene diurea
d Methylolacetylendicarbamat
f méthylolacéthylêne-diurée, acètyléne-diurée-formaldéhyde
s metilol acetilen diurea
i metilol acetilendiurea

5097 methylol acrylamide
d Methylolacrylamid
f méthylolacrylamide
s metilol acrilamida
i metilol acrilammide

5098 methylol compound, formaldehyde precondensate
d Methylolverbindung
f composé méthylole, prècondensat formaldéhyde, composé hydroxyméthyl, composé méthoxymèthyl
s compuesto de metilol
i composto del metilolo, formaldeide precondensata

5099 methylol dye
d Methylolfarbstoff
f colorant méthylol
s colorante metilol
i colorante metilolo

5100 methylol ethyl carbamate
d Methylolethylcarbamat
f méthyloléthylcarbamate
s metilol etil carbamato
i metilol etilcarbammato

5101 methylol ethyl triazone
d Methylolethyltriazon
f méthyloléthyltriazone
s metilol etil triazona
i metilol etiltriazone

5102 methylol formamide
d Methylolformamid
f méthylolformamide
s metilol formamida
i metilol formammide

5103 methylol isopropyl carbamate
d Methylolisopropylcarbamat
f méthylolisopropylcarbamate
s metilol isopropil carbamato
i metilol isopropilcarbammato

5104 methylol melamine, melamine formaldehyde precondensate
d Methylolmelamin
f méthylolmélamine, précondensat mélamine-formaldéhyde, mèthyloltriazine
s metilol melamina
i metilol melammina

5105 methylol methyl carbamate
d Methylolmethylcarbamat
f méthylolméthylcarbamate
s metilol metil carbamato
i metilol metilcarbammato

5106 methylol methyl triazone
d Methylolmethyltriazon
f méthylolméthyltriazone
s metilol metil triazona
i metilol metiltriazone

5107 **methylol triazone**
d Methyloltriazon
f méthyloltriazone
s metilol triazona
i metiloltriazone

5108 **methylol urea, imidazolidinone**
d Methylolharnstoff
f méthylolurée, imidazolidinone, urée-formaldéhyde
s metilol urea
i metilolurea, imidazolidinone

5109 **methylol uron, uron-formaldehyde condensate**
d Methyloluron
f méthylolurone, condensat d'uron formaldéhyde
s metilol urón
i metilolurone

5110 **methylolamide**
d Methylolamid
f méthylolamide
s metilol amida
i metilolammide

5111 **methylolation**
d Methylolisierung
f méthylolation
s metilolación
i metilolazione

5112 **methylolcarbamate**
d Methylolcarbamat
f méthylolcarbamate, alkylcarbamate-formaldéhyde, méthylol-alkylcarbamate, monoalkylcarbamateformaldéhyde
s metilol carbamato
i metilol carbammato

5113 **methyltauride**
d Methyltaurid
f méthyltauride
s metiltaurida
i metiltauride

5114 **metric count**
d metrische Nummer
f numéro métrique
s número métrico
i numero metrico

5115 **micelle**
d Mizelle
f micelle
s micela
i micella

5116 **microanalysis**
d Mikroanalyse
f microanalyse
s microanálisis
i microanalisi

5117 **microbalance**
d Mikrowaage
f microbalance
s microbalanza
i microbilancia

5118 **microbiological degradation, microbial degradation**
d mikrobiologischer Abbau
f dêgradation microbiologique, dégradation microbienne
s degradación microbiológica
i degrado microbiologico

5119 **microclimate**
d Mikroklima
f microclimat
s microclíma
i microclima

5120 **microcomputer**
d Mikrocomputer
f micro-ordinateur
s microcomputador, micrordenador
i microcomputer

5121 **microelectronics**
d Mikroelektronik
f microélectronique
s microelectrónica
i microelettronica

5122 microfibre
d Mikrofaser
f microfibre
s microfibra, microfilamento
i microfibre

5123 microfibril
d Mikrofibrille
f microfibrille
s microfibrila
i microfibrilla

5124 micromesh
d Micromesh
f micromesh
s micromalla
i micromesh

5125 micron
d Mikron
f micron
s micra
i micron

5126 Micronaire fineness
d Micronaire-Feinheit
f finesse Micronaire
s finura Micronaire
i finezza Micronaire

5127 Micronaire tester
d Micronaire-Gerät
f appareil de mesure du Micronaire
s aparato de medida Micronaire
i apparecchio di misura Micronaire

5128 microorganism
d Mikrobe, Mikroorganismus
f microorganisme, micro-organisme
s microorganismo, microrganismo
i microrganismo, microorganismo

5129 microphone
d Mikrophon
f microphone
s micrófono
i microfono

5130 microphotography
d Mikrophotographie
f microphotographie
s microfotografia
i microfotografia

5131 micropore
d Mikropore
f micropore
s microporo
i microporo

5132 microprocessor
d Mikroprozessor
f microprocesseur
s microprocesador
i microprocessore

5133 microradiography
d Mikroradiographie
f microradiographie
s microradiografia
i microradiografia

5134 microrheology
d Mikrorheologie
f microrhéologie
s microreología
i microreologia

5135 microscope
d Mikroskop
f microscope
s microscopio
i microscopio

5136 microscopic
d Mikroskopisch
f microscopique
s microscópico
i microscopico

5137 microscopy
d Mikroskopie
f microscopie
s microscopia
i microscopia

5138 **microscopy section**
d mikroskopischer Schnitt
f coupe pour microscopíe
s corte para microscopia
i sezione microscopica

5139 **microsensor**
d Mikrofühler
f micro-capteur, micro.détecteur
s microsensor
i microsensore

5140 **microstructure**
d Feinstruktur, Mikrostruktur
f microstructure
s microestructura
i microstruttura

5141 **microtome**
d Mikrotom
f microtome
s micrótomo
i microtomo

5142 **microwave**
d Mikrowelle
f microonde
s microonda
i microonde

5143 **microwave heating**
d Mikrowellenheizung
f chauffage par microondes
s calefacción por microondas
i riscaldamento a microonde

5144 **microwave treatment**
d Mikrowellenbehandlung
f traitement par microondes
s tratamiento por microondas
i trattamento a microonde

5145 **middling cotton**
d Middling
f coton middling
s algodón middling
i cotone middling

5146 **middling fair cotton**
d Middling Fair
f coton middling fair
s algodón middling fair
i middling fair

5147 **migrate**
d Migrieren
f migrer
s migrar
i migrare

5148 **migration**
d Migration
f migration
s migración
i migrazione

5149 **migration agent**
d Migrationshilfsmittel
f agent de migration
s agente de migración
i agente di migrazione

5150 **migration period**
d Wanderungszeit
f période de migration
s periodo de migración
i periodo di migrazione

5151 **migration power**
d Migrationsvermögen
f pouvoir, capacité de migration
s poder de migración
i potere di migrazione

5152 **Milanese fabric**
d Milaneseware
f tricot milanais
s género de punto milanés
i tessuto milanese

5153 **Milanese knitting machine**
d Milanesemaschine
f métier à tricoter milanais
s máquina de género de punto milanés
i telaio in catena milanese

5154 Milano rib
d Milano-Rib-Bindung, Milano-Rib-Maschenbildung, Milano-Rib-Ware
f point de Milan, tissu à côtes variété Milano
s punto de Milàn, tejido a costillas tipo Milán
i punto Milano, stoffa a coste tipo Milano

5155 mild polymerization
d schonende Polymerisation
f polymérisation ménagée
s polimerización dirigida
i polimerizzazione debole

5156 mildew
d Schimmelpilz
f moisissure
s moho
i muffa

5157 mildew resistance finish, rot resistance finish
d Schimmelfestausrüstungsmittel
f apprêt antimoisissure, apprêt imputrescible
s apresto antimoho
i agente per finissaggio antimuffa

5158 mildew resistance, fungus resistance
d Schimmelbeständigkeit
f résistance à la moisissure
s resistencia al moho
i resistenza alla muffa

5159 mildew resistance treatment, rot resistance treatment
d Schimmelfestausrüstung, Fungizidveredlung
f traitement antimoisissure, traitement imputrescible
s tratamiento antimoho
i finissaggio antimuffa

5160 military product
d militärtechnisches Textil
f article militaire
s articulo militar
i tessuto militare

5161 milling
d Walken
f foulage
s batanado
i follare

5162 milling dye
d Walkfarbstoff
f colorant foulon
s colorante de batán
i colorante di follatura

5163 mineral
d Mineral
f minerai
s mineral
i minerale

5164 mineral dye
d Mineralfarbstoff
f colorant minéral
s colorante mineral
i colorante minerale

5165 mineral fiber
d Mineralfaser
f fibre minérale
s fibra mineral
i fibra minerale

5166 mineral oil
d Mineralöl
f huile minérale
s aceite mineral
i olio minerale

5167 mineral wax
d mineralisches Wachs
f cire minérale
s cera mineral
i cera minerale

5168 mineral yarn
d Mineralgarn
f fil minéral
s hilo mineral
i filo minerale

5169 minicomputer
d Minicomputer
f mini-ordinateur
s minicomputador, miniordenador
i minicomputer

5170 minimization
d Minimierung, Abnahme
f minimisation
s minimización
i minimizzazione

5171 minimize v
d minimieren
f minimiser
s minimizar
i minimizzare

5172 minimum
d Minimum
f minimum
s minimo
i minimo

5173 minimum value
d Minimalwert, Mindestwert
f valeur minimale
s valor mínimo
i valore minimo

5174 mink hair
d Nerzhaar
f poil de vison
s pelo de visón
i pelo di visone

5175 minute
d Minute
f minute
s minuto
i minuto

5176 miscibility
d Mischbarkeit
f miscibilíté
s miscibilidad
i miscibilità

5177 miscible
d mischbar
f miscible
s miscible
i miscibile

5178 mispick
d fehlender Schuss
f fausse duite
s pasada falsa
i mispick, trama mancante

5179 misreed
d Rieteinzugsfehler, Passierfehler
f défaut de rentrage en peigne
s defecto de pasado en el peino
i difetto di passatura nel pettine

5180 mixing
d Mischen
f malaxage
s mezclado
i miscelazione

5181 mixture
d Mischung
f mélange
s mezcla
i miscela, mescola, mistura

5182 mizer
d Mixer
f batteur électrique
s batidor
i mixer

5183 mobility
d Mobilität
f mobilité
s mobilidad
i mobilità

5184 mobilization
d Bereitstellen
f mobilisation
s movilízación
i mobilizzazione

5185 mock fashioning mark
d Schein-Minderstelle
f fausse marque de proportionnement
s marca falsa de menguado
i falso segno di proporzionamento

5186 mock leno
d Gazeimitatgewebe
f fausse gaze
s falsa gasa
i tessuto imitazione garza

5187 mock leno weave
d Gazeimitatbindung
f armure fausse gaze
s ligamento de falsa gasa
i armatura imitazione garza

5188 mock quilting
d Scheinnaht
f imitation de piqûre
s tejido recubierto acolchado
i cucitura apparente, imitazione di cucitura

5189 mockseam
d falsche Naht
f fausse couture
s falsa costura
i falsa cucitura

5190 modacrylic
d Modacrylic
f modacrylique
s modacrilica
i modacrilico

5191 modacrylic fiber
d Modacrylfaser
f fibre modacrylique
s fibra modacrilica
i fibra modacrilica

5192 modacrylic yarn
d Modacrylic-Garn
f fil modacrylique
s hilo modacrílico
i filo modacrilico

5193 mode of deformation
d Verformungsart, Deformierungsart
f mode de déformation
s modo de deformación
i modo di deformazione

5194 mode of operation
d Arbeitsweise
f methode de travail
s forma (método) de trabajo
i metodo di lavoro, procedimento

5195 mode, way
d Modus
f manière, façon
s modo
i modo

5196 model
d Modellkleidung
f modèle
s modelo
i modello

5197 modelling
d Modellieren, Modellmachen
f création en couture
s modelado en costura
i modellatura

5198 modernization
d Modernisierung
f modernisation
s modernización
i modernizzazione

5199 modification
d Modifikation
f modification
s modificación
i modifica

5200 modified cellulose
d modifizierte Cellulose
f cellulose modifiée
s celulosa modificada
i cellulosa modificata

5201 **modified fiber**
d modifizierte Faser
f fibre modifiée
s fibra modificada
i fibra modificata

5202 **modified starch**
d modifizierte Stärke
f amidon modifié
s almidón modificado
i amido modificato

5203 **modifier**
d Modificateur
f modifier
s modificador
i modificatore

5204 **modify**
d Modifizieren
f modifier
s modificar
i modificare

5205 **modular system**
d Baukastensystem
f élément modulaire, modularitè
s sistema modular
i sistema modulare

5206 **module**
d Modul
f module
s módulo
i modulo

5207 **modulus of cross elasticity**
d Querelastizitätsmodul
f module d'élasticité transversale
s módulo de elasticidad transversal
i modulo di elasticità trasversale

5208 **modulus of elasticity, elastic modulus, Young's modulus**
d Elastizitätsmodul
f module d'élasticité, module de Young
s módulo de elasticidad
i modulo di Young

5209 **mohair**
d Mohair
f mohair, angora
s mohair
i mohair

5210 **moiré**
d Moirê
f moiré
s moiré
i marezzato

5211 **moiré pattern**
d Moirémuster
f dessin moiré
s dibujo moiré
i modello marezzato

5212 **moist heat setting**
d Feuchtthermofixieren
f fixage au mouillé par la chaleur
s fijado en humedo por el calor
i termofissaggio in umido

5213 **moisture absorption**
d Feuchteaufnahme, Feuchteabsorption
f absorption d'humidité
s absorción de humedad
i assorbimento dell'umidità

5214 **moisture content**
d Feuchtigkeitsgehalt
f teneur en humidité, taux d'humidité
s contenido de humedad
i tasso di umidità

5215 **moisture content control**
d Feuchtigkeitsgehaltregulierung
f régulation de la teneur en humidité
s control del contenido de humedad
i controllo del tasso di umidità

5216 **moisture content tester**
d Feuchtigkeitsgehaltprüfgerät, Psychrometer
f appareil de mesure de l'humidité, psychrométre
s medidor de humedad
i psicrometro

5217 moisture content testing
d Feuchtigkeitsgehaltprüfung
f contrôle de la teneur en humidité
s ensayo del contenido de humedad
i controllo del tasso di umidità

5218 moisture strength curve
d Nassfestigkeitskurve
f courbe de résistance au mouillé
s curva de resistencia a la humedad
i curva della resistenza all'umidità

5219 moisture transport
d Feuchtigkeitstransport
f transport de l'humidité
s transporte de la humedad
i trasporto dell'umidità

5220 molding
d Formen, Molding
f moulage
s moldeo
i formatura

5221 molecular arrangement
d Molekularanordnung
f arrangement molèculaire
s disposición molecular
i disposizione molecolare

5222 molecular attraction
d Molekularanziehung
f attraction moléculaire
s atracción molecular
i attrazione molecolare

5223 molecular chain
d Molekülkette
f chaine moléculaire
s cadena molecular
i catena molecolare

5224 molecular chain characteristic
d Molekülkettenkennmerkmal
f caractéristique de la chaine moléculaire
s característica de la cadena molecular
i caratteristica della catena molecolare

5225 molecular chain extension
d Molekülkettenwachstum
f extension de la chaíne molèculaire
s extensión de la cadena molecular
i estensione della catena molecolare

5226 molecular chain length
d Molekülkettenlänge
f longueur de chaîne moléculaire
s longitud de la cadena molecular
i lunghezza della catena molecolare

5227 molecular chain movement
d Molekülkettenbewegung
f mouvement de la chaîne moléculaire
s movimiento de la cadena molecular
i movimento della catena molecolare

5228 molecular chain scission
d Molekülkettenspaltung
f coupure de la chaîne moléculaire
s escisión de la cadena molecular
i scissione della catena molecolare

5229 molecular chain segment
d Molekülkettensegment
f segment de chaine moléculaire
s segmento de cadena molecular
i segmento della catena molecolare

5230 molecular chain transfer
d Molekülkettenübertragung,
Molekülkettentransfer
f transfert de chaine molêculaíre
s transferencia de cadena molecular
i trasferimento della catena molecolare

5231 molecular model
d Molekülmodell
f modèle moléculaire
s modelo molecular
i modello molecolare

5232 molecular orientation
d Molekülausrichtung,
Molekülorientierung
f orientation moléculaire
s orientación molecular
i orientamento molecolare

5233 **molecular side chain**
d Molekülseitenkette
f chaîne moléculaire latérale
s cadena molecular lateral
i catena molecolare laterale

5234 **molecular sieve, molecular screen**
d Molekülgitter
f tamis molèculaire
s tamiz molecular
i reticolo molecolare

5235 **molecular structural order**
d Molekularstrukturordnung
f ordre de la structure molèculaire
s orden de la estructura molecular
i ordine della struttura molecolare

5236 **molecular structure**
d Molekularstruktur
f structure molèculaire
s estructura molecular
i struttura molecolare

5237 **molecular subgroup movement**
d molekulare Untergruppenbewegung
f mouvement du sousgroupe molèculaire
s movimiento del subgrupo molecular
i movimento del sottogruppo molecolare

5238 **molecular unit**
d Molekulareinheit
f unité moléculaire
s unidad molecular
i unità molecolare

5239 **molecular weight**
d Molekulargewicht
f poids molêculaire
s peso molecular
i peso molecolare

5240 **molecular weight average**
d Molekulargewichtsmittel
f poids molêculaire moyen
s peso medio molecular
i peso molecolare medio

5241 **molecular weight control**
d Molekulargewichtsprüfung
f contrôle du poids moléculaire
s control del peso molecular
i controllo del peso molecolare

5242 **molecular weight distribution**
d Molekulargewichtsverteilung
f répartition des poids moléculaires
s distribución de pesos moleculares
i distribuzione del peso molecolare

5243 **molecule**
d Molekül
f molécule
s molécula
i molecola

5244 **molecule size**
d Molekülgrösse
f taille de la molécule
s dimensión de la molécula
i dimensione della molecola

5245 **molten**
d geschmolzen
f fondu
s fundido
i fuso

5246 **molten metal bath**
d Flüssigmetallbad
f bain de métal fondu
s bano de metal fundido
i bagno in metallo fuso

5247 **molybdenum**
d Molybdän
f molybdêne
s molibdeno
i molibdeno

5248 **molybdenum compound**
d Molybdänverbindung
f composé de molybdène
s compuesto de molibdeno
i composto del molibdeno

5249 **moment of inertia**
d Trägheitsmoment
f moment d'inertie
s momento de inercia
i momento d'inerzia

5250 **momentum**
d mechanisches Moment
f force vive
s fuerza viva
i quantità di moto

5251 **momentum transfer**
d Momentenübertragung
f transfert de force vive
s transferencia de fuerza viva
i trasferimento della quantità di moto

5252 **Monforts reactor**
d Monforts-Reaktor
f réactenr de Monfort
s reactor de Monfort
i reattore di Monforts

5253 **monoazo dye**
d Monoazofarbstoff
f colorant monoazoïque
s colorante monoazoico
i colorante monoazoico

5254 **monochromatic**
d Monochromatisch
f monochromatique
s monocromático
i monocromatico

5255 **monochromatic light**
d Monochromatisches Licht
f lumière monochromatique
s luz monocromático
i luce monocromatica

5256 **monocrystalline fibre**
d Monokristallfaser
f fibre monocristal
s fibra monocristal, filamento monocristal
i fibra monocristallina

5257 **monoethanolamide**
d Monoethanolamid
f monoéthanolamide
s monoetanolamida
i etanolammide

5258 **monoethanolamine**
d Monoethanolamin
f monoêthanolamine
s monoetanolamina
i monoetanolammina

5259 **monoethanolamine carbonate**
d Monoethanolamincarbonat
f carbonate de monoéthanolamine
s carbonato de monoetanolamina
i carbonato di monoetanolammina

5260 **monofilament**
d Monofilament
f monofilament
s monofilamento
i monofilo, monofilamento

5261 **monolayer**
d monomolekulare Schicht
f couche monomolèculaire
s capa monomolecular
i strato monomolecolare

5262 **monomer**
d Monomer
f monomère
s monómero
i monomero

5263 **monomethylol ethyl carbamate**
d Monomethylolethylcarbamat
f monométhylol-éthylcarbamate
s monometilol etil carbamato
i monometilol-etil-carbammato

5264 **monomethylol methyl carbamate**
d Monomethylolmethylcarbamat
f monométhylol-mêthylcarbamate
s monometilol metil carbamato
i monometilol-metil-carbammato

5265 monomethylol urea
d Monomethylolharnstoff
f monométhylolurée
s monometilol urea
i monometilolurea

5266 monophase mechanical loom
d Einphasenwebmaschine
f machine à tisser monophase
s tejedora monofásica
i telaio meccanico monofase

5267 monopoly
d Monopol
f monopôle
s monopolio
i monopolio

5268 monounsaturated compound
d einfach ungesättigte Verbindung
f composé monoinsaturé
s compuesto monoinsaturado
i composto monoinsaturo

5269 montmorillonite
d Montmorillonit, Bentonit
f montmorillonite
s montmorillonite
i montmorillonite

5270 mooring
d Schiffstau
f amarre
s amarra
i cima di ormeggio

5271 mop, floor cloth
d Scheuerlappen, Putzlappen
f serpillière, wassingue
s arpillera
i straccio per pavimenti

5272 moquette
d Teppichboden, Spannteppich
f moquette
s moqueta
i moquette

5273 mordant dye, chrome dye
d Beizfarbstoff
f colorant à mordant, colorant au chrome, colorant métachrome
s colorante al mordiente
i colorante al mordente

5274 mordant dyeing, chrome dyeing
d Beizenfärbung
f teinture au mordant, teinture au chrome, teinture au métachrome
s tintura con mordiente
i tintura con mordente

5275 mordant, steep in mordant, corrode
d Beizen
f mordancer
s mordentar
i mordenzare

5276 Morocco leather goods
d Täschnereierzeugnis
f maroquinerie
s marroquineria
i prodotti di marocchineria

5277 morpholine
d Morpholin
f morpholine
s morfolina
i morfolina

5278 morpholine soap
d Morpholinseife
f savon de morpholine
s jabón de morfolina
i sapone alla morfolina

5279 morpholinium compound
d Morpholinverbindung
f composé de morpholinium
s compuesto de morfolinium
i composto morfolinico

5280 morphology
d Morphologie
f morphologie
s morfologia
i morfologia

5281 mosquito net
d Moskitonetz
f moustiquaire
s red antimosquitos, toldillo
i zanzariera

5282 mote
d grobe Verunreinigung
f grosse impureté
s mota
i impurità grossolana

5283 mote knife
d Briseurabstreifmesser
f couteau nettoyeur
s cuchilla desmotadora
i coltello rompitore-raschiatore

5284 moth
d Motte
f mite
s polilla
i tarma

5285 moth proofing agent
d Mottenschutzmittel
f agent antimites
s agente antipolilla
i prodotto antitarma

5286 moth proofing treatment
d Mottenschutzbehandlung
f traitement antimites
s tratamiento antipolilla
i trattamento antitarma

5287 moth resistance
d Mottenfrassbeständigkeit
f résistance aux mites
s resistencia a la polilla
i resistenza alle tarme

5288 motion
d Bewegung
f mouvement
s movimiento
i movimento

5289 motivate
d Motivieren
f motiver
s motivar
i motivare

5290 motivation
d Motivation
f motivation
s motivación
i motivazione

5291 motive power
d Antriebskraft
f force motrice
s fuerza motriz
i forza motrice

5292 motor
d Motor
f moteur
s motor
i motore

5293 mouldy
d schimmelig
f moisi
s enmohecido
i ammuffito

5294 mount, assemble
d Montieren
f monter, assembler
s montar, instalar
i montare

5295 mountain wool
d Gebirgswolle
f laine de montagne
s lana de montaña
i lana di montagna

5296 mountaineering cord
d Bergsteigerseil, Bergseil
f corde d'alpinisme
s cuerda de alpinismo
i corda per alpinismo

5297 **mounting**
d Montage, Zusammenbau
f montage
s montaje
i montaggio

5298 **movable**
d beweglich
f mobile
s móvil
i mobile

5299 **movable device**
d auswechselbare Einrichtung
f dispositif amovible
s dispositivo móvil
i dispositivo intercambiabile

5300 **moving cleaner**
d Wanderreiniger
f nettoyeur mobile
s limpiador móvil
i pulitore mobile

5301 **moving knotter**
d Wanderknoter
f noueur mobile
s anudador móvil
i annodatore mobile

5302 **moving splicer, splitter**
d Wanderspleisser
f déchireuse mobile
s desgarradora móvil
i strappatrice mobile

5303 **muff dyeing**
d Muffärben
f teinture sur manchon
s tintura en manguito
i tintura a manicotto

5304 **mule carriage**
d Selfaktorwagen
f chariot de renvideur
s carro de selfactina
i carrello per filatoio Mule-Jenny

5305 **mule draft, mule draw**
d Selfaktorverzug
f étirage sur renvideur, tirage sur renvideur
s estirado en selfactina
i stiro su filatoio Mule-Jenny

5306 **mule headstock**
d Haupttriebstock, Selfaktorantrieb
f têtiére de renvideur
s testera de selfactina
i azionamento del filatoio Mule-Jenny

5307 **mule quadrant**
d Selfaktorquadrant
f secteur de renvideur
s cuadrante de selfactina
i quadrante del filatoio Mule-Jenny

5308 **mule spinning**
d Selfaktorspinnen
f filature sur renvideur
s hilatura en selfactina
i filatura Mule-Jenny

5309 **mule, spinning mule**
d Wagenspinner
f renvideur, métier renvideur de filature, métier à filer renvideur, métier renvideur
s selfactina
i filatoio Mule-Jenny

5310 **Mullen burst testing**
d Mullen-Berstprüfung
f contrôle Mullen à l'éclatement
s ensayo al estallido Mullen
i prova mullen di rottura

5311 **multiaxial fabric**
d multiaxiales Gewebe
f tissu multiaxial
s tejido multiaxial
i tessuto multiassiale

5312 **multicolor effect**
d Bunteffekt, Multicolor-Effekt
f effet multicolore
s efecto multicolor
i effetto multicolore

5313 multicolor warp
d Buntkette, Kette mit bunter Schärfolge, Streifenkette
f chaine à plusieurs couleurs
s urdimbre multicolor
i catena multicolore

5314 multicomponent fiber
d Multikomponentenfaser
f fibre à multicomposants
s fibra de multicomponentes
i fibra multicomponenti

5315 multicomponent structure
d Multikomponentstruktur
f structure multicomposant, à conposants multiples
s estructura multipla
i struttura multipla

5316 multicomponent yarn
d Multikomponentengarn
f fil multicomposant, à composants multiples
s hilo multiplo
i filo multiplo

5317 multiconstituent fiber
d Multikonstituentenfaser
f fibre à multiconstituants
s fibra de multiconstituyentes
i fibra multicostituenti

5318 multicovering
d mehrfädige Garnumwindung, mehrfädige Garnumspinnung
f guipage multiple
s revestimiento múltiple
i avvolgimento multiplo del filo

5319 multifilament yarn
d Multifilamentgarn
f fil de multifilaments
s hilo de multifilamentos
i filo multifilamento

5320 multilobal cross-section
d multilobaler Querschnitt
f section multilobée
s sección multilobulada
i sezione multilobale

5321 multilobe
d Multilobal
f multilobé
s multilobular
i multilobale

5322 multiphase loom
d Wellenfachwebmaschine
f métier à tisser à foule ondulante
s telar de calada ondulante
i telaio a passo ondeggiante

5323 multiphase shed
d Wellenfach
f foule ondulante
s calada ondulada
i passo ondeggiante

5324 multiphases treatment
d Mehrphasenbehandlung
f traitement en plusieurs phases
s tratamiento en varias fases
i trattamento multifase

5325 multiple head
d Mehrköpfig
f a têtes multiples
s a cabezas multiplas
i a teste multiple

5326 multiple layer fabric
d Mehrlagenstoff
f tissu à couches multiples
s tejido de capas múltiples
i tessuto a strati multipli

5327 multiple web machine
d Mehrfachwebmaschine
f métier à tisser multiple
s telar mecánico múltiplo
i telaio meccanico multiplo

5328 multiplication
d Multiplikation
f multiplication
s multiplicación
i moltiplicazione

5329 **multiplied yarn**
d Mehrfachzwirn
f retors à plusieurs bríns, fil multibrins
s hilo retorcido a varios cabos
i filo multiplo

5330 **multiply**
d Mehrschichtig
f à plusieurs couches, à couches multiples
s de múltiples niveles
i pluristrato

5331 **multipurpose finish**
d Mehrzweckveredlung
f apprêt plurivalent
s acabado plurivalente
i finissaggio multiscopo

5332 **multiwidth weaving**
d mehrbahniges Weben, Mehrfachbreitweben
f tissage multilaizes
s tisaje de anchos múltiples
i tessitura a larghezze multiple

5333 **Munsell color system**
d Munsell-Farbsystem
f système de couleur de Munsell
s sistema de color Munsell
i sistema di colori Munsell

5334 **Munsell value**
d Munsell-Wert
f valeur Munsell
s valor Munsell
i valore di Munsell

5335 **muslin**
d Musselin
f mousseline
s muselina
i mussola

5336 **myristyl alcohol**
d Myristylalkohol
f alcool myristique
s alcohol mirístico
i alcool miristico

N

5337 **nail**
d Nagel
f clou
s clavo, clavija
i chiodo

5338 **nainsook check**
d Nainsook-Karo
f nansouk à carreaux
s nansú a cuadros
i nansù a quadretti

5339 **nainsook, mainsook**
d Feinkretonne
f cretonne fine, nansouk
s cretona fina
i cretonne fino

5340 **naphthalene**
d Naphthalin
f naphtaléne
s naftaleno
i naftalina

5341 **naphthalene compound**
d Naphthalinverbindung
f composé de naphtaléne
s compuesto de naftaleno
i composto di naftalina

5342 **naphthalene formaldehyde sullonate, condensed naphthalene sulfonate**
d Naphthalinformaldehydsulfonat
f naphtaléneformaldéhydesulfonate, naphtaléne-sulfonate condensé
s sulfonato de naftaleno formaldehído
i sulfonato di naftalina formaldeide

5343 **naphthenate**
d Naphthenat
f naphténate
s naftenato
i naftenato

5344 **naphthol**
d Naphthol
f naphtol
s naftol
i naftolo

5345 **napkin**
d Serviette
f serviette de table
s servilleta
i tovagliolo

5346 **napping, gigging**
d Rauhen
f grattage, chardonnage
s perchado
i garzatura

5347 **nappingmachine**
d Kratzenrauhmaschine, Kratzenmaschine
f machine à gratter
s perchadora
i garzatrice

5348 **narrow fabric**
d Schmalgewebe, Bandgewebe
f tissu étroit
s cinta tejida
i tessuto barrato

5349 **narrow fabric loom**
d Bandwebmaschine, Schmalwebmaschine
f métier à tisser pour ruban
s telar de cintas
i telaio per nastri

5350 **narrow fabric needle loom**
d Nadelbandwebmaschine
f métier à aiguilles pour ruban
s telar de agujas para cintas
i telaio ad aghi per nastri

5351 **narrow fabric warp beam**
d Kettelscheibe
f bobinotdechaíne
s plegador de urdimbre para cintas
i subbio di catena per nastri

5352 **narrowing**
d Einsprung, Breiteneinsprung
f rètrécissement
s estrechamiento
i contrazione in larghezza

5353 narrowing point, narrowing comb
d Deckernadel
f poinçon de diminution
s peine menguador
i pettine riduttore

5354 natural crimp
d natürliche Kräuselung
f ondulation naturelle
s ondulación natural
i ondulazione naturale

5355 natural dye
d Naturfarbstoff
f colorant naturel
s colorante natural
i colorante naturale

5356 natural elastomer
d natürliches Elastomer
f élastomère naturel
s elastómero natural
i elastomero naturale

5357 natural fiber
d Naturfaser
f fibre naturelle
s fibra natural
i fibra naturale

5358 natural fiber colour
d natürliche Faserfarbe
f coloration naturelle de la fibre t
s coloración natural de la fibra
i colorazione naturale della fibra

5359 natural fiber spun yarn
d Naturfasergarn
f fil de fibres naturelles
s hilo de fibras naturales
i filato di fibre naturali

5360 natural gas
d Erdgas
f gaz naturel
s gas natural
i gas naturale, metano

5361 natural matter
d Naturstoff, natürlicher Rohstoff
f matière naturelle
s materia natural
i materia prima naturale

5362 natural polymer
d natürliches Polymer
f polymère naturel
s polímero natural
i polimero naturale

5363 natural resin
d Naturharz
f résine naturelle
s resina natural
i resina naturale

5364 natural soil
d natürlicher Schmutz
f salissure naturelle
s ensuciamiento natural
i sporco naturale

5365 NBS system
d NBS-System
f système NBS
s sistema NBS
i sistema NBS

5366 neck-hole
d Halsausschnitt
f encollure
s escotadura
i scollatura

5367 necktie
d Krawatte
f cravate
s corbata
i cravatta

5368 needle
d Nadel
f aiguille
s aguja
i ago

5369 **needle beard**
d Nadelbart
f barbe d'aiguille
s barba de aguja
i barba di ago

5370 **needle bearing**
d Nadellager
f roulement à aiguilles
s rodamiento de agujas
i cuscinetto porta-aghi

5371 **needle bed**
d Nadelbett
f fonture
s fontura
i letto di aghi

5372 **needle bed width**
d Fonturbreite
f largeur de fonture
s anchura de la fontura
i larghezza del letto di aghi

5373 **needle board**
d Nadelbrett
f planche à aiguilles
s tabla de agujas
i tavoletta degli aghi

5374 **needle butt**
d Nadelfuss
f talon d'aiguille
s talón de aguja
i tallone dell'ago

5375 **needle cam**
d Nadelexzenter
f came d'aiguille
s leva de aguja
i camma dell'ago

5376 **needle cylinder**
d Nadelzylinder
f cylindre des aiguilles
s cilindro de las agujas
i cilindro degli aghi

5377 **needle eye**
d Nadelöhr
f chas d'aiguille
s ojal de la aguja
i cruna dell'ago

5378 **needle groove**
d Nadelrille
f gorge d'aiguille
s garganta de aguja
i scanalatura dell'ago

5379 **needle heating**
d Nadelerwärmung
f échauffement de l'aiguille
s calentamienta de la aguja
i riscaldamento dell'ago

5380 **needle hook**
d Nadelhaken
f crochet d'aiguille
s gancho de la aguja
i uncino dell'ago

5381 **needle latch**
d Nadelzunge
f clapet d'aiguille
s lengüeta de la aguja
i linguetta dell'ago

5382 **needle lead**
d Nadelblei
f plomb d'aiguille
s plomo de aguja
i piombo dell'ago

5383 **needle loom**
d Nadelfilzmaschine
f aiguilleteuse
s telar de agujas
i telaio del feltro trapuntato

5384 **needle loop**
d Nadelhenkel
f boucle d'aiguille
s bucle de aguja
i ansa dell'ago

5385 **needle penetration**
d Nadeleindringen
f pénétration de l'aiguille
s penetración de la aguja
i penetrazione dell'ago

5386 **needle point**
d Nadelspitze
f pointe de l'aiguille
s punta de la aguja
i punta dell'ago

5387 **needle point lace**
d Nadelstickerei-Spitze
f dentelle faite à l'aiguille
s encaje hecho con punto de aguja
i pizzo fatto ad aghi

5388 **needle punched carpet**
d Nadelfilzteppich
f tapis aiguilleté
s alfombra punzonada
i tappeto di feltro trapuntato

5389 **needle punched felt**
d Nadelfilz
f feutre aiguilleté
s fieltro punzonado
i feltro trapuntato

5390 **needle scarf**
d Nadelschlitz
f entaille de l'aiguille
s hendidura de la aguja
i cruna dell'ago

5391 **needle selection**
d Nadelauswahl
f sélection d'aiguilles
s selección de agujas
i selezione degli aghi

5392 **needle set up, wire setting**
d Nadelbesetztung
f sistemation des aiguilles
s sistemación de las agujas
i sistemazione degli aghi

5393 **needle size**
d Nadelstärke, Nadeldicke, Nadelfeinheit
f finesse de l'aiguille
s finura de la aguja
i finezza degli aghi

5394 **needle thread**
d Obergarn, Obernadelfaden
f fil d'aiguille
s hilo de aguja de coser
i filo dell'ago superiore

5395 **needle transfer**
d Nadelübergabe
f transfert d'aiguille
s transferencia de agujas
i trasferimento degli aghi

5396 **needle trick**
d Nadelrinne
f rainure d'aiguille
s ranura de la aguja
i scanalatura dell'ago

5397 **needlebar**
d Nadelbarre
f barre à aiguilles
s barra de agujas
i barra porta-aghi

5398 **needled fabric**
d Nadelware
f tissu aiguilletê
s tejido agujeteado
i tessuto trapuntato

5399 **needlejack**
d Nadelschieber
f poussoir d'aiguille, clavette d'aiguille
s platina de la aguja
i spingi-ago

5400 **needlework**
d Nadelarbeit
f ouvrage à l'aiguille
s labor con agujas
i lavorazione ad ago

5401 needling
d Vernadelung
f aiguilletage
s punzonado
i trapuntatura

5402 negative shedding
d kraftschlüssige Fachbildung
f commande négative de la foule
s mando negativo de la calada
i comando negativo del passo

5403 negligee
d Morgenrock
f déshabillé
s salto de cama
i vestaglia

5404 neoprene
d Neopren
f néoprène
s neopreno
i neoprene

5405 neoprene coated fabric
d neoprenbeschichtetes Textil
f tissu enduit de néoprêne
s tejido recubierto de neopreno
i tessuto rivestito di neoprene

5406 nep
d Noppe, Nisse
f neps, bouton, noeud (dans la fibre)
s nep, nudo (en la fibra), nep, botón
i bottone, nodo (nella fibra), bottone

5407 nep counter
d Noppenzähler
f appareil de comptage des neps
s contador de neps
i contabottoni, conta-neps (neps-palline di fibre aggrovigliate)

5408 nep potential
d Noppenanfall
f tendance à la neppositè
s potencial de neps
i tendenza alla nepposità

5409 nep size
d Noppengrösse
f taille des neps
s tamaño de los neps
i grandezza dei neps

5410 nep tester
d Noppenprüfgerät
f appareil de contrôle des neps
s aparato de control de neps
i apparecchio di controllo dei neps

5411 nep yarn
d noppiges Garn
f fil comportant des neps
s hilo con neps
i filo con neps

5412 nephelometry
d Trtibungsmessung, Nephelometrie
f nèphêlomêtrie
s nefelometría
i nefelometria

5413 neppiness
d Noppigkeit
f nepposité
s cuenta de neps
i nepposità

5414 neppiness index
d Nissenkennzahl
f indice de nepposité
s indice de neps
i indice della nepposità

5415 neppy yarn
d Noppengarn
f fil boutonneux
s hilo con gatas
i filato nappé

5416 neps photoelectric counter
d photoelektrischer Noppenzähler
f compteur photoèlectrique de neps
s contador fotoelèctrico de neps
i contaneps fotoelettrico

5417 neptometer
d Neptometer
f neptomètre
s nepómetro
i nepometro

5418 neptometer grade
d Neptometereinstufung
f gradation au neptomètre
s grado de nepómetro
i gradazione al nepometro

5419 net
d Netz
f filet
s red
i rete

5420 nett silk
d Seidenzwirn
f soie moulinée
s seda de molinaje
i seta ritorta

5421 nett weight
d Nettogewicht
f poids net
s peso neto
i peso netto

5422 netting
d Netzherstellung
f fabrication de filet
s fabricación de redes
i fabbricazione di reti

5423 neutral dye
d neutraler Farbstoff
f colorant montant en bain neutre
s colorante en baño neutro
i colorante in bagno neutro

5424 neutral dyeing
d neutrale Färbung
f teinture en bain neutre
s tintura en baño neutro
i tintura in bagno neutro

5425 neutral medium
d neutrales Medium
f milieu neutre
s medio neutro
i mezzo neutro

5426 neutralise
d Neutralisieren
f neutraliser
s neutralizar
i neutralizzare

5427 neutralization
d Neutralisierung
f neutralisation
s neutralización
i neutralizzazione

5428 neutralizing
d chemisches Neutralisieren
f neutralisation chimique, désacidage
s neutralízación quimica
i neutralizzazione chimica

5429 neutralizing at extrnsion
d Neutralisieren beim Erspinnen
f neutralisation à l'extrusion
s neutralización en la extrusión
i neutralizzazione all'estrusione

5430 neutron
d Neutron
f neutron
s neutrón
i neutrone

5431 new Bradford system processing
d neues Bradford-Spinnsystem
f filature nouveau système Bradford
s hilatura nuevo sistema Bradford
i filatura nuovo sistema Bradford

5432 new development
d Neuentwicklung
f nouveau développement, nouvelle étude, recherche
s nuevo desarrollo
i nuovo sviluppo

5433 New Zealand wool
d Neuseeland-Wolle
f laine de Nouvelle-Zélande
s lana neozelandesa
i lana neozelandese

5434 Newtonian liquid
d Newtonsche Flüssigkeit
f liquide newtonien
s líquido newtoniano
i liquido newtoniano

5435 nightcap
d Schlafmütze
f bonnet de nuit
s gorro de noche
i berretto da notte

5436 nightshirt
d Nachthemd, Nachtgewand
f chemise de nuit
s camisa de noche
i camicia da notte

5437 ninhydrine
d Ninhydrin
f ninhydrine
s ninhidrina
i ninidrina

5438 nip
d Klemmstelle
f point de pinçage
s punto de pinzado
i punto di serraggio

5439 nip coating
d Beschichten an der Walzendrucklinie
f enduction sur la ligne de pinçage
s recubrimiento en la línea de sujeción
i rivestimento sulla linea di serraggio

5440 nip pressure
d Klemmwalzendruck
f pression au point de pinçage
s presión del punto de pinzado
i pressione sul punto di pinzaggio

5441 nip roll
d Quetschwalze
f rouleau exprimeur, essoreuse à rouleaux, rouleau de pinçage
s rodillo exprimidor
i rullo spremitore

5442 nipper jaw
d Kämmaschinenzange
f pince de peigneuse
s pinza de la peinadora
i pinza della pettinatrice

5443 nipper knife
d Oberzange der Kämmaschine
f pince supérieure de la peigneuse, machoire supérieure de la peigneuse
s pinza superior de la peinadora
i pinza superiore della pettinatrice

5444 nipper plate
d Unterzange der Kämmaschine
f pince inférieure de la peigneuse, mâchoire inférieure de la peigneuse
s mordaza inferior de la peinadora
i pinza inferiore della pettinatrice

5445 nipping
d Klemmen
f pinçage sur peigneuse
s pinzado en peinadora
i pinzaggio su pettinatrice

5446 nitrate
d Nitrat
f nitrate
s nitrato
i nitrato

5447 nitrated wool
d nitrierte Wolle
f laine nitrée
s lana nitrada
i lana nitrata

5448 nitration
d Nitrierung
f nitration
s nitración
i nitrazione

5449 nitric acid
d Salpetersäure
f acide nitrique
s ácido nítrico
i acido nitrico

5450 nitrile, cyano compound
d Nitril
f nitrile, composé cyane
s nitrilo
i nitrile

5451 nitrile rnbber
d Nitrilkautschuk
f caoutchouc nitrile
s caucho de nitrilo
i caucciù di nitrile

5452 nitrile rnbber fiber
d Nitrilgummifaser
f fibre de caoutchouc nitrile
s fibra de caucho de nitrilo
i fibra di caucciù di nitrile

5453 nitrite
d Nitrit
f nitrite
s nitrito
i nitrito

5454 nitro compound
d Nitroverbindung
f composé nitré
s nitrocompuesto
i nitrocomposto

5455 nitrogen
d Stickstoff
f azote
s nitrógeno
i azoto

5456 nitrogen compound
d Stickstoffverbindung
f composé azoté
s compuesto nitrogenado
i composto di azoto

5457 nitrogen fading
d Verfärben durch Stickstoff
f fanage par l'azote
s pérdida de solidez por el nitrógeno
i sbiadimento all'azoto

5458 nitrogen oxide
d Stickstoffoxid
f oxyde d'azote
s óxido de nitrógeno
i ossido di nitrogeno

5459 nitrous acid
d salpetrige Säure
f acide nitreux
s ácido nitroso
i acido nitroso

5460 no core braid
d hohles Geflecht
f tresse sans âme
s trenza sin alma
i treccia senz'anima

5461 no torque yarn
d No-Torque-Garn, drehungsloses Texturgarn
f fil sans moment de torsion
s hilo sin momento de torsión
i filato senza momento di torsione

5462 Noble comb
d Noble-Kâmmaschine
f peigneuse Noble, peigneuse à couronne
s peinadora Noble
i pettinatrice Noble

5463 Noble comb large circle
d grosser Kammring
f grand cercle de peigneuse, grande couronne de peigneuse
s gran peine curvilíneo
i corona grande di pettinatrice

5464 Noble combing, oil combing
d Noble-Kämmen
f peignage système Noble, peignage en gros
s peinado sistema Noble
i pettinatura sistema Noble

5465 **noble gas**
d Edelgas
f gaz rare, noble
s gas noble
i gas nobile

5466 **noble metal**
d Edelmetall
f métal précieux
s metal noble
i metallo nobile

5467 **nogg**
d Setzrapport
f rapport de boutage
s serie de grapas de la guarnición
i fila di uncinetti (aghi)

5468 **nogg per cm**
d Häkchenreihen pro cm
f rapport de boutage par cm
s serie de grapas por cm
i fila di uncinetti (aghi) per cm

5469 **noil chute**
d Kämmlingsauffangbehälter
f boite à blousse
s caja de borra en la peinadora
i contenitore per cascami di pettinatura

5470 **noil, comb tear, comb noil**
d Kämmling
f blousse, blousse de peigneuse, déchet de peigneuse
s borra de peinadora
i cascami di pettinatura

5471 **noil knife**
d Kämmlingsabstreifmesser
f couteau détacheur de blousse
s cuchilla quitaborra en la peinadora
i coltello per levare i cascami di pettinatura

5472 **noil per cent**
d Kämmlingsanteil
f taux de blousse, pourcentage de blousse
s porcentaje de borra de peinadora
i percentuale di cascami di pettinatura

5473 **noil removal**
d Kämmlingsabtransport
f élimination de blousse
s eliminación de borra
i eliminazione dei cascami di pettinatura

5474 **noise level**
d Schallpegel
f niveau sonore
s nivel del sonido
i livello del rumore

5475 **nomenclature**
d Benennung
f dénomination
s denominación
i denominazione

5476 **nominal volume**
d Nennvolumen
f volume nominal
s volumen nominal
i volume nominale

5477 **non-aqueous medium**
d nichtwässriges Medium
f milieu non aqueux
s medio no acuoso
i mezzo non acquoso

5478 **non-aqueous solution**
d nichtwässrige Lösung
f solution non aqueuse
s solución no acuosa
i soluzione non acquosa

5479 **non-combustible, fireproof**
d Unbrennbar
f non inflammable, non combustible, ininflammable
s no inflamable, no combustible
i non combustibile

5480 **non-conventional method**
d nichtkonventionelle Methode, unkonventionelle Methode
f méthode non conventionnelle
s método no convencional
i metodo non convenzionale

5481 **non-destructive test**
d zerstörungsfreie Prüfung
f essai non destructif
s ensayo no destructivo
i prova non distruttiva

5482 **non-flammable product**
d nichtentflammbares Produkt, nichtbrennbares Produkt, feuerbeständiges Produkt
f produit ininflammable
s producto ininflamable
i prodotto ininfiammabile

5483 **non-formed hose**
d ungeformter Strumpf
f bas non formé
s media no formada
i calza non formata

5484 **non-ionic charncter**
d nichtionische Eigenschaft
f caractère non ionique
s carácter no iónico
i caratteristica non-ionica

5485 **non-ionic softener**
d nichtionischer Weichmacher
f adoucissant non ionique
s suavizante no iónico
i ammorbidente non-ionico

5486 **non-ionic surfactant**
d nichtionogenes Tensid
f agent surfactif non ionique, agent tensio-actif non ionique
s agente surfactante no iónico
i agente tensioattivo non-ionico

5487 **non-knitting**
d Nadelruhestellung
f non tricotage
s no tricotado
i posizione di riposo degli aghi

5488 **non-linear viscoelasticity**
d nichtlineare Viskoelastizität
f viscoélasticitê non linéaire
s viscoelasticidad no lineal
i viscoelasticità non lineare

5489 **non-lint content**
d verspinnbarer Faseranteil
f teneur en fibres utiles
s contenido de fibras utiles
i contenuto di fibre utili

5490 **non-Newtonian liquid**
d nichtnewtonsche Flüssigkeit
f liquide non newtonien
s líquido no newtoniano
i liquido non newtoniano

5491 **non-polar compound**
d nichtpolare Verbindung
f composé non polaire
s compuesto no polar
i composto non polare

5492 **non-polar solvent**
d nichtpolares Lösungsmittel
f solvant non polaire
s disolvente no polar
i solvente non polare

5493 **non-problematic**
d Problemlos
f sans problème
s sin problema
i senza problema

5494 **non-waxed**
d Unparaffiniert
f non paraffiné
s no parafinado, sin parafina
i non paraffinato

5495 **nonwoven binder, nonwoven bonding agent**
d Bindemittel für Textilverbundstoffe
f liant pour non tissê
s ligante para tela no tejida
i legante per tessuto non tessuto

5496 **nonwoven carpet**
d Textilverbundteppich
f tapis non tissé
s alfombra no tejida
i tappeto non tessuto

5497 nonwoven emulsion binder
d Emulsionsbindemittel für Nonwovens
f èmulsion de liage pour non tissè
s emulsión de ligante para no tejidos
i emulsione legante per tessuti non tessuti

5498 nonwoven fabric
d Textilverbundstoff, Vliesstoff
f tissu non tissé, non tissé
s tela no tejida
i tessuto non tessuto

5499 nonwoven fabric machine
d Verbundstoffmaschine
f machine pour tissu non tissé
s màquina para telas no tejidas
i macchina per tessuto non tessuto

5500 nonwoven fabric manufacturing
d Herstellung von Textilverbundstoffen
f fabrication des non tissés
s fabricación de telas no tejidas
i produzione di tessuti non tessuti

5501 nonwoven fabric property
d Textilverbundstoffeigenschaft, Vliesstoffeigenschaft, Verbundstoffeigenschaft
f propriété des tissus non tissés
s propiedad de las telas no tejidas
i proprietà dei tessuti non tessuti

5502 nonwoven fabric strncture
d Textilverbundstoffstruktur
f structure du tissu non tissé
s estructura de tela no tejida
i struttura del tessuto non tessuto

5503 nonwoven fabric unit cell
d Einzelpore des Textilverbundstoffes
f pore individuel du non tissé
s poro individual de la tela no tejida
i poro individuale del tessuto non tessuto

5504 non-woven fleece, bonded fibre fabric
d Faservlies
f Étoffe de fibre non tissé
s tejido de fibra sin tejer
i stoffa di fibra non tessuta

5505 nonwoven machinery manufacturer
d Verbundstoffmaschinenhersteller
f constructeur de matériel pour non tissè
s constructor maquinaria para no tejidos
i fabbricante di macchine per tessuti non tessuti

5506 nonylbenzene sulfonate
d Nonylphenylsulfonat
f nonylbenzènesulfonate
s sulfonato de nonilbenceno
i sulfonato di nonilbenzene

5507 nonylnaphthalene sulfonate
d Nonylnaphthylsulfonat
f nonylnaphtalènesulfonate
s sulfonato de nonilnaftaleno
i sulfonato di nonilnaftalene

5508 norbornylane
d Norbornylen
f norbornyléne
s norbornileno
i norbornilene

5509 normal aliphatic hydrocarbon
d N-aliphatischer Kohlenwasserstoff
f hydrocarbure aliphatique normal
s hidrocarburo alifático normal
i idrocarburo alifatico normale

5510 normal distribution, Gaussian distribution
d Normalverteilung
f distribution normale, distribution de Gauss
s distribución normal
i distribuzione normale

5511 normal force
d Normalkraft
f force appliquée suivant la normale
s fuerza normal
i forza normale

5512 nose bunching
d Spitzenwickelaufspulen
f formation à la pointe de réserve
s formación de la reserva en la punta
i incannare bobina a punta

5513 **novelty fabric**
d Fantasiegewebe
f tissu fantaisie
s tejido de fantasia
i tessuto fantasia

5514 **novelty twister**
d Effektzwirnmaschine
f métier à retordre pour fil fantaisie, métier à retordre pour fil nouveauté
s continua de retorcer para hilo fantasia
i torcitoio per filati fantasia

5515 **novelty yarn, fancy yarn**
d Fantasiegarn
f fil fantaisie, fil nouveauté, fil spécial
s hilo de fantasia
i filato fantasia

5516 **noxious**
d Gesundheitsschädlich
f nuisible à la santé
s nocivo para la salud
i tossico

5517 **nozzle**
d Düse
f tuyère, ajutage, buse, injecteur
s tobera
i ugello

5518 **nuance**
d Nuance
f nuance
s detalle, matiz
i sfumatura

5519 **nub**
d Faserknötchen
f bouton de fibres
s botón de fibras
i bottone di fibre

5520 **nub yarn**
d Raupenzwirn, Effektzwirn
f fil fantaisie à grosseurs
s hilo de fantasia con botones
i filo fantasia con bottoni di fibre

5521 **nuclear chemistry**
d Kernchemie, Nuklearchemie
f chimie nucléaire
s química nuclear
i chimica nucleare

5522 **nuclear energy**
d Kernenergie
f Énergie nucléaire
s energía nuclear
i energia nucleare

5523 **nuclear magnetic relaxation**
d magnetische Kernrelaxation
f relaxation magnétique nucléaire
s relajación magnética nuclear
i rilassazione magnetica nucleare

5524 **nuclear magnetic resonance**
d kernmagnetische Resonanz, Kernresonanz, KMR
f résonance magnétique nucléaire
s resonancia magnética nuclear
i risonanza magnetica nucleare

5525 **nuclear physics**
d Kernphysik, Nuklearphysik
f physique nucléaire
s física nuclear
i fisica nucleare

5526 **nuclear power station**
d Kernkraftwerk
f centrale nucléaire
s central de energía nuclear
i centrale nucleare

5527 **nucleating agent**
d Kernbildner
f agent de nuclêation
s agente de nucleación
i agente di nucleazione

5528 **nucleation**
d Kernbildung, Nukleation
f nuclêation
s nucleación
i nucleazione

5529 nucleoside
d Nukleosid
f nuclèoside
s nucleosido
i nucleoside

5530 nucleus
d Kern
f noyau
s núcleo
i nucleo

5531 null method
d Nullverfahren, Zeroverfahren
f méthode du point zéro
s método de corriente nula
i metodo del punto zero

5532 number average molecular weight
d mittleres Molekulargewicht
f poids molèculaire moyen en nombre, poids moyen numérique molèculaire
s peso molecular numérico medio
i peso molecolare medio

5533 numbered duck
d schwerer Duck
f grosse toile de coton
s algodón pesado
i cotone pesante

5534 numerical
d Numerisch
f numérique
s numérico
i numerico

5535 numerical analysis
d numerische Analyse
f analyse numérique
s análisis numérico
i analisi numerica

5536 numerical code
d Zahlcode
f code numérique
s código numerico
i codice numerico

5537 numerical control
d Numerische Steuerung
f commande numérique
s comando numerico
i commando numerico

5538 numerical integration
d numerische Integration
f intégration numérique
s integración numérica
i integrazione numerica

5539 numerical solution
d numerische Lösung
f solution numérique
s solución numèrica
i soluzione numerica

5540 numerical value
d Zahlenwert
f valeur numérique
s valor numérico
i valore numerico

5541 nut
d Mutter (Bauteil)
f Écrou
s tuerca
i dado

5542 nylon bearing
d Polyamidlager
f palier en nylon
s rodamiento de nilón
i cuscinetto di nylon

5543 nylon traveler
d Nylonringläufer
f curseur en nylon
s cursor de nilón
i cursore di nylon

O

5544 object
d Objekt
f objet
s objeto
i oggetto

5545 objective
d Objektiv
f objectif
s objetivo
i oggettivo

5546 objectivity
d Objektivität
f objectivité
s objetividad
i oggettività

5547 obsolescence
d Obsoleszenz
f obsolescence
s obsolescencia
i obsolescenza

5548 occupational disease
d Berufskrankheit
f maladie professionnelle
s enfermedad profesiónal
i malattia professionale

5549 occupational hazard
d Berufsrisiko
f risque professionnel
s riesgo profesional
i rischio professionale

5550 occupational safety
d Arbeitsschutz, Arbeitssicherheit
f sécurité du travail
s seguridad del trabajo
i sicurezza del lavoro

5551 octadecylic compound
d octadecylische Verbindung
f composé octadécylique
s compuesto octadecílico
i composto ottadecilico

5552 octane
d Octan
f octane
s octano
i ottano

5553 octyl sulfate
d Octylsulfat
f sulfate d'octyle
s sulfato de octilo
i ottilsolfato

5554 octylbenzene sulfonate
d Octylbenzolsulfonat
f octylbenzènesulfonate
s sulfonato de octilbenceno
i solfonato di ottilbenzene

5555 odor control
d Geruchsbeseitigung
f élimination de l'odeur
s control del olor
i eliminazione dell'odore

5556 odorous
d riechend
f odorant
s oloroso
i odoroso

5557 ohmic resistance, electrical resistance
d elektrischer Widerstand
f résistance électrique
s resistencia eléctrica
i resistenza elettrica, resistenza ohmica

5558 oil
d Öl
f huile
s aceite
i olio

5559 oil combed top
d geschmälzter Kammzug
f ruban peigné en gras
s cinta peinada con aceite
i tops impregnato di grasso

5560 **oil in water emulsion**
d Ol-Wasser-Emulsion
f èmulsion huile-dans-eau
s emulsión de aceite en agua
i emulsione olio-acqua

5561 **oil proofing**
d Olabweisendmachen
f olêofugation
s oleofugación
i rendere repellente all'olio

5562 **oil repellency**
d Oleophobie
f olêophobie
s oleofobia
i oleofobia

5563 **oil repellent**
d ölabstossend, ölabweisend
f oléofuge
s oleófugo
i oleorepellente

5564 **oil repellent finish**
d ölabweisendes Appreturmittel
f agent olèophobe
s agente oleófugo
i agente per finissaggio oleorepellente

5565 **oil repellent treatment**
d Olabstossbehandlung
f traitement oléophobe
s tratamiento repelente al aceite
i trattamento oleorepellente

5566 **oil stain**
d Ölfleck
f tache d'huile
s mancha de aceite
i macchia di olio

5567 **oilbath**
d Olbad
f bain d'huile
s baño de aceite
i bagno d'olio

5568 **oilcloth, American cloth**
d Wachstuch, Olzeug, Oltuch
f toilecirée
s hule
i tela cerata, incerata

5569 **oiling**
d Olen, Avivieren, Präparieren
f ensimage
s ensimaje
i oliare

5570 **oiling agent, lubricant, slickener**
d Schmälzmittel
f produit d'ensimage, produit d'avivage
s producto de ensimaje
i agente oliante

5571 **oleate salt**
d Oleat
f oléate
s oleato
i oleato

5572 **olefin**
d Olefin
f olèfine
s olefina
i olefina

5573 **olefin copolymer**
d Olefincopolymer
f copolymère d'olèfine
s copolimero de olefina
i copolimero di olefine

5574 **olefin dyeing**
d Polyolefinfaserfärben
f teinture de fibres d'olèfine
s tintura de fibras de olefina
i tintura delle fibre di olefina

5575 **olefin filament**
d Polyolefinfilament
f filament d'oléfine
s filamento de olefina
i filamento di olefina

5576 **olefin filament yarn**
d Polyolefinfilamentgarn
f fil de filaments d'olèfine
s hilo de filamentos de olefina
i filo di filamento di olefina

5577 **olefin spun yarn**
d Polyolefinspinnfasergarn
f filé d'oléfine
s hilado de olefina
i filato di poliolefina da fibra in fiocco

5578 **olefin yarn**
d Polyolefingarn
f fil d'oléfine
s hilo de olefina
i filo di poliolefina

5579 **olefinic compound**
d Olefinverbindung
f composé oléfinique
s compuesto olefinico
i composto di olefina

5580 **oleic acid**
d Olsäure
f acide oléique
s ácido oleico
i acido oleico

5581 **olein**
d Olein
f oléine
s oleina
i oleina

5582 **oleophobic property**
d oleophobe Eigenschaft
f propriété oléophobe
s propiedad de repelencia al aceite
i proprietà oleofobiche

5583 **oleyl alcohol**
d Oleylalkohol
f alcool oléique
s alcohol oleico
i alcool oleilico

5584 **oligomer**
d Oligomer
f oligomère
s oligómero
i oligomero

5585 **one-bath process**
d Einbadverfahren
f procédé en bain unique
s proceso en baiio unico
i processo in bagno unico

5586 **one-half blood wool**
d Halbblut-Wolle
f laine one half blood
s tipo de lana media sangre
i lana mezzo-sangue

5587 **one-phase treatment**
d Einphasenbehandlung
f traitement en une phase
s tratamiento en una fase
i trattamento in una fase

5588 **one-step doubling twisting**
d kombiniertes Fachen und Zwirnen
f assemblage et retordage simultanés
s reunido y retorcido simultàneos
i doppiatura e ritorcitura simultanei

5589 **onium compound**
d Oniumverbindung
f composé onium
s compuesto de onium
i composto di onio

5590 **on-line processing**
d Online-Verarbeitung
f exploitaction, traitement de donnèes en direct, en ligne
s transformación en la linea (online)
i elaborazione on-line

5591 **on-off control**
d Ein-Aus-Schaltung
f commande marche-arrêt
s control marcha-paro
i controllo on-off

5592 opacity
d Undurchsichtigkeit, Opazität
f opacitê
s opacidad
i opacità

5593 opaque
d lichtdicht
f opaque
s opaco
i opaco

5594 opaque fibre, dull fibre
d Mattierte Faser
f fibre mattée
s fibra opaca (esmerilada)
i fibra opaca

5595 open end friction spinning
d OE-Friktionsspinnen
f filage, filature à friction à fibre libérée (open-end)
s hilación por fricción-OE
i filatura a frizione a fibra liberata (open end)

5596 open end rotor spinning
d OE-Rotorspinnen
f filage, filature à rotor à fibre libérée (open-end)
s hilación por rotor (inducido, OE)
i filatura a rotore a fibra liberata (open end)

5597 open end spinning, break spinning
d Offen-End-Spinnen, OE-Spinnen, Open-End-Spinnen
f filature open end, filature à fibres libérées, OE filature
s hilatura de fibras liberadas
i filatura open end, filatura OE

5598 open end spinning machine
d Offen-End-Spinnmaschine, OE-Spinnmaschine, Open-End-Spinnmaschine
f machine de filature open end, machine de filature à fibres libérêes
s màquina de hilatura de fibras liberadas
i telaio per filatura open end

5599 open end twisting
d Garndrehung beim Offen-End-Spinnen
f torsion des fils open end, torsion des fibres libérêes
s torsión de fibras liberadas
i torsione del filo nella filatura open end

5600 open end yarn
d OE-Garn, Offen-End-Garn, Open-End-Garn
f fil open end
s hilo open end
i filo OE

5601 open fabric structure
d offene Gewebestruktur
f contexture lâché
s contextura lacia
i struttura del tessuto aperto

5602 open fringe
d Offene Franse
f crépine, frange ouverte
s fleco (flequillo) abierto
i frangia aperta

5603 open gill-box frame
d Nadelstabstrecke
f Étirage à simple champ d'aiguilles
s manuar a simple campo de agujas
i stiratoio a semplice campo di aghi

5604 open loop control
d Offen-Kreis-Steuerung
f commande en circuit ouvert
s control en circuito abierto
i controllo a circuito aperto

5605 open shed
d Offenfach
f foule ouverte, pas ouvert
s calada abierta
i passo aperto

5606 open stitch
d offene Masche
f maille ouverte
s malla abierta
i maglia aperta

5607 open width bleaching
d Breitbleiche, Bleiche in ausgebreitetem Zustand
f blanchiment au large
s blanqueo al ancho
i candeggio in largo

5608 open width dyeing
d Breitfärben
f teinture au large
s tintura al ancho
i tintura in largo

5609 open width lulling finisher
d Breitwalkmaschine
f machine de foulage au large
s máquina de batanado al ancho
i follone per lavorazione in largo

5610 open width scouring
d Breitwäsche
f lavage au large
s lavado al ancho
i lavaggio in largo

5611 open width treatment
d Breitbehandlung, Behandlung im ausgebreiteten Zustand, Breitveredlung
f traitement au large
s tratamiento al ancho
i trattamento in largo

5612 open winding
d offene Präzisionswicklung
f bobinage ouvert
s bobinaje abierto
i bobina di precisione aperta

5613 open work weave
d Ajour-Bindung, Durchbruchbindung, Scheindreherbindung
f armure à jour
s ligamento calado
i armatura a traforo

5614 opener
d Öffner
f ouvreuse, machine d'ouverture
s abridora
i lupo apritoio

5615 opening
d Öffnen, Öffnung
f ouverture, embouchure, ouverture
s obertura, obertura, apertura
i apertura

5616 opening cylinder
d Auflösewalze
f cylindre d'ouverture
s tambor abridor
i cilindro di apertura

5617 opening of tubular knitted fabric
d Schlauchaufschneiden, Schlauchwarenöffnen, Schlauchwarenaufschneiden
f ouverture du tricot tubulaire
s apertura del tejido de punto tubular
i apertura della magliera tubulare

5618 opening roller
d Auflösewalze an der OE-Turbine
f cylindre briseur de turbine open end
s cilindro abridor de turbina open end
i cilindro rompitore alla turbina open-end

5619 opening-picking, scutching
d Klopfwolfen
f ouverture par battage, battage sur batteur
s apertura por batanado
i apertura con lupo battitore

5620 openwind
d offene Wicklung
f renvidage mou
s bobinado abierto
i bobina aperta

5621 operating conditions
d Verfahrensweise
f mode opératoire
s modo operatorio
i modo operativo

5622 operation costs
d Betriebskosten
f frais d'ésploitation
s costes de esplotación
i spese di esercizio

5623 optic fiber
d optische Faser
f fibre optique
s fibra óptica
i fibra ottica

5624 optical
d Optisch
f optique
s óptico
i ottico

5625 optical density
d optische Dichte
f densité optique
s densidad óptica
i densità ottica

5626 optical illusion
d Oprische Täuschung
f illusion optique
s ilusión óptica
i illusione ottica

5627 optical instrnment
d optisches Instrument
f instrument optique
s instrumento óptico
i strumento ottico

5628 optical property
d optische Eigenschaft
f propriété optique
s propiedad óptica
i proprietà ottiche

5629 optical reader
d optisches Lesegerät, optischer Leser
f lecteur optíque
s lector óptico
i lettore ottico

5630 optical scanner
d optischer Abtaster
f appareil d'exploration optique
s analizador de exploración óptica
i scanner ottico

5631 optical scanning
d optisches Abtasten
f exploration optique
s exploración óptica
i scanning ottico

5632 optical white
d optische Bleiche
f blanc optique
s blanco óptico
i sbianca ottica

5633 optical whitening
d optisches Aufhellen
f blanchíment optique
s blanqueo óptico
i avvivatura ottica

5634 optical-architectonic textile
d opto-architektonisches Textil
f textile optico-architectoníque
s textil óptico-arquitectónico
i tessile ottico-architettonico

5635 optics
d Qptik
f optique
s óptica
i ottica

5636 optimal condition
d optimale Bedingung
f condition optimale
s condición óptima
i condizione ottimale

5637 optimise
d Optimisieren
f optimiser, optimaliser
s optimizar
i ottimizzare

5638 optimization
d Optimierung
f optimisation
s optimización
i ottimizzazione

5639 **optimum**
d Optimum
f optimum
s óptimo
i optimum

5640 **optimum value**
d Optimalwert, Bestwert
f valeur optimale
s valor óptimo
i valore ottimale

5641 **ordiante**
d Ordinate
f ordonnée
s ordenada
i ordinata

5642 **organdy, organdie**
d Organdy, Transparentgewebe, Glasbatist
f organdi
s organdí
i organdi, organdisse

5643 **organic**
d Organisch
f organique
s orgánico
i organico

5644 **organic acid**
d organische Säure
f acide organique
s ácido orgánico
i acido organico

5645 **organic compound**
d organische Verbindung
f composé organique
s compuesto orgánico
i composto organico

5646 **organic fiber**
d organische Faser
f fibre organique
s fibra orgánica
i fibra organica

5647 **organic nitro compound**
d organische Nitroverbindung
f composé organique azoté
s compuesto orgánico nitrado
i composto nitrico organico

5648 **organic salt**
d organisches Salz
f sel organique
s sal orgánica
i sale organico

5649 **organic solvent**
d organisches Lösungsmittel
f solvant organique
s disolvente orgánico
i solvente organico

5650 **organic sulfide**
d organisches Sulfid
f sulfure organique
s sulfuro orgánico
i solfuro organico

5651 **organise**
d Organisieren
f organiser
s organizar
i organizzare

5652 **organism**
d Organismus
f organisme
s organismo
i organismo

5653 **organization**
d Organisation
f organisation
s organización
i organizzazione

5654 **organometallic compound, metalorganic compound**
d metallorganische Verbindung, organometallische Verbindung
f composé organométallique
s compuesto organometálico
i composto metallo-organico

5655 organosol
d organische Kolloidlösung
f organosol
s organosol
i organosol

5656 organotin compound
d organische Zinnverbindung
f composé organostannique
s compuesto organoestánnico
i composto stagno-organico

5657 organzine
d Organzin
f organsin
s organcin
i organzino

5658 oriental carpet
d Orientteppich
f tapis d'Orient ou de Turquie
s alfombra oriental
i tappeto orientale

5659 orientate
d Orientieren
f orienter
s orientar
i orientare

5660 orientation
d Orientierung
f orientation
s orientación
i orientamento

5661 orientation birefringence
d Orientierungstest durch Doppelbrechung
f biréfringence selon l'orientation
s birrefringencia por orientación
i birifrangenza mediante doppia rifrazione

5662 orientation uniformity
d Orientierungsgleichmässigkeit
f uniformité d'orientation
s uniformidad de orientación
i uniformità di orientamento

5663 oriented web
d ausgerichteter Faserflor, orientierter Faserflor
f voile de fibres orientées
s velo de fibras orientadas
i pelo della fibra orientato

5664 orifice
d Düsenöffnung
f orifice
s orificio
i orifizio

5665 ornament
d Ornament
f ornement
s ornamento
i ornamento

5666 ornithin
d Ornithin
f ornithine
s ornitina
i ornitina

5667 orthocortex
d Orthocortex
f orthocortex
s ortocórtex
i ortocortex

5668 orthotropic material
d orthotroper Stoff
f matière orthotropique
s materia ortotrópica
i materiale ortotropico

5669 oscillation
d Oszillation
f oscillation
s oscilación
i oscillazione

5670 oscillator
d Oszillator, Schwinger
f oscillateur
s oscilador
i oscillatore

5671 oscilloscope
d Oszilloskop
f oscilloscope
s osciloscopio
i oscilloscopio

5672 osmium
d Osmium
f osmium
s osmio
i osmio

5673 osmometry
d Osmometrie
f osmométrie
s osmometria
i osmometria

5674 osmosis
d Osmose
f osmose
s ósmosis
i osmosi

5675 osmotic pressure
d osmotischer Druck
f pression osmotique
s presión osmótica
i pressione osmotica

5676 Otto needle
d Karabinernadel
f aiguille Otto
s aguja Otto
i ago Otto

5677 outer surface, external surface
d äussere Oberfläche
f surface extérieure
s superficie exterior
i superficie esterna

5678 outerwear
d Oberbekleidung
f survêtement
s ropa exterior
i abiti

5679 outlet
d Auslauf
f décharge
s descargue
i scarico

5680 output
d Output, Ausstoss
f production à la sortie
s producción a la salida
i output

5681 outside filling supply
d Schusszuführung von ortsfester Spule
f alimentation extérieure de la trame
s alimentación exterior de la trama
i alimentazione esterna della trama

5682 outside treading loom
d Aussentrittwebmaschine
f métier à tisser à marches extérieures
s telar circular de marchas exteriores
i telaio a marce esterne

5683 oven
d Ofen
f four
s horno
i forno

5684 oven moisture testing
d Feuchtebestimmung mit Ofenwaage, Ofenwaagetest
f mesure de l'humidité en étuve
s medida de la humedad en estufa
i misurazione dell'umidità nel forno

5685 over capacity
d Überkapazität
f supercapacité
s sobrecapacidad
i sovvracapacità

5686 overall
d Overall, einteiliger Schutzanzug
f surtout
s sobretodo
i tuta

5687 overblouse
d Blouson
f blouson
s cazadora
i giubbotto

5688 overcoat
d Paletot
f paletot
s gabán
i paletot

5689 overedge stitch
d Kantenstich
f point de surjet
s punto de sobreorilla
i punto di sovvracucitura

5690 overedging machine
d Überwendlichnähmaschine
f surjeteuse raseuse
s máquina de sobrehilar
i macchina per sovvracucitura

5691 overend unwinding
d Über-Kopf-Abzug
f dévidage à la défilée
s desenrollado a la defilée
i srotolare sopra-testata

5692 overfed pin tenter
d Nadelspannrahmen mit Voreilung
f rame à picots suralimentée, rame suralimentée à aiguilles
s rame tensor de agujas sobrealimentado
i intelaiatura per tendere gli aghi sovvralimentata

5693 overfeeding
d Voreilung
f suralimentation
s sobrealimentación
i sovraalimentazione, anticipo

5694 overflow
d Overflow, Überlauf
f trop-plein
s desagüe
i troppopieno

5695 overflow dyeing
d Overflowfärbeverfahren
f teinture par trop plein
s tintura en cascada
i tintura overflow

5696 overhead conveyor
d Hängeförderer
f convoyeur aérien
s transportador aéreo
i trasportatore aereo

5697 overlap
d Über-Legung
f jetée sur
s traslación por encima
i sovrapposizione

5698 overlapping
d Überlappung
f recouvrement, chevauchement, enchevauchure
s sobreposición
i sovrapposizione

5699 overlapping, overlaying
d Überlagerung
f superposition
s sobreposición, recubrimiento
i sovrapposizione

5700 overload
d Überlastung
f surcharge
s sobrecarga
i sovraccarico

5701 overload coupling
d Überlastungskupplung
f accouplement de surcharge
s acoplamiento de sobrecarga
i giunto di sovraccarico

5702 overlock stitch
d Overlockstich
f point de surjeteuse
s punto de sobrehilar
i punto a sopragitto

5703 **overpick loom**
d Hochfachwebmaschine
f métier à tisser à haute chasse
s telar de picada de garrote
i telaio overpick

5704 **overprinting**
d Überdrucken
f surimpression
s sobreestampación
i sovrastampa

5705 **overproduction**
d Überproduktion
f surproduction, production en surplus
s sobreproducción
i sovraproduzzione

5706 **overseam stitch**
d Überwendlichstich
f point de surfilage
s punto de costura sobreorillada
i punto a sopragitto

5707 **overstretched selvedge**
d Überspannte Webkante
f lisière trop tendue
s entretira demasiado tendida
i cimosa troppo tesa

5708 **overtension**
d Überspannung
f surtension
s sobretensión
i sovratensione

5709 **overtwist**
d Überdrehung
f surtorsion
s sobretorsión
i sovratorsione

5710 **oxadiazole**
d Oxadiazol
f oxadiazol
s oxadiazol
i ossadiazolo

5711 **oxalic acid**
d Oxalsäure
f acide oxalique
s àcido oxálico
i acido ossalico

5712 **oxazole**
d Oxazol
f oxazol
s oxazol
i ossazolo

5713 **oxazoline**
d Oxazolin
f oxazoline
s oxazolina
i ossazolina

5714 **Oxford weave**
d Oxford-Gewebe
f armure Oxford
s ligamento Oxford
i tessuto Oxford

5715 **Oxford wool**
d Oxford-Wolle
f laine Oxford
s lana Oxford
i lana Oxford

5716 **oxidation**
d Oxydation
f oxydation
s oxidación
i ossidazione

5717 **oxidation dye**
d Oxydationsfarbstoff
f colorant d'oxydation
s colorante de oxidación
i colorante di ossidazione

5718 **oxidation product**
d Oxydationsprodukt
f produit d'oxydation
s producto de oxidación
i prodotto di ossidazione

5719 oxide
d Oxid
f oxyde
s óxido
i ossido

5720 oxidise
d Oxidieren
f oxyder
s oxidar
i ossidare

5721 oxidizable
d oxydierbar
f oxydable
s oxidable
i ossidabile

5722 oxidized starch
d oxydierte Stärke
f amidon oxydè
s almidón oxidado
i amido ossidato

5723 oxidizing
d oxydierend
f oxydant
s oxidante
i ossidante

5724 oxidizing agent
d Oxydationsmittel
f agent oxydant
s agente oxidante
i agente ossidante

5725 oxirane compound
d Athylenoxidverbindung, Oxiranverbindung
f composé d'oxirane
s compuesto de oxirano
i composto di ossirano

5726 oxycellulose
d Oxycellulose
f oxycellulose
s oxicelulosa
i ossicellulosa

5727 oxygen
d Sauerstoff
f oxygéne
s oxígeno
i ossigeno

5728 oxygen fading
d Verfärben durch Sauerstoff
f fanage par l'oxygène, fanage par l'ozone
s pérdida de solidez por el oxígeno
i stingere per l'azione dell'ossigeno

5729 ozone
d Ozon
f ozone
s ozono
i ozono

P

5730 pacific converter
d Pacific-Converter
f pacific converter
s convertidor pacific
i convertitore Pacific

5731 package
d Spule
f bobine
s bobina
i bobina

5732 package density
d Packungsdichte, Spulendichte
f densité de bobine
s densidad de la bobina
i densità della bobina

5733 package dyeing
d Kreuzspulfärberei
f teinture sur bobine
s tintura en bobina
i tintura su rocca incrociata

5734 package dyeing machine
d Packfärbemaschine, Kreuzspulfärbeapparat, Spulenfärbeapparat
f machine de teinture sur bobine
s máquina de tintura en bobina
i macchina per tintura su rocca incrociata

5735 package hardness
d Packungshärte, Spulenhärte
f dureté de bobine
s dureza de la bobina
i durezza della rocca

5736 package holder
d Spulenhalter
f porte-bobines
s portabobina
i portabobina

5737 package tube
d Spulenhülse
f tube de bobine
s tubo de la bobina
i tubo della bobina

5738 package tube transfert machine
d Hülsenauswechselvorrichtung
f machine de changement du tube de bobine
s máquina de cambio del tubo de bobina
i dispositivo per cambiare il tubo della bobina

5739 package winding
d Umspulen, Umwinden
f mise sur bobine
s formación de la bobina
i posa su bobina

5740 packaging machine
d Verpackungsmaschine
f machine d'emballage
s máquina de ensacar
i macchina per imballaggio

5741 packaging material
d Verpackungsmaterial
f matière d'emballage
s material de embalaje
i materiale per imballaggio

5742 packing
d Verpacken, Einpacken
f emballage
s embalado
i imballaggio

5743 packing cloth, canvas
d Verpackungsgewebe
f toile d'emballage
s tela para embalaje
i tessuto per imballaggio

5744 packing factor, packing density
d Pressfaktor
f coefficient de tassement, densité de tassement
s factor de empaquetado
i densità di imballo

5745 pad
d Schulterpolster
f épaulette, rembourrage d'épaule
s almohadilla
i spallina

5746 pad batch
d Pad-Batch-Verfahren
f procédé pad batch
s procedimiento pad batch
i procedimento pad-batch

5747 pad dry cure process, PDC process
d Klotztrocknungskondensations-verfahren
f fixage par foulardage-séchage, système PDC
s fijado por fulardado-secado
i processo di condensazione tramite fulardaggio-essicazione, sistema PDC

5748 pad dyeing
d Klotzfärben, Foulardfärben
f teinture sur foulard
s tintura en fulard
i tintura su fularda

5749 pad finishing
d Klotzausrüsten
f apprêt sur foulard
s acabado en fulard
i finissaggio su fularda

5750 pad fix machine
d Klotzfixiermaschine
f machine pour foulardage fixage
s màquina para fulardado-fijado
i macchina per fulardaggio-fissaggio

5751 pad jig dyeing
d Klotzjiggerfärben, Pad-Jig-Färben
f teinture type pad jig, teinture sur foulard jigger
s tintura en fulard-jigger
i tintura su fularda-jigger

5752 pad jig finishing
d Klotzjiggerausrüsten
f apprêt type pad jig, apprèt sur foulard jigger
s acabado en fulard-jigger
i finissaggio su fularda-jigger

5753 pad liquor, slop pad liquor
d Klotzflotte
f bain, matière tinctoriale de foulardage
s baño de imprégnación, liquido de impreñación
i bagno di impregnazione, liquido di mordenzatura

5754 pad roll dyeing
d Klotzrollfärbung, Pad-Roll-Färben
f teinture pad roll
s tintura pad roll
i tintura pad-roll

5755 pad roll finishing
d Klotzrollausrüstung, Pad-Roll-Ausrüstung
f traitement pad roll
s tratamiento pad roll
i trattamento pad-roll

5756 pad roll machine
d Klotzrollmaschine
f machine pour pad roll
s máquina pad roll
i macchina per pad-roll

5757 pad, slop pad
d Klotzen
f foularder
s foulardar, impregnar
i mordenzare

5758 pad steam dyeing
d Klotzdämpffärbung, Pad-Steam-Färben
f teinture pad steam, teinture foulardage-vaporisage, teinture pad steam
s tintura por fulardado-vaporizado
i tintura-fulardaggio-vaporizzazione

5759 pad steam finishing
d Klotzdämpfausrüstung, Pad-Steam-Ausrüstung
f traitement pad steam
s acabado por fulardado-vaporizado
i finissaggio-fulardaggio-vaporizzazione

5760 pad steam machine
d Klotzdämpfmaschine
f machine pour pad steam
s máquina de impregnación y vaporización
i macchina per fulardaggio-vaporizzazione

5761 pad steaming
d Klotzdämpfen, Pad-Steaming-Verfahren
f procédé pad steam, procédé foulardage-vaporisage
s procedimiento fulardado-vaporizado
i processo di fulardaggio-vaporizzazione

5762 padder, foulard
d Foulard
f foulard, machine de foulardage, mangle de foulardage
s fulard
i foularde

5763 padding, dipping
d Foulardieren
f foulardage
s fulardado
i fulardare

5764 paddle dyeing machine
d Palettenfärbemaschine
f machine de teinture à palette
s máquina de tintura a paletas
i macchina per tintura a palette

5765 painted wool
d zeichenhaltige Wolle
f laine d'enchaussenage
s lana pintada
i lana tinta

5766 pairing
d Strumpfpaaren
f appairage
s aparejado
i appaiare le calze

5767 palmitic acid
d Palmitinsäure
f acide palmitique
s ácido palmítico
i acido palmitico

5768 panne, baize
d Walzenplüsch
f panne verte
s pana verte
i panno verde

5769 panty
d Schlüpfer, Schlupfhose
f panty
s panty
i mutande

5770 pantyhose
d Strumpfhose
f collant
s colán
i collant

5771 paper
d Papier
f papier
s papel
i carta

5772 paper chromatography
d Papierchromatographie
f chromatographie sur papier
s cromatografia en papel
i cromatografia a carta

5773 paper coating
d Papierstrichbehandlung
f couchage du papier
s recubrimiento del papel
i rivestimento della carta

5774 **paper handkerchief**
d Papiertaschentuch
f mouchoir en papier
s pañuelos de papel
i fazzoletto di carta

5775 **paper machine**
d Papiermaschine
f machine à papier
s máquina para papel
i macchina continua

5776 **paper yarn**
d Papiergarn
f fil de papier
s hílo de papel
i filo di carta

5777 **paperiness**
d papierartiger Charakter
f caractère carteux
s carácter de papel
i carattere di carta

5778 **papermakers felt**
d Papiermaschinenfilz
f feutre de papeterie
s fieltro para papelería
i feltro da cartoleria

5779 **papermaking**
d Papierherstellung
f fabrication du papier
s fabricación del papel
i produzione della carta

5780 **parachute**
d Fallschirm
f parachute
s paracaida
i paracadute

5781 **parachute cord**
d Fallschirmseil
f corde de parachute
s cuerda de paracaidas
i corda del paracadute

5782 **paracortex**
d Paracortex
f paracortex
s paracórtex
i paracortex

5783 **paracrystalline region**
d parakristalline Zone
f région paracristalline
s región paracristalina
i regione paracristallina

5784 **paraffin**
d Paraffin
f paraffine
s parafina
i paraffina

5785 **paraffin oil**
d Paraffinöl
f huile de paraffine
s aceite de parafina
i olio di paraffina

5786 **paraffin wax**
d Paraffinwachs
f cire de paraffine
s cera de parafina
i cera paraffinica, paraffina

5787 **paraformaldehyde**
d Paraformaldehyd
f paraformaldéhyde
s paraformaldehido
i paraformaldeide

5788 **parallel motion**
d Parallelbewegung
f mouvement parallèle
s movimiento paralelo
i moto parallelo

5789 **parallel wind(ing)**
d Parallelwicklung
f renvidage paralléle
s plegado paralelo
i avvolgimento parallelo

5790 **parallelization**
d Parallelisierung
f parallêlisation
s paralelización
i parallelizzazione

5791 **paramagnetic electron spin resonance**
d paramagnetische Elektronenresonanz
f résonance paramagnétique électronique
s resonancia paramagnètica electrónica
i risonanza elettronica paramagnetica

5792 **parameter**
d Parameter
f paramètre
s parámetro
i parametro

5793 **parchmentizing**
d Pergamentierung
f parcheminage
s pergaminado
i pergamenizzazione

5794 **parka**
d Parka, Anorak, Wetterjacke, Windjacke
f parkas
s parkas
i giacca a vento

5795 **part**
d Teil
f partie
s parte
i parte

5796 **partial differential equation**
d partielle Differentialgleichung
f èquation différenticllc particllc
s ecuación diferencial parcial
i equazione differenziale parziale

5797 **partial pressure**
d Teildruck, teilweiser Druck
f pression partielle
s presión parcial
i pressione parziale

5798 **partially drawn yarn**
d teilgerecktes Garn
f fil partiellement étirèt
s hilo parcialmente estirado
i filo parzialmente stirato

5799 **particle**
d Partikel, Teilchen
f particule
s partícula
i particella

5800 **particle size**
d Teilchengrösse
f taille des particules
s tamaño de las partículas
i dimensioni della particella

5801 **partition coefficient**
d Verteilungskoeffizient
f coefficient de répartition, coefficient de partage
s coeficiente de reparto
i coefficiente di ripartizione

5802 **pass, run, passage**
d Durchlauf
f passage, balayage, cycle de travail
s recorrido, desgaste, flujo
i transito

5803 **passage of drawing mechanism**
d Streckwerkspassage
f passage de dispositif d'étirage
s pasaje de aparato de estiro
i passaggio del dispositivo di stiraggio

5804 **passementerie**
d Posament
f passementerie
s pasamaneria
i passamaneria

5805 **paste**
d Paste
f pâte
s pasta
i pasta

5806 pastel color
d Pastellfarbe
f couleur pastel
s color pastel
i colore pastello

5807 patchiness
d grossflächige Farbungleichmässigkeit
f inégalitê de teinture de grande surface
s irregularidad de color de tintura
i irregolarità di tintura su grande superficie

5808 patent
d Patent
f brevet
s patente
i brevetto

5809 patent (verb)
d Patentieren
f prendre un brevet, faire breveter, breveter
s patentar
i brevettare

5810 pattern area
d Mustergrösse
f surface du dessin
s superficie del dibujo
i grandezza del modello

5811 pattern chain
d Musterkette
f chaine à dessin
s cadena para el dibujo
i catena dello schema del modello

5812 pattern change
d Musterwechsel
f changement de dessin
s cambio de dibujo
i cambio dello schema del modello

5813 pattern definition
d Dessinierung, Musterzeichnen
f définition du dessin
s definición del dibujo
i definizione dello schema del modello

5814 pattern device
d Mustergetriebe
f appareil à dessin
s aparato de dibujo
i apparecchio per disegnare, per fare modelli

5815 pattern disc
d Musterscheibe
f disque à dessin
s disco de díbujo
i disco del disegno, disco del modello

5816 pattern draft
d Musterpatrone
f dessin de mise en carte
s dibujo de puesta en carta
i disegno per posa in carta

5817 pattern drafting
d Patronieren, Bindungsmusterzeichnen
f mise en carte
s puesta en carta
i porre su carta

5818 pattern dressing system
d Mustervorbereitungssystem
f système de préparation des échantillons
s sistema de preparación de las muestras
i sistema di preparazione dei campioni

5819 pattern drop
d Musterversatz
f décalage du dessin
s desplazamiento del dibujo
i spostamento del disegno

5820 pattern drum
d Mustertrommel
f tambour des échantillons
s tambor de las muestras
i tamburo, cilindro dei campioni

5821 pattern grading
d Schnittmuster-Gradierung, Schnittmuster-Abwandlung
f gradation de patron
s graduación de patrones
i gradazione del modello

5822 pattern making
d Schnittmuster-Entwurf
f patronnage, réalisation de patron
s realización de patrones
i progetto del modello

5823 pattern marker
d Schnittmuster-Markiergerät
f traceur de patron
s trazador de patrones
i tracciatore di modelli

5824 pattern placing
d Schnittmuster-Auslegen
f placement de patron
s colocación de patrón
i collocazione del modello

5825 pattern reed
d Musterriet
f peigne pour dessin
s peine para dibujo
i pettine per modello

5826 pattern repeat
d Musterrapport
f répétition du dessin
s repetición del dibujo
i rapporto del modello

5827 pattern wheel
d Musterrad
f roue à dessin
s rueda de dibujo
i ruota del modello, ruota dello schema

5828 pattern wheel jack
d Musterradnocken
f poussoir de roue à dessin
s jack de rueda de dibujo
i camma della ruota del modello

5829 pattern wheel knitting
d Stricken mit Musterrad
f tricotage avec roue à dessin
s tricotado con rueda de dibujo
i lavorare a maglia con ruota del modello

5830 patterning
d Musterung
f conception de dessin
s concepción de dibujo
i concezione del modello

5831 pawl
d Schaltklinke
f cliquet
s contragatillo
i nottolino, dente di arresto

5832 pay improvement
d Lohnveredlung
f amélioration des salaire
s mejora de los salarios
i miglioramento del salario

5833 payment
d Bezahlung
f paiement
s pago, remuneración
i pagamento

5834 peaking machine
d Pflückmaschine
f machine de cueillette
s máquina de recogida
i raccoglitrice

5835 pearl
d Perle
f perle
s perla
i perla

5836 peat
d Torf
f tourbe
s turba
i torba

5837 pectin
d Pektin, Pflanzenleim
f pectine
s pectina
i pectina

5838 pedal evener retreat
d Pedalmuldeneinzug
f retrait égalisateur à pedale
s retiro igualador a pedal
i ritiro egualizzatore a pedale

5839 peeling
d Schälen
f pelage
s peladura
i pelatura

5840 peg
d Zapfen, Lagerzapfen
f cheville
s chaveta
i spina, caviglia

5841 peg inserting machine
d Musterstiftsetzmaschine
f machine à insérer les goupilles
s máquina de insertar laminillas de peine
i perno

5842 pelerine stitch
d Eyelet-Masche
f jour eyelet, point de pèlerine
s punto de pelerina
i punta a giorno EYELET

5843 pencil of light rays
d Lichtbündel
f faisceau lumineux
s haz luminoso
i fascio di luce

5844 pendulum arm
d Pendelarm
f bras pendulaire
s brazo pendular
i braccio del pendolo

5845 penetration
d Eindringen, Penetration
f pénétration
s penetración
i penetrazione

5846 pentachlorophenyl laurate
d Pentachlorphenyllaurat
f laurate de pentachlorophènyle
s laurato de pentaclorofenil
i pentaclorofenillaurato

5847 pentaerythritol
d Pentaerythrit
f pentaêrythrol, pentaérythritol
s pentaeritritol
i pentaeritritolo, pentaeritrite

5848 peracetic acid
d Peressigsäure
f acide peracétique
s àcido peracético
i ecido peracetico, acido perossiacetico

5849 peracid
d Persäure
f peracide
s perácido
i perossoacido, peracido

5850 peralta roll
d Peralta-Zylinder
f cylindre peralta
s cilindro peralta
i cilindro peralta

5851 perborate
d Perborat
f perborate
s perborato
i perborato

5852 percale
d Perkal
f percale
s percal
i percalle

5853 percaline
d Perkalin
f percaline
s percalina
i percallina

5854 **percentage**
d Prozentsatz
f pourcentage, taux
s tasa porcentual
i percentuale

5855 **percentage plate**
d Kardenabfallregulierplatte
f plaque de règlage pour dèchets de carde
s placa regular desperdicios de carda
i disco regolatore dei cascami di carda

5856 **perching**
d Warenvorkontrolle
f visitage à la perche
s inspección en crudo en la barra
i controllo dei tessuti

5857 **perchlorate**
d Perchlorat
f perchlorate
s perclorato
i perclorato, tetraossoclorato

5858 **perchloric acid**
d Perchlorsäure
f acide perchiorique
s ácido perclórico
i acido perclorico, acido tetraossoclorico

5859 **perchloroethylene**
d Perchlorethylen, Tetrachlorethylen
f perchloréthyléne, tétrachlorèthyléne
s percloroetileno
i percloroetilene, tetracloroetilene

5860 **perforated**
d Perforiert
f perforé
s perforado
i perforato

5861 **perforated beam**
d Färbebaum, perforierter Baum
f ensouple perforèe
s plegador perforado
i subbio per tintura

5862 **perforated belt**
d perforiertes Band
f courroie perforée
s correa perforada
i nastro perforato

5863 **perforated cage**
d perforierter Behälter, Siebbehälter
f rècipient perforé
s recipiente perforado
i recipiente perforato

5864 **perforated cylinder**
d Lochtrommel
f cylindre perforé
s cilindro perforado
i cilindro perforato

5865 **perforated plate**
d Lochplatte
f plaque perforèe
s placa perforada
i piatto forato

5866 **performic acid**
d Perameisensäure
f acide performique
s ácido perfórmico
i acido performico

5867 **perimeter**
d Umkreis
f périmétre
s perimetro
i perimetro

5868 **period**
d Periode
f période
s período
i periodo

5869 **periodate**
d Perjodat
f periodate
s peryodato
i periodato, tetraossoiodato

5870 **periodic acid**
d Perjodsäure
f acide périodique
s ácido peryódico
i acido periodico, acido tetraossoiodico

5871 **periodic irregularity**
d periodische Ungleichmässigkeit
f irrégularitè périodique
s irregularidad periódica
i irregolarità periodica

5872 **periodicity, recurrence**
d Periodizität
f périodicité
s periodicidad
i periodicità

5873 **peripheral**
d Periphär
f périphérique
s periférico
i periferico

5874 **Perlok system**
d Perloksystem
f système Perlok
s sistema Perlok
i sistema Perlok

5875 **permanence**
d Beständigkeit, Dauerfestigkeit
f permanence
s permanencia
i durata

5876 **permanent**
d Permanent
f permanent
s permanente
i permanente

5877 **permanent deformation**
d bleibende Verformung, permanente Verformung
f déformation permanente
s deformación permanente
i deformazione permanente

5878 **permanent elongation**
d bleibende Dehnung, permanente Dehnung
f allongement permanent
s alargamiento permanente
i allungamento permanente, estensione permanente

5879 **permanent pleating**
d Dauerfaltenlegen
f mise en pli permanent
s plegado permanente
i pieghettatura permanente

5880 **permanent press, permanent creasing**
d Permanent-Press, Dauerpress
f pressage permanent, plissage permanent, repassage durable, repassage permanent
s planchado permanente
i stiratura permanente

5881 **permanent set**
d bleibende Fixierung, permanente Fixierung, Dauerfixierung
f fixage durable
s fijado durable
i fissaggio permanente

5882 **permanent setting**
d Permanentfixieren, Dauerfixieren
f fixage permanent
s fijado permanente
i fissaggio permanente

5883 **permanganate**
d Permanganat
f permanganate
s permanganato
i permanganato

5884 **permeability**
d Durchlässigkeit, Permeabilität
f perméabilité
s permeabilidad
i permeabilità

5885 **permeability tester**
d Durchlässigkeitsprüfgerät
f perméabilimètre
s permeabilimetro
i apparecchio per prove di permabilità

5886 **permeability test(ing)**
d Durchlässigkeitsprüfen
f contrôle de perméabilité, essai de perméabilitè
s ensayo de la permeabilidad
i controllo della permabilità

5887 **permeability to moisture**
d Feuchtedurchlässigkeit
f permabilité à l'hudidité
s permeabilidad a la humedad
i permeabilità alla umidità

5888 **permeable**
d durchlässig
f permèable
s permeable
i permeabile

5889 **permeable to moisture**
d Feuchtedurchlässig
f perméable à l'humidité
s permeable a la humedad
i permeabile alla umidità

5890 **permeable to the air**
d Atmungsaktiv
f permeable à l'air
s permeable al aire
i permeabile all'aria

5891 **permutable**
d auswechselbar
f permutable
s permutable
i permutabile, sostituibile

5892 **permutation**
d Permutation
f permutation
s permutación
i permutazione

5893 **permutite**
d Permutit
f permutite
s permutita
i permutite

5894 **peroxide**
d Peroxid
f peroxyde
s peróxido
i perossido

5895 **peroxide bleaching**
d Peroxidbleichmittel
f décolorant, agent de blanchiment au peroxide
s perióxido blanqueador
i sbiancante al perossido

5896 **peroxide bleaching agent**
d Superoxidbleichmittel
f agent de blanchiment peroxyde
s agente de blanqueo peróxido
i agente sbiancante al perossido

5897 **peroxygen compound**
d Perverbindung, Peroxidverbindung
f composé peroxyde
s compuesto peróxido
i composto del perossido

5898 **personal**
d Personal
f personnel
s personal
i personale

5899 **personnel, operators**
d Bedienungspersonal
f personnel de service, opérateurs
s personal de servicio
i operatori, personale

5900 **perspective**
d Perspektive
f perspective
s perspectiva
i prospettiva

5901 **perspiration resistance**
d Schweissbeständigkeit
f solidité à la transpiration
s solidez a la transpiración
i resistenza alla traspirazione

5902 perspiration, sweat
d Schweiss
f transpiration, sueur
s transpiración
i perspirazione, traspirazione

5903 persulfate
d Persulfat
f persulfate
s persulfato
i persolfato, perossodisolfato, octaossodisolfato

5904 persulfuric acid
d Perschwefelsäure
f acide persulfurique
s ácido persulfúrico
i acido persolforico, acido perossodisolforico, acido octaossodisolforico

5905 perturbation
d Betriebsstörung, Störung
f perturbation
s perturbación
i guasto, anomalia

5906 pesticide
d Pestizid
f pesticide
s pesticida
i pesticida

5907 petrochemistry
d Petrochemie
f pétrochimie
s petroquimica
i petrochimica

5908 petroleum
d Erdöl, Petroleum
f pétrole
s petróleo
i petrolio

5909 pH control
d Einnadelnähmaschine, pH-Kontrolle
f machine à coudre à une aiguille, contrôle du pH
s màquina de coser con una aguja, control del pH
i controllo del pH, controllo del PH

5910 pH, hydrogen ion concentration
d pH, pH-Wert
f pH, concentration en ions hydrogène
s pH
i pH

5911 pH meter
d einteilige Strumpfhose, pH-Meter
f collant monopièce, pH mètre
s leotardo de una sola pieza, pH metro
i pH-metro, piaccametro, PH-metro

5912 phase
d Phase
f phase
s fase
i fase

5913 phase boundary crosslinking
d Grenzphasenvernetzung
f pontage interfacial
s reticulado interfacial
i reticolazione interfacciale

5914 phase microscopy
d Phasenmikroskopie
f microscopie à contraste de phase
s microscopia de contraste de fase
i microscopia di fase

5915 phenol
d Phenol
f phènol
s fenol
i fenolo

5916 phenol-formaldehyde resin
d Phenolformaldehydharz
f résine phénol-formaldèhyde
s resina fenolformaldehido
i resina fenolica, fenoplasto

5917 phenolic compound
d Phenolverbindung
f composé phénolique
s compuesto fenólico
i composto fenolico

5918 **phenolic dye**
d Phenolfarbstoff
f colorant phènolique
s colorante fenólico
i colorante fenolico

5919 **phenolic fiber**
d Phenolfaser
f fibre phênolique
s fibra fenólica
i fibra fenolica

5920 **phenolic plastics**
d Phenoplast
f matière plastique phénolíque
s plástico fenólico
i fenoplasto

5921 **phenolic resin**
d Phenolharz
f résine phénolique
s resina fenólica
i resina fenolica

5922 **phenomenological rheology**
d phänomenologische Rheologie
f rhéologie phénoménoiogique
s reología fenomenológica
i reologia penomenologica

5923 **phenomenon**
d Phänomen
f phénomène
s fenómeno
i fenomeno

5924 **phenylalanine**
d Phenylalanin
f phénylalanine
s fenilalanina
i fenilalanina

5925 **phenylic compound**
d Phenylverbindung
f composé phénylique
s compuesto fenilico
i composto fenilico

5926 **phenylmercuric acetate**
d Phenylquecksilberacetat
f acétate phénylmercurique
s acetato fenílmercúrico
i fenilmercurio acetato

5927 **phenylmercuric dioctylsulfosuccinate**
d Phenylquecksilberdioctylsulfosuccinat
f phénylmercurique-dioctylsulfosuccinate
s dioctilsulfosuccinato fenílmercúrico
i fenilmercurio diottilsulfosuccinato

5928 **phenylmercuric succinate**
d Phenylquecksilbersuccinat
f succinate phènylmercurique
s succinato fenílmercúrico
i fenilmercurio succinato

5929 **phosgene**
d Phosgen
f phosgéne
s fosgeno
i fosgene, cloruro di carbonile

5930 **phosphate**
d Phosphat
f phosphate
s fosfato
i fosfato

5931 **phosphate surfactant**
d Phosphattensid
f surfactif à base de phosphate
s surfactante de fosfato
i tensioattivo di fosfato

5932 **phosphazene**
d Phosphazen
f phosphazène
s fosfaceno
i fosfazene

5933 **phosphine**
d Phosphin
f phosphine
s fosfina
i fosfina, fosfuro di triidrogeno

5934 phosphite
d Phosphit
f phosphite
s fosfito
i fosfito

5935 phosphonate
d Phosphonat
f phosphonate
s fosfonato
i fosfonato

5936 phosphonic acid
d Phosphonsäure
f acide phosphonique
s ácido fosfónico
i acido fosfonico

5937 phosphonium
d Phosphonium
f phosphonium
s fosfonio
i fosfonio

5938 phosphorescent
d Phosphoreszierend
f phosphorescent
s fosforescente
i fosforescente

5939 phosphoric acid
d Phosphorsäure
f acide phosphorique
s ácido fosfórico
i acido fosforico

5940 phosphorus
d Phosphor
f phosphore
s fósforo
i fosforo

5941 phosphorus compound
d Phosphorverbindung
f composé phosphoré
s compuesto de fósforo
i composto del fosforo

5942 photochemical
d Photochemisch, fotochemisch
f photochimique
s fotoquímico
i fotochimico

5943 photochemical degradation, actinic degradation
d photochemischer Abbau
f dégradation photochimique, dégradation actinique
s degradación fotoquimica
i scomposizione fotochimica, degradazione fotochimica

5944 photochemical property
d photochemische Eigenschaft
f propriété photochimique
s propiedad fotoquimica
i proprietà fotochimiche

5945 photochemical reaction
d photochemische Reaktion
f réaction photochimique
s reacción fotoquimica
i reazione fotochimica

5946 photochromy
d Photochromie
f photochromie
s fotocromia
i fotocromia

5947 photocopy
d Photocopie, Fotokopie
f photocopie
s fotocopia
i fotocopia

5948 photoelasticity
d Photoelastizität
f photoélasticitè
s fotoelasticidad
i fotoelasticità

5949 photoelectric cell
d Photozelle, Lichtzelle
f cellule photoélectrique
s célula fotoeléctrica
i fotocella

5950 **photoelectric scanning**
d photoelektrisches Abtasten
f balayage photoélectrique
s barrido fotoeléctrico
i scansione fotoelettrica

5951 **photographic colour selection**
d photographische Farbenauslese
f sélection photographique des couleurs
s selección fotográfica de colores
i selezione fotografica dei colori

5952 **photographical screen**
d Raster
f trame photographique
s pantalla fotográfica
i retino, schermo

5953 **photography**
d Photographie, Photo, Foto
f photographie, photo
s fotografía, foto
i fotografia

5954 **photometer, light meter**
d Belichtungsmesser, Photometer
f photomètre, lumimétre
s fotómetro
i fotometro

5955 **photometry**
d Photometrie, Lichtmessung
f photométrie
s fotometria
i fotometria

5956 **photon**
d Photon
f photon
s fotón
i fotone

5957 **photopolymerization**
d Photopolymerisation
f photopolymêrisation
s fotopolimerización
i fotopolimerizzazione

5958 **photosensitizer**
d Photosensibilisator
f agent photosensibiiisant
s agente fotosensibilizante
i agente fotosensibilizzante

5959 **phototropy**
d Phototropie
f phototropie
s fototropía
i fototropia

5960 **phreatic water**
d Grundwasser
f eaux souterraines
s agua subterránea, de fondo freáticas
i acqua freatica

5961 **phthalate**
d Phthalat
f phtalate
s ftalato
i ftalato

5962 **phthalate ester**
d Phthalatester
f ester phtalique
s éster ftálico
i estere ftalico

5963 **phthalic acid**
d Phthalsäure
f acide phtalique
s ácido ftálico
i acido ftalico, acido ortoftalico

5964 **phthalic anhydride**
d Phthalsäureanhydrid
f anhydride phtaiique
s anhidrido ftálico
i anidride ftalica

5965 **phthalocyanine**
d Phthalocyanin
f phtaiocyanine
s ftalocianina
i ftalocianina

5966 **phthalocyanine compound**
d Phthaiocyaninverbindung
f composé de phtalocyanine
s compuesto de ftaiocianina
i composto di ftalocianina

5967 **phthalogen dye**
d Phthalogenfarbstoff
f colorant phtalogène
s colorante ftalógeno
i colorante ftalogeno

5968 **physical analysis**
d physikalische Analyse
f analyse physique
s análisis fisico
i analisi fisica

5969 **physical chemical property**
d physikalisch-chemische Eigenschaft
f propriété physico-chimique
s propiedad fisicoquímica
i proprietà chimico-fisiche

5970 **physical chemical surface property**
d physico-chemische Flächeneigenschaft
f propriété physico-chimique de surface
s propiedad físicoquimica de superficie
i proprietà chimico-fisiche della superficie

5971 **physical chemistry**
d physikalische Chemie
f chimie physique
s química fisica
i chimica fisica

5972 **physical equilibrium**
d physikalisches Gleichgewicht
f équilibre mécanique
s equilibrio mecánico
i equilibrio fisico

5973 **physical fabric property**
d physikalische Wareneigenschaft
f propriété physique du tissu
s propiedad física del tejido
i proprietà fisiche del tessuto

5974 **physical modification**
d physikalische Modifikation
f modification physique
s modificación física
i modificazione fisica

5975 **physical property**
d physikalische Eigenschaft
f propriété physique
s propiedad física
i proprietà fisiche

5976 **physical separation**
d physikalische Trennung
f séparation physique
s separación física
i separazione fisica

5977 **physical shrink proofing**
d physikalisches Schrumpffreiausrüsten, physikalisches Krumpffreiausrüsten
f traitement physique irrétrécissable
s tratamiento físico inencogible
i finissaggio fisico irrestringibile

5978 **physics**
d Physik
f physique
s fìsica
i fisica

5979 **physiological property**
d physiologische Eigenschaft
f propriété physiologique
s propiedad fisiologica
i proprietà fisiologiche

5980 **physiology**
d Physiologie
f physiologie
s fisiología
i fisiologia

5981 **physiology of clothing**
d Bekleidungsphysiologie
f physiologie de l'habillement
s fisiologia del vestuario
i fisiologia dell'abbigliamento

5982 pick
d Schussfaden
f duite
s pasada
i pick

5983 pick and pick
d Pick-A-Pick
f duite à duite, pic-pic
s pasada-y-pasada
i grisaglia

5984 pick counter
d Schusszähler
f compteur de duíte
s contador de pasadas
i contatore di pick

5985 pick finding
d Schussuchen
f recherche de duite
s buscapasada
i cercatrama, cercare la trama

5986 pick finding device
d Schussuchvorrichtung
f dispositif de recherche de la duite
s dispositivo buscapasadas
i dispositivo per cercare la trama

5987 pick glass
d Fadenzählerlupe
f compte-fils, compte-duites
s vidrio cuentahilos
i lente contafili

5988 pick spacing, picks per cm
d Schussfadenabstand
f compte en duites, duitage, duites par
s densidad de pasadas por trama
i distanza del filo di trama

5989 pick stitch
d Pikierstich
f point de piqué
s punto picado
i punto piqué

5990 picker evener
d Schlagmaschinenregler
f régulateur de batteur
s regulador de batán
i regolatore di battitoio

5991 picker lap scale
d Wickelwaage
f pèse nappe de batteur
s balanza pesanapas
i bilancia pesa-rotoli

5992 picker lap, scutcher lap
d Schlagmaschinenwickel
f nappe de batteur
s tela de batán
i tela di battitoio

5993 picker shoe
d Pickerschub
f talon de taquet
s talón del taco
i spinta del tacchetto

5994 picker stick
d Schlagstock
f sabre de chasse
s garrote
i barra del battitoio

5995 picker stick bulfer
d Schlagstockpuffer
f amortisseur de sabre de chasse
s amortiguador de picada
i ammortizzatore della barra del battitoio

5996 picker strap
d Pickerriemen
f lantiére de taquet
s correa del taco
i cacciatacchetti

5997 picking mechanism
d Schlageinrichtung
f mécanisme de chasse
s mecanismo de picada
i dispositivo di battitura

5998 picks per inch
d Schussfäden pro Zoll
f duites par pouce
s pasadas por pulgada
i fili di trama per pollice

5999 picot lace
d Picot-Spitze
f dentelle picot
s encaje picot
i pizzo picot

6000 piece
d Artikel
f article
s articulo
i articolo

6001 piece dyeing
d Stückfärben
f teinture en pièce
s tintura en pieza
i tintura in pezza

6002 piece dyeing machine
d Stückfärbemaschine
f machine de teinture en pièce
s máquina de tintura en pieza
i macchina per tintura in pezza

6003 piec(en)ing
d Fadenandrehen
f rattache, rattachage
s unido
i giunta

6004 piezoelectric
d Piezoelektrisch
f pièzoélectrique
s piezóeléctrico
i piezoelettrico

6005 piezoelectric crystal
d Piezokristall
f cristal piézoélectrique
s cristal piezoeléctrico
i cristallo piezoelettrico

6006 piezometer
d Piezometer
f pièzométre
s piezómetro
i piezometro

6007 pigment
d Pigment
f pigment
s pigmento
i pigmento

6008 pigment dispersion
d Pigmentdispersion
f dispersion de pigment
s dispersión de pigmento
i dispersione del pigmento

6009 pigment dyeing
d Pigmentfärbung
f teinture avec pigment
s tíntura con pigmentos
i tintura con pigmenti

6010 pigment printing
d Pigmentdruck
f impression pigmentaire
s estampado con pígmentos
i stampa con pigmenti

6011 pigmentation
d Pigmentieren
f pigmentation
s pigmentáción
i pigmentazione

6012 pigments emulsion binder
d Pigmentemulsionsbindemittel
f émuision de liage pour teinture
s emulsión aglutinante para tintura
i emulsione legante per tintura

6013 pigskin
d Schweinsleder
f peau de porc
s piel de cerdo
i pelle di porco

6014 pile
d Flor, Pol
f poil
s pelo
i pelo

6015 pile density
d Flordichte, Poldichte
f densité de poils
s densidad de pelos
i densità del pelo

6016 pile fabric
d Polware, Florware
f tissu à poils
s tejido de pelo
i tessuto di pelo

6017 pile fabric loom
d Florwebmaschine
f métier pour tissu à poils
s telar para tejido de pelo
i telaio per tessuto a pelo, telaio per tessuto garzato

6018 pile height, pile length
d Florhöhe, Polhöhe
f hauteur du poil
s altura del pelo
i altezza del pelo

6019 pile napping
d Strichrauhen
f grattage sens poil
s perchado a pelo
i garzare a pelo

6020 pile processing machine, hair processing machine
d Haarbearbeitungsmaschine
f machine de traitement de poil
s máquina para el tratamiento del pelo
i macchina per il trattamento del pelo

6021 pile warp
d Polkette, Frottierkette
f chaine de boucie
s urdimbre de pelo
i catena di pelo

6022 pile yarn
d Polgarn
f fibre de poil
s fibra de pelo
i fibra di pelo

6023 piler
d Hubstapler
f gerbeur
s apilador
i impilatore

6024 piling, piling effect
d Pilling
f pilling, boulochage
s pellado, pilling
i pilling

6025 pill
d Pill
f bouioche
s bolíta
i pilling

6026 pill resistance
d Pillbeständigkeit
f résistance au boulochage
s resistencia a la formación de bolitas
i resistenza alla formazione di pilling

6027 pill test
d amerikanischer Tablettentest, Flammtest mit Tabletten
f pill test, test de inflammabilité
s pill test, test de inflamabilidad
i test all'americana alla fiamma con pasticche, prova di infiammabilità

6028 pill wear off
d Pillbildung beim Tragen
f boulochage au porter
s formación de bolitas por el uso
i formazione di pilling durante l'uso

6029 pilling
d Pillbildung, Pillingeffekt
f boulochage, pilling
s formación de bolitas
i formazione del pilling

6030 pilling test(ing)
d Pillingprüfung
f contrôle du boulochage
s ensayo de formación de bolitas
i controllo del pilling

6031 pillow
d Kopfkissen
f oreiller
s almohada
i cuscino

6032 pillowcase
d Kopfkissenbezug
f taie d'oreiller
s funda de almohada
i federa

6033 pilot plant
d Versuchsanlage
f installation pilote
s instalación piloto
i impianto pilota

6034 pima cotton
d Pima-Baumwolle
f coton pima
s algodón pima
i cotone pima

6035 pin
d Reissnadel
f picot
s clavija
i ago di rottura

6036 pin tenter
d Nadelspannrahmen
f rame à picots
s rame tensor de agujas
i telaio degli aghi

6037 pineapple package
d Bikonenspule, Pineapple-Spule
f bobine biconique
s bobina bicónica
i pineapple

6038 pinked seam
d Zackennaht
f couture dentelée
s costura recortada
i cucitura dentellata

6039 pinking
d Auszacken
f dentelage
s dentellado
i dentellare

6040 pinking machine
d Zackenschneidemaschine
f machine à cranter, machine pour dentelure
s máquina de dentellar
i macchina per dentellare

6041 pinking shears
d Zackenschere
f ciseaux à denteler, ciseaux pour dentelure
s tijeras de dentellar
i forbici per dentellare

6042 pinning
d Aufnadeln
f épinglage
s sujeción con alfileres
i spillare

6043 pipe
d Rohr
f tuyau
s tubo
i tubo

6044 pipe covering
d Rohrverkleidung
f revêtement de tuyau
s revestimiento de tubo
i rivestimento del tubo

6045 piped seam
d paspelierte Naht, eingefasste Naht
f couture passepoilée
s costura ribeteada
i cucitura profilata con cordoncino

6046 **piping**
d Paspel
f passepoil
s cordoncillo
i cordoncino

6047 **piqué**
d Piqué
f piqué
s piqué
i piqué

6048 **piqué weave**
d Piquébindung
f armure piqué
s ligamento piqué
i armatura piqué

6049 **pirn barre**
d Schussspannfaden, Glanzschuss, Schussspanner
f barre de trame
s barra de trama
i barra di trama

6050 **pirn density**
d Schussspulendichte
f densité de cannette
s densidad de canilla
i densità di bobina di trama

6051 **pirn stripping machine**
d Schusshülsen-Reinigungsmaschine
f nettoyeuse de cannettes, machine à nettoyer les cannettes
s máquina de limpiar canillas
i macchina per pulire la bobina di trama

6052 **pirn tube**
d Schusshülse
f tube de cannette
s tubo de la canilla
i tubo di bobina di trama

6053 **pirnstorage box**
d Spulenmagazin
f magasin de cannette
s almacén de canillas
i magazzino per bobine

6054 **piston**
d Kolben
f piston
s maza, émbolo, píston
i pistone

6055 **pitch fibre**
d Pechfaser
f fibre de brai
s fibra de brea
i fibra di pece

6056 **pivalolactone**
d Pivalolacton
f pivalolactone
s pivalolactona
i pivalolactone

6057 **place required, encumbrances**
d Platzbedarf
f place necéssaire, encombrement
s necesidad de espacio, estorbo
i bisogno di posto, imgombro

6058 **placing, positioning**
d Plazierung
f place necéssaire
s colocación
i piazzamento, collocamento

6059 **plain bearing**
d Gleitlager
f palier lisse
s rodamiento piano
i cuscinetto radente, cuscinetto liscio

6060 **plain colour, solid shade**
d Unifarbe
f teinte unie, uni
s tinta unida
i tinta unita

6061 **plain knitted fabric, balbriggan**
d Jersey
f tricot uni, balbriggan, tricot trame jersey, stockinette
s tejido de punto liso
i Jersey

6062 plain knitting
d Glattstricken
f tricotage uni
s tricotado liso
i maglieria dritta

6063 plain roll
d glatte Walze
f cylindre lisse
s cilindro liso
i rullo liscio

6064 plain stitch
d Rechtsmasche
f maille jersey
s punto liso
i maglia dritta

6065 plain weave
d Leinwandbindung
f armure uni
s ligamento liso
i armatura tela

6066 plan (verb)
d Planen
f projeter, faire des projets, planifier
s planear, proyectar
i pianificare

6067 plane motion
d ebene Bewegung
f mouvement plan
s movimiento en un plano
i movimento in piano

6068 planning
d Planung
f planification, programme, projet
s planificación, proyecto
i pianificazione

6069 plant
d Fabrik, Anlage
f usine, installation
s planta, instalación
i stabilimento, impianto

6070 plant equipment
d Betriebseinrichtung
f installation d'usine
s equipo industrial
i installazione industriale

6071 plant layout
d Fabrikplanung
f implantation d'usine
s proyecto de fábrica
i progetto della fabbrica

6072 plasma
d Plasma
f plasma
s plasma
i plasma

6073 plastic flow, yielding
d plastisches Fliessen
f ècoulement plastique
s derramamiento plástico
i scorrimento plastico

6074 plastic strain, plastic deformation
d plastische Verformung
f déformation plastique
s deformación plástica
i deformazione plastica

6075 plastic tube
d Kunststoffrohr
f tube en plastique
s tubo de plástico
i tubo in plastica

6076 plasticisation
d Plastifizierung
f plastification
s plastificación
i plastificazione

6077 plasticity
d Plastizität
f plasticité
s plasticidad
i plasticità

6078 plasticizer
d Plastifiziermittel
f plastifiant
s plastificante
i plastificante

6079 plasticoelasticity
d plastische Elastizität, Verformungselastizität
f plasticoélasticité
s plasticoelasticidad
i elasticità plastica

6080 plasticoviscoelasticity
d plastische Viskoelastizität
f plasticoviscoélasticité
s plasticoviscoelasticidad
i viscoelasticità plastica

6081 plasticoviscosity
d plastische Viskosität
f plasticoviscosité, viscopiasticitê
s plasticoviscosidad
i plasticoviscosità

6082 plastics
d Kunststoff
f matière plastique
s materia plástica
i plastica

6083 plastique lace
d Kunststoffspitze
f dentelle plastique
s encaje de plástico
i pizzo in plastica

6084 plastisol
d Plastisol
f plastisol
s plastisol
i plastisol

6085 plastomer
d Plastomer
f plastomère
s plastomero
i plastomero

6086 plate, sheet
d Blech
f tôle, plaque de métal
s chapa, lámina, hojalata
i lamiera

6087 plated fabric
d plattiertes Gestrick, Plattiermuster der Maschenware, Maschenware mit Plattiermuster
f tricot vanisé
s tejido de punto vanisado
i schema intrecciato della maglieria, maglieria a schema intrecciato

6088 plating
d Plattieren
f plaquage (métal)
s platear un metal, recubrir un hilo
i placcatura

6089 pleat
d Plisseefalte
f plissé
s pliegue
i piega plissé

6090 pleated skirt
d Faltenrock
f jupe plissée
s falda plisada
i gonna a pieghe

6091 pleating
d Plissieren, Faltenlegen
f plissage
s plisado
i pieghettatura

6092 pleating machine
d Plissiermaschine
f machine de plissage
s máquina de plisado
i macchina pieghettatrice

6093 plied yarn
d Zwirn
f fil retors
s hilo retorcido
i filato ritorto

6094 **plissé**
d Plissee, plissierter Stoff, plissiertes Gewebe
f tissu plissé, plissé
s tejido plisado
i tessuto plissé

6095 **plotter**
d Plotter
f traceur de courbes, plotter
s impresora de gráficos, plotter
i plotter

6096 **plough knife**
d Abschlagklinge
f lame détacheuse
s cuchilla desprendedora
i coltello graffiatore, coltello per tracciare solchi

6097 **ploughing**
d Ritzen
f rayage par frottement
s rayado por frotación
i solcare, tracciare righe, graffiare

6098 **plush**
d Plüsch
f peluche
s felpa
i plush

6099 **plush knitted fabric, loop fabric**
d Schlingenmaschenware
f tricot bouclette
s tejido de punto con rizo
i maglieria di plush

6100 **plutonium**
d Plutonium
f plutonium
s plutonio
i plutonio

6101 **ply twist**
d Zwirndrehung
f torsion retors, torsion de retors
s torsión de retorcido
i torsione del filato ritorto

6102 **ply twister**
d Kabliermaschine
f métier à retordre pour câble
s retorcedora para cables
i torcitoio per cavi

6103 **plying twist**
d Drehung beim Fachen
f torsion d'assemblage
s torsión de los hilos reunidos
i torsione durante il plying

6104 **pneumatic control**
d pneumatische Steuerung
f asservissement pneumatique, commande pneumatique
s control neumático
i controllo pneumatico

6105 **pneumatic irregularity tester**
d pneumatischer Gleichmässigkeitsprüfer
f régularimétre pneumatique
s regularimetro neumático
i regolarimetro pneumatico

6106 **pneumatic lap weight control**
d pneumatische Wickelgewichtssteuerung
f pneumo-régulation du poids de nappe
s control neumático del peso de la napa
i controllo pneumatico del peso della bobina

6107 **pneumatic loom**
d pneumatische Webmaschine
f machine à tisser pneumatique, métier à tisser pneumatique
s telar de chorro de aire
i telaio pneumatico

6108 **pneumatic motor**
d pneumatischer Motor
f moteur pneumatiquet
s motor neumático
i motore pneumatico

6109 **pneumatic selection of needles**
d pneumatische Nadelauswahl
f sélection pneumatique d'aiguilles
s selección neumática de las agujas
i selezione pneumatica degli aghi

6110 pneumatic take town device
d pneumatische Abzugsvorrichtung
f attracteur pneumatique
s atractor neumàtico
i dispositivo pneumatico di levata

6111 pneumatic transport
d pneumatischer Transport
f transport pneumatique
s transporte neumático
i trasporto pneumatico

6112 pocket
d Tasche
f poche
s bolsillo
i tasca

6113 pocket lining
d Taschenfutterstoff
f doublure de poche
s forro de bolsillo
i tela per fodere di tasche

6114 point de Paris
d Pariser Spitze
f point de Paris
s punto de Paris
i pizzo di Parigi

6115 point transfer
d Spitzenübergabe
f transfert de pointe
s traslado de punta
i trasferimento di punta

6116 Poisson distribution
d Poissonverteilung
f distribution de Poisson
s distribución de Poisson
i distribuzione di Poisson

6117 Poisson's law, Poisson's ratio
d Poisson'sche Regel
f loi de Poisson
s ley de Poisson
i legge di Poisson

6118 polar group
d polare Gruppe
f groupe polaire
s grupo polar
i gruppo polare

6119 polar moment of inertia
d polares Trägheitsmoment
f moment polaire d'inertie
s momento polar de inercia
i momento d'inerzia polare

6120 polar solvent
d polares Lösungsmittel
f solvant polaire
s disolvente polar
i solvente polare

6121 polarity
d Polarität
f polaritè
s polaridad
i polarità

6122 polarization
d Polarisation
f polarisation
s polarización
i polarizzazione

6123 polarized light
d polarisiertes Licht
f limière polarisêe
s luz polarizada
i luce polarizzata

6124 polarizing microscope
d Polarisationsmikroskop
f microscope polarisant
s microscopio de polarización
i microscopio polarizzatore

6125 polarography
d Polarographie
f polarographie
s polarografía
i analisi polarografica

6126 **polishing**
d Polieren
f polissage
s pulido
i finitura, levigatura

6127 **pollutant**
d verunreinigende Substanz
f agent polluant
s agente polucionante
i sostanza inquinante

6128 **pollutant content in effluent wastes**
d Abwasserbelastung
f pollution des eaux useées (residuaires)
s indice de pollution de las aguas residuas
i indice di inquinamento delle acque di scarico

6129 **pollution**
d Verunreinigung, Beschmutzung
f pollution
s polución
i inquinamento

6130 **polo neck, roll collar**
d Rollkragen
f col roulé
s cuello alto cerrado
i collo alto

6131 **polyacrolein**
d Polyacrolein
f polyacroléine
s poliacroleína
i poliacroleina

6132 **polyacrylamide**
d Polyacrylamid
f polyacrylamide
s poliacrilamida
i poliacrilammide

6133 **polyacrylate**
d Polyacrylat
f polyacrylate
s poliacrilato
i poliacrilato

6134 **polyacrylic acid**
d Polyacrylsäure
f acide polyacrylique
s ácido poliacrilico
i acido poliacrilico

6135 **polyacrylonitrile**
d Polyacrylnitril
f polyacrylonitrile
s poliacrílonitrilo
i poliacrilonitrile

6136 **polyalkylamine**
d Polyalkylamin
f polyalkylamine
s polialquílamina
i polialchilammina

6137 **polyalkyleneoxide, ethoxy propoxy block polymer**
d Polyalkylenoxid
f polyoxyde d'alkylêne, éthoxvpropoxy-bloc-polymère
s polióxido de alquileno
i ossido di polialchilene

6138 **polyalkylenimide**
d Polyalkylenimid
f polyalkylêneimide
s polialquilenimída
i polialchilenimmide

6139 **polyamide blend, nylon blend**
d Mischung aus Polyamiden
f mélange de polyamides, mélange de nylon
s mezcla de poliamidas
i miscela di poliammidi

6140 **polyamide dye, nylon dye**
d Farbstoff für Polyamid
f colorant pour polyamide, colorant pour nylon
s colorante para poliamida
i colorante per poliammide

6141 **polyamide dyeing, nylon dyeing**
d Färben von Polyamiden
f teinture des polyamides, teinture du nylon
s tintura de poliamidas
i tintura di poliammide

6142 polyamide fiber
d Polyamidfaser
f fibre de polyamide
s fibra de poliamida
i fibra di poliammide

6143 polyamide filament
d Polyamidfilament
f filament de polyamide
s filamento de poliamida
i filamento di poliammide

6144 polyamide filament yarn
d Polyamidfilamentgarn
f fil de filaments de polyamide
s hilo de filamentos de poliamida
i filo in filamento di poliammide

6145 polyamide, nylon
d Polyamid
f polyamide, nylon
s poliamida
i poliammide

6146 polyamide spun yarn
d Polyamidspinnfasergarn
f filé de polyamide
s hilado de poliamida
i filato di poliammide da fibra in fiocco

6147 polyamide thread, nylon thread
d Polyamidnähgarn
f fil à coudre en polyamide, fil à coudre en nylon
s hilo de coser de poliamida
i filo di poliammide da cucire

6148 polyamide yarn, nylon yarn
d Polyamidgarn
f fil de polyamide, fil en nylon, fil en polyamide
s hilo de poliamida
i filo di poliammide

6149 polyamide-imide
d Polyamidimid
f polyamide-imide
s poliamidaimida
i poliammidimide

6150 polyamide-imide fiber
d Polyamidimidfaser
f fibre de polyamide-imide
s fibra de poliamidaímida
i fibra di poliammidimide

6151 polyamide-imide filament
d Polyamidimidfilament
f filament de polyamide-imide
s filamento de políamidaimida
i filamento di poliammidimide

6152 polyamide-imide filament yarn
d Polyamidimidfilamentgarn
f fil de filaments de polyamide-imide
s hilo de filamentos de poliamidaimída
i filo di poliammidimide a bava continua

6153 polyamide-imide spun yarn
d Polyamidimidspinnfasergarn
f filé de polyamide-imide
s hilado de poliamidaímida
i filato di poliammidimide da fibra in fiocco

6154 polyamide-imide yarn
d Polyamidimidgarn
f fil de polyamide-imide
s hilo de poliamidaimida
i filo di poliammidimide

6155 polyamine
d Polyamin
f polyamine
s poliamina
i poliammina

6156 polybenzamide fiber
d Polybenzamidfaser
f fibre de polybenzamide
s fibra de polibenzamida
i fibra di polibenzammide

6157 polybenzimidazole
d Polybenzimidazol
f polybenzimidazol
s polibencimidazol
i polibenzammidazolo

6158 **polybenzimidazole fiber**
d Polybenzimidazolfaser
f fibre de polybenzimidazol
s fibra de polibencimidazol
i fibra di polibenzammidazolo

6159 **polybenzoxazole**
d Polybenzoxazol
f polybenzoxazole
s polibenzoxazol
i polibenzossazolo

6160 **polybutadiene**
d Polybutadien
f polybutadiène
s polibutadíeno
i polibutadiene

6161 **polybutyleneterephthalate**
d Polybutylenterephthalat
f polybutylênetérêphtalate
s polibutilentereftalato
i polibutileneter ftalato

6162 **polycaprolactam, polycaproamide**
d Polycaprolactam
f polycaprolactame, polycaproamide
s policaprolactama
i policaprolactam

6163 **polycarbonate**
d Polycarbonat
f polycarbonate
s policarbonato
i policarbonato

6164 **polychromatic dyeing**
d polychromatisches Färben
f teinture polychromatique
s tintura policromàtica
i tintura policromatica

6165 **polycyclic compound**
d polyzyklische Verbindung
f composé polycyclique
s compuesto policíclico
i composto policiclico

6166 **polydispersity**
d Polydispersität
f polydispersitê
s polidispersidad
i polidispersità, polidispersione

6167 **polyelectrolyte**
d Polyelektrolyt
f polyélectrolyte
s polielectrólito
i polielettrolita

6168 **polyene**
d Polyen
f polyène
s polieno
i poliene

6169 **polyester**
d Polyester
f polyester
s poliéster
i poliestere

6170 **polyester dye**
d Farbstoff für Polyester
f colorant pour polyester
s colorante para poliéster
i colorante per poliestere

6171 **polyester dyeing**
d Polyesterfärben
f teinture du polyester
s tintura de poliéster
i tintura di poliestere

6172 **polyester fiber**
d Polyesterfaser
f fibre de polyester
s fibra de poliéster
i fibra di poliestere

6173 **polyester fibers blend**
d Mischung von Polyesterfasern
f mélange de fibres de polyester
s mezcla de fibras de poliéster
i miscela di fibre di poliestere

6174 **polyester filament**
d Polyesterfilament
f filament de polyester
s filamento de poliéster
i filamento di poliestere

6175 **polyester filament yarn**
d Polyesterfilamentgarn
f fil de filaments de polyester
s hilo de filamentos de poliéster
i filato di poliestere a bava continua

6176 **polyester resin**
d Polyesterharz
f résine de polyester
s resina de poliéster
i resina poliestere

6177 **polyester spun yarn**
d Polyesterspinnfasergarn
f filé de polyester
s hilado de poliéster
i filato di poliestere da fibra in fiocco

6178 **polyester thread**
d Polyesternähgarn
f fil à coudre en polyester
s hilo de coser de poliéster
i filo di poliestere da cucire

6179 **polyester yarn**
d Polyestergarn
f fil de polyester
s hilo de poliéster
i filo di poliestere

6180 **polyesteramide**
d Polyesteramid
f polyesteramide
s poliesteramida
i poliesterammide

6181 **polyether**
d Polyether
f polyêther
s poliêter
i polietere

6182 **polyethoxy alkylamine, polyethoxy alkyl polyamine**
d Polyäthoxyalkylamin
f polyéthoxyalkylamine, polyêthoxyalkylpolyamine, polyoxyéthylêne-alkylamine
s polietoxialquilamina
i polietossialchilammina

6183 **polyethoxyalkylarylether, alkylaryl polyethoxy ether**
d Polyäthoxyalkylarylether
f polyéthoxyalkylaryléther, alkylphénolêthoxylé
s polietoxialquilariléter
i polietossialchilariletere

6184 **polyethoxyamide, polyoxyethylenealkylamide**
d Polyäthoxyamid
f polyéthoxyamide, polyoxyèthyléne alkylamide
s polietoxiamida
i polietossiammide

6185 **polyethoxyamine**
d Polyäthoxyamin
f polyèthoxyamine
s polietoxiamina
i polietossiammina

6186 **polyethoxyester**
d Polyäthoxyester
f polyéthoxyester
s polietoxiéster
i polietossiestere

6187 **polyethoxyether, polyethoxy alcohol**
d Polyäthoxyether
f polyèthoxyéther, polyéthoxyalcool
s polietoxièter
i polietossietere

6188 **polyethoxyglyceride**
d Polyäthoxyglycerid
f polyéthoxyglycéride
s polietoxiglicerido
i polietossigliceride

6189 **polyethoxylated castor oil**
d polyäthoxyliertes Rizinusöl
f huile de ricin polyéthoxylêe
s aceite de ricino polietoxilado
i olio di ricino polietossilato

6190 **polyethoxymercaptan**
d Polyäthoxymercaptan
f polyéthoxymercaptan, polyoxyéthylène-mercaptan
s polietoximercaptano
i polietossimercaptano

6191 **polyethoxypolyprôpoxyethylenediamine**
d Polyäthoxypolypropoxyethylendiamin
f polyéthoxypolypropoxyèthylène-diamine
s polietoxipolipropoxietilendiamina
i polietossipolipropossietilendiammina

6192 **polyethylacrylate**
d Polyethylacrylat
f polyéthylacrylate
s polietilacrilato
i polietilacrilato

6193 **polyethylene fiber**
d Polyethylenfaser
f fibre de polyèthylène
s fibra de polietileno
i fibra di polietilene

6194 **polyethylene filament**
d Polyethylenfilament
f filament de polyéthylène
s filamento de polietileno
i filato di polietilene a bava continua

6195 **polyethylene filament yarn**
d Polyethylenfilamentgarn
f fil de filaments de polyéthyléne
s hilo de filamentos de polietileno
i filo in filato di polietilene a bava continua

6196 **polyethylene, polythene**
d Polyethylen
f polyéthylène, polythéne
s polietileno
i polieltilene

6197 **polyethylene spun yarn**
d Polyethylenspinnfasergarn
f fil de polyéthylêne
s hilado de polietileno
i filato di polietilene da fibra in fiocco

6198 **polyethylene yarn**
d Polyethylengarn
f fil de polyèthylêne
s hilo de polietileno
i filo di polietilene

6199 **polyethyleneglycol**
d Polyethylenglykol
f polyéthylèneglycol
s polietilenglicol
i polietilenglicole

6200 **polyethyleneglycolterephthalate**
d Polyethylenglykolterephthalat
f polyéthylèneglycoltérêphtalate
s tereftalato de polietilenglicol
i polietilenglicoltereftalato

6201 **polyethyleneimine**
d Polyethylenimin
f polyéthylèneimine
s polietilenimina
i polietilenimmina

6202 **polyethyleneoxide**
d Polyethylenoxid
f polyèthylêneoxyde
s óxido de polietileno
i polieltilenossido

6203 **polyethyleneterephthalate**
d Polyethylenterephthalat
f polyéthylènetéréphtalate
s polietílenotereftalato
i polietileneterftalato

6204 **polyformaldehyde fibre**
d Polyformaldehydfaser
f fibre de polyformaldéhyde
s fibra de poliformaldehído
i fibra di poliformaldeide

6205 **polyglyceryl ester**
d Polyglycerylester
f polyglycérylester
s poligliceriléster
i estere di poliglicerile

6206 **polyglycolic acid**
d Polyglykolsäure
f acide polyglycolique
s ácido poliglicôlico
i acido poliglicolico

6207 **polygon**
d Polygon
f polygone
s poligono
i poligono

6208 **polygonal**
d Polygonal
f poligonal
s poligonal
i poligonale

6209 **polyimide**
d Polyimid
f polyimide
s poliimida
i poliimmide

6210 **polyimide fiber**
d Polyimidfaser
f fibre de polyimide
s fibra de poliimida
i fibra di poliimmide

6211 **polyimide filament**
d Polyimidfilament
f filament de polyimide
s filamento de poliimida
i filato di poliimmide a bava continua

6212 **polyimide filament yarn**
d Polyimidfilamentgarn
f fil de filaments de polyimide
s hilo de filamentos de poliimida
i filo in filato di poliimmide a bava continua

6213 **polyimide spun yarn**
d Polyimidspinnfasergarn
f fil de polyimide
s hilado de poliimida
i filato di poliimmide da fibra in fiocco

6214 **polyimide yarn**
d Polyimidgarn
f fil de polyimide
s hilo de poliimida
i filo di poliimmide

6215 **polyisocyanate**
d Polyisocyanat
f polyisocyanate
s poliisocianato
i poliisocianato

6216 **polyketone**
d Polyketon
f polycétone
s policetona
i polichetone

6217 **polymer**
d Polymer
f polymére
s polímero
i polimero

6218 **polymer bath**
d Polymerbad
f bain de polymére
s baño de polimero
i bagno di polimero

6219 **polymer deposition**
d Polymerniederschlag
f dépôt de polymère
s deposición de polímero
i deposito di polimero

6220 **polymer diversification**
d Polymerdiversifikation
f diversification de polymére
s diversificación de polímero
i diversificazione di polimero

6221 **polymer dope**
d Spinnmasse
f masse de filage
s masa de polímero
i massa di polimero ds filare

6222 **polymer matrix**
d Polymermatrix
f matrice de polymére
s matriz de polímero
i matrice di polimeri

6223 **polymer transition**
d Polymerumwandlung
f transition de polymère
s polimero de transición
i transizione di polimeri

6224 **polymer type**
d Polymerart
f type de polymére
s tipo de polímero
i tipo di polimero

6225 **polymeric dye**
d polymerer Farbstoff
f colorant polymère
s colorante polimèrico
i colorante polimero

6226 **polymerization**
d Polymerisation
f polymérisation
s polimerización
i polimerizzazione

6227 **polymers blend, polymer alloy**
d Polymermischung
f mélange de polymères
s mezcla de polimeros
i miscela di polimeri

6228 **polymetaxyleneadipamide**
d Polymetaxylenadipamid
f polymètaxylèneadipamide
s polimetaxilenadipamida
i polimetaxilenadipammide

6229 **polymethacrylate**
d Polymethacrylat
f polyméthacrylate
s polimetacrilato
i polimetacrilato

6230 **polymethylmethacrylate**
d Polymethylmethacrylat
f polyméthacrylate de méthyle
s polimetacrilato de metílo
i polimetilmetacrilato

6231 **polymethylvinyl ketone**
d Polymethylvinylketon
f polyméthylvinylcétone
s polimetilvinilcetona
i polimetilvinilchetone

6232 **polymorph**
d Polymorph
f polymorphe
s polimorfo
i polimorfo

6233 **polynitrile fiber**
d Polynitrilfaser
f fibre de polynitrile
s fibra de polinitrilo
i fibra di polinitrile

6234 **polynosic**
d Polynosic
f polynosique
s polinósico
i polynosic

6235 **polynosic fiber**
d polynosische Faser
f fibre polynosique
s fibra polinósica
i fibra di polynosic

6236 **polynosic filament**
d polynosisches Filament
f filament polynosique
s filamento polinósico
i filato di polynosic a bava continua

6237 **polynosic filament yarn**
d polynosisches Filamentgarn
f fil de filaments polynosiques
s hilo de filamentos polinósicos
i filo in filato di polynosic a bava continua

6238 **polynosic spun yarn**
d Polynose-Spinnfasergarn
f fil polynosique
s hilado polinósico
i filato di polynosic da fibra in fiocco

6239 **polynosic yarn**
d Polynose-Garn
f fil polynosique
s hilo polinosico
i filo di polynosic

6240 **polyol**
d Polyol
f polyol, polyalcool
s poliol
i poliolo, polialoccol

6241 **polyolefin**
d Polyolefin
f polyolèfine
s poliolefina
i poliolefina

6242 **polyolefin fiber**
d Polyolefinfaser
f fibre de polyoléfine
s fibra de poliolefina
i fibra poliolefinica

6243 **polyolefin fiber blend**
d Mischung aus Polyolefinfaser
f mélange de fibres de polyoléfine
s mezcla de fibras de poliolefina
i miscela di fibre poliolefiniche

6244 **polyoxadiazole**
d Polyoxadiazol
f polyoxadiazol
s polioxadiazol
i poliossidiazolo

6245 **polyoxyalkyl compound**
d Polyoxyalkylverbindung
f composé polyoxyalkyle
s compuesto de polioxialquilo
i composto poliossialchilico

6246 **polyoxyethylene**
d Polyoxyethylen
f polyoxyéthyléne
s polioxietíleno
i poliossietilene

6247 **polyoxyethylene compound**
d Polyoxyethylenverbindung
f composé de polyoxyéthyléne
s compuesto de polioxietileno
i composto poliossietilenico

6248 **polyoxymethylene**
d Polyoxymethylen
f polyoxymèthyléne
s polioximetileno
i poliossimetilene

6249 **polyoxypropylene**
d Polyoxypropylen
f polyoxypropylène
s polioxipropileno
i poliossipropilene

6250 **polypeptide**
d Polypeptid
f polypeptide
s polipéptido
i polipeptide

6251 **polyphosphate**
d Polyphosphat
f polyphosphate
s polifosfato
i polifosfato

6252 **polypropylene**
d Polypropylen
f polypropyléne
s polípropileno
i polipropilene

6253 **polypropylene fiber**
d Polypropylenfaser
f fibre de polypropylêne
s fibra de polipropileno
i fibra di polipropilene

6254 **polypropylene filament**
d Polypropylenfilament
f filament de polypropylène
s filamento de polipropileno
i filato di polipropilene a bava continua

6255 **polypropylene filament yarn**
d Polypropylenfilamentgarn
f fil de filaments de polypropylène
s hilo de filamentos de polipropileno
i filo in filato di polipropilene a bava continua

6256 **polypropylene film**
d Polypropylenfolie
f film de polypropylène
s film de polipropileno
i pellicola di polipropilene

6257 **polypropylene oxide**
d Polypropylenoxid
f polyoxyde de propylène
s óxido de polipropileno
i ossido di polipropilene

6258 **polypropylene spun yarn**
d Polypropylenspinnfasergarn
f filé de polypropylène
s hilado de polípropileno
i filato di polipropilene da fibra in fiocco

6259 **polypropylene tape**
d Polypropylenstreifen, Polypropylenbändchen, Folienbändchen aus Polypropylen
f bandelette de polypropylène
s cinta de polipropileno
i nastro in polipropilene

6260 **polypropylene yarn**
d Polypropylengarn
f fil de polypropylène
s hilo de polipropileno
i filo di polipropilene

6261 **polypropyleneglycol**
d Polypropylenglykol
f polypropylêneglycol
s polipropilenglicol
i polipropilenglicole

6262 **polysaccharide**
d Polysaccharid
f polysaccharide
s polisacárido
i polisaccaride

6263 **polysiloxane**
d Polysiloxan
f polysiloxane
s polisiloxano
i polisilossano

6264 **polystyrene**
d Polystyrol
f polystyrène
s poliestireno
i polistirene, polistirolo

6265 **polytetrafluoroethylene**
d Polytetrafluorethylen
f polytétrafluoroéthylène
s politetrafluoretileno
i politetrafluoroetilene

6266 **polytetrafluoroethylene fiber**
d Polytetrafluorethylenfaser
f fibre de polytétrafluoroétylène
s fibra de politetrafluoroetileno
i fibra di politetrafluoroetilene

6267 **polytetrafluoroethylene filament**
d Polytetrafluorethylenfilament
f filament de polytétrafluoroèthylène
s filamento de politetrafluoretileno
i filato di politetrafluoroetilene a bava continua

6268 **polytetrafluoroethylene yarn**
d Polytetrafluorethylengarn
f fil de polytétrafluoroéthylène
s hilo de politetrafluoretileno
i filo di filato di politetrafluoroetilene a bava continua

6269 **polythiol**
d Polythiol
f polythiol
s politiol
i politiolo

6270 **polytrifluorochloroethylene fiber**
d Polytrifluorchlorethylenfaser
f fibre de polytrifluorochloroéthylène
s fibra de politrifluorcloroetileno
i fibra di politrifluorocloroetilene

6271 **polyurea**
d Polyharnstoff
f polyurée
s poliurea
i poliurea

6272 **polyurethane**
d Polyurethan
f polyuréthane
s poliuretano
i poliuretano

6273 **polyurethane fiber**
d Polyurethanfaser
f fibre de polyuréthane
s fibra de poliuretano
i fibra di poliuretano

6274 **polyurethane filament**
d Polyurethanfilament
f filament de polyuréthane
s filamento de poliuretano
i filato di poliuretano a bava continua

6275 **polyurethane filament yarn**
d Polyurethanfilamentgarn
f fil de filaments de polyuréthane
s hilo de filamentos de poliuretano
i filo in filato di poliuretano a bava continua

6276 **polyurethane foam**
d Polyprethanschaumstoff
f mousse de polyuréthane
s espuma de poliuretano
i schiuma poliuretanica

6277 **polyurethane resin**
d Polyurethanharz
f résine de polyuréthane
s resina de poliuretano
i resina poliuretanica

6278 **polyurethane yarn**
d Polyurethangarn
f fil de polyuréthane
s hilo de poliuretano
i filo di poliuretano

6279 **polyvinyl**
d Polyvinyl
f polyvinyle
s polivinilo
i polivinile

6280 **polyvinyl acetal**
d Polyvinylacetal
f acétal de polyvinyle
s acetal de polivinilo
i polivinilacetale

6281 **polyvinyl acetal polymer**
d Polyvinylacetalpolymer
f polymére de polyacétal de vinyle
s polimero de acetal de polivinilo
i polimero di polivinilacetale

6282 **polyvinyl acetate**
d Polyvinylacetat
f polyacétate de vinyle
s poliacetato de vinilo
i acetato di polivinile

6283 **polyvinyl acetate fiber**
d Polyvinylacetatfaser
f fibre de polyacétate de vinyle
s fibra de poliacetato de vinilo
i fibra di acetato di polivinile

6284 **polyvinyl acetate yarn**
d Polyvinylacetatgarn
f fil de polyacétate de vinyle
s hilo de poliacetato de vinilo
i filo di acetato di polivinile

6285 **polyvinyl alcohol**
d Polyvinylalkohol
f polyalcool de vinyle, alcool polyvinylique
s alcohol de polivinilo, polialcohol de vinilo
i alcool polivinilico

6286 **polyvinyl alcohol fiber**
d Polyvinylalkoholfaser
f fibre de polyalcool de vinyle
s fibra de polialcohol de vinilo
i fibra di alcool polivinilico

6287 **polyvinyl alcohol yarn**
d Polyvinylalkoholgarn
f fil de polyalcool de vinyle
s hilo de polialcohol de vinilo
i filo di alcool polivinilico

6288 **polyvinyl butyral**
d Polyvinylbutyral
f polybutyral de vinyle
s polibutiral de vinilo
i buttirale di polivinile

6289 **polyvinyl chloride fiber**
d Polyvinylchloridfaser
f fibre de polychlorure de vinyle
s fibra de policloruro de vinilo
i fibra di polivinilcloruro

6290 **polyvinyl chloride filament**
d Polyvinylchloridfilament
f filament de polychlorure de vinyle
s filamento de policloruro de vinilo
i filato di polivinilcloruro a bava continua

6291 **polyvinyl chloride spun yarn**
d Polyvinylchloridspinnfasergarn
f filé de polychlorure de vinyle
s hilado de policloruro de vinilo
i filato di polivinilcloruro da fibra in fiocco

6292 **polyvinyl chloride yarn**
d Polyvinylchloridgarn
f fil de polychlorure de vinyle
s hilo de policloruro de vinilo
i filo di polivinilcloruro

6293 **polyvinyl chlorides**
d Polyvinylchlorid
f polychlorure de vinyle
s policloruro de vinilo
i polivinilcloruro, cloruro di polivinile

6294 **polyvinyl oxazolidinone**
d Polyvinyloxazolidinon
f polyvinyloxazolidinone
s políviniloxazolidinona
i polivinil ossazolidinone

6295 **polyvinyl pyrrolidone**
d Polyvinylpyrrolidon
f polyvinylpyrrolidone
s polivinilpirrolidona
i polivinil pirrolidone

6296 **polyvinyl rèsin**
d Polyvinylharz
f résine de polyvinyle
s resina de polivinilo
i resina polivinilica

6297 **polyvinylidene chloride**
d Polyvinylidenchlorid
f polychlorure de vinylidène
s policloruro de vinilideno
i cloruro di polivinilidene

6298 **polyvinylidene chloride fiber**
d Polyvinylidenchloridfaser
f fibre de polychlorure de vinylidène
s fibra de policloruro de vinilideno
i fibra di cloruro di polivinilidene

6299 **polyvinylidene chloride spun yarn**
d Polyvinylidenchloridspinnfasergarn
f filé de polychlorure de vinylidène
s hilado de policloruro de vinilideno
i filato di polivinilidene da fibra in fiocco

6300 **polyvinylidene chloride yarn**
d Polyvinylidenchloridgarn
f fil de polychlorure de vinylidène t
s hilo de policloruro de vinilideno
i filo di cloruro di polivinilidene

6301 polyvinylidene fluoride
d Polyvinylidenfluorid
f polyfluorure de vinylidène
s polifloruro de vinilideno
i fluoruro di polivinilidene

6302 poncho
d Poncho
f poncho
s poncho
i poncho

6303 pongee
d Pongee
f pongé
s ponghee
i pongé (tessuto di seta, o cotone, cinese)

6304 pool retting
d Wasserröste, Wasserrotte
f rouissage au mouillé
s enriado en mojado
i macerazione in acqua

6305 poplin
d Popeline
f popeline
s popelin
i tessuto popelin

6306 porcupine
d Porcupine
f porcupine
s porcupina
i pettine circolare

6307 porcupine drawing
d Strecken auf der Nadelwalzenstrecke
f ètirage à hèrisson
s estirado con erizos
i stiro sul pettine circolare

6308 porcupine roll
d Nadelwalze
f cylindre à hérisson
s cilindro con guarnición dientes sierra
i cilindro con pettine circolare

6309 pore
d Pore
f pore
s poro
i poro

6310 porosimeter
d Porosimeter
f porosimétre
s porosímetro
i porosimetro

6311 porosity
d Porosität
f porositè
s porosidad
i porosità

6312 porous
d porös
f poreux
s poroso
i poroso

6313 porous material
d poröses Material
f matière poreuse
s materia porosa
i materiale poroso

6314 position
d Position
f position
s posición
i posizione

6315 positioning
d Positionieren
f positionnement
s puesta en posición
i posizionare

6316 positive displacement pump
d Verdrängerpumpe
f pompe à mouvement positif
s bomba de movimiento positivo
i pompa volumetrica

6317 positive feed
d positive Zuführung
f alimentation positive
s alimentación positiva
i alimentazione positiva

6318 positive feeder
d positiver Fournisseur
f fournisseur positif
s alimentador positivo
i alimentatore positivo

6319 positive shedding
d formschlüssige Fachbildung
f commande positive de la foule
s mando positivo de la calada
i comando positivo del passo

6320 positron
d Positron
f positron
s positrón
i positrone

6321 post formed laminate
d nachgeformter Kaschierstoff
f contre-colle post formét
s laminado que recibe su forma después
i rivestimento fatto a posteriori

6322 postboarding
d Nachformen
f pos-formage
s hormado posterior
i riprodurre, copiare, formare a posteriori

6323 pot spinning, centrifugal spinning
d Topfspinnen
f filature à gamelle, filature centrifuge, filature à pot
s hilatura en botes
i filatura centrifuga

6324 pot spinning frame
d Topfspinnmaschine
f métier à filer à gamelle, métier à filer à pot
s màquina de hilar de botes
i telaio centrifugo

6325 potassium
d Kalium
f potassium
s potasio
i potassio

6326 potassium acetate
d Kaliumacetat
f acétate de potassium
s acetato de potasio
i acetato di potassio

6327 potassium bicarbonate
d Kaliumbicarbonat, Kaliumhydrogencarbonat
f bicarbonate de potassium
s bicarbonato de potasio
i bicarbonato di potassio

6328 potassium bromide
d Kaliumbromid, Bromkalium
f bromure de potassium
s bromuro de potasio
i bromuro di potassio

6329 potassium carbonate, potash
d Kaliumcarbonat, Pottasche, kohlensaures Kalium
f carbonate de potassium, potasse
s carbonato de potasio
i carbonato di potassio, potassa

6330 potassium cbloride
d Kaliumchlorid, Chlorkalium
f chlorure de potassium
s cloruro de potasio
i cloruro di potassio

6331 potassium compound
d Kaliumverbindung
f composé de potassium
s compuesto de potasio
i composto di potassio

6332 potassium cyanate
d Kaliumcyanat
f cyanate de potassium
s cianato de potasio
i cianato di potassio

6333 **potassium cyanide**
d Kaliumcyanid, Cyankalium
f cyanure de potassium
s cianuro de potasio
i cianuro di potassio

6334 **potassium fluoride**
d Kaliumfluorid
f fluorure de potassium
s fluoruro de potasio
i fluoruro di potassio

6335 **potassium hydroxide, caustic potash**
d Kaliumhydroxid, Ätzkali
f hydroxyde de potassium, potasse caustique
s hidróxido de potasio
i idrossido di potassio, potassa caustica

6336 **potassium iodate**
d Kaliumjodat
f iodate de potassium
s yodato potasico
i iodato di potassio

6337 **potassium iodide**
d Kaliumjodid, Jodkalium
f iodure de potassium
s yoduro de potasio
i ioduro di potassio

6338 **potassium nitrite**
d Kaliumnitrit
f nitrite de potassium
s nitrito de potasio
i nitrito di potassio

6339 **potassium oleate**
d Kaliumoleat, ölsaures Kalium
f oléate de potassium
s oleato de potasio
i oleato di potassio

6340 **potassium permanganate**
d Kaliumpermanganat
f permanganate de potassium
s permanganato potásico
i permanganato di potassio

6341 **potassium persulfate**
d Kaliumpersulfat, Kaliumperoxydisulfat
f persulfate de potassium
s persulfato de potasio
i perossidisolfato di potassio, persolfato di potassio

6342 **potassium soap**
d Kaliumseife
f savon de potassium, savon de potasse
s jabón de potasio
i sapone di potassio

6343 **potassium stearate**
d Kaliumstearat
f stéarate de potassium
s estearato de potasio
i stearato di potassio

6344 **potato starch**
d Kartoffelstärke
f amidon de pomme de terre
s almidón de patata
i amido di patata

6345 **potential**
d Potential
f potentiel
s potencial
i potenziale

6346 **potential crimp**
d potentielle Kräuselung
f frisure potentielle
s rizado potencial
i arricciatura potenziale

6347 **potential energy**
d potentielle Energie
f énergie potentielle
s energia potencial
i energia potenziale

6348 **potentiometer**
d Potentiometer
f potentiomètre
s potenciómetro
i potenziometro

6349 potentiometry
d Potentiometrie
f potentiométrie
s potenciometría
i potenziometria

6350 poult
d Poult de Soie
f poult de soie
s poult de seda
i poult-de-soie (tipo di seta pesante)

6351 powder
d Pulver, Puder
f poudre
s polvo
i polvere

6352 powdering
d Pulverisieren
f mise en poudre
s transformación en polvo
i polverizzazione

6353 power, activity, production
d Leistung
f puissance
s potencia
i potenza

6354 power, current supply
d Stromzuführung
f câble d'amenée du courant, amenée du courant
s conducción de corriente
i alimentazione

6355 power need
d Energiebedarf
f besoin en énergie
s necesidad de energia
i fabbisogno di energia

6356 power supply
d Energieversorgung, Energiequelle
f source d'énergie
s fuente de energía
i alimentazione di energia

6357 practice
d Praxis
f pratique
s práctica
i pratica

6358 preboarding
d Vorformen
f prêformage
s preahormado
i preformatura

6359 precaution
d Vorsichtsmassnahme
f précaution
s precaución
i precauzione

6360 precipitation
d Fällung, Ausfällung
f précipitation
s precipitación
i precipitazione

6361 precision
d Präzision, Genauigkeit
f précision
s precisión
i precisione

6362 precision wind
d Präzisionswicklung
f renvidage de précision
s bobinado de precisión
i avvolgimento di precisione

6363 precision winder
d Präzisionsspulmaschine, Präzisionskreuzspulmaschine
f bobinoir de précision
s bobinadora de precisión
i avvolgitrice di precisione

6364 precision winding
d Präzisionsspulen
f bobinage de précision
s bobinaje de precisión
i avvolgitura di precisione

6365 **precondensate**
d Vorkondensat
f précondensat
s precondensado
i precondensato

6366 **precure**
d Vorpolymerisationsverfahren
f méthode de prépolymerisation
s método de prepolimerización
i procedimento di prepolimerizzazione

6367 **predry**
d Vortrochnen
f présécher
s presecar
i preasciugare

6368 **preferential adsorption**
d Vorzugsadsorption
f adsorption préfèrentielle
s adsorción preferencial
i adsorbimento preferenziale

6369 **preferential draft**
d Hauptverzug
f ètirage préférentiel
s estiraje preferencial
i stiro preferenziale

6370 **preheat**
d Vorwärmen
f préréchauffage, préchauffage, réchauffage
s precalentar
i preriscaldare

6371 **preliminary fulling**
d Vorwalke
f foulage préliminaire
s batanado previo
i follatura preliminare

6372 **pre-load**
d Vorbelastung
f charge préliminaire
s precarado
i precarico

6373 **preneedling**
d Vorvernadelung
f pré-aiguilletage
s anteponer las agujas
i anteporre gli aghi

6374 **preorientated yarn, POY**
d vororientiertes Garn, POY
f fil préorienté
s hilo preorientado
i filo preorientato, POY

6375 **preorientation**
d Vororientierung
f préorientation
s preorientación
i preorientamento

6376 **preoxidised**
d Voroxidiert
f préoxidé
s preoxidado
i preossidato

6377 **preparation**
d Vorbereitung, Präparation
f préparation
s preparación
i preparazione

6378 **prepare**
d Vorbereiten
f préparer
s preparar
i preparare

6379 **prepolymer**
d Prepolymer
f prépolymére
s prepolímero
i prepolimero

6380 **preponderance**
d Übergewicht, Oberhand
f prépondérance
s preponderancia
i preponderanza

6381 prepreg
d Prepreg, vorimprägniertes textilglas
f verre textile préimpégneé
s vidrio textil preimpregnado
i vetro tessile preimpregnato

6382 prescription
d Vorschrift
f préscription
s reglamentación
i prescrizione

6383 present, show (verb)
d Vorführen
f présenter
s presentar, exhibir
i presentare

6384 presentation
d Vorführung
f démonstration
s presentación, exhibición
i presentazione

6385 preservative
d Konservierungshilfsmittel
f agent de préservation
s agente de conservación
i conservante

6386 preshrinking
d Vorkrumpfung
f prêretrait
s preencogimiento
i sanforizzazione, prerestrizione

6387 press
d Presse, Pressen
f presse, machine de pressage, presser
s prensa, exprimir, comprimir
i pressa, pressare

6388 press section
d Pressbereich
f section de pression
s sección de presión
i sezione di pressione

6389 pressed felt
d Pressfilz, gepresster Filz
f feutre pressé, feutre comprimé
s fieltro prensado
i feltro pressato

6390 presser bar
d Pressbarre
f barre de presse
s barra de prensa
i barra di pressa

6391 presser foot
d Nähmaschinenfuss, Presserfuss
f pied de biche
s pie prensatelas
i pedale della macchina da cucire

6392 pressing
d Bügelpressen
f pressage
s prensado
i stiratura

6393 pressing off
d Maschenabsprengen
f démaillage
s desmallado
i smagliare, fare smagliature

6394 pressing on board
d Formbügeln
f repassage sur forme chauffante
s planchado en horma
i stiratura su forma

6395 Pressley strength, Pressley index
d Pressley-Festigkeit
f résistance Pressley, indice Pressley
s resistencia Pressley
i resistenza Pressley

6396 Pressley test
d Pressley-Test
f essai Pressley
s ensayo Pressley
i prova di Pressley

6397 **pressure**
d Druckkraft, Druck
f pression
s presión
i pressione

6398 **pressure bag molding**
d Druckformen
f moulage sous pression
s moldeo bajo presión
i stampa a pressione

6399 **pressure beck**
d Druckfärbekufe, HT-Kufe
f cuve de teinture sous pression
s barca de tintura a presión
i vasca di tintura a pressione

6400 **pressure container**
d Druckbehälter
f réservoir de pression
s depósito de presión
i serbatoio a pressione

6401 **pressure control**
d Druckregelung
f contrôle de pression
s control de presión
i controllo della pressione

6402 **pressure corert**
d Kernbohrer
f appareil de carottage par pression
s aparato de extracción muestra por presión
i punta da trapano cava, tubo carotiere

6403 **pressure distribution**
d Druckverteilung
f répartition de pression
s distribución de la presión
i distribuzione della pressione

6404 **pressure drop**
d Druckabfall
f chute de pression
s caída de presión
i caduta di pressione

6405 **pressure dyeing**
d Färben unter Druck
f teinture sous pression
s tintura a presión
i tintura sotto pressione

6406 **pressure dyeing machine**
d Druckfärbemaschine
f machine de teinture sous pression
s máquina de tintura a presión
i macchina per tintura sotto pressione

6407 **pressure finger**
d Pressfinger
f doigt presseur
s dedo de presión
i dito di pressione

6408 **pressure jig**
d Druckjigger
f jigger sous pression
s jigger a presión
i jigger (macchina per la colorazione in largo) a pressione

6409 **pressure kettle**
d Druckkessel
f enceinte sous pression
s tina a presión
i caldaia a pressione

6410 **pressure roll**
d Andruckwalze, Presswalze
f cylindre de pression
s cilindro de presión
i rullo di compressione

6411 **pressure suit**
d Druckanzug
f costume résistant à la pression
s traje resistente a la presión
i tuta resistente alla pressione

6412 **pretreatment**
d Vorbehandlung
f prétraitement
s pretratamiento
i pretrattamento

6413 preventive measure
d vorbeugende Massnahme
f mesure prèventive
s medida preventiva
i misura preventiva

6414 prewash
d Vorwaschen
f prélavage
s prelavar
i prelavaggio

6415 price
d Preis
f prix
s precio
i prezzo

6416 prickliness
d Sticheligkeit
f caractère irritant
s carácter irritante
i spinosità

6417 primary amine
d Primäramin
f amine primaire
s amina primaria
i ammina primaria

6418 primary backing
d Teppichgrundware
f dossier de tapis
s respaldo
i dorso del tappeto

6419 primary colour
d Elementartarbe
f couleur primaire
s color primario
i colore primario

6420 primary transition
d Primärumwandlung
f transition primaire
s transición primaria
i transizione primaria

6421 primary transition temperature
d primäre Durchgangstemperatur
f température primaire de transition
s temperatura de transición primaria
i temperatura di transizione primaria

6422 primary wall
d Primärwand
f paroi primaire
s pared primaria
i parete primaria

6423 priming
d Anlauf
f amorçage
s iniciación
i avviamento

6424 print
d Abdruck
f empreinte
s impresión
i impronta

6425 printed carpet
d bedruckter Teppich, Druckteppich
f tapis imprimé
s alfombra estampada
i tappeto stampato

6426 printed fabric
d bedruckter Stoff, Druckstoff
f tissu imprimé, imprimé
s tejido estampado
i tessuto stampato

6427 printed knit fabric, printed tricot
d bedruckte Maschenware, Drackmaschenware
f trícot imprimé
s tejído de punto estampado
i maglieria stampata

6428 printer
d Drucker
f imprimante
s impresor
i stampante

6429 printer blanket
d Druckmitläufer
f blanchet d'impression
s fieltro de estampación
i feltro da stampa

6430 printing
d Bedrucken, Drucken
f impression
s estampación
i stampaggio

6431 printing machine
d Druckmaschine
f machine d'impression
s máquina de estampar
i macchina per stampare

6432 printing machines manufacturer
d Druckereimaschinen-Hersteller
f constructeur de matériel d'impression
s constructor de maquinaria de estampar
i costruttore di macchine per stampare

6433 printing paste
d Druckpaste
f pàte d'impression
s pasta de estampación
i pasta per stampa

6434 printing roll
d Gravurwalze
f rouleau gravé d'impression, rouleau d'impression
s cilindro grabado de estampación
i cilindro per stampa

6435 printing screen
d Druckschablone
f cadre d'impression, pochoir d'impression, tamis d'impression
s cuadro de estampación
i quadro per stampa

6436 printing screen preparation
d Filmschablonenvorbereitung
f préparation du cadre d'impression
s preparación del cuadro de estampación
i preparazione del quadro per stampa

6437 priority
d Priorität
f priorité
s prioridad
i priorità

6438 pro capita consumption
d Pro-Kopf-Verbrauch
f consommation par personne
s consumo a persona
i consumo pro capite

6439 probability
d Wahrscheinlichkeit
f probabilité
s probabilidad
i probabilità

6440 problem
d Problem
f problème
s problema
i problema

6441 procedure
d Prozess
f processus
s proceso
i procedura

6442 process
d Vertahren, Vorgang
f procédé, procès
s procedimiento
i processo

6443 process acceleration
d Verfahrensbeschleunigung
f accélération du processus
s aceleración de proceso
i accelerazione del processo

6444 process chart
d Verfahrensplan, Verfahrensvorschrift
f plan de marche
s plan de marcha
i piano del processo

6445 **process control**
d Prozesssteuerung
f régulation de processus
s control del proceso
i controllo del processo

6446 **process design**
d Verfahrensschema
f schéma du procédé
s esquema del proceso
i schema del processo

6447 **process efficiency**
d Verfahrenswirkungsgrad
f efficacité du procédé
s rendimiento del proceso
i rendimento del processo

6448 **process velocity**
d Verfahrensgeschwindigkeit
f vitesse du processus
s velocidad del proceso
i velocità del processo

6449 **processing**
d Verarbeitung
f traitement, confectionnement
s elaboración
i lavorazione

6450 **processing time**
d Behandlungsdauer
f durée d'opération
s duración de la operación
i durata del trattamento

6451 **processvariable**
d Verfahrensvariable
f variable du procédé
s variable del proceso
i variabile di processo

6452 **produce**
d Produzieren
f produire
s producir
i produrre

6453 **produce (verb)**
d Herstellen
f produire, fabriquer, construire
s producir
i produrre

6454 **producer, manufacturer**
d Hersteller, Fabrikant
f producteur, fabricant
s productor
i produttore, costruttore

6455 **producertwist**
d Schutzdrehung, Schutzdrall
f torsion du producteur, torsion de fabrication
s torsión de fabricación
i torsione di protezione, torcitura di fabbricazione

6456 **product**
d Produkt
f produit
s producto
i prodotto

6457 **product design**
d Produktgestaltung
f dessin d'article
s dibujo del artículo
i progettazione del prodotto

6458 **product retention ratio**
d Auftragsmenge
f taux de rétention de produit
s relación de retención de producto
i tasso di ritenzione del prodotto

6459 **production**
d Produktion
f production
s producción
i produzione

6460 **production control**
d Produktionssteuerung
f contrôle de production
s control de la producción
i controllo della produzione

6461 production costs
d Selbstkosten
f prix coûtant, prix de revient
s costes propios
i costi di produzione

6462 production data
d Produktionsdaten
f données de production
s datos de producción
i dati di produzione

6463 production line
d Fertigungsstrasse, Fertigungslinie, Maschinenanlage, Transferstrasse
f ligne de fabrication
s linea de fabricación
i linea di produzione

6464 production speed
d Produktionsgeschwindigkeit
f vitesse de production
s velocidad de producción
i velocità di produzione

6465 productive unit
d Produktionseinheit
f unité de production
s unidad de procucción
i unità di produzione

6466 productivity
d Produktivität
f productivité
s productividad
i produttività

6467 professor
d Professor
f professeur
s profesor
i professore

6468 profile stitching jig
d Nähschablone
f gabarit de couture
s patrón de costura
i sagoma, modello di cucitura

6469 profile stitching unit
d Nähmaschine mit Schablonensteuerung
f machine à coudre à gabarit
s màquina de coser con plantillas
i macchina da cucire con guida della sagoma

6470 profiled fiber
d Profilfaser
f fibre à section profilée
s fibra de sección perfilada
i fibra profilata

6471 profiled reed
d Profilriet
f rot, ros, peigne de profil
s peine de perfil
i pettine di profilo

6472 profiled seam
d Konturennaht
f coùture profilée
s costura perfilada
i cucitura profilata

6473 profit
d Gewinn
f profit, bénéfice
s ganancia, beneficio, utilidad
i utile

6474 profitability
d Rentabilität
f rentabilité
s rentabilidad
i redditività

6475 prognosis
d Prognose
f prévision
s pronóstico
i prognosi

6476 programme
d Programm
f programme
s programa
i programma

6477 programme (verb)
d Programmieren
f programmer
s programar
i programmare

6478 programming language
d Programmiersprache
f langage de programmation
s lenguaje de programación
i linguaggio di programmazione

6479 progress
d Fortschritt
f progrès
s progreso
i progresso

6480 progression
d Progression
f progression
s progresión
i progressione

6481 progrmming
d Programmierung
f programmation
s programación
i programmazione

6482 project
d Entwurf, Projekt
f projet, projet, plan
s proyecto
i progetto

6483 projectile
d Projektil
f projectile
s preyectil
i proiettile

6484 projection
d Projektion
f projection
s proyección
i proiezione

6485 projection microscopy
d Projektionsmikroskopie
f microscopie à projection
s microscopia de proyección
i microscopia a proiezione

6486 proline
d Prolin
f proline
s prolina
i prolina

6487 propagation
d Fortpflanzung
f propagation
s propagación, reproducción
i propagazione

6488 propanediol ester
d Propandiolester
f propanediolester
s propanodiolèster
i propandioloestere

6489 propanol
d Propanol, Propylalkohol
f propanol
s propanol
i propanolo, alcool propilico

6490 propiolactone
d Propiolacton
f propiolactone
s propiolactona
i propiolattone

6491 propionic acid
d Propionsäure
f acide propionique
s ácido propiónico
i acido propionico

6492 propionic anhydride
d Propionsäureanhydrid
f anhydride propionique
s anhídrido propiónico
i anidride propionica

6493 proportion
d Proportion
f proportion
s proporción
i proporzione

6494 proportional
d Proportional
f proportionnel
s proporcional
i proporzionale

6495 proportionality
d Proportionalität, Verhältnismässigkeit
f proportionnalité
s proporcionalidad
i proporzionalità

6496 proportionating feeder
d Proportional-Speiser
f doseur d'alimentation
s dosificador de alimentación
i alimentatore proprozionale

6497 propulsion
d Vortrieb
f propulsion
s propulsión
i propulsione

6498 propylen oxide
d Propylenoxid
f oxyde de propyléne
s óxido de propileno
i ossido di propilene

6499 propylene
d Propylen, Propen
f propylène
s propileno
i propilene, propene

6500 propylene carbonate
d Propylencarbonat
f carbonate de propylène
s carbonato de propileno
i carbonato di propilene

6501 propylene imine
d Propylenimin
f propyléne-imine
s propilenimina
i propilenimmina

6502 prosthesis
d Prothese
f prothêse
s prótesis
i protesi

6503 protection
d Schutz
f protection
s protección
i protezione

6504 protective apron
d Schürze
f tablier
s delantal
i grembiule

6505 protective athletic clothing
d Sportschutzkleidung
f vêtement de sport de protection
s prenda deportiva de protección
i indumento sportivo di protezione

6506 protective colloid
d Schutzkolloid
f colloïde protecteur
s coloide protector
i colloide protettivo

6507 protective garment
d Schutzkleidung
f vêtement de protection, vêtement de sécurité
s prenda de protección
i indumento protettivo

6508 protective item
d Körperschutzartikel
f article de protection
s artículo de protección
i articolo di protezione

6509 protective work glove
d Schutzhandschuh
f gant de protection
s guante de protección
i guanti di protezione

6510 protein
d Protein, Eiweiss
f protéine
s proteína
i proteina

6511 proteinfiber
d Proteinfaser
f fibre protéinique
s fibra proteínica
i fibra di proteina

6512 proteolytic enzyme
d proteolytisches Enzym
f enzyme protéolytique
s enzima proteolítica
i enzima proteolitica

6513 proton
d Proton
f proton
s protón
i protone

6514 protonic resonance
d Protonenresonanz
f résonance protonique
s resonancia protónica
i risonanza protonica

6515 prototype
d Prototyp
f prototype
s prototipo
i prototipo

6516 provenance, origin
d Herkunft
f origine, provenance
s procedencia, orígen
i provenienza, origine

6517 provide
d liefern
f fournir
s suministrar
i fornire, consegnare

6518 proximity switch (limit switch)
d Näherungskontrollschalter
f déclencheur de contrôle de proximité
s interruptor de control de acercamiento
i interrutore di controllo di prossimità (finecorsa)

6519 pseudo wet bulb thermometer
d Nassthermometer
f thermomètre humide non ventilé
s termómetro húmedo no ventilado
i termometro umido

6520 pseudoplastic
d Pseudoplastisch
f pseudoplastique
s seudoplástico
i pseudoplastico

6521 psychological
d Psychologisch
f psychologique
s sicológico
i psicologico

6522 psychrometric chart
d Feuchtigkeitsdiagramm
f graphique psychrométrique
s gràfico psicrométrico
i diagramma psicrometrico

6523 psychrometry
d Feuchtigkeitsmessung, Psychrometrie
f psychrométrie
s psicrometría
i psicrometria

6524 publication
d Veröffentlichung
f publlication
s publicación
i pubblicazione

6525 publish
d Veröffentlichen
f publier
s publicar
i pubblicare

6526 pucker
d Kräuselfalte, Fältchen
f façon à fronces
s confección de frunces
i piega increspata, pieghetta

6527 puckering
d fehlerhafte Faltigkeit
f défaut de fronçage
s defecto de fruncido
i raggrinzamento

6528 pulled wool, skin wool
d Hautwolle
f laine de délainage, laine de peau, laine de slipes
s lana de peladas
i lana delle pelli

6529 puller
d Puller
f extracteur, déchireuse
s extractor, desgarrador
i estrattore, strappatrice

6530 pulley
d Rolle
f poulie
s polea
i puleggia

6531 pullover
d Pullover
f pull-over
s jersey, pullover
i pullover

6532 pulp, wood pulp
d Zellstoff, Zellstoffbrei
f pâte à papier, pâte de bois, pulpe à papier
s pasta para papel
i polpa di legno

6533 pulping
d Breizubereitung, Breiigmachen
f réduction en pâte
s transformación en pasta
i trasformazione in polpa

6534 pulse propagation measurement
d Impulsfortpflanzungmessung
f mesure de la propagation des impulsions
s medida de la propagación del impulso
i misurazione della propagazione dell'impulso

6535 pumice
d Bimsstein
f pierre ponce
s piedra pomez
i pomice

6536 pump
d Pumpe
f pompe
s bomba
i pompa

6537 pump (verb)
d Pumpen
f pomper
s bombear
i pompare

6538 punch
d Locheisen
f poinçon
s punzón
i perforatore, punzone

6539 punch method of testing
d Stempeldurchdrückversuch
f essai de poiçonnement
s prueba de estampado a presión
i prova di stampa a pressione

6540 punch resistance
d Stanzwiderstand
f résistance au poinçonnement
s resistencia al punzonamiento
i resistenza al punzonamento

6541 punched card
d Lochkarte
f carte perforee
s tarjeta perforada
i scheda perforata

6542 punched tape
d Lochstreifen
f bande perforee
s cinta perforada
i nastro perforato

6543 punching
d Stanzen, Ausstechen
f étampage
s punzonado
i punzonatura

6544 puncture resistance
d Perforierwiderstand
f résistance à la perforation
s resistencia a la perforación
i resistenza alla perforazione

6545 puncturing
d Perforation, Lochung
f perforation
s perforación
i perforazione

6546 punto di Roma
d Punto-Di-Roma-Bindung
f point de Rome
s punto de Roma
i punto di Roma

6547 purchase
d Kauf
f achat
s compra
i acquisto

6548 purchase (verb), buy
d Kaufen
f acheter
s comprar
i acquistare

6549 pure material
d reines Material, Material im Reinzustand
f matière pure
s materia pura
i materiale puro

6550 pureness
d Reinheit
f pureté
s pureza
i purezza

6551 purification
d Reinigung
f purification, épuration
s purificación
i purificazione

6552 purification plant
d Kläranlage
f station d'épuration
s estación depuradora
i depuratore

6553 purl knitted fabric
d Links-Links-Ware
f tricot à mailles retournées
s tejido de punto revès-revés
i maglia rovesciata, links-links

6554 purl knitting
d Links-Links-Stricken
f tricotage à mailles retournées
s tricotado revés-revés
i maglieria a maglia rovesciata

6555 purl stitch
d Linksmasche
f maille retournêe
s malla vuelta
i maglia rovescia

6556 pyjamas, pajamas
d Pyjama
f pyjama
s pijama
i pigiama

6557 **pyranose**
d Pyranose
f pyrannose, pyranose
s piranosa
i piranosa

6558 **pyrazole**
d Pyrazol
f pyrazol
s pirazol
i pirazolo

6559 **pyrazoline**
d Pyrazolin
f pyrazoline
s pirazolina
i pirazolina

6560 **pyrethrin**
d Pyrethrin
f pyréthrine
s piretrina
i piretrina

6561 **pyridine**
d Pyridin
f pyridine
s pirídina
i piridina

6562 **pyridine derivative**
d Pyridinderivat
f dérivé de pyridine
s derivado de la piridina
i derivato di piridina

6563 **pyridinium**
d Pyridinium
f pyridinium
s piridinio
i piridinio

6564 **pyridinium compound**
d Pyridiniumverbindung
f composé de pyridinium
s compuesto de piridinio
i composto di piridinio

6565 **pyrolysis**
d Pyrolyse, Abbau durch Verbrennung
f pyrolyse
s pirólisis
i pirolisi

6566 **pyrometer**
d Pyrometer
f pyrométre
s pirómetro
i pirometro

6567 **pyrophosphate**
d Pyrophosphat
f pyrophosphate
s pirofosfato
i pirofosfato

6568 **pyrosulfate**
d Pyrosulfat
f pyrosulfate
s pirosulfato
i pirosolfato

6569 **pyrosulfite**
d Pyrosulfit
f pyrosulfite
s pirosulfito
i pirosolfito

6570 **pyrrol**
d Pyrrol
f pyrrol
s pirrol
i pirrolo

6571 **pyrrolidone**
d Pyrrolidon
f pyrrolidone
s pirrolidona
i pirrolidina

6572 **pyruvic acid**
d Brenztraubensäure
f acide pyruvique
s ácido pirúvico
i acido piruvico

Q

6573 **quadrant**
d Quadrant
f quadrant
s cuadrante
i quadrante

6574 **qualification**
d Eignung, Qualifikation, Qualifizierung
f qualification, qualification, capacité, aptitude
s cualificación
i qualifica

6575 **qualitative**
d Qualitativ
f qualitatif
s cualitativo
i qualitativo

6576 **qualitative analysis**
d qualitative Analyse
f analyse qualitative
s análisis cualitativo
i analisi qualitativa

6577 **quality**
d Qualität
f qualité
s calidad
i qualità

6578 **quality assurance**
d Qualitätssicherung
f assurance de la qualité
s seguro de calidad
i assicurazione della qualità

6579 **quality control**
d Qualitätskontrolle
f contrôle de la qualité
s control de la calidad
i controllo di qualità

6580 **quality improvement**
d Qualitätsverbesserung
f amélioration de la qualité
s mejora de la calidad
i miglioramento della qualità

6581 **quality label**
d Gütezeichen
f label de qualité
s label de la calidad
i marchio di qualità

6582 **quantitative**
d Quantitativ
f quantitatif
s cuantitativo
i quantitativo

6583 **quantitative analysis**
d quantitative Analyse
f analyse quantitative
s análisis cuantitativo
i analisi quantitativa

6584 **quantity**
d Quantität
f quantité
s cantidad
i quantità

6585 **quarter blood wool**
d Quarter-Blood-Wollqualität
f laine quarter blood
s tipo de lana quarter blood
i tipo di lana quarter blood

6586 **quasi homogeneous material**
d quasihomogenes Material
f matière quasi-homogène
s materia casi homogénea
i materiale quasi omogeneo

6587 **quaternary ammonium compound**
d quaternäre Ammoniumverbindung
f composé d'ammonium quaternaire
s compuesto de amonio cuaternario
i composto di ammonio quaternario

6588 **quenched filament**
d abgeschrecktes Filament
f filament trempé
s filamento templado
i filamento temprato

6589 quicklime
d Calciumoxid, Atzkalk, kaustischer Kalk
f chaux vive
s cal viva
i calce viva

6590 quicksilver, mercury
d Quecksilber
f mercure
s mercurio
i mercurio

6591 quill
d Schussspule
f cannette
s canilla
i spola

6592 quill changing
d Schussspulenwechsel
f changement de cannette
s cambio de canilla
i cambio di spola

6593 quill stripper
d Schussspulenabstreifer
f êjecteur de cannette
s desprendedor de canillas
i eiettore di spola

6594 quiller
d Schussspulmaschine
f cannetière, machine de cannetage, canneteuse
s canillera
i incannatoio

6595 quilling
d Schussspulen
f cannetage
s canillado
i incannare

6596 quilt
d Steppstoff
f matelasse
s acolchado
i storra inbottita

6597 quilt, stitch
d Steppen
f rembourrage
s pespunteo
i trapunto, impuntitura

6598 quilted blanket
d wattierte Steppdecke
f couverture ouatinée
s manta acolchada
i trapunta

6599 quinone, benzoquinone
d Chinon
f quinone, benzoquinone
s quinona
i chinone

6600 quota, share
d Quote
f quote-part, contingent
s cuota
i quota

6601 quotient
d Quotient
f quotient
s cociente
i quoziente

R

6602 **rabbit hair, angora**
d Kaninchenhaar
f poil de lapin, angora
s pelo de conejo
i pelo di coniglio

6603 **race board**
d Ladenbahn
f semelle du battant, chemin de navette, passage de la navette
s pista de la lanzadera
i passaggio della navetta, pista della navetta

6604 **race, breed, type**
d Rasse
f race
s raza
i razza

6605 **rack**
d Zahnstange
f crèmaillére
s cremallera
i cremagliera

6606 **racked stitch**
d versetzte Masche
f maille chevalée, maille variée
s malla trasladada
i maglia spostata, maglia accavallata

6607 **racking**
d Versatz
f chevalement
s superposición de mallas
i spostamento, accavallamento

6608 **radial**
d Radial
f radial
s radial
i radiale

6609 **radial bearing**
d Radiallager, Radialkugellager
f palier radial
s rodamiento radial
i cuscinetto radiale, cuscinetto a sfere radiale

6610 **radial distribution**
d Radialverteilung
f distribution radiale
s distribución radial
i distribuzione radiale

6611 **radiant heating**
d Strahlungsheizung
f chauffage par rayonnement
s calefacción por radiación
i riscaldamento per irraggiamento

6612 **radiation**
d Strahlung
f radiation, rayonnement
s radiación
i radiazione

6613 **radiation absorption**
d Strahlungsabsorption
f absorption de radiation
s absorción de radiación
i assorbimento della radiazione

6614 **radiation counter**
d Strahlungszähler
f compteur de radiation, compteur de rayonnement
s contador de radiación
i contatore della radiazione

6615 **radiation grafting**
d Pfropfen mittels Bestrahlung
f greffage par radiation
s injerto por radiación
i innesto mediante radiazione

6616 radiation protection suit
d Strahlenschutzanzug
f vêtement de protection contre les rayonnements
s vestido de protección contra radiación
i tuta antiradiazioni

6617 radiator
d Heizelement
f radiateur
s radiator
i termosifone

6618 radical polymerization
d Radikalpolymerisation
f polymérisation radicalaíre
s polimerización radical
i polimerizzazione radicale

6619 radioactive compound
d radioaktive Verbindung
f composé radioactif
s compuesto radioactivo
i composto radioattivo

6620 radioactive tracer
d radioaktiver Tracer, Radioindikator, Isotopenindikator
f traceur radioactif
s trazador radioactivo
i tracciante radioattivo, indicatore radioattivo

6621 radioactivity
d Radioaktivität
f radioactivitê
s radioactividad
i radioattività

6622 radiography
d Röntgentechnik, Röntgenbild
f radiographie, radiographie, image de rayons X
s radiografía
i radiografia

6623 radiometry
d Radiometrie
f radiométrie
s radiometría
i radiometria

6624 radium
d Radium
f radium
s radium
i radio

6625 radius
d Radius
f rayon
s radio
i raggio

6626 radius of curvature
d Biegeradius
f rayon de courbure
s radio de curvatura
i raggio di curvatura

6627 radome
d Radom, Traglufthalle für Radiostation
f radóme
s radome
i navicella, difesa protettiva dell'antenna radar

6628 raffia
d Raffia
f raphia
s rafia
i rafia

6629 rag, chilfon
d Lumpen, Hadern
f chiffon
s trapo
i straccio

6630 rag pulling machine
d Lumpenreisser
f effilocheuse de chiffons
s deshilachadora de trapos
i macchina strappa-stracci

6631 raglan sleeve
d Raglanärmel
f manche raglan
s mangas „raglan“
i manica raglan

6632 rag-tearing machine, teaser
d Reisser
f effilocheuse
s deshiladora
i sfilacciatrice

6633 rain penetration testing
d Regendurchlässigkeitsprüfung
f contrôle de pénétration de la pluie
s ensayo de penetración de agua de lluvia
i controllo della penetrazione della pioggia

6634 rainwear, raincoat
d Regenkleidung, Regenschutzkleidung
f vêtement de pluie, imperméable, manteau de pluie
s ropa impermeable
i indumento impermeabile

6635 raised
d gerauht
f gratté
s raspado
i garzato, lanato

6636 raised finish
d aufgerauht
f molletonné
s forrado
i irruvidito, garzato

6637 raised knitted fabric
d Moltonmaschenware
f tricot molletonné
s tejido de punto forrado
i maglieria Molton

6638 raised pattern
d Reliefmuster, Muster mit Reliefwirkung
f dessin en relief
s dibujo en relieve
i campione con effetto in rilievo

6639 raised woven fabric
d Molton
f tissu molletonné
s tejido forrado
i Molton

6640 raising cam
d Nadelheber
f came d'ascension
s excéntrico levanta agujas
i camma di sollevamento (aghi)

6641 raising device
d Hubvorrichtung
f mécanisme élévateur ou élévatoire
s dispositivo de elevación, elevador
i dispositivo di sollevamento

6642 raising machine
d Rauhmaschine
f machine à lainer
s percha
i garzatrice

6643 ram
d Schafbock
f bélier
s carnero
i montone

6644 Raman spectrometer
d Raman-Spektrometer
f spectromètre Raman
s espectrómetro Raman
i spettrometro Raman

6645 Raman spectroscopy
d Raman-Spektroskopie
f spectroscopie Raman
s espectroscopia Raman
i spettroscopia Raman

6646 Rambouillet wool
d Rambouillet-Wolle
f laine de Rambouillet
s lana de Rambouillet
i lana di Rambouillet

6647 ramie
d Ramie, Chinagras
f ramie
s ramio
i ramia

6648 **ramification**
d Verzweigung
f ramification
s ramificación
i ramificazione

6649 **rando feeder**
d Rando-Speiser, Wirrvliesspeiser
f rando feeder
s rando feeder
i alimentatore RANDO, alimentatore di velo di fibre disposte a caso

6650 **rando webber**
d Rando-Webber, Wirrvlieskrempel
f rando webber
s rando webber
i carda intermedia del velo di fibre

6651 **random copolymer**
d statistisches Copolymer
f copolymère statistique
s copolimero estadístico
i copolimero random

6652 **random digitizer**
d Random-Digitalumsetzer, Digitalumsetzer System Random
f digitaliseur aléatoire
s digitalizador aleatorio
i digitalizzatore random

6653 **random distribution**
d Zufallsverteilung
f distribution au hasard
s distribución al azar
i distribuzione causale

6654 **random dyeing**
d Spritzfärben, Sprühfärben
f teinture au hasard
s tintura al azar
i tintura a spruzzo

6655 **random sample**
d Stichprobe
f Échantillon pris dans la masse
s muestra escojida al azar
i campione, saggio prelevato nella massa

6656 **random web, air lay random web**
d Wirrfaservlies, Rando-Web
f voile de fibres disposées au hasard
s velo de fibras dispuestas al azar
i velo di fibre disposte a caso

6657 **random winding**
d wilde Wicklung, Zufallswicklung
f bobinage au hasard
s bobinado al azar
i bobinaggio a caso, bobinaggio selvaggio

6658 **rapid dyeing**
d Schnellfärben
f teinture rapide
s tintura rápida
i tintura rapida

6659 **rapier**
d Greiferstab
f rapière, lance
s lanza
i asta a pinza

6660 **rapier loom**
d Greiferwebmaschine
f machine à tisser à rapières
s telar con varillas pinzadoras
i telaio a pinze, macchina per tessitura a pinze

6661 **Raschel fabric**
d Raschelware
f tricot Rachel
s tejido Raschel
i maglieria Raschel, tessuto Raschel

6662 **Raschel knitting machine**
d Raschelmaschine
f métier Rachel, métier à tricoter Rachel
s máquina de punto Raschel
i telaio Raschel

6663 **ratchet**
d Sperrklinke, Klinkenrad
f rochet
s gatillo
i dente d'arresto

6664 ratiné
d Ratiné
f ratinè
s ratinado
i ratinato

6665 rationalization
d Rationalisierung
f rationalisation
s racionalización
i razionalizzazione

6666 ravel strip strength
d Grabtestfestigkeit
f résistance sur èprouvette effilochèe
s resistencia en probeta deshilachada
i resistenza su campione sfilacciato

6667 ravelling
d Reissspinnstoff
f effilochure de tissu
s deshilado
i stoffa filata open-end, stoffa sfilacciata

6668 ravelling strength
d Ausfransfestigkeit, Ausfranswiderstand
f résistance à l'effilochage
s resistencia al deshilachado
i resistenza alla sfilacciatura

6669 raw
d roh
f brut
s bruto
i greggio

6670 raw cotton
d Rohbaumwolle
f coton brut
s algodón tosco, basto
i cotone grezzo

6671 raw material
d Rohmaterial, Rohstoff
f matière première
s materia prima
i materia prima

6672 rawhide
d Rohhaut
f peau brute
s cuero crudo
i pelle greggia

6673 ray, jet
d Strahl
f rayos, jet
s rayo
i raggio, getto

6674 rayon blend
d Mischung aus Reyonfäden
f mélange de rayonnes
s mezcla de rayón
i miscela di fili di rayon

6675 rayon dyeing
d Färben von Viskose
f teinture de la rayonne
s tintura del rayón
i tintura della viscosa

6676 RC circuit
d RC-Schaltkreis
f circuit avec capacitè et résistance
s circuito con capacidad y resistencia
i circuito RC

6677 reabsorption
d Resorption
f résorption
s reabsorción
i riassorbimento

6678 react
d Reagieren
f réagir
s reaccionar
i reagire

6679 reactant
d Reaktant
f réactif
s reactivo
i reagente

6680 reaction
d Reaktion
f réaction
s reacción
i reazione

6681 reaction entropy
d Reaktionsentropie
f entropie de réaction
s entropia de reacción
i entropia di reazione

6682 reaction kinetics
d Reaktionskinetik
f cinétique de la réaction
s cinética de la reacción
i cinetica della reazione

6683 reaction rate
d Reaktionsgeschwindigkeit
f vitesse de la réaction
s velocidad de la reacción
i velocità di reazione

6684 reactive dye
d Reaktivfarbstoff
f colorant réactif
s colorante reactivo
i colorante reattivo

6685 reactive dyeing
d Reaktivfärben, Färben mit Reaktivfarbstoffen
f teinture avec colorant réactif
s tintura con colorante reactivo
i tintura con colorante reattivo

6686 reactive group
d reaktive Gruppe
f groupe réactif
s grupo reactivo
i gruppo reattivo

6687 reactive resin
d Reaktantharz
f résine réactive
s resina reactiva
i resina reattiva

6688 reactive site
d reaktive Stelle, reaktionsfähige Stelle
f site réactif
s sitio reactivo
i punto reattivo

6689 reactivity
d Reaktionsfähigkeit, Reaktivität
f réactivitè
s reactividad
i reattività

6690 reagent
d Reagenz
f réactif, agent chimique
s reactivo
i reagente

6691 real twist, true twist
d echte Drehung
f torsion réelle, torsion effective
s torsión real
i torsione reale

6692 real volume
d Realvolumen, tatsächliches Volumen
f volume réel
s volumen real
i volume reale

6693 rear
d Hinterseite
f arrière
s posterior
i lato posteriore

6694 rebreaking
d Nachkonvertieren
f recraquage
s segundo paso de rotura
i riconversione

6695 receiver
d Empfänger
f récepteur, écouteur, répondeur
s receptor
i ricevitore

6696 receiving inspection
d Wareneingangskontrolle
f contrôle de réception
s control de recepción
i controllo ingresso merci

6697 reception
d Empfang
f réception
s recepción, recibimiento
i ricezione

6698 recession
d Rezession
f récession, résiliation
s recesión
i recessione

6699 recipe
d Rezeptur
f recette
s receta
i ricetta

6700 reciprocating knitting
d Pendelbewegung beim Rundstricken
f tricotage alternatif
s tricotado alternativo
i movimento oscillante nella macchina circolare per maglieria

6701 reciprocating traverse
d alternierende Bewegung, wechselnde Bewegung
f mouvement alternatif, va-et-vient alternatif
s movimiento alternativo
i movimento alternato

6702 recognition
d Erkennung
f reconnaissance
s reconocimiento
i riconoscimento

6703 recombed top
d nachgekämmter Kammzug
f ruban de double peigne
s cinta repeinada
i tops ripettinati

6704 recombing
d Nachkämmen
f double peignage
s peinado doble
i ripettinatura

6705 reconstruction, transformation
d Umbau
f reconstruction, transformation
s reformas, modificaciones
i ricostruzione, trasformazione

6706 record
d Rekord
f record
s record
i record

6707 recovered wool
d Reisswolle, Altwolle
f laine renaissance
s lana regenerada
i lana di ricupero

6708 recovery
d Wiedergewinnung
f récupération
s recuperación
i ricupero

6709 recovery, recuperation, retreival
d Rückgewinnung
f récupération
s recuperación
i recupero

6710 recovery system
d Wiedergewinnungsart
f mode de récupération
s sistema de recuperación
i sistema di ricupero

6711 recrystallization
d Rekristallisation
f recristallisation
s recristalización
i ricristallizzazione

6712 rectilinear comb
d Flachkämmaschine
f peigneuse rectíligne
s peinadora rectilinea
i pettinatrice rettilinea

6713 rectilinear combing
d Flachkämmen
f peignage rectiligne
s peinado rectilíneo
i pettinatura rettilinea

6714 rectilinear motion
d Geradeausbewegung, Linearbewegung
f mouvement rectiligne
s movimiento rectilíneo
i moto rettilineo

6715 rectilinear movement
d Geradlinige Bewegung
f mouvement rectiligne
s movimiento rectilíneo
i moto rettilineo

6716 recure
d Repolymerisation
f répolymérisation
s repolímerízación
i ripolimerizzazione

6717 recycling
d Wiederverwendung, Recycling, Kreislaufführung zur Wiederverwendung
f recyclage
s reciclaje
i recycling, riciclaggio

6718 recycling product
d wiedergewonnenes Produkt
f produit de recyclage
s producto de reciclaje
i prodotto di riciclaggio

6719 redox catalysis
d Redoxkatalyse
f catalyse redox
s catàlisis redox
i catalisi redox

6720 redox potential
d Redoxpotential
f potentiel redox
s potencial redox
i potenziale redox

6721 redox reaction
d Redoxreaktion
f réaction redox
s reacción redox
i reazione redox

6722 reduce
d beschränken, Reduzieren
f réduire, réduire, diminuer
s reducir, reducir
i ridurre

6723 reduced sample
d kleines Prüfstück
f échantillon réduit
s muestra reducida
i campione piccolo

6724 reduced scale
d verkleinerter Massstab
f échelle réduite
s escala reducida
i scala ridotta

6725 reduced speed
d verringerte Geschwindigkeit
f vitesse réduite
s velocidad reducida
i velocità ridotta

6726 reducing agent
d Reduktionsmittel
f agent de réduction
s reductor
i agente di riduzione

6727 reducing in worsted process
d Feinkämmen
f affinage en filature de laine peignée
s reducción en hilatura de lana peinada
i processo di affinazione nella filatura di lana pettinata

6728 reduction
d Reduzierung
f réduction, diminution
s reducción
i riduzione

6729 reduction padder
d Reduktionsfoulard
f foulard pour réduction
s fulard de reducción
i fularde di riduzione

6730 redyeing
d Umfärben
f reteinture
s retintura
i ritingere

6731 reed
d Webeblatt, Blatt der Webmaschine
f peigne
s peine
i pettine del telaio

6732 reed, comb
d Riet
f ros, rot, peigne
s peine de telar
i pettine

6733 reed dent
d Rietstab
f dent de peigne
s diente del peine de tisaje
i dente per pettine

6734 reed draft
d Rieteinzugschema, Passierschema
f schéma de rentrage en peigne, plan de rentrage en peigne, schéma de piquage en peigne
s esquema des pasado del peine
i schema di passatura del pettine

6735 reed hook
d Rietstecherhaken, Passierhaken
f crochet de rentrage en peigne
s gancho de pasado del peine
i uncino di rimettitura

6736 reed mark
d Rietfehler
f marque de peigne, trace de peigne
s marca del peine
i velocità ridotta

6737 reed rake
d Rietstreifen-Gewebefehler
f effet de râteau du peigne
s efecto de peine
i agente di riduzione

6738 reed space
d Rietbreite
f empeignage
s claro del peine
i larghezza del pettine del telaio

6739 reed width
d Blattweite, Rietweite
f largeur de peigne
s ancho del peine
i ampiezza del pettine del telaio

6740 reed wire
d Rietdraht
f fil pour dent de peigne, lame de peigne
s laminilla de peine
i filo del pettine del telaio

6741 reeding, sleying
d Rieteinziehen, Passieren
f rentrage en peigne, piquage en peigne
s pasado del peine
i passatura nel pettine

6742 reedy fabric
d rietstreifiges Gewebe
f tissu avec marques de peigne
s tejido con marcas de peine
i tessuto rigato in catena

6743 reel
d Haspel
f dévidoir, aspe
s aspador
i aspatrice

6744 **reel, spool, bobbin**
d Wickel
f bobinage, rouleau (de nappe)
s rulo, envoltorio
i bobina

6745 **reeling**
d Haspeln, Stranghaspeln
f mise en écheveau, mise en échevette
s aspeado
i aspatura

6746 **reeling machine**
d Haspelmaschine
f bobinoir à écheveaux
s devanadora
i macchina aspatrice

6747 **re-export**
d Reexportieren
f ré-exporter
s reexportar
i riesportare

6748 **reference**
d Referenz
f référence
s referencia
i riferimento

6749 **reflectance**
d Lichtreflexion
f réflectance, réflexion optique
s reflectancia
i riflessione della luce

6750 **reflected light**
d reflektiertes Licht
f lumière réflêchie
s luz reflejada
i luce riflessa

6751 **reflection**
d Reflexion, Wiederspiegelung
f réflexion
s reflexión
i riflessione

6752 **reflection spectrum**
d Reflexionsspektrum
f spectre de réflexion
s espectro de reflexión
i spettro di riflessione

6753 **reflectivity**
d Reflexionsvermögen
f réflectivité
s reflectividad
i riflettività

6754 **reflectometer**
d Reflexionsmessgerät, Reflektometer
f réflectomètre
s reflectómetro
i riflettometro

6755 **refractance**
d Lichtbrechung, Refraktion
f réfraction
s refracción
i rifrazione

6756 **refractive index**
d Lichtbrechungsindex
f indice de réfraction
s indice de refracción
i indice di rifrazione

6757 **refractometer**
d Refraktometer
f rêfractomètre
s refractómetro
i rifrattometro

6758 **refractometry**
d Refraktometrie
f réfractométrie
s refractometria
i rifrattometria

6759 **refractory fiber**
d feuerfeste Faser, nichtbrennbare Faser, nichtentflammbare Faser
f fibre réfractaire
s fibra refractaria
i fibra refrattaria

6760 refractory firing
d Feuerfestmachen durch Brennen
f cuisson de matière réfractaire
s cocción de materia refractaria
i rendere refrattario tramite la cottura

6761 refractory material
d feuerfestes Material
f matière réfractaire
s materia refractaria
i materiale refrattario

6762 refrigeration
d Kühlung
f réfrigération
s refrigeración
i refrigerazione

6763 regain, moisture regain
d Feuchtigkeitszuschlag, handelsüblicher Feuchtigkeitszuschlag, Handelsfeuchte
f taux de reprise d'humidité
s tolerancia de humedad comercial
i tolleranza di umidità commerciale

6764 regenerate
d Regenerieren
f régénérer
s regenerar
i rigenerare

6765 regenerated
d regeneriert
f régénéré
s regenerado
i rigenerato

6766 regenerated cellulose
d regenerierte Cellulose, Regeneratcellulose
f cellulose règénérêe
s celulosa regenerada
i cellulosa rigenerata

6767 regenerated cellulose fiber
d regenerierte Cellulosefaser
f fibre de cellulose régénérêe
s fibra de celulosa regenerada
i fibra di cellulosa rigenerata

6768 regenerated polymer fiber
d Regeneratfaser
f fibre artificielle
s fibra de polímero regenerado
i fibra di polimero rigenerato

6769 regenerated polymer filament
d Regeneratpolymerfilament
f filament artificiel
s filamento de polimero regenerado
i filamento di polimero rigenerato

6770 regenerated polymer filament yarn
d Regeneratpolymerfilamentgarn
f fil de filaments artificiels
s hilo de filamentos de polimeros regenerados
i filato a bava continua di polimero rigenerato

6771 regenerated polymer spun yarn
d Regeneratpolymerfasergarn
f filé artificiel
s hilado de fibra de polimero regenerado
i filato da fibra in fiocco di polimero rigenerato

6772 regenerated polymer yarn
d Regeneratpolymergarn
f fil artificiel
s hilo de polimero regenerado
i filo in polimero rigenerato

6773 regenerated protein fiber, man made protein fiber
d Regenerateiweissfaser, Eiweissregeneratfaser
f fibre de protèine régénèrèe, fibre chimique de protéine
s fibra de proteína regenerada
i fibra di proteina rigeranata

6774 regeneration
d Regenerierung, Wiederaufbereitung
f régènération
s regeneración
i rigerenazione

6775 register
d Aufzeichnen, Registrieren
f enregistrer
s registrar
i registrare

6776 registered trade name
d Schutzzeichen
f marque dèposée
s marca registrada
i marchio registrato

6777 regression analysis
d Regressionsanalyse
f analyse de régression
s análisis de regresión
i analisi di regressione

6778 regression coefficient
d Regressionskoeffizient
f coefficient de régression
s coeficiente de regresión
i coefficiente di regressione

6779 regular braid
d normales Geflecht
f tresse ordinaire
s trenza regular
i treccia normale

6780 regular saddle stitch
d normaler Sattlerstich
f point de sellier ordinaire
s punto regular de guarnicionero
i punto da sellaio normale

6781 regular twill
d Normalköper
f serge ordinaire
s sarga corriente
i saia normale, saia ordinaria

6782 regularity
d Gleichmässigkeit
f régularité
s regularidad
i regolarità

6783 regularity tester
d Gleichmässigkeitsprüfgerät
f régularimêtre
s regularímetro
i apparecchio per il controllo della regolarità

6784 regulation
d offizielle Vorschrift, amtliche Vorschrift, gesetzliche Vorschrift
f réglementation
s prescripción
i norma di legge

6785 regulation plan
d Normentwurf
f plan, projet, étude de normes, de règles
s proyecto de norma
i progetto di norma

6786 regulator
d Regler
f règulateur
s regulador
i regolatore

6787 reinforced hose
d verstârkte Schlauchware
f tuyau renforcé, tissu tubulaire renforcé
s manguera reforzada
i tessuto tubulare rinforzato

6788 reinforced knitted fabric
d verstärkte Maschenware
f tricot renforcé
s tejido de punto reforzado
i maglieria rinforzata

6789 reinforced plastics
d verstärkter Kunststoff
f plastique renforcé
s plástico reforzado
i plastica rinforzata

6790 reinforcement
d Verstärkung
f armature, grille de renfort
s armadura
i rinforzo

6791 relative humidity
d relative Feuchtigkeit
f humidité relative
s humedad relativa
i umidità relativa

6792 relative value
d relativer Wert
f grandeur relative
s valor relativo
i valore relativo

6793 relative velocity
d Relativgeschwindigkeit
f vitesse relative
s velocidad relativa
i velocità relativa

6794 relative viscosity
d relative Viskosität
f viscositè relative
s viscosidad relativa
i viscosità relativa

6795 relaxation process
d Entspannungsbehandlung
f procédé de relaxation
s procedimiento de relajación
i trattamento di rilassamento

6796 relaxation, relaxing
d Relaxation, Entspannung
f relaxation, relâchement
s relajación
i rilassamento

6797 relaxation shrinkage
d spannungsloses Krumpfen, spannungsloses Schrumpfen, Relaxationsschrumpf
f retrait de relaxation, retrait de relaxation, de relâchement
s encogimiento por relajación, restricción por relajacción
i ritiro di rilassamento, restrizione da rilassamento

6798 relaxation spectrnm
d Erholungsdiagramm
f courbe de relaxation
s curva de relajación
i diagramma di rilassamento

6799 relaxing machine
d Warenentspannungsmaschine
f machine de relaxation
s máquina de relajación
i macchina per il rilassamento del tessuto

6800 relay
d Relais, Schaltorgan
f relais
s relé
i relè

6801 relay-nozzle
d Stafettendüse
f filière à estafette
s hilera a estafeta
i filiera a staffetta

6802 release spring
d Rückzugfeder
f ressort de rappel
s resorte de llamada
i molla di richiamo

6803 remodelling, restyling
d Anderung an Kleidern
f retouche, mise à la taille
s retoque
i ritocchi agli abiti

6804 remote control
d Fernsteuerung
f télécommande, commande à distance
s telecontrol
i comando a distanza

6805 removal
d Beseitigen, Entfernen
f élimination
s eliminación
i eliminazione

6806 removal by suction
d Absaugen, Fortsaugen
f élimination par aspiration
s eliminación por absorción
i aspirazione

6807 reparation
d Reparatur, Instandsetzung
f réparation
s reparación
i riparazione

6808 repartition
d Aufteilung, Teilung
f répartition
s repartición
i ripartizione

6809 repeated tensile strength
d Festigkeit gegen zyklische Zugversuche, zyklische Zugfestigkeit
f résistance aux extensions cycliques
s resistencia a las extensiones ciclicas
i resistenza ciclica alla trazione

6810 repercussion
d Rückwirkung
f répercussion
s repercusión
i ripercussione

6811 repetitivity
d Wiederholbarkeit
f répétitivité
s repetitividad
i ripetibilità

6812 replacement
d Ersatz
f remplacement
s substitución
i sostituzione

6813 report
d Bericht
f exposé
s relación
i relazione

6814 repp
d Rips
f reps
s reps
i tessuto reps

6815 represent
d Darstellen
f décrire, représenter
s representar, describir
i rappresentare

6816 representation
d Darstellung
f répresentation
s representación, descripción
i rappresentazione

6817 reprint, new impression
d Neuauflage
f reédition
s reedición
i ristampa

6818 reproduce
d Reproduzieren
f reproduire, répéter
s reproducir
i riprodurre

6819 reproducibility
d Reproduzierbarkeit
f reproductibilité
s reproductibilidad
i riproducibilità

6820 reproducible
d reproduzierbar
f reproductible
s reproducible
i riproducibile

6821 reproduction
d Reproduktion
f reproduction
s reproducción
i riproduzione

6822 reprography
d Reprographie, Photokopieren
f reprographie
s reprografía
i fotocopia

6823 request
d Nachfragen
f demande
s demanda
i richiesta

6824 requirement, need
d Bedarf
f demande, besoin
s necesidad
i fabbisogno

6825 requirements chart
d Fflichtenheft
f cahier des charges
s pliego de condiciones
i capitolato d'oneri

6826 research
d Forschung
f recherche
s investigación
i ricerca

6827 research center
d Forschungszentrum
f organisme de recherche
s organismo de ínvestigación
i centro di ricerca

6828 research report
d Forchungsbericht
f rapport de recherche
s informe de investigación
i relazione di ricerca

6829 researcher
d Forscher
f chercheur
s investigador
i ricercatore

6830 reserve effect
d Reservierwirkung
f effet de réserve
s efecto de reserva
i effetto riserva

6831 reserve package
d Reservespule
f bobine de réserve
s bobina de reserva
i bobina di riserva

6832 residual elasticity
d Restelastizität
f èlasticitè résiduelle
s elasticidad residual
i elasticità residua

6833 residual fat
d Restfettgehalt
f matière grasse rèsiduaire, taux résiduaire de gras
s grasa residual
i grasso residuo

6834 residual moisture
d Restfeuchte
f humidité rèsiduelle
s humedad restante
i umidità residua

6835 residual shrinkage
d Restschrumpfung
f retrait résiduel
s encogimiento residual
i ritiro residuo

6836 residual strain
d Restverformung
f déformation rèsiduelle
s deformación residual
i deformazione residua

6837 residual stress
d Restspannung
f contrainte résiduelle
s esfuerzo residual
i tensione residua

6838 residual torque
d Restdrehungsmoment
f couple résiduel de torsion
s momento de torsión residual
i torsione residua

6839 **residue**
d Rückstand, Rest, fllberrest
f résidu
s residuo
i residuo

6840 **resilience, springiness**
d Federung
f rèsilience, résistance élastique
s resiliencia
i resilienza

6841 **resin**
d Harz
f résine
s resina
i resina

6842 **resin curing**
d Harzpolymerisation
f polymérisation de la résine
s polimerización de la resina
i polimerizzazione della resina

6843 **resin curing machine**
d Harzaushärtungsmaschine
f machine de polymérisation de résine
s máquina de polimerización de resina
i macchina di polimerizzazione delle resine

6844 **resin finish**
d Harzausrüstung, Harzveredlung
f apprèt à la rèsine
s apresto con resina
i finissaggio con resine

6845 **resinography**
d Resinographie
f rêsinographie
s resinografia
i resinografia

6846 **resist printing**
d Reservedruck
f impression par réserve
s estampado por reserva
i stampa con riserva

6847 **resistance**
d Widerstand
f résistance
s resistencia
i resistenza

6848 **resistance coefficient**
d Widerstandsbeiwert
f coefficient de résistance
s coeficiente de resistencia
i coefficiente de resistenza

6849 **resistance to acids**
d Säurebeständigkeit
f résistance aux acides
s resistencia a los àcidos
i resistenza agli acidi

6850 **resistance to alkalis**
d Alkalibeständigkeit, Alkaliechtheit, alkalische Echtheit
f résistance aux alcalis
s resistencia a los álcalis
i resistenza agli alcali

6851 **resistance to bleeding**
d Ausblutfestigkeit
f soliditê au dégorgement
s solidez ai corrimiento del color
i resistenza alleo stingimento

6852 **resistance to chemicals**
d Chemikalienbeständigkeit
f résistance aux agents chimiques
s resistencia a los agentes quimicos
i resistenza alle sostanze chimiche

6853 **resistance to delamination**
d Aufspaltwiderstand, Spaltwiderstand
f résistance à la séparation de couches
s resistencia a la separación en capas
i resistenza alla separazione degli strati

6854 **resistance to diffusion**
d Diffusionswiderstand
f résistance à la diffusion
s resistencia a la difusión
i resistenza alla diffusione

6855 resistance to splice
d Spleissfestigkeit
f résistance au déchirement
s resistencia al desgarro
i resistenza allo strappo

6856 resistant to ageing
d Alterungsbeständigkeit
f résistance au viellissement
s resistencia al envejecimiento
i resistenza all'invecchiamento

6857 resistent to rot
d Fäulnisbeständigkeit
f résistance à la pourriture
s resistencia a la prutrefacción
i resistenza all' imputridimento

6858 resistivity
d spezifischer elektrischer Widerstand
f résistivité, résistivité électrique
s resistividad
i resistività

6859 resolving power
d Auflösungsvermögen (optisch)
f pouvoir de résolution
s poder de resolución
i potere di risoluzione

6860 resolving power of the microscope
d Auflösungsvermögen des Mikroskops
f pouvoir de résolution du microscope
s poder de resolución del microscopio
i potere di risoluzione del microscopio

6861 resonance
d Resonanz, Mitschwingung
f résonance
s resonancia
i risonanza

6862 resonance frequency, natural frequency, resonant frequency
d Resonanzfrequenz
f fréquence de résonance, fréquence naturelle
s frecuencia de resonancia
i frequenza di risonanza

6863 resorcinol
d Resorcin
f résorcine
s resorcina
i resorcina, resorcinolo

6864 response time
d Rückmeldezeit
f temps de réponse
s tiempo de respuesta
i tempo di risposta

6865 restoration
d Wiederherstellen, Wiederherrichtung, Restauration
f restauration
s restauración
i restauro

6866 restraining agent
d Drosselungsmittel
f agent modêrateur
s agente moderador
i agente di regolazione

6867 restriction of cross-section
d Querschnittsverengung
f striction en pourcent
s estrechamiento del corte transversal
i restrizione della sezione

6868 restructuring
d Umstrukturierung
f redressement, restructuration
s reestructuración
i ristrutturazione

6869 result, outcome
d Ergebnis
f résultat
s resultado
i risultato

6870 retarder
d Ruffer, Stossabsorber
f dispositif amortisseur
s retardador
i assorbente, tampome

6871 retarding agent
d Retardiermittel
f agent retardateur
s agente retardador
i agente ritardante

6872 retention
d Retention, Zurückbehalten
f rétention
s retención
i ritenzione

6873 reticulant
d Vernetzmittel
f agent de réticulation
s agente de reticulación
i reticolante

6874 reticulating resin
d vernetzendes Harz
f résine réticulante
s resina reticulante
i resina reticolante

6875 reticulation
d Vernetzung
f réticulation
s reticulación
i reticolazione

6876 retractometry
d Retraktometrie, Schrumpfwertmessung
f rêtractométrie
s retractometria
i ritrattometria

6877 retrodiffusion
d Retrodiffusion, Rückdiffundieren
f rétrodiffusion
s retrodifusión
i retrodiffusione

6878 retting
d Rotten, Verrotten, Verfaulen
f rouissage
s enriado
i macerazione

6879 return force
d Federkraft, Rückstellkraft
f force de rappel
s fuerza de retroceso
i forza di richiamo

6880 reversal
d Umkehren
f retournement
s vuelta al revés
i inversione

6881 reverse
d Gegenzug
f a' contre-marche
s contromarcha
i contromarcia

6882 reverse gear
d Rückwärtsgang
f marche arrière
s marcha atrás
i marcia indietro

6883 reverse motion
d Schaftmaschinengegenzug
f contre-marche
s contramarcha
i contromarcia

6884 reverse osmosis
d invertierte Osmose, Umkehrosmose, reverse Osmose
f osmose inverse
s ósmosis inversa
i osmosi inversa

6885 reverse welting
d Umkehr
f formation du revers rabattu
s formación del reverso rebatido
i inversione, formazione del rovescio ribattuto

6886 reversibility
d Umkehrbarkeit, Reversibilität
f réversibilité
s reversibilidad
i reversibilità

6887 reversible
d Reversibel
f réversible
s reversible
i reversibile

6888 reversible fabric
d beidseitig verwendbares Gewebe, Duplexgewebe
f tissu réversible
s tejido reversible
i tessuto a doppia faccia alternata

6889 reversible garment
d Wendebekleidung
f vêtement rèversible
s prenda reversible
i abbigliamento reversibile

6890 reversing
d Laufrichtungsumkehr
f inversion de marche
s inversión de marcha
i inversione di marcia

6891 revision
d Nachprüfung
f rêvision
s revisión
i revisione

6892 revolution number
d Drehzahl
f nombre de tours
s número de vueltas
i numero di giri

6893 revolving flat card, flat top card
d Wanderdeckelkarde
f carde à chapeaux marchants
s carda de chapones giratorios
i carda a cappe mobili

6894 rewinding
d Zurückspulen, Rückspulen
f rêbobinage
s rebobinado
i riavvolgere

6895 rheological property
d rheologische Eigenschaft
f propriété rhéologique
s propiedad reológica
i proprietà reologiche

6896 rheology
d Rheologie
f rhêologie
s reologia
i reologia

6897 rhodanine
d Rhodanin
f rhodanine
s rodanina
i rodanina

6898 rhythm
d Rhithmus
f rythme
s ritmo
i ritmo

6899 rib border
d Ripprand
f bord côte
s ribete
i bordo a coste

6900 rib dial
d Rippscheibe
f disque à côtes
s disco a costillas
i disco a coste

6901 rib gatting
d Rippstellung
f calage côte
s calado punto
i posizione a coste, regolazione degli aghi (per fare le coste)

6902 rib knitted fabric
d Rippmaschenware
f tricot côte
s tejido de punto acanalado
i maglieria a coste

6903 rib knitting
d Feinrippstricken
f tricotage côte
s tricotado de punto inglès
i maglieria a coste fini

6904 rib set
d Köperstich
f boutage en chevron
s tejido de guarnición de carda
i tessuto di guarnizione di carda

6905 rib to plain Cotton machine
d Cottonmaschine mit Hilfsfontur, Flachkulierwirkmaschine mit Hilfsfontur
f métier Cotton à fonture auxiliaire
s telar Cotton con fontura auxiliar
i telaio COTTON con fila di aghi ausiliaria

6906 rib transfer
d Ripprandübertragung
f rebroussage
s remontado de mallas
i trasferimento di bordo a coste

6907 rib weave
d Ripsbindung
f armure côte
s ligamento acanalado
i armatura reps

6908 ribbon
d gewebtes Band, Webband
f ruban
s cinta
i nastro di filatura

6909 ribbon breaking
d Bildstörung
f technique antiruban
s técnica anticinta
i eliminazione nastri

6910 ribbon lap
d Bandwickel, Faserbandwickel
f nappe de rubans
s napa de cintas
i rotolo di nastri, gomitolo di nastri

6911 ribbon lap machine
d Wickelkehrstrecke
f étirage à surface gauche
s manuar de napas
i macchina per avvolgere nastri

6912 ribbonbreaker
d Bildstörgetriebe, Störgetriebe
f dispositif antiruban
s dispositivo anticinta
i dispositivo per eliminare i nastri

6913 ribboning
d Bildwicklung
f formation de ruban au bobinage
s formación de cinta en el bobinado
i formazione di nastri durante il bobinaggio

6914 rib-to-plain iully-fashioned garment
d reguläre Maschenware mit Ripprand, abgepasste Maschenware mit Ripprand, fullyfashioned Maschenware mit Ripprand
f tricot proportionné à bord côte tenant
s tricot menguado con dobladillo
i maglieria proporzionata con bordo a coste

6915 Rieter converter
d Rieter-Konverter
f convertisseur Rieter
s convertidor Rieter
i convertitore Rieter

6916 right hand rule
d Rechte-Hand-Regel
f règle des 3 doigts de la main droite
s regla de los tres dedos de mano derecha
i regola della mano destra, regola di Fleming

6917 rigid rapier
d Stangengreifer
f grip
s vara prénsil
i benna prensile

6918 rigid rapier loom
d Greiferstangenwebmaschine
f machine à tisser à lance rigide
s máquina de tejer de lanza rigida
i telaio a lancia rigida

6919 ring
d Ring
f anneau
s anillo
i anello

6920 ring condenser
d Ringflorteiler
f diviseur à grands cercles
s divisor de velo de anillo
i divisore circolare del pelo

6921 ring frame
d Ringspinnmaschine
f métier à anneau, continu à anneau, métier à filer à anneau
s continua de anillos
i filatoio continuo ad anelli

6922 ring opening
d Offnen des Benzolrings
f ouverture de cycle
s apertura del ciclo
i apertura dell'anello benzolico

6923 ring rail
d Ringbank
f plate-bande porte anneaux
s balancín porta anillos
i banchina porta anelli

6924 ring spinning, ring frame spinning
d Ringspinnen
f filature à anneaux, filature sur continu à anneaux, filature sur métier à anneaux
s hilatura con anillos
i filatura continua ad anelli

6925 ring spun yarn
d Ringspinngarn
f fil continu à anneaux
s hilo continuo a anillos
i filato continuo ad anelli

6926 ring twister
d Ringzwirnmaschine
f métier à retordre à anneau
s retorcedora a anillos
i ritorcitoio continuo ad anelli

6927 ring twisting
d Ringzwirnen
f retordage à anneau
s retorcido a anillos
i ritorcitura continua ad anelli

6928 rinsing
d Spülen, Ausspülen, Abspülen
f rínçage
s enjuagado
i risciacquare

6929 rinsing bath
d Spülbad
f bain de rinçage
s baño de aclarado
i bagno di risciacquo

6930 ripping
d Nahtauftrennen
f action de dècoudre
s acción de descoser
i scucire, separare la cucitura

6931 ripple
d schmale Falte
f petit plissé
s pequeña ondulación
i piega stretta

6932 rise
d Aufstieg
f montée
s ascenso
i salita

6933 rise in temperature
d Temperaturanstieg, Temperaturerhöhung
f montée en température
s elevación de temperatura
i aumento di temperatura

6934 **rivet**
d Niete
f rivet
s remache
i rivetto

6935 **riveted tuft carpet**
d Nadelflorware mit Garnvernietung
f tapis tuftè à touffes rivetées
s alfombra tufting con ribetes densos
i tappeto di pelo a ciuffi ribattuti

6936 **robot**
d Roboter
f robot
s robot
i robot

6937 **rock wool**
d Steinwolle
f laine de roche
s lana de roca
i lana di roccia

6938 **Rodney Hunt saturator**
d Rodney-Hunt-Tränkeinrichtung
f saturateur Rodney Hunt
s saturador Rodney Hunt
i saturatore di Rodney Hunt

6939 **role**
d Funktion
f rôle
s rol
i funzione

6940 **roll**
d Walze
f rouleau, cylindre
s rodillo
i rullo

6941 **roll boss**
d einstellbarer Druckzylinder
f cylindre de pression à table mobile
s cilindro de presión con tabla móvil
i cilindro regolabile di stampa

6942 **roll covering**
d Walzenbezug
f garniture de cylindre
s recubrimiento de cilindro
i rivestimento del cilindro

6943 **roll eccentricity**
d Walzenexzentrizität
f excentrícitè du cylindre
s excentricidad del cilindro
i eccentricità del rullo

6944 **roll setting**
d Streckfeldweite
f écartement des cylindres d'étirage
s ajuste de los cilindros
i scartamento dei cilindri di stiratura

6945 **roll weighting**
d Walzenbelastung
f pression sur le cylindre, charge de cylindre
s presión en el cílindro
i pressione sui cilindri

6946 **rolled selvedge**
d eingerollte Leiste
f lisiére roulée
s orillo enrollado
i orlo arrotolato

6947 **roller**
d Abzugsrolle
f galet
s cilindro
i cilindro di levata

6948 **roller bearing**
d Rollenlager
f roulement à rouleaux
s rodamiento de rodillos
i cuscinetto a rulli

6949 **roller blind, window blind**
d Rollo
f rouleau, store
s rollo
i avvolgibile, persiana avvolgibile

6950 roller coat
d Druckwalzenbezug
f revêtement de cylindre de pression
s revestimiento del cilindro de presión
i rivestimento del cilindro di pressione

6951 roller coating
d Walzenbeschichtung
f enduction au rouleau
s recubrimiento por cilindros
i rivestimento dei cilindri

6952 roller draft
d Walzenverzug
f ètirage par cylindres
s estirado por cilindros
i stiro con i clindri

6953 roller drafting
d Walzenstrecken
f procédé d'étirage par cylindres
s procedimiento de estirado por cilindros
i stiraggio con i clindri

6954 roller ginning
d Walzenentkörnung
f égrenage par cylindre
s desmotado con cilindros
i sgranatura con cilindri

6955 roller nip
d Walzenklemmstelle
f point de pinçage des cylindres
s punto de pinzado del cilindro
i punto di bloccaggio dei cilindri

6956 roller printing, calender printing
d Rouleauxdruck
f impression aux rouleaux, impression à la calandre, impression par cylindres
s estampación con cilindros
i stampa a cilindri

6957 roller printing machine
d Rouleauxdruckmaschine
f machine d'impression aux rouleaux
s estampadora de rodillos
i macchina per stampa a cilindri

6958 roller shalt
d Walzenachse, Zylinderachse
f axe du cylindre
s eje del cilindro
i asse del cilindro, asse del rullo

6959 roller slip(page)
d Zylinderschlupf
f patinage du cylindre, glissement du cylindre
s resbalamiento del cilindro
i slittamento del cilindro

6960 roller top card
d Walzenkrempel
f carde à cylindres travailleurs
s carda de cilindros trabajadores
i carda traversa

6961 rollerlap
d Streckwerkswickel
f défaut d'enroulement sur cylindre
s defecto de arrollamíento sobre cilindro
i difetto di arrotolamento su cilindro

6962 rolling
d rollende Bewegung, Rollbewegung
f mouvement de roulement
s movimiento de rodamiento
i movimento di rotolamento

6963 rolling friction
d rollende Reibung, Rollreibung
f frottement de roulement
s fricción de rodamiento
i attrito di rotolamento

6964 rolling locker machine
d Rolling-Locker-Strickereimaschine
f métier dentelle rolling locker
s telar de encajes rolling locker
i macchina per maglieria rolling locker

6965 rolling machine
d Wickelmaschine -
f enrouleuse
s enrolladora
i gomitolatrice, macchina per arrotolare

6966 rolling mill
d Zylinderwalke
f foulon à cylindres
s batán de cilindros
i follone del cilindro

6967 Romney Marsh wool
d Romney-Marsh-Wolle
f laine de Romney Marsh
s lana de Romney Marsh
i lana Romney-Marsh

6968 romper
d Strampelhose
f barboteuse
s pelele
i pagliaccetto

6969 room temperature
d Raumtemperatur
f température du local
s temperatura del local
i temperatura ambiente

6970 rope
d Seil
f corde
s cuerda
i corda

6971 rope bleaching
d Strangbleiche
f blanchiment en boyau
s blanqueo en cuerda
i sbianca in corda

6972 rope dyeing
d Strangfärben
f teinture en boyau
s tintura en cuerda
i tintura in corda

6973 rope form treatment
d Strangbehandlung, strangförmige Verarbeitung
f traitement en boyau
s tratamiento en cuerda
i trattamento in corda

6974 rope laying
d Seilschlag
f toronnage
s trenzado de cuerdas
i avvolgimento della corda

6975 rope machine
d Verseilmaschine
f machine de corderie
s màquina para cuerda
i macchina per corderia

6976 rope mark
d Strangfärbefehler
f défaut de teinture en boyau
s defecto de tintura en cuerda
i difetto di tintura in corda

6977 rope opening, expand cloth in rope form
d Strangöffnen
f ouvrir l'écheveau
s abrir la madeja
i aprire la matassa

6978 rope pulling
d Strangziehen
f Étirer l'écheveau
s estirar la madeja
i tirare la matassa

6979 rope retting
d Taurotte
f macération des cordages
s macéración de las cuerdas
i macerazione delle corde

6980 rope scouring
d Strangwaschen
f lavage à fond en boyau
s lavado fuerte en cuerda
i lavaggio in corda

6981 rope scouring machine
d Strangwaschmaschine
f machine de lavage à fond en boyau
s máquina de lavado fuerte en cuerda
i lavatrice per lavaggio in corda

6982 rope soaper
d Klapot, Clapot
f clapot
s clapot
i clapot

6983 rosin
d Kolophonium
f colophane
s colofonia
i colofonia, pece greca

6984 rotaformer
d Rota-Former
f rotaformer
s rotaformer
i rotaformer

6985 rotary magazine
d Trommelmagazin
f barillet de cannettes, réserve rotative de cannette
s reserva rotatoria de canillas
i magazzino a tamburo

6986 rotary motion
d Rotationsbewegung, Kreisbewegung
f mouvement circulaire
s movimiento circular
i movimento rotatorio

6987 rotary screen printing
d Rotationsfilmdruck
f impression au cadre rotatif
s estampación de cuadro rotativo
i stampa a schema rotante

6988 rotary screen printing machine
d Rotationsfilmdruckmaschine
f machine d'impression au cadre rotatif
s máquina de estampar de cuadro rotativo
i macchina per stampa a schema rotante

6989 rotary traverse
d Drehschwingung
f mouvement circulaire alternatif, va-et-vient à mouvement rotatif
s movimiento circular alternativo
i oscillazione circolare alternata

6990 rotary-meter
d Rotationsmesser
f compte-tours
s conta-vueltas
i contagiri

6991 rotate
d Rotieren
f tourner
s rotar, girar
i ruotare

6992 rotating cambox knitting machine
d Strickmaschine mit rotierendem Schloss
f métier à cames tournantes
s telar de excéntricos giratorios
i macchina da maglieria a camma rotante

6993 rotation
d Drehbewegung, Rotation, Drehung
f rotation, tordage, retordage
s rotación, rotación, vuelta, giro
i rotazione

6994 rotation speed
d Umdrehungsgeschwindigkeit, Rotationsgeschwindigkeit
f vitesse de rotation
s velocidad de rotación
i velocità di rotazione

6995 rotational effect, rotatory liberty
d Drehvermögen
f pouvoir rotatoire
s poder rotatorio
i potere rotatorio

6996 rotor
d Rotor
f rotor, induit
s rotor
i rotore

6997 rotor spinning
d Rotorspinnen
f filature à turbine
s hilatura a turbina
i filatura a turbina

6998 rotor spinning machine
d Rotor-Spinnmaschine
f métier à filer à turbine
s máquina de hilar a turbina
i filatoio a turbina

6999 rotoset process
d Tegeln
f soufflage de fibres artificielles à bavure continue
s soplaje de fibras quìmicas a baba continua
i soffiaggio di fibre artificiali a bava continua

7000 roughness
d Rauhigkeit
f rugosité
s rugosidad
i rugosità

7001 roughness coefficient
d Rauhigkeitskoeffizient
f coefficient de rugositê
s coeficiente de rugosidad
i coefficiente di rugosità

7002 round cross section
d runder Querschnitt
f section transversale circulaire
s sección transversal circular
i sezione transversale circolare

7003 round knife machine
d Kreismesserschneidemaschine
f machine de coupe à lame circulaire
s màquina rotatoria de corte
i macchina a coltello circolare

7004 roundness
d Rundung
f rotondité
s redondez
i rotondità

7005 roving
d Vorgarn, Roving
f mèche de banc, stratifil de verre textile
s mecha de mechera, madeja de fibra de vidrio
i stoppino, matassa di fibra di vetro

7006 roving frame
d Vorspinnmaschine
f banc à broches
s mechera
i banco a fusi in fino

7007 roving operation
d Vorspinnen
f bambrochage
s paso por mechera
i filatura in fino

7008 rovingwind
d Vorgarnaufwindung
f renvidage sur banc à broches
s bobinado de las mechas
i avvolgimento dello stoppino

7009 rubber
d Kautschuk
f caoutchouc
s goma elástica
i caucciù

7010 rubber coated fabric
d gummibeschichtetes Gewebe
f tissu enduit de caoutchouc
s tejido recubierto de caucho
i tessuto rivestito di gomma

7011 rubber elasticity
d Gummielastizität
f élasticité du caoutchouc
s elasticidad del caucho
i elasticità del caucciù

7012 rubber fiber
d Gummifaser
f fibre de caoutchouc
s fibra de caucho
i fibre di caucciù

7013 rubber filament
d Gummifilament
f filament de caoutchouc
s filamento de caucho
i filamento di caucciù

7014 rubber filament yarn
d Gummifilamentgarn
f fil de filaments de caoutchouc
s hilo de filamentos de caucho
i filo in filamento di caucciù

7015 rubber footwear
d Gummischuh
f chaussure en caoutchouc
s calzado de caucho
i scarpa di gomma

7016 rubber (natural)
d Naturkautschuk
f caoutchouc (naturel)
s caucho
i caucciù naturale

7017 rubber yarn
d Gummifaden
f fil de caoutchouc
s hilo de caucho
i filo in caucciù

7018 rubbing
d Scheuerung, Scheuervorgang
f frottement abrasif
s rozamiento abrasivo
i abrasione

7019 rubbing drawing machine
d Nitschelstrecke
f étirage à frotteurs, gills à frotteurs
s estiraje por rotafrotadores
i banco a frotteurs

7020 rubbing leather
d Nitschelhose
f manchon frotteur en cuir
s manguito rotafrotador de cuero
i manicotto frottatore

7021 ruche
d Rüsche
f ruche, rucher
s ruche
i ruche, striscia di tessuto con crespe

7022 rucksack
d Rucksack
f sac à dos
s mochila
i zaino

7023 ruffle
d Krause
f petit volant froncé
s volante fruncido
i increspatura

7024 rulfling
d Raffen
f fronçage
s fruncido
i increspatura

7025 run resistance
d Laufmaschenfestigkeit
f antidémaillabilitè, indèmaillabilité
s resistencia al desmallado
i resistenza alla sgualcitura

7026 run resistant hosiery
d maschenfeste Strumpfware
f article chaussant antidèmaillable
s calcetería indesmallable
i articoli di calzetteria che non si smagliano

7027 run resistant knitted fabric
d maschenfeste Ware, laufmaschenfeste Ware
f tricot antidémaillable
s tricot antidesmallable
i articoli di maglieria che non si smagliano

7028 run resistant stitch
d lauffeste Maschenbindung
f maille antidémaillable
s punto indesmallable
i punto resistente alle smagliature

7029 run resistant strip
d Randverstärkung
f sous-revers, bande antidèmaillable, bande jarretière
s bajodobladíllo
i rinforzo laterale

7030 **run system, American rnn system**
d amerikanische Run-Garnnummer
f titrage américain run
s titulación americana run
i titolazione americana run

7031 **run-in ratio**
d Einlaufverhältnis
f rapport d'absorption
s relación de absorción
i proporzione di restringimento

7032 **runner**
d Einlauflänge pro Rack
f runners length
s longitud runners
i lunghezza del restringimento pro rastrelliera, lunghezza del cursore

7033 **runner ratio**
d Lauflänge
f runner ratio
s runner ratio
i proporzione del cursore

7034 **rust**
d Rost
f rouille
s herrumbre
i ruggine

7035 **Ryeland wool**
d Ryeland-Wolle
f laine de Ryeland
s lana de Ryeland
i lana Ryeland

S

7036 S twill
d S-Grat-Köper
f serge en S, serge à droite
s sarga S
i casimiro S

7037 S twist, right hand twist
d S-Draht, S-Drehung, S-Drall
f torsion S, torsion droite
s torsión S
i torsione S

7038 S twist yarn
d S-Draht-Garn
f fil à torsion S
s hilo con torsión S
i filo con torsione S

7039 saccharide
d Saccharid
f saccharide
s sacárido
i saccaride

7040 sack
d Sack
f sac
s saco
i sacco

7041 sack dress
d Hänger, Sackkleid
f manteau vague
s saco de vestir
i vestito a sacco

7042 sackcloth
d Sackgewebe
f toile à sac
s tela para sacos
i sacco, tela di sacco

7043 saddle stitch
d Sattlerstich
f point de sellier
s punto de guarnicionero
i punto del sellaio

7044 safety
d Sicherheit
f sécurité, sûreté, certitude
s seguridad
i sicurezza

7045 safety belt
d Sicherheitsgurt
f ceinture de sécurité
s cinturón de seguridad
i cintura di sicurezza

7046 safety device, guarding device
d Schutzeinrichtung
f dispositif de protection
s dispositivo de protección
i dispositivo di protezione

7047 safety factor
d Sicherheitsfaktor
f coefficient de sécurité, marge de sécurité
s factor de seguridad
i fattore di sicurezza

7048 sailcloth
d Segeltuch
f toile à voile
s tela para velas
i tela per vele

7049 salary costs
d Lohnkosten
f dépenses, frais de main-d'oeuvre
s costo de salarios, costo de la mano de obra
i costi salariali

7050 sale
d Verkauf
f vente
s venta
i vendita

7051 sales, marketing
d Vertrieb
f service des ventes
s venta, distribución
i vendita, commercializzazione

7052 sales price
d Verkaufspreis
f prix de vente
s precio de venta
i prezzo di vendita

7053 salicylanilide
d Salicylanilid
f salicylanilide
s salicílanilida
i salicilanilide

7054 salicylate
d Salicylat
f salicylate
s salicilato
i salicilato

7055 salicylic acid
d Salicylsäure
f acide salicylique
s ácido salicílico
i acido salicilico

7056 salt
d Salz
f sel
s sal
i sale

7057 same nature fibers blend, blend of fibers of same composition
d Mischung aus Fasern gleicher Art
f mélange de fibres de même nature
s mezcla de fibras de igual naturaleza
i miscela di fibre di uguale composizione

7058 sample
d Warenprobe, Warenmuster
f échantillon, éprouvette
s muestra
i campione

7059 sample pick up
d Probe
f prise d'essai
s muestra de ensayo
i prova, campione

7060 sampled
d ausgemustert
f êchantillonnê
s muestreado
i campionato

7061 sampling
d Probenahme
f prélêvement d'échantillon
s muestreo
i campionamento

7062 sandbag
d Sandsack
f sac à sable
s saco de arena
i sacco di sabbia

7063 sandwich effect
d Grauschleier
f effect sandwich
s velo gris
i effetto sandwich

7064 sandwich laminate
d Mehrlagenlaminat, Sandwich
f laminé sandwich
s laminado por capas
i struttura a sandwich, pannello composito

7065 sandwich rolling mill
d Mehrschichtstoffkalander
f calandre pour lamine sandwich
s calandra para laminado por capas
i calandra per laminato sandwich

7066 sandwich seam
d Uberfangnaht
f couture sandwich
s costura sandwich
i cucitura a sandwich

7067 sanforizing
d Sanforisieren
f sanforisage
s sanforizado
i sanforizzazione

7068 sanforizing machine
d Sanforisiermaschine
f machine de sanforisage
s máquina de sanforizado
i sanforizzatrice

7069 sanitary tampon
d Tampon
f tampon hygienique
s tampón higiénico
i tampone vaginale

7070 sanitary towel, sanitary napkin
d Damenbinde
f serviette hygiènique
s toalla higiénica
i assorbente igienico

7071 saponifiable
d verseifbar
f saponifiable
s saponifiable
i saponificabile

7072 saponification
d Verseifung
f saponification
s saponificación
i saponificazione

7073 sapphire
d Saphir
f saphir
s zafiro
i zaffiro

7074 sarcoside
d Sarkosid
f sarcoside
s sarcosido
i sarcoside

7075 sari
d Sari
f sari
s sari
i sari

7076 sateen, satin
d Baumwollsatin
f satin coton
s raso de algodón
i raso di cotone

7077 sateen, weft satin
d Schussatlas
f satin effet trame
s raso lijero
i raso ad effetto di trama

7078 satin
d Seidensatin
f satin de soie
s raso de seda
i raso di seta

7079 satin, warp sateen
d Kettatlas
f satin effet de chaîne, satin par chaîne
s satén por urdimbre
i raso ad effetto di catena

7080 satin weave, atlas weave
d Atlas (Bindung)
f satin
s raso, saten
i raso

7081 satinweave
d Satinbindung
f armure satin
s ligamento raso
i armatura raso

7082 satiny
d satiniert
f satiné
s satinado
i satinato

7083 saturate
d Sättigen
f saturer
s saturar, saciar
i saturare

7084 **saturated aliphatic compound**
d aliphatische gesättigte Verbindung
f composé saturé aliphatique
s compuesto alifático saturado
i composto alifatico saturo

7085 **saturated compound**
d gesättigte Verbindung
f composé saturé
s compuesto saturado
i composto saturo

7086 **saturated liquid**
d gesättigte Flüssigkeit
f liquide saturé
s liquido saturado
i liquido saturo

7087 **saturated solution**
d gesättigte Lôsung
f solution saturée
s solución saturada
i soluzione satura

7088 **saturated steam**
d gesättigter Dampf, Sattdampf
f vapeur saturée
s vapor saturado
i vapore saturo

7089 **saturation**
d Sättigung
f saturation
s saturación
i saturazione

7090 **saturation bonding**
d Bondieren durch Tränkung, Kleben durch Tränkung
f liage par saturation
s enlace por saturación
i incollatura per saturazione

7091 **saturator**
d Tränkeinrichtung, Tauchbad
f saturateur
s saturador
i saturatore

7092 **Savonnerie tapestry**
d Savonnerie-Wandteppich
f tapis de la Savonnerie
s tapiz de Savonnerie
i arazzo Savonnerie

7093 **saw blade ginning**
d Sägeblattentkörnung, Sägeblattegrenierung
f égrenage par lames à dents de scie
s desmotado por laminas de dientes de sierra
i sgranatura con lama di sega

7094 **saw toothed roll**
d Sägezahnwalze
f cylindre à dents de scie
s cilindro de dientes de sierra
i cilindro a denti di sega

7095 **saxony wool**
d Elektoralwolle
f laine de Saxe
s lana de Sajonia
i lana saxony

7096 **SBR coated fabric, Styrene-butadiene-rnbber coated rnbber**
d SBK-beschichtetes Gewebe
f tissu enduit de SBC
s tejido recubierto de SBR
i tessuto ricoperto di SBR

7097 **scale masking**
d Wollschuppenmaskierung, Filzfreimachen
f apprêt masquant les écailles de laine, apprêt antifeutrant
s apresto para disimular las escamas
i mascheratura delle squame di lana, feltrare

7098 **scanner**
d Abtaster
f détecteur
s detector
i scansore

7099 scanning
d Scanning, Abtasten
f exploration par balayage
s exploración por barrido
i scansione

7100 scarf
d Schärpe
f écharpe
s echarpe
i sciarpa

7101 scartering
d Verstreuung
f dissipation
s diseminación
i diffusione, sparpagliamento

7102 schappe silk
d Schappeseide
f soie schappe
s seba schappe
i Schappe

7103 scheme
d Schema
f schéma, devis, plan
s esquema, diagrama
i schema

7104 Schiefer abrasion testing
d Schiefer-Abriebfestigkeitsprüfung
f contrôle d'abrasion de Schiefer
s ensayo de abrasión Schiefer
i prova di abrasione Schiefer

7105 Schiffli embroidery
d Schifflistickerei
f broderie Schíffli
s bordado Schíffli
i ricamo Schiffli

7106 Schlutter and Marschall solution
d Schlutter-Marschall'sche Lösung
f solution de Schlutter et Marschall
s solución de Schlutter y Marschall
i soluzione di Schlutter e Marschall

7107 Schmerber permeometer
d Schmerber-Durchlässigkeitsprüfgerät
f perméabilimêtre Schmerber
s porosímetro Schmerber
i permeometro di Schmerber

7108 schreinering
d Schreiner-Appretur
f similisage
s similizado
i calandratura a caldo

7109 science
d Wissenschaft
f science
s ciencia
i scienza

7110 scientific
d Wissenschaftlich
f scientifique
s científico
i scientifico

7111 scientist
d Wissenschaftler
f savant
s científico
i scienziato

7112 scission
d Schnitt
f sectionnement
s escisión
i sezione

7113 scissors
d Schere
f ciseaux
s tijeras
i forbici

7114 scissors cutting
d Scherenschnitt
f coupe aux ciseaux
s corte con tijeras
i taglio con forbici

7115 **scorch tester**
d Sengprüfgerät
f appareil de contrôle du roussissement
s aparato de ensayo de chamuscado
i apparecchio per prove di sfiammatura

7116 **scorch testing**
d Sengprüfen
f contrôle du roussissement
s ensayo de chamuscado
i prova di sfiammatura

7117 **scorching**
d Ansengen
f roussissement
s chamuscado
i sfiammatura

7118 **scorching mark**
d Sengstelle
f marque de roussissement
s marca de chamuscado
i punto di sfiammatura

7119 **scoring**
d Kerben, Einkerben
f striage
s rayado
i intagliare, fare delle tacche

7120 **Scotch blackface wool**
d schottische Schwarzkopfschafwolle
f laine d'écosse blackface
s lana escocesa blackface
i lana scozzese blackface

7121 **Scotch feed**
d Querzuführung, Querspeisung
f système écossais d'alimentation
s sistema escocés de alimentación
i sistema scozzese di alimentazione

7122 **Scott tensile tester**
d Scott-Dehnungsprüfer
f extensiométre Scott, dynamométre Scott
s extensiómetro Scott
i estensimetro di Scott

7123 **scoured**
d grundgewaschen
f lavé á fond
s lavado fuertemente
i scoured

7124 **scoured wool**
d Waschwolle
f laine lavèe à fond
s lana lavada a fondo
i lana lavata

7125 **scouring**
d Vorwäsche, Waschen in der Nassveredlung
f lavage à fond
s lavado a fondo
i lavatura

7126 **scouring bath**
d Waschbad
f bain de lavage à fond
s baño de lavado
i bagno di lavaggio

7127 **scouring beck**
d Waschkufe
f bac de lavage à fond
s barca de lavado
i vasca di lavaggio profondo

7128 **scouring harrow fork**
d Fördergabel
f fourche de herse pour lavage
s horquiila de rastriiio para lavado
i forcella ad erpice per il prelavaggio

7129 **scouring machine**
d Vorwaschmaschine
f machine pour prélavage
s máquina de lavado previo
i macchina per prelavaggio

7130 **scouring train**
d Waschanlage
f unité de lavage, assortiment de lavage
s tren de lavado
i impianto di lavaggio

7131 scouring waste
d Waschverlust, Gewichtsverlust durch Waschen
f perte de poids par lavage
s pérdida de peso por medio del lavado
i perdita di peso per il lavaggio

7132 scouring yieid
d Waschausbeute, Wascherfolg
f rendement au lavage
s rendimiento de lavado
i rendimento del lavaggio

7133 scratching
d Fadenscheinigkeit
f éraillure
s rayadura
i liso

7134 screen for nonwoven, nonwoven scrim
d Gitterstoff für Verbundstoffe
f grille pour non tissé, support de fond pour non tissé
s soporte de tela no tejida
i griglia di stoffa per tessuti non tessuti

7135 screen printing
d Fiimdruck, Siebdruck
f impression au cadre, sérigraphie
s estampado al cuadro, serigrafia
i stampa a quadri, serigrafia

7136 screen printing machine
d Filmdruckmaschine
f machine d'impression au cadre
s máquina serigráfica
i macchina serigrafica

7137 screen, video
d Bildschirm
f Écran, video
s pantalla
i schermo, video

7138 screw
d Schraube
f vis
s tornillo
i vite

7139 screw mechanism
d Schneckengetriebe
f fonctionnement à vis sans fin
s engranaje de tornillo sinfin
i ingranaggio a vite

7140 screw pitch
d Gewindegang
f pas de vis
s paso de rosca
i passo della vite

7141 scribbling
d Vorkrempeln
f précardage
s emborrado
i scribbling

7142 scrim
d Gitterstoff, Kanevas
f canevas
s canamazo
i tela tosca

7143 scroop
d Seidenkrach, Seidenschrei
f craquant de la soiet
s crujido de la seda
i scroop

7144 scrubbing
d Bürstenreinigung
f nettoyage à la brosse, nettoyage fort
s limpieza por cepillado
i pulitura con spazzola

7145 scuffing
d Schramme
f éraflure
s arañazo
i graffio

7146 sculptured pile fabric, carved pile fabric
d Reliefflorware, Florware mir Reliefoberfläche, Polware mit Reliefoberfläche
f tissu à poils ciselés, tissu à poils sculptés, tapis ciselé
s tejido de pelo labrado
i tessuto di pelo con superficie in rilievo

7147 **scutch**
d Schwingen (Flachs)
f teiller
s espadar, espadillar
i scotolare, stigliare

7148 **scutched flax, swingled flax**
d Schwingflachs
f lin teillé, échanvré
s lino espadado
i lino scotolato

7149 **scutcher-beater**
d Schlagflügel
f volant de batteur
s volante de batidor
i ala battente

7150 **scutching**
d Ausbreiten
f mise au large
s espadillado
i gramolatura

7151 **scutching tow**
d gerösteter Flachs
f filasse teillèe
s estopa espadillada
i lino scotolato

7152 **Sea Island cotton**
d Sea-Island-Baumwolle
f coton Sea Island
s algodón Sea Island
i cotone Sea-Island

7153 **sea water fastness**
d Farbechtheit gegen Meerwasser, Meerwasserechtheit
f solidité à l'eau de mer
s solidez al agua de mar
i solidità dei colori all'acqua di mare

7154 **seal**
d Versiegelung
f joint
s junta
i sigillatura

7155 **sealed selvedge**
d heissversiegelte Leiste
f lisière consolidée
s orillo reforzado
i cimossa termosigillata

7156 **sealer**
d Verfestigungsmittel
f agent de consolidation
s agente de consolidación
i agente consolidante

7157 **sealskin**
d Seehundsfell
f peau de chien de mer
s piel de foca
i pelle di foca

7158 **seam**
d Naht
f couture
s costura
i cucitura

7159 **seam abrasive resistance, seam abrasive strength**
d Nahtscheuerfestigkeit
f résistance à l'abrasion de la couture
s resistencia a la abrasión de la costura
i resistenza della cucitura all'abrasione

7160 **seam allowance**
d Nahtzugabe
f tolérance pour la couture
s limitación de la costura
i tolleranza per la cucitura

7161 **seam basting**
d Reihen, Saumheften
f bâtissage
s hilvanado de costura
i cucire l'orlo

7162 **seam damage**
d Nahtbeschädigung
f dètèrioration de couture
s deterioro de la costura
i danneggiamento della cucitura

7163 seam detector
d Nahtwächter
f appareil de contrôle de la couture
s aparato de control de la costura
i apparecchio di controllo della cucitura

7164 seam efficiency, seam tensile strength
d Nähleistung
f rendement en couture, efficacité de la couture, résistance à la traction de la couture
s eficacia de la costura
i efficacia della cucitura

7165 seam grin(ning)
d Nahtverzerrung
f grignage de la couture
s pliegue de la costura
i distorsione della cucitura

7166 seam heading
d Nahtführer
f guide de couture
s guia de costura
i guida di cucitura

7167 seam letting out
d Saumauslassen
f rèlarge de couture
s alargado en costura
i lasciar fuori l'orlo

7168 seam piping
d Paspelnaht, Paspelnähen
f bordage avec passepoilage de couture
s ribeteado por bies alforzado de costura
i bordare, cucire il filetto

7169 seam pucker
d fehlerhafte Nahtkräuselung
f fronce de couture
s frunce de costura
i arricciatura della cucitura (difetto)

7170 seam quality
d Nahtqualität
f qualité de la couture
s calidad de la costura
i qualità della cucitura

7171 seam resistance, seam strength
d Nahtfestigkeit
f résistance de la couture
s resistencia de la costura
i resistenza della cucitura

7172 seam size
d Nahtlänge
f dimension de la couture
s tamaño de la costura
i lunghezza della cucitura

7173 seam slippage
d Nahtverschiebung
f glissement de la couture
s deslizamiento de la costura
i spostamento della cucitura

7174 seam slippage resistance, seam slippage strength
d Nahtrutschfestigkeit
f résistance au glissement de la couture
s resistencia al deslizamiento de la costura
i resistenza allo slittamento della cucitura

7175 seam specification
d Nahtvorschrift
f spécification pour la couture
s especificación para la costura
i specifica della cucitura

7176 seam thickness
d Nahthöhe
f épaisseur de la couture
s espesor de la costura
i spessore della cucitura

7177 seam width
d Nahtbreite
f largeur, amplitude de la couture
s ancho de la costura
i larghezza della cucitura

7178 seaming
d Verbindungsnaht
f couture d'assemblage
s costura de unión
i cucitura d'unione

7179 **seamless**
d Nahtauslassen, Nahtlos
f omission de la couture, sans couture
s omisión de la costura, sin costura
i senza cucitura

7180 **seamless hosiery machine**
d Nahtlosstrumpfautomat
f métier à bas sans couture
s telar de calceteria sin costura
i macchina automatica per calzetteria senza cucitura

7181 **seamless hosiery, seamless stocking**
d nahtloser Strumpf
f article chaussant sans couture, bas sans couture
s calceteria sin costura
i calzettino senza cucitura

7182 **seamstress**
d Näherin
f couturière
s costurera
i sarta, cucitrice

7183 **seamwidth**
d Saumbreite
f largeur de la couture
s anchura de costura
i larghezza della cucitura

7184 **search for breakdowns**
d Fehlererkennung
f détection d'erreur
s reconocimiento de defectos (o errores), control de defectos (de calidad)
i ricerca guasti

7185 **seat**
d Sitz, Sitzmöbel
f siège
s asiento
i sedile

7186 **sebum**
d Talg
f sébum
s sebum
i sego

7187 **secondary amine**
d sekundäres Amin
f amine secondaire
s amina secundaria
i ammina secondaria

7188 **secondary creep**
d sekundäres Kriechen
f fiuage secondaire
s flujo secundario
i scorrimento secondario

7189 **secondary effect**
d Sekundärwirkung, Nebenwirkung
f effet secondaire
s efecto secundario
i effetto secondario

7190 **secondary glass transition temperature**
d sekundäre Glasumwandlungstemperatur
f température de transition vitreuse secondaire
s transición vitrea secundaria
i temperatura secondaria di transizione vetrosa

7191 **secondary transition**
d Sekundärumwandlung
f transition secondaire
s transición secundaria
i transizione secondaria

7192 **secondary wall**
d Sekundärwand
f paroi secondaire
s pared secundaria
i parete secondaria

7193 **seconds**
d zweite Wahl
f second choix
s artículo de segunda calidad
i seconda scelta

7194 **section lease**
d unterteiltes Fadenkreuz
f enverjure par section
s encruzamiento por sección
i ordissaggio a sezioni

7195 sectional warper
d Schärmaschine, Sektionalschärmaschine, Konusschärmaschine
f ourdissoir sectionnel
s urdidor seccional
i orditoio sezionale

7196 sectional warping, sectional beaming
d Schären, Sektionalschären, Bandschären
f ourdissage sectionnel, préparation sectionnelle de la chaine
s urdido por secciones
i orditura sezionale

7197 sector
d Sektor
f secteur
s sector
i settore

7198 sedimentation
d Sedimentation, Absetzen
f sèdimentation
s sedimentación
i sedimentazione

7199 seed
d Samen
f semence
s semilla
i seme

7200 seed hair fiber
d Samenfaser
f fibre de poil de graine
s fibra de pelos de semillas
i fibra di semi

7201 seed trash
d Schalenteilchen
f débris de graines
s desecho de semilla
i resti di semi

7202 seeding
d Aussaat
f ensemencement
s siembra
i semina

7203 seeds novelty yarn, knop yarn
d Fantasieknotengarn
f fil fantaisie granulé, fil avec boutons noueux
s hilo de fantasía con granos
i filo granulato fantasia

7204 seersucker
d Seersucker-Baumwollstreifenkrepp
f seersucker
s tela con listas acresponadas
i crêpes di strisce di cotone

7205 segment
d Segment
f segment
s segmento
i segmento

7206 segment of the comb
d Blattsegment
f segment du peigne
s segmento del peine
i segmento del pettine

7207 segmentation
d Segmentieren
f segmentation
s segmentación
i segmentazione

7208 selected needle
d ausgewählte Stricknadel
f aiguille sélectionnée
s aguja seleccionada
i ago selezionato

7209 selection
d Auslese, Selektion
f sélection
s selección
i selezione

7210 selenium
d Selenium
f sélénium
s selenio
i selenio

7211 **self-adhesive**
d Selbstkleber
f autocollant, auto-adhésif
s autopegable
i autoadesivo

7212 **self-adjusting**
d Selbsteinstellung, automatische Justierung, automatische Einstellung
f auto-ajustage
s autoajuste
i aggiustaggio automatico

7213 **self-bonded nonwoven**
d selbstverbindender Textilverbundstoff
f non tissé auto-aggloméré, tissu auto-agglomérè
s tela no tejida autoligada
i tessile non tessile autolegante

7214 **self-bonding fiber**
d selbstverbindende Faser
f fibre auto-agglomérable
s fibra de autounión
i fibra autoagglomerante

7215 **self-cleaning**
d Selbstreinigend
f autonettoyant
s que se limpia por si misma
i autodepurante

7216 **self-crimping**
d Sellbstkräuselnd
f auto-fronçant, auto-crêpant, auto-plissant
s que se encrespa por si misma
i autocrespante

7217 **self-crimping yarn**
d selbstkräuselndes Garn
f fil autofrisant
s hilo autorrizado
i filo autoincrespante

7218 **self-crosslinking resin**
d selbstvernetzendes Harz
f résine autoréticulabie
s resina autorreticulable
i resina autoreticolante

7219 **self-extinguishibility**
d Selbstlöschung
f auto-extinguibilíté
s autoextinguibilidad
i autoestinguimento

7220 **Selfil thread**
d Selfil-Garn
f fil Selfil
s hilo Selfil
i filo Selfil

7221 **self-inflammability**
d Selbstentflammbarkeit
f auto-inflammabilité
s autoinflamación
i autoinfiammabilità

7222 **self-reticulation**
d Selbstvernetzen
f autoréticulation
s autorreticulación
i autoreticolazione

7223 **self-supporting package**
d hülsenloser Garnkörper, freitragender Wickel
f bobine sans support
s bobina sin soporte
i bobine senza supporto

7224 **self-threading device**
d Selbsteinfädeleinrichtung
f dispositif d'enfilage automatique
s dispositivo de enhebrado automático
i dispositivo di infilaggio automatico

7225 **self-twist spinning**
d Self-Twist-Spinnverlahren
f filature par autotorsion
s hilatura por autotorsión
i filatura selft twist

7226 **self-twist spinning machine**
d Self-Twlst-Spinnmaschine
f métier à filer self-twist
s continua de hilar de autotorsión
i telaio self twist

7227 self-twist yarn
d Self-Twist-Garn, ST-Garn
f fil self-twist, fil autotordu
s hilo autorretorcido
i filo self twist, filo ST

7228 sell
d Verkaufen
f vendre
s vender
i vendere

7229 seller
d Verkäufer
f vendeur
s vendedor
i venditore

7230 selvedge
d Warenkante, Webkante, Webleiste
f lisière
s orillo
i cimossa

7231 selvedge cutter
d Leistenschneideinrichtung
f coupe-lisiére
s cortaorillo
i trincia-cimosa

7232 selvedge uncurler
d Kantenausroller
f dérouleur de lisiéres
s desenrollador de orillos
i svolgitore di cimosa

7233 selvedge warp
d Leistenkettfaden
f fil de chaine pour lisiére
s hilo de urdimbre para orillo
i filo di catena per cimosa

7234 selvedge warping
d Zetteln von Warenkantenfäden, Zetteln von Leistenkettfäden
f ourdissage de la lisiére
s urdido del orillo
i ordito della cimosa

7235 selvedges gumming
d Kantenkleben
f encollage des lisiêres
s encolado de los orillos
i incollaggio delle cimose

7236 semi-automatic
d Halbautomatisch
f semi-automatique
s semiautomático
i semiautomatico

7237 semi-automatic system
d halbautomatisches System
f système semi-automatique
s sistema semiautomático
i sistema semiautomatico

7238 semi-conductor
d Halbleiter
f semiconducteur
s semiconductor
i semiconduttore

7239 semi-continuous dyeing
d halbkontinuierliches Färben
f teinture semi-continue
s tintura semicontinua
i tintura semicontinua

7240 semi-continuous dyeing range
d halbkontinuierliche Färbeanlage
f assortiment de teinture semicontinue
s surtido de tintura semicontinua
i impianto per tintura semicontinua

7241 semicrystalline polymer
d semikristallines Polymer
f polymère semi-cristallin
s polimero semicristalino
i polimero semicristallino

7242 semi-permeable
d Halbdurchlässig
f semiperméable
s semipermeable
i semipermeabile

7243 semipermeable membrane
d halbdurchlässige Membran
f membrane semi-permèabie
s membrana semipermeable
i membrana semipermeabile

7244 semi-worsted spianing
d Halbkammgarnspinnverfahren
f filature mi-peigné, filature seml-peigné
s hílatura semipeinada
i filatura semi-pettinata

7245 sensitivity to frost
d Frostempfindlichkeit
f sensibilité au gel
s sensibilidad al hielo
i sensibilità al gelo

7246 sensor
d Sensor
f senseur, détecteur
s sensor
i sensore

7247 separating
d Ablösen, Loslösen
f décollement
s despegue
i distacco

7248 separating yarn
d Trennfaden
f fil de séparation
s hílo de separación
i filo di separazione

7249 separation
d Trennen, Separieren
f séparation
s separación
i separazione

7250 separator spacing
d Separatorteilung
f écartement entre séparateurs
s espacio separador
i passo del separatore

7251 sequence
d Sequenz
f séquence
s secuencia
i sequenza

7252 sequential copolymer
d alternierendes Copolymer
f copolymère séquence
s copolímero de secuencia
i copolimero sequenziale

7253 serging
d Überwendlichnähen
f surtilage
s orillado con punto de surjete
i cucitura a sopragitto

7254 serging stitch
d Überwendlichnähstich
f point d'ourlet, point d'ourlage
s punto de orillado
i punto a sopragitto

7255 sericin
d Sericin, Seidenbast
f séricine
s sericina
i sericina

7256 sericulture
d Seidenraupenzucht
f sériciculture
s sericicultura
i sericoltura

7257 series
d Serie
f série
s serie
i serie

7258 serin
d Serin
f sèrine
s serina
i serina

7259 serrated cross section
d gezahnter Querschnitt
f section transversale dentelée
s sección transversal dentada
i sezione dentata

7260 serrated roller, toothed roller
d Stiftwalze
f rouleau détacheur
s cilindro puntiagudo
i rullo dentato

7261 serum
d Serum
f sérum
s suero
i siero

7262 serviceability
d Gebrauchswert
f valeur d'usage
s utilidad pràctica
i valore d'uso

7263 servo draft
d Hilfsverzug
f servo-étirage
s servoestirado
i stiraggio ausiliario

7264 servo fibrograph
d Servofibrograph
f servo-fibrographe
s servofibrógrafo
i servofibrografo

7265 set false twist yarn
d Setgarn
f fil texturé par fausse torsion fixée
s texturado por falsa torsión fijada
i filo testurato a falsa torsione fissa

7266 set the form
d Formfixieren
f fixer la forme
s fijar la forma
i fissare la forma

7267 set up time
d Anlaufzeit
f temps de mise au point
s tiempo de puesta a punto
i tempo di predisposizione

7268 setting
d Einstellen, Einrichten
f réglage
s regulado
i regolazione, aggiustaggio

7269 setting agent
d Fixiermittel
f agent de fixage
s agente de fijado
i agente fissante

7270 setting gauge, model
d Einstellehre
f gabarit
s gálibo
i calibro

7271 setting in flat state
d Flachfixieren
f fixage à plat
s fijado plano
i fissaggio piano

7272 setting press
d Fixierpresse
f presse de fixage
s prensa de fijado
i pressa per fissaggio

7273 setting time
d Fixierzeit, Fixierdauer
f durée du fixage
s duración del fijado
i durata del fissaggio

7274 setting treatment
d Fixierbehandlung, Fixierung, Fixieren
f traitement de fixage
s tratamiento de fijado
i trattamento di fissaggio

7275 settling tank
d Absetzbehälter, Sinkstoffbehälter
f réservoir de sédimentation
s tina de sedimentación
i serbatoio di sedimentazione, serbatoio di decantazione

7276 sew on
d Annähen
f coudre (à)
s coser (a)
i cucire (a)

7277 sewability
d Vernähbarkeit
f aptitude à la couture
s aptitud para la costura
i attitudine alla cucitura

7278 sewed tucking
d genähte Falte
f plissage par couture
s plisado por cosido
i piega cucita

7279 sewing
d Nähen
f opération de couture
s operación de costura
i operazione di cucitura

7280 sewing bobbin
d Unterfadenspuie
f bobine pour la couture
s bobina para la costura
i bobina per la cucitura

7281 sewing cycle
d Nähzyklus
f cycle de couture
s ciclo de costura
i ciclo di cucitura

7282 sewing damage
d Nähschaden
f défaut de couture
s defecto del cosido
i difetto di cucitura

7283 sewing machine
d Nähmaschine
f machine à coudre
s máquina de coser
i macchina per cucire

7284 sewing machine part
d Nähmaschinenbestandteil
f élément de machine à coudre
s elemento de maquina de coser
i componente della macchina per cucire

7285 sewing needle
d Nähnadel
f aiguille à coudre
s aguja de coser
i ago per cucire

7286 sewing needle shaft
d Nähnadelschaft
f fût de l'aiguille à coudre
s caña de la aguja de coser
i fusto dell'ago

7287 sewing needle shank
d Nadelschenkel
f tige de l'aiguille à coudre
s pie de la aguja de coser
i gambo dell'ago

7288 sewing thread
d Nähgarn
f fil à coudre
s hilo de coser
i filo cucirino

7289 sewing thread bobbin
d Nähgarnspule
f bobine de fil à coudre
s bobina de hilo de coser
i bobina di filo da cucire

7290 sewn
d genäht
f cousu
s apuntado
i cucito

7291 sewn welt
d Revers
f revers
s reverso
i rovescio

7292 shade bar
d Farbschattierungsstreifen
f barre de nuance, barre de teinture
s barra de matiz
i barra di sfumatura, barra di tintura

7293 shade depth
d Farbtiefe
f profondeur de la nuance
s profundidad de matiz
i profondità della sfumatura

7294 shade strength
d Farbintensität
f intensité de la nuance
s intensidad de matiz
i intensità del colore

7295 shading
d Shading
f teinte mélangée, effet de dégradé
s sombrear
i ombreggiare, sfumare

7296 shading in tailoring
d Farbkombination in der Konfektion
f assortiment de nuances en confection
s gama de matices
i combinazione di colori nella confezione

7297 shadow lace
d Schattenspitze
f dentelle ombac
s encaje sombreado
i pizzo ombreggiato

7298 shadow stripe
d Farbnuancenstreifen
f rayure par couleur changeante
s raya de tornasol
i striscetta tornasole

7299 shaft
d Welle, Achse
f arbre, axe
s àrbol, eje
i albero, asse

7300 shag
d Hochflorteppich, Langflorteppich
f tapis à longs poils
s alfombra de pelo largo
i tappeto a pelo lungo

7301 shank
d Schaft
f tige, fût
s espiga
i fusto, gambo

7302 shantung
d Shantungseide
f soie shantung, Shantung
s Shantung
i seta di Shantung

7303 shape, contours
d Form
f forme, contours, trace extérieur
s forma
i forma

7304 shape factor
d Formfaktor
f facteur de forme
s factor de forma
i fattore di forma

7305 shaping
d Form Bringen (in)
f mise en forme
s ahormado
i messa in forma

7306 share of market
d Marktanteil
f part, quote-part de marché
s porción del mercado
i quota di mercato

7307 **sharpening**
d Schliff
f affûtage
s afilado
i affilatura

7308 **Shaw system**
d Shaw-Streckverfahren
f système Shaw
s sistema Shaw
i stiro Shaw

7309 **shawl**
d Vierecktuch, Schal
f châle
s chal
i scialle

7310 **shear deformation**
d Formänderung durch Scherung
f déformation par cisaillement
s deformación por cizallamiento
i deformazione per taglio

7311 **shear force diagram**
d Scherkraftdiagramm
f diagramme des forces de cisaillement
s diagrama de esfuerzo cortante
i diagramma delle forze di taglio

7312 **shear modulus**
d Scherkraftmodul
f module de cisaillement
s módulo de cizalla
i modulo di taglio

7313 **shear resistance**
d Scherwiderstand
f résistance au cisaillement
s resistencia al cizallamiento
i resistenza al taglio

7314 **shear stress**
d Scherbeanspruchung
f contrainte de cisaillement
s esfuerzo de cizallamiento
i sollecitazione di taglio

7315 **shearforce**
d Scherkraft
f force de cisaillement
s fuerza de cizallamiento
i forza di taglio

7316 **shearing, cropping**
d Scheren
f rasage, tondage
s tundido
i taglio

7317 **shearing machine**
d Schermaschine
f machine de tondage
s máquina tundidora
i cimatrice

7318 **shed of course**
d Reihenfach
f ouverture des fils en série
s abertura de lo hilos en serie
i apertura dei fili in serie

7319 **shed of course weawing machine**
d Reihenfachwebmaschine
f métier à tisser avec ouverture des fils en série
s tejedora de tramos en serie
i telaio con apertura dei fili in serie

7320 **shedding**
d Fachbildung
f formation du pas
s formación de la calada
i formazione del passo

7321 **sheep**
d Schaf
f mounton
s oveja
i pecora

7322 **sheep breed**
d Schafrasse
f race ovine
s raza de oveja
i razza ovina

7323 sheep breeding
d Schafzucht
f Élevage de moutons
s cría de ovejas
i allevamento ovino

7324 sheerness
d Durchsichtigkeit
f aspect diaphane
s aspecto diáfano
i trasparenza

7325 sheet
d Folie
f feuille
s hoja
i foglio, lamina

7326 sheet stock reinforced laminate
d folienverstärkte Beschichtung
f laminè renforcé par feuille
s laminado reforzado con planchas
i rivestimento rinforzato con fogli, con lamine

7327 shelter
d Unterstand, Schutzzelt, Schutzdach
f abri
s refugio
i rifugio

7328 shift working
d Schichtarbeit
f travail en équipe
s trabajo en equipo
i lavoro a turni

7329 shiner
d Glanzfaden
f fil brillant
s hilo brillante
i filato glacé

7330 shiners defect
d Glanzfadenfehler
f fil tirant
s defecto de hilo tirante
i difetto del filato glacé

7331 shinguard
d Schienbeinschützer
f protège-tibia
s espiniliera
i proteggitibia

7332 Shirley analyzer
d Shiriey-Analyser
f analyseur Shirley
s analizador Shirley
i analizzatore Shirley

7333 shirrer blade
d Kräuselschiene, Kräuselklinge
f lame pour bouillonne
s lámina para fruncido
i lama per arricciare

7334 shirring
d Kräuselbandeinziehen
f bouillonne
s frunce
i increspare

7335 shirt
d Hemd
f chemise
s camisa
i camicia

7336 shirting
d Hemdenstoff
f shirting, toile pour chemise
s tela para camisas
i tessuto per camicia

7337 shock
d Stoss, Schock
f choc
s choque
i shock

7338 shock absorber
d Stossfänger
f amortisseur de choc
s amortiguador de choque
i ammortizzatore, paraurti

7339 shock catalyst
d Schockkatalysator
f catalyseur choc
s catalizator de choque
i catalizzatore d'urto

7340 shock wave
d Schockwelle
f onde de choc
s onda de choque
i onda d'urto

7341 shoddy
d Shoddy, Shoddy-Reisswolle
f effiloche Shoddy
s lana regenerada shoddy
i lana rigenerata Shoddy

7342 shoe
d Schuh
f soulier
s zapato
i scarpa

7343 shoe lace
d Schnürsenkel, Schuhband
f lacet de chaussure
s cordón de calzado
i laccio di scarpa

7344 shoe lining
d Schuhfutter
f doublure de chaussure
s forro de calzado
i imbottitura di scarpa

7345 shoe size
d Schuhgrösse
f pointure de chaussure, taille de chaussure
s tamaño de calzado
i numero di scarpa

7346 shoe upper fabric
d Schuhoberstoff
f tissu pour dessus de chaussure
s tejido para el calzado
i tessuto per la parte superiore della scarpa

7347 shogging
d Lochnadelbarrenversatz
f translation des barres à passettes
s traslación de las barras de pasadores
i spostamento della barra degli aghi perforanti, spostamento della barra di guida

7348 shock treatment
d Schockbehandlung
f traitement aux chocs
s tratamiento de shock
i trattamento shok

7349 shorn velvet
d geschorener Samt, Schursamt
f velours rasé
s terciopelo cortado
i velluto di tosa

7350 shorn wool, clip wool
d Schurwolle
f laine de tonte
s lana de esquileo
i lana di tosa

7351 short fiber content
d Kurzfaseranteil
f teneur en fibres courtes
s contenido de fibras cortas
i contenuto di fibre corte

7352 short fiber, cotton lint
d Kurzfaser
f fibre courte, duvet de coton
s fibra corta
i fibra corta

7353 short fiber index
d Kurzfaserindex
f indice de fibres courtes
s indice de fibras cortas
i indice delle fibre corte

7354 short fiber waste
d Kurzfaserabfall
f déchet en fibres courtes
s borra de fibras cortas
i scarto di fibre corte

7355 **short liquor ratio**
d kurze Flotte
f bain court
s baño corto
i bagno corto

7356 **short liquor-goods ratio dyeing**
d Färben mit kurzer Flotte
f teinture en bain court
s tintura en baño corto
i tintura in bagno corto

7357 **short staple cotton**
d kurzstapelige Baumwolle
f coton fibre courte
s algodón de fibra corta
i cotone a corta peluria

7358 **short staple spinning**
d Kurzfaserspinnen
f filature des fibres courtes
s hilatura de las fibras cortas
i filatura a corta peluria

7359 **short term irregularity**
d kurzperiodische Ungleichmässigkeit
f irrégularitè à court terme
s irregularidad a corto plazo
i irregolarità a breve termine

7360 **short wool**
d kurzhaarige Wolle
f laine courte
s lana corta
i lana corta

7361 **short-long stitches**
d Kurz-Lang-Stiche
f points de couture courts et longs
s puntos cortos y largos
i punti corti-lunghi

7362 **shorts**
d Shorts, kurze Hose
f short
s pantalón corto
i shorts

7363 **shrink, contract**
d Einlaufen
f rétrecir (se)
s estrecharse
i restringersi

7364 **shrink grading**
d Schrumpfbestimmung
f èvaluation du degré de retrait
s valoración del grado de encogimiento
i valutazione del grado di retrazione

7365 **shrink resistance, shrinkage resistance**
d Schrumpfechtheit
f résistance au retrait, irrétrécissabilité
s resistencia ai encogimiento
i solidità alla retrazione

7366 **shrink resistant finishing agent**
d schrumpffreimachendes Mittel
f agent d'apprêt irrétrécissable
s agente de apresto inencogible
i agente per impedire la retrazione

7367 **shrink, wash out**
d Krumpfen
f decatir
s deslustrar, desaprestar
i decatire

7368 **shrinkage**
d Schrumpfung
f retrait
s encogimiento
i retrazione

7369 **shrinkage tester**
d Schrumpfechtheitsprüfgerät
f appareil de contrôle du retrait
s aparato medidor del encogimiento
i apparecchio di controllo della solidità alla retrazione

7370 **shrinkage testing**
d Schrumpfechtheitsprüfung
f contrôle du retrait
s medición del encogimiento
i controllo della solidità alla retrazione

7371 **shrinkproof finish**
d Schrumpffestausrüstung
f finissage, apprêt résistant au retrait
s acabado de encogido fijo
i finissaggio resistente al restringimento

7372 **Shropshire wool**
d Shropshire-Wolle
f laine du Shropshire
s lana de Shropshire
i lana Shropshire

7373 **shroud**
d Leichentuch
f linceul, suaire, drap mortuaire
s sudario, paño mortuorio
i lenzuolo funebre, sudario

7374 **shuttle**
d Webschützen, Schützen
f navette
s lanzadera
i navetta

7375 **shuttle accessory**
d Schützenzubehör
f accessoire de la navette
s accesorio de la lanzadera
i accessori per navetta

7376 **shuttle binder**
d Schützenkastenzunge
f languette de freinage de la navette
s lengüeta de frenado de la lanzadera
i linguetta di frenaggio della navetta

7377 **shuttle box**
d Schützenkasten
f boite à navettes
s caja de lanzaderas
i cassa navette

7378 **shuttle changing**
d Schützenwechsel
f changement de navette
s cambio de la lanzadera
i cambio navetta

7379 **shuttle checking, shuttle braking**
d Schützenüberwachung
f contrôle de la navette, freinage de la navette
s comprobación de la lanzadera
i controllo navetta

7380 **shuttle feeler**
d Schützenfühler
f tâteur de la navette
s pulsador de la lanzadera
i guarda navetta

7381 **shuttle guard**
d Schützenfänger
f protecteur latéral pour navette
s salvalanzadera
i salvanavetta

7382 **shuttle loom**
d Webmaschine
f métier à tisser, métier de tissage
s telar
i telaio

7383 **shuttle mark**
d Schützenstreifen
f marque de navette
s marca de lanzadera
i segno della navetta (difetto)

7384 **shuttle smash**
d Schützenschlag
f rafle par navette, bréche
s lanzadera retenida en la calada
i rottura del tessuto causato dal passaggio della navetta (difetto)

7385 **shuttle smash protector**
d Schützenschlagwächter
f pare-navette
s protector de lanzadera
i protettore della navetta

7386 **shuttle weaving**
d Schützenweben
f tissage avec navette
s tisaje con lanzadera
i tessitura con navetta

7387 **shuttleless loom**
d schützenlose Webmaschine
f machine à tisser sans navette, métier de tissage sans navette
s telar sin lanzadera
i telaio senza navetta

7388 **shuttleless weaving**
d schützenloses Weben
f tissage sans navette
s tisaje sin lanzadera
i tessitura senza navetta

7389 **side group**
d Seitengruppe
f groupe latéral
s grupo lateral
i gruppo laterale

7390 **sieve**
d Sieb
f tamis
s tamiz
i vaglio

7391 **sieve drum dryer**
d Siebtrommeltrockner
f séchoir à tambour perforê
s secador de tambor perforado
i asciugatoio a tamburo di rete metallica

7392 **signal**
d Signal
f signal
s señal
i segnale

7393 **significance**
d Bedeutung
f sens
s significado
i significato

7394 **silane**
d Silan
f silane
s silano
i silano, idruro di silicio

7395 **silesia**
d schlesisches Gewebe
f silêsienne
s silesiana
i tessuto di Slesia

7396 **Silesian wool**
d Schlesische Wolle
f laine de Silésie
s lana de Silesia
i lana di Slesia

7397 **silica**
d Siliciumdioxid, Kieselerde
f silice
s silice
i silice

7398 **silicate**
d Silikat
f silicate
s silicato
i silicato

7399 **silicic acid**
d Kieselsäure
f acide silicique
s ácido silicico
i acido silicico

7400 **silicofluoride**
d Fluorosilikat, Fluat, Silikofluorid
f silicofluorure
s silicofluoruro
i siliciofluoruro

7401 **silicon**
d Silicium
f silicium
s silicio
i silicio

7402 **silicon carbide**
d Siliciumcarbid
f carbure de silicium
s carburo silico
i carburo di silicio

7403 silicon carbide fiber
d Siliciumcarbidfaser
f fibre de carbure de silicium
s fibra de carbono silícica
i fibra di carburo di silicio

7404 silicon compound
d Siliciumverbindung
f composé de silicium
s compuesto de silicio
i composto di silicio

7405 silicone, organosilicon compound
d Silikon
f silicone, composé organosilicone
s silicona
i silicone

7406 silicone resin
d Silikonharz
f résine de silicone
s resina de silicona
i resina di silicone

7407 silicone rubber
d Silikonkautschuk
f caoutchouc de silicone
s caucho de silicona
i caucciù di silicone

7408 silk
d Seide
f soie
s seda
i seta

7409 silk blend
d Seidenmischung
f mélange de soies
s mezcla de sedas
i miscela di seta

7410 silk book
d Seidenpaket
f paquet d'écheveaux de soie
s paquete pequeño de seda cruda asiática
i pacchetto (di matassa) di seta

7411 silk brin
d Fibroinfaden, Seidenfaden
f brin de soie
s filamento de seda
i pelo di seta

7412 silk cocoon
d Seidenkokon
f cocon de soie
s capullo de seda
i bozzolo di seta

7413 silk degumming
d Seidenentbasten, Seidenabkochen
f décreusage de la soie
s desgomado de la seda
i sgommatura della seta, cottura della seta

7414 silk dyeing
d Seidenfärben
f teinture de la soie
s tintura de la seda
i tintura della seta

7415 silk fabric
d Seidengewebe
f tissu de soie
s tejido de seda
i tessuto di seta

7416 silk fibroin
d Seidenfibroin
f fibroine
s fibroina
i fibroina di seta

7417 silk lap
d Unterlegung mit offener Masche
f jetée sous maille ouverte
s traslación bajo malla abierta
i posa con maglia aperta

7418 silk noil
d Seidenkämmling
f déchet de soie
s borra de seda
i cascame di seta

7419 silk reeling
d Seidenhaspeln
f dévidage, mise en échevaux de la soie
s devanador de seda
i aspatura della seta

7420 silk system processing, schappe system processing
d Seidenspinnverfahren
f filature système soie, système filature de la schappe
s sistema de hilatura de seda
i sistema di filatura della seta

7421 silk system warping
d Seidenschäranlage
f système d'ourdissage de la soie
s sistema de urdido de la seda
i sistema di ordito della seta

7422 silk throwing
d Seidenzwirnen
f moulinage de la soie
s molinaje de la seda
i ritorcitura della seta

7423 silk yarn
d Naturseidengarn
f fil de soie
s hilo de seda
i filo di seta

7424 silkbave
d Kokonfaden
f bave de soie
s baba de seda
i bava di seta

7425 silkdye
d Seidenfarbstoff
f colorant pour la soie
s colorante para la seda
i colorante per seta

7426 silkworm
d Seidenraupe
f vers à soie
s gusano de seda
i baco da seta

7427 silky aspect
d seidiges Aussehen
f aspect soyeux
s aspecto sedoso
i aspetto serico

7428 silky, silk-like
d Seidenähnlich
f semblable à la soie
s imitación seda
i similseta

7429 siloxane
d Siloxan
f siloxane
s siloxano
i silossano

7430 silver
d Silber
f argent
s plata
i argento

7431 silver compound
d Silberverbindung
f composé d'argent
s compuesto de plata
i composto di argento

7432 silylation
d Silylierung
f silylation
s sililación
i sililazione

7433 simplex fabric
d Simplexware
f tricot simpiex
s tricot simplex
i tessuto simplex

7434 simplex knitting machine
d Simpiexwirkmaschine
f métier simplex, métier à tricoter simplex
s telar simplex
i telaio bifrontura in catena

7435 simplification
d Vereinfachung
f simplification
s simplíficación
i semplificazione

7436 simulate
d Simulieren
f simuler
s simular
i simulare

7437 simulation
d Simulation
f simulation
s simulación
i simulazione

7438 simulator
d Simulator
f simulateur
s simulador
i simulatore

7439 simultaneous
d Simultan
f simultané
s simultáneo
i simultaneo

7440 simultaneous dyeing and finishing
d gleichzeitiges Färben und Veredeln, simultanes Färben und Veredeln
f teinture et apprêt simuitanés
s tinte y apresto simultàneos
i tintura ed apprettatura in simultanea

7441 simultaneous finishing process
d kombiniertes Veredlungsverfahren
f procédé simultané d'ennoblissement
s proceso simultáneo de ennoblecimiento
i processo simultaneo di finissaggio

7442 simultaneous treatment
d Simultanbehandlung, gleichzeitige Behandlung
f traitement simultané
s tratamiento simultáneo
i trattamento simultaneo

7443 singeing
d Sengen
f traitement de grillage, flambage
s chamuscado
i gasatura, bruciapelo

7444 singeing machine
d Sengmaschine, Gasiermaschine
f machine de flambage, machine de gazage
s máquina de chamuscar
i macchina gasatrice

7445 single apron
d Einfachriemchen
f manchon simple
s manguito sencillo
i cinghietta singola

7446 single covering
d einfädige Garnumwindung, einfädige Garnumspinnung
f guipage simple
s revestimiento simple
i spiralatura a un filo, spiralatura semplice

7447 single cylindre knitting machine
d einfonturige Strickmaschine
f métier à tricoter monofonture
s telar con una fontura de tricotado
i macchina da maglieria a una sola fila di aghi

7448 single end
d Einzelfaden
f brin
s brizna
i filo singolo

7449 single end sizing
d Einzelfaden-Schlichtent
f encollage fil à fil
s encolado hilo a hilo
i incollaggio filo a filo

7450 single fiber
d Einzelfaser
f fibre unitaire
s fibra unitaria
i fibra singola

7451 single knit fabric
d einfonturige Maschenware
f tricot monofonture
s tricotado monofontura
i Jersey, maglieria a una sola fila di aghi

7452 single lift Jacquard head
d Einhubjacquardmaschine
f mécanique Jacquard simple levé
s mecánica Jacquard de simple leva
i macchina Jacquard a una sola corsa

7453 single needle bar Raschel machine
d einfonturige Raschel
f métier Raschel monofonture
s telar Raschel monofontura
i telaio Raschel a una sola fila di aghi

7454 single needle lockstitch
d einnadliger Steppstich
f point boucle à une aiguille
s pespunte de una sola aguja
i punto di imbastitura a un ago

7455 single thread blindstitch
d einfädiger Blindstich
f point invisible à un seul fil
s punto invisible con hilo sencillo
i punto invisibile a un solo filo

7456 single thread chain stitch
d einfädiger Kettenstich
f point de chainette à un fil
s punto de cadeneta con hilo a un cabo
i punto a catenella a un filo

7457 single yarn
d Einfachgarn
f fil simple
s hilo sencillo
i filo semplice

7458 single yarn twist
d Spinndrehung
f torsion du fil simple
s torsión a un cabo
i torsione di filatura

7459 singling
d fehlender Faden
f défaut de fil manquant
s defecto por hilo ausente
i filo mancante (difetto)

7460 sinker
d Platine, Strickplatine, Wirkplatine
f platine de tricotage
s platina
i platina

7461 sinker bar
d Platinenbarre
f barre à platines
s barra portaplatinas
i barra portaplatina

7462 sinker cam
d Platinenexzenter
f came de platine
s excéntrico regulador de las platinas
i eccentrico di regolazione della platina

7463 sinker divider
d Verteilplatine, Kulierplatine
f platine de formage, platine formante
s platina de formación
i platina di formazione

7464 sinker loop
d Platinenhenkel
f boucle d'abattage
s bucle de entremallas
i anello (riccio) di platina

7465 sinter
d Sintern
f se concréter, se crasser, se fritter
s sinterizar, vibrificar, formar concreciones
i sinterizzare

7466 sintered metal ring
d gesinterter Ring, Sinterring
f anneau en métal fritté
s aro de metal sinterizado
i anello sinterizzato

7467 sisal
d Sisal, Sisalfaser
f sisal
s sisal
i sisal

7468 SI-system
d SI-System
f système SI
s sistema-SI
i sistema SI

7469 SI-unit
d SI-Einheit
f unité SI
s unidad SI
i unità SI

7470 sival machine
d Sival-Spitzenmaschine
f métier dentelle sival
s máquina para encaje sival
i macchina per pizzo Sival

7471 size
d Konfektionsgrösse, Kleidergrösse
f taille
s talla
i taglia

7472 size box
d Schlichtetrog
f bâche à colle, bac d'encollage
s artesa encoladora
i vaschetta di incollaggio

7473 size of grain
d Korngrösse
f grosseur de grain, des cristaux, calibre
s granulación, tamaño del grano
i grossezza della grana

7474 sized
d geschlichtet
f encollê
s encolado
i incollato

7475 sizing
d Schlichten, Leimen
f encoilage
s encolaje
i imbozzimatura, incollatura

7476 skein
d Strang
f écheveau
s troquillón
i matassa

7477 sketch, draft
d Skizze
f equisse, croquis
s bosquejo, croquis
i schizzo

7478 skew
d Schrägstellung
f distorsion en biais
s sesgado
i inclinazione

7479 skew straightener
d Fadengleichrichter
f redresseur de fil obiique
s enderezador de hilos oblicuos
i raddrizzatore di filo obliquo

7480 skewer
d Aufsteckleiste
f brochette de râtelier
s husillo
i spiedino, spiedino di rastrelliera

7481 ski outfit
d Skikleidung
f vêtement de ski, tenue de ski
s ropa de esquí
i abbigliamento da sci

7482 ski pant
d Skihose
f pantalon de ski
s pantalón de esqui
i pantaloni da sci

7483 skin irritation
d Hautreizung
f irritation de la peau
s irritación de la piel
i irritazione della pelle

7484 skin-digested wool
d Stückwolle
f laine de morceaux
s lana de retazo
i lana a pezzi

7485 skin-diving suit
d Taucheranzug
f combinaison de plongée ou de plongeur
s traje de buzo
i muta da sub

7486 skip dent
d springender Rieteinzug, springende Passierung, springender Blatteinzug
f dent sautée
s diente saltado
i sottana

7487 skip formation, tangle formation
d Nest
f nid, défaut dans le tissu
s nido, defecto en el tejido
i nido, difetto nel tessuto

7488 skirt
d Rock, Damenrock
f jupe
s falda
i sottana

7489 skitteriness
d streifige Färbung
f défaut de rayure en teinture
s defecto de barrado en tintura
i tintura rigata

7490 slack course
d Kettelmaschenreihe
f rangèe de mailles lâches
s hilera de mallas flojas
i fila di maglie allentate

7491 slack feeder barre
d Streifenfehler durch Garnvoreilung
f barrure par suralimentation
s barra para sobrealimentación
i strisce causate da sovvralimantazione (difetto)

7492 slack mercerizing
d spannungslose Mercerisation
f mercerisage sans tension
s mercerizado sin tensión
i mercerizzazione senza tensione

7493 slack selvedge, puckered selvedge
d lockere Leiste, lockere Gewebeieiste
f lisière lâche, lisiêre froncée, lisiêre ondulée
s orillo suelto
i orlo floscio, cimosa allentata

7494 slack sewing thread, thread slack
d lockerer Nähfaden
f fil de couture lâche
s hilo de costura flojo
i filo di cucitura floscio

7495 slack thread
d schlaffer Faden, lockerer Faden
f fil lâche
s hilo suelto
i filato floscio

7496 slacks
d Trainingshose, Sporthose
f pantalon sport
s pantalón de deporte
i pantaloni della tuta

7497 slag wool
d Schlackenwolle
f laine de laitier
s lana de desecho
i lana di scoria, lana minerale

7498 slaked lime
d Löschkalk, gelöschter Kalk
f chaux éteinte
s cal apagada
i calce spenta

7499 **slant saddle stitch**
d Schrägsattelstich
f point de couture sellier incliné
s punto oblicuo de guarnicionero
i punto da sellaio obliquo

7500 **slasher**
d Schlichtmaschine
f encolleuse
s encoladora
i imbozzimatrice

7501 **slasher dyeing**
d Färbeschlichten, simultanes Schlichten und Färben
f encollage et teinture simultanés
s encolado y tintura simultáneos
i imbozzimatura e tintura simultanea

7502 **slashers beam**
d Schlichtebaum
f ensouple d'encolleuse
s plegador de encoladora
i albero, fusto dell'imbozzimatore

7503 **slashing**
d Kettschlichten
f encollage de la chaîne
s encolado de la urdimbre
i imbozzimatura dell'ordito

7504 **slashing agent**
d Schlichtemittel
f agent d'encollage
s agente de encolado
i agente di incollaggio, mezzo di incollaggio

7505 **slashing cut mark**
d Stückzeichen
f marquage de pièce à l'encollage
s marcado de las piezas en el encolado
i marcatura del pezzo all'incollaggio

7506 **slashing size**
d Schlichte, Schlichteflotte
f colle d'encollage
s cola de encolado
i colla di imbozzimatura

7507 **sleeping bag**
d Schlafsack
f sac de couchage
s saco de dormir
i sacco a palo

7508 **sleepwear, nightwear**
d Nachtwäsche
f vêtement de nuit
s prenda de dormir
i camicia da notte

7509 **sleeve**
d Ärmel
f manche de vêtement
s manga
i manica

7510 **sleeve bearing**
d Hülsengleitlager
f palier à coussinet
s rodamiento de manguito
i cuscinetto radente del manicotto

7511 **slenderness ratio, length diameter ratio**
d Schlankheitsgrad
f coefficient de finesse, rapport longueur-diamètre
s coeficiente de esbeltez
i rapporto di snellezza, grado di snellezza

7512 **slickness**
d Glätte
f caractère lisse
s lisura
i lisciatura, calandratura

7513 **slide rnle**
d Rechenschieber
f règle à calcul
s regla de cálculo
i regolo calcolatore

7514 **sliding**
d Kulissenführung
f coulissage
s deslizante
i guida a glifo

7515 sliding friction
d Gleitreibung
f frottement de glissement
s fricción de deslizamiento
i attrito a striciamento, attrito radente

7516 sling
d Schlinge
f élingue
s honda
i braca

7517 slip
d Schlupfen
f glisser
s deslizar
i slittare, scorrere

7518 slip on
d Überschlupfkleidung, Überziehkleidung
f vêtement à enfiler
s prenda que se pone y quita fácilmente
i vestito che si infila e che si sfila facilmente

7519 slip plane
d Gleitfläche, Rutschfläche
f plan de glissement
s plano de deslizamiento
i piano di slittamento

7520 slip resistance
d Rutschfestigkeit, Gleitwiderstand
f résistance au glissement
s resistencia al deslizamiento
i resistenza allo slittamento

7521 slipover
d Schonbezug, Überzug
f housse
s funda
i sacco di custodia (per abiti)

7522 slip(page)
d Schlupf
f patinage, glissade
s patinazo
i slittamento, scorrimento

7523 slipper
d Pantoffel, Hausschuhe
f pantoufle
s zapatilla
i pantofole

7524 slipping
d Gleiten, Rutschen
f glissement
s deslizamiento
i slittamento

7525 slit film yarn
d Folieflachfaden, Folienbändchen
f fil de film coupé, fil de bandelette
s hilo de pelicula cortada
i filo piatto di pellicola, nastrino di pellicola

7526 sliver
d Faserband
f ruban de fibres
s cinta de fibras
i sliver, stoppino

7527 sliver can, coiler can
d Bänderkanne, Spinnkanne
f pot pour ruban, pot de filature
s bote para cintas
i vaso di filatura, contenitore dei nastri

7528 sliver fragility, sliver tenderness
d Luntenbrüchigkeit
f fragilité du ruban
s fragilidad de la cinta
i fragilità dello stoppino

7529 sliver knitting
d Stricken mit Kammzugbandzufuhr
f tricotage avec ruban
s tricotado con cintas
i lavoro a maglia con aggiunta di nastro pettinato

7530 sliver lap machine
d Bandvereinigungsmaschine
f réunisseuse de rubans, réunisseuse pour nappes de rubans
s reunidora de cintas
i macchina per riunire i nastri

7531 sliver opening
d Faserbandauflösen
f ouverture des fibres du ruban
s apertura de las fibras de la cinta
i apertura delle fibre dei nastri

7532 sliver reversal
d Bandrücklauf
f inversion du ruban
s inversión de la cinta
i inversione del nastro

7533 sliver tester
d Luntenprüfer
f appareil de contrôle du ruban
s ensayador de cintas
i apparecchio di controllo dello stoppino(o del nastro)

7534 sliver to yarn spinning
d Kurzspinnverfahren
f filature du ruban au fil
s hilatura de la cinta al hilo
i processo di filatura abbreviata, procedura di filatura corta

7535 slot
d Spalte
f fente
s hendidura
i asola

7536 slot cutting machine
d Schlitzfräsmaschine
f machine à tailler les divisions
s máquina de cortar las divisiones
i fresa per asole

7537 sloughed off pirn
d abgeschlagener Schuss, Schussabschlag
f trame ébouiée
s trama desmoronada de la canilla
i trama che cede (difetto)

7538 sloughing
d Abschlagen
f éboulement, effondrement
s desmoronamiento
i cedere, cedimento

7539 slow motion
d Kriechgang, Langsamlauf
f mécanisme de ralenti
s mecanismo de ralenti
i movimento lento

7540 slowing down
d Verlangsamen, Langsamerwerden, Verzögern
f ralentissement
s ralentización
i rallentamento

7541 slub
d Fadenverdickung
f grosseur dans le fil
s engrosaniento del hilo
i ingrossanento del filo

7542 slub catcher, yarn clearer
d Fadenreiniger, Garnreiniger
f épurateur de fil, purgeur de fil
s purgador de hilo
i stribbia

7543 slub catching, yarn clearing
d Fadenreinigung, Garnreinigung
f épuration de fil, purgeage de fil
s depuración del hilo
i stribbiatura

7544 slub yarn
d Garn mit Verdickungen
f fil avec grosseurs
s hilo con grosores
i filo con ingrossanenti

7545 slubbiness
d ungleichmässiges Aussehen, unregelmässiges Aussehen
f aspect irrégulier
s aspecto irregular
i aspetto irregolare

7546 slubbing
d Lunte
f mèche
s mecha gruesa
i stoppino

7547 slurcock
d Rössel, Kulierplatinentreiber
f chevalet
s caballete
i cavalletto, lancianavetta della platina

7548 slurgalling
d Platinenstreifen
f barrure discontinue sur tricot
s barra discontinua en tricot
i striatura discontinua nel lavoro a maglia

7549 slurry
d Schlamm
f boue, bouillie diluée
s lechada
i fango, morchia

7550 small batch
d kleine Partie
f lot réduit, petite partie
s lote reducido
i piccolo lotto

7551 small circular knitting machine
d Kleinrundstrickmaschine
f métier circulaire petit diamètre
s telar circular de diàmetro pequeño
i macchina circolare per maglieria di piccolo diametro

7552 small Jacquard design
d kleinmustrige Jacquardbindung
f armure Jacquard petit motif
s ligamento Jacquard de motivo reducido
i armatura Jacquard a motivo ridotto

7553 small width
d geringe Breite
f petite largeur
s anchura pequeña
i larghezza piccola

7554 smearing, mark off, staining
d Abschmieren, Verwischen
f fardage
s untamiento
i ungere

7555 smock
d Kittel
f sarrau
s mandil
i grembiule

7556 smocking
d Smokarbeit, Faltenstich
f smock
s smock
i piegatura decorativa, punto a piega

7557 smoking
d Smoking
f smoking
s smoking
i smoking

7558 smoking, jacket
d Jacke
f jaquette
s chaqueta
i giacca

7559 smooth drying finish
d Knitterarmausrüstung, Knitterechtausrüstung, Bügelfreiausrüstung
f apprêt de séchage facilité
s apresto de secado fácil
i finissaggio antipiega

7560 smoothness
d Geschmeidigkeit, Schmiegsamkeit, Flexibilität
f douceur
s dulzura
i flessibilità

7561 snag
d Ziehfaden, Zieher
f accroc, fil tiré
s enganchón
i filo tirato, intoppo

7562 snag resistance
d Zieherbeständigkeit
f résistance à l'accroc, résistance au clou
s resistencia al enganchado, resistencia al clavo
i resistenza agli intoppi

7563 **snag tester**
d Zieheranfälligkeitsprüfer
f appareil de contrôle à l'accroc
s ensayador de resistencia al enganchón
i apparecchio di controllo della resistenza agli intoppi

7564 **snag testing**
d Zieheranfälligkeitsprüfung
f contrôle de résistance à l'accroc
s ensayo al enganchón
i controllo della resistenza agli intoppi

7565 **snagging**
d Snagging, Maschenzieher
f formation d'accroc
s formación del enganchón
i formazione di intoppi, tiramaglie

7566 **snagging tendency**
d Ziehfadenanfälligkeit
f propension aux fils tirés
s propensión a los hilos estirados
i tendenza alla formazione di intoppi, tendenza a tirare le maglie

7567 **snap back**
d Zurückspringen
f rebond, recul brusque
s retroceso brusco
i retrocessione brusca

7568 **snap fastener**
d Druckknopf
f fermeture par emboitement
s cierre por encaje
i bottone rapido, bottone a incastro, pulsante

7569 **snarl**
d Kringeln
f vrillage
s enredo
i riccio

7570 **snarling**
d Schlingen
f vrille
s ensortijamiento
i nodo

7571 **snarling tendency**
d Kringelneigung, Schlingenanfälligkeit
f tendance au vrillage
s tendencia al ensortijamiento
i tendenza all'annodamento, tendenza alla formazione di ricci

7572 **sneaker**
d Turnschuh
f soulier de tennis
s zapatillas de tenis
i scarpe da tennis

7573 **soaking**
d Einweichen
f trempage, mouillage du linge
s remojado
i mettere a mollo

7574 **soap**
d Seife
f savon
s jabón
i sapone

7575 **soaping, afterwash**
d Seifen, Einseifen
f savonnage, lavage après traitement
s enjabonado
i insaponare

7576 **soap-soda scouring**
d Seife-Soda-Wäsche
f lavage à fond par savon et soude
s lavado a fondo con jabón y sosa
i lavaggio con sapone-soda

7577 **sock**
d Socke
f chaussette
s calcetín ordinario
i calzettino

7578 **sockets, cot**
d Muffe
f manchon, embout femelle
s enchufe, conezión
i manicotto

7579 sodium
d Natrium
f sodium
s sodio
i sodio

7580 sodium acetate
d Natriumacetat
f acétate de sodium
s acetato sódico
i acetato di sodio

7581 sodium acrylate
d Natriumacrylat
f acrylate de sodium
s acrilato sódico
i acrilato di sodio

7582 sodium benzoate
d Natriumbenzoat
f benzoate de sodium
s benzoato sódico
i benzoato di sodio

7583 sodium bicarbonate
d Natriumbicarbonat
f bicarbonate de sodium
s bicarbonato sódico
i bicarbonato di sodio

7584 sodium bisulfate
d Natriumbisulfat
f bisulfate de sodium
s bisulfato sódico
i solfato acido di soio, bisolfato, idrogenosolfato di sodio

7585 sodium bisulfite
d Natriumbisulfit
f bisulfite de sodium
s bisulfito sódico
i bisolfito sodio, idrogenosolfito di sodio

7586 sodium borohydride
d Natriumborhydrid
f borohydrure de sodium
s borohidruro de sodio
i tetraidroborato di sodio, sodio boroidruro

7587 sodium bromate
d Natriumbromat
f bromate de sodium
s bromato de sodio
i bromato di sodio

7588 sodium bromide
d Natriumbromid
f bromure de sodium
s bromuro de sodio
i bromuro di sodio

7589 sodium bromite
d Natriumbromit
f bromite de sodium
s bromito sódico
i bromito di sodio

7590 sodium carbonate, soda ash
d Natriumcarbonat
f carbonate de sodium
s carbonato sódico
i carbonato di sodio, soda

7591 sodium chlorate
d Natriumchlorat
f chlorate de sodium
s clorato sódico
i clorato di sodio

7592 sodium chloride
d Natriumchlorid
f chlorure de sodium, sel marin
s cloruro de sodio
i cloruro di sodio

7593 sodium chlorite
d Natriumchlorit
f chlorite de sodium
s clorito sódico
i clorito di sodio

7594 sodium compound
d Natriumverbindung
f composé de sodium
s compuesto de sodio
i composto di sodio

7595 sodium cuprate
d Natriumcuprat
f cuprate de sodium
s cuprato de sodio
i cuprato di sodio

7596 sodium cyanide
d Natriumcyanid
f cyanure de sodium
s cianuro sódico
i cianuro di sodio

7597 sodium dichromate
d Natriumbichromat
f bichromate de sodium
s bicromato sódico
i dicromato di sodio

7598 sodium fluoride
d Natriumfluorid
f fluorure de sodium
s fluoruro sódico
i fluoruro di sodio

7599 sodium hexametaphosphate
d Natriumhexametaphosphat
f hexamétaphosphate de sodium
s hexametafosfato sódico
i esametafosfato di sodio

7600 sodium hydrosulfite, sodium dithionite
d Natriumhydrosulfit, Natriumdithionit
f hydrosulfite de sodium, dithionite de sodium
s hidrosulfito de sodio
i ditionito di sodio, idrosolfito di sosio

7601 sodium hydroxide, caustic soda
d Natriumhydroxid
f hydroxyde de sodium, soude caustique
s hidróxido sódico
i idrossido di sodio

7602 sodium hypochlorite
d Natriumhypochlorit
f hypochlorite de sodium
s hipoclorito sódico
i ipoclorito di sodio

7603 sodium iodide
d Jodnatrium, Natriumjodid
f iodure de sodium
s yoduro sódico
i ioduro di sodio

7604 sodium lauryl sulfate
d Natriumlaurylsulfat
f laurylsulfate de sodium
s lauril sulfato sódico
i laurilsolfato di sodio

7605 sodium nitrate
d Natronsalpeter, Natriumnitrat
f nitrate de sodium
s nitrato sódico
i nitrato di sodio

7606 sodium nitrite
d Natriumnitrit
f nitrite de sodium
s nitrito sódico
i nitrito di sodio

7607 sodium oleate
d Natriumoleat
f olèate de sodium
s oleato sódico
i oleato di sodio

7608 sodium palmitate
d Natriumpalmitat
f palmitate de sodium
s palmitato sódico
i palmitato di sodio

7609 sodium perborate
d Natriumperborat
f perborate de sodium
s perborato sódico
i perborato di sodio, metaborato di sodio perossoidrato

7610 sodium peroxide
d Natriumsuperoxid
f peroxyde de sodium
s peróxido sódico
i perossido di sodio, diossido di disodio

7611 sodium persullate
d Natriumpersulfat
f persulfate de sodium
s persulfato sódico
i perossodisolfato di disodio, persolfato di sodio

7612 sodium polyacrylate
d Natriumpolyacrylat
f polyacrylate de sodium
s poliacrilato sódico
i poliacrilato di sodio

7613 sodium resinate
d Natriumresinat
f résinate de sodium
s resinato sódico
i resinato di sodio

7614 sodium sesquicarbonate
d Natriumsesquicarbonat
f sesquicarbonate de sodium
s sesquicarbonato sódico
i sesquicarbonato di sodio, carbonato idrogenocarbonato di trisodio

7615 sodium silicate
d Natriumsilikat, Wasserglas
f silicate de sodium
s silicato sódico
i metasilicato di sodio

7616 sodium soap
d Natronseife
f savon de sodium
s jabón sódico
i sapone di sodio

7617 sodium stearate
d Natriumstearat
f stéarate de sodium
s estearato sódico
i stearato di sodio

7618 sodium sulfate, Glauber's salt
d Glaubersalz, Natriumsulfat
f sulfate de sodium, sel de Glauber
s sulfato sódico
i solfato di sodio, sale di Glauber

7619 sodium sulfide
d Schwefelnatrium, Natriumsulfid
f sulfure de sodium
s sulfuro sódico
i solfuro di sodio

7620 sodium thiosulfate
d Natriumthiosulfat
f thiosulfate de sodium
s tiosulfato sódico
i tiosolfato di sodio, iposolfito di sodio, triossodisolfato di disodio

7621 sofa
d Sofa
f sofa, canapé
s sofa
i divano

7622 soft finishing
d Weichappretur
f apprêt, apprêtage, finissage souple
s acabado (apresto) floco
i finissaggio soffice

7623 soft twist weft
d weichgedrehtes Schussgarn
f trame floche
s trama con torsión floja
i trama con torsione floscia

7624 soft winding
d weiche Wicklung
f bobinage mou
s bobinado flojo
i bobinaggio floscio

7625 softened water
d Weichwasser
f eau adoucie
s agua corregida
i acqua dolce

7626 softening
d Weichmachen, Zartmachen
f assouplissement
s ablandamiento
i ammorbidimento

7627 **softening agent**
d Weichmacher
f agent adoucissant, adoucissant
s suavizante
i ammorbidente

7628 **softening point, softening temperature**
d Erweichungspunkt
f point de ramollissement, température de ramollissement
s punto de reblandecimiento
i punto di rammollimento

7629 **softening treatment**
d Weichmachungsverfahren
f traitement adoucissant
s tratamiento suavizante
i trattamento ammorbidente

7630 **softness**
d Weichheit, Biegsamkeit
f soupiesse
s suavidad
i morbidezza

7631 **software**
d Software
f software
s software
i software

7632 **soil**
d Anschmutzung, Verschmutzung
f salissure, souillure
s ensuciamiento
i sporco

7633 **soil burial test**
d Eingrabtest
f essai d'enfouissement dans le soi, essai de résistance à la moisissure
s ensayo de ocultación bajo tierra
i prova di sepoltura in terra

7634 **soil deposition, soiling**
d Schmutzablagerung
f dépôt de salissure, dépôt de souillure
s deposición de suciedad
i deposito dello sporco

7635 **soil redeposition**
d Rückverschmutzung, Wiederverschmutzung
f rédêposition de la salissure
s redeposición de la suciedad
i rideposito dello sporco

7636 **soil release finish**
d Soil-Release-Ausrüstung, SR-Ausrüstung, Soil-Release-Veredlung
f apprêt de lavage facilité
s apresto de lavado facilitado
i finissaggio antisporco

7637 **soil releasing agent**
d Soil-Reiease-Veredlungsmittel, SR-Verediungsmittei
f agent de lavage facilité
s agente de lavado facilitado
i agente per finissaggio antisporco

7638 **soil removal, dirt removal**
d Schmutzbeseitigung
f élimination de la salissure, élimination de la saleté
s eliminación de la suciedad
i eliminazione dello sporco

7639 **soil repellent agent**
d schmutzabweisendes Mittel
f apprêt antisalissure
s acabado antiensuciamiento
i agente contro lo sporco

7640 **soil repellent finish, antisoiling finish, soil resistance finish**
d fleckabweisende Ausrüstung, schmutzabweisende Ausrüstung, Antischmutzappretur, Antisoiling-Ausrüstung
f apprêt antitaches, apprêt intachable
s acabado resistente a las manchas
i finissaggio antisporco

7641 **soil resistance**
d Anschmutzungswiderstand
f résistance à la salissure
s resistencia al ensuciamiento
i resistenza allo sporco

7642 sol
d Sol
f solution colloidale
s sol
i sol

7643 solar energy
d Sonnenenergie
f Énergie solaire
s energía solar
i energia solare

7644 sole
d Schuhsohle
f semelle
s suela
i suola

7645 solenoid
d Solenoid
f solènoide
s solenoide
i solenoide

7646 solid color
d Grundton
f couleur de fond
s color sólido
i colore di fondo

7647 solid phase
d feste Phase
f phase solide
s fase sólida
i fase solida

7648 solid shade
d Farbtonechtheit
f nuance solide
s matiz sólido
i solidità del colore

7649 solid substance
d Feststoff
f matière solide
s sustancia solida
i sostanza solida

7650 solidification
d Erstarrung
f solidification
s solidificación
i solidificazione

7651 solubilising agent
d löslichmachendes Mittel
f agent de solubilisation, agent de solubilitê
s agente de solubilización
i agente solubilizzante

7652 solubility
d Löslichkeit
f solubilité
s solubilidad
i solubilità

7653 soluble
d löslich
f soluble
s soluble
i solubile

7654 soluble fiber
d lösliche Faser
f fibre soluble
s fibra soluble
i fibra solubile

7655 soluble yarn
d lösliches Garn, löslicher Faden
f fil soluble
s hilo soluble
i filo solubile

7656 solute
d gelöste Substanz
f solutè
s sóluto
i soluto

7657 solution, liquid solution
d Lösung
f solution, solution liquide
s solución
i soluzione

7658 solution polymerization
d Lösungspolymerisation
f polymérisation en solution
s polimerización en solución
i polimerizzazione in soluzione

7659 solution type binder
d Bindemittel in Lösung
f agent de liage en solution
s agente ligante en solución
i agente legante in soluzione

7660 solvatation
d Solvatation
f solvatation
s solvatación
i solvatazione

7661 solve
d lösen
f dissoudre
s disolver
i sciogliere

7662 solvent
d Lösungsmittel, Lösemittel
f solvant
s disolvente
i solvente

7663 solvent assisted dyeing
d lösungsmittelunterstütztes Färben
f teinture avec solvant adjuvant
s tintura con disolvente adyuvante
i tintura con l'utilizzo di solventi

7664 solvent bonding
d Kleben mit Lösungsmitteln
f liage par solvant
s unión por disolvente
i incollaggio con solventi

7665 solvent dye
d Farbstoff für Lösungsmittelfärben
f colorant pour bain de solvant
s colorante para baño de disolvent
i colorante per la tintura con solventi

7666 solvent dyeing
d Lösungsmittelfärben
f teinture avec solvant
s tintura con disolvente
i tintura con solventi

7667 solvent emulsion
d Lösungsmittelemulsion
f èmulsion de solvant
s emulsión de disolvente
i emulsione di solventi

7668 solvent extract
d Lösungsmittelextrakt
f extrait au solvant
s extracción con disolvente
i estratto di solventi

7669 solvent finishing
d Lösungsmittelveredlung
f apprèt en milieu solvant
s apresto en disolvente
i finissaggio in solvente

7670 solvent medium
d Lösungsmittelmedium
f milieu solvant
s medío disolvente
i fluido solvente

7671 solvent recovery
d Lösungsmittelrtickgewinnung
f récupération du soivant
s recuperación del disolvente
i ricupero del solvente

7672 solvent scouring, solvent degreasing
d Lösungsmittelwäsche
f lavage à fond par solvant, dégraissage par solvant
s lavado a fondo con disolvente
i lavaggio a fondo con solvente

7673 solvent spinning, dry spinning
d Lösungserspinnen
f filage avec solvant
s hilatura con disolvente
i filatura con solvente

7674 solvent treatment
d Lösungsmittelbehandlung
f traitement aux solvants
s tratamiento con disolventes
i trattamento con solventi

7675 solvent vapor
d Lösungsmitteldampf
f vapeur de solvant
s vapor de disolvente
i vapore di solventi

7676 sonic velocity
d Schailgeschwindigkeit
f vitesse du son
s velocidad del sonido
i velocità del suono

7677 sonorous wave
d Schallwelle
f onde sonore
s onda sonora
i onda sonora

7678 sorbent
d Sorptionsmittel
f agent de sorption
s agente absorbente
i assorbente

7679 sorbitan ester, polyethoxy anhydrosorbitol ester
d Sorbitanester
f ester de sorbitanne, polyéthoxyanhydrosorbitolester
s éster de sorbitán
i estere di sorbitano

7680 sorbitol
d Sorbitol
f sorbitol
s sorbitol
i sorbitolo, sorbite

7681 sorghum
d Sorghum
f sorgho
s sorgo
i sorgo

7682 sorption
d Sorption
f sorption
s sorbición
i assorbimento, occlusione

7683 sorption equilibrium
d Sorptionsgleichgewicht
f équilibre de sorption
s equilibrio de sorbición
i equilibrio di assorbimento

7684 sorption of dye
d Farbstoffaufnahme
f sorption du colorant
s absorción de colorante
i assorbimento di coloranti

7685 sorption of gas
d Gassorption
f sorption de gaz
s absorción de gas
i assorbimento di gas

7686 sorption of liquid
d Flüssigkeitsorption
f sorption de liquide
s absorción de líquido
i assorbimento di liquido

7687 sorption of water
d Wassersorption
f sorption d'eau
s absorción de agua
i assorbimento di acqua

7688 sorption rate
d Sorptionsmenge
f taux de sorption
s valor de absorción
i tasso di assorbimento

7689 sorptivity
d Sorptionsvermögen
f capacité de sorption
s capacidad de absorción
i capacità di assorbimento

7690 sort, grade
d Sortieren
f trier, sélectionner
s clasificar, seleccionar
i selezionare

7691 sorting, selecting
d Fasersortieren
f tri
s sorteo
i selezione delle fibre

7692 sound
d Schall, Geräusch
f son, sonorité
s sonido
i suono, rumore

7693 sound signal
d Schallsignal
f signal sonore
s seña sonora
i segnale sonoro

7694 sound-proof
d schalldicht
f insonore
s insonoro
i insonorizzato

7695 source, origin
d Quelle
f source
s fuente, origen
i fonte, origine, sorgente

7696 soutane
d Soutane
f soutane
s sotana
i sottana

7697 South Alrican merino wool
d Kapwolle
f laine mèrinos sud-africaine
s lana merina sudafricana
i lana merino sudafricana

7698 South Anierican merino wool
d südamerikanische Merinowolle
f laine mérinos sud-américaine
s lana merina sudamericana
i lana merino sudamericana

7699 Southdown wool
d Southdown-Wolle
f laine Southdown
s lana Southdown
i lana Southdown

7700 space dyeing
d Space Dyeing
f teinture par espacement
s tintura por espaciamiento
i tintura a spaziatura

7701 space printing
d Space Printing
f impression par espacement
s estampación por desplazamiento
i stampa a spaziatura

7702 spacedrawing
d ungleichmässige Reckung, unregelmässige Reckung
f êtirage irrégulier, étirage par intervalles
s estíraje irregular
i stiratura irregolare

7703 spacious
d ausgedehnt
f vaste
s espacioso
i vasto, spazioso

7704 span length
d Fibrograph-Span-Length
f span length
s span length
i fibrografo

7705 spandex
d Spandex
f spandex
s spandex
i spandex

7706 **spandex fiber**
d Spandex-Faser, Spandex-Elastomerfaser
f fibre spandex
s fibra spandex
i fibra di spandex

7707 **spandexyarn**
d Spandex-Garn, Spandex-Elastomergarn
f fil spandex
s hilo spandex
i filo di spandex

7708 **spare part**
d Ersatzteil
f pièce de rechange
s pieza de recambio
i pezzo di ricambio

7709 **spark**
d Funke
f étincelle
s chispa
i scintilla

7710 **sparkle**
d Schimmer
f aspect étincelant
s aspecto centelleante
i bagliore

7711 **sparkling**
d Befunken
f étincelage
s centelleo
i lavorare a elettroerosione

7712 **spat**
d Schuhgamasche
f guêtre
s polaina
i ghetta

7713 **specialisation**
d Spezialisierung
f spécialisation
s especialización
i specializzazione

7714 **specialist**
d Spezialist
f spécialiste
s especialista
i specialista

7715 **specific gravity testing**
d Wichtebestimmung, Bestimmung des spezifischen Gewichtes
f contrôle de masse spécifique, contrôle du poids spécifique
s ensayo del peso especifico
i determinazione del peso specifico

7716 **specific heat**
d spezifische Wärme
f chaleur spécifique
s calor especifico
i calore specifico

7717 **specific humidity**
d spezifische Feuchtigkeit
f humidité spécifique
s humedad especifica
i umidità specifica

7718 **specific surface**
d spezifische Oberfläche
f surface spécifique
s superficie especifica
i superficie specifica

7719 **specific volume**
d spezifisches Volumen
f volume spécifique, volume de l'unité de masse
s volumen especifico
i volume specifico

7720 **specification**
d Spezifikation
f spécification
s especificación
i specifica

7721 **specificity**
d Artbestimmtheit
f spécificité
s calidad de específico
i specificità

7722 **specify**
d Spezifizieren
f spécifier
s especificar
i specificare

7723 **specimen holder**
d Probenträger
f porte-échantillons
s porta-pruebas
i portacampioni

7724 **specimen preparation**
d Probenvorbereitung
f préparation d'échantillon
s preparación de la muestra
i preparazione del campione

7725 **speck**
d Stippe
f tacheture
s salpicadura
i macchia

7726 **speckdyeing**
d Noppenretuschieren
f retouche de teinture
s corrección de tintura
i ritocco della tintura

7727 **speckiness**
d Farbfleckigkeit
f teinture d'aspect tacheté
s tintura de aspecto manchado
i tintura a chiazze

7728 **specking**
d Tüpfelmuster, Tupfenmuster
f moucheture
s moteado
i schema a chiazze

7729 **spectral ray**
d Spektrallinie
f raie spectrale
s raya espectral
i riga spettrale

7730 **spectrogram**
d Spektrogramm
f spectrogramme
s espectrógrama
i spettrogramma

7731 **spectrography**
d Spektrographie
f spectrographie
s espectrografía
i spettrografia

7732 **spectrometry**
d Spektrometrie
f spectrométrie
s espectrometria
i spettrometria

7733 **spectrophotocolorimetry**
d Spektrophotokolorimetrie
f spectrophotocolorimétrie
s espectrofotocolorimetria
i spettrofotocolorimetria

7734 **spectrophotometer**
d Spektrophotometer
f spectrophotomètre
s espectrofotómetro
i spettrofotometro

7735 **spectrophotometry, spectrophotometric measurement**
d Spektralphotometrie, Spektrophotometrie
f spectrophotométrie, mesure spectrophotométrique
s espectrofotometría
i spetrofotometria

7736 **spectroscopy**
d Spektroskopie
f spectroscopie
s espectroscopia
i spettroscopia

7737 **spectrum**
d Spektrum
f spectre
s espectro
i spettro

7738 spectrum analysis
d Spektralanalyse
f analyse du spectre
s anàlisis espectral
i analisi spettrale

7739 speed control
d Geschwindigkeitskontrolle
f contrôle de la vitesse
s control de la velocidad
i controllo della velocità

7740 speed, velocity
d Geschwindigkeit
f vitesse, vélocité
s velocidad
i velocità

7741 spherical
d Sphärisch
f sphérique
s esférico
i sferico

7742 sphericity
d Kugelförmigkeit
f sphèricité
s esfericidad
i sfericità

7743 spherulite
d Sphärolith
f sphérulite
s esferulita
i sferulite

7744 spherulitic crystallization
d sphärolithische Kristallisation, radialstrahlige Kristallisation
f cristallisation sphérulitique
s cristalización esferulítica
i cristallizzazione sferulitica

7745 spherulitic fibril
d sphârolithische Fibrille, radialstrahlig erstarrte Fibrille
f fibrille sphérulitique
s fibrila esferulítica
i fibrilla sferulitica

7746 spiked chain
d Nadelkette
f chaine à picots
s cadena de púas
i catena ad aghi

7747 spin
d Spin
f spin
s spin
i spin

7748 spin labelling
d Spin-Markierung, Spin-Labelling
f marquage de spin
s marcado de spin
i marcatura della filatura

7749 spin texturing
d Spinnstrecktexturieren
f texturerer par machine à filer-étirer
s texturar con hiladora-estiradora
i texturare con filatrice-stiratrice

7750 spindle
d Spindel
f broche
s huso
i fuso

7751 spindle bolster
d Spindelhals, Spindelschaft
f collet de broche
s collarín del huso
i collarino del fuso

7752 spindle drafting
d Spindelverzug
f étirage par les broches
s estiraje por husos
i stiratura tramite mandrino

7753 spindle eccentricity
d Spindelexzentrizität
f excentricité de la broche
s excentricidad del huso
i eccentricità del fuso

7754 **spindle head**
d Spindelspitze, Spindelkopf
f tête de la broche
s cabeza del huso
i testa del fuso

7755 **spindle pin**
d Drehröhrchen-Diabolo
f verrouilleur de fausse torsion
s cerrojo de falsa torsión
i perno del fuso

7756 **spindle rail**
d Spindelbank
f plate-bande porte broches
s bancada portahusos
i banchina porta anelli

7757 **spindle space**
d Spindelteilung, Spindelabstand
f ècartement des broches
s separación entre husos
i scartamento dei fusi

7758 **spindle speed**
d Spindeldrehzahl, Spindelgeschwindigkeit
f vitesse de la broche
s velocidad del huso
i velocità del fuso

7759 **spindle tape**
d Spindelband
f sangle de broche
s cinta de huso
i cinghietta di comando del fuso

7760 **spindle vibration**
d Spindelschwingung
f vibration de la broche
s vibración del huso
i vibrazione del fuso

7761 **spindle wharve**
d Wirtel
f noix de broche
s rótula de huso
i noce, puleggia a gola

7762 **spinfinish**
d Spinnzusatz
f apprèt de filage
s apresto de hilado
i finissaggio della filatura

7763 **spinneret**
d Spinndüse, Extrusionsdüse
f filière
s hilera
i filiera

7764 **spinning**
d Spinnen
f filature
s hilatura
i filatura

7765 **spinning balloon**
d Spinnballon
f ballon de filature
s balon de hilatura
i balla di filatura

7766 **spinning bobbin**
d Spinnspule
f bobine de filature
s bobina de hilatura
i spola di filatura

7767 **spinning dynamics**
d Spinndynamik
f dynamique de filature
s dinámica de la hilatura
i dinamica della filatura

7768 **spinning efficiency**
d Spinnleistung
f performance de filature, efficacité de la filature
s rendimiento de hilatura
i rendimento della filatura

7769 **spinning false twist**
d Falschdraht beim Spinnen
f fausse torsion de filature
s falsa torsión de hilatura
i falsa torsione durante la filatura

7770 spinning filter
d Spinnfilter
f filtre de filage
s filtro de hílatura
i filtro di filatura

7771 spinning frame
d Spinnmaschine
f métier à filer
s continua de hilar
i filatoio

7772 spinning frame tender
d Spinner
f fileur
s hilador
i filatore

7773 spinning limit, spinnability
d Ausspinngrenze
f limite de filabilité
s limite de hilabilidad
i limite di filabilità

7774 spinning machine
d Spinnereimaschine
f matériel de filature
s maquinaria de hilatura
i macchina per filatura

7775 spinning machine part
d Spinnmaschinenelement, Spinnmaschinenteil
f élément de métier à filer
s elemento de maquinaria de hilatura
i componente della macchina per filatura

7776 spinning machines manufacturer
d Spinnereimaschinen-Hersteller
f constructeur de matériel de filature
s constructor de maquinaria de hílatura
i costruttore di macchine per filatura

7777 spinning mill, spinning
d Spinnerei
f filature
s hilandería
i filanda

7778 spinning oil, spinning lubricant
d Spinnöl, Spinnavivage
f lubrifiant de filature, ensimage de filature
s ensimaje para hilatura
i lubrificante per filatura

7779 spinning pot
d Spinnzentrifuge
f pot de métier de filature
s bote de hilatura
i centrifuga di filatura

7780 spinning preparation
d Spinnereivorbereitung
f préparation à la filature
s preparación en la hílatura
i preparazione di filatura

7781 spinning process plane
d Spinnplan
f plan de filature
s plan de hilatura
i piano di filatura

7782 spinning start
d Anspinnen
f amorçage du métier à filer
s inicio de hilatura
i inizio della filatura

7783 spinning station, spinning head, spinning position
d Spinnstelle
f lieu, place, section de filage
s lugar de hiladura
i stazione, posizione di filatura

7784 spinning texturing
d Spinntexturieren
f texturation au filaget
s texturación en la hilatura
i testurizzazione durante la filatura

7785 spinning traveler
d Spinnringläufer
f curseur de filature
s cursor de hilatura
i cursore circolare di filatura

7786 spinning wheel
d Handspinnrad
f rouet
s torno de hilar
i ruota del filatoio

7787 spinning-twisting machine
d Spinnzwirnmaschine
f machine de filature-retordage
s máquina de hilatura-retorcido
i filatoio ritorcitoio

7788 spin-room
d Spinnkammer
f chambre de filature
s cámara de hiladura
i camera di filatura

7789 spiral
d Spirale
f spirale
s espiral
i spirale

7790 spiral covering
d Umwindespinnen
f guiper, récouvrir en spiral
s revestir en espiral
i rivestire, ricoprire a spirale

7791 spiral covering machine
d Umspinnmaschine
f guippeuse
s máquina para revestir en espiral
i macchina per rivestire a spirale

7792 spiral covering spinning machine
d Umwindespinnmaschine
f machine à filer par guipage
s telar para revestir en espiral
i telaio per rivestire (ricoprire) a spirale

7793 spiral spring
d Spiralfeder
f ressort à spiral
s resorte a espiral
i molla a spirale

7794 spirals novelty yarn
d Spiralgarn, Raupengarn
f fil fantaisie en spirale
s hilo de fantasia en espiral
i filo fantasia a spirale

7795 splash voile
d Phantasie-Voile
f tissu voile fantaisie
s tejido velo de fantasía
i velo di tessuto fantasia

7796 splice
d Spleiss, knotenlose Verbindung
f épissure
s empalme
i impalmatura

7797 splice, split
d Spleissen
f déchirer
s desgarrar
i strappare

7798 splicing
d Spleissung
f renfort
s refuerzo
i giuntura, rinforzo

7799 split
d Spleisser
f déchirement
s desgarro
i strappo

7800 split drnm winder
d Schlitztrommelspulmaschine
f bobinoir à tambours fendus
s bobinadora de tambor ranurado
i bobinatrice a tamburo spaccato

7801 split fiber
d Spaltfaser, Splitfaser
f fibre clivèe
s fibra hendida
i fibra spaccata

7802 split rod
d Schlichteteilstab
f baguette d'enverjure d'encolleuse
s varilla separadora
i bacchetta parziale per imbozzimare

7803 split shed, center shed
d geteiltes Fach
f foule divisée, foule intermédiaire
s calada de alza y baja
i passo diviso, bocca di ordito divisa

7804 spliting device
d Spleissvorrichtung
f dispositif de déchirage
s dispositivo de desgarro
i dispositivo di strappamento

7805 splitting
d Spaltung
f clivage
s hendido
i spaccatura

7806 sponginess
d Schwammigkeit
f spongiosité
s esponjosidad
i spugnosità

7807 spool
d Scheibenspule
f bobinotàjoues
s carrete
i bobina piatta

7808 sports equipment, sport product
d Sportartikel
f article de sport
s artículo deportivo
i articolo sportivo

7809 sportswear
d Sportkleidung
f vêtement de sport
s traje deportívo
i abbigliamento sportivo

7810 spot bonded nonwoven
d punktbeschichteter Textilverbundstoff
f non tissé lié par points
s tela no tejida ligada por puntos
i stoffa non tessuta unita da punti

7811 spot bonding
d Punktbeschichtung
f liage par points
s unión por puntos
i unione tramite punti

7812 spot cleaning unit
d Apparat zur Fleckentfernung
f poste de détachage
s unidad de desmanchado
i apparecchio smacchiatore

7813 spotting
d Beflecken
f tachage
s manchado
i macchiare, chiazzare

7814 spotty
d gesprenkelt
f moucheté
s salpicado
i chiazzato

7815 spray bonding
d Bondieren durch Aufsprühen, Sprûhkleben
f liage par pulvérisation
s unión por pulverización
i incollare tramite polverizzazione, incollare tramite nebulizzazione

7816 spray dry cleaning
d Trockensprühreinigung, Chemischreinigungs-Sprühverfahren, Sprühchemischreinigung, Sprühtrockenreinigung
f nettoyage à sec par pulvèrisation
s limpieza en seco por pulverización
i lavaggio a secco

7817 spray gun
d Sprühpistole, Spritzpistole
f pistolet de pulvérisatíon
s pistola de pulverización
i pistola spruzzatrice

7818 spray testing
d Sprühprüfung
f contrôle par arrosage, essai d'arrosage
s ensayo al agua de lluvia
i controllo a spruzzo

7819 spraying
d Sprühen, Spritzen
f pulvérisation
s pulverización
i spruzzare

7820 spraying machine
d Sprüheinrichtung, Spritzeinrichtung
f machine de pulvérisation
s máquina de pulverización
i spruzzatore

7821 spread
d ausgebreitet, Anlegen
f étalé, enduir
s extendido, untar
i steso, spalmare

7822 spread, apply coat
d Auftragen
f appliquer, étendre
s aplicar
i applicare, stendere

7823 spread loop
d Überhängmasche
f maille sur deux colonnes
s malla en dos columnas
i maglia su due colonne

7824 spreadboard, spreader
d Anlegemaschine
f enduiseuse
s maquina para untar
i macchina spalmatrice

7825 spreading machine
d Ausbreitmaschine
f étaleuse pour tissu, étaleuse avant coupe
s máquina extendedora del tejido
i macchina stenditrice per tessuti

7826 spreading table
d Ausbreittisch
f table d'ètalage
s mesa de control
i tavolo di controllo

7827 spring balance
d Federwaage
f balance à ressort
s balanza de muelles
i bilancia a molla

7828 spring constant
d Elastizitätskonstante
f constante d'élasticité
s constante de elasticidad
i costante di elasticità

7829 spring loading
d Federdruck
f pression à ressort
s presión a muelles
i pressione della molla

7830 spring needle, spring beard needle
d Spitzennadel
f aiguille à bec, aiguille à ressort
s aguja de resorte
i ago a becco

7831 sprinkler system
d Sprinkleranlage
f sprinkler
s rociador
i impianto di nebulizzazione

7832 sprinkles
d Spritzer
f èclaboussure
s salpique
i spruzzi

7833 spun silk
d Schappeseidengarn
f fil de schappe
s hilo de schappe
i filo di seta di effetto

7834 spun thread, spun yarn similar
d Fasergarnähnlich
f semsable à du fil fibreux
s simil a hilado de fibra
i simile a filo di fibra

7835 spun yarn
d Fasergarn, Spinnfasergarn, Stapelfasergarn
f filé, fil de fibres, fil de fibres discontinues
s hilado
i filo di fibra

7836 spunbonded
d Spinnvliesstoff, Elementarfadenvliesstoff, Erspinnvliesstoff
f non tissé spunbonded
s tela no tejida spunbonded
i tela non tessuta a filo semplice

7837 spunlaced non-woven
d Spunlaced-Vliesstoff
f tissu non-tissé lacé par filage
s hilado enlazado no tejido
i filato allacciato non tessuto

7838 square
d Quadrat
f carré
s cuadrado
i quadrato

7839 squeegee
d Rakel, Filmdruckrakel
f racle pour impression au cadre
s rasqueta para estampación al cuadro
i racla per stampa su schermo

7840 squeeze ratio
d Entwässerungseffekt
f taux d'exprimage
s tasa de exprimido
i tasso di spremitura

7841 squeeze roll
d Abquetschwalze
f cylindre exprimeur
s cilindro escurridor
i cilindro di spremitura

7842 squeezer
d Quetsche
f exprimeur
s escurridor
i spremitura

7843 squeezingt
d Quetschen, Ausquetschen, Abquetschen
f exprimage
s escurrido
i spremere

7844 SRRL card
d SRRL-Karde
f carde SRRL
s carda SRRL
i carda SRRL

7845 stabilisation
d Stabilisierung
f stabilisation
s estabilización
i stabilizzazione

7846 stabilise
d Stabilisieren
f stabiliser
s estabilizar
i stabilizzare

7847 stabilizator
d Stabilisator
f stabilisateur
s estabilizador
i stabilizzatore

7848 stabilizer
d Stabilisiermittel
f stabilisant
s estabilizador químico
i stabilizzante

7849 stack
d Stapel
f empilement
s apilamiento
i pila

7850 stacker
d Stapeleinrichtung
f empileur
s amontonador
i impilatore

7851 stacking
d Stapeln
f empilage
s amontonamiento
i impilare

7852 stagnation
d Stagnation
f stagnation
s estagnación
i ristagno

7853 stain
d kleiner Fleck
f tache
s mancha
i macchia

7854 stain release finish
d Fleckschutzausrüstung
f fissage ou apprêt de protection contre les taches
s equipo de protección contra las manchas
i equipaggiamento di protezione contro le macchie

7855 stain removal
d Detachieren, Fleckentfernung
f détachage, élimination des taches
s desmanchado
i smacchiare

7856 stain resistance
d fleckabweisende Eigenschaft
f résistance aux taches
s resistencia a las manchas
i proprietà smacchianti

7857 stain resistance agent
d fleckabweisendes Mittel
f agent antitache
s agente antimancha
i agente antimacchia

7858 staining defect
d Fleckenbildung beim Färben
f défaut de tachage en teinture
s defecto de manchado en tintura
i macchiatura in fase di tintura

7859 staining identilication of fibers
d Faseranalyse durch Anfärben, Anfärbemethode zur Fasererkennung, Farbtest zur Fasererkennung
f analyse de fibres par coloration locale
s análisis de fibras por coloración local
i identificazione delle fibre per colorazione locale

7860 staining test
d Anfärbetest, Testfärbung, Färbetest
f analyse par coloration locale
s análisis por coloración local
i analisi per colorazione locale

7861 stainless steel
d rostfreier Stahl
f acier inoxydable
s acero inoxidable
i acciaio inox

7862 stainless steel fiber
d rostfreie Stahlfaser
f fibre d'acier inoxydable
s fibra de acero inoxidable
i fibra di acciaio inox

7863 Stains direct spinner
d Stains-Direktspinnmaschine
f métierStains
s hiladora directa Stains
i filatoio diretto Stains

7864 stalk, stem
d Stengel
f tige
s tallo
i asta

7865 standard
d Norm, Standard
f norme
s norma
i norma

7866 standard deviation
d Standardabweichung
f écart standard, écart type
s desviación tipo
i deviazione standard

7867 standard error
d Standardfehler
f erreur standard
s error típico
i errore standard

7868 standard test method
d Standardprüfmethode
f méthode d'essai normalisée
s método de ensayo normalizado
i metodo di prova standard

7869 standard time
d Normalzeit
f temps standard
s tiempo standard
i tempo standard

7870 standard value
d Richtwert, Standardwert
f valeur standard
s valor standard
i valore standard, valore indicativo

7871 standardization
d Normung, Standardisierung
f normalisation
s normalización
i standardizzazione, unificazione

7872 standing end, stationary thread
d Stehfaden
f fil fixe
s hilo tiezo
i filo fisso

7873 stannic acid
d Zinnsäure
f acide stannique
s ácido estánnico
i accido stannico

7874 stannic oxide
d Zinnoxid
f oxyde stannique
s óxido estánnico
i diossido di stagno, ossido stannico

7875 stannous fluoride
d Zinnfluorid
f fluorure stanneux
s fluoruro estannoso
i difluoruro di stagno, fluoruro stannoso

7876 staple cutter
d Stapelschneidemaschine
f coupeuse de fibres
s cortadora de fibras
i tagliafibre

7877 staple fibre
d Spinnfaser, Stapelfaser
f fibre discontinue, fibre coupée
s fibra discontinua
i fibra da fiocco

7878 stapling
d Faseriängenklassierung, Stapellängenklassierung
f classement des fibres par longueur
s clasificación de fibras por longitudes
i classificazione per lunghezza delle fibre

7879 star frame dyeing
d Sternfärben
f teinture en étoile
s tintura en estrella
i tintura in stella

7880 star wheel
d Sternrad
f roue à étoile
s rueda a estrella
i ruota a stella

7881 starch
d Stärke
f amidon
s almidón
i amido

7882 starch drawing
d Streckschlichten
f Étirer-amidonner
s estirar y almidonar
i stirare e inamidare

7883 starch ether
d Stärkeether
f éther d'amidon
s éter de almidón
i etere di amido

7884 starch gum
d Stärkegummi
f gomme d'amidon
s goma de almidón
i gomma di amido

7885 starching
d Stärken, Wäschestärken
f amidonnage
s almidonado
i inamidatura

7886 starting mark
d Abstellstreifen, Abstellbande
f marque de démarrage, ligne d'arrêt, marque d'arrêt, marque de début
s marca de arranque
i segno di partenza, segno di arrivo

7887 starting position
d Anlaufstelle
f position de démarrage
s position de arranque
i posizione di avviamento

7888 starting roll
d Abzugswalze
f cylindre d'appel
s cilindro de puesta en marcha
i cilindro di levata

7889 starting state
d Ausgangszustand
f État initial
s condición inicial
i stato iniziale

7890 starting time
d Startzeit
f temps de démarrage, durée de la mise en route
s tiempo de puesta en marcha
i tempo di partenza

7891 static
d Statisch
f statique
s estático
i statico

7892 static absorption
d statische Absorption
f absorption statique
s absorción estática
i assorbimento statico

7893 static absorption test(ing)
d Prüfung der statischen Absorption
f contrôle de l'absorption statique, essai de l'absorption statique
s control de absorción estática, ensayo de absorción estática
i prova dell'assorbimento statico

7894 static behaviour
d statisches Verhalten
f comportement statique
s comportamiento estático
i comportamento statico

7895 static electricity, electrostatics
d statische Elektrizität, elektrostatische Aufladung
f électricité statique, électrostatique, charge statique
s electricidad estática
i elettricità statica

7896 static eliminator
d Antistatikgerät, Ionisator, Ionisierungsgerät
f èliminateur d'électricité statique
s eliminador de electricidad estàtica
i eliminatore di disturbi

7897 static friction, limiting friction
d statische Reibung
f frottement statique, frottement limité
s fricción estática
i attrito statico

7898 static load
d Statische Belastung
f charge statique
s carga estática
i carico statico

7899 static resistance
d elektrostatischer Widerstand
f résistance antistatique, résistance à l'électricité statique
s resistencia estática
i resistenza elettrostatica

7900 static testing
d statische Prüfung
f contrôle statique
s control estático
i controllo statico

7901 statics
d Statik
f mécanique statique
s mecánica estàtica
i statica

7902 stationary flat card
d Karde mit festem Deckel, Deckelkarde
f carde à chapeaux fixes
s carda de chapones fijos
i carda con coperchio fisso

7903 stationary phase
d stationäre Phase
f phase stationnaire
s fase estacionaria
i fase stazionaria

7904 statistic
d Statistisch
f statistique
s estadístico
i statistico

7905 statistical analysis
d statistische Analyse
f analyse statistique
s análisis estadistico
i analisi statistica

7906 statistical dispersion
d statistische Streuung
f dispersion statistique
s dispersión estadistica
i dispersione statistica

7907 statistical distribution
d statistische Verteilung
f distribution statistique, distribution de fréquence
s distribución estadistica
i distribuzione statistica

7908 statistical estimation
d statistische Schätzung
f estimation statistique
s estimación estadistica
i stima statistica

7909 statistical inference
d statistische Folgerung
f dèduction statistique
s deducción estadistica
i deduzione statistica

7910 statistical measure
d statistische Messung
f mesure statistique
s medida estadistica
i misurazione statistica

7911 statistical method
d statistische Methode
f méthode statistique
s método estadistico
i metodo statistico

7912 statistical mode
d statistischer Modus
f mode statistique
s moda estadistica
i modo statistico

7913 statistical range
d statistischer Bereich
f étendue statistique
s extensión estadistica
i estensione statistica

7914 statistical sounding
d statistische Stichprobenahme, statistisches Stichprobenverfahren
f sondage statistique
s sondeo estadistico
i campionamento statistico

7915 statistics, statistical theory
d Statistik
f statistique, théorie statistique
s estadistica
i statistica

7916 steam
d Wasserdampf
f vapeur d'eau
s vapor de agua
i vapore acqueo

7917 steam iron
d Dampfbügeleisen
f fer à vapeur
s plancha de vapor
i ferro da stiro a vapore

7918 steam jet texturing
d Dampfblastexturieren
f texturation par jet de vapeur
s texturizado por chorro de vapor
i testurizzazione a getto di vapore

7919 steamer
d Dämpfer
f machine à vaporiser, vaporiseur
s màquina de vaporizar
i vaporizzatore

7920 steaming
d Dämpfen, Dampfbehandlung
f vaporisage
s vaporizado
i vaporizzazione

7921 steaming aging
d Dampfbehandlung zum Altern
f vieillissement par vapeur
s envejecimiento por vapor
i vaporizzazione di invecchiamento

7922 steaming table
d Dämpftisch
f table de vaporisage
s mesa de vaporizado
i tavola di vaporizzazione

7923 stearic acid
d Stearinsäure
f acide stèarique
s ácido esteárico
i acido stearico, acido ottadecanoico

7924 stearyl alcohol
d Stearylalkohol
f alcool stéarique
s alcohol esteárico
i alcool stearilico

7925 steel fiber
d Stahlfaser
f fibre d'acier
s fibra de acero
i fibra di acciaio

7926 steel traveler
d Stahlringläufer
f curseur en acier
s cursor de acero
i cursore in acciaio

7927 steep twill
d Steilgratköper
f serge très incliné
s sarga muy inclinada
i saia inclinata

7928 stelometer
d Stelometer
f stélomètre
s estelómetro
i stelometro

7929 stelometer strength test(ing)
d Stelometer-Festigkeitsprüfung
f contrôle de résistance au stélomètre, essai de résistance au stélomètre
s prueba de resistencia al estelómetro
i prova della resistenza allo stelometro

7930 stencil printing
d Schablonendruck
f impression au pochoir
s estampación al estarcido
i stampa con sagome

7931 step
d Schritt
f étape
s etapa
i passo

7932 stepping motor
d Schrittmotor
f moteur pas à pas
s motor paso a paso
i motore passo a passo

7933 stereochemistry
d Stereochemie
f stéréochimie
s estereoquimica
i stereochimica

7934 stereoisomer
d Stereoisomer
f stérèoisomère
s estereoisómero
i stereoisomeri

7935 stereoscan microscopy, scanning electron microscopy
d Stereoscan-Mikroskopie, Rasterelektronenmikroskopie
f microscopie electronique à balayage
s microscopia de estereobarrido
i microscopia elettronica a scansione

7936 stereoscopic microscopy
d stereoskopische Mikroskopie
f microscopie stèrèoscopique
s microscopia estereoscópica
i microscopia stereoscopica

7937 sterilization
d Sterilisierung
f stérilisation
s esterilización
i sterilizzazione

7938 sterol
d Sterol
f stérol
s esterol
i sterolo

7939 stick
d Ankleben
f coller
s encolar
i incollare

7940 stick shuttle
d Brochierschützen, Stickschützen
f navette à broche, navette à plume
s lanzadera de púa
i spoletta da broccato

7941 stick slip friction
d Haftgleitreibung
f frottement d'adhérence-glissement, adhèrence-glissement, frottement adhèrence-glissement, frottement avec adhérence
s fricción de adherencia-deslizamiento
i attrito di adesione-slittamento

7942 sticking
d Klebverbindung
f pose collée
s encolamiento
i incollaggio

7943 stiffener
d Versteifungsmittel
f agent raidissant
s agente para dar rigidez
i agente per irrigidire

7944 stiffening treatment
d Versteifungsappretur
f apprêt raide
s tratamiento para dar rigidez
i trattamento per irrigidire

7945 **stiffness, rigidity**
d Steifigkeit
f rigidité
s rigidez
i rigidità

7946 **stilbene derivative**
d Stilbenderivat
f dérivé de stilbène
s derivado de estilbeno
i derivato di difeniletene

7947 **stirrer, agitator**
d Rührwerk, Rührer
f agitateur, touilleur
s agitador
i agitatore

7948 **stirring**
d Rühren, Umrühren
f agitation
s agitación
i agitare

7949 **stitch**
d Stich
f point de couture
s punto de costura
i punto

7950 **stitch bonded fabric**
d Nähgewirk, Nähwirkstoff
f tissu de couture-tricotage, non tissé par coutures
s tejido cosido-tricotado
i tessuto cucito e lavorato a maglia

7951 **stitch bonded nonwoven**
d nähgewirkter Textilverbundstoff
f non tissé par couture-tricotage
s tela no tejida cosido-tricotada
i stoffa non tessuta cucita e lavorata a maglia

7952 **stitch bonding machine**
d Nähwirkmaschine
f machine de couture-tricotage
s máquina de cosido-tricotado
i macchina per cucire e lavorare a maglia

7953 **stitch bonding process, arachne process, mali process**
d Nähwirken
f technique de couture-tricotage, technique Arachné, technique mali
s técnica por cosido-tricotado
i techniche di cucitura e lavorazione a maglia

7954 **stitch cam**
d Nadelsenker
f came d'abattage
s leva de bajada de agujas
i camma di calata degli aghi

7955 **stitch clarity**
d klares Maschenbild
f netteté des mailles
s claridad de las mallas
i chiarezza della maglia, chiarezza dei punti

7956 **stitch density**
d Maschendichte
f densité des mailles
s densidad de mallas
i densità delle maglie

7957 **stitch distortion**
d Maschenverzerrung
f distorsion de la maille
s deformación de la malla
i deformazione della maglia

7958 **stitch dividing**
d Maschenbilden auf der Cottonmaschine, Wirken auf der Cottonmaschine
f formage de maille
s hormado de malla
i formazione di maglie sulla macchina COTTON

7959 **stitch doubling**
d Maschendoublieren
f doublage de maille
s doblado de malla
i doppiatura di maglia

7960 stitch elasticity, seam elongation
d Stichelastizität
f èlasticitè du point de couture, allongement de la couture, élasticité de la couture
s elasticidad del punto de costura
i elasticità del punto di cucitura

7961 stitch formation
d Maschenbildung
f formation de la maille
s formación de la malla
i formazione della maglia

7962 stitch length
d Maschenlänge
f longueur de maille
s longitud de malla
i lunghezza della maglia

7963 stitch length control
d Maschenlängenkontrolle
f mesure de la longueur de fil par maille
s medida de la longitud de hilo por malla
i controllo della lunghezza della maglia

7964 stitch length meter
d Stichlängenmessgerät
f appareil de mesure de la longueur de maille
s aparato de medición de la longitud de malla
i misuratore della lunghezza della maglia

7965 stitch length variation
d Variation der Fadenlänge pro Masche
f variation de la longueur de maille
s variación de la longitud de la malla
i variazione della lunghezza del punto

7966 stitch presserfoot
d Mascheneinstreicher
f presse-mailles
s embolsador de mailas
i pressa-maglie

7967 stitch quality
d Stichqualität
f qualité du point de couture
s calidad del punto de costura
i qualità del punto

7968 stitch reinforced nonwoven
d nähverstärkter Textilverbundstoff
f non tissé renforcé par coutures
s tela no tejida reforzada por costuras
i non tessuto rinforzato con cucitura

7969 stitch sequence
d Stichfolge
f succession des points de couture
s sucesión de los puntos de costura
i seuccessione di punti

7970 stitch size
d Stichlänge, Stichgrösse
f dimension des points de couture, grosseur, dimension du point de couture, de la piqûre
s dimensión de los puntos de costura, tamaño del punto
i lunghezza dei punti, grandezza del punto

7971 stitch tear resistance, stitch tear strength
d Stichausreissfestigkeit
f résistance à l'arrachage de points
s resistencia al arrancamiento de los puntos
i resistenza allo strappo dei punti

7972 stitch tension
d Stichspannung
f tension des points de couture
s tensión de los puntos de costura
i tensione dei punti

7973 stitch transfer design
d Maschenübertragungsmuster, Maschenumhängemuster
f dessin par report de maille
s dibujo por transferencia de malla
i schema di trasferimento di maglie

7974 **stitch transfer, loop transfer**
d Maschenübertragûng, Maschenumhängen
f report de maille, report de boucle de maille
s transferencia de malla
i riporto di maglie

7975 **stitched pile fabric, malipol fabric**
d Flornähgewirk, Polnähgewirk
f non tissé à poils cousus, tissu malipol
s tela no tejida con pelo cosido
i non tessuto con pelo cucito

7976 **stitches course**
d Maschenreihe
f rangée de mailles
s hilera de mallas
i fila di maglie

7977 **stitching**
d Näherei
f piqùre, piquage
s cosido
i cucito

7978 **stitchless jointing**
d nähfadenloses Verbinden, nahtloses Verbinden
f assemblage sans points de couture
s unión sin puntos de costura
i unione senza punti di cucitura

7979 **stochastic process**
d stochastisches Verfahren
f processus stochastique
s proceso estocástico
i processo stocastico

7980 **stock dyeing**
d Flockefärben
f teinture en bourre, teinture de matière en bourre, teinture sur matière brute
s tintura en rama
i tintura in fiocco

7981 **stock dyeing machine, loose stock dyeing machine**
d Flockefärbemaschine
f machine de teinture en bourre, machine de teinture sur matière brute
s máquina de tintura en rama
i macchina per tintura in fiocco

7982 **stock fibers**
d Fasern in der Flocke
f fibres en bourre
s fibras en rama
i fibre nella borra

7983 **stocking**
d Strumpf
f bas
s media
i calza

7984 **stocking stripping**
d Strumpfabzug
f dêfilage de bas
s deshilachado de la media
i smagliatura della calza

7985 **Stoddard solvent**
d Stoddard-Lösungsmittel
f solvant Stoddard
s disolvente Stoddard
i solvente Stoddard

7986 **stoichiometry**
d Stoechiometrie
f stoéchiométrie
s estocquiometría
i stechiometria

7987 **stole**
d Stola
f Étole
s estola
i stola

7988 Stoll QM abrasion test(ing)
d Stoll-Scheuerprüfung
f essai d'abrasion sur appareil Stoll QM, contrôle d'abrasion sur appareil Stoll QM
s ensayo de abrasión en aparato Stoll QM
i controllo dell'abrasione Stoll

7989 stop
d Abstellen
f arrêter
s parar
i fermare, disinserire

7990 stop, arrest
d Stillstand
f arrêt, point d'arrêt
s parada
i arresto, fermata

7991 stop motion
d Abstellvorrichtung
f mécanisme d'arrêt
s mecanismo de paro
i dispositivo di arresto

7992 storage
d Lagern
f stockage, emmagasinage
s almacenamiento
i stoccaggio

7993 storage aging
d Altern durch Ablagerung
f vieillissement au stockage
s envejecimiento por almacenamiento
i invecchiamento per stoccaggio

7994 storage bin
d Mischkammer
f casier de stockage
s compartimento de almacenaje
i compartimento di stoccaggio

7995 straight knife machine
d Vertikalmesserschneidemaschine
f machine de coupe à lame verticale
s máquina alternativa de corte
i macchina da taglio a lama verticale

7996 straightening
d Ausrichten, Geraderichten
f rectilinéarisation
s enderezamiento
i raddrizzamento

7997 strain energy, energy of deformation
d Verformungsenergie, Deformierungsenergie
f énergie de déformation
s energia de deformación
i energia di deformazione

7998 strain gauge
d Spannungsmessgerät, Spannungsmesser
f jauge de contrainte
s extensimetro
i estensimetro

7999 strain hardening
d Kaltvertestigung
f écrouissage
s trefilado a frio
i trafilatura

8000 strain, percentage strain
d Formänderung unter Last
f déformation sous contrainte
s deformación
i deformazione sotto carico

8001 strain rate
d Formänderungsgeschwindigkeit
f vitesse de déformation
s grado de deformación
i velocità di deformazione

8002 strain wave
d Deformationswelle
f onde de déformation
s onda de deformación
i onda di deformazione

8003 strainometer
d Formänderungsprüfgerät
f appareil de mesure de la déformation
s medidor de deformación
i apparecchio per prove di deformazione

8004 strand
d Tau
f toron
s torón
i trefolo

8005 strand-forming machine
d Litzenmaschine, Seillitzenmaschine
f toronneuse
s máquina de fabricar cordeles
i macchina per fabbricare cordoncini

8006 strap
d Fangband
f lien
s lazo
i cinghia

8007 strapping machine
d Bindemaschine
f machine pour relier
s máquina para encuadernar
i macchina per rilegare

8008 strategy
d Strategie
f stratégie
s estrategia
i strategia

8009 straw
d Stroh
f paille
s paja
i paglia

8010 streak
d Längsstreifen
f rayure longitudinale
s raya longitudinal
i striscia longitudinale

8011 streakiness, stripiness
d Streifigkeit
f aspect barre, aspect rayé
s aspecto barrado
i aspetto a strisce

8012 stream generator
d Dampferzeuger
f générateur de vapeur
s vaporizador
i generatore di vapore

8013 strength
d Festigkeit, Kraft
f résistance, force
s resistencia, fuerza
i resistenza, forza

8014 strength efficiency
d Festigkeitsausbeute
f efficacité de la résistance
s rendimiento a la rotura
i efficacia della resistenza

8015 strength loss, streagth reduction
d Festigkeitsverlust
f perte de résistance, chute de résistance
s pérdida de resistencía
i perdita di resistenza

8016 strength of materials
d Materialfestigkeit
f résistance des matériaux
s resistencia de materiales
i resistenza dei materiali

8017 strength test(ing)
d Festigkeitsprüfung
f contrôle de la résistance, essai de résistance
s ensayo de resistencia
i controllo della resistenza

8018 strengthen, reinforce
d Verstärker
f consolider, assurer, renforcer
s reforzar, intensificar, amplificar
i rinforzare

8019 strengthen, stiffen
d Verstreifen
f rigidifier, raidir
s reforzar, apuntalar, atiesar, almidonar
i rinforzare, irrigidire

8020 strengthening
d Versteifung
f renforcement
s reforzamiento
i rinforzo

8021 stress
d Beanspruchung, Spannung
f contrainte
s esfuerzo
i sollecitazione, stress, sforzo tensione

8022 stress analysis
d Spannungsuntersuchung
f analyse de contrainte
s análisis del esfuerzo
i analisi delle sollecitazioni

8023 stress concentration
d Spannungskonzentration
f concentration de la contrainte
s concentración del esfuerzo
i concentrazione degli sforzi

8024 stress distribution
d Spannungsverteilung
f distribution de contrainte
s distribución de esfuerzos
i distribuzione degli sforzi

8025 stress optical coefficient
d spannungsoptischer Koeffizient
f coefficient photoélastique
s coeficiente fotoelástico
i coefficiente tensioottico

8026 stress optical property
d spannungsoptische Eigenschaft
f propriété photoèlastique
s propiedad fotoelástica
i proprietà tensioottica

8027 stress propagation
d Spannungsfortpflanzung
f propagation de la contrainte
s propagación del esfuerzo
i propagazione degli sforzi

8028 stress relaxation
d Spannungsrelaxation
f relaxatíon de contraínte
s relajación del esfuerzo
i rilassamento

8029 stress strain curve, load elongation curve
d Kraft-Dehnungs-Kurve
f courbe de force-dilatation
s curva de fuerza-dilatación
i curva di forza-dilatazione

8030 stress strain property
d Kraft-Dehnungs-Eigenschaft
f propriété de force-dilatatione
s propiedad de fuerza-dilatación
i proprietà di forza-dilatazione

8031 stress-strain behaviour, stress-strain performance
d Kraft-Dehnungs-Verhalten
f rapport force-dilatation
s proporción fuerza-dilatación
i rapporto forza-dilatazione

8032 stretch
d elastische Dehnung, Stretch
f extensibilitê élastique
s dilatación élastica
i dilatazione elastica

8033 stretch breaker
d Faserreissgerät
f recraqueuse
s rompedora de fibras por tracción
i rompifibre a strappo

8034 stretch breaking
d Faserreissprozess
f craquage par étirage, rupture par étirage, rupture par extension
s rotura por estiraje
i rottura a strappo

8035 stretch cord
d elastifizierter Cord, Stretchcord
f cáble à élasticitê confèrée
s cable de elasticidad conferida
i spago elasticizzato

8036 stretch fabric
d elastisches Gewebe, Stretchgewebe
f tissu élastique, étoffe elastique
s tejido elástico
i tessuto elasticizzato

8037 stretch hosiery, stretch hose
d Stretchstrumpfware
f bonneterie élastique
s calceteria elástica
i calzetteria elastica

8038 stretch knitted fabric
d Stretchmaschenware
f trícot élastique
s tejido de punto elástico
i maglieria elasticizzata

8039 stretch knitted tulle
d elastischer Wirktülle
f tulle élastique tricoté
s tul elástico tricotado
i tulle elastico lavorato a maglia

8040 stretch pucker
d elastische Kräuselnaht
f fronce èlastique
s fruncido elástico
i increspatura elastica

8041 stretch roll
d elastischer Walzenbelag
f garníture élastique de cylindre
s recubrimiento elástico del cilindro
i rivestimento elastico del cilindro

8042 stretch spun yarn
d gesponnenes Stretehgarn
f filé èlastíque
s hilado elástico
i filato elasticizzato da fibra in fiocco

8043 stretch yarn
d Stretehgarn
f fil à èlasticitè confèrèe
s hílo de elasticidad conferída
i filo elasticizzato

8044 stretch-spinning
d Streckspinnen
f filer-étirer
s hilar y estirar
i filare e stirare

8045 strict good middling
d Strict Good Middling
f coton strict good middling
s algodón strict good middling
i strict good middling

8046 strict good ordinary
d Strict Good Ordinary
f coton strict good ordinary
s algodón strict good ordinary
i strict good ordinary

8047 strict low middling
d Strict Low Middling
f coton strict low middling
s algodón strict low middling
i strict low middling

8048 strict middling
d Strict Middling
f coton strict middlíng
s algodón strict middling
i strict middling

8049 strike
d Streik
f grève
s huelga
i sciopero

8050 string, harness cord
d Harnischschnur, gezwirnter Harnischfaden
f arcade de tissage
s arcada de tisaje
i arcata di tessuto (nella macchina Jacquard)

8051 strip
d Kardenstrips, Strips
f débourrure de carde
s desecho de carda
i cascame di carda

8052 **stripe**
d Streifenmusterung, Ringelmusterung
f rayure
s raya
i rigatura

8053 **stripe, streak**
d Streifen
f bande, rayure
s raya, cinta
i nastro, striscia

8054 **stripe tensile strength**
d Streifenzugfestigkeit
f résistance de la bande à la traction
s resistencia de la cinta a la tracción
i resistenza del nastro alla trazione

8055 **striped**
d gestreift
f rayé
s rayoso
i rigato

8056 **stripped seam**
d Streifennaht
f couture en bande
s costura en banda
i cucitura a striscia

8057 **stripper**
d Abstreifer
f débourreur
s desborrador
i spogliatore

8058 **stripping**
d Putzen
f dêbourrage
s acción de desborrado
i pulitura

8059 **stroboscope**
d Stroboskop
f stroboscope
s estroboscopio
i stroboscopio

8060 **stroke**
d Lauf
f course
s carrera
i battuta del pettine

8061 **strong acid**
d starke Säure
f acide fort
s ácido fuerte
i acido forte

8062 **strontium**
d Strontium
f strontium
s estroncio
i stronzio

8063 **structural analysis**
d Strukturanalyse
f analyse de structure
s análisis estructural
i analisi strutturale

8064 **structural fabric property**
d strukturelle Wareneigenschaft
f propriété structurelle du tissu
s propiedad estructural del tejído
i proprietà strutturale del tessuto

8065 **structural mechanics**
d Strukturmechanik
f mécanique de la structure
s mecánica de la estructura
i meccanica strutturale

8066 **structural property**
d Struktureigenschaft
f propriété de structure
s propiedad de estructura
i proprietà strutturale

8067 **structure**
d Struktur, Strukturieren
f structure, structurer, organiser
s estructura, estructurar
i struttura, strutturare

8068 structure of materials
d Materialstruktur
f structure de la matière
s estructura de la materia
i struttura del materiale

8069 structuring
d Strukturierung
f structuration
s estructuración
i strutturazione

8070 STT yarn
d STT-Garn
f fil STT
s hilo STT
i filo STT

8071 Student's distribution, T distribution
d Student-Verteilung
f distribution de Student, distribution T
s distribución de Student
i distribuzione a T, distribuzione di Student

8072 stuffer box
d Stauchkammer
f boíte frisante
s caja rizadora
i camera di compressione, camera di ricalcatura

8073 stuffer box crimped yarn
d Stauchkammerkräuselgarn
f fil texturé par boíte frisante
s hilo texturado por caja rizadora
i filo crettato in camera di compressione

8074 stulfer box crimping
d Stauchkammertexturieren
f texturation par boite frisante
s texturado por caja rizadora
i testurizzazione in camera di compressione

8075 stulfing
d Ausstopfen
f bourrage
s estopada
i imbottitura

8076 stylizing
d Formgestalten
f stylisation
s estilización
i stilizzazione

8077 styrene
d Styrol
f styréne
s estireno
i stirene, stirolo

8078 subjective
d Subjektiv
f subjectif
s subjetivo
i soggettivo

8079 subjectivity
d Subjektivität
f subjectivité
s subjetividad
i soggettività

8080 sublimable
d Sublimierbar
f sublimable
s sublimable
i sublimabile

8081 sublimation
d Sublimation
f sublimation
s sublimación
i sublimazione

8082 sublimation dyeing
d Sublimierfärben
f teinture par sublimation
s tintura por sublimación
i tintura per sublimazione

8083 sublimation point
d Sublimationspunkt
f point de sublimation
s punto de sublimación
i punto di sublimazione

8084 sublimation pressure
d Sublimierdruck
f pression de sublimation
s presión de sublimación
i pressione di sublimazione

8085 subsequent processing
d Weiterverarbeitung
f traitement ultérieur, transformation untérieure
s elaboración ulterior
i elaborazione ulteriore

8086 substance
d Substanz
f substance
s substancia
i sostanza

8087 substance migration
d Substanzmigration, Substanzwanderung
f migration de substance
s migración de substancia
i migrazione della sostanza

8088 substantive dye
d Substantivfarbstoff
f colorant substantif
s colorante sustantivo
i tintura diretta

8089 substituent
d Substituent
f substituant
s substituyente
i sostitutivo

8090 substitute, replace
d Subsituieren
f substituer
s sustituir
i sostituire

8091 substitution
d Substitution
f substitution
s substitución
i sostituzione

8092 substitution degree
d Substitutionsgrad
f degré de substitution
s grado de sustitución
i grado di sostituzione

8093 substrate
d Substrat, Unterlage
f substrat
s substrato
i substrato

8094 subtraction
d Subtraktion
f soustraction
s sustracción
i sottrazione

8095 subvention
d Subvention
f subvention
s sobvención
i sovvenzione

8096 success
d Erfolg
f succès
s Éxito
i successo

8097 succession
d Reihenfolge
f succession
s sucesión
i successione

8098 succinic acid
d Bernsteinsäure
f acide succinique
s ácido succinico
i acido succinico, acido butandioico

8099 sucrose
d Saccharose
f sucrose
s sucrosa
i saccarosio

8100 sucroseester
d Saccharoseester
f ester de sucrose
s éster de sucrosa
i estere di saccarosio

8101 suction
d Ansaugen, Saugen
f aspiration
s aspiración
i aspirazione

8102 suction device
d Saugvorrichtung
f dispositif de succion
s dispositivo de succión
i aspiratore

8103 suction press
d Saugpresse
f presse à succion
s prensa de aspiración
i pressa aspirante

8104 suede
d Wildleder
f tissu suède, peau de daim, daim
s tejido gamuzado, piel de gamuza, piel de ante
i pelle scamosciata, pelle scamosciata, camoscio

8105 sueding
d wildlederartige Ausrüstung
f traitement pour aspect suéde
s tratamiento para dar aspecto de gamuza
i finissaggio suède

8106 sueding machine
d Suedingmaschine
f machine à suéder
s máquina para dar aspecto de gamuza
i macchina per finissaggio suède

8107 Suffolk wool
d Suffolkwolle
f laine de Suffolk
s lana de Suffolk
i lana di Suffolk

8108 suint
d Schafwollfett
f suint
s suarda
i sucido

8109 suit
d Anzug
f costume
s vestido
i vestito

8110 suit fabric
d Anzugstoff
f tissu pour costume
s tejido para el vestido
i tessuto per vestito

8111 suitability
d Eignung
f aptitude, qualification
s aptitud, calificación
i idoneità

8112 sulfate
d Sulfat
f sulfate
s sulfato
i solfato

8113 sulfate surfactant
d Sulfattensid
f surfactif à base de sulfate
s surfactante a base de sulfato
i tensioattivo solfatato

8114 sulfated oil
d sulfatiertes Ol
f huile sulfatée
s aceite sulfatado
i olio solfatato

8115 sulfated olefin
d Olefinsulfat
f sulfate d'oléfine
s olefina sulfatada
i olefina solfatata

8116 sulfated oleic ester
d sulfatierter Oleinsäureester
f ester oléique sulfatè
s éster oleico sulfatado
i estere oleico solfatato

8117 sulfated tallow, sulfonated tallow
d sulfatierter Talg
f suif sulfaté, suif sulfoné
s sebo sulfatado
i talco solfatato

8118 sulfide
d Sulfid
f sulfure
s sulfuro
i solfuro

8119 sulfinic acid
d Sulfinsäure
f acide sulfinique
s ácido sulfinico
i acido solfinico

8120 sulfite
d Sulfit
f sulfite
s sulfito
i solfito

8121 sulfobetaine
d Sulfobetain
f sulfobêtaïne
s sulfobetaina
i sulfobetaina

8122 sulfofatty acid
d sulfonierte Fettsäure
f acide gras sulfonê
s ácido graso sulfonado
i acido grasso solfonato

8123 sulfonamide dye
d Sulfonamidfarbstoff
f colorant sulfonamide
s colorante de sulfonamida
i colorante al solfonammide

8124 sulfonate
d Sulfonat
f sulfonate
s sulfonato
i solfonato

8125 sulfonated compound
d Sulfoverbindung
f composé sulfonê
s compuesto de sulfona
i composto solfonato

8126 sulfonated oil
d sulfoniertes Ol
f huile sulfonée
s aceite sulfonado
i oleosolfondato

8127 sulfone
d Sulfon
f sulfone
s sulfona
i solfone

8128 sulfonic acid
d Sulfosäure
f acide sulfonique
s àcido sulfónico
i acido solfonico

8129 sulfonic end group
d sulfonierte Endgruppe
f groupe terminal sulfonique
s grupo terminal sulfónico
i gruppo terminale solfonico

8130 sulfonium
d Sulfonium
f sulfonium
s sulfonio
i solfonio

8131 sulfonium compound
d Sulfoniumverbindung
f composé sulfonium
s compuesto sulfónico
i composto di solfonio

8132 sulfopolycarboxylic ester
d Sulfopolycarboxylester
f ester sulfopolycarboxylique
s éster sulfopolicarboxilico
i estere sulfopolicarbossilico

8133 sulforicinoleate, sulfated castor oil
d Rizinusölsäuresulfat, Sulforizinoleat
f sulforicinolêate, huile de ricin sulfatèe
s sulforicinoleato
i sulforicinoleato

8134 sulfosuccinamide
d Sulfosuccinamid
f sulfosuccinamide
s sulfosuccinamida
i sulfosuccinammide

8135 sulfosuccinic ester
d Sulfosuccinat, Sulfobernsteinsäureester
f ester sulfosuccinique
s èster sulfosuccinico
i estere sulfosuccinico

8136 sulfur
d Schwefel
f soufre
s azufre
i zolfo

8137 sulfur compound
d Schwefelverbindung
f composé de soufre
s compuesto de azufre
i composto di zolfo

8138 sulfur dioxide
d Schwefeldioxid
f anhydride sulfureux, dioxyde de soufre
s anhídrido sulfuroso
i anidride solforosa, diossido di zolfo

8139 sulfur dye
d Schwefelfarbstoff
f colorant au soufre
s colorante sulfuroso
i colorante allo zolfo

8140 sulfur dyeing
d Färben mit Schwefelfarbstoffen
f teinture avec colorant au soufre
s tintura con colorante sulfuroso
i tintura con colorante allo zolfo

8141 sulluric acid
d Schwefelsäure
f acide sulfurique
s ácido sulfürico
i acido solforico

8142 Sulzer loom
d Sulzer-Webmaschine
f métier à tisser Sulzer
s telar Sulzer
i telaio Sulzer

8143 summary
d Zusammenfassung
f résumé, abrégé, sommaire
s síntesis, resumen
i riassunto

8144 summer dress, summer suit
d Sommeranzug
f tenue d'été
s vestido de verano
i vestito estivo

8145 sun suit
d Sommerkleid
f costume d'été
s traje de verano
i vestito estivo

8146 sunlight
d Sonnenlicht
f lumière solaire
s luz solar
i luce solare

8147 supercontraction
d Superkontraktion
f supercontraction
s supercontracción
i supercontrazione

8148 superficial
d Oberflächen, Oberflächlich
f superficiel
s superficial
i superficie, superficiale

8149 superheated steam
d überhitzter Dampf
f vapeur surchauffèe
s vapor sobrecalentado
i vapore surriscaldato

8150 superimpose, overlay
d Überlagern
f superposer
s sobreponerse, recubrir
i sovrapporre

8151 superior
d obere
f supérieur
s superior
i superiore

8152 superior o. ultra cleaner, step cleaner
d Stufenreiniger
f nettoyeur horizontal ou en gradins
s limpiador (o lavador) a niveles
i pulitrice a gradini o orizzontale

8153 superleveller
d Superleveller
f êtirage superleveller
s estiraje superleveller
i superleveller

8154 superposed seam
d Überlappnaht
f couture superposée
s costura superpuesta
i cucitura sovrapposta

8155 supersonic speed
d Überschallgeschwindigkeit
f vitesse supersonique
s velocidad supersónica
i velocità supersonica

8156 supervise, oversee
d Überwachen
f contrôler, surveiller
s vigilar, controlar
i sorvegliare

8157 supervision
d Überwachung, Beaufsichtigung
f surveillance
s vigilancia
i supervisione

8158 supply
d Lieferung
f forniture, livraison
s entrega, suministro
i fornitura

8159 supply program
d Lieferprogramm
f programme de fourniture
s plan de suministro
i programma di fornitura

8160 support bandage
d Stützverband
f bandage de maintien
s vendaje soporte
i benda di supporto

8161 support hosiery
d Miederware
f bonneterie de maintien
s calceteria de soporte
i corsetteria

8162 support paper
d Trägerpapier
f papier de support
s papel de soporte
i carta di supporto

8163 supraconductivity
d Supraleitfähigkeit
f supraconductivité
s supraconductividad
i superconduttività

8164 **supramolecular structure**
d übermolekulare Struktur
f structure supramolèculaire
s estructura supramolecular
i struttura sopramolecolare

8165 **surface**
d Oberfläche
f surface
s superficie
i superficie

8166 **surface area**
d Oberflächengrösse
f étendue de la surface
s área superficial
i dimensione superficiale

8167 **surface chemistry**
d Oberflächenchemie
f chimie de la surface
s química de la superficie
i chimica delle superfici

8168 **surface contour**
d Oberflächenkontur
f contour de la surface
s contorno de la superficie
i contorno della superficie

8169 **surface finish**
d Oberflächenappretur
f apprêt de la surface
s acabado de superficie
i apprettatura superficiale

8170 **surface finish agent**
d Oberflächenveredlungsmittel
f agent d'apprét de la surface
s agente de acabado de superficie
i agente per finissaggio superficiale

8171 **surface friction**
d Oberflächenreibung
f frottement superficiel
s fricción superficial
i attrito superficiale

8172 **surface structure, surface texture, figured surface**
d Oberflächenstruktur
f structure de surface
s estructura superficial
i struttura superficiale

8173 **surface tension**
d Oberflächenspannung
f tension de surface
s tensión superficial
i tensione superficiale

8174 **surface treatment**
d Oberflächenbehandlung
f traitement de surface
s tratamiento de superficie
i trattamento superficiale

8175 **surfactant application**
d Anwendung von Tensiden
f application de surfactif
s aplicación de surfactante
i applicazione di tensioattivi

8176 **surfactant, surface active agent**
d Tensid, oberflächenaktives Mittel
f surfactif, agent tensio-actif
s surfactante
i tensioattivo

8177 **surgeon's gown**
d chirurgische Kleidung, Operationskleidung
f vêtement chirurgical
s prenda quirúrgica
i tessuto medicinale chirurgico

8178 **surgical dressing**
d Verbandstoff
f pansement
s apósito quirúrgico
i tessuto per bende

8179 **surgical fabric**
d chirurgisches Textil
f textile chirurgical
s textil quirúrgico
i tessile chirurgico

8180 surgical stocking
d Stützstrumpf
f bas médical, bas à varices
s media quirúrgica
i calza chirurgica

8181 surgical thread
d chirurgischer Nähfaden, medizinisches Nähgarn
f fil chirurgical
s hilo quirúrgico
i filo chirurgico, filo di sutura

8182 suspended matter
d suspensierter Stoff, Schwebstoff
f matière en suspension
s materia en suspensión
i sostanza in sospensione

8183 suspender
d Trägerband, Wäscheträger
f bretelle
s tirante
i bretella

8184 suspending agent
d Suspensionsmittel
f agent de mise en suspension
s agente de suspensión
i agente di sospensione

8185 suspension
d Suspension
f suspension
s suspensión
i sospensione

8186 suspension polymer
d Suspensionspolymer
f polymére obtenu par suspension
s polimero de suspensión
i polimero in sospensione

8187 suspension polymerization
d Suspensionspolymerisation
f polymérisation en suspension
s polimerización en suspensión
i polimerizzazione in sospensione

8188 Suter Webb testing
d Suter-Webb-Prüfung
f contrôle Suter Webb
s ensayo Suter Webb
i prova di sutter Webb

8189 suturing
d chirurgische Naht
f suture
s sutura
i sutura

8190 swaddling cloth, nappy
d Windel
f lange
s panal
i pannolino

8191 sweat
d Schwitzen
f suer, transpirer
s sudar
i sudare

8192 sweat resistant
d Schweissechtheit
f résistance à la sueur
s resistencia al sudor
i resistenza al sudore

8193 sweated wool, mazamet wool
d Schwitzwolle
f laine d'échauffe, laine de mazamet
s deslanado por fermentación
i lana sucida

8194 sweater
d Sweater
f sweater
s suéter
i sweater

8195 sweater-strip knitting machine, garment-length knitting machine
d Strickmaschine für abgepasste Längen
f métier à tricoter à bord côte tenant
s telar de punto para ribete sujetador
i macchina da maglieria per lunghezze specifiche

8196 sweating
d Schwitzverfahren
f échauffe
s apelambrado por exudación
i processo di sudorazione

8197 sweatshirt
d kragenloses Strickhemd
f sweatshirt, chandail léger
s chaleco deportivo de punto
i maglietta, canottiera

8198 swell, slacken, loosen
d Quellen
f tremper, gonfler
s hinchar, mojar
i gonfiare, ammollare

8199 swellable
d Quellfähig
f capable de gonflement
s capaz de hincharse
i capace di gonfiarsi

8200 swelling
d Quellung
f gonflement
s hinchamiento
i rigonfiamento

8201 swelling agent
d Quellmittel
f agent de gonflement
s agente de hinchamiento
i rigonfiante

8202 swim suit, bathing suit
d Badeanzug
f costume de bain, maillot de bain
s traje de baño
i costume da bagno

8203 swirling, torsion
d Verwirbelung
f torsion
s revolvimiento, encrespamiento
i torsione

8204 Swiss double piqué
d Schweizer Doppelpiqué
f piqué suisse
s piqué suizo
i piqué doppio svizzero

8205 switch
d Schalter
f interrupteur, commitateur
s enchufe, interruptor
i interruttore

8206 switching sequence
d Schaltfolge
f séquence des opérations
s secuencia de las operaciones
i sequenza delle operazioni

8207 swivel loom
d Broschierwebmaschine
f métier à tisser pour article brochê
s telar para brocados
i telaio per broccato

8208 swivelweave
d Broschierbindung, Webstickbindung
f armure brochée
s ligamento espolinado
i armatura broccato

8209 swollen dent
d Rieteinzugswebfehler
f piquage fort en dent
s claro del peine pasado a varios hilos
i difetto di passatura nl pettine del telaio

8210 swollen heddle
d Litzeneinzugsfehler, Litzeneinzugswebfehler
f piquage fort en lisse, rentrage fort en lisse
s lizo cargado
i difetto di passatura nei licci

8211 symbol
d Symbol
f symbole
s símbolo
i simbolo

8212 symmetrical
d Symmetrisch
f symétreique
s simétrico
i simmetrico

8213 symmetry
d Symmetrie
f symétrie
s simetría
i simmetria

8214 symposiuum
d Symposium
f symposium
s simposio
i simposio

8215 symptom
d Symptom
f symptôme
s síntoma
i sintomo

8216 synchronization
d Synchronisation
f synchronisation
s sincronización
i sincronizzazione

8217 synchronous
d Synchron
f synchrone
s sincrónico
i sincrono

8218 synchronous motion
d Synchronbewegung
f mouvement synchrone
s movimiento sincrono
i moto sincrono

8219 synchronous motor
d Synchronmotor
f moteur synchrone
s motor sincrónico (sincronizado)
i motore sincrono

8220 syndiotactic polymer
d syndiotaktisches Polymer
f polymêre syndiotactique
s polímero sindiotàctico
i polimero sindiotattivo

8221 synergy
d Synergie
f synergie
s sinergia
i sinergia

8222 synthesis
d Synthese
f synthèse
s síntesis
i sintesi

8223 synthesization
d Synthetisieren
f synthétisation
s sintetización
i sintetizzazione

8224 synthetic detergent
d synthetisches Waschmittel
f dêtergent synthétique
s detergente sintético
i detergente sintetico

8225 synthetic dyeing
d Synthesefaserfärben
f teinture des fibres synthétiques
s tintura de fibras sintéticas
i tintura delle fibre sintetiche

8226 synthetic elastomer
d synthetisches Elastomer
f èlastomère synthètique
s elastómero sintético
i elastomero sintetico

8227 synthetic felt
d Synthesefaserfilz
f feutre synthétique
s fieltro sintético
i feltro di fibre sintetiche

8228 **synthetic fiber**
d synthetische Faser, Synthesefaser
f fibre synthétique
s fibra sintética
i fibra sintetica

8229 **synthetic fibers blend**
d Synthesefasermischung
f mélange de fibres synthétiques
s mezcla de fibras sintéticas
i miscela di fibre sintetiche

8230 **synthetic filament**
d synthetisches Filament
f filament synthétique
s filamento sintético
i filamento sintetico

8231 **synthetic filament yarn**
d synthetisches Filamentgarn
f fil de filaments synthétiques
s hilo de filamentos sintéticos
i filo di filamento sintetico

8232 **synthetic leather**
d synthetisches Leder, Kunstleder, Lederimitation
f cuir synthétique, cuir artificiel
s cuero sintético
i cuoio sintetico

8233 **synthetic material**
d Synthetisches Material
f matériel synthétique
s material sintético
i materiale sintetico

8234 **synthetic oil**
d synthetisches Ol
f huile synthètique
s aceite sintético
i olio sintetico

8235 **synthetic polymer**
d Sinthetisches Polymer
f polymère sinthétique
s polímero sintético
i polimero sintetico

8236 **synthetic resin**
d synthetisches Harz, Kunstharz, Syntheseharz
f rèsine synthétique
s resina sintética
i resina sintetica

8237 **synthetic rubber fiber**
d Synthesegummifaden
f fibre de caoutchouc synthètique
s fibra de caucho sintético
i filo in gomma sintetica

8238 **synthetic rubber yarn**
d Buna-Gummifaden
f fil de caoutchouc synthétique
s hilo de caucho sintético
i filo in buna

8239 **synthetic soil, artificial soil**
d künstlicher Schmutz
f salissure synthêtique, salissure artificielle, souillure synthètique
s ensuciamiento sintético
i sporco artificiale

8240 **synthetic spun yarn**
d Synthesefasergarn
f filé synthétique
s hilado sintético
i filo di fibra sintetica

8241 **synthetic stone**
d Kunststein
f pierre synthètique
s piedra sintética
i pietra sintetica

8242 **synthetic yarn**
d synthetisches Garn
f fil synthètique
s hilo sintético
i filo sintetico

8243 system
d System
f système
s sistema
i sistema

8244 systematic
d Systematisch
f systématique, méthodique
s sistemático
i sistematico

T

8245 tabby weave
d einfache Gewebebindung
f armure tabby
s ligamento tabby
i armatura cangiante

8246 Taber abrasion testing
d Taber-Scheuerprüfung
f contrôle d'abrasion de Taber, essai d'abrasion de Taber
s ensayo de abrasión Taber
i prova dell'abrasione di Taber

8247 table damask
d Tischdamast
f tissu pour nappe damasse
s tejido para mantel adamascado
i biancheria da tavola damascata

8248 table linens
d Tischwâsche
f linge de table
s mantelería
i biancheria da tavola

8249 table-cloth
d Tischtuch
f nappe de table
s mantel
i tovaglia

8250 tack, tackiness
d Haftvermögen, Haftfähigkeit
f pouvoir adhêsif
s poder adherente
i potere di adesione

8251 tactic polymer
d taktisches Polymer
f polymère tactique
s polímero táctico
i polimero tattico

8252 tacticity
d Taktizität
f tacticite
s tacticidad
i tatticità

8253 taffeta
d Taft
f taffetas
s tejido tafetán
i taffetà

8254 taffeta weave
d Taffetbindung, Taftbindung
f armure taffetas
s ligamento tafetán
i armatura taffetà

8255 tailing device
d Fadenreserveeinrichtung
f dispositif pour réserve de fil
s dispositivo para la reserva del hilo
i dispositivo per la riserva del filo

8256 tailored seam
d Schneidernaht
f couture façon tailleur
s costura sastre
i cucitura del sarto

8257 tailoring
d Konfektion
f confection
s confeccion
i sartoria

8258 take down device, webholder
d Warenabzug
f attracteur
s tomador
i dispositivo per la levata

8259 take down tension
d Abzugsspannung
f tension de l'attracteur
s tensión del tomador
i tensione della levata

8260 take up, absorb (colors)
d Aufziehen
f absorbir. monter (couleurs)
s absorber (colores)
i assorbire (colori)

8261 take up motion
d Warenbaumregulator
f régulateur d'enroulement du tissu
s regulador de arrollado del tejido
i regolatore di avvolgimento del tessuto

8262 take up roll
d Sandbaum, Riffelbaum
f enrouleur
s rodillo regulador del avance de la tela
i avvolgitore

8263 take-off spool, supply bobbin, supply package
d Vorlagespule
f bobine d'alimentation
s bobina patrón, bobina modelo
i bobina di alimentazione

8264 takeup
d Aufrollen, Aufwickeln
f enroulement
s enrollado
i avvolgere

8265 tan
d Gerben
f tanner
s curtir
i conciare

8266 tangent
d Tangente
f tangent
s tangente
i tangente

8267 tangent modulus
d Tangentialmodul
f module tangent
s módulo tangente
i modulo tangenziale

8268 tangential
d Tangential
f tangentiel
s tangencial
i tangenziale

8269 tangential force
d Tangentialkraft
f force tangentielle
s fuerza tangencial
i forza tangenziale

8270 tank
d Tank, Flüssigkeitsbehälter
f réservoir
s aljibe
i serbatoio

8271 tannic acid
d Gerbsäure
f acide tannique
s ácido tánico
i acido tannico

8272 tannin
d Tannin
f tanin
s tanino
i tannino

8273 tanning
d Gerberei
f tannage
s curtido
i concia

8274 tanning agent
d Gerbstoff
f agent de tannage
s agente curtiente
i conciante

8275 tape
d Band
f bande
s banda
i nastro

8276 tape condenser
d Riemchenflorteiler
f diviseur à lanières
s condensador de cinta
i laccioli divisori

8277 **tape cutting machine**
d Bandschneidemaschine
f coupeuse de bandes
s cortadora de bandas
i taglianastri

8278 **tape grippen loom**
d Bandgreiferwebmaschine
f métier preneur de ruban
s telar con prénsil de banda
i telaio prendi-nastro

8279 **tape punching machine**
d Lochstreifenschreiber
f perforatrice de bande
s perforadora de cinta
i perforatore di nastri

8280 **tapedrive**
d Spindelbandantrieb
f commande par sangle
s accionamiento por cinta
i azionamento a cinghia

8281 **tapered roller bearing**
d Kegellager
f roulement à rouleaux coniques
s rodamiento de rodillos cónicos
i cuscinetto a rulli

8282 **tapestry**
d Wandteppich
f tapisserie
s tapiceria
i arazzo

8283 **tapestry carpet**
d Tapestryteppich
f tapis en tapisserie
s alfombra de tapiceria
i tappeto da tappezzeria

8284 **taping**
d Anbringen von Posamenten
f pose de passementerie
s colocación de pasamaneria
i posa di passamaneria

8285 **tarpaulin**
d Plane, Zeltplane
f prélart
s capota
i tendone

8286 **tarpaulin fabric**
d Planenstoff, Persenning
f toile à bàche
s tejido encerado para toldos
i tessuto tarpaulin

8287 **tartaric acid**
d Weinsäure
f acide tartrique
s ácido tártrico
i acido tartarico

8288 **tatting lace**
d Schiffchenspitze, Schifflispitze
f dentelle frívolite
s encaje frivolite
i chiaccherino (merletto)

8289 **tax**
d Steuer
f impôt
s impuesto
i tassa

8290 **tear**
d Riss
f déchirure
s desgarro
i strappo

8291 **tear strength, tear resistance**
d Einreissfestigkeit
f résistance à la dêchirure
s resistencia al desgarro
i resistenza allo strappo

8292 **tear test(ing)**
d Einreissfestigkeitsprüfung
f contrôle de résistance à la déchirure, essai de résistance à la déchirure
s ensayo al desgarro
i prova di resistenza allo strappo

8293 tearing
d Reissen
f effilochage
s deshilachado
i strappare

8294 teartester
d Einreissfestigkeitsprüfgerät
f déchiromètre
s medidor de resistencia al desgarro
i apparecchio per prove di resistenza allo strappo

8295 teazle
d Rauhkardendistel
f chardon à gratter
s cardón
i cardo vegetale per garzatura

8296 teazle gig
d Kardenrauhmaschine
f laineuse à chardons
s percha de cardones
i garzatrice con cardo vegetale

8297 technical
d Technisch
f technique
s técnico
i tecnico

8298 technical assistance
d technischer Kundendienst, technischer Service
f assistance technique
s asistencia técnica
i assistenza tecnica

8299 technical education
d technischer Unterricht, technische Ausbildung
f enseignement technique
s enseñanza técnica
i insegnamento tecnico, formazione tecnica

8300 technical feature
d technisches Merkmal
f caractéristique technique
s característica técnica
i caratteristica tecnica

8301 technical school
d Technische Hochschule
f école technique
s escuela técnica
i Scuola Superiore Tecnica

8302 technician
d Techniker
f technicien
s técnico
i tecnico (persona)

8303 technique
d Technik
f technique
s técnica
i tecnica

8304 technological
d Technologisch
f technologique
s tecnológico
i tecnologico

8305 technology
d Technologie
f technologie
s tecnologia
i tecnologia

8306 teflon bearing
d Teflonlager
f palier en teflon, support en teflon
s rodamiento de teflón
i cuscinetto in teflon

8307 teflon fiber
d Teflonfaser
f fibre de teflon
s fibra de teflón
i fibra di teflon

8308 telecommunication
d Nachrichtenwesen
f télècommunication
s telecomunicación
i telecomunicazione

8309 **telescopic**
d teleskopisch
f télescopique
s telescópico
i telescopico

8310 **tellurium**
d Tellur
f tellure
s telurio
i tellurio

8311 **tellurium compound**
d Tellurverbindung
f composé telluré
s compuesto de telurio
i composto di tellurio

8312 **temperature**
d Temperatur
f température
s temperatura
i temperatura

8313 **temperature control**
d Temperatursteuerung
f régulation de la température
s control de la temperatura
i controllo della temperatura

8314 **temperature distribution**
d Temperaturverteilung
f répartition de la température
s distribución de la temperatura
i distribuzione della temperatura

8315 **temperature gradient**
d Temperaturgradient
f gradient de température
s gradíente de temperatura
i gradiente di temperatura

8316 **temple**
d Breithalter
f templet
s templazo
i tempiale del telaio

8317 **temple mark**
d Breithalterschaden
f marque de templet
s marca de templazo
i segno da allargatore, danno da tempiale

8318 **temporary twist, fluid twisting**
d vorübergehende Drehung
f torsion momentanée
s torsión momentánea
i torsione temporanea

8319 **tenacity, grams per denier, grams per tex**
d spezifische Reisskraft
f tènacité, grammes par denier, grammes par tex
s tenacidad
i tenacità

8320 **tendency**
d Neigung, Tendenz
f inclinaison, tendence, tendance
s inclinación, tendencia
i tendenza, inclinazione

8321 **tennis fabric**
d Tennisstoff
f tissu tennis
s franela tenis
i tessuto per tennis

8322 **tense**
d Spannen
f tendre
s tensionar, tender
i tendere

8323 **tensile buckling**
d Knickzugfestigkeit
f flambage á la traction
s ondulado por tracción
i resistenza a piega e trazione

8324 **tensile elongation**
d Zugdehnung
f extension, augmentation
s tensión de expansión, tensión de alargamiento
i allungamento da trazione

8325 tensile strenght test
d Zugversuch
f essai de traction
s prueba de tracción, prueba de tensión
i prova di trazione

8326 tensile strength
d Zugfestigkeit
f résistance á la traction
s resistencia a la tracción
i resistenza alla trazione

8327 tensile stress
d Zugbeanspruchung
f contrainte de traction
s esfuerzo de tracción
i sforzo di trazione

8328 tensile stress strain property
d Kraft-Dehnungs-Eigenschaft bei Zug
f contrainte de déformation en traction
s esfuerzo de deformación en tracción
i caratteristiche di deformazione in trazione

8329 tensile tester
d Zugfestigkeitsprüfgerät, Zugspannungstester
f extensiometre
s extensiómetro
i apparecchio per prove di trazione

8330 tensile test(ing)
d Zugfestigkeitsprüfung
f contrôle de résistance à la traction, essai de résistance à la traction
s ensayo de resistencia a la tracción
i prova di trazione

8331 tensiometer
d Zugspannungsmessgerät, Tensiometer
f tensiomètre, appareil de mesure de la tension
s tensiómetro
i tensiometro

8332 tension
d Zugspannung
f tension
s tensión
i tensione

8333 tension control
d Zugspannungsregelung
f contrôle de la tension
s control de la tensión
i controllo della tensione

8334 tension device, wrap
d Spanner, Fadenbremse
f tendeur, embarrage, dispositif de tension
s dispositivo tensor
i dispositivo tensionatore del filato

8335 tension disc
d Spannerscheibe, Fadenspannerscheibe
f disque de tension
s disco de tensión
i disco di tensionamento del filato

8336 tension regulation
d Spannungsregulierung
f régulation de la tension
s regulación de la tensión
i regolazione della tensione

8337 tension regulation spring
d Spannungsregulierfeder
f ressort de réglage de tension
s resorte regulador de tensión
i molla di regolazione della tensione

8338 tension spring
d Zugfeder
f ressort de tension
s resorte de tensión
i molla di trazione

8339 tensionless treatment
d spannungslose Behandlung
f traitement sans tension
s tratamiento sin tensión
i trattamento senza tensione

8340 tensor
d Tensor
f tenseur
s tensor
i tensore

8341 tent
d Zelt
f tente
s tienda
i tenda

8342 tenter clip
d Spannkluppe, Kluppe
f pince de rame
s pinza de rama
i pinza di distenditrice

8343 tenter frame
d Spannrahmen
f rame élargisseuse, rame
s rama tensora
i distenditrice

8344 tenter pin
d Spannrahmenstift
f picot de rame
s aguja de rama
i perno di distenditrice

8345 tentering, framing
d Spannrahmendurchlauf
f passage sur rame, mise sur élargisseuse
s rameado
i posa su distenditrice

8346 terephtalic acid
d Terephthalsäure
f acide téréphtalique
s ácido tereftàlico
i acido tereftalico

8347 terephthalate
d Terephthalat
f téréphtalate
s tereftalato
i tereftalato

8348 terminal
d Terminal
f terminal
s terminal
i terminale

8349 terminal velocity
d Höchstgeschwindigkeit
f vitesse finale
s velocidad final
i velocità massima

8350 termination reaction
d Schlussreaktion
f réaction de terminaisont
s reacción de terminación
i reazione finale

8351 terminology
d Terminologie
f terminologie
s terminología
i terminologia

8352 termography
d Thermographie
f thermographie
s termografia
i termografia

8353 ternnary
d Ternär
f ternaire
s ternario
i ternario

8354 terpolymer
d Terpolymer
f terpolymère
s terpolimero
i terpolimero

8355 terry (cloth)
d Frottee
f tissu éponge
s tejido rizado
i spugna

8356 terry loom
d Frottierwebmaschine
f métier pour tissu éponge
s telar para tejido de rizo
i telaio per tessuti a spugna

8357 terry towel
d Frottierhandtuch
f serviette-éponge
s toalla de rizo (espunjosa)
i asciugamano di spugna

8358 terrycloth
d Frottierstoff
f tissu éponge
s tejido de rizo
i tessuto a spugna

8359 tertiary amine
d tertiäres Amin
f amine tertiaire
s amina terciaria
i ammina terziaria

8360 test
d Versuch, Test
f essai
s ensayo
i test, prova

8361 test by twist untwist method
d Nullmethoden-Drehungsprüfung
f contrôle par torsion détorsion, méthode de contrôle torsion détorsion
s mètodo de torsión-destorsión
i test di torsione-distorsione

8362 test method
d Prüfverfahren, Prüfmethode
f méthode d'essai
s método de ensayo
i metodo di prova

8363 test, try out
d Prüfen
f tester, vérifier
s probar
i provare, collaudare

8364 testing
d Prüfung, Testen
f contrôle
s control
i test, prova

8365 testing apparatus for fabrics
d Prüfgerät für textile Flächengebilde
f appareil de contrôle sur tissus
s aparato de ensayo sobre tejidos
i apparecchio di prova per tessuti

8366 testing apparatus for fibres
d Faserprüfgerät
f appareil de contrôle sur fibres
s aparato de ensayo sobre fibras
i apparecchio di prova per fibre

8367 testing apparatus for yarns
d Garnprüfgerät
f appareil de contrôle sur fils
s aparato de ensayo sobre hilos
i apparecchio di prova per fili

8368 testing equipment, testing apparatus
d Prüfeinrichtung, Prüfgerät
f appareil de contrôle, appareillage de contrôle, equipement de contrôle, instrument de contrôle
s equipo para ensayos
i dispositivo di prova

8369 tetraacetic acid
d Tetraessigsäure
f acide tétracétique
s ácido tetracético
i acido tetracetico

8370 tetrachlorethane
d Tetrachlorethan
f tétrachloréthane
s tetracloroetano
i tetracloroetano

8371 tetrafluoroethylene
d Tetrafluorethylen
f tétrafluoroèthylène
s tetrafluoretileno
i tetrafluoroetilene

8372 tetrahydrofuran
d Tetrahydrofuran
f tétrahydrofurane
s tetrahidrofurano
i tetraidrofurano

8373 tetrahydronaphthalene
d Tetrahydronaphthalin
f tétrahydronaphtalène
s tetrahidronaftaleno
i tetraidronaftalene

8374 tetrahydronaphthalene sulfonate
d Tetrahydronaphthalinsulfonat
f têtrahydronaphtalènesulfonate, sulfonate de tétrahydronaphtalène
s sulfonato de tetrahidronaftaleno
i tetraidronaftalene solfonato

8375 tetrapod-test
d Tetrapod-Prüfung
f examen, contrôle à tétrapode
s prueba, examén al tetrapodo
i test al tetrapodo

8376 tetrapotassium pyrophosphate
d Tetrakaliumpyrophosphat
f pyrophosphate tétrapotassique
s pirofosfato tetrapotásico
i pirofosfato di tetrapotassio

8377 Texas cotton
d Texas-Baumwolle
f coton du Texas
s algodón de Texas
i cotone Texano

8378 textile
d Textil
f textile
s textil
i tessile

8379 textile care
d Textilpflege
f entretien des textiles
s mantenimiento de los textiles
i cura dei tessuti

8380 textile chemical
d Textilhilfsmittel, Textilchemikalie
f produit chimique textile
s producto quimico textil
i prodotto chimico tessile

8381 textile company
d Textilunternehmen
f entreprise textile
s empresa textil
i azienda tessile

8382 textile design, items design
d Textilgestaltung, Textilentwurf
f création d'article, création d'échantillonnage
s diseño de muestras
i design tessile, progettazione tessile

8383 textile goods
d Textilerzeugnis
f article textile
s articulo textil
i prodotto tessile

8384 textile goods property
d Wareneigenschaft
f propriété des articles textiles
s propiedad de los artículos textiles
i proprietà degli articoli tessili

8385 textile industry
d Textilindustrie, Textilbetrieb
f industrie textile, exploitation, usine, atelier textile
s industria textil, empresa textil
i industria tessile

8386 textile item for food
d Textilartikel für Nahrungsmittel
f article textile pour alimentation
s articulo textil para alimentación
i prodotto tessile per alimenti

8387 textile machinery manufacturer
d Textilmaschinenhersteller
f constructeur de machine textile
s constructor de maquinaria textil
i costruttore di macchine tessili

8388 textile machinery, processing machinery
d Textilmaschine
f matériel textile
s maquinaria textil
i macchina tessile

8389 textile market
d Textilmarkt
f marché textile
s marcado textil
i mercato tessile

8390 textile material elasticity
d Elastizität der Textilien
f èlasticité des matières textiles
s elasticidad de las materias textiles
i elasticità del prodotto tessile

8391 textile material, fibrous material
d textiler Faserstoff
f matière textile, matière fibreuse
s materia textil
i materiale tessile, fibre tessili

8392 textile printing
d Textildruck
f impression textile ou des tissus
s estampado textil
i stampa tessile

8393 textile process
d Textilveifahren, Textilprozess
f procédé textile
s proceso textil
i processo tessile

8394 textile structure
d Aufbau (Tex. Flächengebilde)
f structure textile
s estructura textil
i struttura tessile

8395 textile wall paper
d Textiltapete
f papier mural textile
s papel mural textil
i tapezzeria tessile

8396 texture
d Gewebestruktur
f texture du tissu
s textura
i struttura del tessuto

8397 textured spun yarn
d Spinnfasertexturgarn
f filé texturé
s hilado texturado
i filato texturizzato da fibra in fiocco

8398 textured yarn property
d Texturgarneigenschaft
f propriété du fil texturè
s propiedad del hilo texturado
i proprietà del filo texturizzato

8399 texturing
d Texturieren
f texturation
s texturación
i testurizzazione

8400 texturing heater
d Texturierheizeinrichtung
f four de texturation
s horno de texturación
i forno di testurizzazione

8401 texturing machine
d Texturiermaschine
f machine de texturation
s máquina de texturación
i testurizzatrice

8402 texturing machines manufacturer
d Texturiermaschinen-Hersteller
f constructeur de matériel de texturation
s constructor de maquinaria de texturar
i costruttore di macchine testurizzatrici

8403 texturing process
d Texturierverfahren
f procédé de texturation
s procedimiento de texturación
i processo di testurizzazione

8404 texturized yarn
d Texturgarn
f filtexturé
s hilo texturado
i filo testurizzato

8405 thallium
d Thallium
f thallium
s talio
i tallio

8406 thallium compound
d Thalliumverbindung
f composé de thalliumt
s compuesto de talio
i composto del tallio

8407 thanelast
d Elasthan
f Élasthane
s elastán
i elastan

8408 theory
d Theorie
f théorie
s teoria
i teoria

8409 theory of graphs
d Graphentheorie
f théorie des graphes
s teoria de los grafos
i teoria dei grafi

8410 thermal analysis
d Thermoanalyse
f analyse thermique
s análisis térmico
i analisi termica

8411 thermal conductivity, heat conductivity
d Wärmeleitfähigkeit
f conductibilitê thermique, conductibilité de la chaleur
s conductividad térmica
i conduttività termica

8412 thermal degradation
d thermischer Abbau
f dégradation thermique
s degradación tèrmica
i degradazione termica

8413 thermal history
d thermische Vorbeanspruchung
f antécédent thermique
s antecedente térmico
i antecedente termica

8414 thermal insulation
d thermische Isolierung
f isolation thermique
s aislamiento térmico
i isolamento termico

8415 thermal property
d thermische Eigenschaft
f propriété thermique
s propiedad térmica
i proprietà termica

8416 thermal retention
d Wärmerückhaltevermögen
f rétention thermique
s retención térmica
i ritenzione termica

8417 thermal shock
d Thermoschock
f choc thermique
s choque térmico
i shock termico

8418 thermal stability
d Temperaturbestândigkeit, thermische Stabilität, Temperaturstabilität
f stabilité thermique
s estabilidad térmica
i stabilità termica

8419 thermal testing
d thermische Prüfung
f contrôle thermique
s ensayo térmico
i prova termica

8420 thermal testing fiber identification
d thermische Fasererkennung
f identification thermique des fibres
s identificación térmica de fibras
i identificazione termica della fibre

8421 thermal transmittance testing
d Wärmeleitfähigkeitsprüfung
f contrôle de transmission thermique
s ensayo de transmisión térmica
i prova della conduttività termica

8422 thermic consolidated non-wowen fabric
d Thermischverfestigter Textilverbundstoff
f tissu enduit ou doublé consolidé thermiquement
s tejido compuesto obtenido por compactación térmica
i tessuto composto ottenuto tramite solidificazione termica

8423 thermic consolidation, thermic solidifying
d Thermische Verfestigung
f durcissement, consolidation thermique
s compactación térmica
i consolidamento termico, solidificazione termica

8424 thermically deformable
d Thermisch-formbar
f déformable, façonnable thérmiquement
s deformable termicamente
i deformabile termicamente

8425 thermobonding powder, thermosetting powder
d Bulver für thermische Verbindungen
f poudre pour liage thermique, poudre pour fixage thermique
s polvo para ligado térmico
i polvere termoindurente

8426 thermochemistry
d Thermochemie
f thermochimie
s termoquímica
i termochimica

8427 thermocouple
d Bimetall
f thermocouple
s termopar
i termocoppia

8428 thermodynamics
d Thermodynamik
f thermodynamique
s termodinámica
i termodinamica

8429 thermofluid
d Wärmeträgerflüssigkeit
f thermofluide
s termofluido
i fluido termico

8430 thermofusing
d Heisssiegeln
f thermocollage
s termoencolado
i termofusione

8431 thermofusing press
d Heisssiegelpresse
f presse á thermocoller
s prensa de termoencolar
i pressa per termofusione

8432 thermogram
d Thermogramm
f thermogramme
s termograma
i termogramma

8433 thermogravimetry
d Thermogravimetrie
f thermogravimétrie
s termogravimetría
i termogravimetria

8434 thermomechanical
d Thermomechanisch
f thermomécanique
s termomecánico
i termomeccanico

8435 thermomechanical analysis
d thermomechanische Analyse
f analyse thermomécanique
s análisis termomecánico
i analisi termomeccanica

8436 thermometer
d Thermometer
f thermomètre
s termómetro
i termometro

8437 thermopile
d Thermoelement
f píle thermo-èlectrique, thermopile
s pila termoeléctrica
i termocoppia

8438 thermoplastic
d Thermoplastisch
f thermoplastique
s termoplástico
i termoplastico

8439 thermoplastic fiber
d thermoplastische Faser
f fibre thermoplastique
s fibra termoplàstica
i fibra termoplastica

8440 thermoplastic fiber bonding
d thermoplastisches Faserverbinden
f liage de fibres thermoplastiques
s unión de fibras termoplásticas
i unione termoplastica delle fibre

8441 thermoplastic polymer
d thermoplastisches Polymer
f polymère thermoplastique
s polímero termoplastico
i polimero termoplastico

8442 thermoplastic powder
d thermoplastisches Pulver
f poudre thermoplastique
s polvo termoplástico
i polvere termoplastica

8443 thermoplastic resin
d thermoplastisches Harz
f rèsine thermoplastique
s resina termoplástica
i resina termoplastica

8444 thermoplasticity
d Thermoplastizität
f thermoplasticíté
s termoplasticidad
i termoplasticità

8445 thermosetting resin
d duroplastisches Harz
f rèsine thermodurcissable
s resina termoendurecible
i resina termoindurente

8446 thermosol process
d Thermosolieren
f thermosolage
s procedimiento termosol
i processo termosol

8447 thermostat
d Thermostat
f thermostat
s termostato
i termostato

8448 thermotropic
d Thermotropisch
f thermotropical
s termotrópico
i termotropico

8449 thermoxydation
d Thermooxydation
f thermooxydation
s termooxidación
i termossidazione

8450 thiazolazo dye
d Thiazolfarbstoff
f colorant azothiazol
s colorante tiazolazo
i colorante tiazolico

8451 thick and thin yarn
d Spinnflammengarn
f fil alternativement gros et fin, fil gros et fin alternativement
s hilo alternando partes gruesas y finas
i filo alternativamente grosso e fine

8452 thick place
d Dickstelle
f grossissement, gouflement
s punto gordo
i ingrossamento

8453 thickening
d Verdicken, Andicken
f épaississement
s espesamiento
i addensamento

8454 thickening agent
d Verdickungsmittel
f agent èpaississant
s agente espesante
i agente addensante

8455 thickness
d Dicke
f épaisseur
s espesor
i spessore

8456 thimble
d Fingerhut
f dê à coudre
s dedal
i ditale

8457 thin layer chromatography
d Dünnschichtchromatographie
f chromatographie sur couche mince
s cromatografia en capa delgada
i cromatografia a strato sottile

8458 thinner
d Verdünner, Verdünnungsmittel
f agent diluant
s diluyente
i diluente

8459 thinning out
d Verflüssigen, Zerlassen
f dèlayage
s desleimiento
i liquefazione

8460 thiocyanate
d Thiocyanat
f thiocyanate
s tiocianato
i tiocianato, solfocianato

8461 thioether
d Thioether
f thioêther
s tioéter
i tioetere

8462 thioglycolic acid
d Thioglykolsäure
f acide thioglycolique
s ácido tioglicólico
i acido tioglicolico, acido mercaptoacetico

8463 thiol, mercaptan
d Thiol, Mercaptan
f thiol
s tiol
i mercaptano

8464 thiosufinic acid
d thiosulfinierte Säure
f acide thiosulfinique
s ácido tiosulfinico
i acido tiosulfincico

8465 thiosulfonate, Bunte sait
d Thiosulfonat
f thiosulfonate, sel de Bunte
s tiosulfonato
i tiosolfonato

8466 thiourea
d Thioharnstoff
f thiourée
s tiourea
i tiourea

8467 thixotropy
d Thixotropie
f thixotropie
s tixotropia
i tissotropia

8468 **thorium**
d Thorium
f thorium
s torio
i torio

8469 **thorium compound**
d Thoriumverbindung
f composé de thorium
s compuesto de torio
i composto di torio

8470 **thread**
d Fertiggarn
f fil fini
s hilo acabado
i filato

8471 **thread break stop-motion**
d Fadenbruchabstellvorrichtung, Fadenwächter
f dispositif casse fil
s dispositivo de paro por rotura
i dispositivo di controllo rottura del filo

8472 **thread count**
d Fadenzahl
f compte en fils
s densidad en hilos
i densità dei fili

8473 **thread course**
d Fadenverlauf
f décochement, allure du fil
s decurso del hilo
i andamento, decorso del filo

8474 **thread cutter**
d Fadenabschneider
f coupe fil
s cortahilo
i tagliafili

8475 **thread end**
d Fadenende
f extrémité de fil
s cabo del hilo
i capo, estremità del filo

8476 **thread guide**
d Fadenführer, Fadengelege
f guide-fil, guide pour fil, guide oeillet, passette à oeillet, guide du fil
s guiahilo, conductor del hilo
i guidafilo, guida del filo

8477 **thread slippage**
d Nähfadenschlupf
f glissement du fil de couture
s deslizamiento del hilo de coser
i slittamento del filo da cucito

8478 **thread spinning**
d Nähgarnherstellen
f filterie
s producción de hilo de coser
i produzione di filo da cucito

8479 **thread take up**
d Garnverbrauch pro Nadelhub
f prise de l'aiguille
s toma de la aguja
i consumo di filo per alzata di ago

8480 **thread tension**
d Nähfadenspannung
f tension du fil de couture
s tensión del hilo de costura
i tensione del filo

8481 **threading**
d Einfädeln
f enfilage
s enhebrado
i infilare

8482 **threadline**
d Fadenlauf
f parcours du fil
s recorrido del hilo
i percorso del filo

8483 **three-colour process**
d Dreifarbendruck, Trichromiefärberei
f trichromie
s tricromía
i tintura a tricromia

8484 three-dimensional strncture
d dreidimensionale Struktur, räumliche Struktur
f structure tridimensionnelle
s estructura tridimensional
i struttura tridimensionale

8485 three-eighths blood
d Dreiachtel-Crossbred-Wolle
f classement anglais de la laine
s grado de lana tres octavos de sangre
i lana incrociata tre ottavi

8486 three-needle cover stitch
d Dreinadeldeckstich
f point de recouvrement à 3 aiguilles
s punto cubriente de tres agujas
i punto di copertura a tre aghi

8487 three-needles sewing machine
d Dreinadelnähmaschine
f machine à coudre à 3 aiguilles
s máquina de coser con tres agujas
i macchina da cucirte a tre aghi

8488 three-phase alternating current
d Drehstrom, Dreiphasenstrom
f courant électrique triphase
s corriente eléctrica trifásica
i corrente elettrica trifase

8489 threonine
d Threonin
f thréonine
s treonina
i treonina

8490 throat plate
d Stichplatte
f plaque à aiguille
s placa de garganta
i piastra da aghi

8491 through printing
d Durchdruck
f impression traversée
s estampación atravesada
i stampa a pressione, estrusione

8492 throughput
d Durchsatz
f débit de la machine
s gasto de una máquina
i portata (di una macchina)

8493 throwing
d Moulinieren
f moulinage
s molinaje
i filatura della seta

8494 throwing machine
d Moulinierzwirnmaschine
f moulin
s molino
i macchina per la filatura e la torcitura della seta

8495 throwover
d Kämmaschinenregelung
f réglage de la peigneuse
s regulación de la peinadora
i regolazione della pettinatrice

8496 throwster
d Zwirner
f moulinier
s molinero
i ritorcitoio

8497 thrust bearing
d Axiallager
f palier à butèe
s cojinete de impulsión
i cuscinetto assiale

8498 thrust block
d Anschlag
f butée
s tope de detención
i battuta

8499 thyristor
d Thyristor
f thyristor
s tiristor
i tiristore

8500 thyronine
d Thyronin
f thyronine
s tironina
i tironina

8501 thyroxine
d Thyroxin
f thyroxine
s tiroxina
i tiroxina

8502 ticking
d Inlett, Bettfedernstoff
f coutil à matelas
s cutí para colchón
i materiale elastico (a molle) per materassi

8503 tight fabric construction
d geschlossene Gewebestruktur
f contexture serrée
s contextura tupida
i struttura del tessuto chiusa

8504 tight selvedge
d Spannleiste, feste Webkante
f lisiére tirante
s orillo tirante
i cimosa fissa

8505 tightness
d Dichtigkeit
f ètanchéitè
s estanqueidad
i tenuta

8506 tightness washer
d Dichtungsring, Zwischenring
f rondelle
s arandela
i anello di tenuta

8507 tiltable
d schwenkbar
f basculable
s basculante
i basculante

8508 time constant
d Zeitkonstante
f constante de tempst
s constante de tiempo
i costante di tempo

8509 time measurement
d Zeitmessung
f chronométrage
s cronometraje
i misura del tempo

8510 time series
d Zeitfolge, Zeitserie
f séries dans le temps
s series de tiempo
i serie temporale, serie cronologica

8511 timer
d Zeitschaltuhr
f temporisateur
s temporizador
i temporizzatore

8512 tin
d Zinn
f étain
s estaño
i stagno

8513 tin compound
d Zinnverbindung
f composé d'étain
s compuesto de estaño
i composto dello stagno

8514 tinting
d Anfärben mit Kennfarben
f teintage fugace
s tintura fugaz
i tintura con colori di identificazione

8515 tinting machine
d Apparat für Kennfärben
f machine de teintage fugace
s máquina de tintura fugaz
i macchina per tintura con colori di identificazione

8516 **tip**
d Spitze
f pôinte
s punta
i pizzo

8517 **tire bulging**
d Reifenausbauchung
f hernie formée dans le pneu
s hernia formada en el neumático
i rigonfiamento del pneumatico

8518 **tire cord**
d Reifencord
f câble pour pneu
s cable para neumático
i cordoncino per pneumatici

8519 **tire fabric, bead fabric**
d Reifengewebe
f tissu pour pneu
s tejido para neumático
i tessuto per pneumatici

8520 **titanium**
d Titan
f titane
s titanio
i titanio

8521 **titanium compound**
d Titanverbindung
f composé de titane
s compuesto de títanio
i composto del titanio

8522 **titanium dioxide, anatase**
d Titandioxid
f dioxyde de titane, anatase, rutile
s dióxido de titanio
i diossido di titanio, bisossido di titanio

8523 **tobacco cloth**
d Gazebaumwollstoff
f singalette
s especie de muselina
i stoffa di garza di cotone

8524 **toe**
d Strumpfspitze
f pointe d'article chaussant
s puntera
i punta della calza

8525 **tolerance**
d Toleranz
f tolérance
s tolerancia
i tolleranza

8526 **toluene**
d Toluol
f toluêne
s tolueno
i toluolo, metilbenzene

8527 **toluylene isocyanate**
d Toluolisocyanat
f isocyanate de toluylène
s isocianato de toluíleno
i isocianato di tolilene

8528 **tone in tone dyeing**
d Ton-In-Ton-Färben
f teinture ton sur ton
s tintura tono sobre tono
i tintura tono su tono

8529 **tongue**
d Schuhzunge, Zunge
f languette, langue, lame
s lengüeta, lengua, lengueta
i lingua della scarpa, lingua

8530 **tongue tear strength**
d Zungenreissfestigkeit
f résistance à la dêchirure sur languette
s resistencia en lengüeta al desgarro
i resistenza allo strappo della lingua

8531 **tongue tear test(ing)**
d Zungenreissfestigkeitsprüfung
f contrôle à la déchirure sur languotte
s control al desgarro en lengüeta
i prova della resistenza allo strappo della lingua

8532 tonometry
d Tonfrequenzmessung, Tonometrie
f tonométrie
s tonometria
i tonometria

8533 tool
d Werkzeug
f outil
s herramienta
i utensile, attrezzo

8534 toothed wheel
d Zahnrad
f roue dentée, roue d'engrenage
s rueda dentada, engranaje
i ruota dentata

8535 top
d Wollkammzug
f ruban de laine peignée
s cinta de lana peinada
i nastro di pettinato

8536 top comb
d Fixkamm
f peigne fixe de peigneuse, peigne nacteur
s peine rectilineo
i pettine fisso

8537 top combing
d Kämmen mit Fixkamm
f peignage par le peigne fixe
s peinado de la cola
i pettinare con pettine fisso

8538 top cover
d Oberflächendichte
f couvrant d'endroit
s cobertura de haz
i densità di superficie

8539 top dyeing machine, slubbing dyeing machine
d Kammzugfärbeapparat
f machine de teinture du ruban peignè, machine pour teinture sur mèche
s màquina de tintura en cinta peinada
i macchina per tintura in tops

8540 top dyeing, slubbing dyeing
d Kammzugfärben
f teinture sur ruban peigné, teinture sur mèche de banc
s tintura en cinta peinada
i tintura in tops

8541 top making
d Kammzugherstellen
f fabrication du ruban peigné
s elaboración de cinta peinada
i pettinatura

8542 top matching
d Kammzugsortierung
f triage des rubans peignés
s elección de las cintas peinadas
i selezione di tops

8543 top noil ratio
d Kämmlingsanteilgrenze
f taux de blousse du ruban peigné
s tasa de desperdicios de cinta peinada
i limite di scarto di pettinatura

8544 top part
d Oberteil
f dessus
s parte superior
i parte superiore

8545 top roll
d Oberwalze
f cylindre supérieur
s cilindro superior
i cilindro superiore

8546 top spindle
d Spindelaufsatz
f broche empointeuse
s huso con sombrerete
i cima, sommità del fuso

8547 top, summit
d Scheitelpunkt
f point culminant, sommet, apex
s cénit, vértice, cumbre
i vertice, sommità

8548 topology
d Topologie
f topologie
s topología
i topologia

8549 topping
d Deckfärben
f surteinture
s sobretintura
i sovratintura

8550 torsion balance
d Torsionswaage
f balance de torsion, torsiomètre
s balanza de torsión
i bilancia di torsione

8551 torsional behaviour
d Drehungsverhalten
f comportement à la torsion
s comportamiento a la torsión
i comportamento alla torsione

8552 torsional buckling
d Drallschlaufe
f flambage de torsion
s ensortijado por torsión
i cappio a torsione

8553 torsional energy
d Torsionsenergie
f énergie de torsion
s energia de torsión
i energia di torsione

8554 torsional rigidity
d Verdrehungswiderstand
f rigidité à la torsion
s rigidez a la torsión
i resistenza alla torsione

8555 torsional stability
d Drehungsstabilität
f stabilité de la torsion
s estabilidad de la torsión
i stabilità alla torsione

8556 total organic carbon
d Gesamtgehalt organischen Kohlenstoffs
f carbone organique total
s carbono orgánico total
i carbonio organico totale

8557 toughness
d Zähigkeit
f endurance
s aguante
i tenacità

8558 tow
d Spinnkabel
f câble de filaments
s cable de filamentos
i tow

8559 tow conversion
d Spinnkabelverarbeitung
f transformation de càble
s transformación de cable
i trasformazione del tow

8560 tow converter
d Konverter für Spinnkabelverarbeitung
f convertisseur pour câble
s convertidor de cable
i convertitore per tow

8561 tow crimping
d Spinnkabelkräuselung
f frisure sur càble
s rizado del cable de filamentos
i arricciatura del tow

8562 tow dyeing
d Spinnkabelfärben
f teinture sur câble
s tintura del cable de filamentos
i tintura del tow

8563 tow dyeing machine
d Spinnkabelfärbeapparat
f machine de teinture sur câble
s máquina de tintura en cable
i macchina per la tintura del tow

8564 **towel**
d Handtuch
f serviette de toilette
s toalla
i asciugamano

8565 **tow-to-top conversion, tow-to-sliver conversion**
d Tow-To-Top-Verfahren
f transformation du câble en ruban, transformation en mèche du câble
s transformación de cable en cinta
i trasformazione tow to top

8566 **tow-to-toP machine**
d Tow-To-Top-Konverter
f convertisseur tow-to-top
s convertidor de cable en cínta peinada
i macchina per trasformazione tow to top

8567 **tow-to-yarn conversion, direct spinning**
d Direktspinnen
f transformation du câble en fil, filature abrégée, filature directe
s transformación del cable en hílo
i filatura diretta

8568 **tow-to-yarn machine, direct spinning machine**
d Direktspinnmaschine
f machine de transformation du càble en fil, machine de filature directe
s màquina transformadora de cable en hilo
i filatoio continuo per filatura diretta

8569 **toxicity**
d Toxizität, Giftigkeit
f toxicité
s toxicidad
i tossicità

8570 **trace**
d Spur
f trace
s rastro
i traccia

8571 **tracer**
d Tracer
f traceur
s trazador
i tracciante

8572 **tracer fiber**
d Kennfaser
f fibre traceuse
s fibra trazadora
i fibra tracciante

8573 **tracer technique**
d Tracertechnik
f technique par traceur
s técnica por trazador
i tecnica tracciante

8574 **trade, commerce**
d Handel
f commerce
s comercio
i commercio

8575 **trade name, commercial trade mark**
d Handelsname
f appellation commerciale, marque commerciale
s marca registrada comercial
i nome commerciale

8576 **trailing hook**
d rückwärtsgerichtetes Faserhäkchen
f crochet arrière de fibre
s fibra con gancho trasero
i gancetto posteriore di fibra

8577 **tram**
d Trameseide, Grègeseide für Schuss
f trame de soie grège
s trama de seda cruda
i trama di seta cruda

8578 **transaction**
d Transaktion
f transaction
s transacción
i transazione

8579 transducer
d Transduktor, Steuerdrossel
f transducteur
s transductor
i trasduttore

8580 transesterification
d Umesterung
f transestèrification
s transesterificación
i transesterificazione

8581 transfer
d Transfer, Transferieren
f transfert, transférer
s transferencia, transferir, traslar
i transfert, trasferimento, transferire

8582 transfer coating
d Transferbeschichtung
f enduction par transfert
s recubrimiento por transferencia
i rivestimento per trasferimento

8583 transfer flocking
d Transferbeflockung
f flocage par transférement
s flocado por traslado
i floccaggio per trasferimento

8584 transfer hammer
d Spulenhammer
f marteau de changement de cannette
s martillo del cambio de la canilla
i martello della bobina

8585 transfer printing machine
d Transferdruckmaschine
f machine d'impression par transfert
s máquina de estampar por transferencia
i macchina per stampare con transferibili

8586 transfer printing, registered printing
d Transferdruck, Thermoumdruck, Sublistatic-Druck
f impression par transfert
s estampación por transferencia
i stampa con trasferibili, stampa a caldo

8587 transfer property
d Übertragungseigenschaft
f propriété de transfert
s propiedad de transferencia
i trasferibilità

8588 transfer tail
d Anspulreserve
f brin de rattache sur bobine
s cabo de unión sobre bobina
i cavo di attacco su bobina

8589 transformation
d Umformung, Formänderung
f transformation
s transformación
i formatura, foggiatura

8590 transition temperature
d Umwandlungstemperatur
f température de transition
s temperatura de transición
i temperatura di transizione

8591 translation
d Translation
f translation
s translación
i traslazione

8592 translucency
d Durchscheinigkeit
f translucidité
s translucidez
i traslucentezza

8593 translucent
d durchscheinend
f translucide
s translucido
i translucido

8594 transmission
d Übertragung, Transmission
f transmission
s transmisión
i trasmissione

8595 transmission chain
d Antriebskette
f chaine de transmission
s cadena de transmisión
i catena di trasmissione

8596 transmission ratio, translation
d Übersetzung
f engrenage, transmission
s traducción, trasmisión
i rapporto di trasmissione, traduzione

8597 transmissivity
d spezifische Lichtdurchlässigkeit
f transmission spécifique
s transmisividad
i coefficiente di trasmissione

8598 transmittance, light transmission
d Lichtdurchlässigkeitszahl
f transmittance, coefficient de transmission de la lumière, transmission de la lumière
s transmitancia
i trasmittanza, trasparenza

8599 transparency
d Transparenz
f transparence
s transparencia
i trasparenza

8600 transparency, light transmission
d Lichttdurchlässigkeit
f transparence
s transparencia
i trasparenza

8601 transparent
d lichtdurchlässig
f transparent
s transparente
i trasparente

8602 transpiration
d Transpiration
f transpiration
s transpiración
i traspirazione

8603 transport
d Transport, Transportieren
f transport, transporter
s transporte, transportar
i trasporto, trasportare

8604 transporter tape
d Transportband
f bande transporteuse, courroie transporteuse, tapis roulant
s banda transportadora
i nastro trasportatore

8605 transversal strip, necking
d Querstreifen
f raie transversale
s rayas transversales
i striscia trasversale

8606 transverse force
d Transversalkraft, querlaufende Kraft
f force transversale, contrainte transversale
s fuerza transversal
i forza trasversale

8607 transverse vibration
d Transversalschwingung, Querschwingung
f vibration transversale
s vibración transversal
i vibrazione trasversale

8608 trapezoid tear strength
d Trapezreissfestigkeit
f résistance à la dêchirure sur trapèze
s resistencia al desgarro trapezoidal
i resistenza allo strappo trapezoidale

8609 trapezoid tear test(ing)
d Trapezreissfestigkeitsprüfung
f contrôle à la déchirure sur trapèze
s ensayo al desgarro trapezoidal
i controllo della resistenza allo strappo trapezoidale

8610 trash ampas, fiber bagasse
d Trash
f fibres épuisès, ordure
s trash, retazo, hebra, deshechos
i fibre, fettucce esaurite, spazzatura

8611 trash content
d Fremdstoffanteil, Schmutzanteil
f teneur en impuretès
s contenido de impurezas
i contenuto di impurezze

8612 trash removal
d Entfernen von Verunreinigungen
f élimination des impuretès
s eliminación de las impurezas
i eliminazione di impurezze

8613 traveler chatter
d Ringläuferschwirren
f ronflement du curseur
s zumbido del cursor
i ronzio del cursore

8614 traveler heating
d Ringläufererhitzung
f êchauffement du curseur
s calentamiento del cursor
i riscaldamento del cursore

8615 traveler, ring traveler
d Ringläufer
f curseur, curseur pour anneau
s corredor
i cursore

8616 traveling blower
d Wandergebläse, Wanderbläser
f souffleur voyageur de nettoyage, souffleur voyageur
s soplador circulante de limpieza
i soffiatore di pulitura mobile

8617 traverse
d Hub
f levée, levage, course de fil
s elevación, alzamiento
i corsa, sollevamento

8618 traverse motion
d Hin-und-Her-Bewegung, Changierbewegung
f va-et-vient, monte-et-baisse
s vaivén
i movimento di và e vieni

8619 treadle
d Tretkurbel
f pédale
s pedal
i pedale

8620 treat
d Behandeln
f traiter
s tratar
i trattare

8621 treated fabric, finished fabric
d Fertigware
f tissu apprêté
s tejído acabado
i tessuto finito

8622 treatment
d Behandlung, Bearbeitung
f traitement
s tratamiento
i trattamento

8623 treatment in moist state
d Behandlung im feuchten Zustand, Feuchtbehandlung
f traitement à l'état humide
s tratamiento en estado húmedo
i trattamentoad umido

8624 triacetate
d Triacetat
f triacètate
s triacetato
i triacetato

8625 triacetate dyeing
d Triacetatfaserfärben
f teinture du triacétate
s tintura del triacetato
i tintura di fibre di triacetato

8626 triacetate fiber
d Triacetatfaser
f fibre de triacétate
s fibra de triacetato
i fibre di triacetato

8627 triacetate filament
d Triacetatfilament
f filament de triacétate
s filamento de triacetato
i filato di triacetato a bava continua

8628 triacetate filament yarn
d Triacetatfilamentgarn
f fil de filaments de triacétate
s hilo de filamentos de triacetato
i filo di filato di triacetato a bava continua

8629 triacetate spun yarn
d Triacetatspinnfasergarn
f filé de triacétate
s hilado de triacetato
i filato di triacetato da fibra in fiocco

8630 triacetate yarn
d Triacetatgarn
f fil de triacétate
s hilo de triacetato
i filo di triacetato

8631 triacid
d dreibasische Säure
f triacide
s triácido
i acido tribasico

8632 trial and error solution
d empirisches Näherungsverfahren
f solution empirique
s solución empirica
i metodo empirico di approssimazione

8633 trial, demonstration
d Beweis
f preuve, argument
s prueba, démonstración
i dimostrazione, prova

8634 triamine
d Triamin
f triamine
s triamina
i triammina

8635 triaxial
d Triaxial
f triaxial
s triaxial
i triassiale

8636 triaxial fabric
d Triaxialgewebe
f tissu triaxial
s tejido triaxial
i tessuto triassiale

8637 triaxial mechanical loom
d Triaxialwebmaschine
f mètier mécanique triaxial
s máquina tejedora triaxial
i telaio meccanico triassiale

8638 triaxial weaving
d Triaxiales Weben
f tissage triaxial
s tejedura triaxial
i tessitura triassiale

8639 triazine
d Triazin
f triazine
s triazina
i triazina

8640 triazole
d Triazol
f tríazol
s triazol
i triazolo

8641 triazone
d Triazon
f triazone
s triazona
i triazono

8642 triboelectric serie
d triboelektrische Serie
f série triboélectrique
s serie triboeléctrica
i serie triboelettrica

8643 triboelectricity
d Triboelektrizität, Reibungselektrizität
f triboélectricité
s tríboelectricidad
i triboelettricità

8644 trichloroacetic acid
d Trichloressigsäure
f acide trichloracètique
s ácido tricloroacètico
i acido tricloroacetico

8645 trichlorobenzene
d Trichlorbenzol
f trichlorobenzène
s triclorobenceno
i triclorobenzene

8646 trichloroethane
d Trichlorethan
f trichloréthane
s tricloroetano
i tricloroetano

8647 trichloroethylene
d Trichlorethylen
f tríchlorèthylêne
s tricloroetileno
i tricloroetilene

8648 trichromatic coefficient
d dreichromatischer Koeffizient, trichromatischer Koeffizient
f coefficient trichromatique
s coeficiente tricromático
i coefficiente tricromatico

8649 tricot knitted fabric, jersey
d Trikotware
f tricot chaine, tricot demi-simple, tricot chaíne stockinette
s tejido de punto por urdimbre
i tricot

8650 tricot knitting
d Kettenwirkerei
f tricotage à maille jetée
s tejedura de punto por urdimbre
i tessitura in catena

8651 tricot knitting machine
d Kettenwirkautomat
f métier chaine, métier de tricotage chaine
s máquina para tricotado por urdimbre
i macchina per maglieria in catena

8652 tricot stitch
d Trikotlegung
f maille chaíne
s tricot por urdimbre
i maglieria per ordito

8653 triethanolamine
d Triethanolamin
f trièthanolamine
s trietanolamina
i trietanolammina

8654 triethanolamine soap
d Triethanolaminseife
f savon de triéthanolamine
s jabón de trietanolamina
i sapone di trietanolammina

8655 triglyceride
d Triglycerid
f triglycèride
s triglicerido
i trigliceride

8656 trihexyl sulfocarballylate
d Trihexylsulfocarballylat
f sulfocarballylate de trihexyle
s sulfocarbalilato de triexilo
i triesilsolfocarballilato

8657 trilobal
d Trilobal
f trilobé
s trilobulado
i trilobale

8658 trilobal cross section
d dreilappiger Querschnitt, trilobaler Querschnitt
f section trilobée
s sección transversal trilobal
i sezione transversale trilobale

8659 trimer
d Trimer
f trimêre
s trimero
i trimmer

8660 trimethylol melamine
d Trimethylolmelamin
f triméthylolmélamine
s trimetilolmelamina
i trimetilolmelamina

8661 trim(ming)
d Trimmen, Kurzschneiden, Beschneiden
f découpe nette du tissu
s corte limpio del tejido
i guarnire

8662 trimming
d Applizierung, Applikation
f pose de garniture t
s pasamano
i guarnitura

8663 trimming of knitted fabric
d Strickblende
f garniture du tricot
s cierre del tejido de punto
i guarnizione di maglieria

8664 triple cloth
d Dreischussgewebe
f tissu triple
s tejido tríple
i tessuto triplo

8665 trisodium phosphate
d Trinatriumphosphat
f phosphate trisodique
s fosfato trisódico
i fosfato trisodico, fosfato di trisodio

8666 tristimulus value
d Tristimuluswert
f valeur tristimulus
s valor tristimulus
i valore di tristimolo

8667 tritium
d Tritium
f tritium
s trítio
i trizio

8668 tropical worsted fabric
d Tropical(gewebe)
f tissu tropical en laine peignée
s tejido tropical de lana peinada
i tessuto tropical

8669 trouser turn-ups
d Hosenumschlag
f rabat, repli, revers de pantalon
s dobladillo (pliegue, repliegue, dobladura) del pantalón, orla del pantalón, bota del pantalón
i risvolto dei pantaloni

8670 trousers
d Hose
f pantalon
s pantalón
i calzoni

8671 trousers' waist band
d Hosenbund
f ceinture de pantalon
s cintura de pantalón
i cinturino dei calzoni

8672 true contact area
d reelle Kontaktfläche, tatsächliche Kontaktfläche
f aire de contact réel
s área de contacto real
i area di contatto reale

8673 trunk
d Turnhose
f culotte de sport
s calzón corto deportivo
i calzoncini sportivi

8674 trypsine
d Trypsin
f trypsine
s trípsina
i tripsina

8675 tryptophan
d Tryptophan
f tryptophane
s tríptofano
i triptofano

8676 tsatlee silk
d Wildseide
f soie sauvage chinoise, soie tsatlee
s seda salvaje de China
i seta selvaggia cinese

8677 T-shirt
d T-Shirt, kragenloses Hemd
f T-shírt
s T-shírt
i T-shirt

8678 tube
d Hülse
f tube
s tubo
i tubetto

8679 tube donning
d Hülsenaufstecken
f garnissage en tubes
s guarnecido con tubos
i guarnito con tubi

8680 tubular fabric
d Schlauchware
f tissu tubulaire
s tejido tubular
i tessuto tubolare

8681 tubular knit course
d Schlauchreihe, Maschenreihe in Schlauchmaschenware
f rangée de jersey tubulaire
s hilera de tejido de punto tubular
i fila di maglie nella maglieria tubolare

8682 tuck
d Nähfalte
f pli cousu
s pliegue cosido
i piega cucita

8683 tuck lace
d Fangspitze
f dentelle plissée
s encaje de pliegues
i pizzo pieghettato

8684 tuck stitch
d Fangmasche
f maille chargée
s malla cargada
i maglia imboccolata

8685 tucking
d Maschenfangen
f charge
s posicion para punto doble
i imboccolare le maglie

8686 tuft former
d Tuftschlingenformer
f dispositif de formation de tuft
s dispositivo para formación de tuft
i dispositivo per la formazione di tuft

8687 tufted bedspread
d Nadelflortagesdecke
f dessus de lit tufté
s cubrecama tufted
i copriletto tufted

8688 tufted Candlewick fabric
d Candlewicknadelflorware
f tissu tufté Candlewick
s tejido tufted Candlewick
i tessuto tufted CANDLEWICK

8689 tufted carpet
d Tufted-Teppich
f tapis tuftè
s alfombra tufted
i tappeto tufted

8690 tufted chenille fabric
d Tufted-Chenille-Ware
f tissu chenille tufté
s tejido de chenilla tufted
i tessuto di ciniglia tufted

8691 **tufted fabric**
d Tufted-Ware
f tissu tufté, tissu à touffes
s tela tufted
i tessuto tufted

8692 **tufting**
d Tufting
f fabrication du tuft
s fabricación del tuft
i tufting

8693 **tufting machine**
d Tuftingmaschine
f machine de tufting, machine de tuft
s máquina tufting
i macchina tufting

8694 **tufting needle**
d Tuftingnadel
f aiguille pour tuft
s aguja tufting
i ago tufting

8695 **tulle**
d Tüll
f tulle (-bobin)
s tull
i tulle

8696 **tumbler**
d Tumbler, Taumeltrockner
f tumbler, tämbour rotatif perforê de séchage
s secado circular
i tumbler

8697 **tumbling**
d Tumblern
f passage au tumbler, passage au tambour rotatif perforè
s paso por tambor rotativo perforado
i tumbling

8698 **tungsten**
d Wolfram
f tungstène
s tungsteno
i tungsteno, wolframio

8699 **tungsten compound**
d Wolframverbindung
f composé de tungsténe
s compuesto de tungsteno
i composto di tungsteno

8700 **tungsten fiber**
d Wolframfaser
f fibre de tungstène
s fibra de tungsteno
i fibra di tungsteno

8701 **turbidity**
d Trübung
f turbiditè, trouble
s turbidez
i torbidità

8702 **turbine**
d Turbine
f turbine
s turbina
i turbina

8703 **turbostapler**
d Turbostapler
f turbostapler
s turbostapler
i carrello turbo, turbo stapler

8704 **turbulence**
d Turbulenz
f turbulence
s turbulencia
i turbolenza

8705 **turbulent flow**
d Wirbelströmung
f écoulement turbulent
s flujo turbulento
i corrente turbolenta

8706 **turn**
d Umdrehung
f rotation, tévolution
s rotación, revolución, vuelta
i giro

8707 turnover
d Umsatz
f chiffre d'affaires
s cifra de negocios
i fatturato

8708 turns per centimeter
d Umdrehungen pro cm
f tours par centimètre
s vueltas por centimetro
i giri per cm

8709 turpentine
d Terpentin
f térébenthine
s trementina
i trementina

8710 tussah silk
d Tussahseide
f soie tussah
s seda tussah
i seta tussah

8711 tweed
d Tweed
f tweed
s tweed
i tweed

8712 twill
d Köper, Twilo
f serge, twill, croisé diagonale, surah
s sarga, tela de lana (o seda) doble
i saia, spiga, twill

8713 twill angle
d Köpergratwinkel
f angle du serge
s ángulo de la sarga
i angolo della saia

8714 twill checkboard
d Fischgratköper
f serge à damier
s sarga a cuadros
i saia a spina di pesce

8715 twill direction
d Köpergratrichtung
f sens du serge
s sentido de la sarga
i direzione della saia

8716 twill set
d Kolonnenstich
f boutage en côte
s tejido en líneas diagonales
i posa in diagonale, tessuto in linee diagonali

8717 twill weave
d Köperbindung
f armure serge
s ligamento sarga
i armatura saia

8718 twine
d Bindfaden
f ficelle
s cordel
i spago

8719 twist
d Garndrehung, Andrehen
f torsion, tourner
s torsión, girar, poner en marcha
i torsione, girare

8720 twist break method
d Torsionsbruchverfahren, Bruchtorsionsverfahren
f méthode de rupture par torsion
s método de rotura por torsión
i metodo di rottura per torsione

8721 twist contraction
d Einzwirnung, Längenverlust durch Zwirnen
f contraction par torsion, retrait par torsion
s contracción por torsión
i contrazione tramite torsione

8722 twist control
d Drehungsregulierung
f règulation de la torsion
s regulación de la torsión
i regolazione della torsione

8723 twist distribution, twist variation
d Drehungsverteilung
f répartition de la torsion, variation de la torsion
s distribución de la torsión
i distribuzione della torsione

8724 twist gear
d Drehungsgetriebe, Zwirngetriebe
f pignon de torsion
s piñon de torsión
i pignone di torsione

8725 twist geometry
d Drallgeometrie
f géométrie de la torsion
s geometría de la torsión
i geometria della torsione

8726 twist liveliness
d Drehungslebendigkeit
f nervosité de la torsion
s nerviosidad de la torsión
i vitalità della torsione

8727 twist multiplier, twist constant
d Drehungskoeffizient
f coefficient de torsion, constante de torsion, facteur de torsion
s coeficiente de torsión
i coefficiente di torsione

8728 twist per inch
d Garndrehungen pro Zoll
f torsion par pouce
s torsión por pulgada
i torsioni del filo per pollice

8729 twist per meter
d Garndrehungen pro m
f torsion par mètre
s torsión por metro
i torsioni del filo per cm

8730 twist run back
d Zwirnrückdrehung
f remontée de la torsion
s desplazamiento de la torsión
i rotazione inversa della torsione

8731 twist sense
d Drehungsrichtung
f sens de torsion
s sentido de torsión
i senso di torsione

8732 twist setter
d Drehungsfixieranlage
f appareil de fixage de la torsion
s aparato de fijado de la torsión
i apparecchio per la fissazione della torsione

8733 twist setting
d Drehungsfixierung
f fixage de la torsion
s tijado de la torsión
i fissazione della torsione

8734 twist test
d Drehungsprüfung
f essai de torsion
s ensayo de torsión
i prova di torsione

8735 twist tester
d Drehungszähler
f torsiomètre
s torsiómetro
i torsiometro

8736 twist testing, twist determination
d Drehungsbestimmung
f contrôle de la torsion, détermination de la torsion
s control de la torsión
i controllo della torsione

8737 twist triangle -
d Zwirndreieck
f triangle de torsion
s triángulo de la torsión
i triangolo di torsione

8738 twisted
d gezwirnt
f retordu
s retorcido
i ritorto

8739 twisted yarn
d Frotteegarn
f tissu éponge
s hilo de rizo
i filo di spugna

8740 twister
d Zwirnmaschine
f métier à retordre, métier de retordage
s retorcedora
i ritorcitura

8741 twister for sewing yarn
d Nähgarnzwirnerei
f retonderie pour fil à coudre
s retorcedora de hilo para coser
i ritorcitoio per filo da cucito

8742 twisting
d Zwirnen
f retordage
s retorsión
i ritorcere

8743 twisting bobbin
d Zwirnspule
f bobine de retordage
s bobina de retorcer
i bobina di ritorcitura

8744 twisting dynamics
d Zwirndynamik
f dynamique du retordage
s dinàmica del retorcido
i dinamica di ritorcitura

8745 twisting moment, torsional moment
d Drehungsmoment, Torsionsmoment, Zwirnmoment
f moment de torsion, torque, couple de torsion
s momento de torsión
i momento di torsione

8746 twisting tension
d Zwirnspannung
f tension de retordage
s tensión de torcido
i tensione di ritorcitura

8747 twisting, torsion
d Verdrehung
f torsion, distorsion
s torsión, retorsión
i torsione

8748 twistless spinning machine
d Spinnmaschine für drehungsloses Garn
f métier à filer sans torsion
s continua de hilar sin torsión
i telaio per filo senza torsione

8749 twist-untwist texturing
d Trennzwirntexturieren
f texturation par retordage-détordage
s texturación por retorcido-destorcido
i testurizzazione tramite torsione e ritorsione

8750 two-baths process
d Zweibadverfahren
f procédé en deux bains
s proceso en dos baños
i processo a due bagni

8751 two-for-one twister
d Doppeldrahtzwirnmaschine
f métier à retordre à double torsion
s retorcedora de doble torsión
i torcitoio a doppia torsione

8752 two-for-one twisting
d Doppeldrahtzwirnen
f retordage à double torsion
s retorcido de doble torsión
i torcitura a doppia torsione

8753 twoing
d Paarigkeit
f pairage
s apareado
i accoppiatura

8754 two-needles sewing machine
d Zweinadelnähmaschine
f machine à coudre à 2 aiguilles
s máquina de coser con dos agujas
i macchina da cucire a due aghi

8755 two-phase rapier loom
d Zweiphasengreiferwebmaschine
f métier mécanique à pince à deux phases
s telar con prénsil de dos fases
i telaio prensile a due fasi

8756 two-phases treatment
d Zweiphasenbehandlung, Zweistufenbehandlung
f traitement en deux phases
s tratamiento en dos fases
i trattamento in due fasi

8757 two-ply yarn
d Zweifachzwirn, Doppelzwirn
f retors à deux brins, fil à deux brins
s retorcido a dos cabos
i filo ritorto doppio

8758 two-thread chain stitch
d Doppelkettstich
f point de chaînette à deux fils
s punto de cadeneta de dos hilos
i punto a catenella a due fili

8759 two-thread fleecy fabric
d einfacher Maschenmolton, einfacher Strickmolton
f molleton à chaîne visible
s muletón de urdimbre visible
i mollettone a catena invisibile

8760 two-tone dyeing
d Zweitonfärben, Bicolor-Färben
f teinture en deux tons
s tintura en dos tonos
i tintura a due tonalità

8761 two-way elasticity
d Querelastizität
f Élasticité transversale
s elasticidad transversale
i elasticità transversale

8762 two-way stretch
d Kett- und Schusselastizität
f élasticité chaîne et trame
s elasticidad en los dos sentidos
i elasticità nei due sensi (catena e trama)

8763 tying ribbon
d Bolduc, schussloses Band, nichtgewebtes Band
f bolduc
s cinta de atar
i nastro per legare, nastro non tessuto

8764 tying-in machine
d Anknüpfmaschine
f machine de nouage
s anudadora de urdimbres
i annodafili

8765 typewriter ribbon
d Schreibmaschinenfarbband, Schreibmaschinenband
f ruban pour machine à écrire
s cinta para máquina de escribir
i nastro per macchina da scrivere

8766 typha
d Typha
f typha
s tifacea por fibra de rafia
i thypha, tifacea per fibra di rafia

8767 typp count
d amerikanische Typp Garnnummer
f titrage américain Typp
s numeración americana Typp
i numerazione americana typp

8768 tyrosine
d Tyrosin
f tyrosine
s tirosina
i tirosina

U

8769 **ultracentrifugation**
d Ultrazentrifugieren
f ultracentrifugation
s ultracentrifugación
i ultracentrifugazione

8770 **ultracentrifuge**
d Ultrazentrifuge
f ultracentrifugeuse
s ultracentrifuga
i ultracentrifuga

8771 **ultrafiltration**
d Ultrafiltration
f ultrafiltration
s ultrafiltración
i ultrafiltrazione

8772 **ultramicroscopy**
d Ultramikroskopie
f ultramicroscopie
s ultramicroscopia
i ultramicroscopia

8773 **ultrarapid cinematography**
d High-Speed-Kinematographie, Kurzzeitkinematographie
f cinématographie ultrarapide
s cinematografia ultrarrápida
i cinematografia ultrarapida

8774 **ultrasound, ultrasonics**
d Ultraschall
f ultrason
s ultrasónica
i ultrasuono

8775 **ultraviolet absorber**
d Ultraviolettabsorber
f agent absorbant d'ultraviolet
s absorbente ultravioleta
i assorbente radiazione ultravioletta

8776 **ultraviolet irradiation**
d Ultraviolettbestrahlung
f irradiation ultraviolette
s irradiación ultravioleta
i irradiamento ultravioletto

8777 **ultraviolet microscopy**
d Ultraviolettmikroskopie
f microscopie ultraviolette
s microscopia ultravioleta
i microscopia ultravioletta

8778 **ultraviolet radiation**
d Ultraviolettstrahlung
f radiation ultraviolette
s radiación ultravioleta
i radiazione ultravioletta

8779 **ultraviolet spectroscopy**
d Ultraviolettspektroskopie
f spectroscopie ultraviolette
s espectroscopia ultravioleta
i spettroscopia ultravioletta

8780 **ultraviolet stabilizer**
d Ultraviolettstabilisator
f stabilisant à l'ultraviolet
s estabilizador ultravioleta
i stabilizzante a radiazione ultravioletta

8781 **ultraviolet sterilizer**
d Ultraviolettsterilisator
f agent de stérilisation par ultraviolet
s esterilizador ultravioleta
i sterilizzante a radiazione ultravioletta

8782 **umbrella**
d Schirm, Regenschirm
f parapluie
s paraguas
i ombrello

8783 **umbrella cloth**
d Schirmstoff
f étoffe de parapluie
s tela de paraguas
i tessuto per ombrelli

8784 **unbalanced shed**
d unreines Fach
f foule non-èquilibrée
s calada desequilibrada
i calata non equilibrata

8785 unbleached
d Ungebleicht
f Écru
s crudo, sin blanquear
i non candeggiato

8786 unbraiding
d Entflechten
f dètressage
s destrenzado
i strecciare

8787 uncoated
d Unbeschichtet
f non enduit, non couché
s sin recubrimiento
i non rivestito

8788 uncoloured
d farblos
f íncolore
s incoloro
i incolore

8789 unconventional spinning process
d nichtkonventionelles Spinnverfahren, unkonventionelles Spinnverfahren
f filature non-conventionnelle
s hilatura no convencional
i filatura non convenzionale

8790 uncut pile fabric
d Schlingenflorgewebe
f tissu avec poils non-coupés
s tela de pelo no cortado
i tessuto a pelo non tagliato

8791 undefined assembly
d unbestimmte Menge
f ensemble indêfini
s conjunto indefinido
i insieme indefinito

8792 underlap
d Unterlegung
f jetée sous
s traslación por debajo
i lobo inferiore

8793 underpart
d Unterteil
f dessous
s parte inferior
i parte inferiore, parte bassa

8794 underpick loom
d Tieffachwebmaschine
f métier à tisser à basse chasse
s telar de picada de espada
i telaio a calata bassa

8795 undershirt, undervest
d Unterhemd
f tricot de corps, sous-vêtement
s camiseta
i canottiera

8796 underskirt
d Unterrock
f jupon
s enagua
i sottoveste

8797 underthread, bottom thread
d Unterfaden
f fil inférieur
s hilo interno, hilo inferior
i filo interno, filo inferiore

8798 underwear
d Unterkleidung, Wäsche
f sous-vêtement, linge
s ropa interior, lencería
i biancheria intima, biancheria

8799 underwinding
d Unterwindung
f sous-renvidage
s bajo arrollado
i sottobobinatura

8800 undrawn yarn
d ungerecktes Garn
f fil non-étiré
s hilo no estirado
i filo non stirato

8801 undyed
d Ungefärbt
f non teint
s no teñido, sin colorer
i non colorato

8802 unfelted
d Ungefilzt
f non feutré
s sin forramiento de fieltro
i non feltrato

8803 uniaxial strength
d monoaxiale Festigkeit
f résistance uniaxiale
s resistencia uniaxial
i resistenza uniassiale

8804 uniaxial stress
d monoaxiale Spannung
f contrainte uniaxiale
s esfuerzo uniaxial
i tensione monoassiale

8805 unidirectionally oriented web
d Flor aus gleichgerichteten Fasern
f voile de fibres paralléles
s velo de fibras paralelas
i velo di fibre parallele

8806 uniform
d Uniform, Dienstkleidung
f uniforme
s uniforme
i divisa, tuta

8807 uniformity
d Gleichförmigkeit
f uniformitè
s uniformidad
i uniformità

8808 uniformity ratio
d Gleichförmigkeitsgrad
f taux d'uniformitè
s tasa de uniformidad
i fattore di uniformità

8809 uniformizing
d Vereinheitlichung
f uniformisation
s uniformización
i uniformazione

8810 unilateral rapier loom
d Webmaschine mit einseitigem Greifer, einseitige Greiferwebmaschine
f machine à tisser à lance unilatérale
s máquina de tejer de lanza unilateral
i telaio a navetta a pinze unilaterali

8811 union dyeing, solid shade dyeing
d Mischfaserfärben, Mischungsfärben, Fasermischungsfärben
f teinture d'unisson de mélanges, teinture en coloris uni
s tintura para igualación de mezclas
i tintura a miscela di fibre

8812 unit
d Einheit
f unité
s unidad, conjunto
i unità

8813 unit of measure
d Masseinheit
f unité de mesure
s unidad de medida
i unità di misura

8814 university
d Universität
f université
s universidad
i università

8815 unlimited Jacquard design
d grossmustrige Jacquardbindung
f armure Jacquard intégral
s ligamento Jacquard integral
i armatura Jacquard integrale

8816 unloading
d Entladen
f déchargement, enlèvement
s descarga
i scarico

8817 unlubricated ring
d schmierungsfreier Ring
f anneau non-lubrifié
s anillo sin lubrificar
i anello non lubrificato

8818 unravelling
d Gewebereissen
f effilochage du tissu
s desfibrado
i sfilacciatura

8819 unravelling force
d Aufriefelkraft
f force de dètricotage
s fuerza de detricotado
i forza di sfilacciatura

8820 unrolling
d Abwickeln, Abrollen
f dêroulement
s desenrollo
i dipanatura

8821 unrolling unwinding
d rollender Abzug, Radialabzug
f dévidage à la déroulée
s desenrollado a la deroulee
i levata rotolante

8822 unsaturated aliphatic compound
d aliphatische ungesättigte Verbindung
f composé insaturé aliphatique
s compuesto alifático no saturado
i composto alifatico non saturo

8823 unsaturated compound
d ungesättigte Verbindung
f composé insaturé
s compuesto no saturado
i composto non saturo

8824 unsaturated hydrocarbon
d ungesättigter Kohlenwasserstoff
f hydrocarbure non-saturé
s hidrocarburo no saturado
i idrocarburo non saturo

8825 unsatured
d Ungesättigt
f insaturé, non saturé
s non saturado
i non saturo

8826 unshrinkable
d nichteinlaufend
f irrétrècissable
s inencogible
i irrestringibile

8827 unsized
d Ungeschlichtet
f non encollé, non paré
s sin alisar, sin encolar
i non incollato

8828 unsold stock, stocks, inventory
d Bestand
f persistance-stock, inventaire, réserve
s en deposito
i giacenza

8829 untreated
d Unbehandelt
f non traité, non préparé
s sin tratar, intratado
i non trattato

8830 untwister
d Zwirnaufdrehvorrichtung, Zwirndrehungsprüfer
f détordeuse
s destorcedora
i distorcitore

8831 untwisting
d Aufdrehen, Garnaufdrehen
f dêtorsion
s destorsiòn
i torsione del filo

8832 untwisting device
d Aufdrehvorrichtung
f dispositiv de détorsion
s dispositivo de destorcimiento
i dispositivo di distorcimento

8833 unweaving
d Zurückweben
f détissage
s destejido
i disfare la tessitura

8834 unwinding
d Abspulen
f dévidage
s devanado
i sbobinare

8835 unwinding accelerator
d Abzugsbeschleuniger, Weber'sches Rohr, Ballonstöreinrichtung
f accélérateur de dévidage
s acelerador del devanado
i acceleratore di sbobinaggio

8836 unwinding balloon
d Fadenballon beim Abspulen
f ballon de dévidage
s balón de devanado
i balla di fili durante lo sbobinaggio

8837 unworkable fiber
d nichtverspinnbare Faser
f fibre non-filable
s fibra no hilable
i fibra non filabile

8838 upholster, pad
d Polstern
f rembourrer, matelasser
s acolchar, tapizar
i imbottire

8839 upholstery
d Polsterware
f tapisserie
s tapícería
i tapezzeria

8840 upholstery fabric
d Möbelstoff, Polsterstoff, Möbelbezugstoff
f tissu pour tapisserie
s tejido para tapiceria
i tessuto da tapezzeria

8841 upholstery leather
d Polsterleder
f cuir pour tapisserie
s cuero para tapicería
i cuoio da tapezzeria

8842 upper
d Oberleder
f empeigne
s empeine
i tomaia

8843 upper control limit
d obere Regelgrenze, maximaler Regelwert
f limite supérieure de contrôle
s limite de control superior
i limite di controllo superiore

8844 upper half mean length
d mittlere Faserlänge der oberen Hälfte
f moyenne des fibres de moitié supérieure
s mitad superior de longitud media
i lunghezza media della fibra della metà superiore

8845 upper quartile length
d Faserlänge des oberen Viertels, Stapellänge des oberen Viertels
f longueur des fibres de quart supérieur
s longitud de la cuartila superior
i lunghezza della fibra del quarto superiore

8846 upper shed
d Hochfach
f foule haute
s calada de alza
i passo alto

8847 uptwister
d Etagenzwirnmaschine, Aufwärtszwirnmaschine
f métier à retordre à parcours ascendant, retordeuse à parcours ascendant
s retorcedora de paso ascendente
i torcitoio a piattello

8848 uptwisting
d Etagenlnvirnen, Aufwârtszwirnen
f retordage à parcours ascendant
s retorcido en recorrido ascendente
i torcitura a piattello

8849 uranium
d Uran
f uranium
s uranio
i uranio

8850 urea
d Harnstoff, Carbamid
f urée
s urea
i urea

8851 urea bisulfite solubility
d Harnstoffbisulfitlöslichkeit
f solubilitè dans l'urée bisulfite
s solubilidad en urea bisulfito
i solubile in urea al bisolfito

8852 urea derivative
d Harnstoffderivat
f dérívé de l'urèe
s derivado de la urea
i derivato dell'urea

8853 urea-formaldehyde resin, urea-formaldehyde condensate
d Harnstofformaldehydharz
f résine d'urée-formaldèhyde, condensat d'urée-formaldéhyde
s resina de urea formaldehído
i resina di urea formaldeide

8854 urethane rnbber
d Urethankautschuk
f caoutchouc d'uréthane
s caucho de uretano
i caucciù di uretano

8855 use
d Einsatz, Gebrauch
f emploi
s empleo
i impiego, uso

8856 use condition
d Gebrauchsbedingung
f condition d'utilisation
s condición de uso
i condizione di uso

8857 use up, finish
d Abarbeiten
f user, finir
s degastar
i logorare, finire

8858 used machinery
d Gebrauchtmaschine
f matériel d'occasion
s material de ocasión
i macchinari di occasione, di seconda mano

8859 useful effect
d Nutzeffekt
f effet utile
s rendimiento
i effetto utile

8860 usefulness, utility
d Nutzen
f profit, bénéfice
s utilidad, beneficio
i utilità

8861 uselessness
d Nutzlosigkeit
f inutilité
s inutilidad, esterilidad
i inutilità

8862 user
d Benutzer
f usager
s usuario
i utente

8863 utilisation
d Verwendung
f utilisation
s utilización
i utilizzazione

8864 utilisation, application
d Verwertung
f utilisation, exploitation
s utilización, aprovechamiento
i utilizzazione

8865 utilise, apply
d Verwenden
f employer, utiliser
s utilizar, aprovechar
i utilizzare

V

8866 v belt
d Keilriemen
f courroie trapêzoidale
s correa trapezoidal
i cinghia trapezoidale

8867 vacuole
d Vakuole
f vacuole
s vacuola
i vacuolo

8868 vacuometer
d Vakuummesser, Vakuummessgerät
f vacuométre
s vacuómetro
i vacuometro

8869 vacuum
d Vakuum, luftleerer Raum
f vide
s vacio
i vuoto

8870 vacuum bag molding
d Vakuumformen
f moulage sous vide
s moldeo por vacio
i formatura a vuoto

8871 vacuum chamber
d Vakuumkammer
f enceinte sous vide
s cámara de vacio
i camera a vuoto

8872 vacuum cleaner
d Staubsauger
f appareil de nettoyage par aspiration, appareil de nettoyage par vide
s limpieza por aspiración
i aspirapolvere

8873 vacuum coating
d Vakuumbeschichten
f enduction sous vide
s recubrimiento en vacío
i rivestimento sotto vuoto

8874 vacuum dryer
d Vakuumtrockner
f sêchoir sous vide
s secador al vacio
i aciugatoio a vuoto

8875 vacuum drying
d Vakuumtrocknen
f séchage sous vide
s secado al vacio
i asciugamento a vuoto

8876 vacuum dyeing
d Vakuumfärben
f teinture sous vide
s tintura al vacio
i tintura a vuoto

8877 vacuum end collector, pneumatic broken end collector
d Fadenabsaugvorrichtung
f collecteur à aspiration de fils cassés, clarinette d'aspiration
s aspirador de cabos rotos
i aspiratore di cavi rotti

8878 vacuum extraction
d Vakuumextraktion
f extraction par vide
s extracción por vacio
i estrazione a vuoto

8879 vacuum impregnation
d Vakuumimprägnieren
f imprégnation sous vide
s impregnación al vacio
i impregnazione a vuoto

8880 vacuum process
d Vakuumbehandlung
f traitement sous vide
s tratamiento por vacio
i trattamento a vuoto

8881 vacuum pump
d Vakuumpumpe
f pompe à vide
s bomba de vacio
i pompa a vuoto

8882 validity
d Gültigkeit
f validité
s validez
i validità

8883 value
d Wert
f valeur
s valor
i valore

8884 valve
d Ventil
f soupape, valve
s válvula
i valvola

8885 Van der Waals forces
d Van der Waals'sche Kräfte
f forces de Van der Waals
s fuerzas de Van der Waals
i forza di Van der Waals

8886 vanadium
d Vanadium
f vanadium
s vanadio
i vanadio

8887 vapor
d Dampf
f vapeur
s vapor
i vapore

8888 vapor phase
d Dampfphase
f phase vapeur
s fase de vapor
i fase di vapore

8889 vapor phase dyeing
d Färben in der Dampfphase
f teinture en phase vapeur
s tintura en fase de vapor
i tintura in fase vapore

8890 vapor phase finishing
d Veredlung in der Dampfphase, Ausrüstung in der Dampfphase
f apprêt en phase vapeur
s acabado en fase de vapor
i finissaggio in fase vapore

8891 vapor phase treatment
d Behandlung in der Dampfphase
f traitement en phase vapeur
s tratamiento en fase de vapor
i trattamento in fase vapore

8892 vapor pressure
d Dampfdruck
f pression de vapeur
s presión de vapor
i pressione di vapore

8893 vaporization
d Verdampfung
f vaporisation
s vaporización
i vaporizzazione

8894 variable
d Variabel, Variable
f variable
s variable
i variabile

8895 variable draw knitting, variable draw lull fashion knitting
d variable Kulierung
f cueillage variable
s recogida de tricotado variable
i culissaggio variabile

8896 variable speed
d variable Geschwindigkeit
f vitesse variable
s velocidad variable
i velocità variabile

8897 variable speed motor
d Regelmotor
f moteur à vitesse variable
s motor de velocidad variable
i motore a velocità variabile

8898 variance
d Varianz
f variance
s varianza
i varianza

8899 variance length curve
d Längenvariationskurve
f courbe de variance de longueur
s curva de varianza de longitud
i curva di variazione della lunghezza

8900 variant
d Variante
f variante
s variante
i variante

8901 variation
d Variation
f variation
s variación
i variazione

8902 variation curve
d Variationskurve
f courbe de variation
s curva de variación
i curva di variazione

8903 variety
d Varietät, Sorte
f sorte, variété
s variedad
i varietà

8904 vary
d Variieren
f varier, diversifier
s variar
i variare

8905 vat
d Kufe
f cuve
s cuba
i vasca

8906 vat dye, indigoid dye
d Küpenfarbstoff, Indanthren-Farbstoff
f colorant de cuve, colorant indigoide
s colorante tina
i colorante al tino

8907 vat dyeing
d Küpenfärben
f teinture en colorant de cuve
s tintura en colorantes tina
i tintura con colorante al tino

8908 vat printing
d Drucken mit Küpenfarbstoffen
f impression en colorant de cuve
s estampado con colorante tina
i stampa con coloranti al tino

8909 vector
d Vektor
f vecteur
s vector
i vettore

8910 vegetable fat
d Pflanzenfett
f graisse végétale
s grasa vegetal
i grasso vegetale

8911 vegetable fiber
d pflanzliche Faser
f fibre végètale
s fibra vegetal
i fibra vegetale

8912 vegetable matter
d pflanzliches Material
f matière végètale
s materia vegetal
i materia vegetale

8913 vegetable oil
d pflanzliches Ol
f huile végétale
s aceite vegetal
i olio vegetale

8914 vegetablewax
d pflanzliches Wachs
f cire végétale
s cera vegetal
i cera vegetale

8915 velcro type fastener
d Klettenverschluss
f fermeture type velcro
s cierre tipo velcro
i chiusura tipo velcro

8916 velocity change point
d Geschwindigkeitsänderungspunkt
f point de changement de la vitesse
s punto de cambio de velocidad
i punto di cambiamento della velocità

8917 velour
d Velours, Samt
f velours
s terciopelo
i velours, tessuto a pelo corto

8918 velour frappé
d Velours Frappé
f velours frappé
s terciopelo gofrado
i velours frappé

8919 velvet carpet
d Veloursteppich
f tapis velours
s alfombra de terciopelo
i tappeto vellutato

8920 velvet, wire velvet
d Velours au Sabre
f velours au sabre, velours aux fers
s terciopelo
i velluto (au sabre)

8921 velvet with weft face
d Schussamt
f velours de trame
s terciopelo de trama
i velluto di trama

8922 velveteen
d Velvetin
f velventine
s pana lisa
i velluto di cotone

8923 venetian blind, sun blind
d Jalousie
f store à lamelles de bois ou à lattes, jalousie
s persiana (de tablillas móviles)
i imposta, tenda alla veneziana

8924 ventilation
d Lüftung
f ventilation
s ventilación
i ventilazione

8925 Venturi tube
d Venturirohr
f Venturi, tube de Venturi
s tubo del Venturi
i tubo di Venturi

8926 verify
d verifizieren
f vérifier
s verificar
i verificare

8927 versatility
d Vielseitigkeit, Polyvalenz
f polyvalence
s polivalencia
i versatilità, polivalenza

8928 vertaformer
d Vertaformer
f vertaformer
s vertaformer
i vestaformer

8929 vertical flammability test
d Vertikal-Flammtest
f test vertical d'imflammabilité
s ensayo vertical de inflamabilidad
i test di infiammabilità verticale

8930 **vertical opener**
d Vertikalöffner
f ouvreuse verticale, ouvreuse Crighton
s abridora vertical
i apritore verticale

8931 **very fine fibre**
d Feinstfaser
f fibre ultra fine
s fibra ultra fine
i fibra finissima

8932 **vessel**
d Behälter, Gefäss
f récipient
s recipiente
i recipiente, serbatoio

8933 **vest**
d Weste
f gilet
s chaleco
i gilè, panciotto

8934 **vestment**
d Prunkkleidung
f vêtement d'apparat
s indumentaria de etiqueta
i abito sfarzoso

8935 **vibrascope**
d Vibraskop
f vibrascope
s vibrascopio
i vibroscopio

8936 **vibration**
d Schwingung
f vibration
s vibración
i vibrazione

8937 **vibration damper**
d Schwingungsdämpfer
f amortisseur de vibration
s amortiguador de vibración
i ammortizzatore delle vibrazioni

8938 **vibration damping, vibration isolation**
d Schwingungsdämpfung
f amortissement de vibration
s aislamiento de vibración
i smorzamento delle vibrazioni

8939 **vibrational frequency**
d Schwingungsfrequenz
f fréquence des vibrations
s frecuencia de las vibraciones
i frequenza di vibrazione

8940 **Victoria lawn**
d Victoria-Baumwoll-Linon
f linon Victoria
s batista fina Victoria
i batista Victoria

8941 **vicunat**
d Vikunja
f vigogne
s vicuña
i vigogna

8942 **videorecorder**
d Videorecorder
f vidéo-enregistreur
s videograbadora
i videoregistratore

8943 **viewdata**
d Bildschirmtext
f téletexte
s videotex, videotexto
i videotel

8944 **Vigoureux printing equipment, melange printing equipment**
d Vigoureuxdruckmaschine
f machine pour impression Vigoureux, matériel pour impression Vigoureux
s equipo para estampación Vigoureux
i macchina per stampa Vigoureux

8945 **Vigoureux printing, melange printing**
d Vigoureuxdruck
f impression Vigoureux, impression mélange
s estampado Vígoureux
i stampa Vigoureux

8946 Vigoureux yarn
d Vigoureuxgarn
f fil Vigoureux
s hilo Vigoureux
i filo Vigoureux

8947 vinilated dye
d vinylierter Farbstoff
f colorant vinylique
s colorante vinílico
i colorante vinilato

8948 vinyl
d Vinyl
f vinyle
s vinilo
i vinile

8949 vinyl acetate
d Vinylacetat
f acétate de vinyle
s acetato de vinilo
i vinilacetato, acetato di vinile

8950 vinyl bromide
d Vinylbromid
f bromure de vinyle
s bromuro de vinilo
i bromuro di vinile

8951 vinyl chloride
d Vinylchlorid
f chlorure de vinyle
s cloruro de vinilo
i cloruro di vinile

8952 vinyl coated fabric
d vinylbeschichtetes Textil
f tissu enduit de vinyle
s tejido recubierto de vinilo
i tessuto rivestito di vinile

8953 vinyl compound
d Vinylverbindung
f composé vinylique
s compuesto de vinilo
i composto di vinile

8954 vinyl fiber
d Vinylfaser
f fibre de vinyle
s fibra de vinilo
i fibra di vinile

8955 vinyl fibers blend
d Vinylfasermischung
f mélange de fibres de vinyle
s mezcla de fibras de vinilo
i miscela di fibre di vinile

8956 vinyl foam
d Vinylschaumstoff
f mousse de vinyle
s espuma de vinilo
i espanso di vinile

8957 vinyl group
d Vinylgruppe
f groupe vinyle
s grupo de vinilo
i gruppo vinilico

8958 vinylated cotton
d vinylbehandelte Baumwolle
f coton vinyle
s algodón vinilado
i cotone vinilato

8959 vinylation
d Vinylieren
f vinylation
s vinilación
i vinilazione

8960 vinylidene
d Vinyliden
f vinylidène
s vinilideno
i vinilidene

8961 vinylidene compound
d Vinylidenverbindung
f composé de vinylidène
s compuesto de vinilideno
i composto di vinilidene

8962 vinylpyridine
d Vinylpyridin
f vinylpyridine
s vinilpiridina
i vinilpiridina

8963 vinylpyrrolidone
d Vinylpyrrolidon
f vinylpyrrolidone
s vinilpirrolidona
i vinilpirrolidone

8964 vinylsulfone reactive dye
d Vinylsulfonfarbstoff
f colorant vinylsulfone réactif
s colorante reactivo vinisulfona
i colorante al vinilsolfone

8965 virginwool
d Neuwolle
f laine vierge
s lana virgen
i lana vergine

8966 viscoelastic
d Viskoelastisch
f visco-élastique
s viscoelástico
i viscoelastico

8967 viscoelasticity
d Viskoelastizität
f viscoélasticité
s viscoelasticidad
i viscoelasticità

8968 viscose aging
d Viskosereifen, Reifeprozess der Viskose
f maturation de la viscose
s maduración de la viscosa
i maturazione della viscosa

8969 viscose fibre
d Viskosefaser
f fibre de viscose
s fibra viscosa
i fibra viscosa

8970 viscose filament
d Reyon, Viskosefilament
f filament de viscose
s filamento de viscosa
i filamento di viscosa

8971 viscose rayon filament yarn
d Reyongarn, Viskosefilamentgarn
f fil de filaments de rayonne viscose
s hilo de filamentos de rayón viscosa
i filato di viscosa a bava continua

8972 viscose rayon, viscose
d Viskose
f rayonne viscose
s rayón viscosa
i viscosa

8973 viscose rayon yarn
d Viskosegarn
f fil de rayonne
s hilo de rayón
i filo di viscosa

8974 viscose solution
d Viskosespinnlösung
f solution de viscose
s solución de viscosa
i soluzione di viscosa

8975 viscose spun yarn
d Viskosespinnfasergarn
f filé de viscose
s hilo de viscosa
i filato di viscosa da fibra in fiocco

8976 viscose staple fiber
d Viskosespinnfaser, Zellwolle
f fibre de viscose
s fibra de viscosa
i fibra di fiocco di viscosa

8977 viscose staple yarn
d Viskosefasergarn
f fil de fibres de viscose
s hilo de fibras de viscosa
i filato di fibra di viscosa

8978 viscosimeter
d Viskosimeter
f viscosimêtre
s viscosímetro
i viscosimento

8979 viscosity
d Viskosität
f viscosité
s viscosidad
i viscosità

8980 viscosity measurement, viscometry
d Viskositätsmessung
f mesure de la viscosité, viscosimétrie
s viscosimetria
i misurazione della viscosità

8981 viscous
d viskos
f visqueux
s viscoso
i viscoso

8982 viscous damping
d Dämpfung durch Zähflüssigkeit, Dämmung durch Zähflüssigkeit
f amortissement visqueux
s amortiguación viscosa
i ammortizzamento con liquido viscoso

8983 viscous flow
d viskoses Fliessen
f écoulement visqueux
s flujo viscoso
i flusso viscoso

8984 visiting, cloth inspection
d Warenschau, Warenendkontrolle
f inspection du tissu, inspection de l'étoffe, visitage du tissu
s inspección del tejido
i controllo finale della merce

8985 visitor
d Besucher
f visiteur
s visitante
i visitatore

8986 visual color grading
d visuelle Farbprüfung, optische Farbprüfung
f évaluation visuelle de la couleur
s evaluación visual del color
i controllo visivo del colore

8987 visual inspection
d visuelle Kontrolle
f contrôle visuel
s control visual
i controllo visivo

8988 visual signalling
d visuelles Signal, optisches Signal
f signalisation visuelle
s senalización visual
i segnale ottico, segnale visivo

8989 vitreous polymer
d glasiges Polymer
f polymêre vitreux
s polímero vitreo
i polimero vitreo

8990 V-neck
d V-Ausschnitt
f entaille, encoche, cran en forme de V
s escote en V
i taglio a V

8991 vocational training
d Berufsausbildung, Berufsbildung
f formation professionnelle
s formación profesional
i formazione professionale

8992 Voigt model
d Voigt-Modell
f modèle de Voigt
s modelo de Voigt
i modello di Voight

8993 voile
d Voile, Schleiergewebe
f tissu voile, voile
s velo de tejido
i tessuto velato

8994 voile fabric
d Gardine
f voilage
s tejido velo
i tenda

8995 volatile product
d flüchtiges Produkt
f produit volatil
s producto volátil
i prodotto volatile

8996 volatility
d Flüchtigkeit
f volatilitè
s volatilidad
i volatilità

8997 voltmeter
d Voltmeter
f voltmètre
s voltímetro
i voltmetro

8998 volume
d Volumen
f volume
s volumen
i volume

8999 volumetric analysis, titration
d Titration, volumetrische Analyse
f analyse volumétrique, titrage
s análisis volumétrico
i analisi volumetrica, analisi per titolazione

9000 voluminous
d Voluminös
f volumineux
s voluminoso
i voluminoso

9001 vortex spinning machine
d Vortex-Spinnmaschine
f machine de filature par tourbillon
s máquina de hilatura vortex
i macchina per filatura VORTEX

9002 V-shaped creel
d V-Gatter
f ratelier en forme de „V“
s rastel en forme de „V“
i rastrelliera a forma di „V“

9003 vulcanisate
d Vulkanisat
f vulcanisat
s vulcanizado
i vulcanizzato

9004 vulcanization
d Vulkanisierung
f vulcanisation
s vulcanización
i vulcanizzazione

W

9005 **wad**
d Watte
f ouate
s huata
i ovatta

9006 **wadding**
d Wattierung
f ouatage
s guata
i imbottitura

9007 **waist belt**
d Gürtel
f ceinture
s cinturón
i cintura

9008 **Waldron saturator**
d Waldron-Sättigungsapparat
f saturateur Waldron
s saturador Waldron
i saturatore di Waldron

9009 **wale**
d Maschenstäbchen
f colonne de mailles
s columna de mallas
i colonna di maglie

9010 **wales per inch**
d Maschenstâbchen pro Zoll
f colonnes par pouce
s columna por pulgada
i colonna di maglie per pollice

9011 **walking test**
d Trittprüfung, Begehtest
f essai à la marche
s ensayo a la pisada
i test di resistenza al traffico (pedonale)

9012 **wall covering**
d Wandbespannung, Wandbekleidung
f revêtement mural, revêtement en dalles
s revestimiento mural, revestimiento de pared
i rivestimento murale, rivestimento murale, pannellatura

9013 **wall covering fitting**
d Anbringen von Wandbespannung
f pose de revêtement mural
s colocación de revestimiento mural
i posa di rivestimento murale

9014 **wall paper**
d Tapete, Papiertapete
f papier peint
s papel pintado
i carta da parati

9015 **Waltex machine**
d Waltex-Maschine
f métier Waltex
s telar Waltex
i macchina Waltex

9016 **ware back, ware rear side**
d Warenrückseite
f revers détoffe, de tissu
s revés de la mercancia
i rovescio della merce, rovescio della stoffa

9017 **warehouse**
d Warenlager
f magasin de stockage
s almacén de productos
i magazzino

9018 **warp**
d Webkette
f chaine de tissage
s urdimbre de tisaje
i warp

9019 **warp beam**
d Kettbaum
f ensouple de chaine
s plegador de urdimbre
i warp beam, subbio di ordito

9020 **warp count**
d Kettfadendichte, Ketteinstellung
f compte en chaine
s densidad de la urdimbre
i densità dell'ordito

9021 warp drawing-in
d Ketteinzug
f rentrage en chaíne
s remetido de la urdimbre
i rimettaggio dei fili d'ordito

9022 warp dyeing machine
d Kettfärbemaschine
f machine de teinture de la chaíne
s máquina de tintura de la urdimbre
i macchina di tintura dell'ordito

9023 warp end
d Kettfaden
f fil de chaíne
s hilo de urdimbre
i filo d'ordito

9024 warp knit fabric
d Kettenwirkware
f tricot à maille jetèe
s telar de punto de mallas desprendidas
i maglieria in catena

9025 warp knit strncture
d Kettengewirkestruktur
f contexture de tricot chaine, construction du tricot chaine
s estructura de tricot por urdimbre
i struttura della maglieria in catena

9026 warp knitted lace machine, warp lace machine
d Spitzenraschel
f métier pour dentelle à maille jetée
s telar de encaje de mallas desprendidas
i telaio per pizzi

9027 warp knitting
d Kettenwirken
f tricotage chaine
s tricotado por urdimbre
i lavorazione della maglieria in catena

9028 warp knitting machine
d Kettenwirkmaschine
f métier à tricoter à maille jetée, métier à tricoter chaine
s telar para tricotar malla desprendida
i macchina per maglieria in catena

9029 warp let off, loom let off
d Kettablass
f dèroulement de la chaíne
s desarrollo de la urdimbre
i svolgimento dell'ordito

9030 warp pile fabric velvet
d Kettsamt
f velours par chaine
s terciopelo de urdimbre
i velluto di catena

9031 warp preparation
d Kettvorbereitung
f préparation de la chaíne
s preparación de la urdimbre
i preparazione dell'ordito

9032 warp repp
d Kettrips
f reps par chaine
s teletón por urdimbre
i cannelés d'ordito

9033 warp shrinkage, warp take-up
d Kettschrumpfung, Längenverlust der Kette
f embuvage, retrait en chaine
s contracción de la urdimbre
i contrazione dell'ordito

9034 warp stop motion
d Kettfadenwächter, Kettfadenabstellvorrichtung
f casse chaíne
s para urdimbre
i guarda ordito

9035 warp streak
d Kettfadenstreifigkeit
f défaut de rare en chaine
s defecto de barrado en la urdimbre
i strisciate nell'ordito (difetto)

9036 warp tension
d Kettspannung
f tension de la chaine
s tensión de la urdimbre
i tensione dell'ordito

9037 warp tension disk
d Kettfadenspanner
f tendeur de fil de chaîne
s tensor del hilo de urdimbre
i tendifilo d'ordito

9038 warp twill effect
d Kettköper
f effet de serge chaine
s efecto de sarga por urdimbre
i effetto di saia per ordito

9039 warp tying-in machine
d Kettenanknüpfmaschine
f machine de nouage de chaine
s máquina de anudado de urdimbre
i macchina di annodamento di ordito

9040 warp width
d Webnennweite, Kettbreite, Einstellbreite
f largeur de la chaîne ourdie
s anchura de la urdimbre
i larghezza dell'ordito

9041 warp winding
d Kettgarnspulen
f bobinage de la chaîne
s enrollado de la urdimbre
i incannatura dell'ordito

9042 warper, beamer
d Zettelmaschine
f ourdissoir
s urdidor
i orditoio

9043 warper for warp knitting
d Teilbaumschärmaschine
f ourdissoir pour le tricotage chaîne
s urdidor para el tricotado por urdimbre
i orditoio per la maglieria per ordito

9044 warpface
d Kettfadeneffekt
f chaine d'endroit
s haz de urdimbre
i effetto dei fili dell'ordito

9045 warping
d Zetteln
f ourdissage
s urdido
i orditura

9046 warping for warp knitting
d Teilbaumschären
f ourdissage pour le tricotage chaine
s urdido para tricotado por urdimbre
i orditura per la maglieria per ordito

9047 warping lease
d Kettfadenkreuz
f enverjure de la chaîne
s cruz de la urdimbre
i invergatura dell'ordito

9048 warpwise stretch
d Kettelastizität
f élasticitê en chaîne
s elasticidad por urdimbre
i elasticità dell'ordito

9049 wash out, rinse
d Auswaschen
f laver
s lavar
i lavare, dilavare

9050 wash removal ability
d Auswaschbarkeit
f éliminabilitè au lavage
s eliminabilidad al lavado
i lavabilità

9051 wash resistance
d Waschbeständigkeit
f résistance au lavage
s resistencia al lavado
i resistenza al lavaggio

9052 washable
d waschecht, Waschbar
f lavable
s lavable
i lavabile

9053 wash-and-wear fabric, easy care fabric, self smoothing fabric
d Pflegeleichtgewebe
f tissu wash-and-wear, tissu autodéfroissable, tissu easy care, tissu de minimum d'entretien
s tejido de fácil cuidado
i tessuto easy care

9054 wash-and-wear finish, wash-wear finish
d Wash-And-Wear-Ausrüstung, Pflegeleichtausrüstung, Wash-And-Wear-Appretur
f apprêt wash-and-wear, apprèt easy care
s acabado lavar y usar
i finissaggio lava ed indossa

9055 wash-and-wear property, wash-wear property
d Wash-And-Wear-Eigenschaft, pflegeleichte Eigenschaft
f propriété wash-and-wear
s propiedad lavar y usar
i caratteristiche lava ed indossa

9056 wash-and-wear rating
d Wash-And-Wear-Bewertung, Pflegeleichtbewertung
f classement wash-and-wear
s clasificación lavar y usar
i valutazione lava ed indossa

9057 wash-and-wear treatment, easy care treatment, wash-wear treatment
d Wash-And-Wear-Behandlung, Pflegeleichtbehandlung
f traitement wash-and-wear, traitement easy care
s tratamiento lavar y usar
i trattamento lava ed indossa

9058 washed
d gewaschen
f lavé
s lavado
i lavato

9059 washer
d Waschmaschine
f laveuse
s lavadora
i lavatrice

9060 washfastness tester
d Waschechtheitsprüfer
f appareil d'essai de solidité au lavage
s aparato de ensayo de solidez al lavado
i apparecchio per il controllo della solidità al lavaggio

9061 washfastness testing
d Waschechtheitsprüfung
f contrôle de solidité au lavage
s ensayo de solidez al lavado
i controllo della solidità al lavaggio

9062 washing
d Waschen, Waschvorgang
f lavage
s lavadura
i lavaggio

9063 washing gloves
d Waschhandschuh
f gant pour laver
s guante para lavar
i guanti per lavare

9064 washing machine
d Wäschereiwaschmaschine
f machine à laver
s lavadora industrial
i lavatrice industriale

9065 washing product
d Waschmittel
f détersif
s detersivo
i detersivo

9066 washing product, lye
d Waschlauge
f lessive, produit de lavage
s colada
i lisciva

9067 **washing shrinkage**
d Waschschrumpf, Längenverlust durch Waschen
f retrait au lavage
s encogimiento al lavado
i accorciamento per lavaggio

9068 **waste**
d Abfall, Abgang
f déchet
s desperdicio
i rifiuti

9069 **waste card**
d Abfallkrempel
f carde à déchets
s carda de desperdicios
i carda da rifiuti

9070 **waste control knife**
d Kardenabstreifmesser
f couteau d'élimination des dèchets
s cuchilla de control del desperdicio
i coltello strappatore della carda

9071 **waste heat recovery**
d Abwasserabwärmeverwertung, Abwasserwärmegewinnung, Abwasserwärmeruckgewinnung
f récupération de chaleur des effluents
s recuperación de calor de agua residual
i ricupero del calore residuo dell'acqua effluente

9072 **waste machine**
d abfallverwertende Maschine, abfallaufbereitende Maschine
f machine de traitement des dèchets, machine pour déchets
s abridora de desperdicios
i macchina per il trattamento dei rifiuti

9073 **waste recovery**
d Abfallwiedergewinnung, Abfallaufbereitung
f récupération des dêchets
s recuperación de los desperdicios
i ricupero dei rifiuti

9074 **waste, trash**
d Müll
f immondices, ordures
s basuras, deshechos
i rifiuti

9075 **water absorption**
d Wasseraufnahme, Wasserabsorption
f absorption de l'eau
s absorción del agua
i assorbimento di acqua

9076 **water absorption test(ing)**
d Feuchtigkeitsaufnahmebestimmung
f contrôle d'absorption d'eau, essai d'absorption d'eau
s ensayo de absorción del agua
i prova dell'assorbimento di umidità

9077 **water consumption**
d Wasserverbrauch
f consommation d'eau
s consumo de agua
i consumo di acqua

9078 **water drop**
d Wassertropfen
f goutte d'eau
s gota de agua
i goccia d'acqua

9079 **water dyeing**
d Färben im wässrigen Medium
f teinture en milieu aqueux
s tintura en medio acuoso
i tintura in soluzione acquosa

9080 **water dynamic absorption**
d dynamische Wasserabsorption
f absorption dynamique de l'eau
s absorción dinámica de agua
i assorbimento dinamico dell'acqua

9081 **water imbibition**
d Durchtränken
f imbibition d'eau
s imbibición de agua
i imbibizione di acqua

9082 **water jet**
d Wasserstrahl
f jet d'eau
s charro de agua
i getto di acqua

9083 **water jet cutting machine**
d Wasserstrahlschneidemaschine, Schneidemaschine mit Wasserstrahl
f machine de coupe à jet d'eau
s máquina de corte de chorro de agua
i macchina da taglio a getto d'acqua

9084 **water jet loom**
d Wasserdüsenwebmaschine, Jet-Webmaschine
f machine à tisser à jet d'eau
s telar de chorro de agua
i telaio a getto d'acqua

9085 **water permeability**
d Wasserdurchlässigkeit
f perméabilité à l'eau
s permeabilidad al agua
i permeabilità all'acqua

9086 **water permeable**
d Wasserdurchlässig
f perméable à l'eau
s permeable (al agua)
i permeabile all'acqua

9087 **water pollution**
d Wasserverunreinigung
f pollution de l'eau
s contaminación del agua
i inquinamento dell'acqua

9088 **water repellency**
d wasserabstossende Eigenschaft
f caractère hydrofuge
s repelencia al agua
i caratteristica idrorepellente

9089 **water repellency testingt**
d Prüfung der Hydrophobie
f contrôle du caractère hydrofuge
s ensayo de repelencia al agua
i controllo dell'idrorepellenza

9090 **water repellency treatment**
d Hydrophobierung, wasserabweisende Ausrüstung
f traitement d'hydrofugation
s tratamiento hidrófugo
i trattamento idrorepellente

9091 **water repellent**
d Hydrophobiermittel, wasserabweisendes Ausrüstungsmittel
f agent hydrofuge
s agente hidrófugo
i agente idrorepellente

9092 **water resistance**
d Wasserundurchlässigkeit, Impermeabilität
f imperméabilitê à l'eau
s impermeabilidad al agua
i resistenza all'acqua

9093 **water resistance testing, water impermeability testing**
d Wasserundurchlässigkeitsprüfung
f contrôle d'imperméabilitê à l'eau
s ensayo de impermeabilidad al agua
i prova della resistenza all'acqua

9094 **water retention**
d Wasserrückhaltung
f rètention d'eau
s retención de agua
i ritenzione idrica

9095 **water soluble**
d Wasserlöslich
f soluble dans l'eau
s hidrosoluble
i solubile in acqua

9096 **water spot**
d Wasserfleck
f tache d'eau
s mancha de agua
i macchia d'acqua

9097 **water treatment**
d Wasseraufbereitung, Wasserbehandlung
f traitement de l'eau
s tratamiento del agua
i trattamento dell'acqua

9098 water vapor transmission, moisture vapor transmission
d Wasserdampfaustausch
f échange de vapeur d'eau, transmission de la vapeur d'eau
s cambio de vapor de agua
i scambio di vapore acqueo

9099 water vapor transmission testing
d Dampfdurchlässigkeitsprüfung
f contrôle de l'échange de vapeur d'eau
s ensayo de transmisión de vapor de agua
i prova dello scambio di vapore acqueo

9100 watering defect
d Moirêfehler
f défaut de moirage
s defecto de moarado
i difetto di marezzatura

9101 water-in-oil emulsion
d Wasser-In-Ol-Emulsion
f émulsion eau-dans-huile
s emulsión de agua en aceite
i emulsione di olio in acqua

9102 waterproof
d Wasserdicht
f Étanche à l'eau
s impermeable (al agua)
i a tenuta di acqua

9103 waterproof tester, water resistance tester
d Wasserundurchlässigkeitsprüfgerät, Beregnungsprüfer
f imperméabilimétre pour l'eau
s aparato para ensayos de impermeabilidad
i apparecchio per prove di impermeabilizzazione

9104 waterproofing
d Wasserundurchlässigmachen, Hydrophobisieren
f impermèabilisation à l'eau
s impermeabilización al agua
i impermeabilizzazione

9105 waterproofing agent
d Wasserundurchlässigkeitsmittel, Impermeabilitätsmittel, Hydrophobisierungsmittel
f agent imperméabilisant, agent d'imperméabilité à l'eau
s agente de impermeabilidad al agua
i agente impermeabilizzante

9106 wave
d Schwingungswelle
f onde
s onda
i onda

9107 wave length
d Wellenlänge
f longueur d'onde
s longitud de onda
i lunghezza d'onda

9108 waviness
d Welligkeit
f caractère onde
s ondulación
i ondulazione

9109 wax
d Wachs
f cire
s cera
i cera

9110 wax emulsion
d Wachsemulsion
f émulsion de cire
s emulsión de cera
i emulsione di cera

9111 wax ratio
d Paraffingehalt
f taux de paraffine
s porcentaje de parafina
i percentuale di paraffina

9112 wax removal
d Entwachsen
f élimination de la cire
s eliminación de la cera
i eliminazione della paraffina

9113 **waxing**
d Paraffinieren, Wachsen
f paraffinage
s parafinado
i paraffinare

9114 **weak acid**
d schwache Säure
f acide faible
s ácido débil
i acido debole

9115 **weak point, weak spot**
d Schwachstelle
f point faible
s punto débil
i punto debole

9116 **wear**
d Verschleiss
f usure, érosion
s desgaste
i usura

9117 **wear behaviour, end use**
d Trageverhalten
f comportement au porter
s comportamiento al uso
i comportamento all'uso

9118 **wear comfort**
d Tragekomfort
f confortable a porter
s confortable a llevar
i confortevole da portare

9119 **wear property**
d Gebrauchseigenschaft
f propriété d'usage
s propiedad de uso final
i proprietà d'uso

9120 **wear resistance**
d Gebrauchstüchtigkeit, Strapazierfähigkeit
f résistance à l'usage, résistance au porter
s resistencia al uso
i solidità all'uso

9121 **wear resistance testing**
d Trageverschleissprüfung
f contrôle de la résistance au porter, contrôle de la résistance à l'usage
s ensayo de resistencia al uso
i controllo della solidità all'uso

9122 **wear test**
d Trageversuch
f essai au porter
s ensayo al uso
i prova all'uso

9123 **wearability, wear behaviour**
d Tragfähigkeit
f capacité de charge, usure
s caudal, capacidad de carga, usura
i portata, portanza, logorabilità

9124 **wearspot**
d Trageverschleissstelle
f tache au porter
s mancha por el uso
i chiazza, macchia causata dall'uso

9125 **weather condition**
d Witterungsbedingung
f condition mětêorologique
s condición meteorológica
i condizioni meteorologiche

9126 **weather resistance**
d Wetterbeständigkeit, Witterungsbeständigkeit
f résistance aux intempéries, solidité aux intempéries
s resistencia a la intemperie
i resistenza alle intemperie

9127 **weathering**
d Witterung, Bewetterung
f intempérie, exposition aux intempéries
s intemperie, exposición a la intemperie
i intemperie, esposizione alle intemperie

9128 weathering testing
d Bewetterungsprüfung, Bewetterungstest, Prüfung der Wetterfestigkeit, Prüfung der Witterungsbeständigkeit
f contrôle de résistance aux intempéries
s ensayo de resistencia a la intemperie
i prova di resistenza alle intemperie

9129 weavability
d Verwebbarkeit
f tissabilité
s capacidad de ser tejido
i tessibilità

9130 weave
d Gewebebindung
f armure
s ligamento
i armatura del tessuto

9131 weave coastrnction
d Bindungsart, Gewebebindungsart
f type d'armure
s tipo de ligamento
i tipo di armatura del tessuto

9132 weaver
d Weberei-Unternehmer
f tisseur
s tejedor
i tessitura

9133 weaver knot
d Weberknoten
f noeud de tisserand
s nudo de tejedor
i nodo da tessitore

9134 weaving
d Weben
f tissage
s tisaje
i tessere

9135 weaving dynamics
d Webdynamik
f dynamique du tissage
s dinámica del tisaje
i dinamica della tessitura

9136 weaving efficiency
d Webleistung
f performance du tissage
s eficiencia del tisaje
i rendimento della tessitura

9137 weaving fault
d Webfehler
f défaut de tissage
s defecto del tejdo
i difetto di tessitura

9138 weaving lease
d Webkreuz
f enverjure de tissage
s cruz en el tisaje
i invergatura di tessuto

9139 weaving machine part
d Webmaschinenbestandteil
f élément de métier et machine à tisser
s parte de telar
i componente del telaio

9140 weaving machinery
d Webereimaschinen
f matériel de tissage
s maquinaria de tisaje
i telai

9141 weaving machines manufacturer
d Webmaschinenhersteller
f constructeur de matériel de tissage
s constructor de maquinaria de tisaje
i costruttore di telai

9142 weaving, mill
d Weberei
f tisseranderie, tissage, atelier de tissage
s tejeduría
i tessitura, stabilimento tessile

9143 weaving preparation
d Webereivorbereitung
f préparation au tissage
s preparación al tisaje
i preparazione della tessitura

9144 **weaving shed**
d Webfach, Kettfadenfach
f foule de tissage
s calada de tisaje
i weaving shed

9145 **weaving with pile wires**
d Rutenweben, Zugrutenweben
f tissage avec verge
s tisaje con varillas
i tessitura a tiranti

9146 **web**
d Faserflor, Krempelvlies, Kardenvlies
f voile
s velo
i velo

9147 **web cross-laying machine**
d Kreuzleger
f machine de croisement de voile
s máquina de cruzamiento de velo
i macchina di incrociamento del velo

9148 **web dolfer**
d Hacker
f détacheur du voile de carde
s separador del velo de carda
i pettine staccavelo

9149 **web forming machine**
d Florbildner, Vliesbildner
f machine à former un voile
s máquina para formar velos
i macchina per formare veli

9150 **web orientation**
d Faserausrichtung im Flor
f orientation du voile
s orientación del velo de fibras
i orientamento del velo di fibre

9151 **web purifier**
d Florreiniger
f êpurateur de voile
s purificador del velo
i purificatore di velo

9152 **web uniformity**
d Florgleichmässigkeit
f uniformité du voile
s uniformidad del velo
i uniformità del velo

9153 **webbing**
d Gurt
f sangle
s cinto
i webbing

9154 **webbing fabric**
d Gurtbandgewebe
f toile à sangle
s tejido para cinta
i tessuto webbing

9155 **wedding dress**
d Hochzeitskleid
f robe nuptiale, de mariage
s vestido de novia
i vestito da sposa

9156 **wedge scale**
d Faserfeinheitsmesskeil
f jauge conique pour finesse de fibres
s galga cónica para la finura de fibras
i misuratore conico della finezza del velo

9157 **wedging**
d Ringläuferverklemmung, Ringläuferverkanten
f coinçage du curseur, broutage
s atascamiento del cursor
i blocco del cursore

9158 **weft**
d Schuss
f trame
s trama
i trama

9159 **weft accumulator**
d Schussvorratgeber
f accumulateur de trame
s acumulador de trama
i porgitrama

9160 weft beating up disc
d Schussanschlagscheibe
f disque de serrage de duite
s disco de ajuste de trama
i disco di arresto di trama

9161 weft break stop-motion
d Schussfadenwächter
f casse trame
s dispositivo de paro por rotura de trama
i rompitrama

9162 weft changing
d Schussfadenwechseln
f changement de trame
s cambio de trama
i cambio di trama

9163 weft count
d Schussfadendichte
f compte en trame
s densidad de la trama
i densità della trama

9164 weft fork
d Schussfadenwächtergabel
f fourchette de casse trame
s horquilla paratramas
i forchetta paratrame

9165 weft insertion, picking motion
d Schusseintragen
f insertion de trame, insertion de duite
s picada de inserción de trama
i inserzione di trama

9166 weft knit structure
d Kulierwarenstruktur
f contexture de tricot trame
s estructura de tricot por trama
i struttura della maglieria in trama

9167 weft knitted fabric, filling knitted fabric
d Kulierware
f tricot trame, tricot à maille cueillie
s tejido de punto por trama
i maglieria in trama

9168 weft knitting, filling knitting
d Kulierwirken
f tricotage à maille cueillie, tricotage trame
s tricotado de punto de malla recogida
i maglieria in trama

9169 weft knitting machine, filling knitting machine
d Kulierwirkmaschine
f métier à maille cueillie, métier à tricoter trame
s telar de punto de malla recogida
i macchina per maglieria in trama

9170 weft straightener, filling straightening machine
d Schussfadengeraderichtmaschine
f machine à redresser la trame, redresseur de trame
s màquina enderezadora de trama
i macchina per raddrizzare la trama

9171 weft streak
d periodischer Schussstreifen
f zèbrure en trame
s barra en trama
i striscia di trama periodica

9172 weft support
d Schussträger
f support de trame
s portador de trama
i supporto di trama

9173 Weibull distribution
d Weibull-Verteilung
f distribution de Weibull
s distribución de Weibull
i distribuzione di Weibull

9174 weighing
d Wiegen, Abwiegen
f pesée
s pesaje
i pesatura

9175 weighing balance, weighing machine
d Wägeapparat, Waage
f balance de pesée, appareil de pesée
s balanza de pesada
i bilancia

9176 **weight control**
d Gewichtsregulierung
f régulation du poids
s control del peso
i regolazione del peso

9177 **weight increase**
d Gewichtszunahme
f augmentation de poids
s aumento de pesos
i aumento del peso

9178 **weight loss**
d Gewichtsverlust
f perte de poids
s pérdida de peso
i perdita di peso

9179 **weight per squarè meter**
d Quadratmetergewicht
f poids au mètre carré
s peso por metro cuadrado
i peso per metro quadro

9180 **welding**
d Schweissen
f soudure
s soldadura
i saldatura

9181 **welting**
d Rändern, Randstricken
f fabrication du revers
s fabricación del reverso
i fabbricazione del rovescio

9182 **wet**
d nass
f mouillé
s mojado
i bagnato

9183 **wet absorption**
d Feuchtigkeitsaufnahme
f absorption au mouillé
s absorción en húmedo
i assorbimento dell'umidità

9184 **wet bulb temperature**
d Nassthermometertemperatur
f température du thermomètre humide
s temperatura de termómetro húmedo
i temperatura del termometro a bulbo umido

9185 **wet crocking**
d Nassabrieb
f dêgorgement par frottement au mouillé
s descarga por frotamiento en húmedo
i abrasione ad umido

9186 **wet curing**
d Nasspolymerisation
f polymérisation à l'état humide, polymérisation au mouillé
s polimerización en húmedo
i polimerizzazione in umido

9187 **wet decating**
d Nassdekatur
f décatissage humide
s decatizado en húmedo
i decatizzazione ad umido

9188 **wet extrusion spinning**
d Nasserspinnen
f filage au mouillé
s hilado en húmedo
i filatura ad umido

9189 **wet finishing**
d Nassveredlung
f apprêt au mouillét
s acabado en húmedo
i finissaggio umido

9190 **wet heat**
d Feuchtwärme
f chaleur humide
s calor húmedo
i calore umido

9191 **wet ironing**
d Nassbügeln
f repassage humide
s planchado en húmedo
i stiratura umida

9192 **wet laid random web**
d nassverlegtes Wirrfaservlies, nassverlegter Wirrfaserflor
f voile de fibres obtenu au mouillé
s velo de fibras al azar por via húmeda
i velo di fibre ottenuto ad umido

9193 **wet modulus**
d Nassmodul
f module à l'état humide
s módulo en húmedo
i modulo allo stato umido

9194 **wet, moisten**
d Befeuchten
f humidifier
s humedecer
i inumidire

9195 **wet pickup, mangle expression**
d Flüssigkeitabsorptionsmenge
f quantité de liquide absorbé, exprimage à la mangle
s cantidad de líquido absorbido
i quantità di liquido assorbito

9196 **wet process(ing)**
d Nassbehandlung
f traitement au mouillé, voie humide
s tratamiento en húmedo
i trattamento ad umido

9197 **wet processing range**
d Nassbehandlungsstrasse, Fertigungsstrasse für Nassbehandlung
f série de traitements au mouillé
s serie de tratamientos en mojado
i linea per il trattamento ad umido

9198 **wet relaxation**
d Nassrelaxation
f relaxation au mouillé, relâchement au mouillé
s relajación en húmedo
i rilassamento ad umido

9199 **wet setting**
d Nassfixierung
f fixage au mouillé
s fijación en húmedo
i fissaggio ad umido

9200 **wet spinning**
d Nassspinnen
f filature au mouillé
s hilatura en húmedo
i filatura ad umido

9201 **wet strength**
d Nassfestigkeit
f résistance au mouillé, résistance humide
s resistencia al mojado
i resistenza all'umido

9202 **wet testing**
d Prüfen im nassen Zustand
f contrôle au mouillé
s ensayo al mojado
i prova in stato umido

9203 **wet treatment machine**
d Nassbehandlungsmaschine
f machine de traitement au mouillé
s màquina de tratamiento en húmedo
i macchina per trattamento in umido

9204 **wet wrinkle recovery**
d Nassknittererholung
f rêcupératíon au mouillé du pli, récupération au mouillé du froissement
s recuperación en húmedo de arrugas
i recupero a umido delle pieghe

9205 **wetfastness**
d Nassechtheit
f résistance à l'hunidité
s resistencia a la humedad
i resistenza alla umidità

9206 **wettability**
d Netzvermögen, Benetzbarkeit, Netzbarkeit
f mouillabilité
s mojabilidad, propriedad húmectante
i umettabilità

9207 **wetting**
d Netzen, Benetzen, Anfeuchten
f mouillage
s muellaje
i umettare

9208 wetting agent, penetrant
d Netzmittel, Benetzungsmittel
f agent mouillant, agent de pénétration
s agente mojante
i umettante

9209 wetting time
d Netzdauer
f durée du mouillage
s tiempo de humectación
i durata dell'umettamento

9210 wet-to-wet finishing
d Nassausrüsten
f finissage mouillé sur mouillé
s acabado humedo sobre humedo
i finissaggio umido su umido

9211 wheat flour starch
d Getreidestärke
f amidon de blé
s almidón de trigo
i amido di cereali

9212 wheel
d Rad
f roue
s rueda
i ruota

9213 wheelchair test
d Rollstuhlversuch
f essai avec fauteil roulant
s prueba con silla a rodicillas
i prova con sedia a rotelle

9214 whip roll
d Schwingbaum
f porte fil mobile
s guiahilo móvil
i albero oscillante

9215 whipcord
d Whipcord
f whipcord
s tela con bordones diagonales
i tessuto diagonale di catena

9216 whiskert
d Whisker
f fibre de monocristal métallique, fibre whisker
s fibra de monocristal metàlica
i fibra whisker

9217 white China silk
d weisse Chinaseide
f soie blanche de Chine
s seda blanca de China
i seta bianca della Cina

9218 white discharge
d Weissätze
f blanc d'impression
s blanco de estampación
i sedimenti bianchi

9219 white ground
d Druckfond, Druckgrund
f fond d'impression
s fondo de estampación
i fondo di stampa

9220 white Japan silk
d weisse Japanseide
f soie blanche du Japon
s seda blanca del Japón
i seta bianca del Giappone

9221 white spirit
d Terpentinersatz
f white spirit
s white spirit
i white spirit, spirito bianco

9222 whiteness
d Weisse
f blancheur
s blancura
i bianchezza

9223 whiteness retention
d Weissbeständigkeit, Vergilbungsbeständigkeit
f rétention de blanc
s retención del blanco
i ritenzione del bianco

9224 wicking
d Durchtränken durch Kapillarität, Dochtwirkung, Kapillarröhrchenwirkung
f imbibition par capillarité
s imbibición por capilarídad
i impregnazione per capillarità

9225 width, breadth
d Breite
f largeur, laize
s anchura
i altezza, larghezza

9226 width direction, width wise
d Breitenrichtung
f sens de la largeur, sens transversal
s dirección de anchura
i direzione della larghezza

9227 wig
d Perücke
f perruque
s peluca
i parrucca

9228 wigan
d Wigan-Einlagestoff
f wigan
s wigán
i interfodera

9229 Williams unit machine
d Williams-Färbeapparat
f machine Williams unit
s unidad Williams
i apparecchio per tintura Williams

9230 willow
d Abfallreiniger, Willow
f willow, loup, loup-batteur
s diablo willow
i willow

9231 Wilton carpet
d Wilton-Teppich
f tapis Wilton, Wilton
s alfombra de Tournay
i tappeto Wilton

9232 Wilton loom
d Wilton-Webmaschine
f métier à tisser Wilton
s telar Wiltón
i telaio Wilton

9233 winchbeck
d Haspelkufe
f tourniquet
s barca de torniquete
i pattino dell'aspatrice

9234 wind
d Wicklung
f renvidage
s arrollado
i avvolgimento

9235 wind (on), spool
d Aufwinden
f renvider
s enrolar
i avvolgere il filo

9236 wind tunnel
d Windkanal
f tunnel de soufflerie
s túnel aerodinàmico
i galleria del vento

9237 winder, winding machinery
d Kreuzspulmaschine, Spulmaschine
f bobinoir, machine de bobinage
s bobinadora
i incannatoio

9238 winding
d Spulen
f bobinage
s bobinaje
i bobinatura

9239 winding advance motion
d Fadenverlegungsmechanismus
f mécanisme de déplacement des bobinots
s mecanismo del movimiento de las bobinas
i meccanismo del movimento della bobina

9240 **winding angle**
d Garnauflaufwinkel, Kreuzungswinkel
f angle de bobinage, angle de renvidage
s ángulo de bobinaje
i angolo di bobinaggio

9241 **winding drum**
d Fadenführertrommel, Schlitztrommel, Nutentrommel
f tambour de bobinoir
s tambor de bobinadora
i tamburo avvolgitore

9242 **winding dynamics**
d Spuldynamik
f dynamique du renvidage
s dinámica del bobinado
i dinamica dell'avvolgimento

9243 **winding efficiency**
d Spulleistung
f efficacité du bobinage
s eficiencia del bobinado
i rendimento dell'avvolgimento

9244 **winding faller**
d Aufwindedraht, Aufwinder
f baguette de renvidage
s plegador de la selfactina
i incannatoio

9245 **winding oiling**
d Spulölen, Avivieren beim Spulen, Präparieren beim Spulen
f ensimage de bobinage
s ensimaje de bobinado
i oliatura durante la bobinatura

9246 **winding station**
d Spulkopf, Spulstelle
f tête de bobinage
s cabeza de bobinado
i testa di bobinatura

9247 **winding tension**
d Spulspannung
f tension de renvidage
s tensión de bobinado
i tensione di bobinatura

9248 **winding type**
d Wicklungsart
f mode de bobinage
s modo de bobinado
i tipo di avvolgimento

9249 **window Holland, window shade**
d Fenstervorhangstoff
f toile de Hollande, toile de store, store pour fenêtre
s tela de Holanda
i tela per tende

9250 **windupcore**
d Wickeldorn
f tube pour enroulement
s tubo para arrollamiento
i tubo per avvolgimento

9251 **wiping cloth**
d Putztuch
f torchon d'essuyage
s paño para enjugar
i panno per pulire

9252 **Wira web levelness tester**
d Wira-Florgleichmässigkeitsprüfer
f règularimêtre Wira pour voile de fibres
s regularimetro Wira para velos de fibras
i regolarimetro WIRA per velo di fibre

9253 **wire**
d Draht
f fil tréfilè métallique
s alambre
i filo

9254 **wire drawing**
d Drahtziehen
f tréfilage
s estiraje del alambre
i trafilatura

9255 **wire for clothing staple**
d Kardendraht, Kardenbeschlagdraht, Sägezahndraht
f fil pour garniture à aiguilles
s hilo de alambre para guarnición carda
i filo (metallico) della carda

9256 wirerope
d Drahtseil
f filin métallique
s cuerda de alambre
i fune metallica

9257 withdrawal
d Abreisswiderstand
f résistance à l'arrachage
s resistencia al arranque
i resistenza allo strappo

9258 women's making up
d Damenkonfektion
f confection féminine
s confección femenina
i confezione per donna

9259 women's wear
d Damenoberbekleidung
f vêtement féminin
s vestido femenino
i vestito femminile

9260 wood fiber
d Holzfaser
f fibre de bois
s fibra de madera
i fibra di legno

9261 wood fibril
d Holzfibrille
f fibrille de bois
s fibrila de madera
i fibrilla di legno

9262 wool
d Wolle
f laine
s lana
i lana

9263 wool bale
d Wollballen
f balle de laine
s bala de lana
i balla di lana

9264 wool blend
d Wollmischung
f mélange de laines
s mezcla de lana
i miscela di lana

9265 wool class
d Wollsorte
f classe de laine
s clase de lana
i classe di lana

9266 wool classing
d Wollklassierung
f classement de la laine
s clasificación de la lana
i classificazione della lana

9267 wool degreasing bath
d Wollentfettungsbad
f bain de désuintage
s baño de deschurrado
i bagno di sgrassatura della lana

9268 wool degreasing, wool grease scouring
d Wollentfettung
f désuintage, élimination du suint
s deschurrado
i sgrassatura della lana

9269 wool dye
d Wollfarbstoff
f colorant pour laine
s colorante para lana
i colorante per lana

9270 wool dyeing
d Wollfärben
f teinture de la laine
s tintura de la lana
i tintura della lana

9271 wool fabric
d Wollstoff, wollenes Gewebe
f tissu de laine
s tejido de lana
i tessuto di lana

9272 **wool fiber scale**
d Wollschuppe
f écaille de fibres de lainet
s escama de fibras de lana
i scaglie di fibra di lana

9273 **wool follicle**
d Wollhaarfollikel
f follicule du poil de laine, bulbe, follicule pileux de laine
s folículo de la lana
i follicolo di pelo di lana

9274 **wool grade**
d Wollqualität
f qualité de la laine
s grado de lana
i qualità della lana

9275 **wool grease**
d Wollfett
f graisse de laine
s grasa de lana
i grasso di lana

9276 **wool matching**
d Wollevorsortieren
f prétriage de la laine
s preseleccionado de la lana
i preselezione della lana

9277 **wool pulling, dehairing**
d Enthaaren
f délainage
s depilación
i depilazione

9278 **wool scouring**
d Wollwaschen
f lavage de la laine
s lavado de la lana
i lavaggio della lana

9279 **wool scouring yield**
d Wollwaschergebnis
f rendement de la laine au lavage
s rendimiento de la lana al lavado
i resa della lana al lavaggio

9280 **wool shearing**
d Wollschur
f tonte de la laine
s esquileo de la lana
i tosa della lana

9281 **wool sorting**
d Wollsortierung
f triage de la laine, triage sur trappe
s sorteo de la lana
i selezione della lana

9282 **wool spun yarn**
d Wollspinngarn
f filé de laine
s hilado de lana
i filato di lana

9283 **wool structure**
d Wollstruktur
f structure de la laine
s estructura de la lana
i struttura della lana

9284 **wool wax**
d Wollwachs
f cire de laine
s cera de la lana
i cera di lana

9285 **wool yarn**
d Wollgarn
f fil de laine
s hilo de lana
i filo di lana

9286 **woolen card**
d Streichgarnkrempel
f carde pour laine cardée
s carda para lana cardada
i carda di lana

9287 **woolen carding**
d Streichgarnkrempeln
f cardage de la laine
s cardado de lana
i cardatura della lana

9288 woolen drafting
d Streichgarnverzug
f êtirage de la laine cardée
s estirado de la lana cardada
i stiratura della lana cardata

9289 woolen fabric
d Streichgarnwollgewebe
f tissu de laine cardêe
s tejido de lana cardada
i tessuto di lana cardata

9290 woolen preparation
d Streichgarnspinnereivorbereitung
f préparation à la filature de laine cardèe
s preparación para hilatura de lana cardada
i preparazione alla filatura della lana cardata

9291 woolen spinning frame
d Streichgarnspinnmaschine
f métier à filer pour laine cardee
s continua para lana cardada
i telaio per lana cardata

9292 woolen spun yarn
d Streichgarn
f filé de laine cardée
s hilado de lana cardada
i filato cardato

9293 woolen system spinning
d Streichgarnspinnverfahren
f filature système laine cardée
s hilatura sistema lana cardada
i filatura del filato cardato

9294 woolen yarn
d Wollstreichgarn
f fil de laine cardée
s hilo de lana cardada
i filo di lana cardata

9295 woolfiber
d Wollhaar
f fibre de laine
s fibra de lana
i fibra di lana

9296 woolly
d wollig
f laineux
s lanoso
i lanoso

9297 woolly aspect
d wolliges Aussehen, Wollcharakter
f aspect laineux
s aspecto que tiene lana
i aspetto lanoso

9298 work
d Arbeit, Arbeiten
f travail, travailler
s trabajo, trabajar
i lavoro, lavorare

9299 work clothing
d Arbeitskleidung, Berufskleidung
f vêtement de travail
s ropa de trabajo
i indumenti da lavoro

9300 worker
d Arbeiter, Arbeiterwalze
f travailleur de carde
s cilindro trabajador de carda
i cilindro operatore

9301 work-load
d Auslastung
f charge de travail
s carga de trabajo
i carico di lavoro

9302 work-room
d Betrieb
f atelier
s taller
i fabbrica

9303 world market
d Weltmarkt
f marché mondial
s mercado mundial
i mercato mondiale

9304 world textile agreement
d Welttextilabkommen
f accord mondial du textile
s acuerdo mundial de textiles
i accordo tessile mondiale

9305 worldwide
d Weltweit
f à niveau mondial
s a nivel mundial
i a livello mondiale

9306 worsted card
d Kammgarnkrempel
f carde pour laine peignée
s carda para lana peinada
i carda per lana pettinata

9307 worsted carding
d Kammgarnkrempeln
f cardage de la laine peignée
s cardado de la lana peinada
i cardatura della lana pettinata

9308 worsted combing
d Wollkämmen
f peignage système laine peignée
s peinado sistema lana peinada
i pettinatura della lana

9309 worsted count
d Kammgarnnumerierung
f titrage de la laine peignée, mungo
s titulado de la lana peinada
i titolazione della lana pettinata

9310 worsted fabric
d Kammgarnwollstoff
f tissu de laine peignée
s tejido de lana peinada
i tessuto pettinato di lana

9311 worsted lasting
d Kammgarnlastingstoff
f lasting de laine peignée
s tejido sólido de lana peinada
i tessuto solido pettinato

9312 worsted or combed cloth
d Kammgarnstoff
f Étoffe de laine peignée
s peine de hilados, peine de hilo
i tessuto pettinato

9313 worsted preparation
d Kammgarnspinnereivorbereitung
f préparation à la filature laine peignée
s preparación en la hilatura de estambre
i preparazione alla filatura del tessuto pettinato

9314 worsted spinning
d Wollkammgarnspinnen
f filature de laine peignée
s hilatura de la lana peinada
i filatura del pettinato

9315 worsted spun yarn
d Wollkammgarn
f filé de laine peignée
s hilado de lana peinada
i filato di lana pettinata

9316 worsted system spinning
d Kammgarnspinnverfahren
f filature système laine peignée
s hílatura sistema lana peinada
i sistema di filatura della lana pettinata

9317 worsted yarn
d Kammwollgarn
f fil de laine peignèe
s hílo de lana peinada
i filo di lana pettinata

9318 woven carpet
d Webteppich
f tapis tissé
s alfombra tejida
i tappeto tessuto

9319 woven drill
d Drell, Drillich
f coutil
s cutí
i drill

9320 **woven fabric**
d Gewebe, Webware
f tissu chainé et tramé, tissu tissé
s tejido de urdimbre y trama
i tessuto

9321 **woven felt**
d Webfilz
f feutre tissé
s fieltro tejido
i feltro tessuto

9322 **woven hose, woven tube**
d Schlauchgewebe
f tuyau tissé
s tubo tejido
i tessuto tubolare

9323 **woven net**
d Netztuch
f filettissé
s red tejida
i rete intessuta

9324 **wrinkle**
d Knitter
f pli de froissement
s arruga
i sgualcitura

9325 **wrinkle mark**
d Knitterstelle
f faux pli
s falso pliegue
i punto di sgualcitura

9326 **wrinkle or shrink resistant finishing**
d knitter- und schrumpffestmachender Stoff
f apprèt infroissable ou irrètrécissable
s apresto inarrugable e inencogible
i stoffa che non si sgualcisce

9327 **wrinkle propensity**
d Knitteranfälligkeit
f froissabilité
s propensión al arrugado
i tendenza alla sgualcitura

9328 **wrinkle recovery angle**
d Knittererholungswinkel
f angle de dèfroissement, angle de rècupération du froissement
s ángulo de recuperación de las arrugas
i angolo di recupero della sgualcitura

9329 **wrinkle recovery, crease recovery**
d Knittererholung
f récupération du pli, défroissement, rêcupération du froissement
s recuperación de las arrugas
i recupero della piega, recupero della sgualcitura

9330 **wrinkle recovery tester**
d Knittererholungsprüfert
f froissabilimétre
s medidor de recuperación de las arrugas
i sgualcimento

9331 **wrinkle recovery testing**
d Knittererholungsprüfung
f contrôle de dèfroissement
s ensayo de recuperación de las arrugas
i controllo della sgualcitura

9332 **wrinkle resistance, muss resistance**
d Knitterfestigkeit
f infroissabilité, résistance au chiffonnement, résistance au pli
s resistencia a las arrugas
i ingualcibilità

9333 **wrinkle resistant fabric, crease resistant fabric**
d Knitterechtgewebe
f tissu infroissable, tissu résistant au pli
s tejido inarrugable
i tessuto anti piega

9334 **wrinkling**
d Knittern
f froissement
s arrugamiento
i sgualcire

9335 wrong colour of weft, coloured ribbon
d Farbband
f ruban coloré, couleur erroné dans la trame
s cinta colorada, color erroneo de la trama
i nastro colorato, colore sbagliato della trama

9336 wrong draw
d Einzugfehler
f défaut de rentrage
s falso remetido
i errore di rimettaggio

X

9337 X ray analysis
d Röntgenanalyse
f analyse aux rayons X
s análisis con rayos X
i analisi a raggi X

9338 X ray diffraction
d Röntgenstrahlenbeugung, Röntgenstrahlendiffraktion
f diffraction des rayons X
s difraccion de los rayos X
i diffrazione dei raggi X

9339 X ray microscopy
d Röntgenmikroskopie
f microscopie aux rayons X
s microscopia con rayos X
i microscopia a raggi X

9340 X ray spectroscopy
d Röntgenspektroskopie
f spectroscopie aux rayons X
s espectroscopia con rayos X
i spettroscopia a raggi X

9341 X rays
d Röntgenstrahlen
f rayons X
s rayos X
i raggi X

9342 xanthation
d Xanthogenierung, Sulfidierung
f xanthogénisation
s xantogenación
i xantogenazione

9343 xenon
d Xenon
f xênon
s xenón
i xeno

9344 xenotest
d Xenotest
f xénotest
s xenotest
i xenotest

9345 Xrays
d Röntgenstrahlung
f rayons X
s rayos X
i raggi X

9346 xylene
d Xylol
f xylêne
s xileno
i xilene, xilolo

Y

9347 yard goods
d Meterware
f tissu au mètre
s tejido en metros
i tessuto al metro

9348 yarn
d Garn, Faden
f fil
s hilo
i filato, filo

9349 yarn ball
d Garnknäuel, Knäuel
f pelote
s ovillo
i gomitolo

9350 yarn balloon
d Fadenballon
f ballon de fil
s balón de hilo
i balla di filo

9351 yarn beam dyeing machine
d Kettbaumfärbemaschine
f machine de teinture de fil sur ensouple
s máquina de tintura en plegador de hilo
i macchina per tintura in subbio di catena

9352 yarn beam dyeing, warp dyeing
d Kettbaumfärben
f teinture de fil sur ensouple, teinture sur chaine
s tintura de hilo en plegador
i tintura in subbio di catena

9353 yarn bundle cohesion
d Fadenbündelkohäsion
f cohêsion d'un faisceau de fils
s cohesión de un haz de hilos
i coesione di un fascio di fili

9354 yarn changer
d Fadenwechseleinrichturg
f changeur de fil
s dispositivo para cambiar el hilo
i cambiafilo

9355 yarn connection, yarn bonding
d Garnverbindung
f raccord des fils
s unión (o enlace) del hilo
i connessione dei fili

9356 yarn core
d Garnseele
f âme du fil
s alma del hilo
i anima del filo

9357 yarn count
d Garnnummer
f titre du fil
s título del hilo
i titolo del filato

9358 yarn crimp
d Garnkräuselung
f frísure du fil
s rizado del hilo
i ondulazione, arricciatura del filato

9359 yarn cross section
d Garnquerschnitt
f section transversale du fil
s sección transversal del hilo
i sezione transversale del filato

9360 yarn defect
d Garnfehler
f défaut du fil
s defecto del hilo
i difetto del filato

9361 yarn diameter
d Garndurchmesser
f diamètre du fil
s diámetro del hilo
i diametro del filato

9362 yarn doffing tube of 0E rotor
d Abzugsöffnung an der OE-Turbine, OE-Turbinenabzugsdüse
f canal de sortie de turbine 0E
s canal de salida de turbina 0E
i canale di uscita della turbina open-end

9363 yarn dyed fabric
d garnfarbiges Gewebe
f tissêteint
s tejido tintado
i tessuto tinto

9364 yarn dyeing
d Garnfärben
f teinture sur fil
s tintura del hilo
i tintura del filato

9365 yarn dyeing machine
d Garnfärbeapparat
f machine de teinture du fil
s màquina para la tintura del hilo
i macchina per la tintura del filato

9366 yarn dynamics
d Garndynamik
f dynamique du fil
s dinàmica del hilo
i dinamica del filato

9367 yarn flattening
d Garnabplattung
f aplatissement du fil
s aplastamiento del hilo
i appiattimento del filato

9368 yarn geometry
d Garngeometrie
f géométrie du fil
s geometría del hilo
i geometria del filato

9369 yarn gripper
d Fadengreifer
f dispositif de pinçage du fil, mecanisme pince pour fil
s mecanismo de mordaza del hilo
i pinza

9370 yarn guide, yarn carrier
d Fadenführernuss
f bec fil
s pasahilo
i guida del filo

9371 yarn heterogeneity
d Heterogenität eines Fadens
f hètérogénêité du fil
s heterogeneidad del hilo
i eterogeneità del filo

9372 yarn interlacing in fabric
d Fadenverkreuzung im Gewebe
f entrelacement des fils du tissu
s entrelazado de los hilos del tejido
i intreccio dei fili nel tessuto

9373 yarn knitting sequence
d Fadenfolge beim Stricken
f évolution du fil au tricotage
s evolución del hilo en el tricotado
i sequenza del filo durante il lavoro a maglia

9374 yarn layer
d Fadenschicht
f nappe de fils
s napa de hílos
i strato di fili

9375 yarn luster
d Garnlüster
f lustre du fil
s lustre del hilo
i lustro del filato

9376 yarn package container
d Spulenkasten
f caisse de bobines
s caja de bobinas
i scatola delle rocche

9377 yarn property
d Garneigenschaft
f propriété du fil
s propiedad del hilo
i proprietà del filato

9378 **yarn reinforced elastomer**
d fadenverstärktes Elastomer
f élastomère renforcé de fils
s elastómero reforzado de hilos
i elastomero rinforzato di fili

9379 **yarn reserve on the package, yarn reserve in package**
d Fadenreserve
f réserve de fil sur bobine
s reserva de hilo en la bobina
i riserva di filo sulla rocca

9380 **yarn selecting device**
d Fadenwähler
f dispositif de sélection de fil
s dispositivo de selección de hilo
i dispositivo di selezione del filo

9381 **yarn slippage**
d Fadengleiten
f glissement du fil
s deslizamiento del hilo
i scorrimento del filo

9382 **yarn slippage resistance**
d Schiebefestigkeit
f résistance au glissement des fils
s resistencia al deslizamiento de hilos
i resistenza allo scorrimento

9383 **yarn speed**
d Fadenlaufgeschwindigkeit
f vitesse du fil
s velocidad del hilo
i velocità del filo

9384 **yarn storage feeder**
d Speicherfournisseur
f fournisseur à accumulation
s alimentador de acumulación
i alimentatore ad accumulo

9385 **yarn strength**
d Garnfestigkeit
f résistance du fil
s resistencia del hilo
i resistenza del filato

9386 **yarn strength efficiency**
d Garnfestigkeitsausbeute
f efficacité de la résistance du fil
s rendimiento de resistencia del hilo
i rendimento della resistenza del filato

9387 **yarn stripper, striping unit**
d Ringelapparat
f rayeur
s aparato listador
i apparecchio per fare le righe

9388 **yarn strncture**
d Garnstruktur
f structure du fil
s estructura del hilo
i struttura del filato

9389 **yarn tension**
d Fadenspannung, Garnspannung
f tension du fil
s tensión del hilo
i tensione del filato

9390 **yarn testing**
d Garnprüfung
f contrôle du fil
s ensayo del hilo
i controllo del filato

9391 **yarn transformation**
d Garngestaltung
f transformation des fils
s transformación de los hilos
i trasformazione del filato

9392 **yarn treatment**
d Garnbehandlung
f traitement, conditionnement du fil
s tratamiento del hilo
i trattamento del filo

9393 **yarn weak zone**
d Schwachstelle im Faden, Dünnstelle
f zone faible du fil
s zona débil del hilo
i zona debole del filo

9394 yarncarrier
d Strickfadenführer
f guide jeteur
s transportador de hilo
i barbino

9395 yarncountrange
d Garnnummernbereich, Titelbereich
f gamme de titres de fils
s gama de títulos de hilos
i gamma di titoli di filati

9396 yarncover
d Fadendeckvermögen
f couvrant du fil
s poder cubriente del hilo
i potere coprente del filo

9397 yarndamage
d Garnschaden
f dégradation du fil
s deterioro del hilo
i degrado del filato

9398 yarnfinish
d Garnveredlung
f apprèt du fil
s acabado del hilo
i finissaggio del filato

9399 yarn-to-metal friction
d Garn-An-Metall-Reibung
f frottement métal-contre-fil
s rozamiento metal contra hilo
i attrito metallo contro filato

9400 yarn-to-yarn friction
d Garn-An-Garn-Reibung
f frottement fil-contre-fil
s rozamiento hilo contra hilo
i attrito filato contro filato

9401 yeast
d Hefe
f levure
s levadura
i lievito

9402 yellow China silk
d gelbe Chinaseide
f soie jaune de Chine
s seda amarilla de China
i seta gialla di Cina

9403 yellow Japan silk -
d gelbe Japanseide
f soie jaune du Japon
s seda amarilla del Japón
i seta gialla di Giappone

9404 yellowing
d Vergilben
f jaunissement
s amarilleamiento
i ingiallimento

9405 yellowing resistance
d Vergilbungsechtheit
f résistance au jaunissement
s resistencia al amarilleo
i resistenza all'ingiallimento

9406 yield
d Wirkungsgrad, Ausbeute, Rendement, Ertrag
f rendement, rendement, rapport
s rendimíento, rendimiento, producto, venta, beneficio
i rendimento, resa

9407 yield point, elastic limit
d Elastizitätsgrenze
f limite d'élasticitè, point de fluage
s punto de fluencia
i limite di elasticità

9408 yield, submit
d Nachgeben (mech.)
f céder
s ceder
i cedere

9409 Yorkshire skein woolen count
d englische Streichgarnnumerierung
f titrage de la laine cardée Yorkshire
s numeración de lana cardada Yorkshire
i titolazione della lana cardata Yorkshire

Z

9410 **Z crimp, saw tooth crimp**
d Z-Kräuselung
f ondulation Z, ondulation en dents de scie
s ondulación Z
i ondulazione Z

9411 **Z twill**
d Z-Grat-Köper
f serge Z, Z serge
s sarga Z
i saia Z

9412 **Z twist, left hand twist**
d Z-Draht, Z-Drehung, Z-Drall
f torsion Z, torsion gauche
s torsión Z
i torsione Z

9413 **zein**
d Zein, Maiseiweiss
f zèíne
s zeína
i zeina

9414 **Zellweger tester**
d Uster-Gleichmässigkeitsprüfer
f appareil d'essai Zellweger
s aparato de ensayos Zellweger
i apparecchio di prove Zellweger

9415 **zero speed**
d Nullgeschwindigkeit
f vitesse nulle
s velocidad nula
i velocità zero

9416 **zerotwist**
d Nulldrehung, Nullgarndrehung
f torsion nulle, torsion zéro
s torsión nula
i torsione zero

9417 **zero-twist spinning**
d Zero-Twist-Verfahren
f filature sans torsion
s hilatura sin torsion
i filatura senza torsione

9418 **zero-twist yarn**
d drehungsloses Garn
f fil sans torsion
s hílo sin torsión
i filato senza torsione

9419 **zeta potential, electrokinetic potential**
d Zeta-Potential, elektrokinetisches Potential
f potentiel zèta, potentiel èlectrocinètique
s potencial zeta
i potenziale zeta, potenziale elettrocinetico

9420 **Ziegler-Nafla catalyst, Ziegler-Natta catalysator**
d Ziegler-Natta-Katalysator
f catalyseur Ziegler-Natta
s catalizador Ziegler-Natta
i catalizzatore Ziegler-Natta

9421 **zigzag**
d Zickzack
f zigzag
s zigzag
i zig-zag

9422 **zigzag machine**
d Zickzack-Nähmaschine
f machine à point en zigzag
s màquina de puntos en zigzag
i cucitrice a zig-zag

9423 **zinc**
d Zink
f zinc
s zinc
i zinco

9424 **zinc chloride**
d Zinkchlorid
f chlorure de zinc
s cloruro de zinc
i cloruro di zinco

9425 zinc compound
d Zinkverbindung
f composé de zinc
s compuesto de zinc
i composto di zinco

9426 zinc fluoborate
d Zinkfluorborat
f fluoborate de zinc
s fluoborato de zinc
i fluoborato di zinco

9427 zinc formaldehyde sulfoxylate
d Zinkformaldehydsulfoxylat
f formaldèhyde sulfoxylate de zinc
s formaldehído sulfoxilato de zinc
i formaldeide solfossilato di zinco

9428 zinc oxide
d Zinkoxid
f oxydedezinc
s óxido de zinc
i ossido di zinco

9429 zinc stearate
d Zinkstearat
f stèarate de zinc
s estearato de zinc
i stearato di zinco

9430 zinc sulfate
d Zinksulfat
f sulfate de zinc
s sulfato de zinc
i solfato di zinco

9431 zincsoap
d Zinkseife
f savon de zinc
s jabon de zinc
i sapone di zinco

9432 zipper, slide fastener
d Reissverschluss
f fermeture à glissiére
s cierre de cremallera
i cerniera lampo, zip

9433 zirconium
d Zirkonium
f zirconium
s circonio
i zirconio

9434 zirconium compound
d Zirkonverbindung
f composé de zirconium
s compuesto de circonio
i composto di zirconio

9435 Z-twisted yarn
d Z-Draht-Garn
f fil à torsion Z
s hilo con torsión Z
i filato con torsione Z

Deutsch

A

C

D

E

H

M

Q

S

T

V

W

Français

A

C

F

H

I

M

Q

R

S

T

Español

A

B

D

F

H

P

U

W

X

Y

Z

Italiano

A

B

D

F

G

M

Q

R

U

V

W

X

Z

MIX
Papier aus verantwortungsvollen Quellen
Paper from responsible sources
FSC® C105338

If you have any concerns about our products,
you can contact us on
ProductSafety@springernature.com

In case Publisher is established outside the EU,
the EU authorized representative is:
Springer Nature Customer Service Center GmbH
Europaplatz 3, 69115 Heidelberg, Germany

Printed by Libri Plureos GmbH
in Hamburg, Germany